Linux
内核深度解析

余华兵 著

人民邮电出版社

北 京

图书在版编目（CIP）数据

Linux内核深度解析 / 余华兵著. -- 北京 ：人民邮
电出版社，2019.5（2024.5重印）
ISBN 978-7-115-50411-1

Ⅰ．①L… Ⅱ．①余… Ⅲ．①Linux操作系统 Ⅳ.
①TP316.85

中国版本图书馆CIP数据核字(2018)第294431号

内 容 提 要

本书基于 4.x 版本的 Linux 内核，介绍了 Linux 内核的若干关键子系统的技术原理。本书主要内容包括内核的引导过程、内核管理和调度进程的技术原理、内核管理虚拟内存和物理内存的技术原理、内核处理异常和中断的技术原理，以及系统调用的实现方式等。此外，本书还详细讲解了内核实现的各种保护临界区的互斥技术，以及内核的文件系统。本书内容丰富，深入浅出，通过大量的图例来描述数据结构之间的关系和函数的执行流程，并结合代码分析，引导读者阅读和理解内核源代码。

本书适用于负责维护和开发 Linux 内核或基于 Linux 内核开发设备驱动程序的专业人士，以及想要学习了解 Linux 内核的软件工程师，也适合作为高等院校计算机专业的师生用书和培训学校的教材。

◆ 著　　　　余华兵
　　责任编辑　张　爽
　　责任印制　焦志炜

◆ 人民邮电出版社出版发行　　北京市丰台区成寿寺路 11 号
　　邮编　100164　　电子邮件　315@ptpress.com.cn
　　网址　https://www.ptpress.com.cn
　　北京盛通印刷股份有限公司印刷

◆ 开本：787×1092　1/16
　　印张：39.75　　　　　　　2019 年 5 月第 1 版
　　字数：972 千字　　　　　2024 年 5 月北京第 16 次印刷

定价：138.00 元

读者服务热线：(010)81055410　印装质量热线：(010)81055316
反盗版热线：(010)81055315
广告经营许可证：京东市监广登字 20170147 号

序 一

作为一个优秀的开源系统，Linux 在业界有很广泛的应用。从 1994 年发布 1.0 正式版本开始，Linux 内核一直在发展，代码越来越庞大，参伍以变，错综其数，要想深入掌握它，并不是一件轻松的事情。

对于在 Linux 上开发程序、想修改 Linux 内核或者理解并用好 Linux 的软件开发工程师而言，迫切需要这样一本书：从 main 函数开始，深入浅出地一步步剖析 Linux 内核，并解释其中的函数关系和数据结构。

我与华兵共事十余年了，两年前听说他开始写一本关于 Linux 内核的书，我就一直期待这本书的出版。华兵从事 Linux 内核开发工作十余年，有着丰富的实践经验，使用过不同的版本和硬件平台，从 2.x 到 4.x，从 MIPS、x86 到 ARM。伴随着研发大楼的华灯，当年初出校门的学子，如今萧萧两鬓生华，成为一个在 Linux 领域有深厚积累的专家。更难得的是，他愿意将这些经验写成一本书，与同道中人共享，并醉心于此，力求至简。

当然，我们在市场上陆续能看到关于 Linux 内核的技术著作，各有特点，其中也不乏经典。不少作者和华兵一样，既是 Linux 技术的爱好者，也是长期的实践者，并将知识与经验提炼成文，与读者分享。与已上市的 Linux 图书相比，《Linux 内核深度解析》在内容上有其独特之处。

本书剖析的代码基于 Linux 4.12 版本，发布于 2017 年，是 Linux 内核史上变动较大的版本之一。基于这个版本进行内核代码解析并出版成书，是比较新颖的，既不失通用性，又兼顾 4.x 版本中引入的不少新技术点。同时，它基于 ARM64 硬件平台，将两者结合的书，目前还是比较少的。

另外，本书没有过多地介绍操作系统的基础原理，而更多地是以实际代码来解读在 Linux 内核中是如何实现操作系统的各个子系统的。对于熟悉操作系统基础的读者来说，可以快速地切入到具体代码的理解与实现中。从内核引导和初始化开始，到进程管理、内存管理、中断/异常/系统调用、内核互斥技术和文件系统，本书比较系统地对内核代码进行了深度解析。

Linux 内核的知识点相当繁多，很难在一本书中面面俱到，也没有必要。所以，在这本书中，看似不经意间逐层展开的知识点，都是比较基础和常用的。作者以他的实践经历尽量通俗地进行解读，并抓住了其中的重点，可以让读者在实际的开发、调试和维护工作中学以致用。

"行是知之始，知是行之成"，学习 Linux 内核技术尤其如此。要真正消化理解 Linux 内核，离不开大量的工程实践。希望本书可以成为你前进路上的好帮手！

锐捷网络研究院副院长　林东豪

2019 年 2 月

序　二

我很荣幸接受华兵的邀请，为他的新书作序。

作为国内数通厂商的一位资深人士，华兵经历了数通厂商操作系统的大变化。早些年数通领域各厂商（包括思科和华为）的操作系统，都是基于传统的嵌入式操作系统（如典型的 VxWorks 操作系统）开发的。2010 年以后，Linux 内核在数通厂商中快速生长，迅速成为数通设备网络操作系统的内核。就像基于 Linux 内核的安卓系统已经成为智能手机领域的领头羊一样，在数通设备领域，Linux 内核也大有一统江湖之势。

在此背景之下，华兵作为公司最早一批参与基于 Linux 内核的网络操作系统开发的工程师，积累了丰富的经验，还向 Linux 开源社区提交其发现的多个问题。

我们在基于 Linux 内核开发网络操作系统的过程中遇到的某些技术问题，在 Linux 内核的演进过程中已经提供了解决方案。Linux 3.11 版本 ARM 架构支持巨型页机制，解决了 ARM 架构的进程访问大内存的性能问题。Linux 3.14 版本引入 ZRAM 内存压缩技术，用于节省内存空间，这项技术适合在内存容量小的设备上使用。Linux 2.6.29 版本引入的 squash 文件系统和 Linux 3.18 版本引入的 overlay 文件系统，在闪存容量小的设备上解决了存储空间不足的问题。squash 文件系统可以压缩数据，但是它是一个只读的文件系统，而设备需要一个可写的文件系统，我们在 Linux 内核找到了解决方案——使用 overlay 文件系统在 squash 文件系统上面叠加一个可写的文件系统。这些拿来即用的 Linux 内核技术，在华兵的这本书中都有提及。

近年来 Linux 发展迅速，公司最早使用的 Linux 内核是 2.6 版本，从 2011 年发布 3.0 版本开始到 2018 年年底发布 4.20 版本，Linux 一共发布了 41 个版本，技术发展日新月异。很多技术虽然有众多的工程师在使用和总结，但仍相对零散，基于 Linux 4.x 的图书更是少之又少。

作为内核技术的深度爱好者，华兵萌生了写一本 Linux 内核技术著作的想法，以此记录自己的学习心得，分享自己的工程解决方案，也帮助更多的人学习和使用 Linux。鉴于工作原因，华兵在 MIPS 架构上有着很丰富的工作经验，但他在写作中选择了有着更加广泛使用基础的 ARM64 架构，并对基于 ARM64 架构的代码进行分析。

写书的过程是很辛苦的，每个夜晚和周末，他都放弃休息，用来分析源代码、查阅资料、埋头写作，坚持一年多才得以成书。向不善言谈的华兵致敬，向每个热爱技术的人致敬，他们都是可爱的人！相信本书能对从事 Linux 研究和使用内核技术的人提供很好的帮助。

锐捷网络研究院软件平台总监　黄崇滨

2019 年 3 月

前　　言

Linux 内核是使用最广泛的开源内核，在服务器和智能手机领域处于统治地位，物联网、大数据、云计算和人工智能等热点技术也离不开 Linux 内核。对于商业公司而言，采用开源的 Linux 内核可以享受很多好处，比如节约成本，可以利用行业先进的技术，还可以根据自己的需求定制、修改内核。对于个人而言，从 Linux 内核中可以学习先进的设计方法和编程技术，为内核贡献代码可以证明自己的技术实力。

可是，当我们准备学习 Linux 内核时，会发现 Linux 内核的代码庞大而复杂，在没有专业书籍指导的情况下，读懂代码是一件非常困难的事情。作者编写本书的目的是为想要深入理解 Linux 内核的软件工程师提供指导。

本书介绍 4.12 版本的 Linux 内核，建议读者在阅读本书时到 Linux 内核的官方网站中下载一份代码，对照代码学习。推荐使用"Source Insight"软件阅读代码。

Linux 内核支持多种处理器架构，处理器架构特定的代码放在"arch"目录下。ARM 处理器在手机和平板电脑等移动设备上处于统治地位。ARM 处理器从 ARMv7 演进到支持 64 位的 ARMv8，ARM 公司重新设计了处理器架构，ARMv8 定义了 AArch64 和 AArch32 两种执行状态，AArch64 是 64 位架构；AArch32 是 32 位架构，兼容 ARMv7。因为 ARMv8 和 ARMv7 的差别很大，所以 Linux 内核把 ARMv8 和 ARMv7 当作两种不同的处理器架构，ARMv7 架构的代码放在"arch/arm"目录下，ARMv8 架构的代码放在"arch/arm64"目录下。人们通常把 ARMv8 架构的 AArch64 执行状态称为 ARM64 架构。本书在介绍 Linux 内核时选择 ARM64 处理器架构。

学习本书，需要具备 ARM64 处理器的基础知识，推荐以下两篇文档，读者可以从 ARM 公司的网站下载。

（1）"ARM Cortex-A Series Programmer's Guide for ARMv8-A"：这篇文档接近 300 页，适合入门学习。

（2）"ARM Architecture Reference Manual ARMv8, for ARMv8-A architecture profile"：这篇文档有 6000 多页，写得很详细，适合当作工具书来查询。

学习内核，关键是要理解数据结构之间的关系和函数调用关系。内核中数据结构之间的关系错综复杂，函数调用层次深，有些函数中的分支非常多，一个函数就可能涉及很多技术，这些都是初学者学习中的障碍。作者建议读者在学习时抓住主要线索，弄清楚执行流程，刚开始不要过多关注函数的细节。为了方便学习，作者绘制了很多图来描述数据结构之间的关系和函数的执行流程。另外，作者在介绍每种技术时会先介绍使用方法，从使用方法开始学习技术，相信会对读者理解技术有很大的帮助。

全书内容共分为 6 章。

第 1 章介绍内核的引导过程，本书选择常用的引导程序 U-Boot，读者可以从德国 DENX 软件工程中心的网站下载 U-Boot 的代码，对照学习。

第 2 章介绍内核管理和调度进程的技术原理。

第 3 章介绍内核管理虚拟内存和物理内存的技术原理。

第 4 章介绍内核处理异常和中断的技术原理，以及系统调用的实现方式。

第 5 章介绍内核实现的各种保护临界区的互斥技术。

第 6 章介绍内核的虚拟文件系统，内核使用虚拟文件系统支持各种不同的文件系统。

本书适用于维护或者开发 Linux 内核的软件工程师、基于 Linux 内核开发设备驱动程序的软件工程师，以及想要学习了解 Linux 内核的软件工程师和学生。

对于从事应用程序开发的软件工程师，是否有必要学习内核呢？应用程序通常使用封装好的库，看起来似乎和内核没有关系，但是库是在内核提供的系统调用的基础上做了一层封装。读者如果研究了库函数和内核配合实现库函数提供的功能，那么对软件运行过程的理解将会更深刻，个人的技术水平也将会提升到新的高度——能够设计开发出高质量的应用程序，在软件运行过程中出现问题时可以快速地分析定位。另外，内核代表了软件行业的最高编程技术，这些编程技术也适用于应用程序。

最后，感谢我的家人和朋友在本书编写过程中提供的大力支持，感谢提供宝贵意见的同事们，感谢提供技术支持的朋友们，感恩我遇到的众多良师益友。

余华兵

2019 年春

资源与支持

本书由异步社区出品，社区（https://www.epubit.com/）为您提供相关资源和后续服务。

提交勘误

作者和编辑尽最大努力来确保书中内容的准确性，但难免会存在疏漏。欢迎您将发现的问题反馈给我们，帮助我们提升图书的质量。

当您发现错误时，请登录异步社区，按书名搜索，进入本书页面，点击"提交勘误"，输入勘误信息，点击"提交"按钮即可。本书的作者和编辑会对您提交的勘误进行审核，确认并接受后，您将获赠异步社区的 100 积分。积分可用于在异步社区兑换优惠券、样书或奖品。

扫码关注本书

扫描下方二维码，您将会在异步社区微信服务号中看到本书信息及相关的服务提示。

与我们联系

我们的联系邮箱是 contact@epubit.com.cn。

如果您对本书有任何疑问或建议，请您发邮件给我们，并请在邮件标题中注明本书书名，以便我们更高效地做出反馈。

如果您有兴趣出版图书、录制教学视频，或者参与图书翻译、技术审校等工作，可以发邮件给我们；有意出版图书的作者也可以到异步社区在线提交投稿（直接访问www.epubit.com/selfpublish/submission 即可）。

如果您是学校、培训机构或企业，想批量购买本书或异步社区出版的其他图书，也可以发邮件给我们。

如果您在网上发现有针对异步社区出品图书的各种形式的盗版行为，包括对图书全部或部分内容的非授权传播，请您将怀疑有侵权行为的链接发邮件给我们。您的这一举动是对作者权益的保护，也是我们持续为您提供有价值的内容的动力之源。

关于异步社区和异步图书

"异步社区"是人民邮电出版社旗下 IT 专业图书社区，致力于出版精品 IT 技术图书和相关学习产品，为作译者提供优质出版服务。异步社区创办于 2015 年 8 月，提供大量精品 IT 技术图书和电子书，以及高品质技术文章和视频课程。更多详情请访问异步社区官网 https://www.epubit.com。

"异步图书"是由异步社区编辑团队策划出版的精品 IT 专业图书的品牌，依托于人民邮电出版社近 30 年的计算机图书出版积累和专业编辑团队，相关图书在封面上印有异步图书的 LOGO。异步图书的出版领域包括软件开发、大数据、AI、测试、前端、网络技术等。

异步社区

微信服务号

目　　录

第1章
内核引导和初始化

处理器上电以后，首先执行引导程序，引导程序把内核加载到内存，然后执行内核，内核初始化完成以后，启动用户空间的第一个进程。

1.1 到哪里读取引导程序

处理器到哪里读取引导程序的指令？处理器在上电时自动把程序计数器设置为处理器厂商设计的某个固定值，对于 ARM64 处理器，这个固定值是 0。处理器的内存管理单元（Memory Management Unit，MMU）负责把虚拟地址转换为物理地址，ARM64 处理器刚上电的时候没有开启内存管理单元，物理地址和虚拟地址相同，所以 ARM64 处理器到物理地址 0 取第一条指令。

嵌入式设备通常使用 NOR 闪存作为只读存储器来存放引导程序。NOR 闪存的容量比较小，最小读写单位是字节，程序可以直接在芯片内执行。从物理地址 0 开始的一段物理地址空间被分配给 NOR 闪存。

综上所述，ARM64 处理器到虚拟地址 0 取指令，就是到物理地址 0 取指令，也就是到 NOR 闪存的起始位置取指令。

1.2 引导程序

嵌入式设备通常使用 U-Boot 作为引导程序。U-Boot（Universal Boot Loader）是德国 DENX 软件工程中心开发的引导程序，是遵循 GPL 条款的开源项目。

下面简要介绍 ARM64 处理器的 U-Boot 程序的执行过程，入口是文件"arch/arm/cpu/armv8/start.S"定义的标号_start，我们从标号_start 开始分析。

1.2.1 入口_start

标号_start 是 U-Boot 程序的入口，直接跳转到标号 reset 执行。

arch/arm/cpu/armv8/start.S
```
1   .globl    _start
2   _start:
3   b    reset
```

1.2.2　标号 reset

从标号 reset 开始的代码如下：

arch/arm/cpu/armv8/start.S

```
1    reset:
2      /* 允许板卡保存重要的寄存器*/
3      b    save_boot_params
4    .globl    save_boot_params_ret
5    save_boot_params_ret:
6
7    #ifdef CONFIG_SYS_RESET_SCTRL
8      bl reset_sctrl
9    #endif
10     /*
11      * 异常级别可能是3、2或者1，初始状态：
12      * 小端字节序，禁止MMU，禁止指令/数据缓存
13      */
14     adr  x0, vectors
15     switch_el x1, 3f, 2f, 1f
16     3:    msr  vbar_el3, x0
17     mrs  x0, scr_el3
18     orr  x0, x0, #0xf          /* 设置寄存器SCR_EL3的NS、IRQ、FIQ和EA四个位 */
19     msr  scr_el3, x0
20     msr  cptr_el3, xzr         /* 启用浮点和SIMD功能*/
21   #ifdef COUNTER_FREQUENCY
22     ldr  x0, =COUNTER_FREQUENCY
23     msr  cntfrq_el0, x0        /* 初始化寄存器CNTFRQ */
24   #endif
25     b    0f
26     2:    msr   vbar_el2, x0
27     mov  x0, #0x33ff
28     msr  cptr_el2, x0          /* 启用浮点和SIMD功能 */
29     b    0f
30     1:    msr    vbar_el1, x0
31     mov  x0, #3 << 20
32     msr  cpacr_el1, x0         /* 启用浮点和SIMD功能 */
33     0:
34     …
35
36     /* 应用ARM处理器特定的勘误表*/
37     bl   apply_core_errata
38
39     /* 处理器特定的初始化*/
40     bl   lowlevel_init
41
42   #if defined(CONFIG_ARMV8_SPIN_TABLE) && !defined(CONFIG_SPL_BUILD)
43     branch_if_master x0, x1, master_cpu
44     b    spin_table_secondary_jump
45     /* 绝对不会返回*/
46   #elif defined(CONFIG_ARMV8_MULTIENTRY)
47     branch_if_master x0, x1, master_cpu
48
49     /*
50      * 从处理器
51      */
52   slave_cpu:
53     wfe
54     ldr  x1, =CPU_RELEASE_ADDR
55     ldr  x0, [x1]
```

```
56      cbz   x0, slave_cpu
57      br    x0                   /* 跳转到指定地址*/
58   #endif /* CONFIG_ARMV8_MULTIENTRY */
59   master_cpu:
60      bl    _main
```

第 3 行代码，调用各种板卡自定义的函数 save_boot_params 来保存重要的寄存器。

第 8 行代码，调用函数 reset_sctrl 来初始化系统控制寄存器。由配置宏 CONFIG_SYS_RESET_SCTRL 控制，一般不需要打开。

第 15～32 行代码，根据处理器当前的异常级别设置寄存器。

❑ 第 16～24 行代码，如果异常级别是 3，那么把向量基准地址寄存器（VBAR_EL3）设置为异常向量的起始地址；设置安全配置寄存器（SCR_EL3）的 NS、IRQ、FIQ 和 EA 这 4 个位，也就是异常级别 0 和 1 处于非安全状态，在任何异常级别执行时都把中断、快速中断、同步外部中止和系统错误转发到异常级别 3；把协处理器陷入寄存器（CPTR_EL3）设置为 0，允许访问浮点和单指令多数据（Single Instruction Multiple Data，SIMD）功能；设置计数器时钟频率寄存器（CNTFRQ_EL0）。

❑ 第 26～28 行代码，如果异常级别是 2，那么把向量基准地址寄存器（VBAR_EL2）设置为异常向量表的起始地址；设置协处理器陷入寄存器（CPTR_EL2），允许访问浮点和 SIMD 功能。

❑ 第 30～32 行代码，如果异常级别是 1，那么把向量基准地址寄存器（VBAR_EL1）设置为异常向量表的起始地址；设置协处理器访问控制寄存器（CPACR_EL1），允许访问浮点和 SIMD 功能。

第 37 行代码，为处理器的缺陷打补丁。

第 40 行代码，调用函数 lowlevel_init 以执行函数 board_init_f()所需的最小初始化。当前文件定义了弱符号类型的函数 lowlevel_init，处理器厂商可以自定义强符号类型的函数 lowlevel_init 以覆盖弱符号。

第 42～58 行代码，如果是多处理器系统，那么只有一个处理器是主处理器（也称为引导处理器），其他处理器是从处理器。

❑ 第 42～44 行代码，如果使用自旋表启动方法，并且不是编译为第二程序加载器，那么从处理器执行函数 spin_table_secondary_jump。源文件"arch/arm/cpu/armv8/spin_table.c"中定义了函数 spin_table_secondary_jump，执行过程为：从处理器进入低功耗状态，它被唤醒的时候，从地址 spin_table_cpu_release_addr 读取函数地址，如果主处理器还没有指定函数地址，继续等待；如果主处理器指定了函数地址，就跳转到指定的函数地址执行。

❑ 第 46～57 行代码，如果允许多个处理器进入引导程序，那么从处理器进入低功耗状态，它被唤醒的时候，从地址 CPU_RELEASE_ADDR 读取函数地址，如果主处理器还没有指定函数地址，继续等待；如果主处理器指定了函数地址，就跳转到指定的函数地址执行。

第 60 行代码，主处理器执行函数_main。

下面介绍第二阶段程序加载器。

U-Boot 分为 SPL 和正常的 U-Boot 程序两个部分，如果想要编译为 SPL，需要开启配置宏 CONFIG_SPL_BUILD。SPL 是"Secondary Program Loader"的简称,即第二阶段程序加载器,第二阶段是相对于处理器里面的只读存储器中的固化程序来说的,处理器启动时最先执行的是只读存储器中的固化程序。

固化程序通过检测启动方式来加载第二阶段程序加载器。为什么需要第二阶段程序加载器?原因是:一些处理器内部集成的静态随机访问存储器比较小,无法装载一个完整的 U-Boot 镜像,此时需要第二阶段程序加载器,它主要负责初始化内存和存储设备驱动,然后把正常的 U-Boot 镜像从存储设备读到内存中执行。

1.2.3 函数_main

函数_main 的代码如下:

```
arch/arm/lib/crt0_64.S
1    ENTRY(_main)
2
3    /*
4     * 设置初始的C语言运行环境, 并且调用 board_init_f(0)。
5     */
6    #if defined(CONFIG_SPL_BUILD) && defined(CONFIG_SPL_STACK)
7     ldr   x0, =(CONFIG_SPL_STACK)
8    #else
9     ldr   x0, =(CONFIG_SYS_INIT_SP_ADDR)
10   #endif
11    bic  sp, x0, #0xf      /* 为了符合应用二进制接口规范, 对齐到16字节*/
12    mov  x0, sp
13    bl   board_init_f_alloc_reserve
14    mov  sp, x0
15    /* 设置gd */
16    mov  x18, x0
17    bl   board_init_f_init_reserve
18
19    mov  x0, #0
20    bl   board_init_f
21
22   #if !defined(CONFIG_SPL_BUILD)
23   /*
24    * 设置中间环境(新的栈指针和gd), 然后调用函数
25    * relocate_code(addr_moni)。
26    *
27    */
28    ldr  x0, [x18, #GD_START_ADDR_SP]    /* 把寄存器x0设置为gd->start_addr_sp */
29    bic  sp, x0, #0xf                /* 为了符合应用二进制接口规范, 对齐到16字节 */
30    ldr  x18, [x18, #GD_BD]          /* 把寄存器x18设置为gd->bd */
31    sub  x18, x18, #GD_SIZE          /* 新的gd在bd的下面 */
32
33    adr  lr, relocation_return
34    ldr  x9, [x18, #GD_RELOC_OFF]    /* 把寄存器x9设置为gd->reloc_off */
35    add  lr, lr, x9       /* 在重定位后新的返回地址 */
36    ldr  x0, [x18, #GD_RELOCADDR]    /* 把寄存器x0设置为gd->relocaddr */
37    b    relocate_code
38
39   relocation_return:
40
41   /*
42    * 设置最终的完整环境
43    */
```

```
44    bl    c_runtime_cpu_setup      /* 仍然调用旧的例程 */
45  #endif /* !CONFIG_SPL_BUILD */
46  #if defined(CONFIG_SPL_BUILD)
47    bl    spl_relocate_stack_gd    /* 可能返回空指针 */
48    /*
49     * 执行 "sp = (x0 != NULL) ? x0 : sp",
50     * 规避这个约束:
51     * 带条件的mov指令不能把栈指针寄存器作为操作数
52     */
53    mov   x1, sp
54    cmp   x0, #0
55    csel  x0, x0, x1, ne
56    mov   sp, x0
57  #endif
58
59    /*
60     * 用0初始化未初始化数据段
61     */
62    ldr   x0, =__bss_start        /* 这是自动重定位*/
63    ldr   x1, =__bss_end          /* 这是自动重定位*/
64  clear_loop:
65    str   xzr, [x0], #8
66    cmp   x0, x1
67    b.lo clear_loop
68
69    /* 调用函数board_init_r(gd_t *id, ulong dest_addr) */
70    mov   x0, x18                          /* gd_t */
71    ldr   x1, [x18, #GD_RELOCADDR]    /* dest_addr */
72    b     board_init_r                    /* 相对程序计数器的跳转 */
73
74    /* 不会运行到这里, 因为函数board_init_r()不会返回*/
75
76  ENDPROC(_main)
```

第 6～17 行代码, 设置 C 代码的运行环境, 为调用函数 board_init_f 做准备。

❑ 第 11 行代码, 设置临时的栈。

❑ 第 13 行代码, 调用函数 board_init_f_alloc_reserve, 在栈的顶部为结构体 global_data 分配空间。

❑ 第 17 行代码, 调用函数 board_init_f_init_reserve, 初始化结构体 global_data。

第 20 行代码, 调用函数 board_init_f (f 是 front, 表示前期), 执行前期初始化。为了把 U-Boot 程序复制到内存中来执行, 初始化硬件, 做准备工作。文件 "common/board_f.c" 定义了公共的函数 board_init_f, 函数 board_init_f 依次执行数组 init_sequence_f 中的每个函数。

第 22～45 行代码, 如果编译为正常的引导程序, 那么调用函数 relocate_code, 把 U-Boot 程序复制到内存中, 重新定位, 然后调用函数 c_runtime_cpu_setup, 把向量基准地址寄存器设置为异常向量表的起始地址。这里是分界线, 以前处理器从 NOR 闪存取指令, 这一步执行完以后处理器从内存取指令。

第 46～57 行代码, 如果编译为第二阶段程序加载器, 那么调用函数 spl_relocate_stack_gd 重新定位栈。

第 62～67 行代码, 用 0 初始化未初始化数据段。

第 72 行代码, 调用函数 board_init_r (r 是 rear, 表示后期), 执行后期初始化。文件 "common/board_r.c" 定义了函数 board_init_r, 依次执行数组 init_sequence_r 中的每个函数,

最后一个函数是 run_main_loop。

1.2.4　函数 run_main_loop

U-Boot 程序初始化完成后，准备处理命令，这是通过数组 init_sequence_r 的最后一个函数 run_main_loop 实现的。

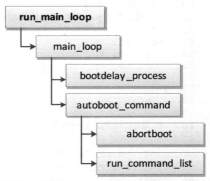

函数 run_main_loop 的执行流程如图 1.1 所示，把主要工作委托给函数 main_loop，函数 main_loop 的执行过程如下。

（1）调用 bootdelay_process 以读取环境变量 bootdelay 和 bootcmd，环境变量 bootdelay 定义延迟时间，即等待用户按键的时间长度；环境变量 bootcmd 定义要执行的命令。

图1.1　函数run_main_loop的执行流程

> U-Boot 程序到哪里读取环境变量？
>
> 　　通常我们把 NOR 闪存分成多个分区，其中第一个分区存放 U-Boot 程序，第二个分区存放环境变量。U-Boot 程序里面的 NOR 闪存驱动程序对分区信息硬编码，指定每个分区的偏移和长度。U-Boot 程序从环境变量分区读取环境变量。

（2）调用函数 autoboot_command。函数 autoboot_command 先调用函数 abortboot，等待用户按键。如果在等待时间内用户没有按键，就调用函数 run_command_list，自动执行环境变量 bootcmd 定义的命令。假设环境变量 bootcmd 定义的命令是"bootm"，函数 run_command_list 查找命令表，发现命令"bootm"的处理函数是 do_bootm。

函数 do_bootm 的执行流程如图 1.2 所示，把主要工作委托给函数 do_bootm_states，函数 do_bootm_states 的执行过程如下。

（1）函数 bootm_start 负责初始化全局变量"bootm_headers_t images"。

（2）函数 bootm_find_os 把内核镜像从存储设备读到内存。

（3）函数 bootm_find_other 读取其他信息，对于 ARM64 架构，通常是扁平设备树（Flattened Device Tree，FDT）二进制文件，该文件用来传递硬件信息给内核。

（4）函数 bootm_load_os 把内核加载到正确的位置，如果内核镜像是被压缩过的，需要解压缩。

（5）函数 bootm_os_get_boot_func 根据操作系统类型在数组 boot_os 中查找引导函数，Linux 内核的引导函数是 do_bootm_linux。

（6）第一次调用函数 do_bootm_linux 时，参数 flag 是 BOOTM_STATE_OS_PREP，为执行 Linux 内核做准备工作。函数 do_bootm_linux(flag=BOOTM_STATE_OS_PREP)把工作委托给函数 boot_prep_linux，主要工作如下。

1）分配一块内存，把扁平设备树二进制文件复制过去。

2）修改扁平设备树二进制文件，例如：如果环境变量"bootargs"指定了内核参数，那么把节点"/chosen"的属性"bootargs"设置为内核参数字符串；如果多处理器系统使用自旋表启动方法，那么针对每个处理器对应的节点"cpu"，把属性"enable-method"设置为"spin-table"，把属性"cpu-release-addr"设置为全局变量 spin_table_cpu_release_addr 的地址。

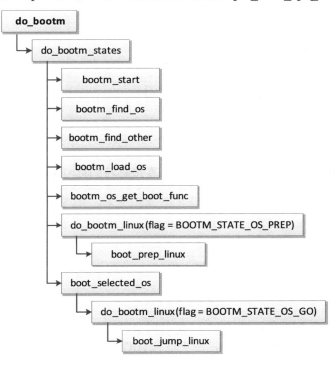

图1.2 函数do_bootm的执行流程

（7）函数 boot_selected_os 调用函数 do_bootm_linux，这是第二次调用函数 do_bootm_linux，参数 flag 是 BOOTM_STATE_OS_GO。函数 do_bootm_linux(flag=BOOTM_STATE_OS_GO) 调用函数 boot_jump_linux，该函数跳转到内核的入口，第一个参数是扁平设备树二进制文件的起始地址，后面 3 个参数现在没有使用。

函数 boot_jump_linux 负责跳转到 Linux 内核，执行流程如图 1.3 所示。

（1）调用函数 smp_kick_all_cpus，如果打开了配置宏 CONFIG_GICV2 或者 CONFIG_GICV3，即使用通用中断控制器版本 2 或者版本 3，那么发送中断请求以唤醒所有从处理器。

（2）调用函数 dcache_disable，禁用处理器的缓存和内存管理单元。

（3）如果开启配置宏 CONFIG_ARMV8_SWITCH_TO_EL1，表示在异常级别 1 执行 Linux 内核，那么先从异常级别 3 切换到异

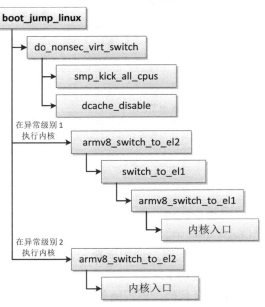

图1.3 函数boot_jump_linux的执行流程

常级别 2，然后切换到异常级别 1，最后跳转到内核入口。

（4）如果在异常级别 2 执行 Linux 内核，那么先从异常级别 3 切换到异常级别 2，然后跳转到内核入口。

1.3　内核初始化

内核初始化分为汇编语言部分和 C 语言部分。

1.3.1　汇编语言部分

ARM64 架构的内核的入口是标号 _head，直接跳转到标号 stext。

```
arch/arm64/kernel/head.S
1    _head:
2    #ifdef CONFIG_EFI
3     add   x13, x18, #0x16
4     b     stext
5    #else
6     b     stext         // 跳转到内核起始位置
7     .long0              // 保留
8    #endif
```

配置宏 CONFIG_EFI 表示提供 UEFI 运行时支持，UEFI（Unified Extensible Firmware Interface）是统一的可扩展固件接口，用于取代 BIOS。

标号 stext 开始的代码如下：

```
arch/arm64/kernel/head.S
1    ENTRY(stext)
2     bl    preserve_boot_args
3     bl    el2_setup            // 降级到异常级别1，寄存器w0存放cpu_boot_mode
4     adrp  x23, __PHYS_OFFSET
5     and   x23, x23, MIN_KIMG_ALIGN - 1     // KASLR偏移，默认值是0
6     bl    set_cpu_boot_mode_flag
7     bl    __create_page_tables
8     /*
9      * 下面调用设置处理器的代码，请看文件 "arch/arm64/mm/proc.S"
10     * 了解细节。
11     * 返回的时候，处理器已经为开启内存管理单元做好准备，
12     * 转换控制寄存器已经设置好。
13     */
14    bl    __cpu_setup          // 初始化处理器
15    b     __primary_switch
16   ENDPROC(stext)
```

第 2 行代码，调用函数 preserve_boot_args，把引导程序传递的 4 个参数保存在全局数组 boot_args 中。

第 3 行代码，调用函数 el2_setup：如果处理器当前的异常级别是 2，判断是否需要降级到异常级别 1。

第 6 行代码，调用函数 set_cpu_boot_mode_flag，根据处理器进入内核时的异常级别设置数组 __boot_cpu_mode[2]。__boot_cpu_mode[0] 的初始值是 BOOT_CPU_MODE_EL2，__boot_cpu_mode[1] 的初始值是 BOOT_CPU_MODE_EL1。如果异常级别是 1，那么把 __boot_

cpu_mode[0]设置为 BOOT_CPU_MODE_EL1；如果异常级别是 2，那么把__boot_cpu_mode[1]
设置为 BOOT_CPU_MODE_EL2。

第 7 行代码，调用函数__create_page_tables，创建页表映射。

第 14 行代码，调用函数__cpu_setup，为开启处理器的内存管理单元做准备，初始化处理器。

第 15 行代码，调用函数__primary_switch，为主处理器开启内存管理单元，搭建 C 语言执行环境，进入 C 语言部分的入口函数 start_kernel。

1. 函数 el2_setup

进入内核的时候，ARM64 处理器的异常级别可能是 1 或者 2，函数 el2_setup 的主要工作如下。

（1）如果异常级别是 1，那么在异常级别 1 执行内核。

（2）如果异常级别是 2，那么根据处理器是否支持虚拟化宿主扩展（Virtualization Host Extensions，VHE），决定是否需要降级到异常级别 1。

1）如果处理器支持虚拟化宿主扩展，那么在异常级别 2 执行内核。

2）如果处理器不支持虚拟化宿主扩展，那么降级到异常级别 1，在异常级别 1 执行内核。

下面介绍 ARM64 处理器的异常级别和虚拟化宿主扩展。

如图 1.4 所示，通常 ARM64 处理器在异常级别 0 执行进程，在异常级别 1 执行内核。

虚拟机是现在流行的虚拟化技术，在计算机上创建一个虚拟机，在虚拟机里面运行一个操作系统，运行虚拟机的操作系统称为宿主操作系统（host OS），虚拟机里面的操作系统称为客户操作系统（guest OS）。

现在常用的虚拟机是基于内核的虚拟机（Kernel-based Virtual Machine，KVM），KVM 的主要特点是直接在处理器上执行客户操作系统，因此虚拟机的执行速度很快。KVM 是内核的一个模块，把内核变成虚拟机监控程序。如图 1.5 所示，宿主操作系统中的进程在异常级别 0 运行，内核在异常级别 1 运行，KVM 模块可以穿越异常级别 1 和 2；客户操作系统中的进程在异常级别 0 运行，内核在异常级别 1 运行。

图1.4 普通的异常级别切换

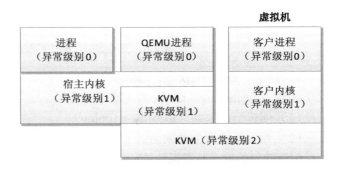

图1.5 支持虚拟化的异常级别切换

常用的开源虚拟机管理软件是 QEMU，QEMU 支持 KVM 虚拟机。使用 QEMU 创建一个 KVM 虚拟机，和 KVM 的交互过程如下。

（1）打开 KVM 字符设备文件。

```
fd = open("/dev/kvm", O_RDWR);
```

（2）创建一个虚拟机，QEMU 进程得到一个关联到虚拟机的文件描述符。

```
vmfd = ioctl(fd, KVM_CREATE_VM, 0);
```

（3）QEMU 为虚拟机模拟多个处理器，每个虚拟处理器就是一个线程，调用 KVM 提供的命令 KVM_CREATE_VCPU，KVM 为每个虚拟处理器创建一个 kvm_vcpu 结构体，QEMU 进程得到一个关联到虚拟处理器的文件描述符。

```
vcpu_fd = ioctl(vmfd, KVM_CREATE_VCPU, 0);
```

从 QEMU 切换到客户操作系统的过程如下。

（1）QEMU 进程调用"ioctl(vcpu_fd, KVM_RUN, 0)"，陷入到内核。

（2）KVM 执行命令 KVM_RUN，从异常级别 1 切换到异常级别 2。

（3）KVM 首先把调用进程的所有寄存器保存在 kvm_vcpu 结构体中，然后把所有寄存器设置为客户操作系统的寄存器值，最后从异常级别 2 返回到异常级别 1，执行客户操作系统。

如图 1.6 所示，为了提高切换速度，ARM64 架构引入了虚拟化宿主扩展，在异常级别 2 执行宿主操作系统的内核，从 QEMU 切换到客户操作系统的时候，KVM 不再需要先从异常级别 1 切换到异常级别 2。

图1.6　支持虚拟化宿主扩展的异常级别切换

2．函数 __create_page_tables

函数 __create_page_tables 的主要工作如下。

（1）创建恒等映射（identity mapping）。

（2）为内核镜像创建映射。

恒等映射的特点是虚拟地址和物理地址相同，是为了在开启处理器的内存管理单元的一瞬间能够平滑过渡。函数 __enable_mmu 负责开启内存管理单元，内核把函数 __enable_mmu 附近的代码放在恒等映射代码节（.idmap.text）里面，恒等映射代码节的起始地址存放在全局变量 __idmap_text_start 中，结束地址存放在全局变量 __idmap_text_end 中。

恒等映射是为恒等映射代码节创建的映射，idmap_pg_dir 是恒等映射的页全局目录（即第一级页表）的起始地址。

在内核的页表中为内核镜像创建映射，内核镜像的起始地址是_text，结束地址是_end，swapper_pg_dir 是内核的页全局目录的起始地址。

3．函数__primary_switch

函数__primary_switch 的主要执行流程如下。

（1）调用函数__enable_mmu 以开启内存管理单元。

（2）调用函数__primary_switched。

函数__enable_mmu 的主要执行流程如下。

（1）把转换表基准寄存器 0（TTBR0_EL1）设置为恒等映射的页全局目录的起始物理地址。

（2）把转换表基准寄存器 1（TTBR1_EL1）设置为内核的页全局目录的起始物理地址。

（3）设置系统控制寄存器（SCTLR_EL1），开启内存管理单元，以后执行程序时内存管理单元将会把虚拟地址转换成物理地址。

函数__primary_switched 的执行流程如下。

（1）把当前异常级别的栈指针寄存器设置为 0 号线程内核栈的顶部（init_thread_union + THREAD_SIZE）。

（2）把异常级别 0 的栈指针寄存器（SP_EL0）设置为 0 号线程的结构体 thread_info 的地址（init_task.thread_info）。

（3）把向量基准地址寄存器（VBAR_EL1）设置为异常向量表的起始地址（vectors）。

（4）计算内核镜像的起始虚拟地址（kimage_vaddr）和物理地址的差值，保存在全局变量 kimage_voffset 中。

（5）用 0 初始化内核的未初始化数据段。

（6）调用 C 语言函数 start_kernel。

1.3.2　C 语言部分

内核初始化的 C 语言部分入口是函数 start_kernel，函数 start_kernel 首先初始化基础设施，即初始化内核的各个子系统，然后调用函数 rest_init。函数 rest_init 的执行流程如下。

（1）创建 1 号线程，即 init 线程，线程函数是 kernel_init。

（2）创建 2 号线程，即 kthreadd 线程，负责创建内核线程。

（3）0 号线程最终变成空闲线程。

init 线程继续初始化，执行的主要操作如下。

（1）smp_prepare_cpus()：在启动从处理器以前执行准备工作。

（2）do_pre_smp_initcalls()：执行必须在初始化 SMP 系统以前执行的早期初始化，即使用宏 early_initcall 注册的初始化函数。

（3）smp_init()：初始化 SMP 系统，启动所有从处理器。

（4）do_initcalls()：执行级别 0~7 的初始化。

（5）打开控制台的字符设备文件"/dev/console"，文件描述符 0、1 和 2 分别是标准输入、标准输出和标准错误，都是控制台的字符设备文件。

（6）prepare_namespace()：挂载根文件系统，后面装载 init 程序时需要从存储设备上的文件系统中读文件。

（7）free_initmem()：释放初始化代码和数据占用的内存。

（8）装载 init 程序（U-Boot 程序可以传递内核参数"init="以指定 init 程序），从内核线程转换成用户空间的 init 进程。

级别 0～7 的初始化，是指使用以下宏注册的初始化函数：

```
include/linux/init.h
#define pure_initcall(fn)            __define_initcall(fn, 0)

#define core_initcall(fn)           __define_initcall(fn, 1)
#define core_initcall_sync(fn)      __define_initcall(fn, 1s)
#define postcore_initcall(fn)       __define_initcall(fn, 2)
#define postcore_initcall_sync(fn)  __define_initcall(fn, 2s)
#define arch_initcall(fn)           __define_initcall(fn, 3)
#define arch_initcall_sync(fn)      __define_initcall(fn, 3s)
#define subsys_initcall(fn)         __define_initcall(fn, 4)
#define subsys_initcall_sync(fn)    __define_initcall(fn, 4s)
#define fs_initcall(fn)             __define_initcall(fn, 5)
#define fs_initcall_sync(fn)        __define_initcall(fn, 5s)
#define rootfs_initcall(fn)         __define_initcall(fn, rootfs)
#define device_initcall(fn)         __define_initcall(fn, 6)
#define device_initcall_sync(fn)    __define_initcall(fn, 6s)
#define late_initcall(fn)           __define_initcall(fn, 7)
#define late_initcall_sync(fn)      __define_initcall(fn, 7s)
```

1.3.3　SMP 系统的引导

对称多处理器（Symmetric Multi-Processor，SMP）系统包含多个处理器，并且每个处理器的地位平等。在启动过程中，处理器的地位不是平等的，0 号处理器称为引导处理器，负责执行引导程序和初始化内核；其他处理器称为从处理器，等待引导处理器完成初始化。引导处理器初始化内核以后，启动从处理器。

引导处理器启动从处理器的方法有 3 种。

（1）自旋表（spin-table）。

（2）电源状态协调接口（Power State Coordination Interface，PSCI）。

（3）ACPI 停车协议（parking-protocol），ACPI 是高级配置与电源接口（Advanced Configuration and Power Interface）。

引导处理器怎么获取从处理器的启动方法呢？读者可以参考函数 cpu_read_enable_method，获取方法如下。

（1）不支持 ACPI 的情况：引导处理器从扁平设备树二进制文件中"cpu"节点的属性"enable-method"读取从处理器的启动方法，可选的方法是自旋表或者 PSCI。

（2）支持 ACPI 的情况：如果固定 ACPI 描述表（Fixed ACPI Description Table，FADT）设置了允许 PSCI 的引导标志，那么使用 PSCI，否则使用 ACPI 停车协议。

假设使用自旋表启动方法，编译 U-Boot 程序时需要开启配置宏 CONFIG_ARMV8_SPIN_TABLE。如图 1.7 所示，SMP 系统的引导过程如下。

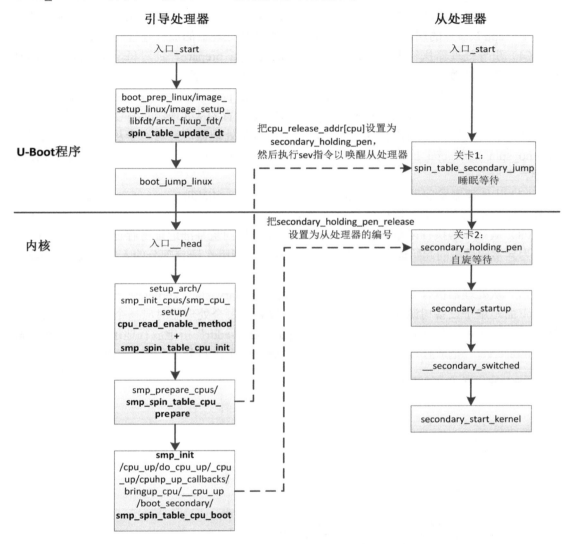

图1.7 ARM64架构下SMP系统的自旋表引导过程

（1）从处理器的第一个关卡是 U-Boot 程序中的函数 spin_table_secondary_jump，从处理器睡眠等待，被唤醒后，检查全局变量 spin_table_cpu_release_addr 的值是不是 0，如果是 0，继续睡眠等待。引导处理器将会把全局变量 spin_table_cpu_release_addr 的值设置为一个函数的地址。

（2）U-Boot 程序：引导处理器执行函数 boot_prep_linux，为执行内核做准备工作，其中一项准备工作是调用函数 spin_table_update_dt，修改扁平设备树二进制文件如下。

1）为每个处理器的"cpu"节点插入一个属性"cpu-release-addr"，把属性值设置为全局变量 spin_table_cpu_release_addr 的地址，称为处理器放行地址。

2）在内存保留区域（memory reserve map，对应扁平设备树源文件的字段"/memreserve/"）

13

添加全局变量 spin_table_cpu_release_addr 的地址。

（3）引导处理器在内核函数 smp_cpu_setup 中，首先调用函数 cpu_read_enable_method 以获取从处理器的启动方法，然后调用函数 smp_spin_table_cpu_init，从扁平设备树二进制文件中 "cpu" 节点的属性 "cpu-release-addr" 得到从处理器的放行地址。

（4）引导处理器执行内核函数 smp_spin_table_cpu_prepare，针对每个从处理器，把放行地址设置为函数 secondary_holding_pen，然后唤醒从处理器。

（5）从处理器被唤醒，执行函数 secondary_holding_pen，这个函数设置了第二个关卡，当引导处理器把全局变量 secondary_holding_pen_release 设置为从处理器的编号时，才会放行。

（6）引导处理器完成内核的初始化，启动所有从处理器，针对每个从处理器，调用函数 smp_spin_table_cpu_boot，把全局变量 secondary_holding_pen_release 设置为从处理器的编号。

（7）从处理器发现引导处理器把全局变量 secondary_holding_pen_release 设置为自己的编号，通过第二个关卡，执行函数 secondary_startup。

（8）从处理器执行函数 __secondary_switched：把向量基准地址寄存器（VBAR_EL1）设置为异常向量表的起始地址，设置栈指针寄存器，调用 C 语言部分的入口函数 secondary_start_kernel。

（9）从处理器执行 C 语言部分的入口函数 secondary_start_kernel。

下面是扁平设备树源文件的一个片段，可以看到每个处理器对应一个 "cpu" 节点，属性 "enable-method" 指定启动方法，属性 "cpu-release-addr" 指定放行地址。需要通过字段 "/memreserve/" 把放行地址设置为内存保留区域，两个参数分别是起始地址和长度。

```
/memreserve/ 0x80000000 0x00010000;

/ {
    …
    cpus {
        #address-cells = <2>;
        #size-cells = <0>;

        cpu@0 {
            device_type = "cpu";
            compatible = "arm,armv8";
            reg = <0x0 0x0>;
            enable-method = "spin-table";
            cpu-release-addr = <0x0 0x8000fff8>;
            next-level-cache = <&L2_0>;
        };
        cpu@1 {
            device_type = "cpu";
            compatible = "arm,armv8";
            reg = <0x0 0x1>;
            enable-method = "spin-table";
            cpu-release-addr = <0x0 0x8000fff8>;
            next-level-cache = <&L2_0>;
        };

        L2_0: l2-cache0 {
            compatible = "cache";
        };
    };
    …
};
```

1.4 init 进程

init 进程是用户空间的第一个进程，负责启动用户程序。Linux 系统常用的 init 程序有 sysvinit、busybox init、upstart、systemd 和 procd。本节选择 sysvinit 进行说明。sysvinit 是 UNIX 系统 5（System V）风格的 init 程序，启动配置文件是 "/etc/inittab"，用来指定要执行的程序以及在哪些运行级别执行这些程序。文件 "/etc/inittab" 如下：

```
# inittab for SysV init

# The default runlevel

# Boot-time system configuration/initilization script.
si::sysinit:/etc/rc.d/init.d/rc S

# Runlevel 0 is halt.
# Runlevel 1 is single-user.
# Runlevels 2-5 are multi-user.
# Runlevel 6 is reboot.

c0:125:respawn:/bin/sh

l0:0:once:/etc/rc.d/init.d/rc 0
l1:1:once:/etc/rc.d/init.d/rc 1
l2:2:once:/etc/rc.d/init.d/rc 2
l3:3:once:/etc/rc.d/init.d/rc 3
l4:4:once:/etc/rc.d/init.d/rc 4
l5:5:once:/etc/rc.d/init.d/rc 5
l6:6:once:/etc/rc.d/init.d/rc 6
```

配置行的格式：id:runlevels:action:process。

其中 id 是配置行的标识符，runlevel 是运行级别，action 是要执行的动作，process 是要执行的程序。

sysvinit 使用运行级别定义系统运行模式，分 8 个运行级别：前 7 个是数字 0～6，第 8 个的名称是 "S" 或者 "s"。有 3 个基本的运行级别，如表 1.1 所示。

表 1.1　基本运行级别

级别	目的
0	关机
1	单用户系统
6	重启

不同的 Linux 发行版本对其他运行级别的定义不同，常见的定义如表 1.2 所示。

表 1.2　其他运行级别

级别	目的
2	没有联网的多用户模式
3	联网并且使用命令行界面的多用户模式
5	联网并且使用图形用户界面的多用户模式

```
si::sysinit:/etc/rc.d/init.d/rc S
```

执行 shell 脚本"/etc/rc.d/init.d/rc"，参数是"S"。shell 脚本 rc 将会遍历执行目录"/etc/rc.d/rcS.d"下的每个 shell 脚本，这些脚本用来初始化系统。

```
13:3:once:/etc/rc.d/init.d/rc 3
```

如果运行级别是 3，那么执行 shell 脚本"/etc/rc.d/init.d/rc"，参数是"3"。shell 脚本 rc 将会遍历执行目录"/etc/rc.d/rc3.d"下的每个 shell 脚本。

怎么让一个程序在设备启动的时候自动启动？写一个启动脚本，放在目录"/etc/rc.d/init.d"下，然后在目录"/etc/rc.d/rc3.d"下创建一个软链接，指向这个启动脚本。假设程序的名称是"hello.elf"，启动脚本如下：

```sh
#!/bin/sh

PROG=hello.elf

case "${1}" in
        start)
                /sbin/${PROG} &
                ;;

        stop)
                pkill ${PROG}
                ;;

        reload)
                ;;

        restart)
                ${0} stop
                sleep 1
                ${0} start
                ;;

        status)
                ;;

        *)
                echo "Usage: ${0} {start|stop|reload|restart|status}"
                exit 1
                ;;
esac
```

第2章
进程管理

2.1 进程

Linux 内核把进程称为任务（task），进程的虚拟地址空间分为用户虚拟地址空间和内核虚拟地址空间，所有进程共享内核虚拟地址空间，每个进程有独立的用户虚拟地址空间。

进程有两种特殊形式：没有用户虚拟地址空间的进程称为内核线程，共享用户虚拟地址空间的进程称为用户线程，通常在不会引起混淆的情况下把用户线程简称为线程。共享同一个用户虚拟地址空间的所有用户线程组成一个线程组。

C 标准库的进程术语和 Linux 内核的进程术语的对应关系如表 2.1 所示。

表 2.1　进程术语的对应关系

C 标准库的进程术语	对应的 Linux 内核的进程术语
包含多个线程的进程	线程组
只有一个线程的进程	进程或任务
线程	共享用户虚拟地址空间的进程

结构体 task_struct 是进程描述符，其主要成员如表 2.2 所示。

表 2.2　进程描述符 task_struct 的主要成员

成员	说明
volatile long state;	进程的状态
void *stack;	指向内核栈
pid_t pid;	全局的进程号
pid_t tgid;	全局的线程组标识符
struct pid_link pids[PIDTYPE_MAX];	进程号，进程组标识符和会话标识符
struct task_struct __rcu *real_parent; struct task_struct __rcu *parent;	real_parent指向真实的父进程 parent指向父进程：如果进程被另一个进程（通常是调试器）使用系统调用ptrace跟踪，那么父进程是跟踪进程，否则和real_parent相同
struct task_struct *group_leader;	指向线程组的组长
const struct cred __rcu *real_cred; const struct cred __rcu *cred;	real_cred指向主体和真实客体证书，cred指向有效客体证书。通常情况下，cred和real_cred指向相同的证书，但是cred可以被临时改变

续表

成员	说明
char comm[TASK_COMM_LEN];	进程名称
int prio, static_prio, normal_prio; unsigned int rt_priority; unsigned int policy;	调度策略和优先级
cpumask_t cpus_allowed	允许进程在哪些处理器上运行
struct mm_struct *mm,*active_mm;	指向内存描述符 进程：mm和active_mm指向同一个内存描述符 内核线程：mm是空指针，当内核线程运行时，active_mm指向从进程借用的内存描述符
struct fs_struct *fs;	文件系统信息，主要是进程的根目录和当前工作目录
struct files_struct *files;	打开文件表
struct nsproxy *nsproxy;	命名空间
struct signal_struct *signal; struct sighand_struct *sighand; sigset_t blocked, real_blocked; sigset_t saved_sigmask; struct sigpending pending;	信号处理 （结构体signal_struct比较混乱，里面包含很多和信号无关的成员，没有人愿意整理）
struct sysv_sem sysvsem; struct sysv_shm sysvshm;	UNIX系统5信号量和共享内存

2.2　命名空间

和虚拟机相比，容器是一种轻量级的虚拟化技术，直接使用宿主机的内核，使用命名空间隔离资源。Linux 内核提供的命名空间如表 2.3 所示。

表 2.3　命名空间

命名空间	隔离资源
控制组（cgroup）	控制组根目录
进程间通信（IPC）	UNIX系统5进程间通信和POSIX消息队列
网络（network）	网络协议栈
挂载（mount）	挂载点
进程号（PID）	进程号
用户（user）	用户标识符和组标识符
UNIX分时系统（UNIX Timesharing System，UTS）	主机名和网络信息服务（NIS）域名

可以使用以下两种方法创建新的命名空间。

（1）调用 clone 创建子进程时，使用标志位控制子进程是共享父进程的命名空间还是创建新的命名空间。

（2）调用 unshare 创建新的命名空间，不和已存在的任何其他进程共享命名空间。

进程也可以使用系统调用 setns，绑定到一个已经存在的命名空间。

如图 2.1 所示，进程描述符的成员"nsproxy"指向一个命名空间代理，命名空间代理包含除了用户以外的所有其他命名空间的地址。如果父进程和子进程共享除了用户以外的所有其他命名空间，那么它们共享一个命名空间代理。

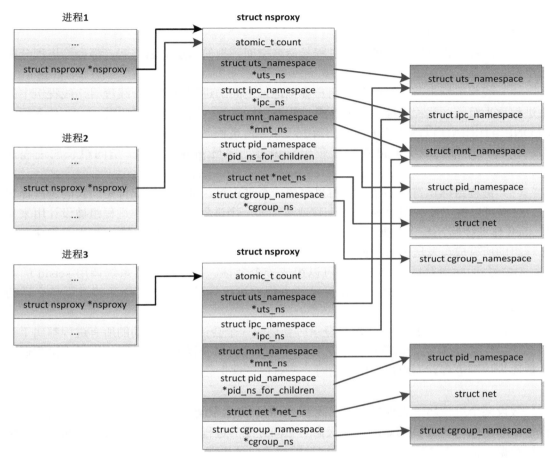

图2.1 进程的命名空间

本节只介绍进程号命名空间。

进程号命名空间用来隔离进程号，对应的结构体是 pid_namespace。每个进程号命名空间独立分配进程号。进程号命名空间按层次组织成一棵树，初始进程号命名空间是树的根，对应全局变量 init_pid_ns，所有进程默认属于初始进程号命名空间。

创建进程时，从进程所属的进程号命名空间到初始进程号命名空间都会分配进程号。如图 2.2 所示，假设某个进程属于进程号命名空间 b，b 的父命名空间是 a，a 的父命名空间是初始进程号命名空间，从 b 到初始的每一级命名空间依次分

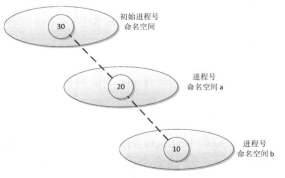

图2.2 进程号命名空间

19

配进程号 10、20 和 30。

2.3 进程标识符

进程有以下标识符。

（1）进程标识符：进程所属的进程号命名空间到根的每层命名空间，都会给进程分配一个标识符。

（2）线程组标识符：多个共享用户虚拟地址空间的进程组成一个线程组，线程组中的主进程称为组长，线程组标识符就是组长的进程标识符。当调用系统调用 clone 传入标志 CLONE_THREAD 以创建新进程时，新进程和当前进程属于一个线程组。

进程描述符的成员 tgid 存放线程组标识符，成员 group_leader 指向组长的进程描述符。

（3）进程组标识符：多个进程可以组成一个进程组，进程组标识符是组长的进程标识符。进程可以使用系统调用 setpgid 创建或者加入一个进程组。会话和进程组被设计用来支持 shell 作业控制，shell 为执行单一命令或者管道的进程创建一个进程组。进程组简化了向进程组的所有成员发送信号的操作。

（4）会话标识符：多个进程组可以组成一个会话。当进程调用系统调用 setsid 的时候，创建一个新的会话，会话标识符是该进程的进程标识符。创建会话的进程是会话的首进程。

Linux 是多用户操作系统，用户登录时会创建一个会话，用户启动的所有进程都属于这个会话。登录 shell 是会话首进程，它所使用的终端就是会话的控制终端，会话首进程通常也被称为控制进程。当用户退出登录时，所有属于这个会话的进程都将被终止。

假设某个进程属于进程号命名空间 b，b 的父命名空间是 a，a 的父命名空间是初始进程号命名空间，从 b 到初始的每一级命名空间分配的进程号依次是 10、20 和 30。进程标识符数据结构如图 2.3 所示，进程描述符的相关成员如下。

（1）成员 pid 存储全局进程号，即初始进程号命名空间分配的进程号 30。

（2）成员 pids[PIDTYPE_PID].pid 指向结构体 pid，存放 3 个命名空间分配的进程号。

（3）成员 pids[PIDTYPE_PGID].pid 指向进程组组长的结构体 pid（限于篇幅，图 2.3 中没画出）。

（4）成员 pids[PIDTYPE_SID].pid 指向会话首进程的结构体 pid（限于篇幅，图 2.3 中没画出）。

进程标识符结构体 pid 的成员如下。

（1）成员 count 是引用计数。

（2）成员 level 是进程所属的进程号命名空间的层次。

（3）数组 numbers 的元素个数是成员 level 的值加上 1，3 个元素依次存放初始命名空间、a 和 b 三个命名空间分配的进程号。numbers[i].nr 是进程号命名空间分配的进程号，numbers[i].ns 指向进程号命名空间的结构体 pid_namespace，numbers[i].pid_chain 用来把进程加入进程号散列表 pid_hash，根据进程号和命名空间计算散列值。

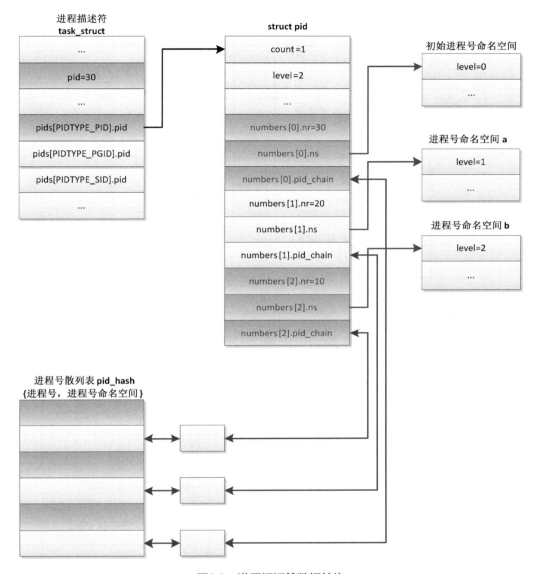

图2.3 进程标识符数据结构

2.4 进程关系

进程 1 分叉生成进程 2，进程 1 称为父进程，进程 2 称为子进程。

进程 1 多次分叉生成进程 2 和进程 3，进程 2 和进程 3 的关系是兄弟关系。

如图 2.4 所示，一个进程的所有子进程被链接在一条子进程链表上，头节点是父进程的成员 children，链表节点是子进程的成员 sibling。子进程的成员 real_parent 指向父进程的进程描述符，成员 parent 用来干什么呢？如果子进程被某个进程（通常是调试器）使用系统调用 ptrace 跟踪，那么成员 parent 指向跟踪者的进程描述符，否则成员 parent 也指向父进程的进程描述符。

如图 2.5 所示，进程管理子系统把所有进程链接在一条进程链表上，头节点是 0 号线程的成员 tasks，链表节点是每个进程的成员 tasks。对于线程组，只把组长加入进程链表。

21

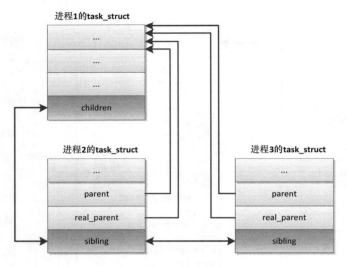

图2.4　父子进程

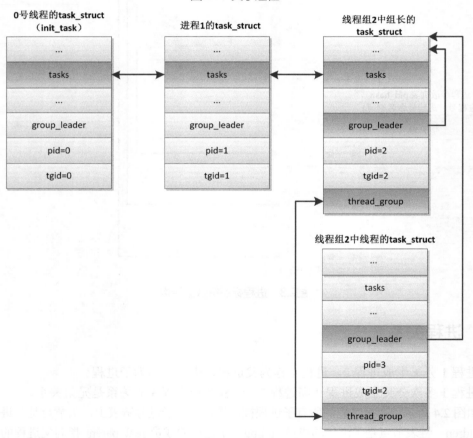

图2.5　进程和线程链表

　　一个线程组的所有线程链接在一条线程链表上，头节点是组长的成员 thread_group，链表节点是线程的成员 thread_group。线程的成员 group_leader 指向组长的进程描述符，成员 tgid 是线程组标识符，成员 pid 存放自己的进程标识符。

2.5 启动程序

当我们在 shell 进程里面执行命令 "/sbin/hello.elf &" 以启动程序 "hello" 时，shell 进程首先创建子进程，然后子进程装载程序 "hello.elf"，其代码如下：

```
ret = fork();
if (ret > 0) {
    /* 父进程继续执行 */
} else if (ret == 0) {
    /* 子进程装载程序 */
    ret = execve(filename, argv, envp);
} else {
    /* 创建子进程失败 */
}
```

下面描述创建新进程和装载程序的过程。

2.5.1 创建新进程

在 Linux 内核中，新进程是从一个已经存在的进程复制出来的。内核使用静态数据构造出 0 号内核线程，0 号内核线程分叉生成 1 号内核线程和 2 号内核线程（kthreadd 线程）。1 号内核线程完成初始化以后装载用户程序，变成 1 号进程，其他进程都是 1 号进程或者它的子孙进程分叉生成的；其他内核线程是 kthreadd 线程分叉生成的。

3 个系统调用可以用来创建新的进程。

（1）fork（分叉）：子进程是父进程的一个副本，采用了写时复制的技术。

（2）vfork：用于创建子进程，之后子进程立即调用 execve 以装载新程序的情况。为了避免复制物理页，父进程会睡眠等待子进程装载新程序。现在 fork 采用了写时复制的技术，vfork 失去了速度优势，已经被废弃。

（3）clone（克隆）：可以精确地控制子进程和父进程共享哪些资源。这个系统调用的主要用处是可供 pthread 库用来创建线程。

clone 是功能最齐全的函数，参数多，使用复杂，fork 是 clone 的简化函数。

我们先介绍 Linux 内核定义系统调用的独特方式，以系统调用 fork 为例：

```
SYSCALL_DEFINE0(fork)
```

把宏展开以后是：

```
asmlinkage long sys_fork(void)
```

"SYSCALL_DEFINE" 后面的数字表示系统调用的参数个数，"SYSCALL_DEFINE0" 表示系统调用没有参数，"SYSCALL_DEFINE6" 表示系统调用有 6 个参数，如果参数超过 6 个，使用宏 "SYSCALL_DEFINEx"。

"asmlinkage" 表示这个 C 语言函数可以被汇编代码调用。如果使用 C++编译器，"asmlinkage" 被定义为 extern "C"；如果使用 C 编译器，"asmlinkage" 是空的宏。

系统调用的函数名称以"sys_"开头。

创建新进程的进程 p 和生成的新进程的关系有 3 种情况。

（1）新进程是进程 p 的子进程。

（2）如果 clone 传入标志位 CLONE_PARENT，那么新进程和进程 p 拥有同一个父进程，是兄弟关系。

（3）如果 clone 传入标志位 CLONE_THREAD，那么新进程和进程 p 属于同一个线程组。

创建新进程的 3 个系统调用在文件"kernel/fork.c"中，它们把工作委托给函数_do_fork。

1．函数_do_fork

函数_do_fork 的原型如下：

```
long _do_fork(unsigned long clone_flags,
          unsigned long stack_start,
          unsigned long stack_size,
          int __user *parent_tidptr,
          int __user *child_tidptr,
          unsigned long tls);
```

参数如下。

（1）参数 clone_flags 是克隆标志，最低字节指定了进程退出时发给父进程的信号，创建线程时，该参数的最低字节是 0，表示线程退出时不需要向父进程发送信号。

（2）参数 stack_start 只在创建线程时有意义，用来指定新线程的用户栈的起始地址。

（3）参数 stack_size 只在创建线程时有意义，用来指定新线程的用户栈的长度。这个参数已经废弃。

（4）参数 parent_tidptr 只在创建线程时有意义，如果参数 clone_flags 指定了标志位 CLONE_PARENT_SETTID，那么调用线程需要把新线程的进程标识符写到参数 parent_tidptr 指定的位置，也就是新线程保存自己的进程标识符的位置。

（5）参数 child_tidptr 只在创建线程时有意义，存放新线程保存自己的进程标识符的位置。如果参数 clone_flags 指定了标志位 CLONE_CHILD_CLEARTID，那么线程退出时需要清除自己的进程标识符。如果参数 clone_flags 指定了标志位 CLONE_CHILD_SETTID，那么新线程第一次被调度时需要把自己的进程标识符写到参数 child_tidptr 指定的位置。

（6）参数 tls 只在创建线程时有意义，如果参数 clone_flags 指定了标志位 CLONE_SETTLS，那么参数 tls 指定新线程的线程本地存储的地址。

如图 2.6 所示，函数_do_fork 的执行流程如下。

（1）调用函数 copy_process 以创建新进程。

（2）如果参数 clone_flags 设置了标志 CLONE_

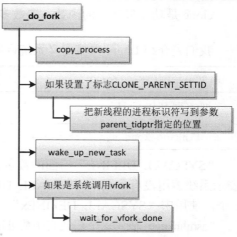

图2.6　函数_do_fork的执行流程

PARENT_SETTID，那么把新线程的进程标识符写到参数 parent_tidptr 指定的位置。

（3）调用函数 wake_up_new_task 以唤醒新进程。

（4）如果是系统调用 vfork，那么当前进程等待子进程装载程序。

2．函数 copy_process

创建新进程的主要工作由函数 copy_process 实现，其执行流程如图 2.7 所示。

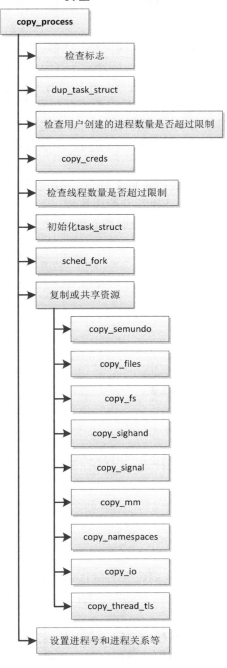

图2.7 函数copy_process的执行流程

（1）检查标志：以下标志组合是非法的。

1）同时设置 CLONE_NEWNS 和 CLONE_FS，即新进程属于新的挂载命名空间，同时和当前进程共享文件系统信息。

2）同时设置 CLONE_NEWUSER 和 CLONE_FS，即新进程属于新的用户命名空间，同时和当前进程共享文件系统信息。

3）设置 CLONE_THREAD，未设置 CLONE_SIGHAND，即新进程和当前进程属于同一个线程组，但是不共享信号处理程序。

4）设置 CLONE_SIGHAND，未设置 CLONE_VM，即新进程和当前进程共享信号处理程序，但是不共享虚拟内存。

5）新进程想要和当前进程成为兄弟进程，并且当前进程是某个进程号命名空间中的 1 号进程。这种标志组合是非法的，说明 1 号进程不存在兄弟进程。

6）新进程和当前进程属于同一个线程组，同时新进程属于不同的用户命名空间或者进程号命名空间。这种标志组合是非法的，说明同一个线程组的所有线程必须属于相同的用户命名空间和进程号命名空间。

（2）函数 dup_task_struct：函数 dup_task_struct 为新进程的进程描述符分配内存，把当前进程的进程描述符复制一份，为新进程分配内核栈。

如图 2.8 所示，进程描述符的成员 stack 指向内核栈。

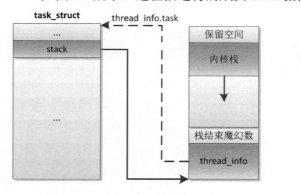

内核栈布局一：thread_info在内核栈顶部　　　　　内核栈布局二：thread_info在结构体task_struct中

图2.8　进程的内核栈

内核栈的定义如下：

```
<include/linux/sched.h>
union thread_union {
#ifndef CONFIG_THREAD_INFO_IN_TASK
    struct thread_info thread_info;
#endif
    unsigned long stack[THREAD_SIZE/sizeof(long)];
};
```

内核栈有两种布局。

1）结构体 thread_info 占用内核栈的空间，在内核栈顶部，成员 task 指向进程描述符。

2）结构体 thread_info 没有占用内核栈的空间，是进程描述符的第一个成员。

两种布局的区别是结构体 thread_info 的位置不同。如果选择第二种布局，需要打开配置宏 CONFIG_THREAD_INFO_IN_TASK。ARM64 架构使用第二种内核栈布局。第二种内核栈布局的好处是：thread_info 结构体作为进程描述符的第一个成员，它的地址和进程描述符的地址相同。当进程在内核模式运行时，ARM64 架构的内核使用用户栈指针寄存器 SP_EL0 存放当前进程的 thread_info 结构体的地址，通过这个寄存器既可以得到 thread_info 结构体的地址，也可以得到进程描述符的地址。

内核栈的长度是 THREAD_SIZE，它由各种处理器架构自己定义，ARM64 架构定义的内核栈长度是 16KB。

结构体 thread_info 存放汇编代码需要直接访问的底层数据，由各种处理器架构定义，ARM64 架构定义的结构体如下。

```
<arch/arm64/include/asm/thread_info.h>
struct thread_info {
    unsigned long    flags;                  /*底层标志位*/
    mm_segment_t     addr_limit;          /*地址限制 */
#ifdef CONFIG_ARM64_SW_TTBR0_PAN
    u64              ttbr0;                  /* 保存的寄存器 TTBR0_EL1 */
#endif
    int              preempt_count;          /* 0表示可抢占，小于0是缺陷 */
};
```

1）flags：底层标志，常用的标志是 TIF_SIGPENDING 和 TIF_NEED_RESCHED，前者表示进程有需要处理的信号，后者表示调度器需要重新调度进程。

2）addr_limit：进程可以访问的地址空间的上限。对于进程，它的值是用户地址空间的上限；对于内核线程，它的值是内核地址空间的上限。

3）preempt_count：抢占计数器。

（3）检查用户的进程数量限制：如果拥有当前进程的用户创建的进程数量达到或者超过限制，并且用户不是根用户，也没有忽略资源限制的权限（CAP_SYS_RESOURCE）和系统管理权限（CAP_SYS_ADMIN），那么不允许创建新进程。

```
if (atomic_read(&p->real_cred->user->processes) >=
        task_rlimit(p, RLIMIT_NPROC)) {
    if (p->real_cred->user != INIT_USER &&
        !capable(CAP_SYS_RESOURCE) && !capable(CAP_SYS_ADMIN))
        goto bad_fork_free;
}
```

（4）函数 copy_creds：函数 copy_creds 负责复制或共享证书，证书存放进程的用户标识符、组标识符和访问权限。

如果设置了标志 CLONE_THREAD，即新进程和当前进程属于同一个线程组，那么新进程和当前进程共享证书，如图 2.9 所示。

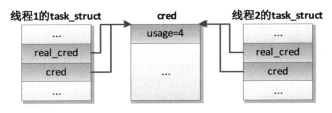

图2.9　线程共享证书

27

否则，子进程复制当前进程的证书，如果设置了标志 CLONE_NEWUSER，那么需要为新进程创建新的用户命名空间，新的用户命名空间是当前进程的用户命名空间的子命名空间。

最后把用户的进程数量统计值加 1。

（5）检查线程数量限制：如果线程数量达到允许的线程最大数量，那么不允许创建新进程。

全局变量 nr_threads 存放当前的线程数量；max_threads 存放允许创建的线程最大数量，默认值是 MAX_THREADS。

```
if (nr_threads >= max_threads)
    goto bad_fork_cleanup_count;
```

（6）函数 sched_fork：函数 sched_fork 为新进程设置调度器相关的参数，其主要代码如下。

kernel/sched/core.c
```
1    int sched_fork(unsigned long clone_flags, struct task_struct *p)
2    {
3     unsigned long flags;
4     int cpu = get_cpu();
5
6     __sched_fork(clone_flags, p);
7     p->state = TASK_NEW;
8
9     p->prio = current->normal_prio;
10
11    if (unlikely(p->sched_reset_on_fork)) {
12        if (task_has_dl_policy(p) || task_has_rt_policy(p)) {
13            p->policy = SCHED_NORMAL;
14            p->static_prio = NICE_TO_PRIO(0);
15            p->rt_priority = 0;
16        } else if (PRIO_TO_NICE(p->static_prio) < 0)
17            p->static_prio = NICE_TO_PRIO(0);
18
19        p->prio = p->normal_prio = __normal_prio(p);
20        set_load_weight(p);
21
22        p->sched_reset_on_fork = 0;
23    }
24
25    if (dl_prio(p->prio)) {
26        put_cpu();
27        return -EAGAIN;
28    } else if (rt_prio(p->prio)) {
29        p->sched_class = &rt_sched_class;
30    } else {
31        p->sched_class = &fair_sched_class;
32    }
33
34    init_entity_runnable_average(&p->se);
35
36    raw_spin_lock_irqsave(&p->pi_lock, flags);
37    __set_task_cpu(p, cpu);
38    if (p->sched_class->task_fork)
39        p->sched_class->task_fork(p);
40    raw_spin_unlock_irqrestore(&p->pi_lock, flags);
41
42    …
43    #if defined(CONFIG_SMP)
44     p->on_cpu = 0;
```

```
45    #endif
46    init_task_preempt_count(p);
47    …
48
49    put_cpu();
50    return 0;
51    }
```

第 6 行代码，调用函数 __sched_fork 以执行基本设置。

第 7 行代码，把新进程的状态设置为 TASK_NEW。

第 9 行代码，把新进程的调度优先级设置为当前进程的正常优先级。为什么不设置为当前进程的调度优先级？因为当前进程可能因为占有实时互斥锁而被临时提升了优先级。

第 11～23 行代码，如果当前进程使用 sched_setscheduler 设置调度策略和相关参数时设置了标志 SCHED_RESET_ON_FORK，要求创建新进程时把新进程的调度策略和优先级设置为默认值，那么处理如下。

❑ 第 12～15 行代码，如果当前进程是限期进程或实时进程，那么把新进程的调度策略恢复成 SCHED_NORMAL，把 nice 值设置成默认值 0，对应静态优先级 120。

❑ 第 16 行和第 17 行代码，如果当前进程是普通进程，并且 nice 值小于 0，那么把新进程的 nice 值恢复成默认值 0，对应静态优先级 120。

第 25～32 行代码，根据新进程的调度优先级设置调度类。

❑ 第 25～27 行代码，如果调度优先级是限期调度类的优先级，那么返回 "-EAGAIN"，因为不允许限期进程分叉生成新的限期进程。

❑ 第 28 行和第 29 行代码，如果调度优先级是实时调度类的优先级，那么把调度类设置为实时调度类。

❑ 第 30 行和第 31 行代码，如果调度优先级是公平调度类的优先级，那么把调度类设置为公平调度类。

第 37 行代码，调用函数 __set_task_cpu，设置新进程在哪个处理器上，如果开启公平组调度和实时组调度，那么还需要设置新进程属于哪个公平运行队列和哪个实时运行队列。

第 38 行和第 39 行代码，执行调度类的 task_fork 方法。

第 46 行代码，初始化新进程的抢占计数器，在抢占式内核中设置为 2，在非抢占式内核中设置为 0。因为在抢占式内核中，如果函数 schedule() 在调度进程时选中了新进程，那么调用函数 rq_unlock_irq() 和 sched_preempt_enable_no_resched() 时会把新进程的抢占计数减两次。

（7）复制或者共享资源如下。

1）UNIX 系统 5 信号量。只有属于同一个线程组的线程之间才会共享 UNIX 系统 5 信号量。函数 copy_semundo 处理 UNIX 系统 5 信号量的共享问题，其代码如下：

kernel/fork.c
```
1    int copy_semundo(unsigned long clone_flags, struct task_struct *tsk)
2    {
3    struct sem_undo_list *undo_list;
4    int error;
5
6    if (clone_flags & CLONE_SYSVSEM) {
7        error = get_undo_list(&undo_list);
8        if (error)
9            return error;
```

```
10         atomic_inc(&undo_list->refcnt);
11         tsk->sysvsem.undo_list = undo_list;
12     } else
13         tsk->sysvsem.undo_list = NULL;
14
15     return 0;
16     }
```

第 6～11 行代码，如果调用者传入标志 CLONE_SYSVSEM，表示共享 UNIX 系统 5 信号量，那么新进程和当前进程共享 UNIX 系统 5 信号量的撤销请求链表，对应结构体 sem_undo_list，把计数加 1。当进程退出时，内核需要把信号量的计数值加上该进程曾经减去的数值。

否则，在第 12 行和第 13 行代码中，新进程的 UNIX 系统 5 信号量的撤销请求链表是空的。

2）打开文件表。只有属于同一个线程组的线程之间才会共享打开文件表。函数 copy_files 复制或者共享打开文件表，其代码如下：

kernel/fork.c
```
1     static int copy_files(unsigned long clone_flags, struct task_struct *tsk)
2     {
3      struct files_struct *oldf, *newf;
4      int error = 0;
5
6      oldf = current->files;
7      if (!oldf)    /* 后台进程可能没有打开文件表 */
8          goto out;
9
10     if (clone_flags & CLONE_FILES) {
11         atomic_inc(&oldf->count);
12         goto out;
13     }
14
15     newf = dup_fd(oldf, &error);
16     if (!newf)
17         goto out;
18
19     tsk->files = newf;
20     error = 0;
21 out:
22     return error;
23     }
```

第 10～13 行代码，如果调用者传入标志 CLONE_FILES，表示共享打开文件表，那么新进程和当前进程共享打开文件表的结构体 files_struct，把计数加 1。

否则，在第 15 行代码中，新进程把当前进程的打开文件表复制一份。

3）文件系统信息。进程的文件系统信息包括根目录、当前工作目录和文件模式创建掩码。只有属于同一个线程组的线程之间才会共享文件系统信息。

函数 copy_fs 复制或者共享文件系统信息，其代码如下：

kernel/fork.c
```
1     static int copy_fs(unsigned long clone_flags, struct task_struct *tsk)
2     {
3      struct fs_struct *fs = current->fs;
4      if (clone_flags & CLONE_FS) {
5          spin_lock(&fs->lock);
6          if (fs->in_exec) {
7              spin_unlock(&fs->lock);
8              return -EAGAIN;
9          }
10         fs->users++;
```

```
11          spin_unlock(&fs->lock);
12          return 0;
13      }
14      tsk->fs = copy_fs_struct(fs);
15      if (!tsk->fs)
16          return -ENOMEM;
17      return 0;
18  }
```

第 4～13 行代码，如果调用者传入标志 CLONE_FS，表示共享文件系统信息，那么新进程和当前进程共享文件系统信息的结构体 fs_struct，把计数 users 加 1。

否则，在第 14 行代码中，新进程把当前进程的文件系统信息复制一份。

4）信号处理程序。只有属于同一个线程组的线程之间才会共享信号处理程序。函数 copy_sighand 复制或者共享信号处理程序，其代码如下：

kernel/fork.c
```
1   static int copy_sighand(unsigned long clone_flags, struct task_struct *tsk)
2   {
3    struct sighand_struct *sig;
4
5    if (clone_flags & CLONE_SIGHAND) {
6        atomic_inc(&current->sighand->count);
7        return 0;
8    }
9    sig = kmem_cache_alloc(sighand_cachep, GFP_KERNEL);
10   rcu_assign_pointer(tsk->sighand, sig);
11   if (!sig)
12       return -ENOMEM;
13
14   atomic_set(&sig->count, 1);
15   memcpy(sig->action, current->sighand->action, sizeof(sig->action));
16   return 0;
17  }
```

第 5～8 行代码，如果调用者传入标志 CLONE_SIGHAND，表示共享信号处理程序，那么新进程和当前进程共享信号处理程序的结构体 sighand_struct，把计数加 1。

否则，在第 9～15 行代码中，新进程把当前进程的信号处理程序复制一份。

5）信号结构体。只有属于同一个线程组的线程之间才会共享信号结构体。函数 copy_signal 复制或共享信号结构体，其代码如下：

kernel/fork.c
```
1   static int copy_signal(unsigned long clone_flags, struct task_struct *tsk)
2   {
3    struct signal_struct *sig;
4
5    if (clone_flags & CLONE_THREAD)
6        return 0;
7
8    sig = kmem_cache_zalloc(signal_cachep, GFP_KERNEL);
9    tsk->signal = sig;
10   if (!sig)
11       return -ENOMEM;
12
13   sig->nr_threads = 1;
14   atomic_set(&sig->live, 1);
15   atomic_set(&sig->sigcnt, 1);
16
17   …
```

```
18    task_lock(current->group_leader);
19    memcpy(sig->rlim, current->signal->rlim, sizeof sig->rlim);
20    task_unlock(current->group_leader);
21    …
22    return 0;
23  }
```

第 5 行代码，如果调用者传入标志 CLONE_THREAD，表示创建线程，那么新进程和当前进程共享信号结构体 signal_struct。

否则，在第 8～20 行代码中，为新进程分配信号结构体，然后初始化，继承当前进程的资源限制。

6）虚拟内存。只有属于同一个线程组的线程之间才会共享虚拟内存。函数 copy_mm 复制或共享虚拟内存，其主要代码如下：

kernel/fork.c
```
1    static int copy_mm(unsigned long clone_flags, struct task_struct *tsk)
2    {
3     struct mm_struct *mm, *oldmm;
4     int retval;
5
6     …
7     tsk->mm = NULL;
8     tsk->active_mm = NULL;
9
10    oldmm = current->mm;
11    if (!oldmm)
12        return 0;
13
14    …
15    if (clone_flags & CLONE_VM) {
16        mmget(oldmm);
17        mm = oldmm;
18        goto good_mm;
19    }
20
21    retval = -ENOMEM;
22    mm = dup_mm(tsk);
23    if (!mm)
24        goto fail_nomem;
25
26  good_mm:
27    tsk->mm = mm;
28    tsk->active_mm = mm;
29    return 0;
30
31    fail_nomem:
32     return retval;
33  }
```

第 15～19 行代码，如果调用者传入标志 CLONE_VM，表示共享虚拟内存，那么新进程和当前进程共享内存描述符 mm_struct，把计数 mm_users 加 1。

否则，在第 22～28 行代码中，新进程复制当前进程的虚拟内存。

7）命名空间。函数 copy_namespaces 创建或共享命名空间，其代码如下：

kernel/fork.c
```
1    int copy_namespaces(unsigned long flags, struct task_struct *tsk)
2    {
3     struct nsproxy *old_ns = tsk->nsproxy;
4     struct user_namespace *user_ns = task_cred_xxx(tsk, user_ns);
```

```
5       struct nsproxy *new_ns;
6
7       if (likely(!(flags & (CLONE_NEWNS | CLONE_NEWUTS | CLONE_NEWIPC |
8                       CLONE_NEWPID | CLONE_NEWNET |
9                       CLONE_NEWCGROUP)))) {
10          get_nsproxy(old_ns);
11          return 0;
12      }
13
14      if (!ns_capable(user_ns, CAP_SYS_ADMIN))
15          return -EPERM;
16
17      if ((flags & (CLONE_NEWIPC | CLONE_SYSVSEM)) ==
18          (CLONE_NEWIPC | CLONE_SYSVSEM))
19          return -EINVAL;
20
21      new_ns = create_new_namespaces(flags, tsk, user_ns, tsk->fs);
22      if (IS_ERR(new_ns))
23          return  PTR_ERR(new_ns);
24
25      tsk->nsproxy = new_ns;
26      return 0;
27  }
```

第 7～12 行代码，如果共享除了用户以外的所有其他命名空间，那么新进程和当前进程共享命名空间代理结构体 nsproxy，把计数加 1。

第 14 行和第 15 行代码，如果进程没有系统管理权限，那么不允许创建新的命名空间。

第 17～19 行代码，如果既要求创建新的进程间通信命名空间，又要求共享 UNIX 系统 5 信号量，那么这种要求是不合理的。

第 21 行代码，创建新的命名空间代理，然后创建或者共享命名空间。

- ❑ 如果设置了标志 CLONE_NEWNS，那么创建新的挂载命名空间，否则共享挂载命名空间。
- ❑ 如果设置了标志 CLONE_NEWUTS，那么创建新的 UTS 命名空间，否则共享 UTS 命名空间。
- ❑ 如果设置了标志 CLONE_NEWIPC，那么创建新的进程间通信命名空间，否则共享进程间通信命名空间。
- ❑ 如果设置了标志 CLONE_NEWPID，那么创建新的进程号命名空间，否则共享进程号命名空间。
- ❑ 如果设置了标志 CLONE_NEWCGROUP，那么创建新的控制组命名空间，否则共享控制组命名空间。
- ❑ 如果设置了标志 CLONE_NEWNET，那么创建新的网络命名空间，否则共享网络命名空间。

8）I/O 上下文。函数 copy_io 创建或者共享 I/O 上下文，其代码如下：

kernel/fork.c
```
1   static int copy_io(unsigned long clone_flags, struct task_struct *tsk)
2   {
3   #ifdef CONFIG_BLOCK
4   struct io_context *ioc = current->io_context;
5   struct io_context *new_ioc;
6
7   if (!ioc)
```

```
8          return 0;
9
10   if (clone_flags & CLONE_IO) {
11          ioc_task_link(ioc);
12          tsk->io_context = ioc;
13   } else if (ioprio_valid(ioc->ioprio)) {
14          new_ioc = get_task_io_context(tsk, GFP_KERNEL, NUMA_NO_NODE);
15          if (unlikely(!new_ioc))
16              return -ENOMEM;
17
18          new_ioc->ioprio = ioc->ioprio;
19          put_io_context(new_ioc);
20   }
21   #endif
22    return 0;
23   }
```

第 10～12 行代码，如果调用者传入标志 CLONE_IO，表示共享 I/O 上下文，那么共享 I/O 上下文的结构体 io_context，把计数 nr_tasks 加 1。

否则，在第 13～20 行代码中，创建新的 I/O 上下文，然后初始化，继承当前进程的 I/O 优先级。

9）复制寄存器值。调用函数 copy_thread_tls 复制当前进程的寄存器值，并且修改一部分寄存器值。如图 2.10 所示，进程有两处用来保存寄存器值：从用户模式切换到内核模式时，把用户模式的各种寄存器保存在内核栈底部的结构体 pt_regs 中；进程调度器调度进程时，切换出去的进程把寄存器值保存在进程描述符的成员 thread 中。因为不同处理器架构的寄存器不同，所以各种处理器架构需要自己定义结构体 pt_regs 和 thread_struct，实现函数 copy_thread_tls。

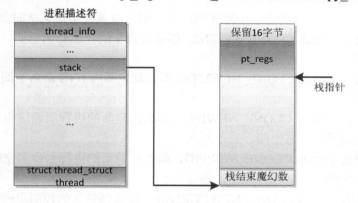

图2.10　进程保存寄存器值处

ARM64 架构的函数 copy_thread_tls 把主要工作委托给函数 copy_thread，函数 copy_thread 的代码如下：

arch/arm64/kernel/process.c
```
1     int copy_thread(unsigned long clone_flags, unsigned long stack_start,
2          unsigned long stk_sz, struct task_struct *p)
3     {
4     struct pt_regs *childregs = task_pt_regs(p);
5
6     memset(&p->thread.cpu_context, 0, sizeof(struct cpu_context));
7
8     if (likely(!(p->flags & PF_KTHREAD))) {   /* 用户进程 */
9         *childregs = *current_pt_regs();
```

```
10              childregs->regs[0] = 0;
11
12              /*
13               * 从寄存器tpidr_el0读取当前线程的线程本地存储的地址,
14               * 因为它可能和保存的值不一致
15               */
16              *task_user_tls(p) = read_sysreg(tpidr_el0);
17
18              if (stack_start) {
19                  if (is_compat_thread(task_thread_info(p)))
20                      childregs->compat_sp = stack_start;
21                  else
22                      childregs->sp = stack_start;
23              }
24
25              /*
26               * 如果把线程本地存储的地址传给系统调用clone的第4个参数,
27               * 那么新线程将使用它
28               */
29              if (clone_flags & CLONE_SETTLS)
30                  p->thread.tp_value = childregs->regs[3];
31      } else {    /* 内核线程 */
32          memset(childregs, 0, sizeof(struct pt_regs));
33          childregs->pstate = PSR_MODE_EL1h;
34          if (IS_ENABLED(CONFIG_ARM64_UAO) &&
35              cpus_have_const_cap(ARM64_HAS_UAO))
36                  childregs->pstate |= PSR_UAO_BIT;
37          p->thread.cpu_context.x19 = stack_start;
38          p->thread.cpu_context.x20 = stk_sz;
39      }
40      p->thread.cpu_context.pc = (unsigned long)ret_from_fork;
41      p->thread.cpu_context.sp = (unsigned long)childregs;
42
43      …
44      return 0;
45  }
```

执行过程如下。

第6行代码,把新进程的进程描述符的成员 thread.cpu_context 清零,在调度进程时切换出去的进程使用这个成员保存通用寄存器的值。

第8~30行代码,如果是用户进程,其处理过程如下。

❑ 第9行代码,子进程把当前进程内核栈底部的 pt_regs 结构体复制一份。当前进程从用户模式切换到内核模式时,把用户模式的各种寄存器保存一份放在内核栈底部的 pt_regs 结构体中。

❑ 第10行代码,把子进程的 X0 寄存器设置为0,因为 X0 寄存器存放系统调用的返回值,调用 fork 或 clone 后,子进程返回0。

❑ 第16行代码,把子进程的 TPIDR_EL0 寄存器设置为当前进程的 TPIDR_EL0 寄存器的值。TPIDR_EL0 是用户读写线程标识符寄存器(User Read and Write Thread ID Register),pthread 库用来存放每线程数据的基准地址,存放每线程数据的区域通常被称为线程本地存储(Thread Local Storage,TLS)。

❑ 第18~23行代码,如果使用系统调用 clone 创建线程时指定了用户栈的起始地址,那么把新线程的栈指针寄存器 SP_EL0 设置为用户栈的起始地址。

❑ 第29行和第30行代码,如果使用系统调用 clone 创建线程时设置了标志位 CLONE_

SETTLS，那么把新线程的 TPIDR_EL0 寄存器设置为系统调用 clone 第 4 个参数 tls 指定的线程本地存储的地址。

第 31～39 行代码，如果是内核线程，其处理过程如下。

❑　第 32 行代码，把子进程内核栈底部的 pt_regs 结构体清零。

❑　第 33 行代码，把子进程的处理器状态设置为 PSR_MODE_EL1h，值为 5，其中第 0 位是栈指针选择符（ARM64 架构在异常级别 1 时可以使用异常级别 1 的栈指针寄存器 SP_EL1，也可以使用异常级别 0 的栈指针寄存器 SP_EL0），值为 1 表示选择栈指针寄存器 SP_EL1；第 2、3 位是异常级别，值为 1 表示异常级别 1。

❑　第 37 行代码，把子进程的 x19 寄存器设置为线程函数的地址，注意参数 stack_start 存放线程函数的地址，即用来创建内核线程的函数 kernel_thread 的第一个参数 fn。

❑　第 38 行代码，把子进程的 x20 寄存器设置为传给线程函数的参数，注意参数 stk_sz 存放传给线程函数的参数，即用来创建内核线程的函数 kernel_thread 的第二个参数 arg。

第 40 行代码，把子进程的程序计数器设置为函数 ret_from_fork。当子进程被调度时，从函数 ret_from_fork 开始执行。

第 41 行代码，把子进程的栈指针寄存器 SP_EL1 设置为内核栈底部 pt_regs 结构体的起始位置。

（8）设置进程号和进程关系。函数 copy_process 的最后部分为新进程设置进程号和进程关系，其主要代码如下：

```
1   if (pid != &init_struct_pid) {
2       pid = alloc_pid(p->nsproxy->pid_ns_for_children);
3       if (IS_ERR(pid)) {
4           retval = PTR_ERR(pid);
5           goto bad_fork_cleanup_thread;
6       }
7   }
8
9   …
10
11  p->pid = pid_nr(pid);
12  if (clone_flags & CLONE_THREAD) {
13      p->exit_signal = -1;
14      p->group_leader = current->group_leader;
15      p->tgid = current->tgid;
16  } else {
17      if (clone_flags & CLONE_PARENT)
18          p->exit_signal = current->group_leader->exit_signal;
19      else
20          p->exit_signal = (clone_flags & CSIGNAL);
21      p->group_leader = p;
22      p->tgid = p->pid;
23  }
24
25  …
26  cgroup_threadgroup_change_begin(current);
27  retval = cgroup_can_fork(p);
28  if (retval)
29      goto bad_fork_free_pid;
30
31  write_lock_irq(&tasklist_lock);
32
33  if (clone_flags & (CLONE_PARENT|CLONE_THREAD)) {
```

```
34          p->real_parent = current->real_parent;
35          p->parent_exec_id = current->parent_exec_id;
36      } else {
37          p->real_parent = current;
38          p->parent_exec_id = current->self_exec_id;
39      }
40
41      …
42      spin_lock(&current->sighand->siglock);
43      …
44      if (likely(p->pid)) {
45          …
46          init_task_pid(p, PIDTYPE_PID, pid);
47          if (thread_group_leader(p)) {
48              init_task_pid(p, PIDTYPE_PGID, task_pgrp(current));
49              init_task_pid(p, PIDTYPE_SID, task_session(current));
50
51              if (is_child_reaper(pid)) {
52                  ns_of_pid(pid)->child_reaper = p;
53                  p->signal->flags |= SIGNAL_UNKILLABLE;
54              }
55
56              p->signal->leader_pid = pid;
57              p->signal->tty = tty_kref_get(current->signal->tty);
58              p->signal->has_child_subreaper = p->real_parent->signal-> has_child_
subreaper ||
59                                          p->real_parent->signal->is_child_subreaper;
60              list_add_tail(&p->sibling, &p->real_parent->children);
61              list_add_tail_rcu(&p->tasks, &init_task.tasks);
62              attach_pid(p, PIDTYPE_PGID);
63              attach_pid(p, PIDTYPE_SID);
64              __this_cpu_inc(process_counts);
65          } else {
66              current->signal->nr_threads++;
67              atomic_inc(&current->signal->live);
68              atomic_inc(&current->signal->sigcnt);
69              list_add_tail_rcu(&p->thread_group,
70                          &p->group_leader->thread_group);
71              list_add_tail_rcu(&p->thread_node,
72                          &p->signal->thread_head);
73          }
74          attach_pid(p, PIDTYPE_PID);
75          nr_threads++;
76      }
77
78      total_forks++;
79      spin_unlock(&current->sighand->siglock);
80      …
81      write_unlock_irq(&tasklist_lock);
82
83      proc_fork_connector(p);
84      cgroup_post_fork(p);
85      cgroup_threadgroup_change_end(current);
86      …
87      return p;
```

第 1～7 行代码，为新进程分配进程号。从新进程所属的进程号命名空间一直到根，每层进程号命名空间为新进程分配一个进程号。

pid 等于 init_struct_pid 的地址，这是什么意思呢？在内核初始化时，引导处理器为每个从处理器分叉生成一个空闲线程（参考函数 idle_threads_init），所有处理器的空闲线程使用进程号 0，全局变量 init_struct_pid 存放空闲线程的进程号。

第 12～23 行代码，分情况设置新进程退出时发送给父进程的信号，设置新进程所属的线程组。

1）第 12～15 行代码，如果是创建线程，那么把新线程的成员 exit_signal 设置为−1，新线程退出时不需要发送信号给父进程；因为新线程和当前线程属于同一个线程组，所以成员 group_leader 指向同一个组长，成员 tgid 存放组长的进程号。

2）第 16～23 行代码，如果是创建进程，执行过程如下。

- ❑　第 17 行和第 18 行代码，如果传入标志 CLONE_PARENT，新进程和当前进程是兄弟关系，那么新进程的成员 exit_signal 等于当前进程所属线程组的组长的成员 exit_signal。
- ❑　第 19 行和第 20 行代码，如果没有传入标志 CLONE_PARENT，新进程和当前进程是父子关系，那么新进程的成员 exit_signal 是调用者指定的信号。
- ❑　第 21 行和第 22 行代码，新进程所属线程组的组长是自己。

第 27～29 行代码，控制组的进程数控制器检查是否允许创建新进程：从当前进程所属的控制组一直到控制组层级的根，如果其中一个控制组的进程数量大于或等于限制，那么不允许使用 fork 和 clone 创建新进程。

控制组（cgroup）的进程数（PIDs）控制器：用来限制控制组及其子控制组中的进程使用 fork 和 clone 创建的新进程的数量，如果进程 p 所属的控制组到控制组层级的根，其中有一个控制组的进程数量大于或等于限制，那么不允许进程 p 使用 fork 和 clone 创建新进程。

第 33～39 行代码，为新进程设置父进程。

- ❑　第 34 行代码，如果传入了标志 CLONE_PARENT（表示拥有相同的父进程）或者 CLONE_THREAD（表示创建线程），那么新进程和当前进程拥有相同的父进程。
- ❑　第 37 行代码，否则，新进程的父进程是当前进程。

第 46 行代码，把新进程的成员 pids[PIDTYPE_PID].pid 指向第 2 行代码分配的进程号结构体。

第 47～64 行代码，如果是创建新进程，执行下面的处理过程。

- ❑　第 48 行代码，因为新进程和当前进程属于同一个进程组，所以成员 pids[PIDTYPE_PGID].pid 指向同一个进程组的组长的进程号结构体。
- ❑　第 49 行代码，因为新进程和当前进程属于同一个会话，所以成员 pids[PIDTYPE_SID].pid 指向同一个会话的控制进程的进程号结构体。
- ❑　第 51～53 行代码，如果新进程是 1 号进程，那么新进程是进程号命名空间中的孤儿进程领养者，忽略致命的信号，因为 1 号进程是不能杀死的。如果把 1 号进程杀死了，谁来领养孤儿进程呢？
- ❑　第 60 行代码，把新进程添加到父进程的子进程链表中。
- ❑　第 61 行代码，把新进程添加到进程链表中，链表节点是成员 tasks，头节点是空闲线程的成员 tasks（init_task.tasks）。
- ❑　第 62 行代码，把新进程添加到进程组的进程链表中。
- ❑　第 63 行代码，把新进程添加到会话的进程链表中。

第 65～73 行代码，如果是创建线程，执行下面的处理过程。

- ❑　第 66 行代码，把线程组的线程计数值加 1。
- ❑　第 67 行代码，把线程组的第 2 个线程计数值加 1，这个计数值是原子变量。

- ❑　第 68 行代码，把信号结构体的引用计数加 1。
- ❑　第 69 行和第 70 行代码，把线程加入线程组的线程链表中，链表节点是成员 thread_group，头节点是组长的成员 thread_group。
- ❑　第 71 行和第 72 行代码，把线程加入线程组的第二条线程链表中，链表节点是成员 thread_node，头节点是信号结构体的成员 thread_head。

第 74 行代码，把新进程添加到进程号结构体的进程链表中。

第 75 行代码，把线程计数值加 1。

第 83 行代码，调用函数 proc_fork_connector，通过进程事件连接器向用户空间通告进程事件 PROC_EVENT_FORK。进程可以通过进程事件连接器监视进程事件：创建协议号为 NETLINK_CONNECTOR 的 netlink 套接字，然后绑定到多播组 CN_IDX_PROC。

3．唤醒新进程

函数 wake_up_new_task 负责唤醒刚刚创建的新进程，其代码如下：

kernel/sched/core.c
```
1    void wake_up_new_task(struct task_struct *p)
2    {
3     struct rq_flags rf;
4     struct rq *rq;
5
6     raw_spin_lock_irqsave(&p->pi_lock, rf.flags);
7     p->state = TASK_RUNNING;
8    #ifdef CONFIG_SMP
9     __set_task_cpu(p, select_task_rq(p, task_cpu(p), SD_BALANCE_FORK, 0));
10   #endif
11    rq = __task_rq_lock(p, &rf);
12    update_rq_clock(rq);
13    post_init_entity_util_avg(&p->se);
14
15    activate_task(rq, p, ENQUEUE_NOCLOCK);
16    p->on_rq = TASK_ON_RQ_QUEUED;
17    ...
18    check_preempt_curr(rq, p, WF_FORK);
19   #ifdef CONFIG_SMP
20    if (p->sched_class->task_woken) {
21        rq_unpin_lock(rq, &rf);
22        p->sched_class->task_woken(rq, p);
23        rq_repin_lock(rq, &rf);
24    }
25   #endif
26    task_rq_unlock(rq, p, &rf);
27   }
```

第 7 行代码，把新进程的状态从 TASK_NEW 切换到 TASK_RUNNING。

第 9 行代码，在 SMP 系统上，创建新进程是执行负载均衡的绝佳时机，为新进程选择一个负载最轻的处理器。

第 11 行代码，锁住运行队列。

第 12 行代码，更新运行队列的时钟。

第 13 行代码，根据公平运行队列的平均负载统计值，推算新进程的平均负载统计值。

第 15 行代码，把新进程插入运行队列。

第 18 行代码，检查新进程是否可以抢占当前进程。

第 22 行代码，在 SMP 系统上，调用调度类的 task_woken 方法。

第 26 行代码，释放运行队列的锁。

4. 新进程第一次运行

新进程第一次运行，是从函数 ret_from_fork 开始执行。函数 ret_from_fork 是由各种处理器架构自定义的函数，ARM64 架构定义的 ret_from_fork 函数如下：

```
arch/arm64/kernel/entry.S
1    tsk    .req   x28         //当前进程的thread_info结构体的地址
2
3    ENTRY(ret_from_fork)
4      bl    schedule_tail
5      cbz   x19, 1f          /* 如果寄存器x19的值是0，说明当前进程是用户进程，那么跳转到标号1 */
6      mov   x0, x20          /* 内核线程：x19存放线程函数的地址，x20存放线程函数的参数 */
7      blr   x19              /* 调用线程函数 */
8    1:    get_thread_info tsk /* 用户进程：x28 = sp_el0 = 当前进程的thread_info结构体的地址 */
9      b    ret_to_user       /* 返回用户模式 */
10   ENDPROC(ret_from_fork)
```

在介绍函数 copy_thread 时，我们已经说过：如果新进程是内核线程，寄存器 x19 存放线程函数的地址，寄存器 x20 存放线程函数的参数；如果新进程是用户进程，寄存器 x19 的值是 0。

函数 ret_from_fork 的执行过程如下。

第 4 行代码，调用函数 schedule_tail，为上一个进程执行清理操作。

第 8 行和第 9 行代码，如果寄存器 x19 的值是 0，说明当前进程是用户进程，那么使用寄存器 x28 存放当前进程的 thread_info 结构体的地址，然后跳转到标号 ret_to_user 返回用户模式。

第 6 行和第 7 行代码，如果寄存器 x19 的值不是 0，说明当前进程是内核线程，那么调用线程函数。

函数 schedule_tail 负责为上一个进程执行清理操作，是新进程第一次运行时必须最先做的事情，其代码如下：

```
kernel/sched/core.c
1    asmlinkage __visible void schedule_tail(struct task_struct *prev)
2      __releases(rq->lock)
3    {
4      struct rq *rq;
5
6      rq = finish_task_switch(prev);
7      balance_callback(rq);
8      preempt_enable();
9
10     if (current->set_child_tid)
11         put_user(task_pid_vnr(current), current->set_child_tid);
12   }
```

函数 schedule_tail 的执行过程如下。

第 6 行代码，调用函数 finish_task_switch()，为上一个进程执行清理操作，参考 2.8.6 节。

第 7 行代码，执行运行队列的所有负载均衡回调函数。

第 8 行代码，开启内核抢占。

第 10 行和第 11 行代码，如果 pthread 库在调用 clone() 创建线程时设置了标志位 CLONE_CHILD_SETTID，那么新进程把自己的进程标识符写到指定位置。

2.5.2 装载程序

当调度器调度新进程时，新进程从函数 ret_from_fork 开始执行，然后从系统调用 fork 返回用户空间，返回值是 0。接着新进程使用系统调用 execve 装载程序。

Linux 内核提供了两个装载程序的系统调用：

```
int execve(const char *filename, char *const argv[], char *const envp[]);
int execveat(int dirfd, const char *pathname, char *const argv[], char *const envp
[], int flags);
```

两个系统调用的主要区别是：如果路径名是相对的，那么 execve 解释为相对调用进程的当前工作目录，而 execveat 解释为相对文件描述符 dirfd 指向的目录。如果路径名是绝对的，那么 execveat 忽略参数 dirfd。

参数 argv 是传给新程序的参数指针数组，数组的每个元素存放一个参数字符串的地址，argv[0]应该指向要装载的程序的名称。

参数 envp 是传给新程序的环境指针数组，数组的每个元素存放一个环境字符串的地址，环境字符串的形式是"键=值"。

argv 和 envp 都必须在数组的末尾包含一个空指针。

如果程序的 main 函数被定义为下面的形式，参数指针数组和环境指针数组可以被程序的 main 函数访问：

```
int main(int argc, char *argv[], char *envp[]);
```

可是，POSIX.1 标准没有规定 main 函数的第 3 个参数。根据 POSIX.1 标准，应该借助外部变量 environ 访问环境指针数组。

两个系统调用最终都调用函数 do_execveat_common，其执行流程如图 2.11 所示。

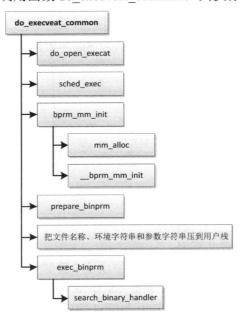

图2.11 装载程序的执行流程

（1）调用函数 do_open_execat 打开可执行文件。

（2）调用函数 sched_exec。装载程序是一次很好的实现处理器负载均衡的机会，因为此时进程在内存和缓存中的数据是最少的。选择负载最轻的处理器，然后唤醒当前处理器上的迁移线程，当前进程睡眠等待迁移线程把自己迁移到目标处理器。

（3）调用函数 bprm_mm_init 创建新的内存描述符，分配临时的用户栈。

如图 2.12 所示，临时用户栈的长度是一页，虚拟地址范围是[STACK_TOP_MAX−页长度，STACK_TOP_MAX），bprm->p 指向在栈底保留一个字长（指针长度）后的位置。

（4）调用函数 prepare_binprm 设置进程证书，然后读文件的前面 128 字节到缓冲区。

（5）依次把文件名称、环境字符串和参数字符串压到用户栈，如图 2.13 所示。

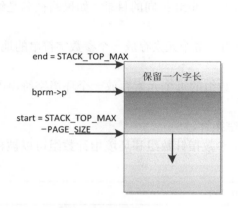

图2.12　临时用户栈　　　　　　图2.13　把文件名称、环境和参数压到用户栈

（6）调用函数 exec_binprm。函数 exec_binprm 调用函数 search_binary_handler，尝试注册过的每种二进制格式的处理程序，直到某个处理程序识别正在装载的程序为止。

1．二进制格式

在 Linux 内核中，每种二进制格式都表示为下面的数据结构的一个实例：

```
include/linux/binfmts.h
struct linux_binfmt {
    struct list_head lh;
    struct module *module;
    int (*load_binary)(struct linux_binprm *);
    int (*load_shlib)(struct file *);
    int (*core_dump)(struct coredump_params *cprm);
    unsigned long min_coredump;      /* 核心转储文件的最小长度 */
};
```

每种二进制格式必须提供下面 3 个函数。

（1）load_binary 用来加载普通程序。

（2）load_shlib 用来加载共享库。

（3）core_dump 用来在进程异常退出时生成核心转储文件。程序员使用调试器（例如 GDB）分析核心转储文件以找出原因。min_coredump 指定核心转储文件的最小长度。

每种二进制格式必须使用函数 register_binfmt 向内核注册。

下面介绍常用的二进制格式：ELF 格式和脚本格式。

2. 装载 ELF 程序

（1）ELF 文件：ELF（Executable and Linkable Format）是可执行与可链接格式，主要有以下 4 种类型。

- ☐ 目标文件（object file），也称为可重定位文件（relocatable file），扩展名是".o"，多个目标文件可以链接生成可执行文件或者共享库。
- ☐ 可执行文件（executable file）。
- ☐ 共享库（shared object file），扩展名是".so"。
- ☐ 核心转储文件（core dump file）。

如图 2.14 所示，ELF 文件分成 4 个部分：ELF 首部、程序首部表（program header table）、节（section）和节首部表（section header table）。实际上，一个文件不一定包含全部内容，而且它们的位置也不一定像图 2.14 中这样安排，只有 ELF 首部的位置是固定的，其余各部分的位置和大小由 ELF 首部的成员决定。

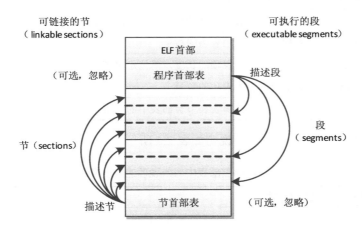

图2.14　ELF文件的格式

程序首部表就是我们所说的段表（segment table），段（segment）是从运行的角度描述，节（section）是从链接的角度描述，一个段包含一个或多个节。在不会混淆的情况下，我们通常把节称为段，例如代码段（text section），不称为代码节。

32 位 ELF 文件和 64 位 ELF 文件的差别很小，本书只介绍 64 位 ELF 文件的格式。

ELF 首部的成员及说明如表 2.4 所示。

表 2.4　ELF 首部的成员及说明

ELF 首部的成员	说明
unsigned char e_ident[EI_NIDENT];	16字节的魔幻数 前4字节是ELF文件的标识符，第1字节是0x7F（即删除的ASCII编码），第2~4字节是ELF 第5字节表示ELF文件类别，1表示32位ELF文件，2表示64位ELF文件 第6字节表示字节序 第7字节表示版本 第8字节表示应用二进制接口（ABI）的类型 其他字节暂时不需要，用0填充

续表

ELF 首部的成员	说明
Elf64_Half e_type;	ELF文件类型，1表示可重定位文件（目标文件），2表示可执行文件，3表示动态库，4表示核心转储文件
Elf64_Half e_machine;	机器类别，例如EM_ARM(40)表示ARM 32位，EM_AARCH64(183)表示ARM 64位
Elf64_Word e_version;	版本，用来区分不同的ELF变体，目前的规范只定义了版本1
Elf64_Addr e_entry;	程序入口的虚拟地址
Elf64_Off e_phoff;	程序首部表的文件偏移
Elf64_Off e_shoff;	节首部表的文件偏移
Elf64_Word e_flags;	处理器特定的标志
Elf64_Half e_ehsize;	ELF首部的长度
Elf64_Half e_phentsize;	程序首部表中表项的长度，单位是字节
Elf64_Half e_phnum;	程序首部表中表项的数量
Elf64_Half e_shentsize;	节首部表中表项的长度，单位是字节
Elf64_Half e_shnum;	节首部表中表项的数量
Elf64_Half e_shstrndx;	节名称字符串表在节首部表中的索引

程序首部表中每条表项的成员及说明如表 2.5 所示。

表 2.5　程序首部表中每条表项的成员及说明

程序首部表中每条表项的成员	说明
Elf64_Word p_type;	段的类型，常见的段类型如下。 （1）可加载段（PT_LOAD，类型值为1）——表示一个需要从二进制文件映射到虚拟地址空间的段，例如程序的代码和数据 （2）解释器段（PT_INTERP，类型值为3）——指定把可执行文件映射到虚拟地址空间以后必须调用的解释器，解释器负责链接动态库和解析没有解析的符号。解释器通常是动态链接器，即ld共享库，负责把程序依赖的动态库映射到虚拟地址空间
Elf64_Word p_flags;	段的标志，常用的3个权限标志是读、写和执行
Elf64_Off p_offset;	段在文件中的偏移
Elf64_Addr p_vaddr;	段的虚拟地址
Elf64_Addr p_paddr;	段的物理地址
Elf64_Xword p_filesz;	段在文件中的长度
Elf64_Xword p_memsz;	段在内存中的长度
Elf64_Xword p_align;	段的对齐值

节首部表中每条表项的成员及说明如表 2.6 所示。

表2.6 节首部表中每条表项的成员及说明

节首部表中每条表项的成员	说明
Elf64_Word sh_name;	节名称在节名称字符串表中的偏移
Elf64_Word sh_type;	节的类型
Elf64_Xword sh_flags;	节的属性
Elf64_Addr sh_addr;	节在执行时的虚拟地址
Elf64_Off sh_offset;	节的文件偏移
Elf64_Xword sh_size;	节的长度
Elf64_Word sh_link;	引用另一个节首部表表项,指定该表项的索引
Elf64_Word sh_info;	附加的节信息
Elf64_Xword sh_addralign;	节的对齐值
Elf64_Xword sh_entsize;	如果节包含一个表项长度固定的表,例如符号表,那么这个成员存放表项的长度

重要的节及说明如表2.7所示。

表2.7 重要的节及说明

节名称	说明
.text	代码节(也称文本节),通常称为代码段,包含程序的机器指令
.data	数据节,通常称为数据段,包含已经初始化的数据,程序在运行期间可以修改
.rodata	只读数据
.bss	没有初始化的数据,在程序开始运行前用零填充(bss的全称是"Block Started by Symbol",表示以符号开始的块)
.interp	保存解释器的名称,通常是动态链接器,即ld共享库
.shstrtab	节名称字符串表
.symtab	符号表。符号包括函数和全局变量,符号名称存放在字符串表中,符号表存储符号名称在字符串表里面的偏移。可以执行命令"readelf --symbols <ELF文件的名称>"查看符号表
.strtab	字符串表,存放符号表需要的所有字符串
.init	程序初始化时执行的机器指令
.fini	程序结束时执行的机器指令
.dynamic	存放动态链接信息,包含程序依赖的所有动态库,这是动态链接器需要的信息。可以执行命令"readelf --dynamic <ELF文件的名称>"来查看
.dynsym	存放动态符号表,包含需要动态链接的所有符号,即程序所引用的动态库里面的函数和全局变量,这是动态链接器需要的信息。可以执行命令"readelf --dyn-syms <ELF文件的名称>"查看动态符号表
.dynstr	这个节存放一个字符串表,包含动态链接需要的所有字符串,即动态库的名称、函数名称和全局变量的名称。".dynamic"节不直接存储动态库的名称,而是存储库名称在该字符串表里面的偏移。动态符号表不直接存储符号名称,而是存储符号名称在该字符串表里面的偏移

可以使用程序"readelf"查看 ELF 文件的信息。

1）查看 ELF 首部：readelf -h <ELF 文件的名称>。

2）查看程序首部表：readelf -l <ELF 文件的名称>。

3）查看节首部表：readelf -S <ELF 文件的名称>。

（2）代码实现：内核中负责解析 ELF 程序的源文件，如表 2.8 所示。

表 2.8　解析 ELF 程序的源文件

源文件	说明
fs/binfmt_elf.c	解析64位ELF程序，和处理器架构无关
fs/compat_binfmt_elf.c	在64位内核中解析32位ELF程序，和处理器架构无关。注意：该源文件首先对一些数据类型和函数重命名，然后包含源文件"binfmt_elf.c"

如图 2.15 所示，源文件"fs/binfmt_elf.c"定义的函数 load_elf_binary 负责装载 ELF 程序，主要步骤如下。

1）检查 ELF 首部。检查前 4 字节是不是 ELF 魔幻数，检查是不是可执行文件或者共享库，检查处理器架构。

2）读取程序首部表。

3）在程序首部表中查找解释器段，如果程序需要链接动态库，那么存在解释器段，从解释器段读取解释器的文件名称，打开文件，然后读取 ELF 首部。

4）检查解释器的 ELF 首部，读取解释器的程序首部表。

5）调用函数 flush_old_exec 终止线程组中的所有其他线程，释放旧的用户虚拟地址空间，关闭那些设置了"执行 execve 时关闭"标志的文件。

6）调用函数 setup_new_exec。函数 setup_new_exec 调用函数 arch_pick_mmap_layout 以设置内存映射的布局，在堆和栈之间有一个内存映射区域，传统方案是内存映射区域向栈的方向扩展，另一种方案是内存映射区域向堆的方向扩展，从两种方案中选择一种。然后把进程的名称设置为目标程序的名称，设置用户虚拟地址空间的大小。

7）以前调用函数 bprm_mm_init 创建了临时的用户栈，现在调用函数 set_arg_pages 把用户栈定下来，更新用户栈的标志位和访问权限，把用户栈移动到最终的位置，并且扩大用户栈。

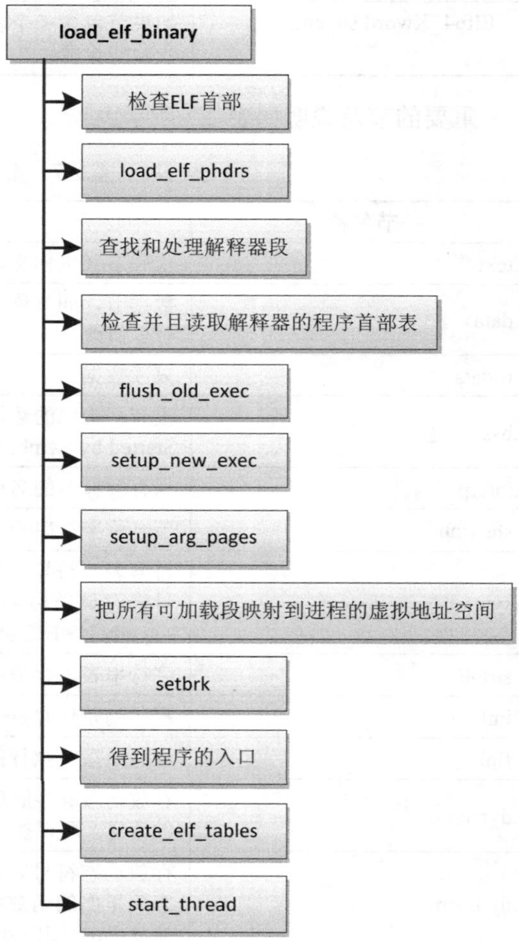

图2.15　装载ELF程序

8）把所有可加载段映射到进程的虚拟地址空间。

9）调用函数 setbrk 把未初始化数据段映射到进程的用户虚拟地址空间，并且设置堆的起始虚拟地址，然后调用函数 padzero 用零填充未初始化数据段。

10）得到程序的入口。如果程序有解释器段，那么把解释器程序中的所有可加载段映射到进程的用户虚拟地址空间，程序入口是解释器程序的入口，否则就是目标程序自身的入口。

11）调用函数 create_elf_tables 依次把传递 ELF 解释器信息的辅助向量、环境指针数组 envp、参数指针数组 argv 和参数个数 argc 压到进程的用户栈。

12）调用函数 start_thread 设置结构体 pt_regs 中的程序计数器和栈指针寄存器。当进程从用户模式切换到内核模式时，内核把用户模式的各种寄存器保存在内核栈底部的结构体 pt_regs 中。因为不同处理器架构的寄存器不同，所以各种处理器架构必须自定义结构体 pt_regs 和函数 start_thread，ARM64 架构定义的函数 start_thread 如下：

```
arch/arm64/include/asm/processor.h
static inline void start_thread_common(struct pt_regs *regs, unsigned long pc)
{
        memset(regs, 0, sizeof(*regs));
        regs->syscallno = ~0UL;
        regs->pc = pc;                    /* 把程序计数器设置为程序的入口 */
}

static inline void start_thread(struct pt_regs *regs, unsigned long pc,
                    unsigned long sp)
{
        start_thread_common(regs, pc);
        regs->pstate = PSR_MODE_EL0t;   /* 把处理器状态设置为0,其中异常级别是0 */
        regs->sp = sp;                   /*设置用户栈指针 */
}
```

3. 装载脚本程序

脚本程序的主要特征是：前两字节是"#!"，后面是解释程序的名称和参数。解释程序用来解释执行脚本程序。

如图 2.16 所示，源文件"fs/binfmt_script.c"定义的函数 load_script 负责装载脚本程序，主要步骤如下。

（1）检查前两字节是不是脚本程序的标识符。

（2）解析出解释程序的名称和参数。

（3）从用户栈删除第一个参数，然后依次把脚本程序的文件名称、传给解释程序的参数和解释程序的名称压到用户栈。

（4）调用函数 open_exec 打开解释程序文件。

（5）调用函数 prepare_binprm 设置进程证书，然后读取解释程序文件的前 128 字节到缓冲区。

（6）调用函数 search_binary_handler，尝试注册过的每种二进制格式的处理程序，直到某个处理程序识别解释程序为止。

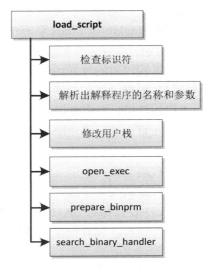

图2.16 装载脚本程序

2.6　进程退出

进程退出分两种情况：进程主动退出和终止进程。

Linux 内核提供了以下两个使进程主动退出的系统调用。

（1）exit 用来使一个线程退出。

```
void exit(int status);
```

（2）Linux 私有的系统调用 exit_group 用来使一个线程组的所有线程退出。

```
void exit_group(int status);
```

glibc 库封装了库函数 exit、_exit 和 _Exit 用来使一个进程退出，这些库函数调用系统调用 exit_group。库函数 exit 和 _exit 的区别是 exit 会执行由进程使用 atexit 和 on_exit 注册的函数。

注意：我们编写用户程序时调用的函数 exit，是 glibc 库的函数 exit，不是系统调用 exit。

终止进程是通过给进程发送信号实现的，Linux 内核提供了发送信号的系统调用。

（1）kill 用来发送信号给进程或者进程组。

```
int kill(pid_t pid, int sig);
```

（2）tkill 用来发送信号给线程，参数 tid 是线程标识符。

```
int tkill(int tid, int sig);
```

（3）tgkill 用来发送信号给线程，参数 tgid 是线程组标识符，参数 tid 是线程标识符。

```
int tgkill(int tgid, int tid, int sig);
```

tkill 和 tgkill 是 Linux 私有的系统调用，tkill 已经废弃，被 tgkill 取代。

当进程退出的时候，根据父进程是否关注子进程退出事件，处理存在如下差异。

（1）如果父进程关注子进程退出事件，那么进程退出时释放各种资源，只留下一个空的进程描述符，变成僵尸进程，发送信号 SIGCHLD（CHLD 是 child 的缩写）通知父进程，父进程在查询进程终止的原因以后回收子进程的进程描述符。

（2）如果父进程不关注子进程退出事件，那么进程退出时释放各种资源，释放进程描述符，自动消失。

进程默认关注子进程退出事件，如果不想关注，可以使用系统调用 sigaction 针对信号 SIGCHLD 设置标志 SA_NOCLDWAIT（CLD 是 child 的缩写），以指示子进程退出时不要变成僵尸进程，或者设置忽略信号 SIGCHLD。

怎么查询子进程终止的原因？Linux 内核提供了 3 个系统调用来等待子进程的状态改变，状态改变包括：子进程终止，信号 SIGSTOP 使子进程停止执行，或者信号 SIGCONT 使子进程继续执行。这 3 个系统调用如下。

（1）pid_t waitpid(pid_t pid, int *wstatus, int options);

（2）int waitid(idtype_t idtype, id_t id, siginfo_t *infop, int options);

（3）pid_t wait4(pid_t pid, int *wstatus, int options, struct rusage *rusage);

注意：wait4 已经废弃，新的程序应该使用 waitpid 和 waitid。

子进程退出以后需要父进程回收进程描述符，如果父进程先退出，子进程成为"孤儿"，谁来为子进程回收进程描述符呢？父进程退出时需要给子进程寻找一个"领养者"，按照下面的顺序选择领养"孤儿"的进程。

（1）如果进程属于一个线程组，且该线程组还有其他线程，那么选择任意一个线程。

（2）选择最亲近的充当"替补领养者"的祖先进程。进程可以使用系统调用 prctl(PR_SET_CHILD_SUBREAPER)把自己设置为"替补领养者"（subreaper）。

（3）选择进程所属的进程号命名空间中的 1 号进程。

2.6.1 线程组退出

系统调用 exit_group 实现线程组退出，执行流程如图 2.17 所示，把主要工作委托给函数 do_group_exit，执行流程如下。

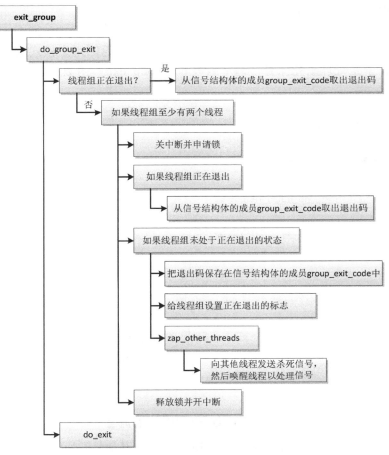

图2.17　线程组退出的执行流程

（1）如果线程组正在退出，那么从信号结构体的成员 group_exit_code 取出退出码。

（2）如果线程组未处于正在退出的状态，并且线程组至少有两个线程，那么处理如下。

1）关中断并申请锁。

2）如果线程组正在退出，那么从信号结构体的成员 group_exit_code 取出退出码。

3）如果线程组未处于正在退出的状态，那么处理如下。

❑　把退出码保存在信号结构体的成员 group_exit_code 中，传递给其他线程。

❑　给线程组设置正在退出的标志。

❑　向线程组的其他线程发送杀死信号，然后唤醒线程，让线程处理杀死信号。

4）释放锁并开中断。

（3）当前线程调用函数 do_exit 以退出。

假设一个线程组有两个线程，称为线程 1 和线程 2，线程 1 调用 exit_group 使线程组退出，线程 1 的执行过程如下。

（1）把退出码保存在信号结构体的成员 group_exit_code 中，传递给线程 2。

（2）给线程组设置正在退出的标志。

（3）向线程 2 发送杀死信号，然后唤醒线程 2，让线程 2 处理杀死信号。

（4）线程 1 调用函数 do_exit 以退出。

线程 2 退出的执行流程如图 2.18 所示，线程 2 准备返回用户模式的时候，发现收到了杀死信号，于是处理杀死信号，调用函数 do_group_exit，函数 do_group_exit 的执行过程如下。

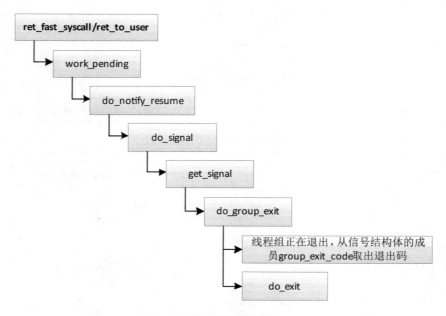

图2.18　线程2退出的执行流程

（1）因为线程组处于正在退出的状态，所以线程 2 从信号结构体的成员 group_exit_code 取出退出码。

（2）线程 2 调用函数 do_exit 以退出。

线程 2 可能在以下 3 种情况下准备返回用户模式。

（1）执行完系统调用。

（2）被中断抢占，中断处理程序执行完。

（3）执行指令时生成异常，异常处理程序执行完。

函数 do_exit 的执行过程如下。

（1）释放各种资源，把资源对应的数据结构的引用计数减一，如果引用计数变成 0，那么释放数据结构。

（2）调用函数 exit_notify，先为成为"孤儿"的子进程选择"领养者"，然后把自己的死讯通知父进程。

（3）把进程状态设置为死亡（TASK_DEAD）。

（4）最后一次调用函数 __schedule 以调度进程。

死亡进程最后一次调用函数 __schedule 调度进程时，进程调度器做了如下特殊处理。

```
kernel/sched/core.c
__schedule() -> context_switch() -> finish_task_switch()
1   static struct rq *finish_task_switch(struct task_struct *prev)
2    __releases(rq->lock)
3   {
4    …
5    prev_state = prev->state;
6    …
7    if (unlikely(prev_state == TASK_DEAD)) {
8        if (prev->sched_class->task_dead)
9            prev->sched_class->task_dead(prev);
10       …
11       put_task_stack(prev);
12       put_task_struct(prev);
13   }
14   …
15   }
```

第 8 行和第 9 行代码，执行调度类的 task_dead 方法。

第 11 行代码，如果结构体 thread_info 放在进程描述符里面，而不是放在内核栈的顶部，那么释放进程的内核栈。

第 12 行代码，把进程描述符的引用计数减 1，如果引用计数变为 0，那么释放进程描述符。

2.6.2　终止进程

系统调用 kill（源文件"kernel/signal.c"）负责向线程组或者进程组发送信号，执行流程如图 2.19 所示。

（1）如果参数 pid 大于 0，那么调用函数 kill_pid_info 来向线程 pid 所属的线程组发送信号。

（2）如果参数 pid 等于 0，那么向当前进程组发送信号。

（3）如果参数 pid 小于−1，那么向组长标识符为-pid 的进程组发送信号。

（4）如果参数 pid 等于−1，那么向除了 1 号进程和当前线程组以外的所有线程组发送信号。

函数 kill_pid_info 负责向线程组发送信号，执行流程如图 2.20 所示，函数 check_kill_permission 检查当前进程是否有权限发送信号，函数__send_signal 负责发送信号。

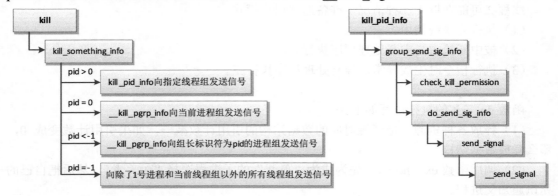

图2.19　系统调用kill的执行流程　　　　图2.20　向线程组发送信号的执行流程

函数__send_signal 的主要代码如下：

```
kernel/signal.c
1    static int __send_signal(int sig, struct siginfo *info, struct task_struct *t,
2                int group, int from_ancestor_ns)
3    {
4     struct sigpending *pending;
5     struct sigqueue *q;
6     int override_rlimit;
7     int ret = 0, result;
8
9     …
10    result = TRACE_SIGNAL_IGNORED;
11    if (!prepare_signal(sig, t,
12                from_ancestor_ns || (info == SEND_SIG_FORCED)))
13        goto ret;
14
15    pending = group ? &t->signal->shared_pending : &t->pending;
16
17    result = TRACE_SIGNAL_ALREADY_PENDING;
18    if (legacy_queue(pending, sig))
19        goto ret;
20
21    …
22    if (sig < SIGRTMIN)
23        override_rlimit = (is_si_special(info) || info->si_code >= 0);
24    else
25        override_rlimit = 0;
26
27    q = __sigqueue_alloc(sig, t, GFP_ATOMIC | __GFP_NOTRACK_FALSE_POSITIVE,
28        override_rlimit);
29    if (q) {
30        list_add_tail(&q->list, &pending->list);
31        …
32    } else if (!is_si_special(info)) {
33        …
34    }
35
36    out_set:
37    signalfd_notify(t, sig);
38    sigaddset(&pending->signal, sig);
39    complete_signal(sig, t, group);
```

```
40  ret:
41   …
42   return ret;
43  }
```

第 11～13 行代码,如果目标线程忽略信号,那么没必要发送信号。

第 15 行代码,确定把信号添加到哪个信号队列和集合。线程组有一个共享的信号队列和集合,每个线程有一个私有的信号队列和集合。如果向线程组发送信号,那么应该把信号添加到线程组共享的信号队列和集合中;如果向线程发送信号,那么应该把信号添加到线程私有的信号队列和集合中。

第 18 行代码,如果是传统信号,并且信号集合已经包含同一个信号,那么没必要重复发送信号。

第 22～25 行代码,判断分配信号队列节点时是否可以忽略信号队列长度的限制:对于传统信号,如果是特殊的信号信息,或者信号的编码大于 0,那么允许忽略;如果是实时信号,那么不允许忽略。

第 27 行和第 28 行代码,分配一个信号队列节点。

第 29 行和第 30 行代码,如果分配信号队列节点成功,那么把它添加到信号队列中。

第 37 行代码,如果某个进程正在通过信号文件描述符(signalfd)监听信号,那么通知进程。signalfd 是进程创建用来接收信号的文件描述符,进程可以使用 select 或 poll 监听信号文件描述符。

第 38 行代码,把信号添加到信号集合中。

第 39 行代码,调用函数 complete_signal:如果向线程组发送信号,那么需要在线程组中查找一个没有屏蔽信号的线程,唤醒它,让它处理信号。

上一节已经介绍过,当线程准备从内核模式返回用户模式时,检查是否收到信号,如果收到信号,那么处理信号。

2.6.3　查询子进程终止原因

系统调用 waitid 的原型如下:

```
int waitid(idtype_t idtype, id_t id, siginfo_t *infop, int options);
```

参数 idtype 指定标识符类型,支持以下取值。

(1)P_ALL:表示等待任意子进程,忽略参数 id。

(2)P_PID:表示等待进程号为 id 的子进程。

(3)P_PGID:表示等待进程组标识符是 id 的任意子进程。

参数 options 是选项,取值是 0 或者以下标志的组合。

(1)WEXITED:等待退出的子进程。

(2)WSTOPPED:等待收到信号 SIGSTOP 并停止执行的子进程。

(3)WCONTINUED:等待收到信号 SIGCONT 并继续执行的子进程。

(4)WNOHANG:如果没有子进程退出,立即返回。

(5)WNOWAIT:让子进程处于僵尸状态,以后可以再次查询状态信息。

系统调用 waitpid 的原型是：

```
pid_t waitpid(pid_t pid, int *wstatus, int options);
```

系统调用 wait4 的原型是：

```
pid_t wait4(pid_t pid, int *wstatus, int options,struct rusage *rusage);
```

参数 pid 的取值如下。

（1）大于 0，表示等待进程号为 pid 的子进程。

（2）等于 0，表示等待和调用进程属于同一个进程组的任意子进程。

（3）等于 -1，表示等待任意子进程。

（4）小于 -1，表示等待进程组标识符是 pid 的绝对值的任意子进程。

参数 options 是选项，取值是 0 或者以下标志的组合。

（1）WNOHANG：如果没有子进程退出，立即返回。

（2）WUNTRACED：如果子进程停止执行，但是不被 ptrace 跟踪，那么立即返回。

（3）WCONTINUED：等待收到信号 SIGCONT 并继续执行的子进程。

以下选项是 Linux 私有的，和使用 clone 创建子进程一起使用。

（1）__WCLONE：只等待克隆的子进程。

（2）__WALL：等待所有子进程。

（3）__WNOTHREAD：不等待相同线程组中其他线程的子进程。

系统调用 waitpid、waitid 和 wait4 把主要工作委托给函数 do_wait，函数 do_wait 的执行流程如图 2.21 所示，遍历当前线程组的每个线程，针对每个线程遍历它的每个子进程，如果是僵尸进程，调用函数 eligible_child 来判断是不是符合等待条件的子进程，如果符合等待条件，调用函数 wait_task_zombie 进行处理。

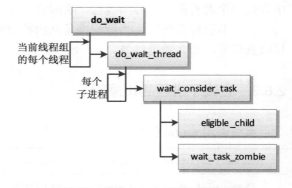

图2.21　函数do_wait的执行流程

函数 wait_task_zombie 的执行流程如下。

（1）如果调用者没有传入标志 WEXITED，说明调用者不想等待退出的子进程，那么直接返回。

（2）如果调用者传入标志 WNOWAIT，表示调用者想让子进程处于僵尸状态，以后可以再次查询子进程的状态信息，那么只读取进程的状态信息，从线程的成员 exit_code 读取退出码。

（3）如果调用者没有传入标志 WNOWAIT，处理如下。

1）读取进程的状态信息。如果线程组处于正在退出的状态，从线程组的信号结构体的成员 group_exit_code 读取退出码；如果只是一个线程退出，那么从线程的成员 exit_code 读取退出码。

2）把状态切换到死亡，释放进程描述符。

2.7 进程状态

进程主要有以下状态。

（1）就绪状态：进程描述符的字段 state 是 TASK_RUNNING（Linux 内核没有严格区分就绪状态和运行状态），正在运行队列中等待调度器调度。

（2）运行状态：进程描述符的字段 state 是 TASK_RUNNING，被调度器选中，正在处理器上运行。

（3）轻度睡眠：也称为可打断的睡眠状态，进程描述符的字段 state 是 TASK_INTERRUPTIBLE，可以被信号打断。

（4）中度睡眠：进程描述符的字段 state 是 TASK_KILLABLE，只能被致命的信号打断。

（5）深度睡眠：也称为不可打断的睡眠状态，进程描述符的字段 state 是 TASK_UNINTERRUPTIBLE，不能被信号打断。

（6）僵尸状态：进程描述符的字段 state 是 TASK_DEAD，字段 exit_state 是 EXIT_ZOMBIE。如果父进程关注子进程退出事件，那么子进程在退出时发送 SIGCHLD 信号通知父进程，变成僵尸进程，父进程在查询子进程的终止原因以后回收子进程的进程描述符。

（7）死亡状态：进程描述符的字段 state 是 TASK_DEAD，字段 exit_state 是 EXIT_DEAD。如果父进程不关注子进程退出事件，那么子进程退出时自动消亡。

进程状态变迁如图 2.22 所示。

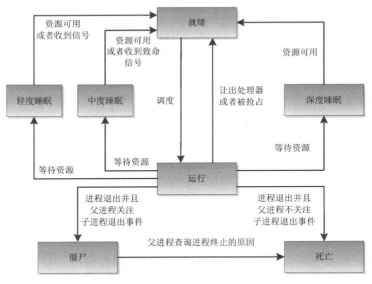

图2.22　进程状态变迁

2.8 进程调度

2.8.1 调度策略

Linux 内核支持的调度策略如下。

（1）限期进程使用限期调度策略（SCHED_DEADLINE）。

（2）实时进程支持两种调度策略：先进先出调度（SCHED_FIFO）和轮流调度（SCHED_RR）。

（3）普通进程支持两种调度策略：标准轮流分时（SCHED_NORMAL）和空闲（SCHED_IDLE）。以前普通进程还有一种调度策略，称为批量调度策略（SCHED_BATCH），Linux内核引入完全公平调度算法以后，批量调度策略被废弃了，等同于标准轮流分时策略。

限期调度策略有 3 个参数：运行时间 runtime、截止期限 deadline 和周期 period。如图 2.23所示，每个周期运行一次，在截止期限之前执行完，一次运行的时间长度是 runtime。

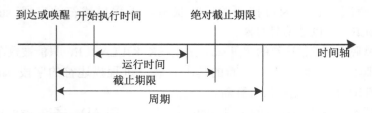

图2.23　限期调度策略

先进先出调度没有时间片，非常霸道，如果没有更高优先级的实时进程，并且它不睡眠，那么它将一直霸占处理器。

轮流调度有时间片，进程用完时间片以后加入优先级对应运行队列的尾部，把处理器让给优先级相同的其他实时进程。

标准轮流分时策略使用完全公平调度算法，把处理器时间公平地分配给每个进程。

空闲调度策略用来执行优先级非常低的后台作业，优先级比使用标准轮流分时策略和相对优先级为 19 的普通进程还要低，进程的相对优先级对空闲调度策略没有影响。

2.8.2　进程优先级

限期进程的优先级比实时进程高，实时进程的优先级比普通进程高。

限期进程的优先级是−1。

实时进程的实时优先级是 1～99，优先级数值越大，表示优先级越高。

普通进程的静态优先级是 100～139，优先级数值越小，表示优先级越高，可通过修改nice 值（即相对优先级，取值范围是−20～19）改变普通进程的优先级，优先级等于 120 加上 nice 值。

在 task_struct 结构体中，可以看到 4 个成员和优先级有关：

```
include/linux/sched.h
struct task_struct {
    …
    int                 prio;
    int                 static_prio;
    int                 normal_prio;
    unsigned int        rt_priority;
    …
};
```

相关解释如表 2.9 所示。

表 2.9　进程优先级

优先级	限期进程	实时进程	普通进程
prio 调度优先级（数值越小，表示优先级越高）	大多数情况下prio等于normal_prio 特殊情况：如果进程a占有实时互斥锁，进程b正在等待锁，进程b的优先级比进程a的优先级高，那么把进程a的优先级临时提高到进程b的优先级，即进程a的prio值等于进程b的prio值		
static_prio 静态优先级	没意义，总是0	没意义，总是0	120 + nice值 数值越小，表示优先级越高
normal_prio 正常优先级（数值越小，表示优先级越高）	−1	99 − rt_priority	static_prio
rt_priority 实时优先级	没意义，总是0	实时进程的优先级，范围是1～99，数值越大，表示优先级越高	没意义，总是0

　　如果优先级低的进程占有实时互斥锁，优先级高的进程等待实时互斥锁，将把占有实时互斥锁的进程的优先级临时提升到等待实时互斥锁的进程的优先级，称为优先级继承。

2.8.3　调度类

　　为了方便添加新的调度策略，Linux 内核抽象了一个调度类 sched_class，目前实现了 5 种调度类，如表 2.10 所示。

表 2.10　调度类

调度类	调度策略	调度算法	调度对象
停机调度类 stop_sched_class	无	无	停机进程
限期调度类 dl_sched_class	SCHED_DEADLINE	最早期限优先	限期进程
实时调度类 rt_sched_class	SCHED_FIFO	先进先出	实时进程
	SCHED_RR	轮流调度	
公平调度类 cfs_sched_class	SCHED_NORMAL	完全公平调度算法	普通进程
	SCHED_IDLE		
空闲调度类 idle_sched_class	无	无	每个处理器上的空闲线程

　　这 5 种调度类的优先级从高到低依次为：停机调度类、限期调度类、实时调度类、公平调度类和空闲调度类。

1．停机调度类

　　停机调度类是优先级最高的调度类，停机进程（stop-task）是优先级最高的进程，可以抢占所有其他进程，其他进程不可以抢占停机进程。停机（stop 是指 stop machine）的意思是使处理器停下来，做更紧急的事情。

　　目前只有迁移线程属于停机调度类，每个处理器有一个迁移线程（名称是 migration/

<cpu_id>），用来把进程从当前处理器迁移到其他处理器，迁移线程对外伪装成实时优先级是 99 的先进先出实时进程。

停机进程没有时间片，如果它不主动让出处理器，那么它将一直霸占处理器。

引入停机调度类的一个原因是：支持限期调度类，迁移线程的优先级必须比限期进程的优先级高，能够抢占所有其他进程，才能快速处理调度器发出的迁移请求，把进程从当前处理器迁移到其他处理器。

2．限期调度类

限期调度类使用最早期限优先算法，使用红黑树（一种平衡的二叉树）把进程按照绝对截止期限从小到大排序，每次调度时选择绝对截止期限最小的进程。

如果限期进程用完了它的运行时间，它将让出处理器，并且把它从运行队列中删除。在下一个周期的开始，重新把它添加到运行队列中。

3．实时调度类

实时调度类为每个调度优先级维护一个队列，其代码如下：

```
kernel/sched/sched.h
struct rt_prio_array {
    DECLARE_BITMAP(bitmap, MAX_RT_PRIO+1); /*包含一个作为分隔符的位*/
    struct list_head queue[MAX_RT_PRIO];
};
```

位图 bitmap 用来快速查找第一个非空队列。数组 queue 的下标是实时进程的调度优先级，下标越小，优先级越高。

每次调度，先找到优先级最高的第一个非空队列，然后从队列中选择第一个进程。

使用先进先出调度策略的进程没有时间片，如果没有优先级更高的进程，并且它不主动让出处理器，那么它将一直霸占处理器。

使用轮流调度策略的进程有时间片，用完时间片以后，进程加入队列的尾部。默认的时间片是 5 毫秒，可以通过文件"/proc/sys/kernel/sched_rr_timeslice_ms"修改时间片。

4．公平调度类

公平调度类使用完全公平调度算法。完全公平调度算法引入了虚拟运行时间的概念：

$$虚拟运行时间 = 实际运行时间 \times nice\ 0\ 对应的权重 / 进程的权重$$

nice 值和权重的对应关系如下：

```
kernel/sched/core.c
const int sched_prio_to_weight[40] = {
 /* -20 */     88761,     71755,     56483,     46273,     36291,
 /* -15 */     29154,     23254,     18705,     14949,     11916,
 /* -10 */      9548,      7620,      6100,      4904,      3906,
 /*  -5 */      3121,      2501,      1991,      1586,      1277,
 /*   0 */      1024,       820,       655,       526,       423,
 /*   5 */       335,       272,       215,       172,       137,
 /*  10 */       110,        87,        70,        56,        45,
 /*  15 */        36,        29,        23,        18,        15,
};
```

nice 0 对应的权重是 1024，nice n-1 的权重大约是 nice n 权重的 1.25 倍。

使用空闲调度策略的普通进程的权重是 3，nice 值对权重没有影响，定义如下：

kernel/sched/sched.h
```
#define WEIGHT_IDLEPRIO          3
```

完全公平调度算法使用红黑树把进程按虚拟运行时间从小到大排序，每次调度时选择虚拟运行时间最小的进程。

显然，进程的静态优先级越高，权重越大，在实际运行时间相同的情况下，虚拟运行时间越短，进程累计的虚拟运行时间增加得越慢，在红黑树中向右移动的速度越慢，被调度器选中的机会越大，被分配的运行时间相对越多。

调度器选中进程以后分配的时间片是多少呢？

调度周期：在某个时间长度可以保证运行队列中的每个进程至少运行一次，我们把这个时间长度称为调度周期。

调度最小粒度：为了防止进程切换太频繁，进程被调度后应该至少运行一小段时间，我们把这个时间长度称为调度最小粒度。默认值是 0.75 毫秒，可以通过文件 "/proc/sys/kernel/sched_min_granularity_ns" 调整。

如果运行队列中的进程数量大于 8，那么调度周期等于调度最小粒度乘以进程数量，否则调度周期是 6 毫秒。

进程的时间片的计算公式如下：

进程的时间片=（调度周期×进程的权重 / 运行队列中所有进程的权重总和）

按照这个公式计算出来的时间片称为理想的运行时间。

5．空闲调度类

每个处理器上有一个空闲线程，即 0 号线程。空闲调度类的优先级最低，仅当没有其他进程可以调度的时候，才会调度空闲线程。

2.8.4 运行队列

每个处理器有一个运行队列，结构体是 rq，定义的全局变量如下：

kernel/sched/core.c
```
DEFINE_PER_CPU_SHARED_ALIGNED(struct rq, runqueues);
```

如图 2.24 所示，结构体 rq 中嵌入了公平运行队列 cfs、实时运行队列 rt 和限期运行队列 dl，停机调度类和空闲调度类在每个处理器上只有一个内核线程，不需要运行队列，直接定义成员 stop 和 idle 分别指向迁移线程和空闲线程。

图2.24　运行队列

2.8.5　任务分组

1．任务分组的意义

我们先看以下两种场景。

（1）执行"make -j10"（选项"-j10"表示同时执行 10 条命令），编译 Linux 内核，同时运行视频播放器，如果给每个进程平均分配 CPU 时间，会导致视频播放很卡。

（2）用户 1 启动 100 个进程，用户 2 启动 1 个进程，如果给每个进程平均分配 CPU 时间，用户 2 的进程只能得到不到 1%的 CPU 时间，用户 2 的体验很差。

怎么解决呢？把进程分组。对于第一种场景，把编译 Linux 内核的所有进程放在一个任务组中，把视频播放器放在另一个任务组中，给两个任务组分别分配 50%的 CPU 时间。对于第二种场景，给用户 1 和用户 2 分别创建一个任务组，给两个任务组分别分配 50%的 CPU 时间。

2．任务分组的方式

Linux 内核支持以下任务分组方式。

- ❑　自动组，配置宏是 CONFIG_SCHED_AUTOGROUP。
- ❑　CPU 控制组，即控制组（cgroup）的 CPU 控制器。需要打开配置宏 CONFIG_CGROUPS 和 CONFIG_CGROUP_SCHED，如果公平调度类要支持任务组，打开配置宏 CONFIG_ FAIR_GROUP_SCHED；如果实时调度类要支持任务组，打开配置宏 CONFIG_RT_ GROUP_SCHED。

（1）自动组：创建会话时创建一个自动组，会话里面的所有进程是自动组的成员。启动一个终端窗口时就会创建一个会话。

在运行过程中可以通过文件"/proc/sys/kernel/sched_autogroup_enabled"开启或者关闭该功能，默认值是 1。

实现自动组的源文件是"kernel/sched/auto_group.c"。

（2）CPU 控制组：可以使用 cgroup 创建任务组和把进程加入任务组。cgroup 已经从版本 1（cgroup v1）演进到版本 2（cgroup v2），版本 1 可以创建多个控制组层级树，版本 2 只有一个控制组层级树。

使用 cgroup 版本 1 的 CPU 控制器配置的方法如下。

1）在目录"/sys/fs/cgroup"下挂载 tmpfs 文件系统。

```
mount -t tmpfs cgroup_root /sys/fs/cgroup
```

2）在目录"/sys/fs/cgroup"下创建子目录"cpu"。

```
mkdir /sys/fs/cgroup/cpu
```

3）在目录"/sys/fs/cgroup/cpu"下挂载 cgroup 文件系统，把 CPU 控制器关联到控制组层级树。

```
mount -t cgroup -o cpu none /sys/fs/cgroup/cpu
```

4）创建两个任务组。

```
cd /sys/fs/cgroup/cpu
mkdir multimedia   # 创建"multimedia"任务组
mkdir browser      # 创建"browser"任务组
```

5）指定两个任务组的权重。

```
echo 2048 > multimedia/cpu.shares
echo 1024 > browser/cpu.shares
```

6）把线程加入任务组。

```
echo <pid1> > browser/tasks
echo <pid2> > multimedia/tasks
```

7）也可以把线程组加入任务组，指定线程组中的任意一个线程的标识符，就会把线程组的所有线程加入任务组。

```
echo <pid1> > browser/cgroup.procs
echo <pid2> > multimedia/cgroup.procs
```

cgroup 版本 2 从内核 4.15 版本开始支持 CPU 控制器。使用 cgroup 版本 2 的 CPU 控制器配置的方法如下。

1）在目录"/sys/fs/cgroup"下挂载 tmpfs 文件系统。

```
mount -t tmpfs cgroup_root /sys/fs/cgroup
```

2）在目录"/sys/fs/cgroup"下挂载 cgroup2 文件系统。

```
mount -t cgroup2  none /sys/fs/cgroup
```

3）在根控制组开启 CPU 控制器。

```
cd /sys/fs/cgroup
echo "+cpu" > cgroup.subtree_control
```

4）创建两个任务组。

```
mkdir multimedia   # 创建"multimedia"任务组
mkdir browser      # 创建"browser"任务组
```

5）指定两个任务组的权重。

```
echo 2048 > multimedia/cpu.weight
echo 1024 > browser/cpu.weight
```

6）把线程组加入控制组。

```
echo <pid1> > browser/cgroup.procs
echo <pid2> > multimedia/cgroup.procs
```

7）把线程加入控制组。控制组默认只支持线程组，如果想把线程加入控制组，必须先把控制组的类型设置成线程化的控制组，方法是写字符串"threaded"到文件"cgroup.type"中。在线程化的控制组中，如果写文件"cgroup.procs"，将会把线程组中的所有线程加入控制组。

```
echo threaded > browser/cgroup.type
echo <pid1> > browser/cgroup.threads
echo threaded > multimedia/cgroup.type
echo <pid2> > multimedia/cgroup.threads
```

3．数据结构

任务组的结构体是 task_group。默认的任务组是根任务组（全局变量 root_task_group），默认情况下所有进程属于根任务组。

引入任务组以后，因为调度器的调度对象不仅仅是进程，所以内核抽象出调度实体，调度器的调度对象是调度实体，调度实体是进程或者任务组。

如表 2.11 所示，进程描述符中嵌入了公平、实时和限期 3 种调度实体，成员 sched_class 指向进程所属的调度类，进程可以更换调度类，并且使用调度类对应的调度实体。

表 2.11　进程描述符的调度类和调度实体

成员	说明
const struct sched_class *sched_class	调度类
struct sched_entity se	公平调度实体
struct sched_rt_entity rt	实时调度实体
struct sched_dl_entity dl	限期调度实体

如图 2.25 所示，任务组在每个处理器上有公平调度实体、公平运行队列、实时调度实体和实时运行队列，根任务组比较特殊：没有公平调度实体和实时调度实体。

（1）任务组的下级公平调度实体加入任务组的公平运行队列，任务组的公平调度实体加入上级任务组的公平运行队列。

（2）任务组的下级实时调度实体加入任务组的实时运行队列，任务组的实时调度实体加入上级任务组的实时运行队列。

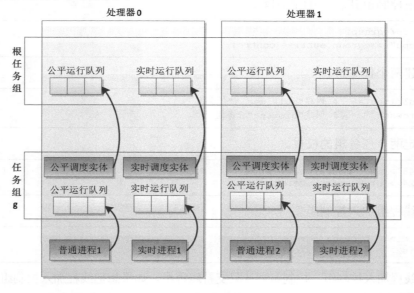

图2.25　任务组

> 为什么任务组在每个处理器上有一个公平调度实体和一个公平运行队列呢？因为任务组包含多个进程，每个进程可能在不同的处理器上运行。同理，任务组在每个处理器上也有一个实时调度实体和一个实时运行队列。

在每个处理器上，计算任务组的公平调度实体的权重的方法如下（参考源文件"kernel/sched/fair.c"中的函数 update_cfs_shares）。

（1）公平调度实体的权重＝任务组的权重×负载比例

（2）公平调度实体的负载比例＝公平运行队列的权重/（任务组的平均负载－公平运行队列的平均负载＋公平运行队列的权重）

（3）公平运行队列的权重＝公平运行队列中所有调度实体的权重总和

（4）任务组的平均负载＝所有公平运行队列的平均负载的总和

> 为什么负载比例不是公平运行队列的平均负载除以任务组的平均负载？公平运行队列的权重是实时负载，而公平运行队列的平均负载是上一次计算的负载值，更新被延迟了，我们使用实时负载计算权重。

在每个处理器上，任务组的实时调度实体的调度优先级，取实时运行队列中所有实时调度实体的最高调度优先级。

用数据结构描述任务组的调度实体和运行队列，如图 2.26 所示。

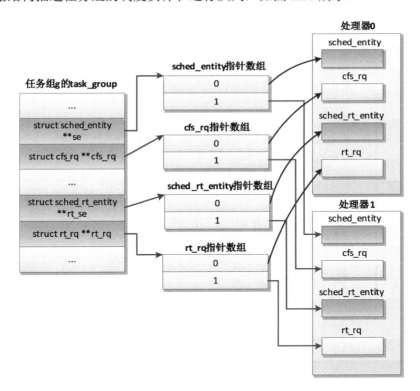

图2.26　任务组的调度实体和运行队列

如图 2.27 所示，根任务组没有公平调度实体和实时调度实体，公平运行队列指针指向运行队列中嵌入的公平运行队列，实时运行队列指针指向运行队列中嵌入的实时运行队列。

假设普通进程 p 在处理器 n 上运行，它属于任务组 g，数据结构如图 2.28 所示。

（1）成员 depth 是调度实体在调度树中的深度，任务组 g 的深度是 d，进程 p 的深度是（d+1）。

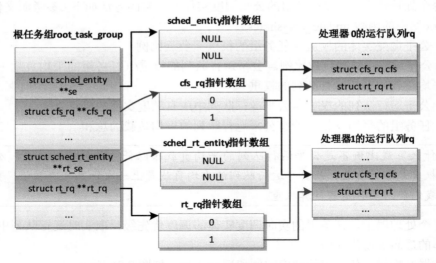

图2.27 根任务组的调度实体和运行队列

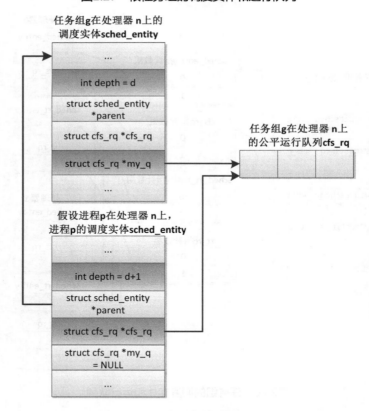

图2.28 普通进程p属于任务组g

（2）成员 parent 指向调度树中的父亲，进程 p 的父亲是任务组 g。

（3）成员 cfs_rq 指向调度实体所属的公平运行队列。进程 p 所属的公平运行队列是任务组 g 在处理器 n 上拥有的公平运行队列。

（4）成员 my_q 指向调度实体拥有的公平运行队列，任务组拥有公平运行队列，进程没有公平运行队列。任务组 g 在每个处理器上有一个公平调度实体和一个公平运行队列，处理器 n 上的调度实体的成员 my_q 指向处理器 n 上的公平运行队列。

2.8.6 调度进程

调度进程的核心函数是 __schedule()，函数原型如下：

kernel/sched/core.c
```
static void __sched notrace __schedule(bool preempt)
```

参数 preempt 表示是否抢占调度，值为 true 表示抢占调度，强制剥夺当前进程对处理器的使用权；值为 false 表示主动调度，当前进程主动让出处理器。

主动调度进程的函数是 schedule()，它把主要工作委托给函数 __schedule()。

函数 __schedule 的主要处理过程如下。

（1）调用 pick_next_task 以选择下一个进程。

（2）调用 context_switch 以切换进程。

1. 选择下一个进程

函数 pick_next_task 负责选择下一个进程，其代码如下：

kernel/sched/core.c
```
static inline struct task_struct *
pick_next_task(struct rq *rq, struct task_struct *prev, struct rq_flags *rf)
{
        const struct sched_class *class;
        struct task_struct *p;

        /*
         * 优化: 如果所有进程属于公平调度类,
         * 我们可以直接调用公平调度类的pick_next_task方法
         */
        if (likely((prev->sched_class == &idle_sched_class ||
                        prev->sched_class == &fair_sched_class) &&
                        rq->nr_running == rq->cfs.h_nr_running)) {

                p = fair_sched_class.pick_next_task(rq, prev, rf);
                if (unlikely(p == RETRY_TASK))
                        goto again;

                /* 假定公平调度类的下一个调度类是空闲调度类*/
                if (unlikely(!p))
                        p = idle_sched_class.pick_next_task(rq, prev, rf);

                return p;
        }

again:
        for_each_class(class) {
                p = class->pick_next_task(rq, prev, rf);
                if (p) {
                        if (unlikely(p == RETRY_TASK))
                                goto again;
                        return p;
                }
        }
```

```
/* 空闲调度类应该总是有一个可运行的进程 */
BUG();
```

函数 pick_next_task 针对公平调度类做了优化：如果当前进程属于空闲调度类或公平调度类，并且所有可运行的进程属于公平调度类，那么直接调用公平调度类的 pick_next_task 方法来选择下一个进程。如果公平调度类没有选中下一个进程，那么从空闲调度类选择下一个进程。

一般情况是：从优先级最高的调度类开始，调用调度类的 pick_next_task 方法来选择下一个进程，如果选中了下一个进程，就调度这个进程，否则继续从优先级更低的调度类选择下一个进程。现在支持 5 种调度类，优先级从高到低依次是停机、限期、实时、公平和空闲。

（1）停机调度类选择下一个进程。停机调度类中用于选择下一个进程的函数是 pick_next_task_stop，算法是：如果运行队列的成员 stop 指向某个进程，并且这个进程在运行队列中，那么返回成员 stop 指向的进程，否则返回空指针。

（2）限期调度类选择下一个进程。限期调度类中用于选择下一个进程的函数是 pick_next_task_dl，算法是：从限期运行队列选择绝对截止期限最小的进程，就是红黑树中最左边的进程。限期调度类不支持任务组，所以不需要考虑调度实体是任务组的情况。

（3）实时调度类选择下一个进程。实时调度类中用于选择下一个进程的函数是 pick_next_task_rt，算法如下。

1）如果实时运行队列没有加入运行队列（rt_rq.rt_queued 等于 0，如果在一个处理器上所有实时进程在一个周期内用完了运行时间，就会把实时运行队列从运行队列中删除），那么返回空指针。

2）从根任务组在当前处理器上的实时运行队列开始，选择优先级最高的调度实体。

3）如果选中的调度实体是任务组，那么继续从这个任务组在当前处理器上的实时运行队列中选择优先级最高的调度实体，重复这个步骤，直到选中的调度实体是进程为止。

（4）公平调度类选择下一个进程。公平调度类中用于选择下一个进程的函数是 pick_next_task_fair，算法如下。

1）从根任务组在当前处理器上的公平运行队列中，选择虚拟运行时间最小的调度实体，就是红黑树中最左边的调度实体。

2）如果选中的调度实体是任务组，那么继续从这个任务组在当前处理器上的公平运行队列中选择虚拟运行时间最小的调度实体，重复这个步骤，直到选中的调度实体是进程为止。

（5）空闲调度类选择下一个进程。空闲调度类中用于选择下一个进程的函数是 pick_next_task_idle，算法是：返回运行队列的成员 idle 指向的空闲线程。

2．切换进程

切换进程的函数是 context_switch，执行的主要工作如下。

（1）switch_mm_irqs_off 负责切换进程的用户虚拟地址空间。

（2）switch_to 负责切换处理器的寄存器。

函数 context_switch 的代码如下：

kernel/sched/core.c
```
static __always_inline struct rq *
context_switch(struct rq *rq, struct task_struct *prev,
```

```
            struct task_struct *next, struct pin_cookie cookie)
{
    struct mm_struct *mm, *oldmm;

    prepare_task_switch(rq, prev, next);
```

prepare_task_switch 执行进程切换的准备工作，调用每种处理器架构必须定义的函数 prepare_arch_switch。ARM64 架构没有定义函数 prepare_arch_switch，使用默认定义，它是一个空的宏。

```
    mm = next->mm;
    oldmm = prev->active_mm;
    arch_start_context_switch(prev);
```

函数 arch_start_context_switch 开始上下文切换，是每种处理器架构必须定义的函数。ARM64 架构没有定义函数 arch_start_context_switch，使用默认定义，它也是一个空的宏。

```
    if (!mm) {
        next->active_mm = oldmm;
        atomic_inc(&oldmm->mm_count);
        enter_lazy_tlb(oldmm, next);
    } else
        switch_mm_irqs_off(oldmm, mm, next);
```

如果下一个进程是内核线程（成员 mm 是空指针），内核线程没有用户虚拟地址空间，那么需要借用上一个进程的用户虚拟地址空间，把借来的用户虚拟地址空间保存在成员 active_mm 中，内核线程在借用的用户虚拟地址空间的上面运行。

函数 enter_lazy_tlb 通知处理器架构不需要切换用户虚拟地址空间，这种加速进程切换的技术称为惰性 TLB。ARM64 架构定义的函数 enter_lazy_tlb 是一个空函数。

如果下一个进程是用户进程，那么调用函数 switch_mm_irqs_off 切换进程的用户虚拟地址空间。

```
    if (!prev->mm) {
        prev->active_mm = NULL;
        rq->prev_mm = oldmm;
    }
```

如果上一个进程是内核线程，那么把成员 active_mm 设置成空指针，断开它和借用的用户虚拟地址空间的联系，把它借用的用户虚拟地址空间保存在运行队列的成员 prev_mm 中。

```
    /* 这里我们只切换寄存器状态和栈 */
    switch_to(prev, next, prev);

    barrier();

    return finish_task_switch(prev);
}
```

函数 switch_to 是每种处理器架构必须定义的函数，负责切换处理器的寄存器。

barrier()是编译器优化屏障，防止编译器优化时调整 switch_to 和 finish_task_switch 的顺序。

函数 finish_task_switch 负责在进程切换后执行清理工作。

（1）切换用户虚拟地址空间。ARM64 架构使用默认的 switch_mm_irqs_off，其定义如下：

include/linux/mmu_context.h
```
#ifndef switch_mm_irqs_off
#define switch_mm_irqs_off switch_mm
#endif
```

函数 switch_mm 的代码如下:

arch/arm64/include/asm/mmu_context.h
```
1    static inline void
2    switch_mm(struct mm_struct *prev, struct mm_struct *next,
3      struct task_struct *tsk)
4    {
5    if (prev != next)
6        __switch_mm(next);
7
8    /*
9     * 更新调入进程保存的寄存器TTBR0_EL1值,
10    * 因为可能还没有初始化(调用者是函数activate_mm),
11    * 或者ASID自从上次运行以来已经改变(在同一个线程组的另一个线程切换上下文以后)
12    *
13    * 避免把保留的寄存器TTBR0_EL1值设置为swapper_pg_dir(init_mm; 例如通过函数idle_task_exit)
14    */
15    if (next != &init_mm)
16        update_saved_ttbr0(tsk, next);
17   }
18
19   static inline void __switch_mm(struct mm_struct *next)
20   {
21   unsigned int cpu = smp_processor_id();
22
23   /*
24    * init_mm.pgd没有包含任何用户虚拟地址的映射,对于TTBR1的内核虚拟地址总是有效的。
25    * 只设置保留的TTBR0
26    */
27   if (next == &init_mm) {
28       cpu_set_reserved_ttbr0();
29       return;
30   }
31
32   check_and_switch_context(next, cpu);
33   }
```

第 5 行和第 6 行代码,如果 prev 不等于 next,即上一个进程和下一个进程的用户虚拟地址空间不同,那么调用函数 __switch_mm 切换用户虚拟地址空间。

函数 __switch_mm 的执行过程如下。

1)第 27~30 行代码,如果切换到内核的内存描述符 init_mm,那么把寄存器 TTBR0_EL1 设置为保留的地址空间标识符 0 和保留的零页 empty_zero_page 的物理地址。目前只有这种情况需要切换到内核的内存描述符 init_mm:内核支持处理器热插拔,当处理器下线时,如果空闲线程借用用户进程的内存描述符,那么必须切换到内核的内存描述符 init_mm。寄存器 TTBR0_EL1(转换表基准寄存器 0,Translation table base register 0)用来存放进程的地址空间标识符和页全局目录的物理地址,其中高 16 位是地址空间标识符,处理器的页表缓存使用地址空间标识符区分不同进程的虚拟地址。

2)第 32 行代码,这是函数 __switch_mm 的重点,调用函数 check_and_switch_context 为进程分配地址空间标识符,具体过程参考 3.12.3 节。

第 15 行和第 16 行代码，如果通过切换寄存器 TTBR0_EL1 仿真 PAN 特性，那么把进程的地址空间标识符和页全局目录的物理地址保存到进程描述符的成员 thread_info.ttbr0，等进程退出内核模式时使用进程描述符的成员 thread_info.ttbr0 设置寄存器 TTBR0_EL1。PAN（Privileged Access Never）特性用来禁止内核访问用户虚拟地址。如果处理器不支持 PAN 特性，那么内核通过切换寄存器 TTBR0_EL1 仿真 PAN 特性：进程进入内核模式时把寄存器 TTBR0_EL1 设置为保留的地址空间标识符 0 和内核的页全局目录（swapper_pg_dir）后面的保留区域的物理地址，退出内核模式时把寄存器 TTBR0_EL1 设置为进程的地址空间标识符和页全局目录的物理地址。使用保留的地址空间标识符 0 可以避免命中页表缓存的表项，防止内核访问用户虚拟地址。

（2）切换寄存器。宏 switch_to 把这项工作委托给函数 __switch_to：

```
include/asm-generic/switch_to.h
#define switch_to(prev, next, last)                    \
    do {                                               \
        ((last) = __switch_to((prev), (next)));        \
    } while (0)
```

ARM64 架构定义的函数 __switch_to 如下：

```
arch/arm64/kernel/process.c
1    __notrace_funcgraph struct task_struct *__switch_to(struct task_struct *prev,
2                    struct task_struct *next)
3    {
4      struct task_struct *last;
5
6      fpsimd_thread_switch(next);
7      tls_thread_switch(next);
8      hw_breakpoint_thread_switch(next);
9      contextidr_thread_switch(next);
10     entry_task_switch(next);
11     uao_thread_switch(next);
12
13     /*
14      * 在这个处理器上执行完前面的所有页表缓存或者缓存维护操作，
15      * 以防线程迁移到其他处理器
16      */
17     dsb(ish);
18
19     /* 实际的线程切换 */
20     last = cpu_switch_to(prev, next);
21
22     return last;
23   }
```

第 6 行代码，调用函数 fpsimd_thread_switch 以切换浮点寄存器。

第 7 行代码，调用函数 tls_thread_switch 以切换线程本地存储相关的寄存器。

第 8 行代码，调用函数 hw_breakpoint_thread_switch 以切换调试寄存器。

第 9 行代码，调用函数 contextidr_thread_switch 把上下文标识符寄存器 CONTEXTIDR_EL1 设置为下一个进程的进程号。

第 10 行代码，调用函数 entry_task_switch 使用当前处理器的每处理器变量 __entry_task 记录下一个进程的进程描述符的地址，因为内核使用用户栈指针寄存器 SP_EL0 存放当前进程的进程描述符的第一个成员 thread_info 的地址，但是用户空间会改变用户栈指针寄存器 SP_EL0，所以使用当前处理器的每处理器变量 __entry_task 记录下一个进程的进程描述符的地址，以便从用户空间进入内核空间时可以恢复用户栈指针寄存器 SP_EL0。

第 11 行代码，调用函数 uao_thread_switch 根据下一个进程可访问的虚拟地址空间上限恢复用户访问覆盖（User Access Override，UAO）状态。开启 UAO 特性以后，get_user()/put_user()使用非特权的加载/存储指令访问用户地址空间，当使用函数 set_fs(KERNEL_DS)把进程可访问的地址空间上限设置为内核地址空间上限时，设置覆盖位允许非特权的加载/存储指令访问内核地址空间。

第 17 行代码，dsb(ish)是数据同步屏障，确保屏障前面的缓存维护操作和页表缓存维护操作执行完。

第 20 行代码，调用函数 cpu_switch_to 以切换通用寄存器。

1）切换浮点寄存器。

函数 fpsimd_thread_switch 负责切换浮点（Floating-point，FP）寄存器。因为不同处理器架构的浮点寄存器不同，而且有的处理器架构不支持浮点运算，所以各种处理器架构需要自己实现函数 fpsimd_thread_switch。ARM64 处理器支持浮点运算，浮点运算和单指令多数据（Single Instruction Multiple Data，SIMD）功能共用 32 个 128 位寄存器，这些寄存器称为浮点寄存器，用于向量运算时称为向量寄存器，标记为 V0～V31（V 代表 vector），用于标量（标量浮点数或者标量整数）运算时标记为 Q0～Q31（Q 代表 Quadword，即 4 个字，一个字是 4 字节）。

因为不是所有处理器都支持浮点运算，所以内核不允许使用浮点数，只有用户空间可以使用浮点数。利用这个特性，处理器从进程切换到内核线程时不需要切换浮点寄存器。如果处理器从进程 P 切换到内核线程，然后从内核线程切换到进程 P，那么两次进程切换都不需要切换浮点寄存器。

切换出去的进程把浮点寄存器的值保存在进程描述符的成员 thread.fpsimd_state 中。

ARM64 架构实现的函数 fpsimd_thread_switch 如下：

```
arch/arm64/kernel/fpsimd.c
1    void fpsimd_thread_switch(struct task_struct *next)
2    {
3      if (!system_supports_fpsimd())
4          return;
5
6      if (current->mm && !test_thread_flag(TIF_FOREIGN_FPSTATE))
7          fpsimd_save_state(&current->thread.fpsimd_state);
8
9      if (next->mm) {
10         struct fpsimd_state *st = &next->thread.fpsimd_state;
11
12         if (__this_cpu_read(fpsimd_last_state) == st
13           && st->cpu == smp_processor_id())
14             clear_ti_thread_flag(task_thread_info(next),
15                     TIF_FOREIGN_FPSTATE);
16         else
17             set_ti_thread_flag(task_thread_info(next),
18                     TIF_FOREIGN_FPSTATE);
19     }
20   }
```

第 3 行和第 4 行代码，如果处理器不支持浮点和 SIMD，那么直接返回。

第 6 行和第 7 行代码，如果当前进程是用户进程，并且处理器的浮点状态是当前进程的，那么把浮点寄存器保存到当前进程的进程描述符的成员 thread.fpsimd_state 中。

第 9 行代码，如果下一个进程是用户进程，执行以下操作。

- 第 12～15 行代码，如果当前处理器的浮点状态是下一个进程的浮点状态，那么清除下一个进程的标志位 TIF_FOREIGN_FPSTATE，指示当前处理器的浮点状态是下一个进程的浮点状态。
- 第 16～18 行代码，否则，设置下一个进程的标志位 TIF_FOREIGN_FPSTATE，指示当前处理器的浮点状态不是下一个进程的。当进程准备返回用户模式的时候，在函数 do_notify_resume 中，发现进程设置了标志位 TIF_FOREIGN_FPSTATE，那么调用函数 fpsimd_restore_current_state 从进程描述符的成员 thread.fpsimd_state 恢复浮点寄存器，并清除标志位 TIF_FOREIGN_FPSTATE。

函数 fpsimd_save_state 负责保存浮点寄存器的状态，其代码如下：

```
arch/arm64/kernel/entry-fpsimd.S
ENTRY(fpsimd_save_state)
    fpsimd_save x0, 8
    ret
ENDPROC(fpsimd_save_state)
```

头文件 "arch/arm64/include/asm/fpsimdmacro.h" 定义了宏 fpsimd_save，把宏展开后，函数 fpsimd_save_state 的代码如下：

```
arch/arm64/kernel/entry-fpsimd.S
ENTRY(fpsimd_save_state)
    Stp   q0, q1, [x0, #16 * 0]      /* 把寄存器q0和q1存储到地址(x0 + 16) */
    stp   q2, q3, [x0, #16 * 2]
    stp   q4, q5, [x0, #16 * 4]
    stp   q6, q7, [x0, #16 * 6]
    stp   q8, q9, [x0, #16 * 8]
    stp   q10, q11, [x0, #16 * 10]
    stp   q12, q13, [x0, #16 * 12]
    stp   q14, q15, [x0, #16 * 14]
    stp   q16, q17, [x0, #16 * 16]
    stp   q18, q19, [x0, #16 * 18]
    stp   q20, q21, [x0, #16 * 20]
    stp   q22, q23, [x0, #16 * 22]
    stp   q24, q25, [x0, #16 * 24]
    stp   q26, q27, [x0, #16 * 26]
    stp   q28, q29, [x0, #16 * 28]
    stp   q30, q31, [x0, #16 * 30]! /* 把寄存器q30和q31存储到地址(x0 + 16 * 30)，然后把寄存
                                        器x0加上（16 * 30）*/
    mrs   x8, fpsr
    str   w8, [x0, #16 * 2]
    mrs   x8, fpcr
    str   w8, [x0, #16 * 2 + 4]
    ret
ENDPROC(fpsimd_save_state)
```

寄存器 x0 存放当前进程的进程描述符的成员 thread.fpsimd_state 的地址。

该函数把浮点寄存器 q0～q31、浮点状态寄存器（Floating-point Status Register，FPSR）和浮点控制寄存器（Floating-point Control Register，FPCR）保存到当前进程的进程描述符

的成员 thread.fpsimd_state 中。

2）切换通用寄存器。函数 cpu_switch_to 切换下面这些通用寄存器。

- 由被调用函数负责保存的寄存器 x19～x28。被调用函数必须保证这些寄存器在函数执行前后的值相同，如果被调用函数需要使用其中一个寄存器，必须先把寄存器的值保存在栈里面，在函数返回前恢复寄存器的值。
- 寄存器 x29，即帧指针（Frame Pointer，FP）寄存器。
- 栈指针（Stack Pointer，SP）寄存器。
- 寄存器 x30，即链接寄存器（Link Register，LR），它存放函数的返回地址。
- 用户栈指针寄存器 SP_EL0，内核使用它存放当前进程的进程描述符的第一个成员 thread_info 的地址。

相关代码如下：

```
arch/arm64/kernel/entry.S
1    ENTRY(cpu_switch_to)
2    mov    x10, #THREAD_CPU_CONTEXT
3    add    x8, x0, x10
4    mov    x9, sp
5
6    stp    x19, x20, [x8], #16        //保存由被调用者负责保存的寄存器
7    stp    x21, x22, [x8], #16
8    stp    x23, x24, [x8], #16
9    stp    x25, x26, [x8], #16
10   stp    x27, x28, [x8], #16
11   stp    x29, x9, [x8], #16
12   str    lr, [x8]
13
14   add    x8, x1, x10
15
16   ldp    x19, x20, [x8], #16        //恢复由被调用者负责保存的寄存器
17   ldp    x21, x22, [x8], #16
18   ldp    x23, x24, [x8], #16
19   ldp    x25, x26, [x8], #16
20   ldp    x27, x28, [x8], #16
21   ldp    x29, x9, [x8], #16
22   ldr    lr, [x8]
23   mov    sp, x9
24
25   msr    sp_el0, x1
26
27   ret
28   ENDPROC(cpu_switch_to)
```

函数 cpu_switch_to 有两个参数：寄存器 x0 存放上一个进程的进程描述符的地址，寄存器 x1 存放下一个进程的进程描述符的地址。

第 2 行代码，寄存器 x10 存放进程描述符的成员 thread.cpu_context 的偏移。

第 3 行代码，寄存器 x8 存放上一个进程的进程描述符的成员 thread.cpu_context 的地址。

第 4 行代码，寄存器 x9 保存栈指针。

第 6～12 行代码，把上一个进程的寄存器 x19～x28、x29、SP 和 LR 保存到上一个进程的进程描述符的成员 thread.cpu_context 中。寄存器 LR 存放函数的返回地址，是函数 context_switch 中调用函数 cpu_switch_to 之后的一行代码。指令 stp（store pair）表示存储一对。指令"stp   x19, x20, [x8], #16"表示把寄存器 x19 和 x20 存储到寄存器 x8 里面的地

址，然后把寄存器 x8 加上 16。

第 14 行代码，寄存器 x8 存放下一个进程的进程描述符的成员 thread.cpu_context 的地址。

第 16~23 行代码，使用下一个进程的进程描述符的成员 thread.cpu_context 保存的值恢复下一个进程的寄存器 x19~x28、x29、SP 和 LR。指令 ldp（load pair）表示加载一对。指令"ldp x19, x20, [x8], #16"表示从寄存器 x8 里面的地址加载两个 64 位数据到寄存器 x19 和 x20，然后把寄存器 x8 加上 16。

第 25 行代码，把用户栈指针寄存器 SP_EL0 设置为下一个进程的进程描述符的第一个成员 thread_info 的地址。

第 27 行代码，函数返回，返回值是寄存器 x0 的值：上一个进程的进程描述符的地址。

图 2.29 描述了函数 cpu_switch_to 切换通用寄存器的过程，从进程 prev 切换到进程 next。进程 prev 把通用寄存器的值保存在进程描述符的成员 thread.cpu_context 中，然后进程 next 从进程描述符的成员 thread.cpu_context 恢复通用寄存器的值，使用用户栈指针寄存器 SP_EL0 存放进程 next 的进程描述符的成员 thread_info 的地址。

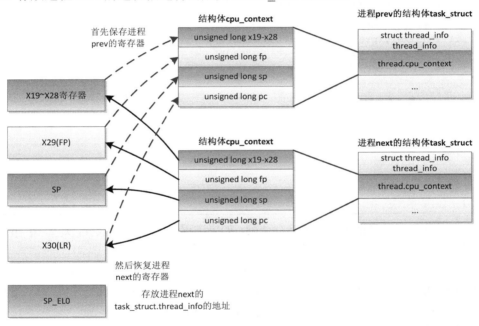

图2.29　ARM64架构切换通用寄存器

链接寄存器存放函数的返回地址，函数 cpu_switch_to 把链接寄存器设置为进程描述符的成员 thread.cpu_context.pc，进程被调度后从返回地址开始执行。进程的返回地址分为以下两种情况。

❑　如果进程是刚刚创建的新进程，函数 copy_thread 把进程描述符的成员 thread.cpu_context.pc 设置为函数 ret_from_fork 的地址。

❑　对于其他情况，返回地址是函数 context_switch 中调用函数 cpu_switch_to 之后的一行代码："last = 函数 cpu_switch_to 的返回值"。当进程被切换出去的时候，把这个返回地址记录在进程描述符的成员 thread.cpu_context.pc 中。

（3）执行清理工作。函数 finish_task_switch 在从进程 prev 切换到进程 next 后为进程

prev 执行清理工作，其代码如下：

```
kernel/sched/core.c
1    static struct rq *finish_task_switch(struct task_struct *prev)
2    __releases(rq->lock)
3    {
4     struct rq *rq = this_rq();
5     struct mm_struct *mm = rq->prev_mm;
6     long prev_state;
7
8     …
9     rq->prev_mm = NULL;
10
11    prev_state = prev->state;
12    vtime_task_switch(prev);
13    …
14    finish_lock_switch(rq, prev);
15    finish_arch_post_lock_switch();
16
17    fire_sched_in_preempt_notifiers(current);
18    if (mm)
19        mmdrop(mm);
20    if (unlikely(prev_state == TASK_DEAD)) {
21        if (prev->sched_class->task_dead)
22            prev->sched_class->task_dead(prev);
23
24        …
25        /*释放进程的内核栈 */
26        put_task_stack(prev);
27
28        put_task_struct(prev);
29    }
30
31    tick_nohz_task_switch();
32    return rq;
33    }
```

第 9 行代码，rq 是当前处理器的运行队列，如果进程 prev 是内核线程，那么 rq->prev_mm 存放它借用的内存描述符。这里把 rq->prev_mm 设置为空指针。

第 12 行代码，函数 vtime_task_switch(prev) 计算进程 prev 的时间统计。

第 14 行代码，函数 finish_lock_switch(rq, prev) 把 prev->on_cpu 设置为 0，表示进程 prev 没有在处理器上运行；然后释放运行队列的锁，开启硬中断。

第 15 行代码，函数 finish_arch_post_lock_switch() 在执行完函数 finish_lock_switch() 以后，执行处理器架构特定的清理工作。ARM64 架构没有定义，使用默认的空函数。

第 18 行和第 19 行代码，如果进程 prev 是内核线程，那么把它借用的内存描述符的引用计数减 1，如果引用计数减到 0，那么释放内存描述符。

第 20 行代码，如果进程 prev 的状态是 TASK_DEAD，即进程主动退出或者被终止，那么执行以下清理操作。

1）第 21 行和第 22 行代码，调用进程 prev 所属调度类的 task_dead 方法。

2）第 26 行代码，调用函数 put_task_stack：如果结构体 thread_info 放在进程描述符里面，而不是放在内核栈的顶部，那么释放进程的内核栈。

3）第 28 行代码，把进程描述符的引用计数减 1，如果引用计数变为 0，那么释放进程描述符。

2.8.7 调度时机

调度进程的时机如下。

（1）进程主动调用 schedule()函数。

（2）周期性地调度，抢占当前进程，强迫当前进程让出处理器。

（3）唤醒进程的时候，被唤醒的进程可能抢占当前进程。

（4）创建新进程的时候，新进程可能抢占当前进程。

如果编译内核时开启对内核抢占的支持，那么内核会增加一些抢占点。

1．主动调度

进程在用户模式下运行的时候，无法直接调用 schedule()函数，只能通过系统调用进入内核模式，如果系统调用需要等待某个资源，例如互斥锁或信号量，就会把进程的状态设置为睡眠状态，然后调用 schedule()函数来调度进程。

进程也可以通过系统调用 sched_yield()让出处理器，这种情况下进程不会睡眠。

在内核中，有以下 3 种主动调度方式。

（1）直接调用 schedule()函数来调度进程。

（2）调用有条件重调度函数 cond_resched()。在非抢占式内核中，函数 cond_resched() 判断当前进程是否设置了需要重新调度的标志，如果设置了，就调度进程；在抢占式内核中，函数 cond_resched()是空函数，没有作用。

（3）如果需要等待某个资源，例如互斥锁或信号量，那么把进程的状态设置为睡眠状态，然后调用 schedule()函数以调度进程。

2．周期调度

有些"流氓"进程不主动让出处理器，内核只能依靠周期性的时钟中断夺回处理器的控制权，时钟中断是调度器的脉搏。时钟中断处理程序检查当前进程的执行时间有没有超过限额，如果超过限额，设置需要重新调度的标志。当时钟中断处理程序准备把处理器还给被打断的进程时，如果被打断的进程在用户模式下运行，就检查有没有设置需要重新调度的标志，如果设置了，调用 schedule()函数以调度进程。

周期调度的函数是 scheduler_tick()，它调用当前进程所属调度类的 task_tick 方法。如果需要重新调度，就为当前进程的 thread_info 结构体的成员 flags 设置需要重新调度的标志位（_TIF_NEED_RESCHED），中断处理程序在返回的时候会检查这个标志位。

（1）限期调度类的周期调度。限期调度类的 task_tick 方法是函数 task_tick_dl，函数 task_tick_dl 把主要工作委托给 update_curr_dl 函数，函数 update_curr_dl 的主要代码如下：

```
kernel/sched/deadline.c
1    static void update_curr_dl(struct rq *rq)
2    {
3     struct task_struct *curr = rq->curr;
4     struct sched_dl_entity *dl_se = &curr->dl;
5     u64 delta_exec;
6
7     …
8     delta_exec = rq_clock_task(rq) - curr->se.exec_start;
9     if (unlikely((s64)delta_exec <= 0)) {
```

```
10          if (unlikely(dl_se->dl_yielded))
11                  goto throttle;
12          return;
13   }
14
15   …
16   dl_se->runtime -= delta_exec;
17
18   throttle:
19   if (dl_runtime_exceeded(dl_se) || dl_se->dl_yielded) {
20          dl_se->dl_throttled = 1;
21          __dequeue_task_dl(rq, curr, 0);
22          if (unlikely(dl_se->dl_boosted || !start_dl_timer(curr)))
23                  enqueue_task_dl(rq, curr, ENQUEUE_REPLENISH);
24
25          if (!is_leftmost(curr, &rq->dl))
26                  resched_curr(rq);
27   }
28
29   …
30   }
```

第 16 行代码，计算限期进程的剩余运行时间。

第 19 行代码，如果限期进程用完了运行时间或者主动让出处理器，处理如下。

❑ 第 20 行代码，设置节流标志。

❑ 第 21 行代码，把当前进程从限期运行队列中删除。

❑ 第 22 行和第 23 行代码，如果当前进程被临时提升为限期进程（因为占用某个限期进程等待的实时互斥锁），或者绝对截止期限已经过期，那么把当前进程重新加入限期运行队列，补充运行时间（如果绝对截止期限没有到期，函数 start_dl_timer 启动高精度定时器，到期时间是当前进程的绝对截止期限，到期的时候把进程重新加入限期运行队列，补充运行时间）。

❑ 第 25 行和第 26 行代码，如果当前进程不在限期运行队列中，或者虽然在限期运行队列中但是绝对截止期限不是最小的，那么给当前进程设置需要重新调度的标志位。

（2）实时调度类的周期调度。实时调度类的 task_tick 方法是函数 task_tick_rt，其主要代码如下：

```
kernel/sched/rt.c
1    static void task_tick_rt(struct rq *rq, struct task_struct *p, int queued)
2    {
3     struct sched_rt_entity *rt_se = &p->rt;
4
5     …
6     if (p->policy != SCHED_RR)
7             return;
8
9     if (--p->rt.time_slice)
10            return;
11
12    p->rt.time_slice = sched_rr_timeslice;
13
14    for_each_sched_rt_entity(rt_se) {
15           if (rt_se->run_list.prev != rt_se->run_list.next) {
16                   requeue_task_rt(rq, p, 0);
17                   resched_curr(rq);
18                   return;
19           }
```

```
20    }
21  }
```

第 6 行和第 7 行代码，如果调度策略不是轮流调度，那么直接返回。

第 9 行和第 10 行代码，把时间片减一，如果没用完时间片，那么返回。

第 12 行代码，如果用完了时间片，那么重新分配时间片。

第 14～20 行代码，从当前进程到根任务组的任何一个层次，如果实时调度实体不是实时运行队列的唯一调度实体，那么把当前进程重新添加到实时运行队列的尾部，并且设置需要重新调度的标志位。

（3）公平调度类的周期调度。公平调度类的 task_tick 方法是函数 task_tick_fair，其主要代码如下：

```
kernel/sched/fair.c
static void task_tick_fair(struct rq *rq, struct task_struct *curr, int queued)
{
      struct cfs_rq *cfs_rq;
      struct sched_entity *se = &curr->se;

      for_each_sched_entity(se) {
            cfs_rq = cfs_rq_of(se);
            entity_tick(cfs_rq, se, queued);
      }
}
```

从当前进程到根任务组的每级公平调度实体，调用函数 entity_tick。

函数 entity_tick 的主要代码如下：

```
kernel/sched/fair.c
static void
entity_tick(struct cfs_rq *cfs_rq, struct sched_entity *curr, int queued)
{
      …
      if (cfs_rq->nr_running > 1)
            check_preempt_tick(cfs_rq, curr);
}
```

如果公平运行队列的进程数量超过 1，那么调用函数 check_preempt_tick。

函数 check_preempt_tick 的代码如下：

```
kernel/sched/fair.c
1    static void
2    check_preempt_tick(struct cfs_rq *cfs_rq, struct sched_entity *curr)
3    {
4     unsigned long ideal_runtime, delta_exec;
5     struct sched_entity *se;
6     s64 delta;
7
8     ideal_runtime = sched_slice(cfs_rq, curr);
9     delta_exec = curr->sum_exec_runtime - curr->prev_sum_exec_runtime;
10    if (delta_exec > ideal_runtime) {
11        resched_curr(rq_of(cfs_rq));
12        clear_buddies(cfs_rq, curr);
13        return;
14    }
15
16    if (delta_exec < sysctl_sched_min_granularity)
17        return;
```

```
18
19    se = __pick_first_entity(cfs_rq);
20    delta = curr->vruntime - se->vruntime;
21
22    if (delta < 0)
23        return;
24
25    if (delta > ideal_runtime)
26        resched_curr(rq_of(cfs_rq));
27 }
```

第 8~14 行代码，如果当前调度实体的运行时间超过了理想的运行时间，那么设置需要重新调度的标志位。理想的运行时间=（调度周期×当前公平调度实体的权重/公平运行队列中所有调度实体的权重总和）。

第 16~26 行代码，如果当前调度实体的运行时间大于或等于调度最小粒度，并且当前调度实体的虚拟运行时间和公平运行队列中第一个调度实体的虚拟运行时间的差值大于理想的运行时间，那么设置需要重新调度的标志位。

（4）中断返回时调度。如果进程正在用户模式下运行，那么中断抢占时，ARM64 架构的中断处理程序的入口是 e10_irq。中断处理程序执行完以后，跳转到标号 ret_to_user 以返回用户模式。标号 ret_to_user 判断当前进程的进程描述符的成员 thread_info.flags 有没有设置标志位集合_TIF_WORK_MASK 中的任何一个标志位，如果设置了其中一个标志位，那么跳转到标号 work_pending，标号 work_pending 调用函数 do_notify_resume。

```
arch/arm64/kernel/entry.S
ret_to_user:
    disable_irq                      // 禁止中断
    ldr   x1, [tsk, #TSK_TI_FLAGS]
    and   x2, x1, #_TIF_WORK_MASK
    cbnz x2, work_pending
finish_ret_to_user:
    enable_step_tsk x1, x2
    kernel_exit 0
ENDPROC(ret_to_user)

work_pending:
    mov   x0, sp
    /*
     * 寄存器x0存放第一个参数regs
     * 寄存器x1存放第二个参数task_struct.thread_info.flags
     */
    bl    do_notify_resume
#ifdef CONFIG_TRACE_IRQFLAGS
    bl    trace_hardirqs_on          // 在用户空间执行时开启中断
#endif
    ldr x1, [tsk, #TSK_TI_FLAGS]    // 重新检查单步执行
    b     finish_ret_to_user
```

函数 do_notify_resume 判断当前进程的进程描述符的成员 thread_info.flags 有没有设置需要重新调度的标志位_TIF_NEED_RESCHED，如果设置了，那么调用函数 schedule()以调度进程。

```
arch/arm64/kernel/signal.c
asmlinkage void do_notify_resume(struct pt_regs *regs,
                        unsigned int thread_flags)
{
    ...
```

```
    do {
        if (thread_flags & _TIF_NEED_RESCHED) {
            schedule();
        } else {
            …
        }

        local_irq_disable();
        thread_flags = READ_ONCE(current_thread_info()->flags);
    } while (thread_flags & _TIF_WORK_MASK);
}
```

3．唤醒进程时抢占

如图 2.30 所示，唤醒进程的时候，被唤醒的进程可能抢占当前进程。

（1）如果被唤醒的进程和当前进程属于相同的调度类，那么调用调度类的 check_preempt_curr 方法以检查是否可以抢占当前进程。

（2）如果被唤醒的进程所属调度类的优先级高于当前进程所属调度类的优先级，那么给当前进程设置需要重新调度的标志。

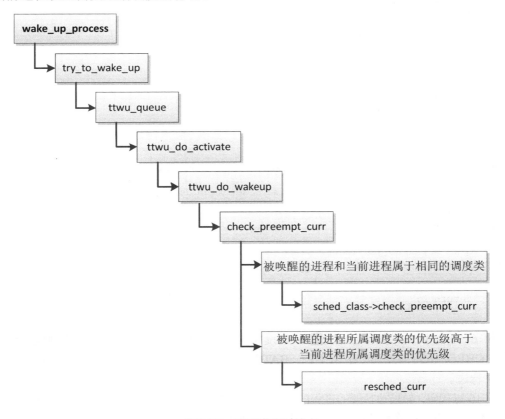

图2.30　唤醒进程时抢占

停机调度类的 check_preempt_curr 方法是函数 check_preempt_curr_stop，它是一个空函数。

限期调度类的 check_preempt_curr 方法是函数 check_preempt_curr_dl，算法是：如果被唤醒的进程的绝对截止期限比当前进程的绝对截止期限小，那么给当前进程设置需要重新调度的标志。

实时调度类的 check_preempt_curr 方法是函数 check_preempt_curr_rt，算法是：如果被唤醒的进程的优先级比当前进程的优先级高，那么给当前进程设置需要重新调度的标志。

公平调度类的 check_preempt_curr 方法是函数 check_preempt_wakeup，其主要代码如下：

```
kernel/sched/fair.c
1    static void check_preempt_wakeup(struct rq *rq, struct task_struct *p, int wake_flags)
2    {
3     struct task_struct *curr = rq->curr;
4     struct sched_entity *se = &curr->se, *pse = &p->se;
5     …
6     if (unlikely(curr->policy == SCHED_IDLE) &&
7        likely(p->policy != SCHED_IDLE))
8         goto preempt;
9
10    if (unlikely(p->policy != SCHED_NORMAL) || !sched_feat(WAKEUP_PREEMPTION))
11        return;
12
13    find_matching_se(&se, &pse);
14    update_curr(cfs_rq_of(se));
15    BUG_ON(!pse);
16    if (wakeup_preempt_entity(se, pse) == 1) {
17        …
18        goto preempt;
19    }
20
21    return;
22
23   preempt:
24    resched_curr(rq);
25    …
26   }
27
28   static int
29   wakeup_preempt_entity(struct sched_entity *curr, struct sched_entity *se)
30   {
31    s64 gran, vdiff = curr->vruntime - se->vruntime;
32
33    if (vdiff <= 0)
34        return -1;
35
36    gran = wakeup_gran(curr, se);
37    if (vdiff > gran)
38        return 1;
39
40    return 0;
41   }
```

第 6～8 行代码，如果当前进程的调度策略是 SCHED_IDLE，被唤醒的进程的调度策略是 SCHED_NORMAL 或者 SCHED_BATCH，那么允许抢占，给当前进程设置需要重新调度的标志。

第 10 行代码，如果被唤醒的进程的调度策略不是 SCHED_NORMAL，那么不允许抢占当前进程。如果没有开启唤醒抢占的调度特性（默认开启唤醒抢占的调度特性），那么不允许抢占。

第 13 行代码，因为第 16 行代码调用函数 wakeup_preempt_entity 来判断是否可以抢占，只能在属于同一个任务组的两个兄弟调度实体之间判断，所以函数 find_matching_se 需要为当前进程和被唤醒的进程找到两个兄弟调度实体。

第 16 行代码，如果（当前进程的虚拟运行时间 − 被唤醒的进程的虚拟运行时间）大于虚拟唤醒粒度，那么允许抢占，给当前进程设置需要重新调度的标志。

虚拟唤醒粒度是唤醒粒度根据当前进程的权重转换成的虚拟时间，全局变量 sysctl_sched_wakeup_granularity 存放唤醒粒度，单位是纳秒，默认值是 10^6，即默认的唤醒粒度是 1 毫秒。如果开启了配置宏 CONFIG_SCHED_DEBUG，可以通过文件"/proc/sys/kernel/sched_wakeup_granularity_ns"设置唤醒粒度。

空闲调度类的 check_preempt_curr 方法是函数 check_preempt_curr_idle，算法是：无条件抢占，给当前进程设置需要重新调度的标志。

4. 创建新进程时抢占

如图 2.31 所示，使用系统调用 fork、clone 或 vfork 创建新进程的时候，新进程可能抢占当前进程；使用函数 kernel_thread 创建新的内核线程的时候，新的内核线程可能抢占当前进程。

5. 内核抢占

内核抢占是指当进程在内核模式下运行的时候可以被其他进程抢占，需要打开配置宏 CONFIG_PREEMPT。如果不支持内核抢占，当进程在内核模式下运行的时候，不会被其他进程抢占，带来的问题是：如果一个进程在内核模式下运行的时间很长，将

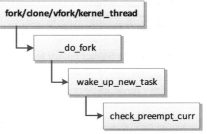

图2.31　创建新进程时抢占

导致交互式进程等待的时间很长，响应很慢，用户体验差。内核抢占就是为了解决这个问题。

支持抢占的内核称为抢占式内核，不支持抢占的内核称为非抢占式内核。个人计算机的桌面操作系统要求响应速度快，适合使用抢占式内核；服务器要求业务的吞吐率高，适合使用非抢占式内核。

每个进程的 thread_info 结构体有一个类型为 int 的成员 preempt_count，称为抢占计数器，如图 2.32 所示。

图2.32　进程的抢占计数器

其中第 0～7 位是抢占计数，第 8～15 位是软中断计数，第 16～19 位是硬中断计数，第 20 位是不可屏蔽中断计数。

进程在内核模式下运行时，可以调用 preempt_disable() 以禁止其他进程抢占，preempt_disable() 把抢占计数器的抢占计数部分加 1。

local_bh_disable() 禁止软中断抢占，把抢占计数器的软中断计数部分加 2；函数 __do_softirq() 在执行软中断之前把软中断计数部分加 1。

中断处理程序会把抢占计数器的硬中断计数部分加 1，表示在硬中断上下文里面。

不可屏蔽中断的处理程序会把抢占计数器的不可屏蔽中断计数部分和硬中断计数部分分别加 1，表示在不可屏蔽中断上下文里面。

进程在内核模式下运行的时候，如果抢占计数器的值不是 0，那么其他进程不能抢占。

可以看出，如果禁止软中断抢占，那么同时也禁止了其他进程抢占。

内核抢占增加了一些抢占点。

- ❑ 在调用 preempt_enable()开启抢占的时候。
- ❑ 在调用 local_bh_enable()开启软中断的时候。
- ❑ 在调用 spin_unlock()释放自旋锁的时候。
- ❑ 在中断处理程序返回内核模式的时候。

（1）开启内核抢占时抢占：在调用 preempt_enable()开启抢占的时候，把抢占计数器的抢占计数部分减 1，如果抢占计数器变成 0，并且当前进程设置了重新调度标志位，那么执行抢占调度。

```
#include/linux/preempt.h
#ifdef CONFIG_PREEMPT
#define preempt_enable() \
do { \
    barrier(); \
    if (unlikely(preempt_count_dec_and_test())) \
        __preempt_schedule(); \
} while (0)
#endif

#define preempt_count_dec_and_test() __preempt_count_dec_and_test()

include/asm-generic/preempt.h
static __always_inline bool __preempt_count_dec_and_test(void)
{
    return !--*preempt_count_ptr() && tif_need_resched();
}
```

（2）开启软中断时抢占：在调用 local_bh_enable()开启软中断的时候，如果抢占计数器变成 0，并且为当前进程设置了重新调度标志位，那么执行抢占调度。

```
kernel/softirq.c
local_bh_enable -> __local_bh_enable_ip
void __local_bh_enable_ip(unsigned long ip, unsigned int cnt)
{
    …
    preempt_check_resched();
}

include/asm-generic/preempt.h
#define preempt_check_resched() \
do { \
    if (should_resched(0)) \
        __preempt_schedule(); \
} while (0)

static __always_inline bool should_resched(int preempt_offset)
{
    return unlikely(preempt_count() == preempt_offset &&
            tif_need_resched());
}
```

（3）释放自旋锁时抢占：调用 spin_unlock()释放自旋锁的时候，调用函数 preempt_enable()开启抢占，如果抢占计数器变成 0，并且当前进程设置了重新调度标志位，那么执行抢占调度。

```
include/linux/spinlock_api_smp.h
```

```
spin_unlock -> raw_spin_unlock -> _raw_spin_unlock -> _raw_spin_unlock -> __raw_spin_unlock
static inline void __raw_spin_unlock(raw_spinlock_t *lock)
{
        spin_release(&lock->dep_map, 1, _RET_IP_);
        do_raw_spin_unlock(lock);
        preempt_enable();
}
```

（4）中断处理程序返回内核模式时抢占：如果进程正在内核模式下运行，那么中断抢占时，ARM64 架构的中断处理程序的入口是 el1_irq。中断处理程序执行完以后，如果进程的抢占计数器是 0，并且设置了需要重新调度的标志位，那么调用函数 el1_preempt，函数 el1_preempt 调用函数 preempt_schedule_irq 以执行抢占调度。如果被选中的进程也设置了需要重新调度的标志位，那么继续执行抢占调度。

```
arch/arm64/kernel/entry.S
el1_irq:
     kernel_entry 1
     enable_dbg
#ifdef CONFIG_TRACE_IRQFLAGS
     bl   trace_hardirqs_off
#endif

     irq_handler

#ifdef CONFIG_PREEMPT
     ldr   w24, [tsk, #TSK_TI_PREEMPT]    // 读取抢占计数
     cbnz w24, 1f                         // 抢占计数不等于0
     ldr   x0, [tsk, #TSK_TI_FLAGS]       // 读取标志
     tbz   x0, #TIF_NEED_RESCHED, 1f      // 需要重新调度？
     Bl    el1_preempt
1:
#endif
#ifdef CONFIG_TRACE_IRQFLAGS
     bl   trace_hardirqs_on
#endif
     kernel_exit 1
ENDPROC(el1_irq)

#ifdef CONFIG_PREEMPT
el1_preempt:
     mov x24, lr
1:   bl    preempt_schedule_irq           //在函数中开启和禁止中断
     ldr   x0, [tsk, #TSK_TI_FLAGS]       // 读取新的进程标志
     tbnz x0, #TIF_NEED_RESCHED, 1b       // 需要重新调度？
     ret   x24
#endif
```

函数 preempt_schedule_irq 执行抢占调度，选择一个进程抢占正在内核模式下执行的当前进程。如果被选中的进程也设置了需要重新调度的标志位，那么继续执行抢占调度。

```
kernel/sched/core.c
asmlinkage __visible void __sched preempt_schedule_irq(void)
{
    enum ctx_state prev_state;

    /*捕获需要修正的调用者 */
    BUG_ON(preempt_count() || !irqs_disabled());
```

```
    prev_state = exception_enter();

    do {
        preempt_disable();
        local_irq_enable();
        __schedule(true);
        local_irq_disable();
        sched_preempt_enable_no_resched();
    } while (need_resched());

    exception_exit(prev_state);
}
```

6. 高精度调度时钟

调度器选择一个进程运行以后，周期调度函数检查进程的运行时间是否超过限额。如果时钟频率是 100 赫兹，时钟每隔 10 毫秒发送一次中断请求，那么对进程运行时间的控制精度只能达到 10 毫秒。

高精度时钟的精度是纳秒，如果硬件层面有一个高精度时钟，那么可以使用高精度调度时钟精确地控制进程的运行时间。启用高精度调度时钟的方法如下。

（1）打开高精度定时器的配置宏 CONFIG_HIGH_RES_TIMERS，自动打开高精度调度时钟的配置宏 CONFIG_SCHED_HRTICK。

（2）头文件 "kernel/sched/features.h" 默认禁止调度特性 "高精度调度时钟"：SCHED_FEAT(HRTICK, false)，需要修改为默认开启。

在运行队列中添加一个高精度定时器，其代码如下：

kernel/sched/sched.h
```
struct rq {
    …
#ifdef CONFIG_SCHED_HRTICK
    …
    struct hrtimer hrtick_timer;
#endif
    …
};
```

高精度定时器的回调函数是 hrtick，该函数调用当前进程所属调度类的 task_tick 方法。

kernel/sched/core.c
```
static enum hrtimer_restart hrtick(struct hrtimer *timer)
{
    struct rq *rq = container_of(timer, struct rq, hrtick_timer);
    struct rq_flags rf;

    rq_lock(rq, &rf);
    update_rq_clock(rq);
    rq->curr->sched_class->task_tick(rq, rq->curr, 1);
    rq_unlock(rq, &rf);

    return HRTIMER_NORESTART;
}
```

当公平调度类调用函数 pick_next_task_fair 以选择一个普通进程时，启动高精度定时器，把相对超时设置为普通进程的理想运行时间。

当限期调度类调用函数 pick_next_task_dl 以选择一个限期进程时，启动高精度定时器，把相对超时设置为限期进程的运行时间。

2.8.8　带宽管理

本节介绍各种调度类管理进程占用的处理器带宽的方法。

1．限期调度类的带宽管理

每个限期进程有自己的带宽，不需要更高层次的带宽管理。

目前，内核把限期进程的运行时间统计到根实时任务组的运行时间里面了，限期进程共享实时进程的带宽。

```
kernel/sched/deadline.c
static void update_curr_dl(struct rq *rq)
{
        …
        if (rt_bandwidth_enabled()) {
                struct rt_rq *rt_rq = &rq->rt;

                raw_spin_lock(&rt_rq->rt_runtime_lock);
                if (sched_rt_bandwidth_account(rt_rq))
                        rt_rq->rt_time += delta_exec;
                raw_spin_unlock(&rt_rq->rt_runtime_lock);
        }
}
```

2．实时调度类的带宽管理

指定实时进程的带宽有以下两种方式。

（1）指定全局带宽：带宽包含的两个参数是周期和运行时间，即指定在每个周期内所有实时进程的运行时间总和。

默认的周期是 1 秒，默认的运行时间是 0.95 秒。可以借助文件"/proc/sys/kernel/sched_rt_period_us"设置周期，借助文件"/proc/sys/kernel/sched_rt_runtime_us"设置运行时间。

如果打开了配置宏 CONFIG_RT_GROUP_SCHED，即支持实时任务组，那么全局带宽指定了所有实时任务组的总带宽。

（2）指定每个实时任务组的带宽：在每个指定的周期，允许一个实时任务组最多执行长时间。当实时任务组在一个周期用完了带宽时，这个任务组将会被节流，不允许继续运行，直到下一个周期。可以使用 cgroup 设置一个实时任务组的周期和运行时间，cgroup 版本 1 的配置方法如下。

1）cpu.rt_period_us：周期，默认值是 1 秒。

2）cpu.rt_runtime_us：运行时间，默认值是 0，把运行时间设置为非零值以后才允许把实时进程加入任务组，设置为−1 表示没有带宽限制。

cgroup 版本 1 的配置示例如下。

1）挂载 cgroup 文件系统，把 CPU 控制器关联到控制组层级树。

```
mount -t cgroup -o cpu none /sys/fs/cgroup/cpu
```

2）创建一个任务组。

```
cd /sys/fs/cgroup/cpu
mkdir browser    # 创建"browser"任务组
```

3）把实时运行时间设置为 10 毫秒。

```
echo 10000 > browser/cpu.rt_runtime_us
```

4）把一个实时进程加入任务组。

```
echo <pid> > browser/cgroup.procs
```

cgroup 版本 2 从内核 4.15 版本开始支持 CPU 控制器，暂时不支持实时进程。

一个处理器用完了实时运行时间，可以从其他处理器借用实时运行时间，称为实时运行时间共享，对应调度特性 RT_RUNTIME_SHARE，默认开启。

kernel/sched/features.h
```
SCHED_FEAT(RT_RUNTIME_SHARE, true)
```

实时任务组的带宽存放在结构体 task_group 的成员 rt_bandwidth 中：

kernel/sched/sched.h
```
struct task_group {
    …
#ifdef CONFIG_RT_GROUP_SCHED
    …
    struct rt_bandwidth rt_bandwidth;
#endif
    …
};
```

（1）节流。如图 2.33 所示，以下 4 种情况中，进程调度器调用函数 update_curr_rt 以更新当前进程的运行时间统计，然后检查实时进程的运行时间是否超过带宽限制。

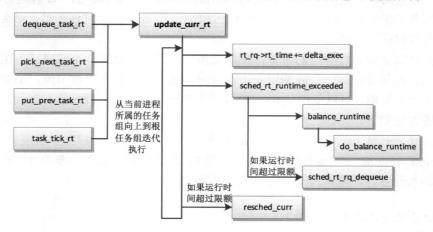

图2.33　实时进程的带宽管理

1）dequeue_task_rt：把实时进程从运行队列中删除。

2）pick_next_task_rt：选择下一个实时进程。

3）put_prev_task_rt：把正在运行的实时进程放回运行队列。

4）task_tick_rt：周期调度。

函数 update_curr_rt 的主要代码如下：

```
kernel/sched/rt.c
1    static void update_curr_rt(struct rq *rq)
2    {
3     …
4     if (!rt_bandwidth_enabled())
5         return;
6
7     for_each_sched_rt_entity(rt_se) {
8         struct rt_rq *rt_rq = rt_rq_of_se(rt_se);
9
10        if (sched_rt_runtime(rt_rq) != RUNTIME_INF) {
11            raw_spin_lock(&rt_rq->rt_runtime_lock);
12            rt_rq->rt_time += delta_exec;
13            if (sched_rt_runtime_exceeded(rt_rq))
14                resched_curr(rq);
15            raw_spin_unlock(&rt_rq->rt_runtime_lock);
16        }
17    }
18  }
```

第 7 行代码，从当前进程所属的任务组向上到根任务组，执行以下操作。

1）第 12 行代码，把任务组的运行时间加上增量。

2）第 13 行代码，调用函数 sched_rt_runtime_exceeded 以检查运行时间是否超过限额，处理如下。

❑　如果运行时间超过限额，并且开启了实时运行时间共享的调度特性，那么尝试从其他处理器借用运行时间，直到运行时间限额等于周期为止。

❑　如果运行时间超过限额，那么给任务组设置节流标志，把任务组从上一级实时运行队列中删除。

3）第 14 行代码，如果函数 sched_rt_runtime_exceeded 返回 1，表示运行时间超过限额，那么给当前进程设置需要重新调度的标志。

（2）周期定时器。为每个任务组启动一个实时周期定时器，处理函数是 sched_rt_period_timer，该函数把主要工作委托给函数 do_sched_rt_period_timer，主要代码如下：

```
kernel/sched/rt.c
1    static int do_sched_rt_period_timer(struct rt_bandwidth *rt_b, int overrun)
2    {
3     …
4     for_each_cpu(i, span) {
5         int enqueue = 0;
6         struct rt_rq *rt_rq = sched_rt_period_rt_rq(rt_b, i);
7         struct rq *rq = rq_of_rt_rq(rt_rq);
8
9         raw_spin_lock(&rq->lock);
10        if (rt_rq->rt_time) {/* rt_rq->rt_time是实时运行队列的已运行时间 */
11            u64 runtime;
12
13            raw_spin_lock(&rt_rq->rt_runtime_lock);
14            if (rt_rq->rt_throttled)
15                balance_runtime(rt_rq);
16            runtime = rt_rq->rt_runtime;
```

```
17                    rt_rq->rt_time -= min(rt_rq->rt_time, overrun*runtime);
18                    if (rt_rq->rt_throttled && rt_rq->rt_time < runtime) {
19                         rt_rq->rt_throttled = 0;
20                         enqueue = 1;
21                    }
22                    if (rt_rq->rt_time || rt_rq->rt_nr_running)
23                         idle = 0;
24                    raw_spin_unlock(&rt_rq->rt_runtime_lock);
25               } else if (rt_rq->rt_nr_running) {
26                    idle = 0;
27                    if (!rt_rq_throttled(rt_rq))
28                         enqueue = 1;
29               }
30               if (rt_rq->rt_throttled)
31                    throttled = 1;
32
33               if (enqueue)
34                    sched_rt_rq_enqueue(rt_rq);
35          raw_spin_unlock(&rq->lock);
36     }
37     …
38 }
```

参数 overrun：自从实时周期定时器上一次执行到这一次执行，经历了多少个实时周期，换句话说，实时周期定时器的执行被拖延了几个实时周期。

第 4 行代码，对于任务组在每个处理器上的实时运行队列，执行以下操作。

1）第 10 行代码，如果实时运行队列的已运行时间不是 0，那么处理如下。

❑ 第 14 行和第 15 行代码，如果实时运行队列被节流，那么尝试从其他处理器借用实时运行时间。

❑ 第 17 行代码，把已运行时间减去两者的较小值：已运行时间、拖延的实时周期数量乘以实时运行时间限额的结果。

❑ 第 18～21 行代码，如果实时运行队列被节流，并且已运行时间小于实时运行时间限额，那么解除节流，把实时调度实体重新加入上一级实时运行队列。

2）第 25～29 行代码，如果实时运行队列的已运行时间是 0，队列有实时进程，并且队列没有被节流，那么把实时调度实体重新加入上一级实时运行队列。

3. 公平调度类的带宽管理

可以使用周期和限额指定一个公平任务组的带宽。在每个指定的周期内，允许一个任务组最多执行多长时间（即限额）。当任务组在一个周期内用完了带宽时，这个任务组将会被节流，不允许继续运行，直到下一个周期。

可以使用 cgroup 设置一个公平任务组的周期和限额，cgroup 版本 1 的配置方法如下。

（1）cpu.cfs_quota_us：一个周期内的可用运行时间，默认值是-1，表示没有带宽限制。

（2）cpu.cfs_period_us：周期长度，默认值是 100 毫秒。

cgroup 版本 1 的配置示例如下。

（1）挂载 cgroup 文件系统，把 CPU 控制器关联到控制组层级树。

```
mount -t cgroup -o cpu none /sys/fs/cgroup/cpu
```

（2）创建一个任务组。

```
cd /sys/fs/cgroup/cpu
mkdir browser    # 创建"browser"任务组
```

（3）把限额设置为 50 毫秒。

```
echo 50000 > browser/cpu.cfs_quota_us
```

（4）把一个普通进程加入任务组。

```
echo <pid> > browser/cgroup.procs
```

cgroup 版本 2 从内核 4.15 版本开始支持 CPU 控制器，配置公平任务组的周期和限额的方法是：向控制组的文件"cpu.max"写入"$MAX $PERIOD"，表示控制组在每个长度为$PERIOD 微秒的周期内最多执行$MAX 微秒。默认值是"max 100000"，参数$MAX 是"max"表示没有限制。

cgroup 版本 2 的配置示例如下。

（1）挂载 cgroup2 文件系统。

```
mount -t cgroup2 none /sys/fs/cgroup
```

（2）在根控制组开启 CPU 控制器。

```
cd /sys/fs/cgroup
echo "+cpu" > cgroup.subtree_control
```

（3）创建一个任务组。

```
mkdir browser       # 创建"browser"任务组
```

（4）把任务组 browser 的带宽配置为每个 100 毫秒周期最多执行 50 毫秒。

```
echo "50000 100000" > browser/cpu.max
```

（5）把线程组加入任务组。

```
echo <pid> > browser/cgroup.procs
```

公平任务组的带宽存放在结构体 task_group 的成员 cfs_bandwidth 中：

```
kernel/sched/sched.h
struct task_group {
    …
    struct cfs_bandwidth cfs_bandwidth;
};
```

（1）节流：在以下两种情况下，调度器会检查公平运行队列是否用完运行时间。

1）put_prev_task_fair：调度器把当前正在运行的普通进程放回公平运行队列。

2）pick_next_task_fair：当前正在运行的进程属于公平调度类，调度器选择下一个普通进程。如果公平运行队列用完了运行时间，那么先尝试向任务组请求分配运行时间；如果任务组没有可用运行时间分配，那么把公平运行队列节流。

公平带宽片是公平运行队列每次向任务组请求分配运行时间时任务组分配的运行时间数量，默认值是 5 毫秒，用户可以通过文件 "/proc/sys/kernel/sched_cfs_bandwidth_slice_us" 修改。

以函数 put_prev_task_fair 为例，执行流程如图 2.34 所示，针对从当前进程向上到根任务组的每级调度实体，处理如下。

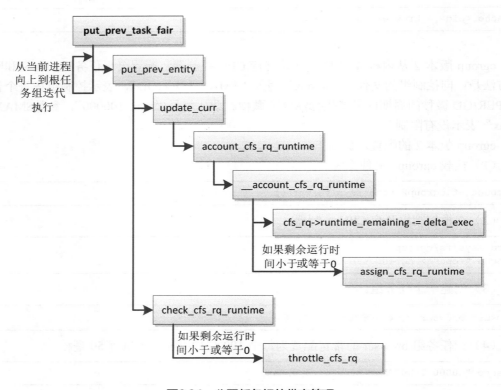

图2.34　公平任务组的带宽管理

1）调用函数 __account_cfs_rq_runtime，函数 __account_cfs_rq_runtime 所做的处理如下。

❑　把调度实体所属的公平运行队列的剩余运行时间减去当前进程的运行时间。

❑　如果公平运行队列的剩余运行时间小于或等于 0，那么请求任务组分配运行时间。

2）调用函数 check_cfs_rq_runtime，函数 check_cfs_rq_runtime 发现调度实体所属的公平运行队列的剩余运行时间小于或等于 0，处理如下。

❑　把公平运行队列对应的调度实体从上一级公平运行队列中删除。

❑　给公平运行队列设置节流标志，添加到所属任务组的节流链表。

❑　如果公平运行队列在所属任务组中被第一个节流，那么启动所属任务组的周期定时器。

（2）周期定时器：在每个周期的开始，重新填充任务组的带宽，把带宽分配给节流的公平运行队列。

如图 2.35 所示，周期定时器的处理函数是 sched_cfs_period_timer，它把主要工作委托给函数 do_sched_cfs_period_timer，主要代码如下：

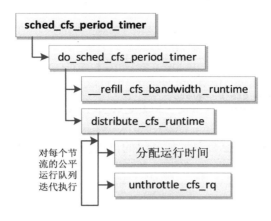

图2.35　周期定时器

```
kernel/sched/fair.c
1    static int do_sched_cfs_period_timer(struct cfs_bandwidth *cfs_b, int overrun)
2    {
3        …
4        throttled = !list_empty(&cfs_b->throttled_cfs_rq);
5        …
6        __refill_cfs_bandwidth_runtime(cfs_b);
7
8        if (!throttled) {
9            cfs_b->idle = 1;
10           return 0;
11       }
12       …
13
14       while (throttled && cfs_b->runtime > 0) {
15           runtime = cfs_b->runtime;
16           raw_spin_unlock(&cfs_b->lock);
17           runtime = distribute_cfs_runtime(cfs_b, runtime,
18                               runtime_expires);
19           raw_spin_lock(&cfs_b->lock);
20
21           throttled = !list_empty(&cfs_b->throttled_cfs_rq);
22           cfs_b->runtime -= min(runtime, cfs_b->runtime);
23       }
24       …
25   }
```

第 6 行代码，调用函数__refill_cfs_bandwidth_runtime 来重新填充任务组的带宽。

第 14～23 行代码，如果满足条件："任务组有节流的公平运行队列，并且任务组的可用运行时间没分配完"，那么调用函数 distribute_cfs_runtime 以把任务组的可用运行时间分配给节流的公平运行队列。

注意实时任务组和公平任务组的带宽管理差别：实时任务组每个周期在每个处理器上的运行时间不超过限额，公平任务组每个周期在所有处理器上的运行时间总和不超过限额。

函数__refill_cfs_bandwidth_runtime 负责重新填充任务组的带宽："把可用运行时间设置成限额，把运行时间的到期时间设置成当前时间加上 1 个周期"，代码如下。

```
kernel/sched/fair.c
void __refill_cfs_bandwidth_runtime(struct cfs_bandwidth *cfs_b)
{
```

```
      u64 now;

      if (cfs_b->quota == RUNTIME_INF)
            return;

      now = sched_clock_cpu(smp_processor_id());
      cfs_b->runtime = cfs_b->quota;
      cfs_b->runtime_expires = now + ktime_to_ns(cfs_b->period);
}
```

函数 distribute_cfs_runtime 负责把任务组的可用运行时间分配给节流的公平运行队列，代码如下：

kernel/sched/fair.c
```
1     static u64 distribute_cfs_runtime(struct cfs_bandwidth *cfs_b,
2          u64 remaining, u64 expires)
3     {
4      struct cfs_rq *cfs_rq;
5      u64 runtime;
6      u64 starting_runtime = remaining;
7
8      rcu_read_lock();
9      list_for_each_entry_rcu(cfs_rq, &cfs_b->throttled_cfs_rq,
10                     throttled_list) {
11         struct rq *rq = rq_of(cfs_rq);
12
13         raw_spin_lock(&rq->lock);
14         if (!cfs_rq_throttled(cfs_rq))
15            goto next;
16
17         /* cfs_rq->runtime_remaining是公平运行队列的剩余运行时间 */
18         runtime = -cfs_rq->runtime_remaining + 1;
19         if (runtime > remaining)
20             runtime = remaining;
21         remaining -= runtime;
22
23         cfs_rq->runtime_remaining += runtime;
24         cfs_rq->runtime_expires = expires;
25
26         /* 上面检查过是否被节流 */
27         if (cfs_rq->runtime_remaining > 0)
28             unthrottle_cfs_rq(cfs_rq);
29
30     next:
31         raw_spin_unlock(&rq->lock);
32
33         if (!remaining)
34             break;
35     }
36     rcu_read_unlock();
37
38     return starting_runtime - remaining;
39     }
```

第 9 行代码，针对每个节流的公平运行队列，执行下面的操作。

1）第 18～20 行代码，计算分配的运行时间，取"公平运行队列剩余运行时间的相反数 +1"，如果大于任务组的可用运行时间，取后者。

注意：节流的公平运行队列的剩余运行时间是零或者负数。因为实际运行时间可能会超出分配的运行时间，所以剩余运行时间可能是负数。

2）第 23 行代码，把剩余运行时间加上分配的运行时间。

3）第 24 行代码，把运行时间的到期时间设置成任务组的运行时间的到期时间。

4）第 27 行和第 28 行代码，如果剩余运行时间大于 0，那么对公平运行队列解除节流，加入上一级公平运行队列。

（3）取有余补不足：同一个任务组中，有些公平运行队列变成空的，可能没用完运行时间，另一些公平运行队列的运行时间不够用，被节流了。前者把没用完的（即富余的）运行时间归还给任务组，任务组把运行时间分配给后者，这称为"取有余补不足"，它是富余（slack）定时器的使命。

如图 2.36 所示，当最后一个调度实体退出公平运行队列的时候，如果公平运行队列没用完的运行时间大于 1 毫秒，将会把运行时间归还给所属任务组（如果没用完的运行时间太少，忽略不计，没必要归还）。

如果任务组的可用运行时间大于公平带宽片，并且任务组有节流的公平运行队列，那么启动富余定时器，等待 5 毫秒，期望收集更多的运行时间。

如果富余定时器和周期定时器的到期时间相距不到 2 毫秒，没必要启动富余定时器，直接让周期定时器分配运行时间。

如图 2.37 所示，富余定时器到期的时候，分两种情况。

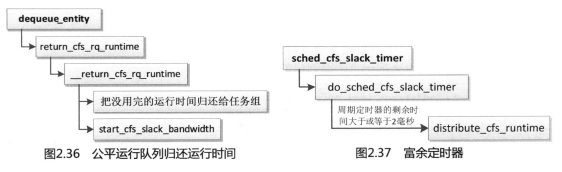

图2.36　公平运行队列归还运行时间　　　　图2.37　富余定时器

1）如果周期定时器的剩余时间大于或等于 2 毫秒，那么富余定时器把任务组的可用运行时间分配给节流的公平运行队列。

2）如果周期定时器正在执行回调函数，或者剩余时间小于 2 毫秒，那么富余定时器什么都不用做，让周期定时器来做。

2.9　SMP 调度

在 SMP 系统中，进程调度器必须支持以下特性。

（1）需要使每个处理器的负载尽可能均衡。

（2）可以设置进程的处理器亲和性（affinity），即允许进程在哪些处理器上执行。

（3）可以把进程从一个处理器迁移到另一个处理器。

2.9.1　进程的处理器亲和性

设置进程的处理器亲和性，用通俗的话说，就是把进程绑定到某些处理器，只允许进程在某些处理器上执行，默认情况是进程可以在所有处理器上执行。

进程描述符增加了以下两个成员：

```
include/linux/sched.h
struct task_struct {
    …
    int              nr_cpus_allowed;
    cpumask_t        cpus_allowed;
    …
};
```

成员 cpus_allowed 保存允许的处理器掩码，成员 nr_cpus_allowed 保存允许的处理器数量。

1．应用编程接口

内核提供了两个系统调用。

（1）sched_setaffinity 用来设置进程的处理器亲和性掩码。

```
int sched_setaffinity(pid_t pid, size_t cpusetsize, cpu_set_t *mask);
```

（2）sched_getaffinity 用来获取进程的处理器亲和性掩码。

```
int sched_getaffinity(pid_t pid, size_t cpusetsize, cpu_set_t *mask);
```

内核线程可以使用以下函数设置处理器亲和性掩码。

（1）kthread_bind 用来把一个刚刚创建的内核线程绑定到一个处理器。

```
void kthread_bind(struct task_struct *p, unsigned int cpu);
```

（2）set_cpus_allowed_ptr 用来设置内核线程的处理器亲和性掩码。

```
int set_cpus_allowed_ptr(struct task_struct *p, const struct cpumask *new_mask);
```

2．使用 cpuset 配置

管理员可以使用 cpuset 设置进程的处理器亲和性。cpuset 用来控制进程在哪些处理器上执行，以及从哪些内存节点分配内存。cpuset 可以单独使用，也可以作为 cgroup 的一个资源控制器使用（cpuset 合并到内核的时间比 cgroup 早，2.6.12 版本引入 cpuset，2.6.24 版本引入 cgroup）。

cpuset 在单独使用的时候，可以使用 cpuset 伪文件系统配置，配置方法如下。

（1）创建目录 "/dev/cpuset"。

```
mkdir /dev/cpuset
```

（2）把 cpuset 伪文件系统挂载到目录 "/dev/cpuset" 下。

```
mount -t cpuset none /dev/cpuset
```

（3）创建 cpuset，假设名称是 "abc"。

```
cd /dev/cpuset
mkdir abc
```

（4）把处理器分配到 cpuset，假设把处理器 2 和 3 分配到 cpuset abc，需要在目录

"/dev/cpuset/abc" 下配置。

```
cd abc
echo 2-3 > cpuset.cpus
```

（5）把线程关联到 cpuset，假设把线程 10 关联到 cpuset abc，需要在目录 "/dev/cpuset/abc" 下配置。

```
echo  10 > tasks
```

（6）查看线程 10 关联的 cpuset。

```
cat /proc/10/cpuset
```

cgroup 已经从版本 1（cgroup v1）演进到版本 2（cgroup v2），目前 cgroup v2 不支持 cpuset 控制器。使用 cgroup v1 的 cpuset 控制器的配置方法如下。

（1）在目录 "/sys/fs/cgroup" 下挂载 tmpfs 文件系统。

```
mount -t tmpfs cgroup_root /sys/fs/cgroup
```

（2）在目录 "/sys/fs/cgroup" 下创建子目录 cpuset。

```
mkdir /sys/fs/cgroup/cpuset
```

（3）把 cgroup 伪文件系统挂载到目录 "/sys/fs/cgroup/cpuset"，把 cpuset 控制器关联到控制组层级树。

```
mount -t cgroup -o cpuset cpuset /sys/fs/cgroup/cpuset
```

（4）创建控制组，假设名称是 "abc"。

```
cd /sys/fs/cgroup/cpuset
mkdir abc
```

（5）把处理器分配到控制组，假设把处理器 2 和 3 分配到控制组 abc，需要在目录 "/sys/fs/cgroup/cpuset/abc" 下配置。

```
cd abc
echo 2-3 > cpuset.cpus
```

（6）把线程加入控制组，假设把线程 20 加入控制组 abc。

```
echo 20 > tasks
```

（7）也可以把线程组加入控制组，指定线程组中任意一个线程的标识符，就会把线程组的所有线程加入控制组。假设把线程 10 所属的线程组加入控制组 abc。

```
echo 10 > cgroup.procs
```

（8）查看线程 10 关联的 cpuset。

```
cat /proc/10/cpuset
```

2.9.2 对调度器的扩展

在 SMP 系统上，调度类增加了以下方法：

kernel/sched/sched.h
```
struct sched_class {
    …
#ifdef CONFIG_SMP
    int   (*select_task_rq)(struct task_struct *p, int task_cpu, int sd_flag, int flags);
    void (*migrate_task_rq)(struct task_struct *p);
    void (*task_woken) (struct rq *this_rq, struct task_struct *task);
    void (*set_cpus_allowed)(struct task_struct *p,
                        const struct cpumask *newmask);
#endif
    …
};
```

（1）select_task_rq 方法用来为进程选择运行队列，实际上就是选择处理器。

（2）migrate_task_rq 方法用来在进程被迁移到新的处理器之前调用。

（3）task_woken 方法用来在进程被唤醒以后调用。

（4）set_cpus_allowed 方法用来在设置处理器亲和性的时候执行调度类的特殊处理。

以下两种情况下，进程在内存和缓存中的数据是最少的，是有价值的实现负载均衡的机会。

（1）调用 fork 或 clone 以创建新进程，如图 2.38 所示。

（2）调用 execve 装载程序，如图 2.39 所示。

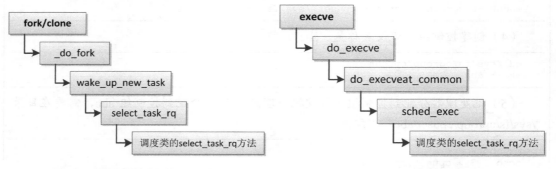

图2.38 创建新进程时负载均衡　　　　图2.39 装载程序时负载均衡

2.9.3 限期调度类的处理器负载均衡

限期调度类的处理器负载均衡比较简单，如图 2.40 所示。调度器选择下一个限期进程的时候，如果当前正在执行的进程是限期进程，将会试图从限期进程超载的处理器把限期进程拉过来。

限期进程超载的定义如下。

（1）限期运行队列至少有两个限期进程。

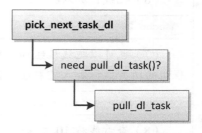

图2.40 限期调度类的处理器
负载均衡

（2）至少有一个限期进程绑定到多个处理器。

函数 pull_dl_task 负责从限期进程超载的处理器把限期进程拉过来，其代码如下：

kernel/sched/deadline.c

```
1    static void pull_dl_task(struct rq *this_rq)
2    {
3     int this_cpu = this_rq->cpu, cpu;
4     struct task_struct *p;
5     bool resched = false;
6     struct rq *src_rq;
7     u64 dmin = LONG_MAX;
8
9     if (likely(!dl_overloaded(this_rq)))
10        return;
11
12    for_each_cpu(cpu, this_rq->rd->dlo_mask) {
13        if (this_cpu == cpu)
14            continue;
15
16        src_rq = cpu_rq(cpu);
17
18        if (this_rq->dl.dl_nr_running &&
19            dl_time_before(this_rq->dl.earliest_dl.curr,
20                    src_rq->dl.earliest_dl.next))
21            continue;
22
23        double_lock_balance(this_rq, src_rq);
24
25        if (src_rq->dl.dl_nr_running <= 1)
26            goto skip;
27
28        p = pick_earliest_pushable_dl_task(src_rq, this_cpu);
29
30        if (p && dl_time_before(p->dl.deadline, dmin) &&
31            (!this_rq->dl.dl_nr_running ||
32            dl_time_before(p->dl.deadline,
33                    this_rq->dl.earliest_dl.curr))) {
34            if (dl_time_before(p->dl.deadline,
35                        src_rq->curr->dl.deadline))
36                goto skip;
37
38            resched = true;
39
40            deactivate_task(src_rq, p, 0);
41            set_task_cpu(p, this_cpu);
42            activate_task(this_rq, p, 0);
43            dmin = p->dl.deadline;
44        }
45    skip:
46        double_unlock_balance(this_rq, src_rq);
47    }
48
49    if (resched)
50        resched_curr(this_rq);
51    }
```

第 9 行代码，如果不存在限期进程超载的处理器，那么不需要处理。

第 12 行代码，针对每个限期进程超载的处理器 t，处理如下。

1）第 18~21 行代码，如果当前处理器正在执行的限期进程的绝对期限小于处理器 t

的下一个限期进程的绝对期限，那么不需要拉限期进程过来。

2）第 25 行和第 26 行代码，如果处理器 t 上限期进程的数量小于 2，那么不需要拉限期进程过来。

3）第 28 行代码，在处理器 t 上选择一个绝对期限最小、处于就绪状态并且绑定的处理器集合包含当前处理器的限期进程。

4）第 30～33 行代码，如果目标进程的绝对期限小于上一个拉过来的限期进程的绝对期限，并且小于当前处理器正在执行的限期进程的绝对期限，那么处理如下。

❑ 第 34～36 行代码，如果目标进程的绝对期限小于处理器 t 正在执行的限期进程的绝对期限，那么不要把目标进程拉过来。

❑ 第 40～42 行代码，当前处理器把目标进程从处理器 t 拉过来。

2.9.4　实时调度类的处理器负载均衡

实时调度类的处理器负载均衡和限期调度类相似，如图 2.41 所示。调度器选择下一个实时进程时，如果当前处理器的实时运行队列中的进程的最高调度优先级比当前正在执行的进程的调度优先级低，将会试图从实时进程超载的处理器把可推送实时进程拉过来。

实时进程超载的定义如下。

（1）实时运行队列至少有两个实时进程。

（2）至少有一个可推送实时进程。

可推送实时进程是指绑定到多个处理器的实时进程，可以在处理器之间迁移。

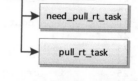

图2.41　实时调度类的处理器负载均衡

函数 pull_rt_task 负责从实时进程超载的处理器把可推送实时进程拉过来，其代码如下：

```
kernel/sched/rt.c
1    static void pull_rt_task(struct rq *this_rq)
2    {
3     int this_cpu = this_rq->cpu, cpu;
4     bool resched = false;
5     struct task_struct *p;
6     struct rq *src_rq;
7
8     if (likely(!rt_overloaded(this_rq)))
9         return;
10
11    for_each_cpu(cpu, this_rq->rd->rto_mask) {
12        if (this_cpu == cpu)
13            continue;
14
15        src_rq = cpu_rq(cpu);
16
17        if (src_rq->rt.highest_prio.next >=
18          this_rq->rt.highest_prio.curr)
19            continue;
20
21        double_lock_balance(this_rq, src_rq);
22
23        p = pick_highest_pushable_task(src_rq, this_cpu);
24
```

```
25          if (p && (p->prio < this_rq->rt.highest_prio.curr)) {
26              if (p->prio < src_rq->curr->prio)
27                  goto skip;
28
29              resched = true;
30
31              deactivate_task(src_rq, p, 0);
32              set_task_cpu(p, this_cpu);
33              activate_task(this_rq, p, 0);
34          }
35   skip:
36          double_unlock_balance(this_rq, src_rq);
37      }
38
39      if (resched)
40          resched_curr(this_rq);
41  }
```

第 8 行代码，如果不存在实时进程超载的处理器，那么不需要处理。

第 11 行代码，针对每个实时进程超载的处理器 t，处理如下。

1）第 17～19 行代码，如果处理器 t 上可推送实时进程的第二高调度优先级比当前处理器上实时进程的最高调度优先级高（数值越大，优先级越低），那么可以考虑拉实时进程过来，否则不用考虑。

2）第 23 行代码，在处理器 t 上选择一个调度优先级最高、处于就绪状态并且绑定的处理器集合包含当前处理器的实时进程。

3）第 25 行代码，如果目标进程的调度优先级比当前处理器上实时进程的最高调度优先级高，处理如下。

❏ 第 26 行和第 27 行代码，如果目标进程的调度优先级比处理器 t 正在执行的进程的调度优先级高，那么不要把目标进程拉过来。这种情况下目标进程正在被唤醒，还没机会调度。

❏ 第 31～33 行代码，当前处理器把目标进程拉过来。

2.9.5 公平调度类的处理器负载均衡

1．处理器拓扑

目前多处理器系统有两种体系结构。

（1）非一致内存访问（Non-Uniform Memory Access，NUMA）：指内存被划分成多个内存节点的多处理器系统，访问一个内存节点花费的时间取决于处理器和内存节点的距离。每个处理器有一个本地内存节点，处理器访问本地内存节点的速度比访问其他内存节点的速度快。

（2）对称多处理器（Symmetric Multi-Processor，SMP）：即一致内存访问（Uniform Memory Access，UMA），所有处理器访问内存花费的时间是相同的。每个处理器的地位是平等的，仅在内核初始化的时候不平等："0 号处理器作为引导处理器负责初始化内核，其他处理器等待内核初始化完成。"

在实际应用中可以采用混合体系结构，在 NUMA 节点内部使用 SMP 体系结构。

处理器内部的拓扑如下。

（1）核（core）：一个处理器包含多个核，每个核有独立的一级缓存，所有核共享二级缓存。

（2）硬件线程：也称为逻辑处理器或者虚拟处理器，一个处理器或者核包含多个硬件线程，硬件线程共享一级缓存和二级缓存。MIPS 处理器的叫法是同步多线程（Simultaneous Multi-Threading，SMT），英特尔对它的叫法是超线程。

当一个进程在不同的处理器拓扑层次上迁移的时候，付出的代价是不同的。

（1）如果从同一个核的一个硬件线程迁移到另一个硬件线程，进程在一级缓存和二级缓存中的数据可以继续使用。

（2）如果从同一个处理器的一个核迁移到另一个核，进程在源核的一级缓存中的数据失效，在二级缓存中的数据可以继续使用。

（3）如果从同一个 NUMA 节点的一个处理器迁移到另一个处理器，进程在源处理器的一级缓存和二级缓存中的数据失效。

（4）如果从一个 NUMA 节点迁移到另一个 NUMA 节点，进程在源处理器的一级缓存和二级缓存中的数据失效，并且访问内存可能变慢。

可以看出，处理器拓扑层次越高，迁移进程付出的代价越大。

2．调度域和调度组

软件看到的处理器是最底层的处理器。

（1）如果处理器支持硬件线程，那么最底层的处理器是硬件线程。

（2）如果处理器不支持硬件线程，支持多核，那么最底层的处理器是核。

（3）如果处理器不支持多核和硬件线程，那么最底层的处理器是物理处理器。

本书中的描述基于"处理器支持多核和硬件线程"这个假设。

内核按照处理器拓扑层次划分调度域层次，每个调度域包含多个调度组，调度组和调度域的关系如下。

（1）每个调度组的处理器集合是调度域的处理器集合的子集。

（2）所有调度组的处理器集合的并集是调度域的处理器集合。

（3）不同调度组的处理器集合没有交集。

如果我们把硬件线程、核、物理处理器和 NUMA 节点都理解为对应层次的处理器，那么可以认为：调度域对应更高层次的一个处理器，调度组对应本层次的一个处理器。一个硬件线程调度域对应一个核，每个调度组对应核的一个硬件线程；一个核调度域对应一个物理处理器，每个调度组对应物理处理器的一个核；一个处理器调度域对应一个 NUMA 节点，每个调度组对应 NUMA 节点的一个处理器。

每个处理器有一个基本的调度域，它是硬件线程调度域，向上依次是核调度域、处理器调度域和 NUMA 节点调度域。

举例说明：假设系统只有一个处理器，处理器包含两个核，每个核包含两个硬件线程，软件看到的处理器是硬件线程，即处理器 0～3，调度域层次树如图 2.42 所示。

（1）两个硬件线程调度域：一个硬件线程调度域包含处理器 0～1，分为两个调度组，调度组 1 包含处理器 0，调度组 2 包含处理器 1；另一个硬件线程调度域包含处理器 2～3，分为两个调度组，调度组 1 包含处理器 2，调度组 2 包含处理器 3。

（2）一个核调度域包含处理器 0～3，分为两个调度组，调度组 1 包含处理器 0～1，调度组 2 包含处理器 2~3。

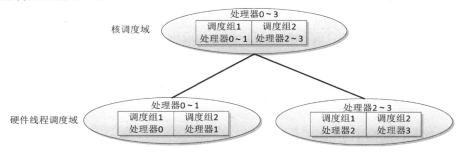

核调度域

硬件线程调度域

图2.42　调度域层次树

考虑到 NUMA 节点之间的距离不同，把 NUMA 节点调度域划分为多个层次，算法是：把节点 0 到其他节点之间的距离按从小到大排序，去掉重复的数值，如果有 n 个距离值，记为数组 d[n]，那么划分 n 个层次，层次 i（$0 <= i < n$）的标准是节点之间的距离小于或等于 d[i]。

算法假设：节点 0 到节点 j 的距离在任意节点 i 到节点 j 的距离之中是最大的。

举例说明 1：假设系统划分为 3 个 NUMA 节点，节点编号是 0~2，节点 0 到节点 1 的距离是 100，节点 0 到结节 2 的距离是 200，那么划分 2 个 NUMA 节点调度域层次。

（1）层次 0 的标准是节点之间的距离小于或等于 100。

（2）层次 1 的标准是节点之间的距离小于或等于 200。

举例说明 2：以举例说明 1 作为基础，每个 NUMA 节点包含 2 个处理器，每个处理器包含 2 个核，每个核包含 2 个硬件线程，总共 24 个硬件线程，软件看到的处理器是最底层的硬件线程，即 24 个处理器。硬件线程 0 和 1 看到的调度域层次树如图 2.43 所示。

NUMA节点层
次1调度域

NUMA节点层
次0调度域

处理器调度域

核调度域

硬件线程调度域

软件看到的处理器

图2.43　包含NUMA节点的调度域层次树

3．负载均衡算法

（1）计算公平运行队列的平均负载。

把运行历史划分成近似 1 毫秒的片段，每个片段称为一个周期，为了方便执行移位操作，把一个周期定义为 1024 微秒。

一个周期的加权负载：load ＝ 周期长度 × 处理器频率 × 公平运行队列的权重。

公平运行队列的加权负载总和：load_sum ＝ load ＋（y × load_sum），其中 y 是衰减系数，$y^{32} = 0.5$。

把公式展开以后如下所示：

$$\text{load\_sum} = \text{load}_0 + (\text{load}_1 \times y) + (\text{load}_2 \times y^2) + \cdots + (\text{load}_n \times y^n)$$

$$= \sum_{i=0}^{n}(\text{load}_i \times y^i) \quad （其中 \text{load}_i 表示 i 个周期以前的周期负载）$$

加权时间总和：time_sum ＝ 周期长度 ＋（y × time_sum）。

加权平均负载：load_avg ＝ load_sum / time_sum。

（2）计算处理器负载。

基于上面的公平运行队列的加权平均负载，计算 5 种处理器负载，计算公式如下：

$$\text{cpu\_load}[i] = (1 - \frac{1}{2^i}) \times \text{cpu\_load}[i] + \frac{1}{2^i} \times \text{load\_avg}$$

其中 i 的取值是 0～4，load_avg 是根任务组的公平运行队列的加权平均负载。

5 种负载的区别是，历史负载和当前负载的比例不同，i 越大，历史负载占的比例越大，处理器负载曲线越平滑。在处理器不空闲、即将空闲和空闲等不同情况下实现负载均衡时，使用不同的处理器负载。

4．代码实现

（1）计算公平运行队列的平均负载：在以下情况下，从进程到根任务组计算每层公平运行队列的平均负载。

❏ 周期性地计算（函数 task_tick_fair）。

❏ 进程加入公平运行队列（函数 enqueue_task_fair）。

❏ 进程退出公平运行队列（函数 dequeue_task_fair）。

公平运行队列中描述负载总和与平均负载的成员如下：

```
kernel/sched/sched.h
struct cfs_rq {
    …
    u64 runnable_load_sum;
    unsigned long runnable_load_avg;
    …
};
```

如图 2.44 所示，如果当前正在执行的进程属于公平调度类，那么周期调度函数 scheduler_tick()将调用公平调度类的 task_tick 方法，从当前进程到根任务组，计算每层公平运行队列的平均负载。

函数 ___update_load_avg 计算公平运行队列的平均负载，其代码如下：

```
kernel/sched/fair.c
```

```
1    static __always_inline int
2    __update_load_avg(u64 now, int cpu, struct sched_avg *sa,
3            unsigned long weight, int running, struct cfs_rq *cfs_rq)
4    {
5    u64 delta;
6
7    delta = now - sa->last_update_time;
8    /*
9     * 这应该只会在时间倒流时发生,
10    * 不幸的是,在初始化调度时钟,换用TSC(time stamp counter)的过程中确实也会发生
11    */
12   if ((s64)delta < 0) {
13        sa->last_update_time = now;
14        return 0;
15   }
16
17   delta >>= 10;
18   if (!delta)
19        return 0;
20
21   sa->last_update_time += delta << 10;
22
23   if (!accumulate_sum(delta, cpu, sa, weight, running, cfs_rq))
24        return 0;
25
26   sa->load_avg = div_u64(sa->load_sum, LOAD_AVG_MAX);
27   if (cfs_rq) {
28        cfs_rq->runnable_load_avg =
29             div_u64(cfs_rq->runnable_load_sum, LOAD_AVG_MAX);
30   }
31   sa->util_avg = sa->util_sum / LOAD_AVG_MAX;
32
33   return 1;
34   }
```

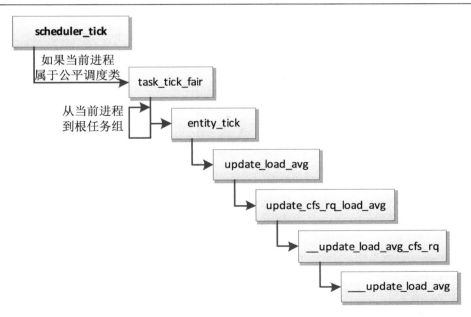

图2.44　周期性地计算公平运行队列的平均负载

第 7 行代码,计算上一次计算平均负载到现在的时间间隔。

103

第 17 行代码，把时间间隔从纳秒转换成微秒。为了快速计算，不是除以 1000，而是右移 10 位，相当于除以 1024，因为移位操作比除法操作快。1024 纳秒接近 1 微秒。

第 21 行代码，记录计算平均负载的时间。

第 23 行代码，调用函数 accumulate_sum 来计算负载总和。如果时间间隔至少包含一个完整周期，那么函数 accumulate_sum 返回真。

第 27～30 行代码，如果经过至少一个完整周期，那么计算负载平均值，把加权负载总和除以加权时间总和，加权时间总和总是取 345 个周期的加权时间总和，是一个常量。

函数 accumulate_sum 负责计算负载总和，其代码如下：

```
kernel/sched/fair.c
1    static __always_inline u32
2    accumulate_sum(u64 delta, int cpu, struct sched_avg *sa,
3            unsigned long weight, int running, struct cfs_rq *cfs_rq)
4    {
5     unsigned long scale_freq, scale_cpu;
6     u32 contrib = (u32)delta; /* p == 0 -> delta < 1024 */
7     u64 periods;
8
9     scale_freq = arch_scale_freq_capacity(NULL, cpu);
10    scale_cpu = arch_scale_cpu_capacity(NULL, cpu);
11
12    delta += sa->period_contrib;
13    periods = delta / 1024;
14
15    /*
16     * 第1步: 如果经过至少一个周期，那么衰减旧的负载总和
17     */
18    if (periods) {
19        sa->load_sum = decay_load(sa->load_sum, periods);
20        if (cfs_rq) {
21            cfs_rq->runnable_load_sum =
22                decay_load(cfs_rq->runnable_load_sum, periods);
23        }
24        sa->util_sum = decay_load((u64)(sa->util_sum), periods);
25
26        /*
27         * 第2步
28         */
29        delta %= 1024;
30        contrib = __accumulate_pelt_segments(periods,
31                1024 - sa->period_contrib, delta);
32    }
33    sa->period_contrib = delta;
34
35    contrib = cap_scale(contrib, scale_freq);
36    if (weight) {
37        sa->load_sum += weight * contrib;
38        if (cfs_rq)
39            cfs_rq->runnable_load_sum += weight * contrib;
40    }
41    if (running)
42        sa->util_sum += contrib * scale_cpu;
43
44    return periods;
45    }
```

第 9 行代码，获取处理器频率。

第 12 行代码，把时间间隔加上 period_contrib，period_contrib 是上次计算平均负载时最后一个不完整周期走过的时间。

第 13 行代码，把时间间隔除以周期长度得到周期数量 n，一个周期是 1024 微秒，约 1 毫秒。

第 18 行代码，如果经过至少一个完整周期，处理如下。

❑ 第 20～23 行代码，针对公平运行队列，把旧的负载总和乘以衰减系数的 n 次幂。

❑ 第 29 行代码，当前周期可能没结束，算出已经经历的时间长度。

❑ 第 30 行和第 31 行代码，调用函数 __accumulate_pelt_segments 来计算自从上次计算负载总和到现在这段时间的负载增量。

第 33 行代码，记录当前周期已经经历的时间长度。

第 35 行代码，把负载增量乘以处理器频率。

第 38 行和第 39 行代码，针对公平运行队列，把负载增量乘以权重，然后把负载增量加到负载总和。

函数 __accumulate_pelt_segments 负责计算自从上次计算负载总和到现在这段时间的负载增量，有 3 个参数：d1 是上次计算负载总和的时候最后一个周期的剩余部分，periods 是完整周期的数量，d3 是当前周期已经经历的时间长度。

```
kernel/sched/fair.c
1    static u32 __accumulate_pelt_segments(u64 periods, u32 d1, u32 d3)
2    {
3      u32 c1, c2, c3 = d3; /* y^0 == 1 */
4
5      /*
6       * c1 = d1 y^p
7       */
8      c1 = decay_load((u64)d1, periods);
9
10     /*
11      *           p-1
12      * c2 = 1024 \Sum y^n
13      *           n=1
14      *
15      *              inf        inf
16      *    = 1024 ( \Sum y^n - \Sum y^n - y^0 )
17      *              n=0        n=p
18      */
19     c2 = LOAD_AVG_MAX - decay_load(LOAD_AVG_MAX, periods) - 1024;
20
21     return c1 + c2 + c3;
22   }
```

第 3 行代码，计算当前周期已经经历的时间长度的负载增量。

第 8 行代码，计算上次计算负载总和的时候最后一个周期的剩余部分的负载增量。

第 19 行代码，计算 periods 个完整周期的负载增量。

第 21 行代码，把 3 部分负载增量相加。

（2）计算处理器负载。运行队列中描述处理器负载的成员如下：

```
kernel/sched/sched.h
struct rq {
    …
    #define CPU_LOAD_IDX_MAX 5
```

```
    unsigned long cpu_load[CPU_LOAD_IDX_MAX];
    …
};
```

如图 2.45 所示，周期调度函数 scheduler_tick()调用函数 cpu_load_update_active()，计算处理器负载。

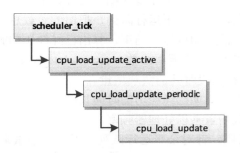

图2.45　周期性地计算处理器负载

函数 cpu_load_update 负责以根任务组的公平运行队列的平均负载值为基础计算处理器负载，参数 this_load 是公平运行队列的平均负载值，其代码如下：

```
kernel/sched/fair.c
static void cpu_load_update(struct rq *this_rq, unsigned long this_load,
                unsigned long pending_updates)
{
    …
    this_rq->cpu_load[0] = this_load;
    for (i = 1, scale = 2; i < CPU_LOAD_IDX_MAX; i++, scale += scale) {
        unsigned long old_load, new_load;

        old_load = this_rq->cpu_load[i];
        new_load = this_load;
        if (new_load > old_load)
            new_load += scale - 1;

        this_rq->cpu_load[i] = (old_load * (scale - 1) + new_load) >> i;
    }
    …
}
```

（3）负载均衡。调度器在以下情况下会执行处理器负载均衡。

1）周期性地主动负载均衡，时间间隔是 1 分钟。

2）除空闲线程外没有其他可运行的进程，处理器即将空闲。

如图 2.46 所示，周期调度函数 scheduler_tick()判断有没有到达执行负载均衡的时间点，如果到达，触发调度软中断。调度软中断从处理器的基本调度域到顶层调度域执行负载均衡，在每层调度域，函数 load_balance 负责执行负载均衡。

1）判断当前处理器是否应该执行负载均衡。这 3 种情况允许当前处理器执行负载均衡：当前处理器即将空闲，或是第一个调度组的第一个空闲处理器，或是第一个调度组的第一个处理器。

2）找出最忙的调度组。

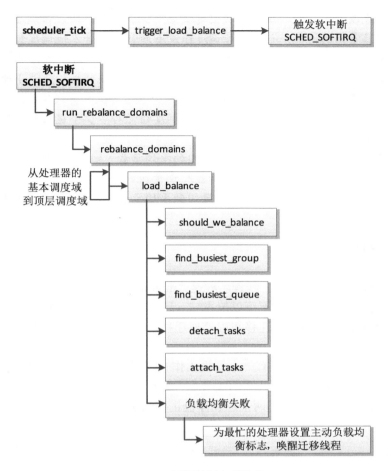

图2.46　周期性地负载均衡

3）从最忙的调度组中找出最忙的处理器。

4）从最忙的处理器中迁移若干个进程到当前处理器。

5）如果负载均衡失败，即没有迁移一个进程，那么为最忙处理器设置主动负载均衡标志，记录当前处理器作为迁移目标，向最忙处理器的停机工作队列添加一个工作，工作函数是 active_load_balance_cpu_stop，唤醒最忙处理器的迁移线程。迁移线程将会从从停机工作队列取出工作，执行主动的负载均衡。

找出最忙的调度组

当前处理器所属的调度组称为本地调度组，需要从除了本地调度组以外的调度组中找出最忙的调度组。

计算每个调度组的负载和平均负载。调度组的负载是属于调度组的每个处理器的负载的总和，上面说了有 5 种处理器负载，根据当前处理器不空闲、即将空闲或空闲选择不同的处理器负载种类，并且采用保守策略："对于本地调度组，取处理器负载和公平运行队列的加权平均负载的较大值；对于其他调度组，取两者的较小值"。调度组的平均负载＝调度组的负载总和/调度组的所有处理器的能力总和。

从除了本地调度组以外的调度组找出负载最大的调度组,即最忙调度组。

当前处理器空闲的情况:如果最忙调度组没有超载,或者本地调度组的空闲处理器数量小于或等于"最忙调度组的空闲处理器数量+1",那么不需要执行负载均衡。

当前处理器不空闲或即将空闲的情况:如果最忙调度组的平均负载小于或等于(本地调度组的平均负载×调度域的不均衡水线),那么不需要执行负载均衡。

最后计算一个不均衡值,用来控制从最忙调度组迁移多少个进程到本地调度组。不均衡值取以下三者的最小值:

1)(最忙调度组的平均负载−所有调度组的平均负载)×最忙调度组的能力值

2)最忙调度组超过处理能力的负载×最忙调度组的能力值

3)(所有调度组的平均负载−本地调度组的平均负载)×本地调度组的能力值

2.9.6　迁移线程

每个处理器有一个迁移线程,线程名称是"migration/<cpu_id>",属于停机调度类,可以抢占所有其他进程,其他进程不可以抢占它。迁移线程有两个作用。

(1)调度器发出迁移请求,迁移线程处理迁移请求,把进程迁移到目标处理器。

(2)执行主动负载均衡。

如图 2.47 所示,每个处理器有一个停机工作管理器,成员 thread 指向迁移线程的进程描述符,成员 works 是停机工作队列的头节点,每个节点是一个停机工作,数据类型是结构体 cpu_stop_work。内核提供了两个添加停机工作的函数。

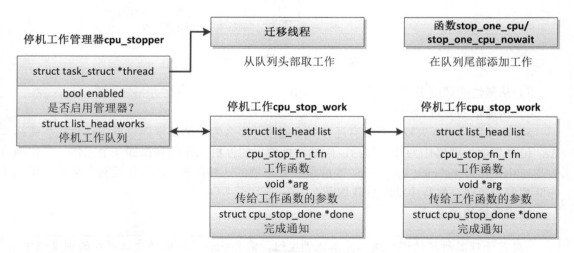

图2.47　停机工作管理器的数据结构

(1)stop_one_cpu 用来向指定处理器添加停机工作,并且等待停机工作完成。

```
int stop_one_cpu(unsigned int cpu, cpu_stop_fn_t fn, void *arg);
```

(2)stop_one_cpu_nowait 用来向指定处理器添加停机工作,但是不等待停机工作完成。

```
bool stop_one_cpu_nowait(unsigned int cpu, cpu_stop_fn_t fn, void *arg, struct cpu_
stop_work *work_buf);
```

如图 2.48 所示，迁移线程的线程函数是 smpboot_thread_fn，如果当前处理器的停机工作队列不是空的，重复执行下面的步骤。

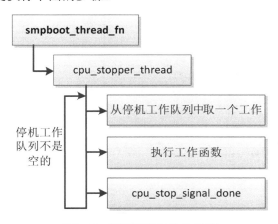

图2.48　迁移线程的执行流程

（1）从停机工作队列中取一个工作。

（2）执行工作函数。

（3）如果发起请求的进程正在等待，那么发送处理完成的通知。

如图 2.49 所示，调用系统调用 sched_setaffinity 以设置进程的处理器亲和性时，如果进程正在执行或者被唤醒，假设进程在处理器 n 上，调度器就会向处理器 n 的迁移线程发出迁移请求：“向处理器 n 的停机工作队列添加一个工作，工作函数是 migration_cpu_stop”，然后唤醒处理器 n 的迁移线程，等待迁移线程处理完迁移请求。

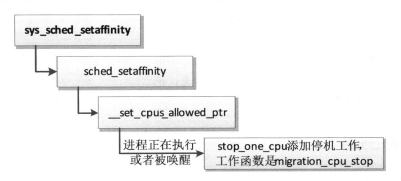

图2.49　设置处理器亲和性时发出迁移请求

函数 migration_cpu_stop 负责把进程从当前处理器迁移到目标处理器，参数的类型是结构体 migration_arg，成员 task 是需要迁移的进程，成员 dest_cpu 是目标处理器，其代码如下：

```
kernel/sched/core.c
1    static int migration_cpu_stop(void *data)
2    {
```

```
3      struct migration_arg *arg = data;
4      struct task_struct *p = arg->task;
5      struct rq *rq = this_rq();
6      struct rq_flags rf;
7
8      local_irq_disable();
9      sched_ttwu_pending();
10
11     raw_spin_lock(&p->pi_lock);
12     rq_lock(rq, &rf);
13     if (task_rq(p) == rq) {
14         if (task_on_rq_queued(p))
15             rq = __migrate_task(rq, &rf, p, arg->dest_cpu);
16         else
17             p->wake_cpu = arg->dest_cpu;
18     }
19     rq_unlock(rq, &rf);
20     raw_spin_unlock(&p->pi_lock);
21
22     local_irq_enable();
23     return 0;
24 }
```

第 13 行代码，检查进程 p 是否在当前处理器上。

第 14 行和第 15 行代码，如果进程 p 在当前处理器的运行队列中，那么把进程 p 迁移到目标处理器，从当前处理器的运行队中列删除，添加到目标处理器的运行队列中。

第 16 行和第 17 行代码，如果进程 p 正在睡眠，那么使用进程描述符的成员 wake_cpu 记录目标处理器，等到唤醒进程 p 的时候迁移到目标处理器。

公平调度类执行处理器负载均衡失败的时候，为最忙处理器设置主动负载均衡标志，唤醒最忙处理器的迁移线程。函数 active_load_balance_cpu_stop 负责执行主动负载均衡，执行流程如图 2.50 所示，先判断运行队列是否设置了主动负载均衡标志，如果设置了，那么从当前处理器的运行队列中选择一个公平调度类的进程，清除运行队列的主动负载均衡标志，把进程迁移到目标处理器。

图2.50　主动负载均衡的执行流程

2.9.7　隔离处理器

有时我们想把一部分处理器作为专用处理器，比如在网络设备上为了提高转发速度，让一部分处理器专门负责转发报文，实现方法是在引导内核时向内核传递参数 "isolcpus=<CPU 列表>"，隔离这些处理器，被隔离的处理器不会参与 SMP 负载均衡。如果没有把进程绑定到被隔离的处理器，那么不会有进程在被隔离的处理器上执行。

CPU 列表有下面 3 种格式。

（1）<cpu number>,...,<cpu number>

（2）按升序排列的范围：<cpu number>-<cpu number>

（3）混合格式：<cpu number>,...,<cpu number>-<cpu number>

例如"isolcpus=1,2,10-20"表示隔离处理器 1、2 和 10～20。

2.10　进程的安全上下文

一个对象操作另一个对象时通常要做安全性检查，例如进程操作一个文件，要检查进程是否有权限操作该文件。一个对象访问另一个对象，前者称为主体，后者称为客体。

证书是访问对象所需权限的抽象，主体提供自己权限的证书，客体提供访问自己所需权限的证书，根据主客体提供的证书和操作做安全性检查。

证书用数据结构 cred 表示，进程描述符有两个成员和证书有关：

```
include/linux/sched.h
struct task_struct {
    …
    /* 主体和真实客体进程证书*/
    const struct cred __rcu    *real_cred;
    /* 有效客体进程证书*/
    const struct cred __rcu    *cred;
    …
};
```

成员 real_cred 指向主体和真实客体证书，cred 指向有效客体证书。通常情况下，cred 和 real_cred 指向相同的证书，但是 cred 可能被临时修改为指向另一个证书。

证书包含的用户标识符和组标识符如表 2.12 所示。

表 2.12　证书包含的用户标识符和组标识符

结构体 cred 的成员	说明
uid和gid	真实用户标识符和真实组标识符
suid和sgid	保存用户标识符和保存组标识符
euid和egid	有效用户标识符和有效组标识符
fsuid和fsgid	文件系统用户标识符和文件系统组标识符
group_info	附加组（supplementary groups）

真实用户标识符和真实组标识符：标识了进程属于哪一个用户和哪一个组，即登录时使用的用户标识符和用户所属的第一个组标识符。

有效用户标识符和有效组标识符：用来确定进程是否有权限访问共享资源，和大多数 UNIX 系统不同的是，访问文件时 Linux 使用文件系统标识符和文件系统组标识符。

通常情况下，有效用户标识符和真实用户标识符相同，有效组标识符和真实组标识符相同。但是，如果为可执行文件设置了 set-user-ID 模式位，那么在创建进程的时候，进程的有效用户标识符等于可执行文件的用户标识符；如果为可执行文件设置了 set-group-ID 模式位，那么在创建进程的时候，进程的有效组标识符等于可执行文件的组标识符。

保存用户标识符和保存组标识符：用来保存可执行文件的用户标识符和组标识符。如果为可执行文件设置了 set-user-ID 模式位，进程的有效用户标识符可以在真实用户标识符和保存用户标识符之间切换；如果为可执行文件设置了 set-group-ID 模式位，进程的有效组标识符可以在真实用户标识符和保存组标识符之间切换。

　　文件系统用户标识符和文件系统组标识符：它们是 Linux 私有的，和附加组标识符一起用来确定进程是否有权限访问文件。通常情况下，文件系统用户标识符和有效用户标识符相同，文件系统组标识符和有效组标识符相同。进程可以调用 setfsuid 以设置和有效用户标识符不同的文件系统用户标识符，调用 setfsgid 以设置和有效组标识符不同的文件系统组标识符。

　　附加组标识符（supplementary group IDs）：访问文件和其他共享资源时用来检查权限的附加组标识符的集合。进程可以调用 getgroups 以读取附加组标识符的集合，可以调用 setgroups 以修改附加组标识符的集合。

第**3**章
内存管理

3.1　概述

内存管理子系统的架构如图 3.1 所示，分为用户空间、内核空间和硬件 3 个层面。

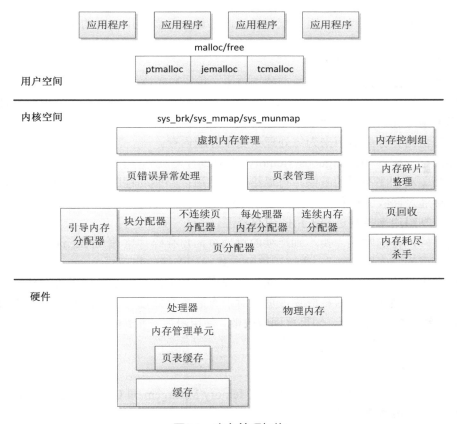

图3.1　内存管理架构

1．用户空间

应用程序使用 malloc()申请内存，使用 free()释放内存。

malloc()和 free()是 glibc 库的内存分配器 ptmalloc 提供的接口，ptmalloc 使用系统调用 brk 或 mmap 向内核以页为单位申请内存，然后划分成小内存块分配给应用程序。

用户空间的内存分配器，除了 glibc 库的 ptmalloc，还有谷歌公司的 tcmalloc 和 FreeBSD 的 jemalloc。

2. 内核空间

（1）内核空间的基本功能。

虚拟内存管理负责从进程的虚拟地址空间分配虚拟页，sys_brk 用来扩大或收缩堆，sys_mmap 用来在内存映射区域分配虚拟页，sys_munmap 用来释放虚拟页。

内核使用延迟分配物理内存的策略，进程第一次访问虚拟页的时候，触发页错误异常，页错误异常处理程序从页分配器申请物理页，在进程的页表中把虚拟页映射到物理页。

页分配器负责分配物理页，当前使用的页分配器是伙伴分配器。

内核空间提供了把页划分成小内存块分配的块分配器，提供分配内存的接口 kmalloc() 和释放内存的接口 kfree()，支持 3 种块分配器：SLAB 分配器、SLUB 分配器和 SLOB 分配器。

在内核初始化的过程中，页分配器还没准备好，需要使用临时的引导内存分配器分配内存。

（2）内核空间的扩展功能。

不连续页分配器提供了分配内存的接口 vmalloc 和释放内存的接口 vfree，在内存碎片化的时候，申请连续物理页的成功率很低，可以申请不连续的物理页，映射到连续的虚拟页，即虚拟地址连续而物理地址不连续。

每处理器内存分配器用来为每处理器变量分配内存。

连续内存分配器（Contiguous Memory Allocator，CMA）用来给驱动程序预留一段连续的内存，当驱动程序不用的时候，可以给进程使用；当驱动程序需要使用的时候，把进程占用的内存通过回收或迁移的方式让出来，给驱动程序使用。

内存控制组用来控制进程占用的内存资源。

当内存碎片化的时候，找不到连续的物理页，内存碎片整理（"memory compaction"的意译，直译为"内存紧缩"）通过迁移的方式得到连续的物理页。

在内存不足的时候，页回收负责回收物理页，对于没有后备存储设备支持的匿名页，把数据换出到交换区，然后释放物理页；对于有后备存储设备支持的文件页，把数据写回存储设备，然后释放物理页。如果页回收失败，使用最后一招：内存耗尽杀手（OOM killer，Out-of-Memory killer），选择进程杀掉。

3. 硬件层面

处理器包含一个称为内存管理单元（Memory Management Unit，MMU）的部件，负责把虚拟地址转换成物理地址。

内存管理单元包含一个称为页表缓存（Translation Lookaside Buffer，TLB）的部件，保存最近使用过的页表映射，避免每次把虚拟地址转换成物理地址都需要查询内存中的页表。

为了解决处理器的执行速度和内存的访问速度不匹配的问题，在处理器和内存之间增加了缓存。缓存通常分为一级缓存和二级缓存，为了支持并行地取指令和取数据，一级缓存分为数据缓存和指令缓存。

3.2 虚拟地址空间布局

3.2.1 虚拟地址空间划分

因为目前应用程序没有那么大的内存需求，所以 ARM64 处理器不支持完全的 64 位虚拟地址，实际支持情况如下。

（1）虚拟地址的最大宽度是 48 位，如图 3.2 所示。内核虚拟地址在 64 位地址空间的顶部，高 16 位是全 1，范围是[0xFFFF 0000 0000 0000，0xFFFF FFFF FFFF FFFF]；用户虚拟地址在 64 位地址空间的底部，高 16 位是全 0，范围是[0x0000 0000 0000 0000，0x0000 FFFF FFFF FFFF]；高 16 位是全 1 或全 0 的地址称为规范的地址，两者之间是不规范的地址，不允许使用。

（2）如果处理器实现了 ARMv8.2 标准的大虚拟地址（Large Virtual Address，LVA）支持，并且页长度是 64KB，那么虚拟地址的最大宽度是 52 位。

（3）可以为虚拟地址配置比最大宽度小的宽度，并且可以为内核虚拟地址和用户虚拟地址配置

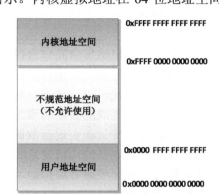

图3.2 ARM64内核/用户虚拟地址空间划分

不同的宽度。转换控制寄存器（Translation Control Register）TCR_EL1 的字段 T0SZ 定义了必须是全 0 的最高位的数量，字段 T1SZ 定义了必须是全 1 的最高位的数量，用户虚拟地址的宽度是（64-TCR_EL1.T0SZ），内核虚拟地址的宽度是（64-TCR_EL1.T1SZ）。

在编译 ARM64 架构的 Linux 内核时，可以选择虚拟地址宽度。

（1）如果选择页长度 4KB，默认的虚拟地址宽度是 39 位。

（2）如果选择页长度 16KB，默认的虚拟地址宽度是 47 位。

（3）如果选择页长度 64KB，默认的虚拟地址宽度是 42 位。

（4）可以选择 48 位虚拟地址。

在 ARM64 架构的 Linux 内核中，内核虚拟地址和用户虚拟地址的宽度相同。

所有进程共享内核虚拟地址空间，每个进程有独立的用户虚拟地址空间，同一个线程组的用户线程共享用户虚拟地址空间，内核线程没有用户虚拟地址空间。

3.2.2 用户虚拟地址空间布局

进程的用户虚拟地址空间的起始地址是 0，长度是 TASK_SIZE，由每种处理器架构定义自己的宏 TASK_SIZE。ARM64 架构定义的宏 TASK_SIZE 如下所示。

（1）32 位用户空间程序：TASK_SIZE 的值是 TASK_SIZE_32，即 0x100000000，等于 4GB。

（2）64 位用户空间程序：TASK_SIZE 的值是 TASK_SIZE_64，即 2^{VA_BITS} 字节，VA_BITS 是编译内核时选择的虚拟地址位数。

```
arch/arm64/include/asm/memory.h
#define VA_BITS          (CONFIG_ARM64_VA_BITS)
#define TASK_SIZE_64     (UL(1) << VA_BITS)

#ifdef CONFIG_COMPAT     /* 支持执行32位用户空间程序 */
#define TASK_SIZE_32     UL(0x100000000)
/* test_thread_flag(TIF_32BIT) 判断用户空间程序是不是32位 */
#define TASK_SIZE        (test_thread_flag(TIF_32BIT) ? \
                 TASK_SIZE_32 : TASK_SIZE_64)
#define TASK_SIZE_OF(tsk)  (test_tsk_thread_flag(tsk, TIF_32BIT) ? \
                 TASK_SIZE_32 : TASK_SIZE_64)
#else
#define TASK_SIZE     TASK_SIZE_64
#endif /* CONFIG_COMPAT */
```

进程的用户虚拟地址空间包含以下区域。

（1）代码段、数据段和未初始化数据段。

（2）动态库的代码段、数据段和未初始化数据段。

（3）存放动态生成的数据的堆。

（4）存放局部变量和实现函数调用的栈。

（5）存放在栈底部的环境变量和参数字符串。

（6）把文件区间映射到虚拟地址空间的内存映射区域。

内核使用内存描述符 mm_struct 描述进程的用户虚拟地址空间，内存描述符的主要成员如表 3.1 所示。

表 3.1　内存描述符的主要成员

成　　员	说　　明
atomic_t mm_users;	共享同一个用户虚拟地址空间的进程的数量，也就是线程组包含的进程的数量
atomic_t mm_count;	内存描述符的引用计数
struct vm_area_struct *mmap;	虚拟内存区域链表
struct rb_root mm_rb;	虚拟内存区域红黑树
unsigned long (*get_unmapped_area) (struct file *filp, unsigned long addr, unsigned long len,unsigned long pgoff, unsigned long flags);	在内存映射区域找到一个没有映射的区域
pgd_t * pgd;	指向页全局目录，即第一级页表
unsigned long mmap_base;	内存映射区域的起始地址
unsigned long task_size;	用户虚拟地址空间的长度
unsigned long start_code, end_code;	代码段的起始地址和结束地址
unsigned long start_data, end_data;	数据段的起始地址和结束地址
unsigned long start_brk, brk;	堆的起始地址和结束地址
unsigned long start_stack;	栈的起始地址
unsigned long arg_start, arg_end;	参数字符串的起始地址和结束地址
unsigned long env_start, env_end;	环境变量的起始地址和结束地址
mm_context_t context;	处理器架构特定的内存管理上下文

进程描述符（task_struct）中和内存描述符相关的成员如表 3.2 所示。

表 3.2　进程描述符中和内存描述符相关的成员

进程描述符的成员	说　明
struct mm_struct　*mm;	进程的mm指向一个内存描述符 内核线程没有用户虚拟地址空间，所以mm是空指针
struct mm_struct　*active_mm;	进程的active_mm和mm总是指向同一个内存描述符 内核线程的active_mm在没有运行时是空指针，在运行时指向从上一个进程借用的内存描述符

如果进程不属于线程组，那么进程描述符和内存描述符的关系如图 3.3 所示，进程描述符的成员 mm 和 active_mm 都指向同一个内存描述符，内存描述符的成员 mm_users 是 1、成员 mm_count 是 1。

如果两个进程属于同一个线程组，那么进程描述符和内存描述符的关系如图 3.4 所示，每个进程的进程描述符的成员 mm 和 active_mm 都指向同一个内存描述符，内存描述符的成员 mm_users 是 2、成员 mm_count 是 1。

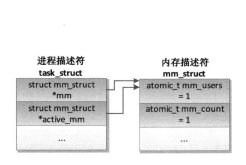
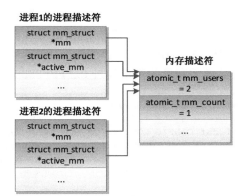

图3.3　进程的进程描述符和内存描述符的关系　　图3.4　线程组的进程描述符和内存描述符的关系

内核线程的进程描述符和内存描述符的关系如图 3.5 所示，内核线程没有用户虚拟地址空间，当内核线程没有运行的时候，进程描述符的成员 mm 和 active_mm 都是空指针；当内核线程运行的时候，借用上一个进程的内存描述符，在被借用进程的用户虚拟地址空间的上方运行，进程描述符的成员 active_mm 指向借用的内存描述符，假设被借用的内存描述符所属的进程不属于线程组，那么内存描述符的成员 mm_users 不变，仍然是 1，成员 mm_count 加 1 变成 2。

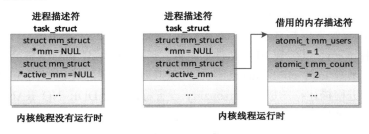

图3.5　内核线程的进程描述符和内存描述符的关系

117

为了使缓冲区溢出攻击更加困难，内核支持为内存映射区域、栈和堆选择随机的起始地址。进程是否使用虚拟地址空间随机化的功能，由以下两个因素共同决定。

（1）进程描述符的成员 personality（个性化）是否设置 ADDR_NO_RANDOMIZE。

（2）全局变量 randomize_va_space：0 表示关闭虚拟地址空间随机化，1 表示使内存映射区域和栈的起始地址随机化，2 表示使内存映射区域、栈和堆的起始地址随机化。可以通过文件"/proc/sys/kernel/randomize_va_space"修改。

```
mm/memory.c
int randomize_va_space __read_mostly =
#ifdef CONFIG_COMPAT_BRK
                    1;
#else
                    2;
#endif
```

为了使旧的应用程序（基于 libc5）正常运行，默认打开配置宏 CONFIG_COMPAT_BRK，禁止堆随机化。所以默认配置是使内存映射区域和栈的起始地址随机化。

栈通常自顶向下增长，当前只有惠普公司的 PA-RISC 处理器的栈是自底向上增长。栈的起始地址是 STACK_TOP，默认启用栈随机化，需要把起始地址减去一个随机值。STACK_TOP 是每种处理器架构自定义的宏，ARM64 架构定义的 STACK_TOP 如下所示：如果是 64 位用户空间程序，STACK_TOP 的值是 TASK_SIZE_64；如果是 32 位用户空间程序，STACK_TOP 的值是异常向量的基准地址 0xFFFF0000。

```
arch/arm64/include/asm/processor.h
#define STACK_TOP_MAX           TASK_SIZE_64
#ifdef CONFIG_COMPAT   /* 支持执行32位用户空间程序 */
#define AARCH32_VECTORS_BASE  0xffff0000
#define STACK_TOP   (test_thread_flag(TIF_32BIT) ? \
                AARCH32_VECTORS_BASE : STACK_TOP_MAX)
#else
#define STACK_TOP    STACK_TOP_MAX
#endif /* CONFIG_COMPAT */
```

内存映射区域的起始地址是内存描述符的成员 mmap_base。如图 3.6 所示，用户虚拟地址空间有两种布局，区别是内存映射区域的起始位置和增长方向不同。

（1）传统布局：内存映射区域自底向上增长，起始地址是 TASK_UNMAPPED_BASE，每种处理器架构都要定义这个宏，ARM64 架构定义为 TASK_SIZE/4。默认启用内存映射区域随机化，需要把起始地址加上一个随机值。传统布局的缺点是堆的最大长度受到限制，在 32 位系统中影响比较大，但是在 64 位系统中这不是问题。

（2）新布局：内存映射区域自顶向下增长，起始地址是（STACK_TOP − 栈的最大长度 − 间隙）。默认启用内存映射区域随机化，需要把起始地址减去一个随机值。

当进程调用 execve 以装载 ELF 文件的时候，函数 load_elf_binary 将会创建进程的用户虚拟地址空间。函数 load_elf_binary 创建用户虚拟地址空间的过程如图 3.7 所示。

如果没有给进程描述符的成员 personality 设置标志位 ADDR_NO_RANDOMIZE（该标志位表示禁止虚拟地址空间随机化），并且全局变量 randomize_va_space 是非零值，那么给进程设置标志 PF_RANDOMIZE，允许虚拟地址空间随机化。

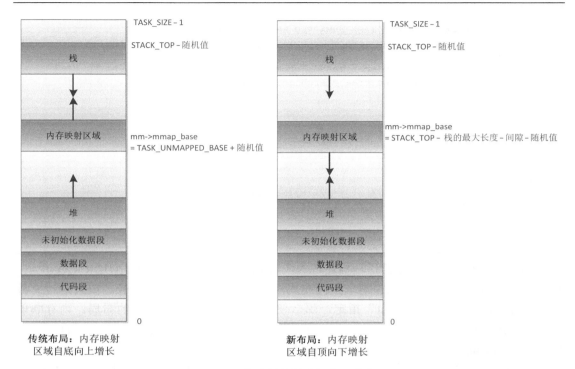

图3.6 用户虚拟地址空间的两种布局

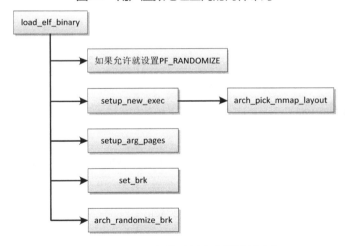

图3.7 装载ELF文件时创建虚拟地址空间

　　各种处理器架构自定义的函数 arch_pick_mmap_layout 负责选择内存映射区域的布局。
ARM64 架构定义的函数 arch_pick_mmap_layout 如下：

arch/arm64/mm/mmap.c
```
1    void arch_pick_mmap_layout(struct mm_struct *mm)
2    {
3     unsigned long random_factor = 0UL;
4
5     if (current->flags & PF_RANDOMIZE)
6         random_factor = arch_mmap_rnd();
7
8     if (mmap_is_legacy()) {
```

```
9            mm->mmap_base = TASK_UNMAPPED_BASE + random_factor;
10           mm->get_unmapped_area = arch_get_unmapped_area;
11       } else {
12           mm->mmap_base = mmap_base(random_factor);
13           mm->get_unmapped_area = arch_get_unmapped_area_topdown;
14       }
15   }
16
17   static int mmap_is_legacy(void)
18   {
19       if (current->personality & ADDR_COMPAT_LAYOUT)
20           return 1;
21
22       if (rlimit(RLIMIT_STACK) == RLIM_INFINITY)
23           return 1;
24
25       return sysctl_legacy_va_layout;
26   }
```

第 8~10 行代码，如果给进程描述符的成员 personality 设置标志位 ADDR_COMPAT_
LAYOUT 表示使用传统的虚拟地址空间布局，或者用户栈可以无限增长，或者通过文件
"/proc/sys/vm/legacy_va_layout" 指定，那么使用传统的自底向上增长的布局，内存映射
区域的起始地址是 TASK_UNMAPPED_BASE 加上随机值，分配未映射区域的函数是
arch_get_unmapped_area。

第 11~13 行代码，如果使用自顶向下增长的布局，那么分配未映射区域的函数是 arch_
get_unmapped_area_topdown，内存映射区域的起始地址的计算方法如下：

```
arch/arm64/include/asm/elf.h
#ifdef CONFIG_COMPAT
#define STACK_RND_MASK            (test_thread_flag(TIF_32BIT) ? \
                                  0x7ff >> (PAGE_SHIFT - 12) : \
                                  0x3ffff >> (PAGE_SHIFT - 12))
#else
#define STACK_RND_MASK            (0x3ffff >> (PAGE_SHIFT - 12))
#endif

arch/arm64/mm/mmap.c
#define MIN_GAP (SZ_128M + ((STACK_RND_MASK << PAGE_SHIFT) + 1))
#define MAX_GAP (STACK_TOP/6*5)
static unsigned long mmap_base(unsigned long rnd)
{
    unsigned long gap = rlimit(RLIMIT_STACK);

    if (gap < MIN_GAP)
        gap = MIN_GAP;
    else if (gap > MAX_GAP)
        gap = MAX_GAP;

    return PAGE_ALIGN(STACK_TOP - gap - rnd);
}
```

先计算内存映射区域的起始地址和栈顶的间隙：初始值取用户栈的最大长度，限定不
能小于 "128MB + 栈的最大随机偏移值 + 1"，确保用户栈最大可以达到 128MB；限定不能
超过 STACK_TOP 的 5/6。内存映射区域的起始地址等于 "STACK_TOP-间隙-随机值"，
然后向下对齐到页长度。

回到函数 load_elf_binary：函数 setup_arg_pages 把栈顶设置为 STACK_TOP 减去随机

值，然后把环境变量和参数从临时栈移到最终的用户栈；函数 set_brk 设置堆的起始地址，如果启用堆随机化，把堆的起始地址加上随机值。

```
fs/binfmt_elf.c
static int load_elf_binary(struct linux_binprm *bprm)
{
    …
    retval = setup_arg_pages(bprm, randomize_stack_top(STACK_TOP),
                executable_stack);
    …
    retval = set_brk(elf_bss, elf_brk, bss_prot);
    …
    if ((current->flags & PF_RANDOMIZE) && (randomize_va_space > 1)) {
        current->mm->brk = current->mm->start_brk =
            arch_randomize_brk(current->mm);
    }
    …
}
```

3.2.3 内核地址空间布局

ARM64 处理器架构的内核地址空间布局如图 3.8 所示。

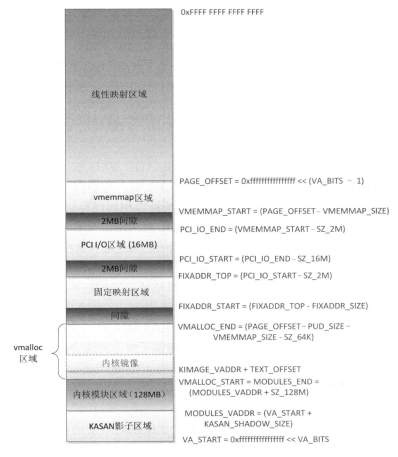

图3.8 ARM64架构的内核地址空间布局

（1）线性映射区域的范围是[PAGE_OFFSET, 2^{64}-1]，起始位置是 PAGE_OFFSET = (0xFFFF FFFF FFFF FFFF << (VA_BITS-1))，长度是内核虚拟地址空间的一半。称为线性映射区域的原因是虚拟地址和物理地址是线性关系：

虚拟地址 = ((物理地址 – PHYS_OFFSET) + PAGE_OFFSET)，其中 PHYS_OFFSET 是内存的起始物理地址。

（2）vmemmap 区域的范围是[VMEMMAP_START, PAGE_OFFSET)，长度是 VMEMMAP_SIZE = (线性映射区域的长度 / 页长度 * page 结构体的长度上限)。

内核使用 page 结构体描述一个物理页，内存的所有物理页对应一个 page 结构体数组。如果内存的物理地址空间不连续，存在很多空洞，称为稀疏内存。vmemmap 区域是稀疏内存的 page 结构体数组的虚拟地址空间。

（3）PCI I/O 区域的范围是[PCI_IO_START, PCI_IO_END)，长度是 16MB，结束地址是 PCI_IO_END = (VMEMMAP_START – 2MB)。

外围组件互联（Peripheral Component Interconnect，PCI）是一种总线标准，PCI I/O 区域是 PCI 设备的 I/O 地址空间。

（4）固定映射区域的范围是[FIXADDR_START, FIXADDR_TOP)，长度是 FIXADDR_SIZE，结束地址是 FIXADDR_TOP = (PCI_IO_START – 2MB)。

固定地址是编译时的特殊虚拟地址，编译的时候是一个常量，在内核初始化的时候映射到物理地址。

（5）vmalloc 区域的范围是[VMALLOC_START, VMALLOC_END)，起始地址是 VMALLOC_START，等于内核模块区域的结束地址，结束地址是 VMALLOC_END = (PAGE_OFFSET – PUD_SIZE – VMEMMAP_SIZE – 64KB)，其中 PUD_SIZE 是页上级目录表项映射的地址空间的长度。

vmalloc 区域是函数 vmalloc 使用的虚拟地址空间，内核使用 vmalloc 分配虚拟地址连续但物理地址不连续的内存。

内核镜像在 vmalloc 区域，起始虚拟地址是(KIMAGE_VADDR + TEXT_OFFSET)，其中 KIMAGE_VADDR 是内核镜像的虚拟地址的基准值，等于内核模块区域的结束地址 MODULES_END；TEXT_OFFSET 是内存中的内核镜像相对内存起始位置的偏移。

（6）内核模块区域的范围是[MODULES_VADDR, MODULES_END)，长度是 128MB，起始地址是 MODULES_VADDR = (内核虚拟地址空间的起始地址 + KASAN 影子区域的长度)。

内核模块区域是内核模块使用的虚拟地址空间。

（7）KASAN 影子区域的起始地址是内核虚拟地址空间的起始地址，长度是内核虚拟地址空间长度的 1/8。

内核地址消毒剂（Kernel Address SANitizer，KASAN）是一个动态的内存错误检查工具。它为发现释放后使用和越界访问这两类缺陷提供了快速和综合的解决方案。

3.3　物理地址空间

物理地址是处理器在系统总线上看到的地址。使用精简指令集（Reduced Instruction Set Computer，RISC）的处理器通常只实现一个物理地址空间，外围设备和物理内存使用统一的物理地址空间。有些处理器架构把分配给外围设备的物理地址区域称为设备内存。

处理器通过外围设备控制器的寄存器访问外围设备，寄存器分为控制寄存器、状态寄存器和数据寄存器三大类，外围设备的寄存器通常被连续地编址。处理器对外围设备寄存器的编址方式有两种。

（1）I/O 映射方式（I/O-mapped）：英特尔的 x86 处理器为外围设备专门实现了一个单独的地址空间，称为"I/O 地址空间"或"I/O 端口空间"，处理器通过专门的 I/O 指令（如 x86 的 in 和 out 指令）来访问这一空间中的地址单元。

（2）内存映射方式（memory-mapped）：使用精简指令集的处理器通常只实现一个物理地址空间，外围设备和物理内存使用统一的物理地址空间，处理器可以像访问一个内存单元那样访问外围设备，不需要提供专门的 I/O 指令。

程序只能通过虚拟地址访问外设寄存器，内核提供了以下函数来把外设寄存器的物理地址映射到虚拟地址空间。

（1）函数 ioremap() 把外设寄存器的物理地址映射到内核虚拟地址空间。

```
void * ioremap(unsigned long phys_addr, unsigned long size, unsigned long flags);
```

（2）函数 io_remap_pfn_range() 把外设寄存器的物理地址映射到进程的用户虚拟地址空间。

```
int io_remap_pfn_range(struct vm_area_struct *vma, unsigned long addr,unsigned long pfn,
unsigned long size, pgprot_t prot);
```

除了 SPARC 处理器以外，在其他处理器架构中函数 io_remap_pfn_range() 和函数 remap_pfn_range() 等价。函数 remap_pfn_range() 用于把内存的物理页映射到进程的用户虚拟地址空间。

内核提供了函数 iounmap()，它用来删除函数 ioremap() 创建的映射。

```
void iounmap(void *addr);
```

ARM64 架构的实现

ARM64 架构定义了两种内存类型。
（1）正常内存（Normal Memory）：包括物理内存和只读存储器（ROM）。
（2）设备内存（Device Memory）：指分配给外围设备寄存器的物理地址区域。

对于正常内存，可以设置共享属性和缓存属性。共享属性用来定义一个位置是否可以被多个核共享，分为不可共享、内部共享和外部共享。不可共享是指只被处理器的一个核使用，内部共享是指一个处理器的所有核共享或者多个处理器共享，外部共享是指处理器和其他观察者（比如图形处理单元或 DMA 控制器）共享。缓存属性用来定义访问时是否通过处理器的缓存。

设备内存的共享属性总是外部共享，缓存属性总是不可缓存（即必须绕过处理器的缓存）。

ARM64 架构根据 3 种属性把设备内存分为 4 种类型。
（1）Device-nGnRnE，这种类型限制最严格。
（2）Device-nGnRE。

（3）Device-nGRE。

（4）Device-GRE，这种类型限制最少。

3 种属性分别如下。

（1）聚集属性：G 表示聚集（Gathering），nG 表示不聚集（non Gathering）。

聚集属性决定对内存区域的多个访问是否可以被合并为一个总线事务。如果地址被标记为"不聚集"，那么必须按照程序里面的地址和长度访问。如果地址被标记为"聚集"，处理器可以把两个"写一个字节"的访问合并成一个"写两个字节"的访问，可以把对相同内存位置的多个访问合并，例如读相同位置两次，处理器只需要读一次，为两条指令返回相同的结果。

（2）重排序属性：R 表示重排序（Re-ordering），nR 表示不重排序（non Re-ordering）。

这个属性决定对相同设备的多个访问是否可以重新排序。如果地址被标记为"不重排序"，那么对同一个块的访问总是按照程序顺序执行。

（3）早期写确认属性：E 表示早期写确认（Early Write Acknowledgement），nE 表示不执行早期写确认（non Early Write Acknowledgement）。

这个属性决定是否允许处理器和从属设备之间的中间写缓冲区发送"写完成"确认。如果地址被标记为"不执行早期写确认"，那么必须由外围设备发送"写完成"确认。如果地址被标记为"早期写确认"，那么允许写缓冲区在外围设备收到数据之前发送"写完成"确认。

物理地址宽度

目前 ARM64 处理器支持的最大物理地址宽度是 48 位，如果实现了 ARMv8.2 标准的大物理地址（Large Physical Address，LPA）支持，并且页长度是 64KB，那么物理地址的最大宽度是 52 位。

可以使用寄存器 TCR_EL1（Translation Control Register for Exception Level 1，异常级别 1 的转换控制寄存器）的字段 IPS（Intermediate Physical Address Size，中间物理地址长度）控制物理地址的宽度，IPS 字段的长度是 3 位，IPS 字段的值和物理地址宽度的对应关系如表 3.3 所示。

表 3.3　IPS 字段和物理地址宽度的对应关系

IPS 字段	物理地址宽度
000	32位
001	36位
010	40位
011	42位
100	44位
101	48位
110	52位

3.4　内存映射

内存映射是在进程的虚拟地址空间中创建一个映射，分为以下两种。

（1）文件映射：文件支持的内存映射，把文件的一个区间映射到进程的虚拟地址空间，数据源是存储设备上的文件。

（2）匿名映射：没有文件支持的内存映射，把物理内存映射到进程的虚拟地址空间，没有数据源。

通常把文件映射的物理页称为文件页，把匿名映射的物理页称为匿名页。

根据修改是否对其他进程可见和是否传递到底层文件，内存映射分为共享映射和私有映射。

（1）共享映射：修改数据时映射相同区域的其他进程可以看见，如果是文件支持的映射，修改会传递到底层文件。

（2）私有映射：第一次修改数据时会从数据源复制一个副本，然后修改副本，其他进程看不见，不影响数据源。

两个进程可以使用共享的文件映射实现共享内存。匿名映射通常是私有映射，共享的匿名映射只可能出现在父进程和子进程之间。

在进程的虚拟地址空间中，代码段和数据段是私有的文件映射，未初始化数据段、堆和栈是私有的匿名映射。

内存映射的原理如下。

（1）创建内存映射的时候，在进程的用户虚拟地址空间中分配一个虚拟内存区域。

（2）Linux 内核采用延迟分配物理内存的策略，在进程第一次访问虚拟页的时候，产生缺页异常。如果是文件映射，那么分配物理页，把文件指定区间的数据读到物理页中，然后在页表中把虚拟页映射到物理页；如果是匿名映射，那么分配物理页，然后在页表中把虚拟页映射到物理页。

3.4.1　应用编程接口

内存管理子系统提供了以下常用的系统调用。

（1）mmap()用来创建内存映射。

```
void *mmap(void *addr, size_t length, int prot, int flags,
           int fd, off_t offset);
```

（2）mremap()用来扩大或缩小已经存在的内存映射，可能同时移动。

```
void *mremap(void *old_address, size_t old_size,
             size_t new_size, int flags, ... /* void *new_address */);
```

（3）munmap()用来删除内存映射。

```
int munmap(void *addr, size_t length);
```

（4）brk()用来设置堆的上界。

```
int brk(void *addr);
```

（5）remap_file_pages()用来创建非线性的文件映射，即文件区间和虚拟地址空间之间的映射不是线性关系，现在被废弃了。

（6）mprotect()用来设置虚拟内存区域的访问权限。

```
int mprotect(void *addr, size_t len, int prot);
```

（7）madvise()用来向内核提出内存使用的建议，应用程序告诉内核期望怎样使用指定的虚拟内存区域，以便内核可以选择合适的预读和缓存技术。

```
int madvise(void *addr, size_t length, int advice);
```

在内核空间中可以使用以下两个函数。

（1）remap_pfn_range 把内存的物理页映射到进程的虚拟地址空间，这个函数的用处是实现进程和内核共享内存。

```
int remap_pfn_range(struct vm_area_struct *vma, unsigned long addr,unsigned long pfn,
unsigned long size, pgprot_t prot);
```

（2）io_remap_pfn_range 把外设寄存器的物理地址映射到进程的虚拟地址空间，进程可以直接访问外设寄存器。

```
int io_remap_pfn_range(struct vm_area_struct *vma, unsigned long addr,unsigned long
pfn, unsigned long size, pgprot_t prot);
```

应用程序通常使用 C 标准库提供的函数 malloc()申请内存。glibc 库的内存分配器 ptmalloc 使用 brk 或 mmap 向内核以页为单位申请虚拟内存，然后把页划分成小内存块分配给应用程序。默认的阈值是 128KB，如果应用程序申请的内存长度小于阈值，ptmalloc 分配器使用 brk 向内核申请虚拟内存，否则 ptmalloc 分配器使用 mmap 向内核申请虚拟内存。

应用程序可以直接使用 mmap 向内核申请虚拟内存。

1．系统调用 mmap()

系统调用 mmap()有以下用处。

（1）进程创建匿名的内存映射，把内存的物理页映射到进程的虚拟地址空间。

（2）进程把文件映射到进程的虚拟地址空间，可以像访问内存一样访问文件，不需要调用系统调用 read()和 write()访问文件，从而避免用户模式和内核模式之间的切换，提高读写文件的速度。

（3）两个进程针对同一个文件创建共享的内存映射，实现共享内存。

函数原型：

```
void *mmap(void *addr, size_t length, int prot, int flags, int fd, off_t offset);
```

参数如下。

（1）addr：起始虚拟地址。如果 addr 是 0，内核选择虚拟地址。如果 addr 不是 0，内核把这个参数作为提示，在附近选择虚拟地址。

（2）length：映射的长度，单位是字节。

（3）prot：保护位。

> PROT_EXEC：页可执行。
> PROT_READ：页可读。
> PROT_WRITE：页可写。
> PROT_NONE：页不可访问。

（4）flags：标志。常用的标志如下。

> MAP_SHARED：共享映射。
>
> MAP_PRIVATE：私有映射。
>
> MAP_ANONYMOUS：匿名映射。
>
> MAP_FIXED：固定映射，不要把参数 addr 解释为一个提示，映射的起始地址必须是参数 addr，必须是页长度的整数倍。
>
> MAP_HUGETLB：使用巨型页。
>
> MAP_LOCKED：把页锁在内存中。
>
> MAP_NORESERVE：不预留物理内存。
>
> MAP_NONBLOCK：不阻塞，和 MAP_POPULATE 联合使用才有意义，从 Linux 2.6.23 开始，该标志导致 MAP_POPULATE 什么都不做。
>
> MAP_POPULATE：填充页表，即分配并且映射到物理页。如果是文件映射，该标志导致预读文件。

（5）fd：文件描述符。仅当创建文件映射的时候，这个参数才有意义。如果是匿名映射，有些实现要求参数 fd 是-1，可移植的应用程序应该保证参数 fd 是-1。

（6）offset：偏移，单位是字节，必须是页长度的整数倍。仅当创建文件映射的时候，这个参数才有意义。

返回值：

如果成功，返回起始虚拟地址，否则返回负的错误号。

2．系统调用 mprotect()

mprotect()用来设置虚拟内存区域的访问权限。

函数原型：

```
int mprotect(void *addr, size_t len, int prot);
```

参数如下。

（1）addr：起始虚拟地址，必须是页长度的整数倍。

（2）len：虚拟内存区域的长度，单位是字节。

（3）prot：保护位。

> PROT_EXEC：页可执行。
>
> PROT_READ：页可读。
>
> PROT_WRITE：页可写。
>
> PROT_NONE：页不可访问。

返回值：

如果成功，返回 0，否则返回负的错误号。

3．系统调用 madvise()

madvise()用来向内核提出内存使用的建议，应用程序告诉内核期望怎样使用指定的虚拟内存区域，以便内核可以选择合适的预读和缓存技术。

函数原型：

```
int madvise(void *addr, size_t length, int advice);
```

参数如下。

（1）addr：起始虚拟地址，必须是页长度的整数倍。

（2）length：虚拟内存区域的长度，单位是字节。

（3）advice：建议。

POSIX 标准定义的建议值如下。

> MADV_NORMAL：不需要特殊处理，这是默认值。
>
> MADV_RANDOM：预期随机访问指定范围的页，预读的用处比较小。
>
> MADV_SEQUENTIAL：预期按照顺序访问指定范围的页，所以可以激进地预读指定范围的页，并且进程在访问页以后很快释放。
>
> MADV_WILLNEED：预期很快就会访问指定范围的页，所以可以预读指定范围的页。
>
> MADV_DONTNEED：预期近期不会访问指定范围的页，即进程已经处理完指定范围的页，内核可以释放相关的资源。

Linux 私有的建议值如下。

> MADV_REMOVE：进程想要释放指定范围的页和相关的后备存储。
>
> MADV_DONTFORK：在执行 fork() 的时候从子进程的地址空间删掉指定范围的页。
>
> MADV_DOFORK：取消 MADV_DONTFORK，在执行 fork() 的时候不从子进程的地址空间删掉指定范围的页。
>
> MADV_HWPOISON：毒化指定范围的页，像内存损坏一样处理对指定范围的页的访问。
>
> MADV_MERGEABLE：允许 KSM（Kernel Samepage Merging，内核相同页合并）合并数据相同的页。
>
> MADV_UNMERGEABLE：取消 MADV_MERGEABLE，不允许合并数据相同的页。
>
> MADV_SOFT_OFFLINE：使指定范围的页软下线，即内存页被保留，但是下一次访问的时候，把数据复制到新的物理页，旧的物理页下线，对进程不可见。这个特性用来测试处理内存错误的代码。
>
> MADV_HUGEPAGE：允许指定范围使用透明巨型页。
>
> MADV_NOHUGEPAGE：不允许指定范围使用透明巨型页。
>
> MADV_DONTDUMP：生成核心转储文件的时候不要包含指定范围的页。
>
> MADV_DODUMP：取消 MADV_DONTDUMP，生成核心转储文件的时候包含指定范围的页。
>
> MADV_FREE：从 4.5 版本开始支持，进程不再需要指定范围的页，内核可以释放这些页，释放可以延迟到内存不足的时候。

返回值：

如果成功，返回 0，否则返回负的错误号。

3.4.2 数据结构

1. 虚拟内存区域

虚拟内存区域是分配给进程的一个虚拟地址范围，内核使用结构体 vm_area_struct 描述虚拟内存区域，主要成员如表 3.4 所示。

表 3.4 虚拟内存区域的主要成员

成 员	说 明
unsigned long vm_start;	起始地址
unsigned long vm_end;	结束地址，区间是[起始地址，结束地址)，不包含结束地址
struct vm_area_struct *vm_next, *vm_prev;	虚拟内存区域链表，按起始地址排序
struct rb_node vm_rb;	红黑树节点
struct mm_struct *vm_mm;	指向内存描述符，即虚拟内存区域所属的用户虚拟地址空间
pgprot_t vm_page_prot;	保护位，即访问权限
unsigned long vm_flags;	标志
struct { 　　struct rb_node rb; 　　unsigned long rb_subtree_last; } shared;	为了支持查询一个文件区间被映射到哪些虚拟内存区域，把一个文件映射到的所有虚拟内存区域加入该文件的地址空间结构体address_space的成员i_mmap指向的区间树
struct list_head anon_vma_chain;	把虚拟内存区域关联的所有anon_vma实例串联起来。一个虚拟内存区域会关联到父进程的anon_vma实例和自己的anon_vma实例
struct anon_vma *anon_vma;	指向一个anon_vma实例，结构体anon_vma用来组织匿名页被映射到的所有虚拟地址空间
const struct vm_operations_struct *vm_ops;	虚拟内存操作集合
unsigned long vm_pgoff;	文件偏移，单位是页
struct file *vm_file;	文件，如果是私有的匿名映射，该成员是空指针

文件映射的虚拟内存区域如图 3.9 所示。

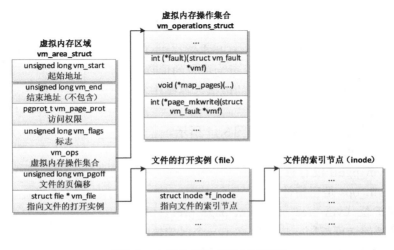

图3.9 文件映射的虚拟内存区域

（1）成员 vm_file 指向文件的一个打开实例（file）。索引节点代表一个文件，描述文件的属性。

（2）成员 vm_pgoff 存放文件的以页为单位的偏移。

（3）成员 vm_ops 指向虚拟内存操作集合，创建文件映射的时候调用文件操作集合中的 mmap 方法（file->f_op->mmap）以注册虚拟内存操作集合。例如：假设文件属于 EXT4 文件系统，文件操作集合中的 mmap 方法是函数 ext4_file_mmap，该函数把虚拟内存区域的成员 vm_ops 设置为 ext4_file_vm_ops。

共享匿名映射的虚拟内存区域如图 3.10 所示，共享匿名映射的实现原理和文件映射相同，区别是共享匿名映射关联的文件是内核创建的内部文件。在内存文件系统 tmpfs 中创建一个名为 "/dev/zero" 的文件，名字没有意义，创建两个共享匿名映射就会创建两个名为 "/dev/zero" 的文件，两个文件是独立的，毫无关系。

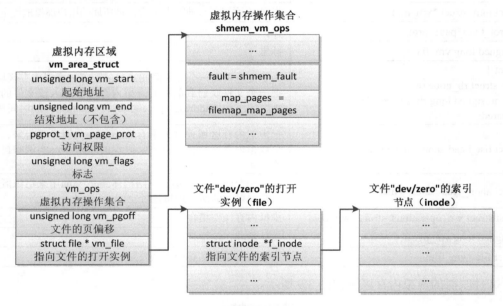

图3.10　共享匿名映射的虚拟内存区域

（1）成员 vm_file 指向文件的一个打开实例（file）。

（2）成员 vm_pgoff 存放文件的以页为单位的偏移。

（3）成员 vm_ops 指向共享内存的虚拟内存操作集合 shmem_vm_ops。

私有匿名映射的虚拟内存区域如图 3.11 所示。

❑　成员 vm_file 没有意义，是空指针。

❑　成员 vm_pgoff 没有意义。

❑　成员 vm_ops 是空指针。

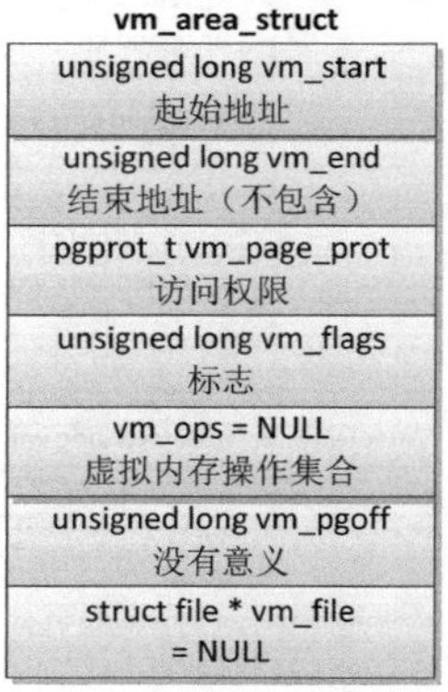

（1）页保护位（vm_area_struct.vm_page_prot）：描述虚拟内存区域的访问权限。内核定义了一个保护位映射数组，把 VM_READ、VM_WRITE、VM_EXEC 和

图3.11　私有匿名映射的虚拟内存区域

VM_SHARED 这 4 个标志转换成保护位组合。

每种处理器架构需要定义__P000 到__S111 的宏，P 代表私有（Private），S 代表共享（Shared），后面的 3 个数字分别表示可读、可写和可执行，例如__P000 表示私有、不可读、不可写和不可执行，__S111 表示共享、可读、可写和可执行。

```
mm/mmap.c
pgprot_t protection_map[16] = {
    __P000, __P001, __P010, __P011, __P100, __P101, __P110, __P111,
    __S000, __S001, __S010, __S011, __S100, __S101, __S110, __S111
};

pgprot_t vm_get_page_prot(unsigned long vm_flags)
{
    return __pgprot(pgprot_val(protection_map[vm_flags &
            (VM_READ|VM_WRITE|VM_EXEC|VM_SHARED)]) |
        pgprot_val(arch_vm_get_page_prot(vm_flags)));
}
```

函数 arch_vm_get_page_prot 由每种处理器架构自定义，默认的实现如下：

```
include/linux/mman.h
#ifndef arch_vm_get_page_prot
#define arch_vm_get_page_prot(vm_flags) __pgprot(0)
#endif
```

（2）虚拟内存区域标志：结构体 vm_area_struct 的成员 vm_flags 存放虚拟内存区域的标志，头文件"include/linux/mm.h"定义了各种标志，常用的标志如下。

1）VM_READ、VM_WRITE、VM_EXEC 和 VM_SHARED 分别表示可读、可写、可执行和可以被多个进程共享。

2）VM_MAYREAD 表示允许设置 VM_READ，VM_MAYWRITE 表示允许设置 VM_WRITE，VM_MAYEXEC 表示允许设置 VM_EXEC，VM_MAYSHARE 表示允许设置 VM_SHARED。这 4 个标志用来限制系统调用 mprotect 可以设置的访问权限。

3）VM_GROWSDOWN 表示虚拟内存区域可以向下（低的虚拟地址）扩展，VM_GROWSUP 表示虚拟内存区域可以向上（高的虚拟地址）扩展。VM_STACK 表示虚拟内存区域是栈，绝大多数处理器的栈是向下扩展，VM_STACK 等价于 VM_GROWSDOWN；少数处理器（例如 PA-RISC 处理器）的栈是向上扩展，VM_STACK 等价于 VM_GROWSUP。

4）VM_PFNMAP 表示页帧号（Page Frame Number，PFN）映射，特殊映射不希望关联页描述符，直接使用页帧号，可能是因为页描述符不存在，也可能是因为不想使用页描述符。

5）VM_MIXEDMAP 表示映射混合使用页帧号和页描述符。

6）VM_LOCKED 表示页被锁定在内存中，不允许换出到交换区。

7）VM_SEQ_READ 表示进程从头到尾按顺序读一个文件，VM_RAND_READ 表示进程随机读一个文件。这两个标志用来提示文件系统，如果进程按顺序读一个文件，文件系统可以预读文件，提高性能。

8）VM_DONTCOPY 表示调用 fork 以创建子进程时不把虚拟内存区域复制给子进程。

9）VM_DONTEXPAND 表示不允许使用 mremap()扩大虚拟内存区域。

10）VM_ACCOUNT 表示虚拟内存区域需要记账，判断所有进程申请的虚拟内存的总和是否超过物理内存容量。

11）VM_NORESERVE 表示不需要预留物理内存。

12）VM_HUGETLB 表示虚拟内存区域使用标准巨型页。

13）VM_ARCH_1 和 VM_ARCH_2 由各种处理器架构自定义。

14）VM_HUGEPAGE 表示虚拟内存区域允许使用透明巨型页，VM_NOHUGEPAGE 表示虚拟内存区域不允许使用透明巨型页。

15）VM_MERGEABLE 表示 KSM（内核相同页合并，Kernel Samepage Merging）可以合并数据相同的页。

（3）虚拟内存操作集合（vm_operations_struct）：定义了虚拟内存区域的各种操作方法，其代码如下。

```
include/linux/mm.h
struct vm_operations_struct {
    void (*open)(struct vm_area_struct * area);
    void (*close)(struct vm_area_struct * area);
    int (*mremap)(struct vm_area_struct * area);
    int (*fault)(struct vm_fault *vmf);
    int (*huge_fault)(struct vm_fault *vmf, enum page_entry_size pe_size);
    void (*map_pages)(struct vm_fault *vmf,
            pgoff_t start_pgoff, pgoff_t end_pgoff);

    /* 通知以前的只读页即将变成可写,
     * 如果返回一个错误，将会发送信号SIGBUS给进程*/
    int (*page_mkwrite)(struct vm_fault *vmf);

    /* 使用VM_PFNMAP或者VM_MIXEDMAP时调用, 功能和page_mkwrite相同*/
    int (*pfn_mkwrite)(struct vm_fault *vmf);
    …
}
```

1）open 方法：在创建虚拟内存区域时调用 open 方法，通常不使用，设置为空指针。

2）close 方法：在删除虚拟内存区域时调用 close 方法，通常不使用，设置为空指针。

3）mremap 方法：使用系统调用 mremap 移动虚拟内存区域时调用 mremap 方法。

4）fault 方法：访问文件映射的虚拟页时，如果没有映射到物理页，生成缺页异常，异常处理程序调用 fault 方法来把文件的数据读到文件的页缓存中。

5）huge_fault 方法：和 fault 方法类似，区别是 huge_fault 方法针对使用透明巨型页的文件映射。

6）map_pages 方法：读文件映射的虚拟页时，如果没有映射到物理页，生成缺页异常，异常处理程序除了读入正在访问的文件页，还会预读后续的文件页，调用 map_pages 方法在文件的页缓存中分配物理页。

7）page_mkwrite 方法：第一次写私有的文件映射时，生成页错误异常，异常处理程序执行写时复制，调用 page_mkwrite 方法以通知文件系统页即将变成可写，以便文件系统检查是否允许写，或者等待页进入合适的状态。

8）pfn_mkwrite 方法：和 page_mkwrite 方法类似，区别是 pfn_mkwrite 方法针对页帧号映射和混合映射。

2．链表和树

如图 3.12 所示，进程的虚拟内存区域按两种方法排序。

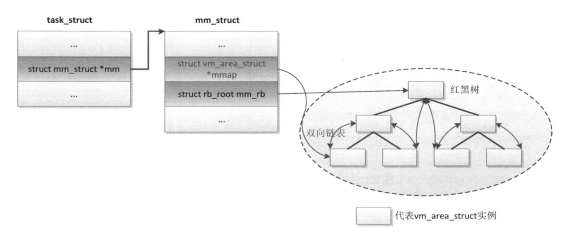

图3.12　虚拟内存区域的链表和树

（1）双向链表，mm_struct.mmap 指向第一个 vm_area_struct 实例。

（2）红黑树，mm_struct.mm_rb 指向红黑树的根。

虚拟内存区域使用起始地址和结束地址描述，链表按起始地址递增排序。红黑树是平衡的二叉查找树，按起始地址排序，使用红黑树有以下好处。

（1）在红黑树中查找一个虚拟内存区域的速度快。

（2）增加一个新的区域时，先在红黑树中找到刚好在新区域前面的区域，然后向链表和树中插入新区域，可以避免扫描链表。

3.4.3　创建内存映射

C 标准库封装了函数 mmap 用来创建内存映射，内核提供了 POSIX 标准定义的系统调用 mmap：

```
asmlinkage long sys_mmap(unsigned long addr, unsigned long len,
            unsigned long prot, unsigned long flags,
            unsigned long fd, off_t off);
```

Linux 内核从 2.3.31 版本开始提供私有的系统调用 mmap2：

```
asmlinkage long sys_mmap2(unsigned long addr, unsigned long len,
            unsigned long prot, unsigned long flags,
            unsigned long fd, off_t off);
```

两个系统调用的区别是：mmap 指定的偏移的单位是字节，而 mmap2 指定的偏移的单位是页。有的处理器架构实现了这两个系统调用，有的处理器架构只实现了其中一个系统调用，例如 ARM64 架构只实现了系统调用 mmap。

系统调用 sys_mmap 的执行流程如图 3.13 所示。

（1）检查偏移是不是页的整数倍，如果偏移不是页的整数倍，返回"-EINVAL"。

（2）如果偏移是页的整数倍，那么把偏移转换成以页为单位的偏移，然后调用函数 sys_mmap_pgoff。

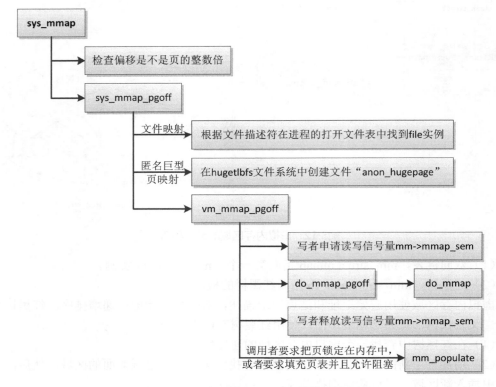

图3.13　系统调用sys_mmap的执行流程

函数 sys_mmap_pgoff 的执行流程如下。

（1）如果是创建文件映射，根据文件描述符在进程的打开文件表中找到 file 实例。

（2）如果是创建匿名巨型页映射，在 hugetlbfs 文件系统中创建文件"anon_hugepage"，并且创建该文件的一个打开实例 file。

注意：文件名没有实际意义，创建匿名巨型页映射两次，就会在 hugetlbfs 文件系统中创建两个名为"anon_hugepage"的文件，这两个文件没有关联。

（3）调用函数 vm_mmap_pgoff 进行处理。

函数 vm_mmap_pgoff 的执行流程如下。

（1）以写者身份申请读写信号量 mm->mmap_sem。

（2）把创建内存映射的主要工作委托给函数 do_mmap。

（3）释放读写信号量 mm->mmap_sem。

（4）如果调用者要求把页锁定在内存中，或者要求填充页表并且允许阻塞，那么调用函数 mm_populate，分配物理页，并且在页表中把虚拟页映射到物理页。

常见的情况是：创建内存映射的时候不分配物理页，等到进程第一次访问虚拟页的时候，生成页错误异常，页错误异常处理程序分配物理页，在页表中把虚拟页映射到物理页。

函数 do_mmap 实现创建内存映射的主要工作，执行流程如图 3.14 所示。

（1）调用函数 get_unmapped_area，从进程的虚拟地址空间分配一个虚拟地址范围。函数 get_unmapped_area 根据情况调用特定函数以分配虚拟地址范围。

1）如果是创建文件映射或匿名巨型页映射，那么调用 file->f_op->get_unmapped_area 以分配虚拟地址范围。

2）如果是创建共享的匿名映射，那么调用 shmem_get_unmapped_area 以分配虚拟地址范围。

3）如果是创建私有的匿名映射，那么调用 mm->get_unmapped_area 以分配虚拟地址范围。ARM64 架构的内核在装载程序时，如果选择传统布局，函数 arch_pick_mmap_layout 把 mm->get_unmapped_area 设置为函数 arch_get_unmapped_area。

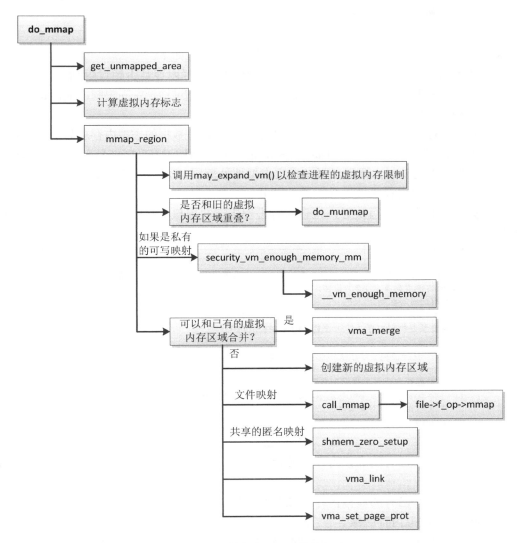

图3.14　函数do_mmap的执行流程

（2）计算虚拟内存标志。

```
vm_flags |= calc_vm_prot_bits(prot, pkey) | calc_vm_flag_bits(flags) |
         mm->def_flags | VM_MAYREAD | VM_MAYWRITE | VM_MAYEXEC;
```

把系统调用中指定的保护位和标志合并到一个标志集合中，函数 calc_vm_prot_bits 把以 "PROT_" 开头的保护位转换成以 "VM_" 开头的标志，函数 calc_vm_flag_bits 把以 "MAP_" 开头的标志转换成以 "VM_" 开头的标志。

mm->def_flags 是默认的虚拟内存标志：进程默认的虚拟内存标志是 VM_NOHUGEPAGE，即不使用透明巨型页；内核线程默认的虚拟内存标志是 0。

VM_MAYREAD 表示允许设置标志 VM_READ，VM_MAYWRITE 表示允许设置标志 VM_WRITE，VM_MAYEXEC 表示允许设置标志 VM_EXEC。这 3 个标志是系统调用 mprotect 所需要的。

（3）调用函数 mmap_region 以创建虚拟内存区域。

函数 mmap_region 负责创建虚拟内存区域，执行流程如下。

（1）调用函数 may_expand_vm 以检查进程申请的虚拟内存是否超过限制。

首先检查（进程的虚拟内存总数 + 申请的页数）是否超过地址空间限制：mm->total_vm + npages > rlimit(RLIMIT_AS) >> PAGE_SHIFT。

如果是私有的可写映射，并且不是栈，那么检查（进程数据的虚拟内存总数 + 申请的页数）是否超过最大数据长度：mm->data_vm + npages > rlimit(RLIMIT_DATA) >> PAGE_SHIFT。

（2）如果是固定映射，调用者强制指定虚拟地址范围，可能和旧的虚拟内存区域重叠，那么需要从旧的虚拟内存区域删除重叠的部分。

（3）如果是私有的可写映射，检查所有进程申请的虚拟内存的总和是否超过物理内存的容量。

```
/*
 * 如果是需要记账的映射，那么检查所有进程申请的虚拟内存的总和是否超过物理内存的容量。
 * 需要记账的映射具备以下3个条件。
 * （1）私有的可写映射。
 * （2）不是标准巨型页（因为标准巨型页单独记账）。
 * （3）需要预留物理内存（即未设置VM_NORESERVE）。
 */
if (accountable_mapping(file, vm_flags)) {
    charged = len >> PAGE_SHIFT;
    /* 根据虚拟内存过量提交的策略，判断物理内存是否足够。 */
    if (security_vm_enough_memory_mm(mm, charged))
        return -ENOMEM;
    vm_flags |= VM_ACCOUNT;
}
```

（4）如果可以和已有的虚拟内存区域合并，那么调用函数 vma_merge，和已有的虚拟内存区域合并。

（5）如果不能和已有的虚拟内存区域合并，处理如下。

1）创建新的虚拟内存区域。

2）如果是文件映射，那么调用文件的文件操作集合中的 mmap 方法（file->f_op->mmap），mmap 方法的主要功能是设置虚拟内存区域的虚拟内存操作集合（vm_area_struct.vm_ops），其中的 fault 方法很重要：第一次访问虚拟页的时候，触发页错误异常，异常处理程序将调用虚拟内存操作集合中的 fault 方法以把文件的数据读到内存。

文件的文件操作集合是在打开文件的时候设置的，和文件所属的文件系统相关。

很多文件系统把文件操作集合中的 mmap 方法设置为公共函数 generic_file_mmap，函数 generic_file_mmap 的主要功能是把虚拟内存区域的虚拟内存操作集合设置为 generic_file_vm_ops，其中 fault 方法是函数 filemap_fault。

EXT4 文件系统把文件操作集合中的 mmap 方法设置为函数 ext4_file_mmap，函数 ext4_file_mmap 的主要功能是把虚拟内存区域的虚拟内存操作集合设置为 ext4_file_vm_ops，其中 fault 方法是函数 ext4_filemap_fault。

3）如果是共享的匿名映射，那么在内存文件系统 tmpfs 中创建一个名为 "/dev/zero" 的文件，并且创建文件的一个打开实例 file，虚拟内存区域的成员 vm_file 指向这个打开实例，把虚拟内存操作集合设置为 shmem_vm_ops。如果没有开启共享内存的配置宏 CONFIG_SHMEM，shmem_vm_ops 等价于 generic_file_vm_ops。

4）调用函数 vma_link，把虚拟内存区域添加到链表和红黑树中。如果虚拟内存区域关联文件，那么把虚拟内存区域添加到文件的区间树中，文件的区间树用来跟踪文件被映射到哪些虚拟内存区域。

5）调用函数 vma_set_page_prot，根据虚拟内存标志（vma->vm_flags）计算页保护位（vma-> vm_page_prot），如果共享的可写映射想要把页标记为只读，目的是跟踪写事件，那么从页保护位删除可写位。

3.4.4　虚拟内存过量提交策略

虚拟内存过量提交，是指所有进程提交的虚拟内存的总和超过物理内存的容量，内存管理子系统支持 3 种虚拟内存过量提交策略。

（1）OVERCOMMIT_GUESS(0)：猜测，估算可用内存的数量，因为没法准确计算可用内存的数量，所以说是猜测。

（2）OVERCOMMIT_ALWAYS(1)：总是允许过量提交。

（3）OVERCOMMIT_NEVER(2)：不允许过量提交。

默认策略是猜测，用户可以通过文件 "/proc/sys/vm/overcommit_memory" 修改策略。

在创建新的内存映射时，调用函数 __vm_enough_memory 根据虚拟内存过量提交策略判断内存是否足够，主要代码如下：

mm/util.c
```
1    int __vm_enough_memory(struct mm_struct *mm, long pages, int cap_sys_admin)
2    {
3     long free, allowed, reserve;
4     …
5     if (sysctl_overcommit_memory == OVERCOMMIT_ALWAYS)
6         return 0;
7
8     if (sysctl_overcommit_memory == OVERCOMMIT_GUESS) {
9         free = global_page_state(NR_FREE_PAGES);
10        free += global_node_page_state(NR_FILE_PAGES);
11
12        free -= global_node_page_state(NR_SHMEM);
13
14        free += get_nr_swap_pages();
15
16        free += global_page_state(NR_SLAB_RECLAIMABLE);
```

```
17
18         if (free <= totalreserve_pages)
19             goto error;
20         else
21             free -= totalreserve_pages;
22
23         if (!cap_sys_admin)
24             free -= sysctl_admin_reserve_kbytes >> (PAGE_SHIFT - 10);
25
26         if (free > pages)
27             return 0;
28
29         goto error;
30     }
31
32     allowed = vm_commit_limit();
33
34     if (!cap_sys_admin)
35         allowed -= sysctl_admin_reserve_kbytes >> (PAGE_SHIFT - 10);
36
37     if (mm) {
38         reserve = sysctl_user_reserve_kbytes >> (PAGE_SHIFT - 10);
39         allowed -= min_t(long, mm->total_vm / 32, reserve);
40     }
41
42     if (percpu_counter_read_positive(&vm_committed_as) < allowed)
43         return 0;
44 error:
45     vm_unacct_memory(pages);
46
47     return -ENOMEM;
48 }
```

第 5 行代码,如果使用总是允许过量提交的策略,那么允许创建新的内存映射。

第 8 行代码,如果使用猜测的过量提交策略,那么估算可用内存的数量,处理如下。

1)第 9 行和第 10 行代码,空闲页加上文件页,文件页有后备存储设备支持,可以回收。

2)第 12 行代码,共享内存页不应该算作空闲页,它们不能被释放,只能换出到交换区。

3)第 14 行代码,加上交换区的空闲页数。

4)第 16 行代码,加上可回收的内存缓存页。使用 SLAB_RECLAIM_ACCOUNT 标志创建的内存缓存,宣称可回收,dentry 和 inode 缓存应该属于这种情况。

5)第 21 行代码,减去保留的页数。

6)第 23 行和第 24 行代码,如果进程没有系统管理权限,那么减去为根用户保留的页数。

7)第 26 行和第 27 行代码,如果可用内存的页数大于申请的页数,那么允许创建新的内存映射。

如果使用不允许过量提交的策略,那么处理如下。

1)第 32 行代码,计算提交内存的上限。有两个控制参数:sysctl_overcommit_kbytes 是字节数,sysctl_overcommit_ratio 是比例值,sysctl_overcommit_kbytes 的默认值是 0,sysctl_overcommit_ratio 的默认值是 50。如果 sysctl_overcommit_kbytes 不是 0,那么上限等于 "sysctl_overcommit_kbytes + 交换区的空闲页数",否则上限等于 "(物理内存容量 − 巨型页总数)* sysctl_overcommit_ratio/100 + 交换区的空闲页数"。

2)第 34 行和第 35 行代码,如果进程没有系统管理权限,那么需要为根用户保留一部分内存。

3)第 37~40 行代码,为了防止一个用户启动一个消耗内存大的进程,保留一部分内存：取"进程虚拟内存长度的1/32"和"用户保留的页数"的较小值。

4）第42行和第43行代码，vm_committed_as是所有进程提交的虚拟内存的总和，如果它小于allowed，那么允许创建新的内存映射。

3.4.5　删除内存映射

系统调用munmap用来删除内存映射，它有两个参数：起始地址和长度。

系统调用munmap的执行流程如图3.15所示，它把主要工作委托给源文件"mm/mmap.c"中的函数do_munmap。

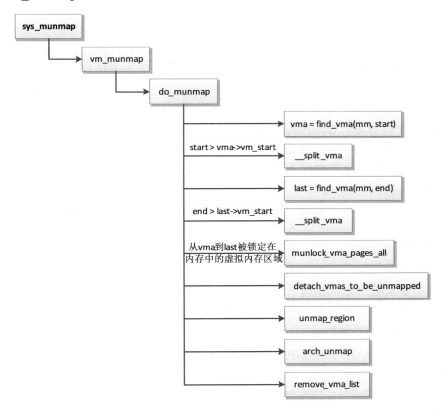

图3.15　系统调用munmap的执行流程

（1）根据起始地址找到要删除的第一个虚拟内存区域vma。

（2）如果只删除虚拟内存区域vma的一部分，那么分裂虚拟内存区域vma。

（3）根据结束地址找到要删除的最后一个虚拟内存区域last。

（4）如果只删除虚拟内存区域last的一部分，那么分裂虚拟内存区域last。

（5）针对所有删除目标，如果虚拟内存区域被锁定在内存中（不允许换出到交换区），那么调用函数munlock_vma_pages_all以解除锁定。

（6）调用函数detach_vmas_to_be_unmapped，把所有删除目标从进程的虚拟内存区域链表和树中删除，单独组成一条临时的链表。

（7）调用函数unmap_region，针对所有删除目标，在进程的页表中删除映射，并且从处理器的页表缓存中删除映射。

（8）调用函数 arch_unmap 执行处理器架构特定的处理。各种处理器架构自定义函数 arch_unmap，它默认是一个空函数。

（9）调用函数 remove_vma_list 删除所有目标。

3.5　物理内存组织

3.5.1　体系结构

目前多处理器系统有两种体系结构。

（1）非一致内存访问（Non-Uniform Memory Access，NUMA）：指内存被划分成多个内存节点的多处理器系统，访问一个内存节点花费的时间取决于处理器和内存节点的距离。每个处理器有一个本地内存节点，处理器访问本地内存节点的速度比访问其他内存节点的速度快。NUMA 是中高端服务器的主流体系结构。

（2）对称多处理器（Symmetric Multi-Processor，SMP）：即一致内存访问（Uniform Memory Access，UMA），所有处理器访问内存花费的时间是相同的。每个处理器的地位是平等的，仅在内核初始化的时候不平等："0 号处理器作为引导处理器负责初始化内核，其他处理器等待内核初始化完成。"

在实际应用中可以采用混合体系结构，在 NUMA 节点内部使用 SMP 体系结构。

3.5.2　内存模型

内存模型是从处理器的角度看到的物理内存分布情况，内核管理不同内存模型的方式存在差异。内存管理子系统支持 3 种内存模型。

（1）平坦内存（Flat Memory）：内存的物理地址空间是连续的，没有空洞。

（2）不连续内存（Discontiguous Memory）：内存的物理地址空间存在空洞，这种模型可以高效地处理空洞。

（3）稀疏内存（Sparse Memory）：内存的物理地址空间存在空洞。如果要支持内存热插拔，只能选择稀疏内存模型。

什么情况会出现内存的物理地址空间存在空洞？系统包含多块物理内存，两块内存的物理地址空间之间存在空洞。一块内存的物理地址空间也可能存在空洞，可以查看处理器的参考手册获取分配给内存的物理地址空间。

如果内存的物理地址空间是连续的，不连续内存模型会产生额外的开销，降低性能，所以平坦内存模型是更好的选择。

如果内存的物理地址空间存在空洞，应该选择哪种内存模型？

平坦内存模型会为空洞分配 page 结构体，浪费内存；而不连续内存模型对空洞做了优化处理，不会为空洞分配 page 结构体。和平坦内存模型相比，不连续内存模型是更好的选择。

稀疏内存模型是实验性的，尽量不要选择稀疏内存模型，除非内存的物理地址空间很稀疏，或者要支持内存热插拔。其他情况应该选择不连续内存模型。

3.5.3 三级结构

内存管理子系统使用节点（node）、区域（zone）和页（page）三级结构描述物理内存。

1．内存节点

内存节点分两种情况。

（1）NUMA 系统的内存节点，根据处理器和内存的距离划分。

（2）在具有不连续内存的 UMA 系统中，表示比区域的级别更高的内存区域，根据物理地址是否连续划分，每块物理地址连续的内存是一个内存节点。

如图 3.16 所示，内存节点使用一个 pglist_data 结构体描述内存布局。内核定义了宏 NODE_DATA(nid)，它用来获取节点的 pglist_data 实例。对于平坦内存模型，只有一个 pglist_data 实例：contig_page_data。

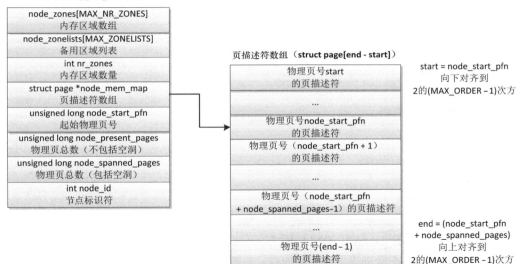

图3.16　内存节点的pglist_data实例

成员 node_id 是节点标识符。

成员 node_zones 是内存区域数组，成员 nr_zones 是内存节点包含的内存区域的数量。

成员 node_start_pfn 是起始物理页号，成员 node_present_pages 是实际存在的物理页的总数，成员 node_spanned_pages 是包括空洞的物理页总数。

成员 node_mem_map 指向页描述符数组，每个物理页对应一个页描述符。注意：成员 node_mem_map 可能不是指向数组的第一个元素，因为页描述符数组的大小必须对齐到 2 的（MAX_ORDER − 1）次方，（MAX_ORDER − 1）是页分配器可分配的最大阶数。

pglist_data 结构体的主要成员如下：

include/linux/mmzone.h
```
typedef struct pglist_data {
    struct zone node_zones[MAX_NR_ZONES];          /* 内存区域数组 */
    struct zonelist node_zonelists[MAX_ZONELISTS]; /* 备用区域列表 */
```

```
    int nr_zones;                                      /* 该节点包含的内存区域数量 */
#ifdef CONFIG_FLAT_NODE_MEM_MAP                         /* 除了稀疏内存模型以外 */
    struct page *node_mem_map;                         /* 页描述符数组 */
#ifdef CONFIG_PAGE_EXTENSION
    struct page_ext *node_page_ext;                    /* 页的扩展属性 */
#endif
#endif
    …
    unsigned long node_start_pfn;                      /* 该节点的起始物理页号 */
    unsigned long node_present_pages;                  /* 物理页总数 */
    unsigned long node_spanned_pages;                  /* 物理页范围的总长度，包括空洞 */
    int node_id;                                       /* 节点标识符 */
    …
} pg_data_t;
```

2. 内存区域

内存节点被划分为内存区域，内核定义的区域类型如下：

```
include/linux/mmzone.h
enum zone_type {
#ifdef CONFIG_ZONE_DMA
    ZONE_DMA,
#endif
#ifdef CONFIG_ZONE_DMA32
    ZONE_DMA32,
#endif
    ZONE_NORMAL,
#ifdef CONFIG_HIGHMEM
    ZONE_HIGHMEM,
#endif
    ZONE_MOVABLE,
#ifdef CONFIG_ZONE_DEVICE
    ZONE_DEVICE,
#endif
    __MAX_NR_ZONES
};
```

DMA 区域（ZONE_DMA）：DMA 是"Direct Memory Access"的缩写，意思是直接内存访问。如果有些设备不能直接访问所有内存，需要使用 DMA 区域。例如旧的工业标准体系结构（Industry Standard Architecture，ISA）总线只能直接访问 16MB 以下的内存。

DMA32 区域（ZONE_DMA32）：64 位系统，如果既要支持只能直接访问 16MB 以下内存的设备，又要支持只能直接访问 4GB 以下内存的 32 位设备，那么必须使用 DMA32 区域。

普通区域（ZONE_NORMAL）：直接映射到内核虚拟地址空间的内存区域，直译为"普通区域"，意译为"直接映射区域"或"线性映射区域"。内核虚拟地址和物理地址是线性映射的关系，即虚拟地址 =（物理地址 + 常量）。是否需要使用页表映射？不同处理器的实现不同，例如 ARM 处理器需要使用页表映射，而 MIPS 处理器不需要使用页表映射。

高端内存区域（ZONE_HIGHMEM）：这是 32 位时代的产物，内核和用户地址空间按 1 : 3 划分，内核地址空间只有 1GB，不能把 1GB 以上的内存直接映射到内核地址空间，把不能直接映射的内存划分到高端内存区域。通常把 DMA 区域、DMA32 区域和普通区域统称为低端内存区域。64 位系统的内核虚拟地址空间非常大，不再需要高端内存区域。

可移动区域（ZONE_MOVABLE）：它是一个伪内存区域，用来防止内存碎片，后面讲反碎片技术的时候具体描述。

设备区域（ZONE_DEVICE）：为支持持久内存（persistent memory）热插拔增加的内存区域。

每个内存区域用一个 zone 结构体描述，其主要成员如下：

```
include/linux/mmzone.h
struct zone {
    unsigned long watermark[NR_WMARK];              /* 页分配器使用的水线 */
    …
    long lowmem_reserve[MAX_NR_ZONES];              /* 页分配器使用,当前区域保留多少页不能借给
                                                       高的区域类型 */
    …
    struct pglist_data *zone_pgdat;                 /* 指向内存节点的pglist_data实例 */
    struct per_cpu_pageset __percpu *pageset;  /* 每处理器页集合 */
    …
    unsigned long       zone_start_pfn;             /* 当前区域的起始物理页号 */

    unsigned long       managed_pages;              /* 伙伴分配器管理的物理页的数量 */
    unsigned long       spanned_pages;              /* 当前区域跨越的总页数,包括空洞 */
    unsigned long       present_pages;              /* 当前区域存在的物理页的数量,不包括空洞 */

    const char          *name;                      /* 区域名称 */
    …
    struct free_area    free_area[MAX_ORDER];       /* 不同长度的空闲区域 */
    …
}
```

3. 物理页

每个物理页对应一个 page 结构体，称为页描述符，内存节点的 pglist_data 实例的成员 node_mem_map 指向该内存节点包含的所有物理页的页描述符组成的数组。

结构体 page 的成员 flags 的布局如下：

```
| [SECTION] | [NODE] | ZONE | [LAST_CPUPID] | ... | FLAGS |
```

其中，SECTION 是稀疏内存模型中的段编号，NODE 是节点编号，ZONE 是区域类型，FLAGS 是标志位。

内联函数 page_to_nid 用来得到物理页所属的内存节点的编号，page_zonenum 用来得到物理页所属的内存区域的类型。

```
include/linux/mm.h
static inline int page_to_nid(const struct page *page)
{
    return (page->flags >> NODES_PGSHIFT) & NODES_MASK;
}

static inline enum zone_type page_zonenum(const struct page *page)
{
    return (page->flags >> ZONES_PGSHIFT) & ZONES_MASK;
}
```

头文件"include/linux/mm_types.h"定义了 page 结构体。因为物理页的数量很大，所以在 page 结构体中增加 1 个成员，可能导致所有 page 实例占用的内存大幅增加。为了减少内存消耗，内核努力使 page 结构体尽可能小，对于不会同时生效的成员，使用联合体，这种做法带来的负面影响是 page 结构体的可读性差。

3.6　引导内存分配器

在内核初始化的过程中需要分配内存，内核提供了临时的引导内存分配器，在页分配器和块分配器初始化完毕后，把空闲的物理页交给页分配器管理，丢弃引导内存分配器。

早期使用的引导内存分配器是 bootmem，目前正在使用 memblock 取代 bootmem。如果开启配置宏 CONFIG_NO_BOOTMEM，memblock 就会取代 bootmem。为了保证兼容性，bootmem 和 memblock 提供了相同的接口。

3.6.1　bootmem 分配器

bootmem 分配器使用的数据结构如下：

```
include/linux/bootmem.h
typedef struct bootmem_data {
    unsigned long node_min_pfn;
    unsigned long node_low_pfn;
    void *node_bootmem_map;
    unsigned long last_end_off;
    unsigned long hint_idx;
    struct list_head list;
} bootmem_data_t;
```

下面解释结构体 bootmem_data 的成员。

（1）node_min_pfn 是起始物理页号。

（2）node_low_pfn 是结束物理页号。

（3）node_bootmem_map 指向一个位图，每个物理页对应一位，如果物理页被分配，把对应的位设置为 1。

（4）last_end_off 是上次分配的内存块的结束位置后面一个字节的偏移。

（5）hint_idx 的字面意思是"暗示的索引"，是上次分配的内存块的结束位置后面的物理页在位图中的索引，下次优先考虑从这个物理页开始分配。

每个内存节点有一个 bootmem_data 实例：

```
include/linux/mmzone.h
typedef struct pglist_data {
    …
#ifndef CONFIG_NO_BOOTMEM
    struct bootmem_data *bdata;
#endif
    …
} pg_data_t;
```

bootmem 分配器的算法如下。

（1）只把低端内存添加到 bootmem 分配器，低端内存是可以直接映射到内核虚拟地址空间的物理内存。

（2）使用一个位图记录哪些物理页被分配，如果物理页被分配，把这个物理页对应的位设置成 1。

（3）采用最先适配算法，扫描位图，找到第一个足够大的空闲内存块。

（4）为了支持分配小于一页的内存块，记录上次分配的内存块的结束位置后面一个字节的偏移和后面一页的索引，下次分配时，从上次分配的位置后面开始尝试。如果上次分配的最后一个物理页的剩余空间足够，可以直接在这个物理页上分配内存。

bootmem 分配器对外提供的分配内存的函数是 alloc_bootmem 及其变体，释放内存的函数是 free_bootmem。分配内存的核心函数是源文件"mm/bootmem.c"中的函数 alloc_bootmem_bdata。

ARM64 架构的内核已经不使用 bootmem 分配器，但是其他处理器架构还在使用 bootmem 分配器。

3.6.2 memblock 分配器

1. 数据结构

memblock 分配器使用的数据结构如下：

```
include/linux/memblock.h
struct memblock {
    bool bottom_up;  /* 是从下向上的方向？ */
    phys_addr_t current_limit;
    struct memblock_type memory;
    struct memblock_type reserved;
#ifdef CONFIG_HAVE_MEMBLOCK_PHYS_MAP
    struct memblock_type physmem;
#endif
};
```

成员 bottom_up 表示分配内存的方式，值为真表示从低地址向上分配，值为假表示从高地址向下分配。

成员 current_limit 是可分配内存的最大物理地址。

接下来是 3 种内存块：memory 是内存类型（包括已分配的内存和未分配的内存），reserved 是预留类型（已分配的内存），physmem 是物理内存类型。物理内存类型和内存类型的区别是：内存类型是物理内存类型的子集，在引导内核时可以使用内核参数"mem=nn[KMG]"指定可用内存的大小，导致内核不能看见所有内存；物理内存类型总是包含所有内存范围，内存类型只包含内核参数"mem="指定的可用内存范围。

内存块类型的数据结构如下：

```
include/linux/memblock.h
struct memblock_type {
    unsigned long cnt;       /* 区域数量 */
    unsigned long max;       /* 已分配数组的大小 */
    phys_addr_t total_size;  /* 所有区域的长度 */
    struct memblock_region *regions;
    char *name;
};
```

内存块类型使用数组存放内存块区域，成员 regions 指向内存块区域数组，cnt 是内存块区域的数量，max 是数组的元素个数，total_size 是所有内存块区域的总长度，name 是内存块类型的名称。

内存块区域的数据结构如下：

```
include/linux/memblock.h
struct memblock_region {
    phys_addr_t base;
    phys_addr_t size;
    unsigned long flags;
#ifdef CONFIG_HAVE_MEMBLOCK_NODE_MAP
    int nid;
#endif
};

/* memblock标志位的定义. */
enum {
    MEMBLOCK_NONE     = 0x0,    /* 无特殊要求 */
    MEMBLOCK_HOTPLUG  = 0x1,    /* 可热插拔区域 */
    MEMBLOCK_MIRROR   = 0x2,    /* 镜像区域 */
    MEMBLOCK_NOMAP    = 0x4,    /* 不添加到内核直接映射 */
};
```

成员 base 是起始物理地址，size 是长度，nid 是节点编号。成员 flags 是标志，可以是 MEMBLOCK_NONE 或其他标志的组合。

（1）MEMBLOCK_NONE 表示没有特殊要求的区域。

（2）MEMBLOCK_HOTPLUG 表示可以热插拔的区域，即在系统运行过程中可以拔出或插入物理内存。

（3）MEMBLOCK_MIRROR 表示镜像的区域。内存镜像是内存冗余技术的一种，工作原理与硬盘的热备份类似，将内存数据做两个复制，分别放在主内存和镜像内存中。

（4）MEMBLOCK_NOMAP 表示不添加到内核直接映射区域（即线性映射区域）。

2．初始化

源文件"mm/memblock.c"定义了全局变量 memblock，把成员 bottom_up 初始化为假，表示从高地址向下分配。

ARM64 内核初始化 memblock 分配器的过程是：

（1）解析设备树二进制文件中的节点"/memory"，把所有物理内存范围添加到 memblock.memory，具体过程参考 3.6.3 节。

（2）在函数 arm64_memblock_init 中初始化 memblock。

函数 arm64_memblock_init 的主要代码如下：

```
start_kernel() ->setup_arch() -> arm64_memblock_init()

arch/arm64/mm/init.c
1    void __init arm64_memblock_init(void)
2    {
3     const s64 linear_region_size = -(s64)PAGE_OFFSET;
4
5     fdt_enforce_memory_region();
6
7     memstart_addr = round_down(memblock_start_of_DRAM(),
8                  ARM64_MEMSTART_ALIGN);
```

```
9
10    memblock_remove(max_t(u64, memstart_addr + linear_region_size,
11            __pa_symbol(_end)), ULLONG_MAX);
12    if (memstart_addr + linear_region_size < memblock_end_of_DRAM()) {
13        /* 确保memstart_addr严格对齐 */
14        memstart_addr = round_up(memblock_end_of_DRAM() - linear_region_size,
15                ARM64_MEMSTART_ALIGN);
16        memblock_remove(0, memstart_addr);
17    }
18
19    if (memory_limit != (phys_addr_t)ULLONG_MAX) {
20        memblock_mem_limit_remove_map(memory_limit);
21        memblock_add(__pa_symbol(_text), (u64)(_end - _text));
22    }
23
24    …
25    memblock_reserve(__pa_symbol(_text), _end - _text);
26    …
27
28    early_init_fdt_scan_reserved_mem();
29    …
30    }
```

第 5 行代码，调用函数 fdt_enforce_memory_region 解析设备树二进制文件中节点 "/chosen" 的属性 "linux,usable-memory-range"，得到可用内存的范围，把超出这个范围的物理内存范围从 memblock.memory 中删除。

第 7 行和第 8 行代码，全局变量 memstart_addr 记录内存的起始物理地址。

第 10～17 行代码，把线性映射区域不能覆盖的物理内存范围从 memblock.memory 中删除。

第 19～22 行代码，设备树二进制文件中节点 "/chosen" 的属性 "bootargs" 指定的命令行中，可以使用参数 "mem" 指定可用内存的大小。如果指定了内存的大小，那么把超过可用长度的物理内存范围从 memblock.memory 中删除。因为内核镜像可以被加载到内存的高地址部分，并且内核镜像必须是可以通过线性映射区域访问的，所以需要把内核镜像占用的物理内存范围重新添加到 memblock.memory 中。

第 25 行代码，把内核镜像占用的物理内存范围添加到 memblock.reserved 中。

第 28 行代码，从设备树二进制文件中的内存保留区域（memory reserve map，对应设备树源文件的字段 "/memreserve/"）和节点 "/reserved-memory" 读取保留的物理内存范围，添加到 memblock.reserved 中。

3．编程接口
memblock 分配器对外提供的接口如下。

（1）memblock_add：添加新的内存块区域到 memblock.memory 中。

（2）memblock_remove：删除内存块区域。

（3）memblock_alloc：分配内存。

（4）memblock_free：释放内存。

为了兼容 bootmem 分配器，memblock 分配器也实现了 bootmem 分配器提供的接口。如果开启配置宏 CONFIG_NO_BOOTMEM，memblock 分配器就完全替代了 bootmem 分配器。

4．算法
memblock 分配器把所有内存添加到 memblock.memory 中，把分配出去的内存块添加到 memblock.reserved 中。内存块类型中的内存块区域数组按起始物理地址从小到大排序。

函数 memblock_alloc 负责分配内存，把主要工作委托给函数 memblock_alloc_range_nid，算法如下。

（1）调用函数 memblock_find_in_range_node 以找到没有分配的内存块区域，默认从高地址向下分配。

函数 memblock_find_in_range_node 有两层循环，外层循环从高到低遍历 memblock.memory 的内存块区域数组；针对每个内存块区域 M1，执行内层循环，从高到低遍历 memblock.reserved 的内存块区域数组。针对每个内存块区域 M2，目标区域是内存块区域 M2 和前一个内存块区域之间的区域，如果目标区域属于内存块区域 M1，并且长度大于或等于请求分配的长度，那么可以从目标区域分配内存。

（2）调用函数 memblock_reserve，把分配出去的内存块区域添加到 memblock.reserved 中。

函数 memblock_free 负责释放内存，只需要把内存块区域从 memblock.reserved 中删除。

3.6.3 物理内存信息

在内核初始化的过程中，引导内存分配器负责分配内存，问题是：引导内存分配器怎么知道内存的大小和物理地址范围？

ARM64 架构使用扁平设备树（Flattened Device Tree，FDT）描述板卡的硬件信息，好处是可以把板卡特定的代码从内核中删除，编译生成通用的板卡无关的内核。驱动开发者编写设备树源文件（Device Tree Source，DTS），存放在目录"arch/arm64/boot/dts"下，然后使用设备树编译器（Device Tree Compiler，DTC）把设备树源文件转换成设备树二进制文件（Device Tree Blob，DTB），接着把设备树二进制文件写到存储设备上。设备启动时，引导程序把设备树二进制文件从存储设备读到内存中，引导内核的时候把设备树二进制文件的起始地址传给内核，内核解析设备树二进制文件后得到硬件信息。

设备树源文件是文本文件，扩展名是".dts"，描述物理内存布局的方法如下：

```
/ {
    #address-cells = <2>;
    #size-cells = <2>;

    memory@80000000 {
        device_type = "memory";
        reg = <0x00000000 0x80000000 0 0x80000000>,
              <0x00000008 0x80000000 0 0x80000000>;
    };
};
```

"/"是根节点。

属性"#address-cells"定义一个地址的单元数量，属性"#size-cells"定义一个长度的单元数量。单元（cell）是一个 32 位数值，属性"#address-cells = <2>"表示一个地址由两个单元组成，即地址是一个 64 位数值；属性"#size-cells = <2>"表示一个长度由两个单元组成，即长度是一个 64 位数值。

"memory"节点描述物理内存布局，"@"后面的设备地址用来区分名字相同的节点，如果节点有属性"reg",那么设备地址必须是属性"reg"的第一个地址。如果有多块内存,可以使用多个"memory"节点来描述,也可以使用一个"memory"节点的属性"reg"的地址/长度列表来描述。

属性"device_type"定义设备类型,"memory"节点的属性"device_type"的值必须是"memory"。

属性"reg"定义物理内存范围,值是一个地址/长度列表,每个地址包含的单元数量是由根节点的属性"#address-cells"定义的,每个长度包含的单元数量是由根节点的属性"#size-cells"定义的。在上面的例子中,第一个物理内存范围的起始地址是"0x00000000 0x80000000",长度是"0 0x80000000",即起始地址是2GB,长度是2GB;第二个物理内存范围的起始地址是"0x00000008 0x80000000",长度是"0 0x80000000",即起始地址是34GB,长度是2GB。

内核在初始化的时候调用函数 early_init_dt_scan_nodes 以解析设备树二进制文件,从而得到物理内存信息。

```
start_kernel() ->setup_arch() ->setup_machine_fdt() ->early_init_dt_scan() ->early_
init_dt_scan_nodes()
```

drivers/of/fdt.c
```
1    void __init early_init_dt_scan_nodes(void)
2    {
3        …
4        /* 初始化size-cells和address-cells信息 */
5        of_scan_flat_dt(early_init_dt_scan_root, NULL);
6
7        /* 调用函数early_init_dt_add_memory_arch设置内存 */
8        of_scan_flat_dt(early_init_dt_scan_memory, NULL);
9    }
```

第 5 行代码,调用函数 early_init_dt_scan_root,解析根节点的属性"#address-cells"得到地址的单元数量,保存在全局变量 dt_root_addr_cells 中;解析根节点的属性"#size-cells"得到长度的单元数量,保存在全局变量 dt_root_size_cells 中。

第 8 行代码,调用函数 early_init_dt_scan_memory,解析"memory"节点得到物理内存布局。

函数 early_init_dt_scan_memory 负责解析"memory"节点,其主要代码如下:

drivers/of/fdt.c
```
1    int __init early_init_dt_scan_memory(unsigned long node, const char *uname,
2                        int depth, void *data)
3    {
4        const char *type = of_get_flat_dt_prop(node, "device_type", NULL);
5        const __be32 *reg, *endp;
6        int l;
7        …
8
9        /* 只扫描 "memory" 节点 */
10       if (type == NULL) {
11           /* 如果没有属性 "device_type", 判断节点名称是不是 "memory@0" */
12           if (!IS_ENABLED(CONFIG_PPC32) || depth != 1 || strcmp(uname, "memory@0") != 0)
13               return 0;
14       } else if (strcmp(type, "memory") != 0)
15           return 0;
16
```

```
17    reg = of_get_flat_dt_prop(node, "linux,usable-memory", &l);
18    if (reg == NULL)
19        reg = of_get_flat_dt_prop(node, "reg", &l);
20    if (reg == NULL)
21        return 0;
22
23    endp = reg + (l / sizeof(__be32));
24    …
25
26    while ((endp - reg) >= (dt_root_addr_cells + dt_root_size_cells)) {
27        u64 base, size;
28
29        base = dt_mem_next_cell(dt_root_addr_cells, &reg);
30        size = dt_mem_next_cell(dt_root_size_cells, &reg);
31
32        if (size == 0)
33            continue;
34        …
35        early_init_dt_add_memory_arch(base, size);
36        …
37    }
38
39    return 0;
40    }
```

第 4 行代码，解析节点的属性 "device_type"。

第 14 行代码，如果属性 "device_type" 的值是 "memory"，说明这个节点描述物理内存信息。

第 17～19 行代码，解析属性 "linux,usable-memory"，如果不存在，那么解析属性 "reg"。这两个属性都用来定义物理内存范围。

第 26～37 行代码，解析出每块内存的起始地址和大小后，调用函数 early_init_dt_add_memory_arch。

函数 early_init_dt_add_memory_arch 的主要代码如下：

drivers/of/fdt.c
```
void __init __weak early_init_dt_add_memory_arch(u64 base, u64 size)
{
    const u64 phys_offset = MIN_MEMBLOCK_ADDR;

    if (!PAGE_ALIGNED(base)) {
        if (size < PAGE_SIZE - (base & ~PAGE_MASK)) {
            pr_warn("Ignoring memory block 0x%llx - 0x%llx\n",
                base, base + size);
            return;
        }
        size -= PAGE_SIZE - (base & ~PAGE_MASK);
        base = PAGE_ALIGN(base);
    }
    size &= PAGE_MASK;

    if (base > MAX_MEMBLOCK_ADDR) {
        pr_warning("Ignoring memory block 0x%llx - 0x%llx\n",
                base, base + size);
        return;
    }

    if (base + size - 1 > MAX_MEMBLOCK_ADDR) {
        pr_warning("Ignoring memory range 0x%llx - 0x%llx\n",
                ((u64)MAX_MEMBLOCK_ADDR) + 1, base + size);
```

```
        size = MAX_MEMBLOCK_ADDR - base + 1;
    }

    if (base + size < phys_offset) {
        pr_warning("Ignoring memory block 0x%llx - 0x%llx\n",
                base, base + size);
        return;
    }
    if (base < phys_offset) {
        pr_warning("Ignoring memory range 0x%llx - 0x%llx\n",
                base, phys_offset);
        size -= phys_offset - base;
        base = phys_offset;
    }
    memblock_add(base, size);
}
```

函数 early_init_dt_add_memory_arch 对起始地址和长度做了检查以后，调用函数 memblock_add 把物理内存范围添加到 memblock.memory 中。

3.7 伙伴分配器

内核初始化完毕后，使用页分配器管理物理页，当前使用的页分配器是伙伴分配器，伙伴分配器的特点是算法简单且效率高。

3.7.1 基本的伙伴分配器

连续的物理页称为页块（page block）。阶（order）是伙伴分配器的一个术语，是页的数量单位，2^n 个连续页称为 n 阶页块。满足以下条件的两个 n 阶页块称为伙伴（buddy）。

（1）两个页块是相邻的，即物理地址是连续的。

（2）页块的第一页的物理页号必须是 2^n 的整数倍。

（3）如果合并成（$n+1$）阶页块，第一页的物理页号必须是 2^{n+1} 的整数倍。

这是伙伴分配器（buddy allocator）这个名字的来源。以单页为例说明，0 号页和 1 号页是伙伴，2 号页和 3 号页是伙伴，1 号页和 2 号页不是伙伴，因为 1 号页和 2 号页合并组成一阶页块，第一页的物理页号不是 2 的整数倍。

伙伴分配器分配和释放物理页的数量单位是阶。分配 n 阶页块的过程如下。

（1）查看是否有空闲的 n 阶页块，如果有，直接分配；如果没有，继续执行下一步。

（2）查看是否存在空闲的（$n+1$）阶页块，如果有，把（$n+1$）阶页块分裂为两个 n 阶页块，一个插入空闲 n 阶页块链表，另一个分配出去；如果没有，继续执行下一步。

（3）查看是否存在空闲的（$n+2$）阶页块，如果有，把（$n+2$）阶页块分裂为两个（$n+1$）阶页块，一个插入空闲（$n+1$）阶页块链表，另一个分裂为两个 n 阶页块，一个插入空闲 n 阶页块链表，另一个分配出去；如果没有，继续查看更高阶是否存在空闲页块。

释放 n 阶页块时，查看它的伙伴是否空闲，如果伙伴不空闲，那么把 n 阶页块插入空闲的 n 阶页块链表；如果伙伴空闲，那么合并为（$n+1$）阶页块，接下来释放（$n+1$）阶页块。

内核在基本的伙伴分配器的基础上做了一些扩展。

（1）支持内存节点和区域，称为分区的伙伴分配器（zoned buddy allocator）。

（2）为了预防内存碎片，把物理页根据可移动性分组。

（3）针对分配单页做了性能优化，为了减少处理器之间的锁竞争，在内存区域增加 1 个每处理器页集合。

3.7.2　分区的伙伴分配器

1．数据结构

分区的伙伴分配器专注于某个内存节点的某个区域。内存区域的结构体成员 free_area 用来维护空闲页块，数组下标对应页块的阶数。结构体 free_area 的成员 free_list 是空闲页块的链表（暂且忽略它是一个数组，3.7.3 节将介绍），nr_free 是空闲页块的数量。内存区域的结构体成员 managed_pages 是伙伴分配器管理的物理页的数量，不包括引导内存分配器分配的物理页。

```
include/linux/mmzone.h
struct zone {
    …
    /* 不同长度的空闲区域 */
    struct free_area    free_area[MAX_ORDER];
    …
    unsigned long       managed_pages;
    …
} ____cacheline_internodealigned_in_smp;

struct free_area {
    struct list_head    free_list[MIGRATE_TYPES];
    unsigned long       nr_free;
};
```

MAX_ORDER 是最大阶数，实际上是可分配的最大阶数加 1，默认值是 11，意味着伙伴分配器一次最多可以分配 2^{10} 页。可以使用配置宏 CONFIG_FORCE_MAX_ZONEORDER 指定最大阶数。

```
include/linux/mmzone.h
/* 空闲内存管理-分区的伙伴分配器 */
#ifndef CONFIG_FORCE_MAX_ZONEORDER
#define MAX_ORDER    11
#else
#define MAX_ORDER    CONFIG_FORCE_MAX_ZONEORDER
#endif
```

2．根据分配标志得到首选区域类型

申请页时，最低的 4 个标志位用来指定首选的内存区域类型：

```
include/linux/gfp.h
#define ___GFP_DMA        0x01u
#define ___GFP_HIGHMEM        0x02u
#define ___GFP_DMA32        0x04u
#define ___GFP_MOVABLE        0x08u
```

标志组合和首选的内存区域类型的对应关系如表 3.5 所示。

表 3.5 标志组合和首选的内存区域类型的对应关系

标 志 组 合	区 域 类 型
0	ZONE_NORMAL
___GFP_DMA	OPT_ZONE_DMA
___GFP_HIGHMEM	OPT_ZONE_HIGHMEM
___GFP_DMA32	OPT_ZONE_DMA32
___GFP_MOVABLE	ZONE_NORMAL
(___GFP_MOVABLE | ___GFP_DMA)	OPT_ZONE_DMA
(___GFP_MOVABLE | ___GFP_HIGHMEM)	ZONE_MOVABLE
(___GFP_MOVABLE | ___GFP_DMA32)	OPT_ZONE_DMA32

为什么要使用 OPT_ZONE_DMA，而不使用 ZONE_DMA？

因为 DMA 区域是可选的，如果不存在只能访问 16MB 以下物理内存的外围设备，那么不需要定义 DMA 区域，OPT_ZONE_DMA 就是 ZONE_NORMAL，从普通区域申请页。高端内存区域和 DMA32 区域也是可选的。

```
include/linux/gfp.h
#ifdef CONFIG_HIGHMEM
#define OPT_ZONE_HIGHMEM ZONE_HIGHMEM
#else
#define OPT_ZONE_HIGHMEM ZONE_NORMAL
#endif

#ifdef CONFIG_ZONE_DMA
#define OPT_ZONE_DMA ZONE_DMA
#else
#define OPT_ZONE_DMA ZONE_NORMAL
#endif

#ifdef CONFIG_ZONE_DMA32
#define OPT_ZONE_DMA32 ZONE_DMA32
#else
#define OPT_ZONE_DMA32 ZONE_NORMAL
#endif
```

内核使用宏 GFP_ZONE_TABLE 定义了标志组合到区域类型的映射表，其中 GFP_ZONES_SHIFT 是区域类型占用的位数，GFP_ZONE_TABLE 把每种标志组合映射到 32 位整数的某个位置，偏移是（标志组合 * 区域类型位数），从这个偏移开始的 GFP_ZONES_SHIFT 个二进制位存放区域类型。宏 GFP_ZONE_TABLE 是一个常量，编译器在编译时会进行优化，直接计算出结果，不会等到运行程序的时候才计算数值。

```
include/linux/gfp.h
#define GFP_ZONE_TABLE ( \
    (ZONE_NORMAL << 0 * GFP_ZONES_SHIFT)                                    \
    | (OPT_ZONE_DMA << ___GFP_DMA * GFP_ZONES_SHIFT)                        \
    | (OPT_ZONE_HIGHMEM << ___GFP_HIGHMEM * GFP_ZONES_SHIFT)                \
    | (OPT_ZONE_DMA32 << ___GFP_DMA32 * GFP_ZONES_SHIFT)                    \
    | (ZONE_NORMAL << ___GFP_MOVABLE * GFP_ZONES_SHIFT)                     \
    | (OPT_ZONE_DMA << (___GFP_MOVABLE | ___GFP_DMA) * GFP_ZONES_SHIFT)     \
    | (ZONE_MOVABLE << (___GFP_MOVABLE | ___GFP_HIGHMEM) * GFP_ZONES_SHIFT) \
    | (OPT_ZONE_DMA32 << (___GFP_MOVABLE | ___GFP_DMA32) * GFP_ZONES_SHIFT) \
)
```

　　内核使用函数 gfp_zone() 根据分配标志得到首选的区域类型：先分离出区域标志位，然后算出在映射表中的偏移（区域标志位 * 区域类型位数），接着把映射表右移偏移值，最后取出最低的区域类型位数。

```
include/linux/gfp.h
static inline enum zone_type gfp_zone(gfp_t flags)
{
    enum zone_type z;
    int bit = (__force int) (flags & GFP_ZONEMASK);

    z = (GFP_ZONE_TABLE >> (bit * GFP_ZONES_SHIFT)) &
                    ((1 << GFP_ZONES_SHIFT) - 1);
    VM_BUG_ON((GFP_ZONE_BAD >> bit) & 1);
    return z;
}
```

3. 备用区域列表

　　如果首选的内存节点和区域不能满足页分配请求，可以从备用的内存区域借用物理页，借用必须遵守以下原则。

　　（1）一个内存节点的某个区域类型可以从另一个内存节点的相同区域类型借用物理页，例如节点 0 的普通区域可以从节点 1 的普通区域借用物理页。

　　（2）高区域类型可以从低区域类型借用物理页，例如普通区域可以从 DMA 区域借用物理页。

　　（3）低区域类型不能从高区域类型借用物理页，例如 DMA 区域不能从普通区域借用物理页。

　　内存节点的 pg_data_t 实例定义了备用区域列表，其代码如下：

```
include/linux/mmzone.h
typedef struct pglist_data {
    …
    struct zonelist node_zonelists[MAX_ZONELISTS];/* 备用区域列表 */
    …
} pg_data_t;

enum {
    ZONELIST_FALLBACK,        /* 包含所有内存节点的备用区域列表 */
#ifdef CONFIG_NUMA
    ZONELIST_NOFALLBACK,      /* 只包含当前内存节点的备用区域列表(__GFP_THISNODE) */
#endif
    MAX_ZONELISTS
};

#define MAX_ZONES_PER_ZONELIST (MAX_NUMNODES * MAX_NR_ZONES)
struct zonelist {
    struct zoneref _zonerefs[MAX_ZONES_PER_ZONELIST + 1];
};

struct zoneref {
    struct zone *zone;    /* 指向内存区域的数据结构 */
    int zone_idx;         /* 成员zone指向的内存区域的类型 */
};
```

　　UMA 系统只有一个备用区域列表，按区域类型从高到低排序。假设 UMA 系统包含普通区域和 DMA 区域,那么备用区域列表是:{普通区域,DMA 区域}。

NUMA 系统的每个内存节点有两个备用区域列表:一个包含所有内存节点的区域,另一个只包含当前内存节点的区域。如果申请页时指定标志__GFP_THISNODE,要求只能从指定内存节点分配物理页,就需要使用指定内存节点的第二个备用区域列表。

包含所有内存节点的备用区域列表有两种排序方法。

(1)节点优先顺序:先根据节点距离从小到大排序,然后在每个节点里面根据区域类型从高到低排序。

(2)区域优先顺序:先根据区域类型从高到低排序,然后在每个区域类型里面根据节点距离从小到大排序。

节点优先顺序的优点是优先选择距离近的内存,缺点是在高区域耗尽以前就使用低区域,例如 DMA 区域一般比较小,节点优先顺序会增大 DMA 区域耗尽的概率。区域优先顺序的优点是减小低区域耗尽的概率,缺点是不能保证优先选择距离近的内存。

默认的排序方法是自动选择最优的排序方法:如果是 64 位系统,因为需要 DMA 和 DMA32 区域的设备相对少,所以选择节点优先顺序;如果是 32 位系统,选择区域优先顺序。

可以使用内核参数"numa_zonelist_order"指定排序方法:"d"表示默认排序方法,"n"表示节点优先顺序,"z"表示区域优先顺序,大小写字母都可以。在运行中可以使用文件"/proc/sys/vm/numa_zonelist_order"修改排序方法。

假设 NUMA 系统包含节点 0 和 1,节点 0 包含普通区域和 DMA 区域,节点 1 只包含普通区域。

如果选择节点优先顺序,两个节点的备用区域列表如图 3.17 所示。

图3.17　节点优先顺序的备用区域列表

如果节点 0 的处理器申请普通区域的物理页,应该依次尝试节点 0 的普通区域、节点 0 的 DMA 区域和节点 1 的普通区域。如果节点 0 的处理器申请 DMA 区域的物理页,首选区域是节点 0 的 DMA 区域,备用区域列表没有其他 DMA 区域可以选择。

如果选择区域优先顺序,两个节点的备用区域列表如图 3.18 所示。

图3.18　区域优先顺序的备用区域列表

如果节点 0 的处理器申请普通区域的物理页,应该依次尝试节点 0 的普通区域、节点 1 的普通区域和节点 0 的 DMA 区域。如果节点 0 的处理器申请 DMA 区域的物理页,首选区域是节点 0 的 DMA 区域,备用区域列表没有其他 DMA 区域可以选择。

4．区域水线

首选的内存区域在什么情况下从备用区域借用物理页？这个问题要从区域水线开始说起。每个内存区域有 3 个水线。

（1）高水线（high）：如果内存区域的空闲页数大于高水线，说明该内存区域的内存充足。

（2）低水线（low）：如果内存区域的空闲页数小于低水线，说明该内存区域的内存轻微不足。

（3）最低水线（min）：如果内存区域的空闲页数小于最低水线，说明该内存区域的内存严重不足。

```
include/linux/mmzone.h
enum zone_watermarks {
    WMARK_MIN,
    WMARK_LOW,          .
    WMARK_HIGH,
    NR_WMARK
};

struct zone {
    …
    /* 区域水线，使用*_wmark_pages(zone) 宏访问 */
    unsigned long watermark[NR_WMARK];
    …
} ____cacheline_internodealigned_in_smp;
```

最低水线以下的内存称为紧急保留内存，在内存严重不足的紧急情况下，给承诺"给我少量紧急保留内存使用，我可以释放更多的内存"的进程使用。

设置了进程标志位 PF_MEMALLOC 的进程可以使用紧急保留内存，标志位 PF_MEMALLOC 表示承诺"给我少量紧急保留内存使用，我可以释放更多的内存"。内存管理子系统以外的子系统不应该使用这个标志位，典型的例子是页回收内核线程 kswapd，在回收页的过程中可能需要申请内存。

如果申请页时设置了标志位 __GFP_MEMALLOC，即调用者承诺"给我少量紧急保留内存使用，我可以释放更多的内存"，那么可以使用紧急保留内存。

申请页时，第一次尝试使用低水线，如果首选的内存区域的空闲页数小于低水线，就从备用的内存区域借用物理页。如果第一次分配失败，那么唤醒所有目标内存节点的页回收内核线程 kswapd 以异步回收页，然后尝试使用最低水线。如果首选的内存区域的空闲页数小于最低水线，就从备用的内存区域借用物理页。

计算水线时，有两个重要的参数。

（1）min_free_kbytes 是最小空闲字节数。默认值 $= 4 * \sqrt{lowmen\_kbytes}$，并且限制在范围[128,65536]以内。其中 lowmem_kbytes 是低端内存大小，单位是 KB。参考文件"mm/page_alloc.c"中的函数 init_per_zone_wmark_min。可以通过文件"/proc/sys/vm/min_free_kbytes"设置最小空闲字节数。

（2）watermark_scale_factor 是水线缩放因子。默认值是 10，可以通过文件"/proc/sys/

vm/watermark_scale_factor"修改水线缩放因子，取值范围是[1,1000]。

文件"mm/page_alloc.c"中的函数__setup_per_zone_wmarks()负责计算每个内存区域的最低水线、低水线和高水线。

计算最低水线的方法如下。

（1）min_free_pages ＝ min_free_kbytes 对应的页数。

（2）lowmem_pages ＝ 所有低端内存区域中伙伴分配器管理的页数总和。

（3）高端内存区域的最低水线 = zone->managed_pages/1024，并且限制在范围[32, 128]以内（zone->managed_pages 是该内存区域中伙伴分配器管理的页数，在内核初始化的过程中引导内存分配器分配出去的物理页，不受伙伴分配器管理）。

（4）低端内存区域的最低水线 = min_free_pages * zone->managed_pages / lowmem_pages，即把 min_free_pages 按比例分配到每个低端内存区域。

计算低水线和高水线的方法如下。

（1）增量 = (最低水线 / 4, zone->managed_pages * watermark_scale_factor / 10000)取最大值。

（2）低水线 = 最低水线 ＋ 增量。

（3）高水线 = 最低水线 ＋ 增量 * 2。

如果（最低水线 / 4）比较大，那么计算公式简化如下。

（1）低水线 = 最低水线 * 5/4。

（2）高水线 = 最低水线 * 3/2。

5．防止过度借用

和高区域类型相比，低区域类型的内存相对少，是稀缺资源，而且有特殊用途，例如DMA 区域用于外围设备和内存之间的数据传输。为了防止高区域类型过度借用低区域类型的物理页，低区域类型需要采取防卫措施，保留一定数量的物理页。

一个内存节点的某个区域类型从另一个内存节点的相同区域类型借用物理页，后者应该毫无保留地借用。

内存区域有一个数组用于存放保留页数：

```
include/linux/mmzone.h
struct zone {
    …
    long lowmem_reserve[MAX_NR_ZONES];
    …
} ____cacheline_internodealigned_in_smp;
```

zone[i]->lowmem_reserve[j]表示区域类型 i 应该保留多少页不能借给区域类型 j，仅当 j 大于 i 时有意义。

zone[i]->lowmem_reserve[j]的计算规则如下：

```
(i < j):
zone[i]->lowmem_reserve[j]
= (当前内存节点上从zone[i + 1] 到zone[j]伙伴分配器管理的页数总和)
```

```
        / sysctl_lowmem_reserve_ratio[i]
(i = j):
    zone[i]->lowmem_reserve[j]= 0 (相同的区域类型不应该保留)
(i > j):
    zone[i]->lowmem_reserve[j]= 0 (没意义, 不会出现低区域类型从高区域类型借用物理页的情况)
```

数组 sysctl_lowmem_reserve_ratio 存放各种区域类型的保留比例, 因为内核不允许使用浮点数, 所以使用倒数值。DMA 区域和 DMA32 区域的默认保留比例都是 256, 普通区域和高端内存区域的默认保留比例都是 32。

```
mm/page_alloc.c
int sysctl_lowmem_reserve_ratio[MAX_NR_ZONES-1] = {
#ifdef CONFIG_ZONE_DMA
    256,
#endif
#ifdef CONFIG_ZONE_DMA32
    256,
#endif
#ifdef CONFIG_HIGHMEM
    32,
#endif
    32,
};
```

可以通过文件"/proc/sys/vm/lowmem_reserve_ratio"修改各种区域类型的保留比例。

3.7.3 根据可移动性分组

在系统长时间运行后, 物理内存可能出现很多碎片, 可用物理页很多, 但是最大的连续物理内存可能只有一页。内存碎片对用户程序不是问题, 因为用户程序可以通过页表把连续的虚拟页映射到不连续的物理页。但是内存碎片对内核是一个问题, 因为内核使用直接映射的虚拟地址空间, 连续的虚拟页必须映射到连续的物理页。内存碎片是伙伴分配器的一个弱点。

为了预防内存碎片, 内核根据可移动性把物理页分为 3 种类型。

（1）不可移动页: 位置必须固定, 不能移动, 直接映射到内核虚拟地址空间的页属于这一类。

（2）可移动页: 使用页表映射的页属于这一类, 可以移动到其他位置, 然后修改页表映射。

（3）可回收页: 不能移动, 但可以回收, 需要数据的时候可以重新从数据源获取。后备存储设备支持的页属于这一类。

内核把具有相同可移动性的页分组。为什么这种方法可以减少碎片? 试想: 如果不可移动页出现在可移动内存区域的中间, 会阻止可移动内存区域合并。这种方法把不可移动页聚集在一起, 可以防止不可移动页出现在可移动内存区域的中间。

内核定义了以下迁移类型:

```
include/linux/mmzone.h
enum migratetype {
    MIGRATE_UNMOVABLE,          /* 不可移动 */
    MIGRATE_MOVABLE,            /* 可移动 */
    MIGRATE_RECLAIMABLE,        /* 可回收 */
    MIGRATE_PCPTYPES,           /* 定义内存区域的每处理器页集合中链表的数量 */
    MIGRATE_HIGHATOMIC = MIGRATE_PCPTYPES,
                                /* 高阶原子分配, 即阶数大于0, 并且分配页时不能睡眠等待 */
```

```
#ifdef CONFIG_CMA
    MIGRATE_CMA,                    /* 连续内存分配器 */
#endif
#ifdef CONFIG_MEMORY_ISOLATION
    MIGRATE_ISOLATE,                /* 隔离，不能从这里分配 */
#endif
    MIGRATE_TYPES
};
```

前面 3 种是真正的迁移类型，后面的迁移类型都有特殊用途：MIGRATE_HIGHATOMIC
用于高阶原子分配（参考 3.7.5 节的"对高阶原子分配的优化处理"），MIGRATE_CMA 用
于连续内存分配器（参考 3.20 节），MIGRATE_ISOLATE 用来隔离物理页（由连续内存分
配器、内存热插拔和从内存硬件错误恢复等功能使用）。

对伙伴分配器的数据结构的主要调整是把空闲链表拆分成每种迁移类型一条空闲链表。

include/linux/mmzone.h
```
struct free_area {
    struct list_head  free_list[MIGRATE_TYPES];
    unsigned long     nr_free;
};
```

只有当物理内存足够大且每种迁移类型有足够多的物理页时，根据可移动性分组才
有意义。全局变量 page_group_by_mobility_disabled 表示是否禁用根据可移动性分组。
vm_total_pages 是所有内存区域里面高水线以上的物理页总数，pageblock_order 是按可移
动性分组的阶数，pageblock_nr_pages 是 pageblock_order 对应的页数。如果所有内存区域
里面高水线以上的物理页总数小于（pageblock_nr_pages * 迁移类型数量），那么禁用根
据可移动性分组。

mm/page_alloc.c
```
void __ref build_all_zonelists(pg_data_t *pgdat, struct zone *zone)
{
    …
    if (vm_total_pages < (pageblock_nr_pages * MIGRATE_TYPES))
        page_group_by_mobility_disabled = 1;
    else
        page_group_by_mobility_disabled = 0;
    …
}
```

pageblock_order 是按可移动性分组的阶数，简称分组阶数，可以理解为一种迁移类型
的一个页块的最小长度。如果内核支持巨型页，那么 pageblock_order 是巨型页的阶数，否
则 pageblock_order 是伙伴分配器的最大分配阶。

include/linux/pageblock-flags.h
```
#ifdef CONFIG_HUGETLB_PAGE
#ifdef CONFIG_HUGETLB_PAGE_SIZE_VARIABLE
/* 巨型页长度是可变的 */
extern unsigned int pageblock_order;
#else /* CONFIG_HUGETLB_PAGE_SIZE_VARIABLE */
/* 巨型页长度是固定的 */
#define pageblock_order        HUGETLB_PAGE_ORDER
#endif /* CONFIG_HUGETLB_PAGE_SIZE_VARIABLE */

#else /* CONFIG_HUGETLB_PAGE */
```

```
/* 如果编译内核时没有开启巨型页，按伙伴分配器的最大分配阶分组 */
#define pageblock_order     (MAX_ORDER-1)
#endif /* CONFIG_HUGETLB_PAGE */

#define pageblock_nr_pages   (1UL << pageblock_order)
```

申请页时，可以使用标志 __GFP_MOVABLE 指定申请可移动页，使用标志 __GFP_
RECLAIMABLE 指定申请可回收页，如果没有指定这两个标志，表示申请不可移动页。函
数 gfpflags_to_migratetype 用来把分配标志转换成迁移类型：

```
include/linux/gfp.h
/* 把分配标志转换成迁移类型 */
#define GFP_MOVABLE_MASK (__GFP_RECLAIMABLE|__GFP_MOVABLE)
#define GFP_MOVABLE_SHIFT 3

static inline int gfpflags_to_migratetype(const gfp_t gfp_flags)
{
    …
    if (unlikely(page_group_by_mobility_disabled))
            return MIGRATE_UNMOVABLE;

    /* 根据可移动性分组 */
    return (gfp_flags & GFP_MOVABLE_MASK) >> GFP_MOVABLE_SHIFT;
}
```

如果禁用根据可移动性分组，那么总是申请不可移动页。

申请某种迁移类型的页时，如果这种迁移类型的页用完了，可以从其他迁移类型盗用
（steal）物理页。内核定义了每种迁移类型的备用类型优先级列表：

```
mm/page_alloc.c
static int fallbacks[MIGRATE_TYPES][4] = {
    [MIGRATE_UNMOVABLE]   = { MIGRATE_RECLAIMABLE, MIGRATE_MOVABLE,   MIGRATE_TYPES },
    [MIGRATE_RECLAIMABLE] = { MIGRATE_UNMOVABLE,   MIGRATE_MOVABLE,   MIGRATE_TYPES },
    [MIGRATE_MOVABLE]     = { MIGRATE_RECLAIMABLE, MIGRATE_UNMOVABLE, MIGRATE_TYPES },
#ifdef CONFIG_CMA
    [MIGRATE_CMA]         = { MIGRATE_TYPES }, /* 从不使用 */
#endif
#ifdef CONFIG_MEMORY_ISOLATION
    [MIGRATE_ISOLATE]     = { MIGRATE_TYPES }, /* 从不使用 */
#endif
};
```

不可移动类型的备用类型按优先级从高到低是：可回收类型和可移动类型。

可回收类型的备用类型按优先级从高到低是：不可移动类型和可移动类型。

可移动类型的备用类型按优先级从高到低是：可回收类型和不可移动类型。

如果需要从备用类型盗用物理页，那么从最大的页块开始盗用，以避免产生碎片。

```
mm/page_alloc.c
static inline bool
__rmqueue_fallback(struct zone *zone, unsigned int order, int start_migratetype)
{
    …
    /* 在备用类型的页块链表中查找最大的页块 */
    for (current_order = MAX_ORDER-1;
                    current_order >= order && current_order <= MAX_ORDER-1;
                    --current_order) {
```

```
        area = &(zone->free_area[current_order]);
        fallback_mt = find_suitable_fallback(area, current_order,
                start_migratetype, false, &can_steal);
        …
    }
    …
}
```

释放物理页的时候，需要把物理页插入物理页所属迁移类型的空闲链表，内核怎么知道物理页的迁移类型？内存区域的 zone 结构体的成员 pageblock_flags 指向页块标志位图，页块的大小是分组阶数 pageblock_order，我们把这种页块称为分组页块。

```
include/linux/mmzone.h
struct zone {
    …
#ifndef CONFIG_SPARSEMEM
    /*
     * 分组页块的标志参考文件pageblock-flags.h。
     * 如果使用稀疏内存模型，这个位图在结构体mem_section中。
     */
    unsigned long    *pageblock_flags;
#endif /* CONFIG_SPARSEMEM */
    …
} ___cacheline_internodealigned_in_smp;
```

每个分组页块在位图中占用 4 位，其中 3 位用来存放页块的迁移类型。

```
include/linux/pageblock-flags.h
/* 影响一个页块的位索引 */
enum pageblock_bits {
    PB_migrate,
    PB_migrate_end = PB_migrate + 3 - 1,    /* 迁移类型需要3位 */
    PB_migrate_skip,/* 如果被设置，内存碎片整理跳过这个页块。*/
    NR_PAGEBLOCK_BITS
};
```

函数 set_pageblock_migratetype()用来在页块标志位图中设置页块的迁移类型，函数 get_pageblock_migratetype()用来获取页块的迁移类型。

内核在初始化时，把所有页块初始化为可移动类型，其他迁移类型的页是盗用产生的。

```
mm/page_alloc.c
free_area_init_core() -> free_area_init_core() -> memmap_init() -> memmap_init_zone()
void __meminit memmap_init_zone(unsigned long size, int nid, unsigned long zone,
        unsigned long start_pfn, enum memmap_context context)
{
    …
    for (pfn = start_pfn; pfn < end_pfn; pfn++) {
        …
        if (!(pfn & (pageblock_nr_pages - 1))) {    /* 如果是分组页块的第一页 */
            struct page *page = pfn_to_page(pfn);

            __init_single_page(page, pfn, zone, nid);
            set_pageblock_migratetype(page, MIGRATE_MOVABLE);
        } else {
            __init_single_pfn(pfn, zone, nid);
        }
    }
}
```

可以通过文件 "/proc/pagetypeinfo" 查看各种迁移类型的页的分布情况。

3.7.4　每处理器页集合

内核针对分配单页做了性能优化，为了减少处理器之间的锁竞争，在内存区域增加 1 个每处理器页集合。

```
include/linux/mmzone.h
struct zone {
    …
    struct per_cpu_pageset __percpu *pageset;   /* 在每个处理器上有一个页集合 */
    …
} ___cacheline_internodealigned_in_smp;

struct per_cpu_pageset {
    struct per_cpu_pages pcp;
    …
};

struct per_cpu_pages {
    int count;          /* 链表里面页的数量 */
    int high;           /* 如果页的数量达到高水线，需要返还给伙伴分配器 */
    int batch;          /* 批量添加或删除的页数量 */

    struct list_head lists[MIGRATE_PCPTYPES]; /* 每种迁移类型一个页链表 */
};
```

内存区域在每个处理器上有一个页集合，页集合中每种迁移类型有一个页链表。页集合有高水线和批量值，页集合中的页数量不能超过高水线。申请单页加入页链表，或者从页链表返还给伙伴分配器，都是采用批量操作，一次操作的页数量是批量值。

默认的批量值 batch 的计算方法如下。

（1）batch = zone->managed_pages / 1024，其中 zone->managed_pages 是内存区域中由伙伴分配器管理的页数量。

（2）如果 batch 超过(512 * 1024) / PAGE_SIZE，那么把 batch 设置为(512 * 1024) / PAGE_SIZE，其中 PAGE_SIZE 是页长度。

（3）batch = batch / 4。

（4）如果 batch 小于 1，那么把 batch 设置为 1。

（5）batch = rounddown_pow_of_two(batch * 1.5) − 1，其中 rounddown_pow_of_two()用来把数值向下对齐到 2 的 n 次幂。

默认的高水线是批量值的 6 倍。

可以通过文件 "/proc/sys/vm/percpu_pagelist_fraction" 修改比例值，最小值是 8，默认值是 0。高水线等于（伙伴分配器管理的页数量 / 比例值），同时把批量值设置为高水线的 1/4。

从某个内存区域申请某种迁移类型的单页时，从当前处理器的页集合中该迁移类型的页链表分配页，如果页链表是空的，先批量申请页加入页链表，然后分配一页。

缓存热页是指刚刚访问过物理页，物理页的数据还在处理器的缓存中。如果要申请缓存热页，从页链表首部分配页；如果要申请缓存冷页，从页链表尾部分配页。

释放单页时，把页加入当前处理器的页集合中。如果释放缓存热页，加入页链表首部；如果释放缓存冷页，加入页链表尾部。如果页集合中的页数量大于或等于高水线，那么批量返还给伙伴分配器。

3.7.5 分配页

1. 分配接口
页分配器提供了以下分配页的接口。

（1）alloc_pages(gfp_mask, order)请求分配一个阶数为 order 的页块，返回一个 page 实例。

（2）alloc_page(gfp_mask)是函数 alloc_pages 在阶数为 0 情况下的简化形式，只分配一页。

（3）__get_free_pages(gfp_mask, order)对函数 alloc_pages 做了封装，只能从低端内存区域分配页，并且返回虚拟地址。

（4）__get_free_page(gfp_mask)是函数 __get_free_pages 在阶数为 0 情况下的简化形式，只分配一页。

（5）get_zeroed_page(gfp_mask)是函数 __get_free_pages 在为参数 gfp_mask 设置了标志位 __GFP_ZERO 且阶数为 0 情况下的简化形式，只分配一页，并且用零初始化。

2. 分配标志位
分配页的函数都带一个分配标志位参数，分配标志位分为以下 5 类（标志位名称中的 GFP 是 Get Free Pages 的缩写）。

（1）区域修饰符：指定从哪个区域类型分配页，3.7.2 节已经描述了根据分配标志得到首选区域类型的方法。

> __GFP_DMA：从 DMA 区域分配页。
>
> __GFP_HIGHMEM：从高端内存区域分配页。
>
> __GFP_DMA32：从 DMA32 区域分配页。
>
> __GFP_MOVABLE：从可移动区域分配页。

（2）页移动性和位置提示：指定页的迁移类型和从哪些内存节点分配页。

> __GFP_MOVABLE：申请可移动页，也是区域修饰符。
>
> __GFP_RECLAIMABLE：申请可回收页。
>
> __GFP_WRITE：指明调用者打算写物理页。只要有可能，把这些页分布到本地节点的所有区域，避免所有脏页在一个内存区域。
>
> __GFP_HARDWALL：实施 cpuset 内存分配策略。cpuset 是控制组（cgroup）的一个子系统，提供了把处理器和内存节点的集合分配给一组进程的机制，即允许进程在哪些处理器上运行和从哪些内存节点申请页。
>
> __GFP_THISNODE：强制从指定节点分配页。
>
> __GFP_ACCOUNT：把分配的页记账到内核内存控制组。

（3）水线修饰符。

> __GFP_HIGH：指明调用者是高优先级的，为了使系统能向前推进，必须准许这个请求。例如，创建一个 I/O 上下文，把脏页回写到存储设备。
>
> __GFP_ATOMIC：指明调用者是高优先级的，不能回收页或者睡眠。典型的例子是中断处理程序。
>
> __GFP_MEMALLOC：允许访问所有内存。只能在调用者承诺"给我少量紧急保留内存使用，我可以释放更多的内存"的时候使用。
>
> __GFP_NOMEMALLOC：禁止访问紧急保留内存，如果这个标志位和 __GFP_MEMALLOC 同时被设置，优先级比后者高。

（4）回收修饰符。

> __GFP_IO：允许读写存储设备。
>
> __GFP_FS：允许向下调用到底层文件系统。当文件系统申请页的时候，如果内存严重不足，直接回收页，把脏页回写到存储设备，调用文件系统的函数，可能导致死锁。为了避免死锁，文件系统申请页的时候应该清除这个标志位。
>
> __GFP_DIRECT_RECLAIM：调用者可以直接回收页。
>
> __GFP_KSWAPD_RECLAIM：当空闲页数达到低水线的时候，调用者想要唤醒页回收线程 kswapd，即异步回收页。
>
> __GFP_RECLAIM：允许直接回收页和异步回收页。
>
> __GFP_REPEAT：允许重试，重试多次以后放弃，分配可能失败。
>
> __GFP_NOFAIL：必须无限次重试，因为调用者不能处理分配失败。
>
> __GFP_NORETRY：不要重试，当直接回收页和内存碎片整理不能使分配成功的时候，应该放弃。

（5）行动修饰符。

> __GFP_COLD：调用者不期望分配的页很快被使用，尽可能分配缓存冷页（数据不在处理器的缓存中）。
>
> __GFP_NOWARN：如果分配失败，不要打印警告信息。
>
> __GFP_COMP：把分配的页块组成复合页（compound page）。
>
> __GFP_ZERO：把页用零初始化。

因为这些标志位总是组合使用，所以内核定义了一些标志位组合。常用的标志位组合如下。

（1）GFP_ATOMIC：原子分配，分配内核使用的页，不能睡眠。调用者是高优先级的，允许异步回收页。

```
#define GFP_ATOMIC    (__GFP_HIGH|__GFP_ATOMIC|__GFP_KSWAPD_RECLAIM)
```

（2）GFP_KERNEL：分配内核使用的页，可能睡眠。从低端内存区域分配页，允许异步回收页和直接回收页，允许读写存储设备，允许调用到底层文件系统。

```
#define GFP_KERNEL    (__GFP_RECLAIM | __GFP_IO | __GFP_FS)
```

（3）GFP_NOWAIT：分配内核使用的页，不能等待。允许异步回收页，不允许直接回收页，不允许读写存储设备，不允许调用到底层文件系统。

```
#define GFP_NOWAIT    (__GFP_KSWAPD_RECLAIM)
```

（4）GFP_NOIO：不允许读写存储设备，允许异步回收页和直接回收页。请尽量避免直接使用这个标志位，应该使用函数 memalloc_noio_save 和 memalloc_noio_restore 标记一个不能读写存储设备的范围，前者设置进程标志位 PF_MEMALLOC_NOIO，后者清除进程标志位 PF_MEMALLOC_NOIO。

```
#define GFP_NOIO    (__GFP_RECLAIM)
```

（5）GFP_NOFS：不允许调用到底层文件系统，允许异步回收页和直接回收页，允许读写存储设备。请尽量避免直接使用这个标志位，应该使用函数 memalloc_nofs_save 和 memalloc_nofs_restore 标记一个不能调用到文件系统的范围，前者设置进程标志位 PF_MEMALLOC_NOFS，后者清除进程标志位 PF_MEMALLOC_NOFS。

```
#define GFP_NOFS    (__GFP_RECLAIM | __GFP_IO)
```

（6）GFP_USER：分配用户空间使用的页，内核或硬件也可以直接访问，从普通区域分配，允许异步回收页和直接回收页，允许读写存储设备，允许调用到文件系统，允许实施 cpuset 内存分配策略。

```
#define GFP_USER    (__GFP_RECLAIM | __GFP_IO | __GFP_FS | __GFP_HARDWALL)
```

（7）GFP_HIGHUSER：分配用户空间使用的页，内核不需要直接访问，从高端内存区域分配，物理页在使用的过程中不可以移动。

```
#define GFP_HIGHUSER    (GFP_USER | __GFP_HIGHMEM)
```

（8）GFP_HIGHUSER_MOVABLE：分配用户空间使用的页，内核不需要直接访问，物理页可以通过页回收或页迁移技术移动。

```
#define GFP_HIGHUSER_MOVABLE    (GFP_HIGHUSER | __GFP_MOVABLE)
```

（9）GFP_TRANSHUGE_LIGHT：分配用户空间使用的巨型页，把分配的页块组成复合页，禁止使用紧急保留内存，禁止打印警告信息，不允许异步回收页和直接回收页。

```
#define GFP_TRANSHUGE_LIGHT    ((GFP_HIGHUSER_MOVABLE | __GFP_COMP | \
            __GFP_NOMEMALLOC | __GFP_NOWARN) & ~__GFP_RECLAIM)
```

（10）GFP_TRANSHUGE：分配用户空间使用的巨型页，和 GFP_TRANSHUGE_LIGHT 的区别是允许直接回收页。

```
#define GFP_TRANSHUGE    (GFP_TRANSHUGE_LIGHT | __GFP_DIRECT_RECLAIM)
```

3. 复合页
如果设置了标志位 __GFP_COMP 并且分配了一个阶数大于 0 的页块，页分配器会把页块组成复合页（compound page）。复合页最常见的用处是创建巨型页。

　　复合页的第一页叫首页（head page），其他页都叫尾页（tail page）。一个由 n 阶页块组成的复合页的结构如图 3.19 所示。

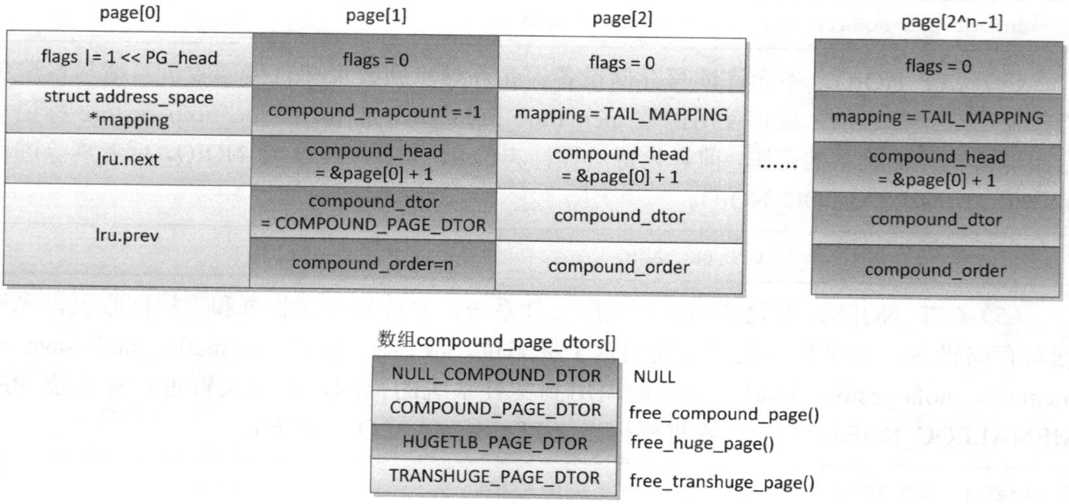

图3.19　复合页的结构

　　（1）首页设置标志 PG_head。

　　（2）第一个尾页的成员 compound_mapcount 表示复合页的映射计数，即多少个虚拟页映射到这个物理页，初始值是-1。这个成员和成员 mapping 组成一个联合体，占用相同的位置，其他尾页把成员 mapping 设置为一个有毒的地址。

　　（3）第一个尾页的成员 compound_dtor 存放复合页释放函数数组的索引，成员 compound_order 存放复合页的阶数 n。这两个成员和成员 lru.prev 占用相同的位置。

　　（4）所有尾页的成员 compound_head 存放首页的地址，并且把最低位设置为 1。这个成员和成员 lru.next 占用相同的位置。

　　判断一个页是复合页的成员的方法是：页设置了标志位 PG_head（针对首页），或者页的成员 compound_head 的最低位是 1（针对尾页）。

　　结构体 page 中复合页的成员如下：

```
include/linux/mm_types.h
struct page {
    unsigned long flags;
    union {
        struct address_space *mapping;
        atomic_t compound_mapcount;    /* 映射计数，第一个尾页 */
        /* page_deferred_list().next  -- 第二个尾页 */
    };
    …
    union {
        struct list_head lru;
        /* 复合页的尾页 */
        struct {
            unsigned long compound_head; /* 首页的地址，并且设置最低位 */

            /* 第一个尾页 */
#ifdef CONFIG_64BIT
            unsigned int compound_dtor;  /* 复合页释放函数数组的索引 */
```

```
                 unsigned int compound_order; /* 复合页的阶数 */
#else
                 unsigned short int compound_dtor;
                 unsigned short int compound_order;
#endif
        };
    };
    …
};
```

4．对高阶原子分配的优化处理

高阶原子分配：阶数大于 0，并且调用者设置了分配标志位__GFP_ATOMIC，要求不能睡眠。

页分配器对高阶原子分配做了优化处理，增加了高阶原子类型（MIGRATE_HIGHATOMIC），在内存区域的结构体中增加 1 个成员"nr_reserved_highatomic"，用来记录高阶原子类型的总页数，并且限制其数量：

zone->nr_reserved_highatomic < (zone->managed_pages / 100) + pageblock_nr_pages，即必须小于（伙伴分配器管理的总页数 / 100 + 分组阶数对应的页数）。

```
include/linux/mmzone.h
struct zone {
    …
    unsigned long nr_reserved_highatomic;
    …
} ___cacheline_internodealigned_in_smp;
```

执行高阶原子分配时，先从高阶原子类型分配页，如果分配失败，从调用者指定的迁移类型分配页。分配成功以后，如果内存区域中高阶原子类型的总页数小于限制，并且页块的迁移类型不是高阶原子类型、隔离类型和 CMA 迁移类型，那么把页块的迁移类型转换为高阶原子类型，并且把页块中没有分配出去的页移到高阶原子类型的空闲链表中。

当内存严重不足时，直接回收页以后仍然分配失败，针对高阶原子类型的页数超过pageblock_nr_pages 的目标区域，把高阶原子类型的页块转换成申请的迁移类型，然后重试分配，其代码如下：

```
mm/page_alloc.c
static inline struct page *
__alloc_pages_direct_reclaim(gfp_t gfp_mask, unsigned int order,
        unsigned int alloc_flags, const struct alloc_context *ac,
        unsigned long *did_some_progress)
{
    struct page *page = NULL;
    bool drained = false;

    *did_some_progress = __perform_reclaim(gfp_mask, order, ac);/* 直接回收页 */
    if (unlikely(!(*did_some_progress)))
        return NULL;

retry:
    page = get_page_from_freelist(gfp_mask, order, alloc_flags, ac);

    if (!page && !drained) {
        /* 把高阶原子类型的页块转换成申请的迁移类型 */
        unreserve_highatomic_pageblock(ac, false);
```

```
            drain_all_pages(NULL);
            drained = true;
            goto retry;
    }

    return page;
}
```

如果直接回收页没有进展超过 16 次，那么针对目标区域，不再为高阶原子分配保留页，把高阶原子类型的页块转换成申请的迁移类型，其代码如下：

mm/page_alloc.c
```
static inline bool
should_reclaim_retry(gfp_t gfp_mask, unsigned order,
                struct alloc_context *ac, int alloc_flags,
                bool did_some_progress, int *no_progress_loops)
{
    …
    if (did_some_progress && order <= PAGE_ALLOC_COSTLY_ORDER)
            *no_progress_loops = 0;
    else
            (*no_progress_loops)++;

    if (*no_progress_loops > MAX_RECLAIM_RETRIES) {
            /* 在调用内存耗尽杀手之前，用完为高阶原子分配保留的页 */
            return unreserve_highatomic_pageblock(ac, true);
    }
    …
}
```

5. 核心函数的实现

所有分配页的函数最终都会调用到函数 __alloc_pages_nodemask，这个函数被称为分区的伙伴分配器的心脏。函数原型如下：

```
struct page *__alloc_pages_nodemask(gfp_t gfp_mask, unsigned int order,
                struct zonelist *zonelist, nodemask_t *nodemask);
```

参数如下。

（1）gfp_mask：分配标志位。

（2）order：阶数。

（3）zonelist：首选内存节点的备用区域列表。如果指定了标志位 __GFP_THISNODE，选择 pg_data_t.node_zonelists[ZONELIST_NOFALLBACK]，否则选择 pg_data_t.node_zonelists[ZONELIST_FALLBACK]。

（4）nodemask：允许从哪些内存节点分配页，如果调用者没有要求，可以传入空指针。

算法如下。

（1）根据分配标志位得到首选区域类型和迁移类型。

（2）执行快速路径，使用低水线尝试第一次分配。

（3）如果快速路径分配失败，那么执行慢速路径。

页分配器定义了以下内部分配标志位：

mm/internal.h
```
#define ALLOC_WMARK_MIN        WMARK_MIN   /* 0x00，使用最低水线 */
#define ALLOC_WMARK_LOW        WMARK_LOW   /* 0x01，使用低水线 */
#define ALLOC_WMARK_HIGH       WMARK_HIGH  /* 0x02，使用高水线 */
#define ALLOC_NO_WATERMARKS    0x04            /* 完全不检查水线 */
#define ALLOC_WMARK_MASK    (ALLOC_NO_WATERMARKS-1) /* 得到水线位的掩码 */

#define ALLOC_HARDER     0x10  /* 试图更努力分配 */
#define ALLOC_HIGH       0x20  /* 设置了__GFP_HIGH，调用者是高优先级的 */
#define ALLOC_CPUSET     0x40  /* 检查cpuset 是否允许进程从某个内存节点分配页 */
#define ALLOC_CMA        0x80  /* 允许从CMA（连续内存分配器）迁移类型分配 */
```

（1）快速路径。快速路径调用函数 get_page_from_freelist，函数的代码如下：

mm/page_alloc.c
```
1    static struct page *
2    get_page_from_freelist(gfp_t gfp_mask, unsigned int order, int alloc_flags,
3                           const struct alloc_context *ac)
4    {
5    struct zoneref *z = ac->preferred_zoneref;
6    struct zone *zone;
7    struct pglist_data *last_pgdat_dirty_limit = NULL;
8
9    for_next_zone_zonelist_nodemask(zone, z, ac->zonelist, ac->high_zoneidx,
10                            ac->nodemask) {
11       struct page *page;
12       unsigned long mark;
13
14       if (cpusets_enabled() &&
15           (alloc_flags & ALLOC_CPUSET) &&
16           !__cpuset_zone_allowed(zone, gfp_mask))
17               continue;
18
19       if (ac->spread_dirty_pages) {
20           if (last_pgdat_dirty_limit == zone->zone_pgdat)
21               continue;
22
23           if (!node_dirty_ok(zone->zone_pgdat)) {
24               last_pgdat_dirty_limit = zone->zone_pgdat;
25               continue;
26           }
27       }
28
29       mark = zone->watermark[alloc_flags & ALLOC_WMARK_MASK];
30       if (!zone_watermark_fast(zone, order, mark,
31                       ac_classzone_idx(ac), alloc_flags)) {
32           int ret;
33
34           BUILD_BUG_ON(ALLOC_NO_WATERMARKS < NR_WMARK);
35           if (alloc_flags & ALLOC_NO_WATERMARKS)
36               goto try_this_zone;
37
38           if (node_reclaim_mode == 0 ||
39               !zone_allows_reclaim(ac->preferred_zoneref->zone, zone))
40                   continue;
41
42           ret = node_reclaim(zone->zone_pgdat, gfp_mask, order);
43           switch (ret) {
44           case NODE_RECLAIM_NOSCAN:
```

```
45                    /* 没有扫描 */
46                    continue;
47                case NODE_RECLAIM_FULL:
48                    /* 扫描过但是不可回收 */
49                    continue;
50                default:
51                    /* 回收了足够的页，重新检查水线 */
52                    if (zone_watermark_ok(zone, order, mark,
53                            ac_classzone_idx(ac), alloc_flags))
54                        goto try_this_zone;
55
56                    continue;
57            }
58        }
59
60    try_this_zone:
61        page = rmqueue(ac->preferred_zoneref->zone, zone, order,
62                gfp_mask, alloc_flags, ac->migratetype);
63        if (page) {
64            prep_new_page(page, order, gfp_mask, alloc_flags);
65
66            /* 如果这是一个高阶原子分配，那么检查这个页块是否应该被保留 */
67            if (unlikely(order && (alloc_flags & ALLOC_HARDER)))
68                reserve_highatomic_pageblock(page, zone, order);
69
70            return page;
71        }
72    }
73
74    return NULL;
75    }
```

第 9 行代码，扫描备用区域列表中每个满足条件的区域："区域类型小于或等于首选区域类型，并且内存节点在节点掩码中的相应位被设置"，处理如下。

1）第 14～17 行代码，如果编译了 cpuset 功能，调用者设置 ALLOC_CPUSET 要求使用 cpuset 检查，并且 cpuset 不允许当前进程从这个内存节点分配页，那么不能从这个区域分配页。

2）第 19～27 行代码，如果调用者设置标志位 __GFP_WRITE，表示文件系统申请分配一个页缓存页用于写文件，那么检查内存节点的脏页数量是否超过限制。如果超过限制，那么不能从这个区域分配页。

3）第 30 行代码，检查水线，如果（区域的空闲页数 − 申请的页数）小于水线，处理如下。

❑ 第 35 行代码，如果调用者要求不检查水线，那么可以从这个区域分配页。

❑ 第 38～40 行代码，如果没有开启节点回收功能，或者当前节点和首选节点之间的距离大于回收距离，那么不能从这个区域分配页。

❑ 第 42～57 行代码，从节点回收没有映射到进程虚拟地址空间的文件页和块分配器申请的页，然后重新检查水线，如果（区域的空闲页数 − 申请的页数）还是小于水线，那么不能从这个区域分配页。

4）第 61 行代码，从当前区域分配页。

5）第 64～68 行代码，如果分配成功，调用函数 prep_new_page 以初始化页。如果是高阶原子分配，并且区域中高阶原子类型的页数没有超过限制，那么把分配的页所属的页块转换为高阶原子类型。

函数 zone_watermark_fast 负责检查区域的空闲页数是否大于水线，其代码如下：

mm/page_alloc.c
```
1   static inline bool zone_watermark_fast(struct zone *z, unsigned int order,
2           unsigned long mark, int classzone_idx, unsigned int alloc_flags)
3   {
4       long free_pages = zone_page_state(z, NR_FREE_PAGES);
5       long cma_pages = 0;
6
7   #ifdef CONFIG_CMA
8       if (!(alloc_flags & ALLOC_CMA))
9           cma_pages = zone_page_state(z, NR_FREE_CMA_PAGES);
10  #endif
11
12      /* 只快速检查0阶 */
13      if (!order && (free_pages - cma_pages) > mark + z->lowmem_reserve[classzone_idx])
14          return true;
15
16      return __zone_watermark_ok(z, order, mark, classzone_idx, alloc_flags,
17                          free_pages);
18  }
```

第 7~14 行代码，针对 0 阶执行快速检查。

1）第 8 行和第 9 行代码，如果不允许从 CMA 迁移类型分配，那么不要使用空闲的 CMA 页，必须把空闲页数减去空闲的 CMA 页数。

2）第 13 行代码，如果空闲页数大于（水线 + 低端内存保留页数），即（空闲页数 − 申请的一页）大于等于（水线 + 低端内存保留页数），那么允许从这个区域分配页。

第 16 行代码，如果是其他情况，那么调用函数 __zone_watermark_ok 进行检查。

函数 __zone_watermark_ok 更加仔细地检查区域的空闲页数是否大于水线，其代码如下：

mm/page_alloc.c
```
1   bool __zone_watermark_ok(struct zone *z, unsigned int order, unsigned long mark,
2               int classzone_idx, unsigned int alloc_flags,
3               long free_pages)
4   {
5       long min = mark;
6       int o;
7       const bool alloc_harder = (alloc_flags & ALLOC_HARDER);
8
9       free_pages -= (1 << order) - 1;
10
11      if (alloc_flags & ALLOC_HIGH)
12          min -= min / 2;
13
14      /* 如果调用者没有要求更努力分配，那么减去为高阶原子分配保留的页数 */
15      if (likely(!alloc_harder))
16          free_pages -= z->nr_reserved_highatomic;
17      else
18          min -= min / 4;
19
20  #ifdef CONFIG_CMA
21      if (!(alloc_flags & ALLOC_CMA))
22          free_pages -= zone_page_state(z, NR_FREE_CMA_PAGES);
23  #endif
24
```

```
25      if (free_pages <= min + z->lowmem_reserve[classzone_idx])
26          return false;
27
28      if (!order)
29          return true;
30
31      /* 对于高阶请求, 检查至少有一个合适的页块是空闲的 */
32      for (o = order; o < MAX_ORDER; o++) {
33          struct free_area *area = &z->free_area[o];
34          int mt;
35
36          if (!area->nr_free)
37              continue;
38
39          if (alloc_harder)
40              return true;
41
42          for (mt = 0; mt < MIGRATE_PCPTYPES; mt++) {
43              if (!list_empty(&area->free_list[mt]))
44                  return true;
45          }
46
47  #ifdef CONFIG_CMA
48          if ((alloc_flags & ALLOC_CMA) &&
49              !list_empty(&area->free_list[MIGRATE_CMA])) {
50              return true;
51          }
52  #endif
53      }
54      return false;
55  }
```

第 9 行代码, 把空闲页数减去申请页数, 然后减 1。

第 12 行代码, 如果调用者是高优先级的, 把水线减半。

第 15~18 行代码, 如果调用者要求更努力分配, 把水线减去 1/4; 如果调用者没有要求更努力分配, 把空闲页数减去高阶原子类型的页数。

第 21~22 行代码, 如果不允许从 CMA 迁移类型分配, 那么不能使用空闲的 CMA 页, 把空闲页数减去空闲的 CMA 页数。

第 25 行代码, 如果（空闲页数 − 申请页数 +1）小于或等于（水线 + 低端内存保留页数）, 即（空闲页数 − 申请页数）小于（水线 + 低端内存保留页数）, 那么不能从这个区域分配页。

第 28 行代码, 如果只申请一页, 那么允许从这个区域分配页。

第 32~53 行代码, 如果申请阶数大于 0, 检查过程如下。

1）第 39 行代码, 如果调用者要求更努力分配, 只要有一个阶数大于或等于申请阶数的空闲页块, 就允许从这个区域分配页。

2）第 42~45 行代码, 不可移动、可移动和可回收任何一种迁移类型, 只要有一个阶数大于或等于申请阶数的空闲页块, 就允许从这个区域分配页。

3）第 48~51 行代码, 如果调用者指定从 CMA 迁移类型分配, CMA 迁移类型只要有一个阶数大于或等于申请阶数的空闲页块, 就允许从这个区域分配页。

4）其他情况不允许从这个区域分配页。

函数 rmqueue 负责分配页, 其代码如下:

mm/page_alloc.c
```
1    static inline
2    struct page *rmqueue(struct zone *preferred_zone,
3                struct zone *zone, unsigned int order,
4                gfp_t gfp_flags, unsigned int alloc_flags,
5                int migratetype)
6    {
7      unsigned long flags;
8      struct page *page;
9
10     if (likely(order == 0)) {
11         page = rmqueue_pcplist(preferred_zone, zone, order,
12                 gfp_flags, migratetype);
13         goto out;
14     }
15
16     /* 如果申请阶数大于1，不要试图无限次重试。 */
17     WARN_ON_ONCE((gfp_flags & __GFP_NOFAIL) && (order > 1));
18     spin_lock_irqsave(&zone->lock, flags);
19
20     do {
21         page = NULL;
22         if (alloc_flags & ALLOC_HARDER) {
23             page = __rmqueue_smallest(zone, order, MIGRATE_HIGHATOMIC);
24             …
25         }
26         if (!page)
27             page = __rmqueue(zone, order, migratetype);
28     } while (page && check_new_pages(page, order));
29     spin_unlock(&zone->lock);
30     if (!page)
31         goto failed;
32     …
33     local_irq_restore(flags);
34
35 out:
36     VM_BUG_ON_PAGE(page && bad_range(zone, page), page);
37     return page;
38
39 failed:
40     local_irq_restore(flags);
41     return NULL;
42 }
```

第 10～14 行代码，如果申请阶数是 0，那么从每处理器页集合分配页。

如果申请阶数大于 0，处理过程如下。

1）第 22 行和第 23 行代码，如果调用者要求更努力分配，先尝试从高阶原子类型分配页。

2）第 27 行代码，从指定迁移类型分配页。

函数 rmqueue_pcplist 负责从内存区域的每处理器页集合分配页，把主要工作委托给函数 __rmqueue_pcplist。函数 __rmqueue_pcplist 的代码如下：

mm/page_alloc.c
```
1    static struct page *__rmqueue_pcplist(struct zone *zone, int migratetype,
2                bool cold, struct per_cpu_pages *pcp,
3                struct list_head *list)
4    {
5      struct page *page;
6
```

```
7    do {
8        if (list_empty(list)) {
9            pcp->count += rmqueue_bulk(zone, 0,
10                       pcp->batch, list,
11                       migratetype, cold);
12           if (unlikely(list_empty(list)))
13               return NULL;
14       }
15
16       if (cold)
17           page = list_last_entry(list, struct page, lru);
18       else
19           page = list_first_entry(list, struct page, lru);
20
21       list_del(&page->lru);
22       pcp->count--;
23   } while (check_new_pcp(page));
24
25   return page;
26 }
```

第 8～11 行代码，如果每处理器页集合中指定迁移类型的链表是空的，那么批量申请页加入链表。

第 16～19 行代码，分配一页，如果调用者指定标志位__GFP_COLD 要求分配缓存冷页，就从链表尾部分配一页，否则从链表首部分配一页。

函数__rmqueue 的处理过程如下。

1）从指定迁移类型分配页，如果分配成功，那么处理结束。

2）如果指定迁移类型是可移动类型，那么从 CMA 类型盗用页。

3）从备用迁移类型盗用页。

mm/page_alloc.c
```
static struct page *__rmqueue(struct zone *zone, unsigned int order,
                    int migratetype)
{
    struct page *page;

retry:
    page = __rmqueue_smallest(zone, order, migratetype);
    if (unlikely(!page)) {
        if (migratetype == MIGRATE_MOVABLE)
            page = __rmqueue_cma_fallback(zone, order);

        if (!page && __rmqueue_fallback(zone, order, migratetype))
            goto retry;
    }

    …
    return page;
}
```

函数__rmqueue_smallest 从申请阶数到最大分配阶数逐个尝试：如果指定迁移类型的空闲链表不是空的，从链表取出第一个页块；如果页块阶数比申请阶数大，那么重复分裂页块，把后一半插入低一阶的空闲链表，直到获得一个大小为申请阶数的页块。

mm/page_alloc.c

```
static inline
struct page *__rmqueue_smallest(struct zone *zone, unsigned int order,
                        int migratetype)
{
    unsigned int current_order;
    struct free_area *area;
    struct page *page;

    /* 在首选迁移类型的空闲链表中查找长度合适的页块 */
    for (current_order = order; current_order < MAX_ORDER; ++current_order) {
        area = &(zone->free_area[current_order]);
        page = list_first_entry_or_null(&area->free_list[migratetype],
                                struct page, lru);
        if (!page)
            continue;
        list_del(&page->lru);
        rmv_page_order(page);
        area->nr_free--;
        expand(zone, page, order, current_order, area, migratetype);
        set_pcppage_migratetype(page, migratetype);
        return page;
    }

    return NULL;
}
```

函数__rmqueue_fallback 负责从备用迁移类型盗用页，从最大分配阶向下到申请阶数逐个尝试，依次查看备用类型优先级列表中的每种迁移类型是否有空闲页块，如果有，就从这种迁移类型盗用页。

mm/page_alloc.c
```
static inline bool
__rmqueue_fallback(struct zone *zone, unsigned int order, int start_migratetype)
{
    struct free_area *area;
    unsigned int current_order;
    struct page *page;
    int fallback_mt;
    bool can_steal;

    /* 在备用迁移类型的空闲链表中找到最大的页块 */
    for (current_order = MAX_ORDER-1;
                current_order >= order && current_order <= MAX_ORDER-1;
                --current_order) {
        area = &(zone->free_area[current_order]);
        fallback_mt = find_suitable_fallback(area, current_order,
                start_migratetype, false, &can_steal);
        if (fallback_mt == -1)
            continue;

        page = list_first_entry(&area->free_list[fallback_mt],
                            struct page, lru);

        steal_suitable_fallback(zone, page, start_migratetype,
                                can_steal);

        ...
        return true;
    }
```

```
    return false;
}
```

（2）慢速路径。如果使用低水线分配失败，那么执行慢速路径，慢速路径是在函数 __alloc_pages_slowpath 中实现的，执行流程如图 3.20 所示，主要步骤如下。

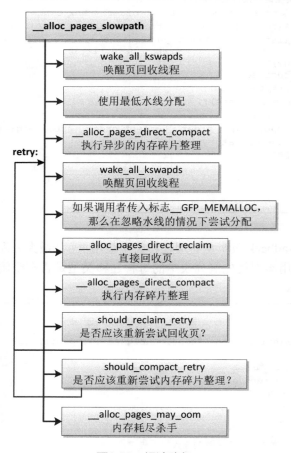

图3.20　慢速路径

1）如果允许异步回收页，那么针对每个目标区域，唤醒区域所属内存节点的页回收线程。

2）使用最低水线尝试分配。

3）针对申请阶数大于 0：如果允许直接回收页，那么执行异步模式的内存碎片整理，然后尝试分配。

4）如果调用者承诺"给我少量紧急保留内存使用，我可以释放更多的内存"，那么在忽略水线的情况下尝试分配。

5）直接回收页，然后尝试分配。

6）针对申请阶数大于 0：执行同步模式的内存碎片整理，然后尝试分配。

7）如果多次尝试直接回收页和同步模式的内存碎片整理，仍然分配失败，那么使用杀伤力比较大的内存耗尽杀手选择一个进程杀死，然后尝试分配。

页分配器认为阶数大于 3 是昂贵的分配，有些地方做了特殊处理。

函数__alloc_pages_slowpath 的主要代码如下：

mm/page_alloc.c
```
static inline struct page *
__alloc_pages_slowpath(gfp_t gfp_mask, unsigned int order,
                            struct alloc_context *ac)
{
    bool can_direct_reclaim = gfp_mask & __GFP_DIRECT_RECLAIM;
    const bool costly_order = order > PAGE_ALLOC_COSTLY_ORDER;
    struct page *page = NULL;
    unsigned int alloc_flags;
    unsigned long did_some_progress;
    enum compact_priority compact_priority;
    enum compact_result compact_result;
    int compaction_retries;
    int no_progress_loops;
    unsigned long alloc_start = jiffies;
    unsigned int stall_timeout = 10 * HZ;
    unsigned int cpuset_mems_cookie;

    /* 申请阶数不能超过页分配器支持的最大分配阶 */
    if (order >= MAX_ORDER) {
        WARN_ON_ONCE(!(gfp_mask & __GFP_NOWARN));
        return NULL;
    }

    ...
retry_cpuset:
    compaction_retries = 0;
    no_progress_loops = 0;
    compact_priority = DEF_COMPACT_PRIORITY;
    /*
     * 后面可能检查cpuset是否允许当前进程从哪些内存节点申请页，
     * 需要读当前进程的成员mems_allowed。使用顺序锁保护
     */
    cpuset_mems_cookie = read_mems_allowed_begin();

    /* 把分配标志位转换成内部分配标志位 */
    alloc_flags = gfp_to_alloc_flags(gfp_mask);

    /* 获取首选的内存区域 */
    ac->preferred_zoneref = first_zones_zonelist(ac->zonelist,
                        ac->high_zoneidx, ac->nodemask);
    if (!ac->preferred_zoneref->zone)
        goto nopage;

    /* 异步回收页，唤醒页回收线程 */
    if (gfp_mask & __GFP_KSWAPD_RECLAIM)
        wake_all_kswapds(order, ac);

    /* 使用最低水线分配页 */
    page = get_page_from_freelist(gfp_mask, order, alloc_flags, ac);
    if (page)
        goto got_pg;

    /*
     * 针对申请阶数大于0，如果满足以下3个条件。
     * （1）允许直接回收页。
     * （2）申请阶数大于3，或者指定迁移类型不是可移动类型。
```

```
    *  （3）调用者没有承诺“给我少量紧急保留内存使用，我可以释放更多的内存”。
    *  那么执行异步模式的内存碎片整理
    */
   if (can_direct_reclaim &&
           (costly_order ||
               (order > 0 && ac->migratetype != MIGRATE_MOVABLE))
           && !gfp_pfmemalloc_allowed(gfp_mask)) {
       page = __alloc_pages_direct_compact(gfp_mask, order,
                       alloc_flags, ac,
                       INIT_COMPACT_PRIORITY,
                       &compact_result);
       if (page)
           goto got_pg;

       /* 申请阶数大于3，并且调用者要求不要重试 */
       if (costly_order && (gfp_mask & __GFP_NORETRY)) {
           /*
            * 同步模式的内存碎片整理最近失败了，所以内存碎片整理被延迟执行，
            * 没必要继续尝试分配
            */
           if (compact_result == COMPACT_DEFERRED)
               goto nopage;

           /*
            * 同步模式的内存碎片整理代价太大，继续使用异步模式的
            * 内存碎片整理
            */
           compact_priority = INIT_COMPACT_PRIORITY;
       }
   }

retry:
   /* 确保页回收线程在我们循环的时候不会意外地睡眠 */
   if (gfp_mask & __GFP_KSWAPD_RECLAIM)
       wake_all_kswapds(order, ac);

   /*
    * 如果调用者承诺“给我少量紧急保留内存使用，我可以释放更多的内存”，
    * 则忽略水线
    */
   if (gfp_pfmemalloc_allowed(gfp_mask))
       alloc_flags = ALLOC_NO_WATERMARKS;

   /*
    * 如果调用者没有要求使用cpuset，或者要求忽略水线，那么重新获取区域列表
    */
   if (!(alloc_flags & ALLOC_CPUSET) || (alloc_flags & ALLOC_NO_WATERMARKS)) {
       ac->zonelist = node_zonelist(numa_node_id(), gfp_mask);
       ac->preferred_zoneref = first_zones_zonelist(ac->zonelist,
                       ac->high_zoneidx, ac->nodemask);
   }

   /* 使用可能调整过的区域列表和分配标志尝试 */
   page = get_page_from_freelist(gfp_mask, order, alloc_flags, ac);
   if (page)
       goto got_pg;

   /* 调用者不愿意等待，不允许直接回收页，那么放弃 */
   if (!can_direct_reclaim)
       goto nopage;

   …
```

```
/*
 * 直接回收页的时候给进程设置了标志位PF_MEMALLOC，在直接回收页的过程中
 * 可能申请页，为了防止直接回收递归，这里发现进程设置了标志位PF_MEMALLOC，
 * 立即放弃
 */
if (current->flags & PF_MEMALLOC)
        goto nopage;

/* 直接回收页 */
page = __alloc_pages_direct_reclaim(gfp_mask, order, alloc_flags, ac,
                                &did_some_progress);
if (page)
        goto got_pg;

/* 针对申请阶数大于0，执行同步模式的内存碎片整理 */
page = __alloc_pages_direct_compact(gfp_mask, order, alloc_flags, ac,
                        compact_priority, &compact_result);
if (page)
        goto got_pg;

/* 如果调用者要求不要重试，那么放弃 */
if (gfp_mask & __GFP_NORETRY)
        goto nopage;

/* 如果申请阶数大于3，并且调用者没有要求重试，那么放弃 */
if (costly_order && !(gfp_mask & __GFP_REPEAT))
        goto nopage;

/* 检查重新尝试回收页是否有意义 */
if (should_reclaim_retry(gfp_mask, order, ac, alloc_flags,
                    did_some_progress > 0, &no_progress_loops))
        goto retry;

/*
 * 申请阶数大于0：判断是否应该重试内存碎片整理。
 * did_some_progress > 0表示直接回收页有进展。
 * 如果直接回收页没有进展，那么重试内存碎片整理没有意义，
 * 因为内存碎片整理的当前实现依赖足够多的空闲页
 */
if (did_some_progress > 0 &&
            should_compact_retry(ac, order, alloc_flags,
                compact_result, &compact_priority,
                &compaction_retries))
        goto retry;

/* 如果cpuset修改了允许当前进程从哪些内存节点申请页，那么需要重试 */
if (read_mems_allowed_retry(cpuset_mems_cookie))
        goto retry_cpuset;

/* 使用内存耗尽杀手选择一个进程杀死 */
page = __alloc_pages_may_oom(gfp_mask, order, ac, &did_some_progress);
if (page)
        goto got_pg;

/*
 * 如果当前进程正在被内存耗尽杀手杀死，并且忽略水线或者不允许使用
 * 紧急保留内存，那么不要无限循环
 */
if (test_thread_flag(TIF_MEMDIE) &&
      (alloc_flags == ALLOC_NO_WATERMARKS ||
        (gfp_mask & __GFP_NOMEMALLOC)))
```

```
                goto nopage;

        /* 如果内存耗尽杀手取得进展，那么重试 */
        if (did_some_progress) {
            no_progress_loops = 0;
            goto retry;
        }

nopage:
        /* 如果cpuset修改了允许当前进程从哪些内存节点申请页，那么需要重试 */
        if (read_mems_allowed_retry(cpuset_mems_cookie))
            goto retry_cpuset;

        /* 确保不能失败的请求没有漏掉，总是重试 */
        if (gfp_mask & __GFP_NOFAIL) {
            /* 同时要求不能失败和不能直接回收页，是错误用法 */
            if (WARN_ON_ONCE(!can_direct_reclaim))
                goto fail;

            …

            /*
             * 先使用标志位ALLOC_HARDER|ALLOC_CPUSET尝试分配，
             * 如果分配失败，那么使用标志位ALLOC_HARDER尝试分配
             */
            page = __alloc_pages_cpuset_fallback(gfp_mask, order, ALLOC_HARDER, ac);
            if (page)
                goto got_pg;

            cond_resched();
            goto retry;
        }
fail:
        warn_alloc(gfp_mask, ac->nodemask,
                "page allocation failure: order:%u", order);
got_pg:
        return page;
}
```

页分配器使用函数 **gfp_to_alloc_flags** 把分配标志位转换成内部分配标志位，其代码如下：

mm/page_alloc.c
```
static inline unsigned int
gfp_to_alloc_flags(gfp_t gfp_mask)
{
    /* 使用最低水线，并且检查cpuset是否允许当前进程从某个内存节点分配页 */
    unsigned int alloc_flags = ALLOC_WMARK_MIN | ALLOC_CPUSET;

    /* 假设__GFP_HIGH和ALLOC_HIGH相同，为了节省一个if分支 */
    BUILD_BUG_ON(__GFP_HIGH != (__force gfp_t) ALLOC_HIGH);
    alloc_flags |= (__force int) (gfp_mask & __GFP_HIGH);

    if (gfp_mask & __GFP_ATOMIC) { /* 原子分配 */
        /*
         * 原子分配：
         * 如果没有要求禁止使用紧急保留内存，那么需要更努力地分配。
         * 如果要求禁止使用紧急保留内存，那么不需要更努力地分配
         */
        if (!(gfp_mask & __GFP_NOMEMALLOC))
            alloc_flags |= ALLOC_HARDER;

        /* 对于原子分配，忽略cpuset。 */
```

```
        alloc_flags &= ~ALLOC_CPUSET;
    } else if (unlikely(rt_task(current)) && !in_interrupt())
                        /* 如果当前进程是实时进程，并且没有被中断抢占，那么需要更努力地分配 */
        alloc_flags |= ALLOC_HARDER;

#ifdef CONFIG_CMA
    /* 可移动类型可以从CMA类型盗用页 */
    if (gfpflags_to_migratetype(gfp_mask) == MIGRATE_MOVABLE)
            alloc_flags |= ALLOC_CMA;
#endif
    return alloc_flags;
}
```

3.7.6　释放页

页分配器提供了以下释放页的接口。

（1）void __free_pages(struct page *page, unsigned int order)，第一个参数是第一个物理页的 page 实例的地址，第二个参数是阶数。

（2）void free_pages(unsigned long addr, unsigned int order)，第一个参数是第一个物理页的起始内核虚拟地址，第二个参数是阶数。

函数__free_pages 的代码如下：

```
mm/page_alloc.c
void __free_pages(struct page *page, unsigned int order)
{
    if (put_page_testzero(page)) {
        if (order == 0)
            free_hot_cold_page(page, false);
        else
            __free_pages_ok(page, order);
    }
}
```

首先把页的引用计数减 1，只有页的引用计数变成零，才真正释放页：如果阶数是 0，不还给伙伴分配器，而是当作缓存热页添加到每处理器页集合中；如果阶数大于 0，调用函数__free_pages_ok 以释放页。

函数 free_hot_cold_page 把一页添加到每处理器页集合中，如果页集合中的页数量大于或等于高水线，那么批量返还给伙伴分配器。第二个参数 cold 表示缓存冷热程度，主动释放的页作为缓存热页，回收的页作为缓存冷页，因为回收的是最近最少使用的页。

```
mm/page_alloc.c
void free_hot_cold_page(struct page *page, bool cold)
{
    struct zone *zone = page_zone(page);
    struct per_cpu_pages *pcp;
    unsigned long flags;
    unsigned long pfn = page_to_pfn(page);
    int migratetype;

    if (!free_pcp_prepare(page))
            return;

    migratetype = get_pfnblock_migratetype(page, pfn);/* 得到页所属页块的迁移类型 */
```

181

```
        set_pcppage_migratetype(page, migratetype);/* page->index保存真实的迁移类型 */
        local_irq_save(flags);
        __count_vm_event(PGFREE);

        /*
         * 每处理器集合只存放不可移动、可回收和可移动这3种类型的页,
         * 如果页的类型不是这3种类型,处理方法是:
         * (1)如果是隔离类型的页,不需要添加到每处理器页集合,直接释放;
         * (2)其他类型的页添加到可移动类型链表中,page->index保存真实的迁移类型。
         */
        if (migratetype >= MIGRATE_PCPTYPES) {
            if (unlikely(is_migrate_isolate(migratetype))) {
                    free_one_page(zone, page, pfn, 0, migratetype);
                    goto out;
            }
            migratetype = MIGRATE_MOVABLE;
        }

        /* 添加到对应迁移类型的链表中,如果是缓存热页,添加到首部,否则添加到尾部 */
        pcp = &this_cpu_ptr(zone->pageset)->pcp;
        if (!cold)
                list_add(&page->lru, &pcp->lists[migratetype]);
        else
                list_add_tail(&page->lru, &pcp->lists[migratetype]);
        pcp->count++;
        /* 如果页集合中的页数量大于或等于高水线,那么批量返还给伙伴分配器 */
        if (pcp->count >= pcp->high) {
            unsigned long batch = READ_ONCE(pcp->batch);
            free_pcppages_bulk(zone, batch, pcp);
            pcp->count -= batch;
        }

out:
    local_irq_restore(flags);
}
```

函数 __free_pages_ok 负责释放阶数大于 0 的页块,最终调用到释放页的核心函数 __free_one_page,算法是:如果伙伴是空闲的,并且伙伴在同一个内存区域,那么和伙伴合并,注意隔离类型的页块和其他类型的页块不能合并。算法还做了优化处理:

假设最后合并成的页块阶数是 order,如果 order 小于(MAX_ORDER−2),则检查(order+1)阶的伙伴是否空闲,如果空闲,那么 order 阶的伙伴可能正在释放,很快就可以合并成(order+2)阶的页块。为了防止当前页块很快被分配出去,把当前页块添加到空闲链表的尾部。

函数 __free_pages_ok 的代码如下:

```
mm/page_alloc.c
__free_pages_ok() -> free_one_page() -> __free_one_page()
static inline void __free_one_page(struct page *page,
            unsigned long pfn,
            struct zone *zone, unsigned int order,
            int migratetype)
{
    unsigned long combined_pfn;
    unsigned long uninitialized_var(buddy_pfn);
    struct page *buddy;
    unsigned int max_order;

    /* pageblock_order是按可移动性分组的阶数 */
    max_order = min_t(unsigned int, MAX_ORDER, pageblock_order + 1);
```

```
          ...
continue_merging:
          /*如果伙伴是空闲的，和伙伴合并，重复这个操作直到阶数等于(max_order-1)。*/
          while (order < max_order - 1) {
                  buddy_pfn = __find_buddy_pfn(pfn, order);/* 得到伙伴的起始物理页号 */
                  buddy = page + (buddy_pfn - pfn);          /* 得到伙伴的第一页的page实例 */

                  if (!pfn_valid_within(buddy_pfn))
                          goto done_merging;
                  /* 检查伙伴是空闲的并且在相同的内存区域 */
                  if (!page_is_buddy(page, buddy, order))
                          goto done_merging;
                  /*
                   * 开启了调试页分配的配置宏CONFIG_DEBUG_PAGEALLOC，伙伴充当警戒页。
                   */
                  if (page_is_guard(buddy)) {
                          clear_page_guard(zone, buddy, order, migratetype);
                  } else {/* 伙伴是空闲的，把伙伴从空闲链表中删除 */
                          list_del(&buddy->lru);
                          zone->free_area[order].nr_free--;
                          rmv_page_order(buddy);
                  }
                  combined_pfn = buddy_pfn & pfn;
                  page = page + (combined_pfn - pfn);
                  pfn = combined_pfn;
                  order++;
          }
          if (max_order < MAX_ORDER) {
                  /*
                   * 运行到这里，意味着阶数大于或等于分组阶数pageblock_order，
                   * 阻止把隔离类型的页块和其他类型的页块合并
                   */
                  if (unlikely(has_isolate_pageblock(zone))) {
                          int buddy_mt;

                          buddy_pfn = __find_buddy_pfn(pfn, order);
                          buddy = page + (buddy_pfn - pfn);
                          buddy_mt = get_pageblock_migratetype(buddy);
                          /*如果一个是隔离类型的页块，另一个是其他类型的页块，不能合并 */
                          if (migratetype != buddy_mt
                                          && (is_migrate_isolate(migratetype) ||
                                                  is_migrate_isolate(buddy_mt)))
                                  goto done_merging;
                  }
                  /* 如果两个都是隔离类型的页块，或者都是其他类型的页块，那么继续合并 */
                  max_order++;
                  goto continue_merging;
          }

done_merging:
          set_page_order(page, order);

          /*
           * 最后合并成的页块阶数是order，如果order小于(MAX_ORDER-2)，
           * 则检查(order+1)阶的伙伴是否空闲，如果空闲，那么order阶的伙伴可能正在释放，
           * 很快就可以合并成(order+2)阶的页块。为了防止当前页块很快被分配出去，
           * 把当前页块添加到空闲链表的尾部
           */
          if ((order < MAX_ORDER-2) && pfn_valid_within(buddy_pfn)) {
                  struct page *higher_page, *higher_buddy;
                  combined_pfn = buddy_pfn & pfn;
```

```
        higher_page = page + (combined_pfn - pfn);
        buddy_pfn = __find_buddy_pfn(combined_pfn, order + 1);
        higher_buddy = higher_page + (buddy_pfn - combined_pfn);
        if (pfn_valid_within(buddy_pfn) &&
                page_is_buddy(higher_page, higher_buddy, order + 1)) {
                list_add_tail(&page->lru,
                    &zone->free_area[order].free_list[migratetype]);
                goto out;
        }
    }

    /* 添加到空闲链表的首部 */
    list_add(&page->lru, &zone->free_area[order].free_list[migratetype]);
out:
    zone->free_area[order].nr_free++;
}
```

3.8　块分配器

为了解决小块内存的分配问题，Linux 内核提供了块分配器，最早实现的块分配器是 SLAB 分配器。

SLAB 分配器的作用不仅仅是分配小块内存，更重要的作用是针对经常分配和释放的对象充当缓存。SLAB 分配器的核心思想是：为每种对象类型创建一个内存缓存，每个内存缓存由多个大块（slab，原意是大块的混凝土）组成，一个大块是一个或多个连续的物理页，每个大块包含多个对象。SLAB 采用了面向对象的思想，基于对象类型管理内存，每种对象被划分为一类，例如进程描述符（task_struct）是一个类，每个进程描述符实例是一个对象。内存缓存的组成如图 3.21 所示。

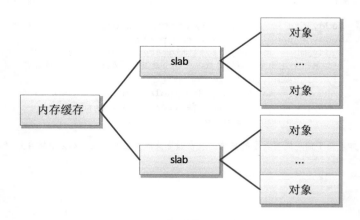

图3.21　内存缓存的组成

SLAB 分配器在某些情况下表现不太好，所以 Linux 内核提供了两个改进的块分配器。

（1）在配备了大量物理内存的大型计算机上，SLAB 分配器的管理数据结构的内存开销比较大，所以设计了 SLUB 分配器。

（2）在小内存的嵌入式设备上，SLAB 分配器的代码太多、太复杂，所以设计了一个精简的 SLOB 分配器。SLOB 是"Simple List Of Blocks"的缩写,意思是简单的块链表。

目前 SLUB 分配器已成为默认的块分配器。

3.8.1 编程接口

3 种块分配器提供了统一的编程接口。

为了方便使用,块分配器在初始化的时候创建了一些通用的内存缓存,对象的长度大多数是 2^n 字节,从普通区域分配页的内存缓存的名称是"kmalloc-<size>"(size 是对象的长度),从 DMA 区域分配页的内存缓存的名称是"dma-kmalloc-<size>",执行命令"cat /proc/slabinfo"可以看到这些通用的内存缓存。

通用的内存缓存的编程接口如下。

(1)分配内存。

```
void *kmalloc(size_t size, gfp_t flags);
```

size:需要的内存长度。

flags:传给页分配器的分配标志位,当内存缓存没有空闲对象,向页分配器请求分配页的时候使用这个分配标志位。

块分配器找到一个合适的通用内存缓存:对象的长度刚好大于或等于请求的内存长度,然后从这个内存缓存分配对象。如果分配成功,返回对象的地址,否则返回空指针。

(2)重新分配内存。

```
void *krealloc(const void *p, size_t new_size, gfp_t flags);
```

p:需要重新分配内存的对象。

new_size:新的长度。

flags:传给页分配器的标志位。

根据新的长度为对象重新分配内存,如果分配成功,返回新的地址,否则返回空指针。

(3)释放内存。

```
void kfree(const void *objp);
```

objp:kmalloc()返回的对象的地址。

这里提一个思考题:kfree 函数怎么知道对象属于哪个通用的内存缓存?后面解答。

使用通用的内存缓存的缺点是:块分配器需要找到一个对象的长度刚好大于或等于请求的内存长度的通用内存缓存,如果请求的内存长度和内存缓存的对象长度相差很远,浪费比较大,例如申请 36 字节,实际分配的内存长度是 64 字节,浪费了 28 字节。所以有时候使用者需要创建专用的内存缓存,编程接口如下。

（1）创建内存缓存。

```
struct kmem_cache *kmem_cache_create(const char *name, size_t size, size_t align,
unsigned long flags, void (*ctor)(void *));
```

　　name: 名称。
　　size: 对象的长度。
　　align: 对象需要对齐的数值。
　　flags: SLAB 标志位。
　　ctor: 对象的构造函数。
　　如果创建成功，返回内存缓存的地址，否则返回空指针。

（2）从指定的内存缓存分配对象。

```
void *kmem_cache_alloc(struct kmem_cache *cachep, gfp_t flags);
```

　　cachep: 从指定的内存缓存分配。
　　flags: 传给页分配器的分配标志位，当内存缓存没有空闲对象，向页分配器请求分配页的时候使用这个分配标志位。
　　如果分配成功，返回对象的地址，否则返回空指针。

（3）释放对象。

```
void kmem_cache_free(struct kmem_cache *cachep, void *objp);
```

　　cachep: 对象所属的内存缓存。
　　objp: 对象的地址。

（4）销毁内存缓存。

```
void kmem_cache_destroy(struct kmem_cache *s);
```

　　s: 内存缓存。

3.8.2　SLAB 分配器

1. 数据结构

内存缓存的数据结构如图 3.22 所示。

（1）每个内存缓存对应一个 kmem_cache 实例。

成员 gfporder 是 slab 的阶数，成员 num 是每个 slab 包含的对象数量，成员 object_size 是对象原始长度，成员 size 是包括填充的对象长度。

（2）每个内存节点对应一个 kmem_cache_node 实例。

kmem_cache_node 实例包含 3 条 slab 链表：链表 slabs_partial 把部分对象空闲的 slab 链接起来，链表 slabs_full 把没有空闲对象的 slab 链接起来，链表 slabs_free 把所有对象空闲的 slab 链接起来。成员 total_slabs 是 slab 数量。

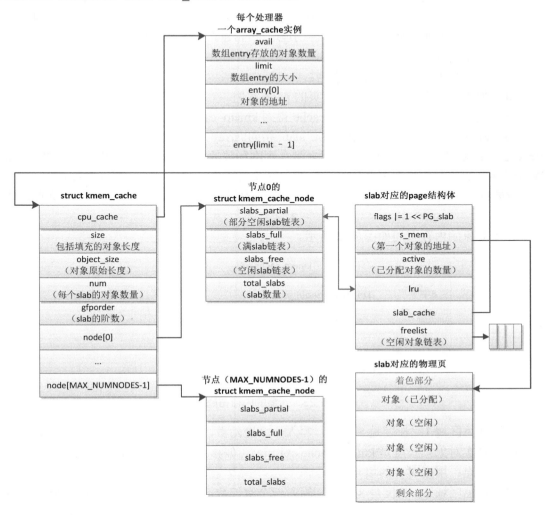

图3.22 内存缓存的数据结构

每个 slab 由一个或多个连续的物理页组成,页的阶数是 kmem_cache.gfporder,如果阶数大于 0,组成一个复合页。slab 被划分为多个对象,大多数情况下 slab 长度不是对象长度的整数倍,slab 有剩余部分,可以用来给 slab 着色:"把 slab 的第一个对象从 slab 的起始位置偏移一个数值,偏移值是处理器的一级缓存行长度的整数倍,不同 slab 的偏移值不同,使不同 slab 的对象映射到处理器不同的缓存行",所以我们看到在 slab 的前面有一个着色部分。

page 结构体的相关成员如下。

1)成员 flags 设置标志位 PG_slab,表示页属于 SLAB 分配器。

2)成员 s_mem 存放 slab 第一个对象的地址。

3)成员 active 表示已分配对象的数量。

4)成员 lru 作为链表节点加入其中一条 slab 链表。

5)成员 slab_cache 指向 kmem_cache 实例。

6)成员 freelist 指向空闲对象链表。

这里解答思考题：kfree 函数怎么知道对象属于哪个通用的内存缓存？分为 5 步。

❑ 根据对象的虚拟地址得到物理地址，因为块分配器使用的虚拟地址属于直接映射的内核虚拟地址空间，虚拟地址=物理地址+常量，把虚拟地址转换成物理地址很方便。

❑ 根据物理地址得到物理页号。

❑ 根据物理页号得到 page 实例。

❑ 如果是复合页，需要得到首页的 page 实例。

❑ 根据 page 实例的成员 slab_cache 得到 kmem_cache 实例。

（3）kmem_cache 实例的成员 cpu_slab 指向 array_cache 实例，每个处理器对应一个 array_cache 实例，称为数组缓存，用来缓存刚刚释放的对象，分配时首先从当前处理器的数组缓存分配，避免每次都要从 slab 分配，减少链表操作和锁操作，提高分配速度。

成员 limit 是数组大小，成员 avail 是数组 entry 存放的对象数量，数组 entry 存放对象的地址。

每个对象的内存布局如图 3.23 所示。

图3.23　对象的内存布局

（1）红色区域 1：长度是 8 字节，写入一个魔幻数，如果值被修改，说明对象被改写。

（2）真实对象：长度是 kmem_cache.obj_size，偏移是 kmem_cache.obj_offset。

（3）填充：用来对齐的填充字节。

（4）红色区域 2：长度是 8 字节，写入一个魔幻数，如果值被修改，说明对象被改写。

（5）最后一个使用者：在 64 位系统上长度是 8 字节，存放最后一个调用者的地址，用来确定对象被谁改写。

对象的长度是 kmem_cache.size。红色区域 1、红色区域 2 和最后一个使用者是可选的，当想要发现内存分配和使用的错误，打开调试配置宏 CONFIG_DEBUG_SLAB 的时候，对象才包含这 3 个成员。

kmem_cache.obj_size 是调用者指定的对象长度，kmem_cache.size 是对象实际占用的内存长度，通常比前者大，原因是为了提高访问对象的速度，需要把对象的地址和长度都对齐到某个值，对齐值的计算步骤如下。

（1）如果创建内存缓存时指定了标志位 SLAB_HWCACHE_ALIGN，要求和处理器的一级缓存行的长度对齐，计算对齐值的方法如下。

❑ 如果对象的长度大于一级缓存行的长度的一半，对齐值取一级缓存行的长度。

❑ 如果对象的长度小于或等于一级缓存行的长度的一半，对齐值取（一级缓存行的长度/2^n），把 2^n 个对象放在一个一级缓存行里面，需要为 n 找到一个合适的值。

❑ 如果对齐值小于指定的对齐值，取指定的对齐值。

举例说明：假设指定的对齐值是 4 字节，一级缓存行的长度是 32 字节，对象的长度是 12 字节，那么对齐值是 16 字节，对象占用的内存长度是 16 字节，把两个对象放在一个一级缓存行里面。

（2）如果对齐值小于 ARCH_SLAB_MINALIGN，那么取 ARCH_SLAB_MINALIGN。ARCH_SLAB_MINALIGN 是各种处理器架构定义的最小对齐值，默认值是 8。

（3）把对齐值向上调整为指针长度的整数倍。

2．空闲对象链表

每个 slab 需要一个空闲对象链表，从而把所有空闲对象链接起来，空闲对象链表是用数组实现的，数组的元素个数是 slab 的对象数量，数组存放空闲对象的索引。假设一个 slab 包含 4 个对象，空闲对象链表的初始状态如图 3.24 所示。

page->freelist 指向空闲对象链表，数组中第 n 个元素存放的对象索引是 n，如果打开了 SLAB 空闲链表随机化的配置宏 CONFIG_SLAB_FREELIST_RANDOM，数组中第 n 个元素存放的对象索引是随机的。

page->active 为 0，有两重意思。

（1）存放空闲对象索引的第一个数组元素的索引是 0。

（2）已分配对象的数量是 0。

第一次分配对象，从 0 号数组元素取出空闲对象索引 0，page->active 增加到 1，空闲对象链表如图 3.25 所示。

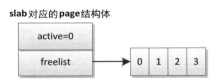

图3.24 空闲对象链表的初始状态

图3.25 第一次分配对象以后的空闲对象链表

当所有对象分配完毕后，page->active 增加到 4，等于 slab 的对象数量，空闲对象链表如图 3.26 所示。

当释放索引为 0 的对象以后，page->active 减 1 变成 3，3 号数组元素存放空闲对象索引 0，空闲对象链表如图 3.27 所示。

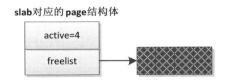

图3.26 所有对象分配完毕后的空闲对象链表

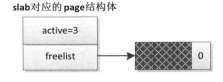

图3.27 释放0号对象以后的空闲对象链表

空闲对象链表的位置有 3 种选择。

（1）使用一个对象存放空闲对象链表，此时 kmem_cache.flags 设置了标志位 CFLGS_OBJFREELIST_SLAB。

（2）把空闲对象链表放在 slab 外面，此时 kmem_cache.flags 设置了标志位 CFLGS_

OFF_SLAB。

（3）把空闲对象链表放在 slab 尾部。如果 kmem_cache.flags 没有设置上面两个标志位，就表示把空闲对象链表放在 slab 尾部。

如果使用一个对象存放空闲对象链表，默认使用最后一个对象。如果打开了 SLAB 空闲链表随机化的配置宏 CONFIG_SLAB_FREELIST_RANDOM，这个对象是随机选择的。假设一个 slab 包含 4 个对象，使用 1 号对象存放空闲对象链表，初始状态如图 3.28 所示。

这种方案会不会导致可以分配的对象减少一个呢？答案是不会，存放空闲对象链表的对象可以被分配。这种方案采用了巧妙的方法。

（1）必须把存放空闲对象链表的对象索引放在空闲对象数组的最后面，保证这个对象是最后一个被分配出去的。

（2）分配最后一个空闲对象，page->active 增加到 4，page->freelist 变成空指针，所有对象被分配出去，已经不需要空闲对象链表，如图 3.29 所示。

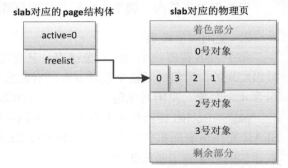

图3.28　使用对象存放空闲对象链表-初始状态

图3.29　使用对象存放空闲对象链表-分配最后一个空闲对象

（3）在所有对象分配完毕后，假设现在释放 2 号对象，slab 使用 2 号对象存放空闲对象链表，page->freelist 指向 2 号对象，把对象索引 2 存放在空闲对象数组的最后面，如图 3.30 所示。

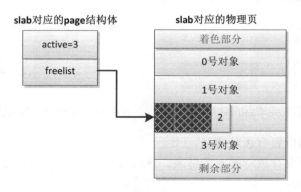

图3.30　使用对象存放空闲对象链表-释放2号对象

如果把空闲对象链表放在 slab 外面，需要为空闲对象链表创建一个内存缓存，kmem_cache.freelist_cache 指向空闲对象链表的内存缓存，如图 3.31 所示。

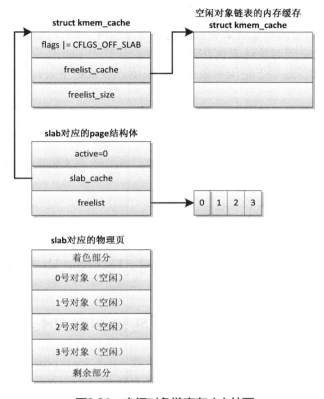

图3.31 空闲对象链表在slab外面

如果 slab 尾部的剩余部分足够大，可以把空闲对象链表放在 slab 尾部，如图 3.32 所示。

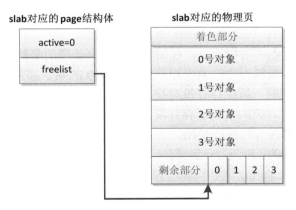

图3.32 把空闲对象链表放在slab尾部

创建内存缓存的时候，确定空闲对象链表的位置的方法如下。

（1）首先尝试使用一个对象存放空闲对象链表。

1）如果指定了对象的构造函数，那么这种方案不适合。

191

2）如果指定了标志位 SLAB_TYPESAFE_BY_RCU，表示使用 RCU 技术延迟释放 slab，那么这种方案不适合。

3）计算出 slab 长度和 slab 的对象数量，空闲对象链表的长度等于（slab 的对象数量 * 对象索引长度）。如果空闲对象链表的长度大于对象长度，那么这种方案不适合。

（2）接着尝试把空闲对象链表放在 slab 外面，计算出 slab 长度和 slab 的对象数量。如果 slab 的剩余长度大于或等于空闲对象链表的长度，应该把空闲对象链表放在 slab 尾部，不应该使用这种方案。

（3）最后尝试把空闲对象链表放在 slab 尾部。

3. 计算 slab 长度

函数 calculate_slab_order 负责计算 slab 长度，从 0 阶到 kmalloc()函数支持的最大阶数（KMALLOC_MAX_ORDER），尝试如下。

（1）计算对象数量和剩余长度。

（2）如果对象数量是 0，那么不合适。

（3）如果对象数量大于允许的最大 slab 对象数量，那么不合适。允许的最大 slab 对象数量是 SLAB_OBJ_MAX_NUM，等于 $(2^{sizeof(freelist\_idx\_t)} \times 8 - 1)$，freelist_idx_t 是对象索引的数据类型。

（4）对于空闲对象链表在 slab 外面的情况，如果空闲对象链表的长度大于对象长度的一半，那么不合适。

（5）如果 slab 是可回收的（设置了标志位 SLAB_RECLAIM_ACCOUNT），那么选择这个阶数。

（6）如果阶数大于或等于允许的最大 slab 阶数（slab_max_order），那么选择这个阶数。尽量选择低的阶数，因为申请高阶页块成功的概率低。

（7）如果剩余长度小于或等于 slab 长度的 1/8，那么选择这个阶数。

slab_max_order：允许的最大 slab 阶数。如果内存容量大于 32MB，那么默认值是 1，否则默认值是 0。可以通过内核参数"slab_max_order"指定。

4. 着色

slab 是一个或多个连续的物理页，起始地址总是页长度的整数倍，不同 slab 中相同偏移的位置在处理器的一级缓存中的索引相同。如果 slab 的剩余部分的长度超过一级缓存行的长度，剩余部分对应的一级缓存行没有被利用；如果对象的填充字节的长度超过一级缓存行的长度，填充字节对应的一级缓存行没有被利用。这两种情况导致处理器的某些缓存行被过度使用，另一些缓存行很少使用。

在 slab 的剩余部分的长度超过一级缓存行长度的情况下，为了均匀利用处理器的所有一级缓存行，slab 着色（slab coloring）利用 slab 的剩余部分，使不同 slab 的第一个对象的偏移不同。

着色是一个比喻，和颜色无关，只是表示 slab 中的第一个对象需要移动一个偏移值，使对象放到不同的一级缓存行里。

内存缓存中着色相关的成员如下。

（1）kmem_cache.colour_off 是颜色偏移，等于处理器的一级缓存行的长度，如果小于对齐值，那么取对齐值。

（2）kmem_cache.colour 是着色范围，等于（slab 的剩余长度/颜色偏移）。

（3）kmem_cache.node[n]->colour_next 是下一种颜色，初始值是 0。

在内存节点 n 上创建新的 slab，计算 slab 的颜色偏移的方法如下。
（1）把 kmem_cache.node[n]->colour_next 加 1，如果大于或等于着色范围，那么把值设置为 0。
（2）slab 的颜色偏移 ＝ kmem_cache.node[n]->colour_next * kmem_cache.colour_off。
slab 对应的 page 结构体的成员 s_mem 存放第一个对象的地址，等于（slab 的起始地址 ＋ slab 的颜色偏移）。

5．每处理器数组缓存

如图 3.33 所示，内存缓存为每个处理器创建了一个数组缓存（结构体 array_cache）。释放对象时，把对象存放到当前处理器对应的数组缓存中；分配对象的时候，先从当前处理器的数组缓存分配对象，采用后进先出（Last In First Out，LIFO）的原则，这种做法可以提高性能。

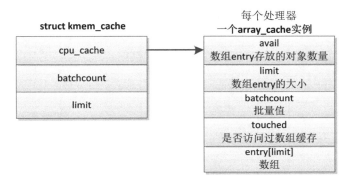

图3.33　每处理器数组缓存

（1）刚释放的对象很可能还在处理器的缓存中，可以更好地利用处理器的缓存。
（2）减少链表操作。
（3）避免处理器之间的互斥，减少自旋锁操作。

结构体 array_cache 如下。
（1）成员 entry 是存放对象地址的数组。
（2）成员 avail 是数组存放的对象的数量。
（3）成员 limit 是数组的大小，和结构体 kmem_cache 的成员 limit 的值相同，是根据对象长度猜测的一个值。
（4）成员 batchcount 是批量值，和结构体 kmem_cache 的成员 batchcount 的值相同，批量值是数组大小的一半。

分配对象的时候，先从当前处理器的数组缓存分配对象。如果数组缓存是空的，那么批量分配对象以重新填充数组缓存，批量值就是数组缓存的成员 batchcount。
释放对象的时候，如果数组缓存是满的，那么先把数组缓存中的对象批量归还给 slab，批量值就是数组缓存的成员 batchcount，然后把正在释放的对象存放到数组缓存中。

6．对 NUMA 的支持

我们看看 SLAB 分配器怎么支持 NUMA 系统。如图 3.34 所示，内存缓存针对每个内存节点创建一个 kmem_cache_node 实例。

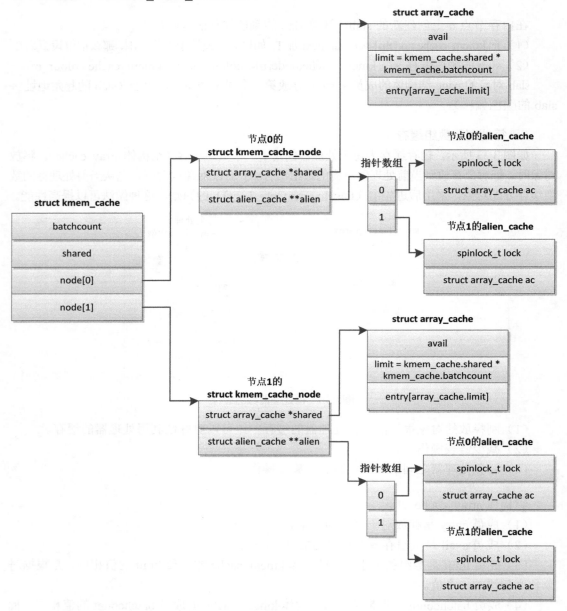

图3.34　SLAB分配器支持NUMA（以两个内存节点为例说明）

kmem_cache_node 实例的成员 shared 指向共享数组缓存，成员 alien 指向远程节点数组缓存，每个节点一个远程节点数组缓存。这两个成员有什么用处呢？用来分阶段释放从其他节点借用的对象，先释放到远程节点数组缓存，然后转移到共享数组缓存，最后释放到远程节点的 slab。

假设处理器 0 属于内存节点 0，处理器 1 属于内存节点 1。处理器 0 申请分配对象的时候，首先从节点 0 分配对象，如果分配失败，从节点 1 借用对象。

处理器 0 释放从节点 1 借用的对象时，需要把对象放到节点 0 的 kmem_cache_node 实例中与节点 1 对应的远程节点缓存数组中，先看是不是满了，如果是满的，那么必须先清空：把对象转移到节点 1 的共享数组缓存中，如果节点 1 的共享数组缓存满了，那么把剩下的对象直接释放到 slab。

分配和释放本地内存节点的对象时，也会使用共享数组缓存。

（1）申请分配对象时，如果当前处理器的数组缓存是空的，共享数组缓存里面的对象可以用来重填。

（2）释放对象时，如果当前处理器的数组缓存是满的，并且共享数组缓存有空闲空间，那么可以转移一部分对象到共享数组缓存，不需要把对象批量归还给 slab，然后把正在释放的对象添加到当前处理器的数组缓存中。

全局变量 use_alien_caches 用来控制是否使用远程节点数组缓存分阶段释放从其他节点分配的对象，默认值是 1，可以在引导内核时使用内核参数"noaliencache"指定。

当包括填充的对象长度不超过页长度的时候，使用共享数组缓存，数组大小是（kmem_cache.shared * kmem_cache.batchcount），kmem_cache.batchcount 是批量值，kmem_cache.shared 用来控制共享数组缓存的大小，当前代码实现指定的值是 8。

7．内存缓存合并

为了减少内存开销和增加对象的缓存热度，块分配器会合并相似的内存缓存。在创建内存缓存的时候，从已经存在的内存缓存中找到一个相似的内存缓存，和原始的创建者共享这个内存缓存。3 种块分配器都支持内存缓存合并。

假设正在创建的内存缓存是 t。

如果合并控制变量 slab_nomerge 的值是 1，那么不能合并。默认值是 0，如果想要禁止合并，可以在引导内核时使用内核参数"slab_nomerge"指定。

如果 t 指定了对象构造函数，不能合并。

如果 t 设置了阻止合并的标志位，那么不能合并。阻止合并的标志位是调试和使用 RCU 技术延迟释放 slab，其代码如下：

```
#define SLAB_NEVER_MERGE (SLAB_RED_ZONE | SLAB_POISON | SLAB_STORE_USER|\
        SLAB_TRACE | SLAB_TYPESAFE_BY_RCU | SLAB_NOLEAKTRACE | \
        SLAB_FAILSLAB | SLAB_KASAN)
```

遍历每个内存缓存 s，判断 t 是否可以和 s 合并。

（1）如果 s 设置了阻止合并的标志位，那么 t 不能和 s 合并。

（2）如果 s 指定了对象构造函数，那么 t 不能和 s 合并。

（3）如果 t 的对象长度大于 s 的对象长度，那么 t 不能和 s 合并。

（4）如果 t 的下面 4 个标志位和 s 不相同，那么 t 不能和 s 合并。

```
#define SLAB_MERGE_SAME (SLAB_RECLAIM_ACCOUNT | SLAB_CACHE_DMA | \
            SLAB_NOTRACK | SLAB_ACCOUNT)
```

（5）如果对齐值不兼容，即 s 的对象长度不是 t 的对齐值的整数倍，那么 t 不能和 s 合并。

（6）如果 s 的对象长度和 t 的对象长度的差值大于或等于指针长度，那么 t 不能和 s 合并。

（7）SLAB 分配器特有的检查项：如果 t 的对齐值不是 0，并且 t 的对齐值大于 s 的对齐值，或者 s 的对齐值不是 t 的对齐值的整数倍，那么 t 不能和 s 合并。

（8）顺利通过前面 7 项检查，说明 t 和 s 可以合并。

找到可以合并的内存缓存以后，把引用计数加 1，对象的原始长度取两者的最大值，然后把内存缓存的地址返回给调用者。

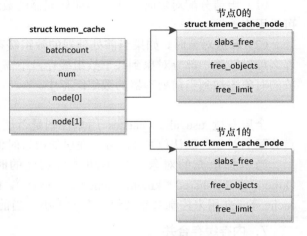

图3.35　回收空闲slab

8．回收内存

对于所有对象空闲的 slab，没有立即释放，而是放在空闲 slab 链表中。只有内存节点上空闲对象的数量超过限制，才开始回收空闲 slab，直到空闲对象的数量小于或等于限制。

如图 3.35 所示，结构体 kmem_cache_node 的成员 slabs_free 是空闲 slab 链表的头节点，成员 free_objects 是空闲对象的数量，成员 free_limit 是空闲对象的数量限制。

节点 n 的空闲对象的数量限制 =（1＋ 节点的处理器数量）* kmem_cache.batchcount ＋ kmem_cache.num。

SLAB 分配器定期回收对象和空闲 slab，实现方法是在每个处理器上向全局工作队列添加 1 个延迟工作项，工作项的处理函数是 cache_reap。

每个处理器每隔 2 秒针对每个内存缓存执行。

（1）回收节点 n（假设当前处理器属于节点 n）对应的远程节点数组缓存中的对象。

（2）如果过去 2 秒没有从当前处理器的数组缓存分配对象，那么回收数组缓存中的对象。

每个处理器每隔 4 秒针对每个内存缓存执行。

（1）如果过去 4 秒没有从共享数组缓存分配对象，那么回收共享数组缓存中的对象。

（2）如果过去 4 秒没有从空闲 slab 分配对象，那么回收空闲 slab。

9．调试

出现内存改写时，我们需要定位出是谁改写。SLAB 分配器提供了调试功能，我们可以打开调试配置宏 CONFIG_DEBUG_SLAB，此时对象增加 3 个字段：红色区域 1、红色区域 2 和最后一个使用者，如图 3.36 所示。

分配对象时，把对象毒化：把最后 1 字节以外的每个字节设置为 0x5a，把最后一个字节设置为 0xa5；把对象前后的红色区域设置为宏 RED_ACTIVE 表示的魔幻数；字段"最后一个使用者"保存调用函数的地址。

释放对象时，检查对象：如果对象前后的红色区域都是宏 RED_ACTIVE 表示的魔幻数，说明正常；如果对象前后的红色区域都是宏 RED_INACTIVE 表示的魔幻数，说明重复释放；其他情况，说明写越界。

图3.36　开启调试功能以后的对象

释放对象时，把对象毒化：把最后 1 字节以外的每个字节设置为 0x6b，把最后 1 字节设置为 0xa5；把对象前后的红色区域都设置为 RED_INACTIVE，字段"最后一个使用者"保存调用函数的地址。

再次分配对象时，检查对象：如果对象不符合"最后 1 字节以外的每个字节是 0x6b，最后 1 字节是 0xa5"，说明对象被改写；如果对象前后的红色区域不是宏 RED_INACTIVE 表示的魔幻数，说明重复释放或者写越界。

3.8.3　SLUB 分配器

SLUB 分配器继承了 SLAB 分配器的核心思想，在某些地方做了改进。

（1）SLAB 分配器的管理数据结构开销大，早期每个 slab 有一个描述符和跟在后面的空闲对象数组。SLUB 分配器把 slab 的管理信息保存在 page 结构体中，使用联合体重用 page 结构体的成员，没有使 page 结构体的大小增加。现在 SLAB 分配器反过来向 SLUB 分配器学习，抛弃了 slab 描述符，把 slab 的管理信息保存在 page 结构体中。

（2）SLAB 分配器的链表多，分为空闲 slab 链表、部分空闲 slab 链表和满 slab 链表，管理复杂。SLUB 分配器只保留部分空闲 slab 链表。

（3）SLAB 分配器对 NUMA 系统的支持复杂，每个内存节点有共享数组缓存和远程节点数组缓存，对象在这些数组缓存之间转移，实现复杂。SLUB 分配器做了简化。

（4）SLUB 分配器抛弃了效果不明显的 slab 着色。

1．数据结构

SLUB 分配器内存缓存的数据结构如图 3.37 所示。

（1）每个内存缓存对应一个 kmem_cache 实例。

成员 size 是包括元数据的对象长度，成员 object_size 是对象原始长度。

成员 oo 存放最优 slab 的阶数和对象数，低 16 位是对象数，高 16 位是 slab 的阶数，即 oo 等于（（slab 的阶数 << 16）| 对象数）。最优 slab 是剩余部分最小的 slab。

成员 min 存放最小 slab 的阶数和对象数，格式和 oo 相同。最小 slab 只需要足够存放一个对象。当设备长时间运行以后，内存碎片化，分配连续物理页很难成功，如果分配最优 slab 失败，就分配最小 slab。

（2）每个内存节点对应一个 kmem_cache_node 实例。

链表 partial 把部分空闲的 slab 链接起来，成员 nr_partial 是部分空闲 slab 的数量。

（3）每个 slab 由一个或多个连续的物理页组成，页的阶数是最优 slab 或最小 slab 的阶

197

数，如果阶数大于 0，组成一个复合页。

slab 被划分为多个对象，如果 slab 长度不是对象长度的整数倍，尾部有剩余部分。尾部也可能有保留部分，kmem_cache 实例的成员 reserved 存放保留长度。

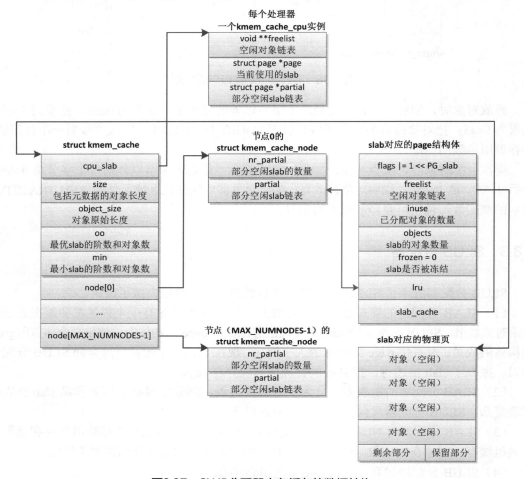

图3.37 SLUB分配器内存缓存的数据结构

在创建内存缓存的时候，如果指定标志位 SLAB_TYPESAFE_BY_RCU，要求使用 RCU 延迟释放 slab，在调用函数 call_rcu 把释放 slab 的函数加入 RCU 回调函数队列的时候，需要提供一个 rcu_head 实例，slab 提供的 rcu_head 实例的位置分两种情况。

1）如果 page 结构体的成员 lru 的长度大于或等于 rcu_head 结构体的长度，那么重用成员 lru。

2）如果 page 结构体的成员 lru 的长度小于 rcu_head 结构体的长度，那么必须在 slab 尾部为 rcu_head 结构体保留空间，保留长度是 rcu_head 结构体的长度。

page 结构体的相关成员如下。

1）成员 flags 设置标志位 PG_slab，表示页属于 SLUB 分配器。

2）成员 freelist 指向第一个空闲对象。

3）成员 inuse 表示已分配对象的数量。

4）成员 objects 是对象数量。

5）成员 frozen 表示 slab 是否被冻结在每处理器 slab 缓存中。如果 slab 在每处理器 slab 缓存中，它处于冻结状态；如果 slab 在内存节点的部分空闲 slab 链表中，它处于解冻状态。

6）成员 lru 作为链表节点加入部分空闲 slab 链表。

7）成员 slab_cache 指向 kmem_cache 实例。

（4）kmem_cache 实例的成员 cpu_slab 指向 kmem_cache_cpu 实例，每个处理器对应一个 kmem_cache_cpu 实例，称为每处理器 slab 缓存。

SLAB 分配器的每处理器数组缓存以对象为单位，而 SLUB 分配器的每处理器 slab 缓存以 slab 为单位。

成员 freelist 指向当前使用的 slab 的空闲对象链表，成员 page 指向当前使用的 slab 对应的 page 实例，成员 partial 指向每处理器部分空闲 slab 链表。

对象有两种内存布局，区别是空闲指针的位置不同。

第一种内存布局如图 3.38 所示，空闲指针在红色区域 2 的后面。

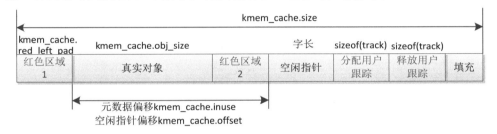

图3.38　空闲指针在红色区域2的后面

第二种内存布局如图 3.39 所示，空闲指针重用真实对象的第一个字。

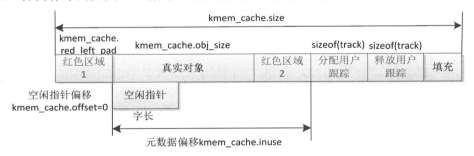

图3.39　空闲指针重用真实对象的第一个字

kmem_cache.offset 是空闲指针的偏移，空闲指针的地址等于（真实对象的地址 + 空闲指针偏移）。

红色区域 1 的长度 = kmem_cache.red_left_pad = 字长对齐到指定的对齐值

红色区域 2 的长度 = 字长 −（对象长度 % 字长）

当开启 SLUB 分配器的调试配置宏 CONFIG_SLUB_DEBUG 的时候，对象才包含红色区域 1、红色区域 2、分配用户跟踪和释放用户跟踪这 4 个成员。

以下 3 种情况下选择第一种内存布局。

（1）指定构造函数。

（2）指定标志位 SLAB_TYPESAFE_BY_RCU，要求使用 RCU 延迟释放 slab。

（3）指定标志位 SLAB_POISON，要求毒化对象。

其他情况下使用第二种内存布局。

2．空闲对象链表

以对象使用第一种内存布局为例说明，一个 slab 的空闲对象链表的初始状态如图 3.40 所示，page->freelist 指向第一个空闲对象中的真实对象，前一个空闲对象中的空闲指针指向后一个空闲对象中的真实对象，最后一个空闲对象中的空闲指针是空指针。如果打开了 SLAB 空闲链表随机化的配置宏 CONFIG_SLAB_FREELIST_RANDOM，每个对象在空闲对象链表中的位置是随机的。

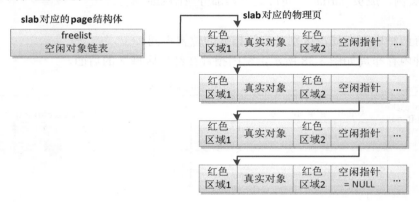

图3.40　空闲对象链表的初始状态

分配一个对象以后，page->freelist 指向下一个空闲对象中的真实对象，空闲对象链表如图 3.41 所示。

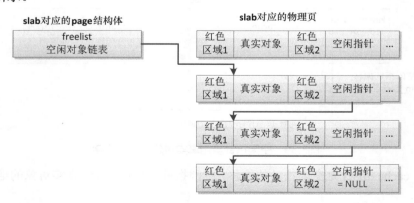

图3.41　分配一个对象以后的空闲对象链表

3．计算 slab 长度

SLUB 分配器在创建内存缓存的时候计算了两种 slab 长度：最优 slab 和最小 slab。最优 slab 是剩余部分比例最小的 slab，最小 slab 只需要足够存放一个对象。当设备长时间运行以后，内存碎片化，分配连续物理页很难成功，如果分配最优 slab 失败，就分配最小 slab。

计算最优 slab 的长度时，有 3 个重要的控制参数。

（1）slub_min_objects：slab 的最小对象数量，默认值是 0，可以在引导内核时使用内核参数"slub_min_objects"设置。

（2）slub_min_order：slab 的最小阶数，默认值是 0，可以在引导内核时使用内核参数"slub_min_order"设置。

（3）slub_max_order：slab 的最大阶数，默认值是页分配器认为昂贵的阶数 3，可以在引导内核时使用内核参数"slub_max_order"设置。

函数 calculate_order 负责计算最优 slab 的长度，其算法如下：

> **第1步**：计算最小对象数量 min_objects。
> 取控制参数 slub_min_objects。
> 如果控制参数 slub_min_objects 是 0，那么根据处理器数量估算一个值，min_objects = 4 * (fls(nr_cpu_ids) + 1)，nr_cpu_ids 是处理器数量，函数 fls 用来获取被设置的最高位，假设有 16 个处理器，fls(16) 的结果是 5。最小对象数量不能超过根据最大阶数 slub_max_order 计算出来的最大对象数量。
>
> **第2步**：尝试把多个对象放在一个 slab 中。
> ```
> while (最小对象数量min_objects大于1) {
>     slab剩余部分比例fraction取16，是倒数值。
>     while (剩余部分比例fraction 大于或等于4) {
>         调用函数slab_order(对象长度size，最小对象数量min_objects，最大阶数slub_max_
> order，剩余部分比例fraction，保留长度reserved)计算阶数。
>         如果算出的阶数不超过最大阶数slub_max_order，那么返回这个阶数。
>
>         把剩余部分比例fraction除以2，然后重试。
>     }
>
>     把最小对象数量min_objects减1，然后重试。
> }
> ```
>
> **第3步**：如果不能把多个对象放在一个 slab 中，那么尝试把一个对象放在一个 slab 中。
> 先尝试最大阶数取控制参数 slub_max_order：最小对象数量取 1，剩余部分比例取 1，调用函数 slab_order 计算阶数，如果阶数不超过 slub_max_order，那么返回这个阶数。
> 然后尝试最大阶数取 MAX_ORDER（页分配器支持的最大阶数是 MAX_ORDER 减 1）：最小对象数量取 1，剩余部分比例取 1，调用函数 slab_order 计算阶数，如果阶数小于 MAX_ORDER，那么返回这个阶数。

函数 slab_order 负责计算阶数，输入参数是（对象长度 size，最小对象数量 min_objects，最大阶数 max_order，剩余部分比例 fraction，保留长度 reserved），其算法如下：

> 如果最小 slab 的对象数量已经超过每页最大对象数量（宏 MAX_OBJS_PER_PAGE，值是 32767），那么 slab 长度取（对象长度 * 每页最大对象数量）向上对齐到 2^n 页的长度，然后取一半，slab 阶数是（get_order（对象长度 * 每页最大对象数量）- 1），函数 get_order 用来得到内存长度的分配阶。

　最小阶数 min_order 从 slab 最小阶数 slub_min_order 和根据最小对象数量
min_objects 算出的 slab 阶数中取最大值。

```
从最小阶数min_order到最大阶数max_order尝试 {
        slab长度 = 页长度左移阶数位
        剩余长度 = (slab长度 - 保留长度)除以对象长度取余数
        剩余部分比例 = 剩余长度 / slab长度
        如果剩余部分比例不超过上限(1 / fraction)，那么取这个阶数。
}
```

4. 每处理器 slab 缓存

SLAB 分配器的每处理器缓存以对象为单位,而 SLUB 分配器的每处理器缓存以 slab 为单位。
如图 3.42 所示，内存缓存为每个处理器创建了一个 slab 缓存。

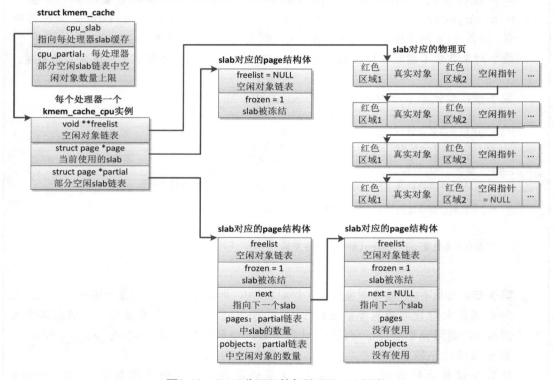

图3.42　SLUB分配器的每处理器slab缓存

（1）使用结构体 kmem_cache_cpu 描述 slab 缓存，成员 page 指向当前使用的 slab 对应
的 page 实例，成员 freelist 指向空闲对象链表，成员 partial 指向部分空闲 slab 链表。

（2）当前使用的 slab 对应的 page 实例：成员 frozen 的值为 1，表示当前 slab 被冻结在
每处理器 slab 缓存中；成员 freelist 被设置为空指针。

（3）部分空闲 slab 链表：只有打开配置宏 CONFIG_SLUB_CPU_PARTIAL，才会使用
部分空闲 slab 链表（如果打开了调试配置宏 CONFIG_SLUB_DEBUG，还要求没有设置 slab
调试标志位），目前默认打开了这个配置宏。为了和内存节点的空闲 slab 链表区分，我们把
每处理器 slab 缓存中的空闲 slab 链表称为每处理器空闲 slab 链表。

链表中每个 slab 对应的 page 实例的成员 frozen 的值为 1，表示 slab 被冻结在每处理器 slab 缓存中；成员 next 指向下一个 slab 对应的 page 实例。

链表中第一个 slab 对应的 page 实例的成员 pages 存放链表中 slab 的数量，成员 pobjects 存放链表中空闲对象的数量；后面的 slab 没有使用这两个成员。

kmem_cache 实例的成员 cpu_partial 决定了链表中空闲对象的最大数量，是根据对象长度估算的值。

分配对象时，首先从当前处理器的 slab 缓存分配，如果当前有一个 slab 正在使用并且有空闲对象，那么分配一个对象；如果 slab 缓存中的部分空闲 slab 链表不是空的，那么取第一个 slab 作为当前使用的 slab；其他情况下，需要重填当前处理器的 slab 缓存。

（1）如果内存节点的部分空闲 slab 链表不是空的，那么取第一个 slab 作为当前使用的 slab，并且重填 slab 缓存中的部分空闲 slab 链表，直到取出的所有 slab 的空闲对象总数超过限制 kmem_cache.cpu_partial 的一半为止。

（2）否则，创建一个新的 slab，作为当前使用的 slab。

什么情况下会把 slab 放到每处理器部分空闲 slab 链表中？

释放对象的时候，如果对象所属的 slab 以前没有空闲对象，并且没有冻结在每处理器 slab 缓存中，那么把 slab 放到当前处理器的部分空闲 slab 链表中。如果发现当前处理器的部分空闲 slab 链表中空闲对象的总数超过限制 kmem_cache.cpu_partial，先把链表中的所有 slab 归还到内存节点的部分空闲 slab 链表中。

这种做法的好处是：把空闲对象非常少的 slab 放在每处理器空闲 slab 链表中，优先从空闲对象非常少的 slab 分配对象，减少内存浪费。

5．对 NUMA 的支持

我们看看 SLUB 分配器怎么支持 NUMA 系统。

（1）内存缓存针对每个内存节点创建一个 kmem_cache_node 实例。

（2）分配对象时，如果当前处理器的 slab 缓存是空的，需要重填当前处理器的 slab 缓存。首先从本地内存节点的部分空闲 slab 链表中取 slab，如果本地内存节点的部分空闲 slab 链表是空的，那么从其他内存节点的部分空闲 slab 链表借用 slab。

kmem_cache 实例的成员 remote_node_defrag_ratio 称为远程节点反碎片比例，用来控制从远程节点借用部分空闲 slab 和从本地节点取部分空闲 slab 的比例，值越小，从本地节点取部分空闲 slab 的倾向越大。默认值是 1000，可以通过文件"/sys/kernel/slab/<内存缓存名称>/remote_node_defrag_ratio"设置某个内存缓存的远程节点反碎片比例，用户设置的范围是[0, 100]，内存缓存保存的比例值是乘以 10 以后的值。

函数 get_any_partial 负责从其他内存节点借用部分空闲 slab，算法如下：

> 如果远程节点反碎片比例是 0，或者当前处理器的时钟周期计数值除以 1024 的余数大于远程节点反碎片比例，那么不允许从其他节点借用部分空闲 slab。
>
> 从当前进程的 NUMA 内存策略取内存节点。

> 从内存节点取备用区域列表。
>
> ```
> 遍历备用区域列表的每个目标区域 {
>         如果（cpuset允许当前进程从目标内存节点分配内存，并且目标内存节点的部分空闲slab的数量大于
> 最小部分空闲slab数量kmem_cache.min_partial）{
>                 从目标内存节点借用部分空闲slab
>                 返回
>         }
> }
> ```

6．回收内存

对于所有对象空闲的 slab，如果内存节点的部分空闲 slab 的数量大于或等于最小部分空闲 slab 数量，那么直接释放，否则放在部分空闲 slab 链表的尾部。

最小部分空闲 slab 数量 kmem_cache.min_partial 的计算方法是：（$\log_2$ 对象长度）/2，并且把限制在范围[5,10]。

7．调试

如果我们需要使用 SLUB 分配器的调试功能，首先需要打开调试配置宏 CONFIG_DEBUG_SLUB，然后有如下两种选择。

（1）打开配置宏 CONFIG_SLUB_DEBUG_ON，为所有内存缓存打开所有调试选项。

（2）在引导内核时使用内核参数"slub_debug"。

slub_debug=<调试选项>	为所有内存缓存打开调试选项
slub_debug=<调试选项>,<内存缓存名称>	只为指定的内存缓存打开调试选项

调试选项如下所示。

1）F：在分配和释放时执行昂贵的一致性检查（对应标志位 SLAB_CONSISTENCY_CHECKS）

2）Z：红色区域（对应标志位 SLAB_RED_ZONE）

3）P：毒化对象（对应标志位 SLAB_POISON）

4）U：分配/释放用户跟踪（对应标志位 SLAB_STORE_USER）

5）T：跟踪分配和释放（对应标志位 SLAB_TRACE），只在一个内存缓存上使用。

6）A：注入分配对象失败的错误（对应标志位 SLAB_FAILSLAB，需要打开配置宏 CONFIG_FAILSLAB）

7）O：为可能导致更高的最小 slab 阶数的内存缓存关闭调试。

8）-：关闭所有调试选项，在内核配置了 CONFIG_SLUB_DEBUG_ON 时有用处。

如果没有指定调试选项（即"slub_debug="），表示打开所有调试选项。

3.8.4 SLOB 分配器

SLOB 分配器最大的特点就是简洁，代码只有 600 多行，特别适合小内存的嵌入式设备。

1．数据结构

SLOB 分配器内存缓存的数据结构如图 3.43 所示。

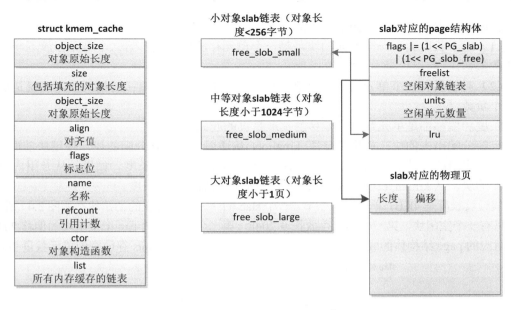

图3.43　SLOB分配器内存缓存的数据结构

（1）每个内存缓存对应一个 kmem_cache 实例。

成员 object_size 是对象原始长度，成员 size 是包括填充的对象长度，align 是对齐值。

（2）所有内存缓存共享 slab，所有对象长度小于 256 字节的内存缓存共享小对象 slab 链表中的 slab，所有对象长度小于 1024 字节的内存缓存共享中等对象 slab 链表中的 slab，所有对象长度小于 1 页的内存缓存共享大对象 slab 链表中的 slab。对象长度大于或等于 1 页的内存缓存，直接从页分配器分配页，不需要经过 SLOB 分配器。

每个 slab 的长度是一页，page 结构体的相关成员如下。

1）成员 flags 设置标志位 PG_slab，表示页属于 SLOB 分配器；设置标志位 PG_slob_free，表示 slab 在 slab 链表中。

2）成员 freelist 指向第一个空闲对象。

3）成员 units 表示空闲单元的数量。

4）成员 lru 作为链表节点加入 slab 链表。

SLOB 分配器的分配粒度是单元，也就是说，分配长度必须是单元的整数倍，单元是数据类型 slobidx_t 的长度，通常是 2 字节。数据类型 slobidx_t 的定义如下：

```
mm/slob.c
#if PAGE_SIZE <= (32767 * 2)
typedef s16 slobidx_t;
#else
typedef s32 slobidx_t;
#endif
```

2. 空闲对象链表

我们看看 SLOB 分配器怎么组织空闲对象。在 SLOB 分配器中，对象更准确的说法是块（block），因为多个对象长度不同的内存缓存可能从同一个 slab 分配对象，一个 slab 可能出现大小不同的块。

空闲块的内存布局分为如下两种情况。

（1）对于长度大于一个单元的块，第一个单元存放块长度，第二个单元存放下一个空闲块的偏移。

（2）对于只有一个单元的块，该单元存放下一个空闲块的偏移的相反数，也就是说，是一个负数。

长度和偏移都是单元数量，偏移的基准是页的起始地址。

已经分配出去的块：如果是使用 kmalloc() 从通用内存缓存分配的块，使用块前面的 4 字节存放申请的字节数，因为使用 kfree() 释放时需要知道块的长度。如果是从专用内存缓存分配的块，从 kmem_cache 结构体的成员 size 可以知道块的长度。

假设页长度是 4KB，单元是 2 字节，一个 slab 的空闲对象链表的初始状态如图 3.44 所示。slab 只有一个空闲块，第一个单元存放长度 2048，第二个单元存放下一个空闲块的偏移 2048，slab 对应的 page 结构体的成员 freelist 指向第一个空闲块，成员 units 存放空闲单元数量 2048。

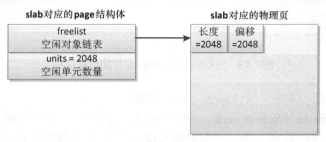

图3.44　空闲对象链表的初始状态

假设一个对象长度是 32 字节的内存缓存从这个 slab 分配了一个对象，空闲对象链表如图 3.45 所示，slab 的前面 32 字节被分配，空闲块从第 32 字节开始，第一个单元存放长度 2032，第二个单元存放下一个空闲块的偏移 2048，slab 对应的 page 结构体的成员 freelist 指向这个空闲块，成员 units 存放空闲单元数量 2032。

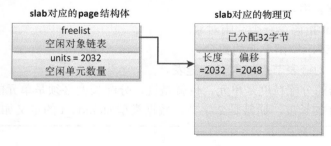

图3.45　分配一个对象以后的空闲对象链表

3．分配对象

分配对象时，根据对象长度选择不同的策略。

（1）如果对象长度小于 256 字节，那么从小对象 slab 链表中查找 slab 分配。

（2）如果对象长度小于 1024 字节，那么从中等对象 slab 链表中查找 slab 分配。

（3）如果对象长度小于 1 页，那么从大对象 slab 链表中查找 slab 分配。

（4）如果对象长度大于或等于 1 页，那么直接从页分配器分配页，不需要经过 SLOB 分配器。

对于前面 3 种情况，遍历 slab 链表，对于空闲单元数量（page.units）大于或等于对象长度的 slab，遍历空闲对象链表，当找到一个合适的空闲块时，处理方法是：如果空闲块的长度等于对象长度，那么把这个空闲块从空闲对象链表中删除；如果空闲块的长度大于对象长度，那么把这个空闲块分裂为两部分，一部分分配出去，剩下部分放在空闲对象链表中。

如果分配对象以后，slab 的空闲单元数量变成零，那么从 slab 链表中删除，并且清除标志位 PG_slob_free。

为了减少平均查找时间，从某个 slab 分配对象以后，把 slab 链表的头节点移到这个 slab 的前面，下一次分配对象的时候从这个 slab 开始查找。

如果遍历完 slab 链表，没有找到合适的空闲块，那么创建新的 slab。

3.9 不连续页分配器

当设备长时间运行后，内存碎片化，很难找到连续的物理页。在这种情况下，如果需要分配长度超过一页的内存块，可以使用不连续页分配器，分配虚拟地址连续但是物理地址不连续的内存块。

在 32 位系统中，不连续页分配器还有一个好处：优先从高端内存区域分配页，保留稀缺的低端内存区域。

3.9.1 编程接口

不连续页分配器提供了以下编程接口。

（1）vmalloc 函数：分配不连续的物理页并且把物理页映射到连续的虚拟地址空间。

```
void *vmalloc(unsigned long size);
```

（2）vfree 函数：释放 vmalloc 分配的物理页和虚拟地址空间。

```
void vfree(const void *addr);
```

（3）vmap 函数：把已经分配的不连续物理页映射到连续的虚拟地址空间。

```
void *vmap(struct page **pages, unsigned int count, unsigned long flags, pgprot_t prot);
```

参数 pages 是 page 指针数组，count 是 page 指针数组的大小，flags 是标志位，prot 是页保护位。

（4）vunmap 函数：释放使用 vmap 分配的虚拟地址空间。

```
void vunmap(const void *addr);
```

内核还提供了以下函数。

（1）kvmalloc 函数：先尝试使用 kmalloc 分配内存块，如果失败，那么使用 vmalloc 函数分配不连续的物理页。

```
void *kvmalloc(size_t size, gfp_t flags);
```

（2）kvfree 函数：如果内存块是使用 vmalloc 分配的，那么使用 vfree 释放，否则使用

kfree 释放。

```
void kvfree(const void *addr);
```

3.9.2　数据结构

不连续页分配器的数据结构如图 3.46 所示。

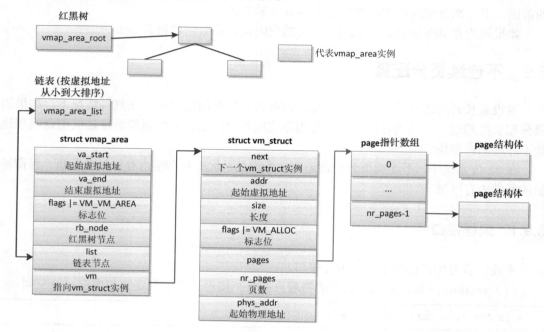

图3.46　不连续页分配器的数据结构

（1）每个虚拟内存区域对应一个 vmap_area 实例。

成员 va_start 是起始虚拟地址，成员 va_end 是结束虚拟地址，虚拟内存区域的范围是 [va_start,va_end)。

成员 flags 是标志位，如果设置了标志位 VM_VM_AREA，表示成员 vm 指向一个 vm_struct 实例，即 vmap_area 实例关联一个 vm_strut 实例。

成员 rb_node 是红黑树节点，用来把 vmap_area 实例加入根节点是 vmap_area_root 的红黑树中，借助红黑树可以根据虚拟地址快速找到 vmap_area 实例。

成员 list 是链表节点，用来把 vmap_area 实例加入头节点是 vmap_area_list 的链表中，这条链表按虚拟地址从小到大排序。

（2）每个 vmap_area 实例关联一个 vm_struct 实例。

成员 addr 是起始虚拟地址，成员 size 是长度。

成员 flags 是标志位，如果设置了标志位 VM_ALLOC，表示虚拟内存区域是使用函数 vmalloc 分配的。

成员 pages 指向 page 指针数组，成员 nr_pages 是页数。page 指针数组的每个元素指向一个物理页的 page 实例。

成员 next 指向下一个 vm_struct 实例，成员 phys_addr 是起始物理地址，这两个成员仅仅在不连续页分配器初始化以前使用。

如图 3.47 所示，如果虚拟内存区域是使用函数 vmap 分配的，vm_struct 结构体的差别是：成员 flags 没有设置标志位 VM_ALLOC，成员 pages 是空指针，成员 nr_pages 是 0。

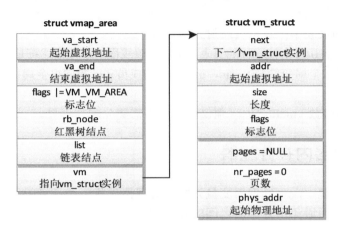

图3.47　使用vmap函数分配虚拟内存区域

3.9.3　技术原理

vmalloc 虚拟地址空间的范围是[VMALLOC_START, VMALLOC_END)，每种处理器架构都需要定义这两个宏，例如 ARM64 架构定义的宏如下：

```
arch/arm64/include/asm/pgtable.h
#define VMALLOC_START          (MODULES_END)
#define VMALLOC_END            (PAGE_OFFSET - PUD_SIZE - VMEMMAP_SIZE - SZ_64K)
```

其中，MODULES_END 是内核模块区域的结束地址，PAGE_OFFSET 是线性映射区域的起始地址，PUD_SIZE 是一个页上层目录表项映射的地址空间长度，VMEMMAP_SIZE 是 vmemmap 区域的长度。

vmalloc 虚拟地址空间的起始地址等于内核模块区域的结束地址。

vmalloc 虚拟地址空间的结束地址等于（线性映射区域的起始地址−一个页上层目录表项映射的地址空间长度−vmemmap 区域的长度−64KB）。

函数 vmalloc 分配的单位是页，如果请求分配的长度不是页的整数倍，那么把长度向上对齐到页的整数倍。建议在需要申请的内存长度超过一页的时候使用函数 vmalloc。

函数 vmalloc 的执行过程分为 3 步。

（1）分配虚拟内存区域。

分配 vm_struct 实例和 vmap_area 实例；然后遍历已经存在的 vmap_area 实例，在两个相邻的虚拟内存区域之间找到一个足够大的空洞，如果找到了，把起始虚拟地址和结束虚拟地址保存在新的 vmap_area 实例中，然后把新的 vmap_area 实例加入红黑树和链表；最后把新的 vmap_area 实例关联到 vm_struct 实例。

（2）分配物理页。

vm_struct 实例的成员 nr_pages 存放页数 n；分配 page 指针数组，数组的大小是 n，vm_struct 实例的成员 pages 指向 page 指针数组；然后连续执行 n 次如下操作：从页分配器分配一个物理页，把物理页对应的 page 实例的地址存放在 page 指针数组中。

（3）在内核的页表中把虚拟页映射到物理页。

内核的页表就是 0 号内核线程的页表。0 号内核线程的进程描述符是全局变量 init_task，成员 active_mm 指向全局变量 init_mm，init_mm 的成员 pgd 指向页全局目录 swapper_pg_dir。

函数 vmap 和函数 vmalloc 的区别仅仅在于不需要分配物理页。

3.10　每处理器内存分配器

在多处理器系统中，每处理器变量为每个处理器生成一个变量的副本，每个处理器访问自己的副本，从而避免了处理器之间的互斥和处理器缓存之间的同步，提高了程序的执行速度。

3.10.1　编程接口

每处理器变量分为静态和动态两种。

1．静态每处理器变量

使用宏"DEFINE_PER_CPU(type, name)"定义普通的静态每处理器变量，使用宏"DECLARE_PER_CPU(type, name)"声明普通的静态每处理器变量。

把宏"DEFINE_PER_CPU(type, name)"展开以后是：

```
__attribute__((section(".data..percpu"))) __typeof__(type)  name
```

可以看出，普通的静态每处理器变量存放在".data..percpu"节（每处理器数据节）中。

定义静态每处理器变量的其他变体如下。

（1）使用宏"DEFINE_PER_CPU_FIRST(type, name)"定义必须在每处理器变量集合中最先出现的每处理器变量。

（2）使用宏"DEFINE_PER_CPU_SHARED_ALIGNED(type, name)"定义和处理器缓存行对齐的每处理器变量，仅仅在 SMP 系统中需要和处理器缓存行对齐。

（3）使用宏"DEFINE_PER_CPU_ALIGNED(type, name)"定义和处理器缓存行对齐的每处理器变量，不管是不是 SMP 系统，都需要和处理器缓存行对齐。

（4）使用宏"DEFINE_PER_CPU_PAGE_ALIGNED(type, name)"定义和页长度对齐的每处理器变量。

（5）使用宏"DEFINE_PER_CPU_READ_MOSTLY(type, name)"定义以读为主的每处

理器变量。

如果想要静态每处理器变量可以被其他内核模块引用，需要导出到符号表，具体如下。

（1）如果允许任何内核模块引用，使用宏"EXPORT_PER_CPU_SYMBOL(var)"把静态每处理器变量导出到符号表。

（2）如果只允许使用 GPL 许可的内核模块引用，使用宏"EXPORT_PER_CPU_SYMBOL_GPL(var)"把静态每处理器变量导出到符号表。

2．动态每处理器变量

为动态每处理器变量分配内存的函数如下。

（1）使用函数__alloc_percpu_gfp 为动态每处理器变量分配内存。

```
void __percpu *__alloc_percpu_gfp(size_t size, size_t align, gfp_t gfp);
```

参数 size 是长度，参数 align 是对齐值，参数 gfp 是传给页分配器的分配标志位。

（2）宏 alloc_percpu_gfp(type, gfp)是函数__alloc_percpu_gfp 的简化形式，参数 size 取"sizeof(type)"，参数 align 取"__alignof__(type)"，即数据类型 type 的对齐值。

（3）函数__alloc_percpu 是函数__alloc_percpu_gfp 的简化形式，参数 gfp 取 GFP_KERNEL。

```
void __percpu *__alloc_percpu(size_t size, size_t align);
```

（4）宏 alloc_percpu(type)是函数__alloc_percpu 的简化形式，参数 size 取"sizeof(type)"，参数 align 取"__alignof__(type)"。

最常用的是宏 alloc_percpu(type)。

使用函数 free_percpu 释放动态每处理器变量的内存。

```
void free_percpu(void __percpu *__pdata);
```

3．访问每处理器变量

宏"this_cpu_ptr(ptr)"用来得到当前处理器的变量副本的地址，宏"get_cpu_var(var)"用来得到当前处理器的变量副本的值。宏"this_cpu_ptr(ptr)"展开以后是：

```
unsigned long __ptr;

__ptr = (unsigned long) (ptr);
(typeof(ptr)) (__ptr + per_cpu_offset(raw_smp_processor_id()));
```

可以看出，当前处理器的变量副本的地址等于基准地址加上当前处理器的偏移。

宏"per_cpu_ptr(ptr, cpu)"用来得到指定处理器的变量副本的地址，宏"per_cpu(var, cpu)"用来得到指定处理器的变量副本的值。

宏"get_cpu_ptr(var)"禁止内核抢占并且返回当前处理器的变量副本的地址，宏"put_cpu_ptr(var)"开启内核抢占，这两个宏成对使用，确保当前进程在内核模式下访问当前处理器的变量副本的时候不会被其他进程抢占。

宏"get_cpu_var(var)"禁止内核抢占并且返回当前处理器的变量副本的值，宏"put_cpu_var(var)"开启内核抢占，这两个宏成对使用，确保当前进程在访问当前处理器的变量副本的时候不会被其他进程抢占。

3.10.2 技术原理

每处理器区域是按块（chunk）分配的，每个块分为多个长度相同的单元（unit），每个处理器对应一个单元。在 NUMA 系统上，把单元按内存节点分组，同一个内存节点的所有处理器对应的单元属于同一个组。

分配块的方式有两种。

（1）基于 vmalloc 区域的块分配。从 vmalloc 虚拟地址空间分配虚拟内存区域，然后映射到物理页。

（2）基于内核内存的块分配。直接从页分配器分配页，使用直接映射的内核虚拟地址空间。

基于 vmalloc 区域的块分配，适合多处理器系统；基于内核内存的块分配，适合单处理器系统或者处理器没有内存管理单元部件的情况，目前这种块分配方式不支持 NUMA 系统。

多处理器系统默认使用基于 vmalloc 区域的块分配方式，单处理器系统默认使用基于内核内存的块分配方式。

基于 vmalloc 区域的每处理器内存分配器的数据结构如图 3.48 所示，每个块对应一个 pcpu_chunk 实例。

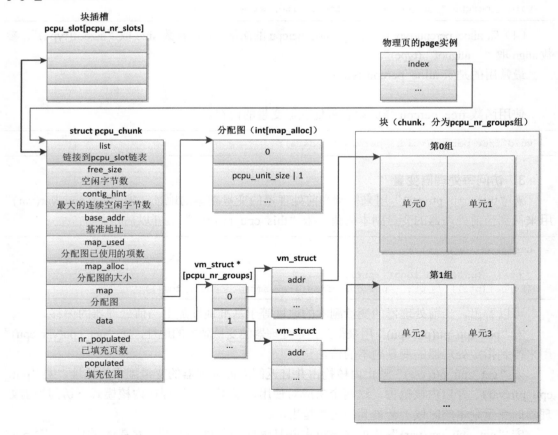

图3.48 基于vmalloc区域的每处理器内存分配器

（1）成员 data 指向 vm_struct 指针数组，vm_struct 结构体是不连续页分配器的数据结构，每个组对应一个 vm_struct 实例，vm_struct 实例的成员 addr 指向组的起始地址。块以组为单位分配虚拟内存区域，一个组的虚拟地址是连续的，不同组的虚拟地址不一定是连续的。

（2）成员 populated 是填充位图，记录哪些虚拟页已经映射到物理页；成员 nr_populated 是已填充页数，记录已经映射到物理页的虚拟页的数量。创建块时，只分配了虚拟内存区域，没有分配物理页，从块分配每处理器变量时，才分配物理页。物理页的 page 实例的成员 index 指向 pcpu_chunk 实例。

（3）成员 map 指向分配图，分配图是一个整数数组，用来存放每个小块（block）的偏移和分配状态，成员 map_alloc 记录分配图的大小，成员 map_used 记录分配图已使用的项数。

（4）成员 free_size 记录空闲字节数，成员 contig_hint 记录最大的连续空闲字节数。

（5）成员 base_addr 是块的基准地址，一个块的每个组必须满足条件：组的起始地址 =（块的基准地址 + 组的偏移）。

（6）成员 list 用来把块加入块插槽，插槽号是根据空闲字节数算出来的。

基于内核内存的每处理器内存分配器的数据结构如图 3.49 所示，和基于 vmalloc 区域的每处理器内存分配器的不同如下。

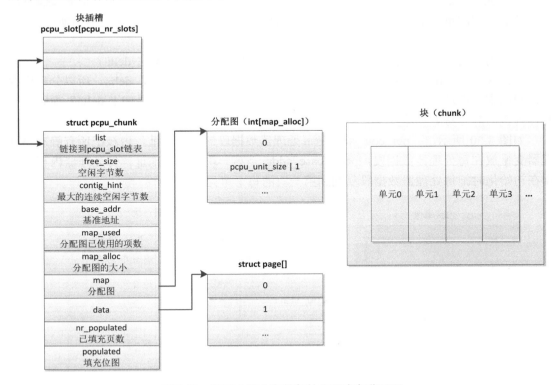

图3.49 基于内核内存的每处理器内存分配器

（1）pcpu_chunk 实例的成员 data 指向 page 结构体数组。

（2）创建块的时候，分配了物理页，虚拟页直接映射到物理页。

（3）不支持 NUMA 系统，一个块只有一个组。

一个块中偏移为 offset、长度为 size 的区域，是由每个单元中偏移为 offset、长度为 size 的小块（block）组成的。从一个块分配偏移为 offset、长度为 size 的区域，就是从每个单元分配偏移为 offset、长度为 size 的小块。

为每处理器变量分配内存时，返回的虚拟地址是（chunk->base_addr + offset − delta），其中 chunk->base_addr 是块的基准地址，offset 是单元内部的偏移，delta 是（pcpu_base_addr − __per_cpu_start），__per_cpu_start 是每处理器数据段的起始地址，内核把所有静态每处理器变量放在每处理器数据段，pcpu_base_addr 是第一块的基准地址，每处理器内存分配器在初始化的时候把每处理器数据段复制到第一块的每个单元。

使用宏"this_cpu_ptr(ptr)"访问每处理器变量，ptr 是为每处理器变量分配内存时返回的虚拟地址。我们看看宏"this_cpu_ptr(ptr)"怎么得到当前处理器的变量副本的地址：

```
this_cpu_ptr(ptr)
= ptr + __per_cpu_offset[cpu]     /* cpu是当前处理器的编号 */
= ptr + (delta + pcpu_unit_offsets[cpu])
= (ptr + delta) + pcpu_unit_offsets[cpu]
= (chunk->base_addr + offset) + pcpu_unit_offsets[cpu]
= (chunk->base_addr + pcpu_unit_offsets[cpu]) + offset
```

pcpu_unit_offsets[cpu]是处理器对应的单元的偏移，（chunk->base_addr + pcpu_unit_offsets[cpu]）是处理器对应的单元的起始地址，加上单元内部的偏移 offset，就是变量副本的地址。

问：为每处理器变量分配内存时，返回的虚拟地址为什么要减去 delta？

答：因为宏"this_cpu_ptr(ptr)"在计算变量副本的地址时加上了 delta，所以分配内存时返回的虚拟地址要提前减去 delta。宏"this_cpu_ptr(ptr)"为什么要加上 delta？原因是要照顾内核的静态每处理器变量。

如图 3.50 所示，__per_cpu_start 是每处理器数据段的起始地址，内核把所有静态每处理器变量放在每处理器数据段，pcpu_base_addr 是第一块的基准地址，每处理器内存分配器在初始化时把每处理器数据段复制到第一块的每个单元。

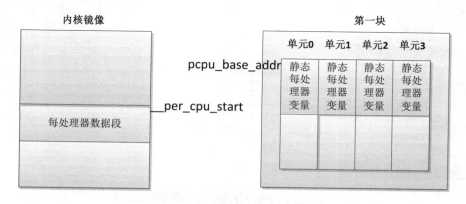

图3.50　内核的静态每处理器变量

使用宏"this_cpu_ptr(ptr)"访问静态每处理器变量时，ptr 是内核镜像的每处理器数据段中的变量的虚拟地址，必须加上第一块的基准地址和每处理器数据段的起始地址的差值，才能得到第一块中变量副本的地址。

　　分配图是一个整数数组，存放每个小块的偏移和分配状态，每个小块的长度是偶数，偏移是偶数，使用最低位表示小块的分配状态，如果小块被分配，那么设置最低位。

　　假设系统有 4 个处理器，一个块分为 4 个单元，块的初始状态如图 3.51 所示，分配图使用了两项：第一项存放第一个小块的偏移 0，空闲；第二项存放单元的结束标记，偏移是单元长度 pcpu_unit_size，最低位被设置。

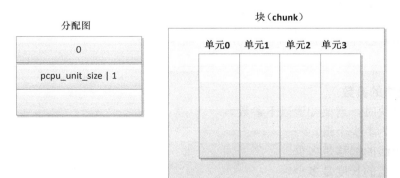

图3.51　块的初始状态

　　分配一个长度是 32 字节的动态每处理器变量以后，块的状态如图 3.52 所示。每个单元中偏移为 0、长度为 32 字节的小块被分配出去，分配图使用了三项：第一项存放第一个小块的偏移 0，已分配；第二项存放第二个小块的偏移 32，空闲；第三项存放单元的结束标记，偏移是单元长度 pcpu_unit_size，最低位被设置。

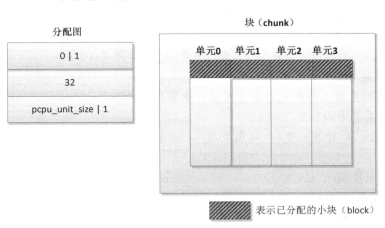

图3.52　分配32字节以后块的状态

　　分配器根据空闲长度把块组织成链表，把每条链表称为块插槽，插槽的数量是 pcpu_nr_slots，根据空闲长度 n 计算插槽号的方法如下。

　　（1）如果空闲长度小于整数长度，或者最大的连续空闲字节数小于整数长度，那么插槽号是 0。

（2）如果块全部空闲，即空闲长度等于单元长度，那么取最后一个插槽号，即（pcpu_nr_slots − 1）。

（3）其他情况：插槽号 = fls(n) − 3，并且不能小于 1。fls(n) 是取 n 被设置的最高位，例如 fls(1) = 1，fls(0x80000000) = 32，相当于（$\log_2 n + 1$）。减 3 的目的是让空闲长度是 1~15 字节的块共享插槽 1。其代码如下：

```
mm/percpu.c
#define PCPU_SLOT_BASE_SHIFT      5    /* 1~15共享相同的插槽 */
static int __pcpu_size_to_slot(int size)
{
    int highbit = fls(size);    /* size的单位是字节 */
    return max(highbit - PCPU_SLOT_BASE_SHIFT + 2, 1);
}
```

1．确定块的参数

创建一个块时，需要知道以下参数。

（1）块分为多少个组？

（2）每个组的偏移是多少？

（3）每个组的长度是多少？

（4）原子长度是多少？原子长度是对齐值，即组的长度必须是原子长度的整数倍。

（5）单元长度是多少？

块的各种参数是在创建第一个块的时候确定的，第一个块包含了内核的静态每处理器变量。

函数 pcpu_build_alloc_info 计算分组信息和单元长度，其算法如下：

```
start_kernel -> setup_per_cpu_areas -> pcpu_embed_first_chunk -> pcpu_build_alloc_info
```

静态长度：内核中所有静态每处理器变量的长度总和，等于每处理器数据段的结束地址减去起始地址，即（__per_cpu_end − __per_cpu_start）。

保留长度：为内核模块的静态每处理器变量保留，使用宏 PERCPU_MODULE_RESERVE 定义，值是 8KB。

动态长度：为动态每处理器变量准备，使用宏 PERCPU_DYNAMIC_RESERVE 定义，在 64 位系统中的值是 28KB。

size_sum = 静态长度 + 保留长度 + 动态长度

最小单元长度 min_unit_size = size_sum，并且不允许小于宏 PCPU_MIN_UNIT_SIZE（值是 32KB）。

分配长度 alloc_size = min_unit_size 向上对齐到原子长度的整数倍，目前原子长度是页长度。

最大倍数 max = alloc_size / min_unit_size

根据距离把处理器分组，计算每个处理器的组编号和每个组的处理器数量，实际上是每个内存节点的所有处理器属于同一个组。

单元长度 = alloc_size / 倍数 n，现在需要从最大倍数 max 到最小倍数 1 中找到一个最优的倍数 n。

（1）块以组为单位分配虚拟内存区域，必须保证每个组的长度是原子长度的整数倍。

（2）浪费的比例必须小于或等于 25%，并且浪费的比例是最小的。

倍数 n 从最大倍数 max 递减到最小倍数 1 {

　　如果 alloc_size 不能整除倍数 n，或者 alloc_size/n 不是页长度的整数倍，那么倍数 n 不合适。

　　把每个组的单元数量向上对齐到 n，计算单元总数 units。

　　如果（因为对齐增加的单元数量 / 对齐前的单元总数）大于 1/3，即浪费的比例超过 25%，那么倍数 n 不合适。

　　如果单元总数比以前算出的单元总数 last_units 大，那么退出循环。

　　记录单元总数 last_units = units

　　记录最优倍数 best = n

}

best 是最优倍数，单元长度 = alloc_size / best

设置组的参数如下。

（1）每个组的单元数量：向上对齐到 best 的整数倍，确保每个组的虚拟内存区域对齐到原子长度。

（2）计算每个组的偏移：第 n 组的偏移等于（第 0 到 n-1 组的单元总数 * 单元长度），单元数量包括把组长度和原子长度对齐而增加的单元。

函数 pcpu_setup_first_chunk 根据传入的结构体 pcpu_alloc_info 和基准地址初始化第一块，并且设置块的参数：

（1）全局变量 pcpu_nr_groups 存放组的数量。

（2）全局数组 pcpu_group_offsets 存放每个组的偏移，pcpu_group_offsets[n] 是第 n 组的偏移。

（3）全局数组 pcpu_group_sizes 存放每个组的长度，pcpu_group_sizes[n] 是第 n 组的长度。

（4）全局数组 pcpu_unit_map 存放处理器编号到单元编号的映射关系，pcpu_unit_map[n] 是处理器 n 的单元编号。

（5）全局数组 pcpu_unit_offsets 存放每个单元的偏移，pcpu_unit_offsets[n] 是单元 n 的偏移。

（6）全局变量 pcpu_nr_units 是块的单元数量，不包括因为把组长度和原子长度对齐而增加的单元。

（7）全局变量 pcpu_unit_pages 是单元长度，单位是页。

（8）全局变量 pcpu_unit_size 是单元长度，单位是字节。

（9）全局变量 pcpu_atom_size 是原子长度，即对齐值，每个组的长度必须是原子长度的整数倍。

（10）全局变量 pcpu_base_addr 是基准地址，取第一块的基准地址。

函数 setup_per_cpu_areas 设置全局数组__per_cpu_offset，该数组存放每个处理器对应的单元的偏移：

```
delta = (unsigned long)pcpu_base_addr - (unsigned long)__per_cpu_start;
__per_cpu_offset[cpu] = delta + pcpu_unit_offsets[cpu];
```

pcpu_base_addr 是第一块的基准地址，__per_cpu_start 是内核中每处理器数据段的起始地址，delta 是这两个地址的差值。

pcpu_unit_offsets 是相对块基准地址的偏移，而__per_cpu_offset 是相对内核中每处理器数据段的起始地址的偏移。

已经有全局数组 pcpu_unit_offsets，为什么还要定义全局数组__per_cpu_offset 呢？主要是为了照顾静态每处理器变量：使用宏"this_cpu_ptr(ptr)"访问静态每处理器变量，this_cpu_ptr(ptr) = ptr + __per_cpu_offset[cpu]（cpu 是当前处理器的编号），ptr 是内核的每处理器数据段中变量的地址，需要加上 delta 以转换成第一块中的变量副本的地址。

为每处理器变量分配内存的时候，返回的地址是（chunk->base_addr + offset − delta），提前减去了 delta，其中 chunk->base_addr 是块的基准地址，offset 是单元内部的偏移。

2．创建块

函数 pcpu_create_chunk 负责创建块，以基于 vmalloc 区域的块分配方式为例说明执行过程。

（1）调用函数 pcpu_alloc_chunk，分配 pcpu_chunk 实例并且初始化。

（2）调用函数 pcpu_get_vm_areas，负责从 vmalloc 虚拟地址空间分配虚拟内存区域。

（3）块的基准地址等于（第 0 组的起始地址 − 第 0 组的偏移）。

函数 pcpu_get_vm_areas 的输入参数是以下 4 个参数。

（1）pcpu_group_offsets：每个组的偏移

（2）pcpu_group_sizes：每个组的长度

（3）pcpu_nr_groups：组的数量

（4）pcpu_atom_size：原子长度

需要找到一个基准值 base，第 n 组的虚拟内存区域是[base + pcpu_group_offsets[n], base + pcpu_group_offsets[n] + pcpu_group_sizes[n])，基准值必须满足条件：基准值和原子长度对齐，并且每个组的虚拟内存区域是空闲的。

3．分配内存

每处理器内存分配器分配内存的算法如下：

```
把申请长度向上对齐到偶数
根据申请长度计算出插槽号n

遍历从插槽号n到最大插槽号pcpu_nr_slots的每个插槽 {
    遍历插槽中的每个块 {
        如果申请长度大于块的最大连续空闲字节数，那么不能从这个块分配内存。
```

遍历块的分配图，如果有一个空闲小块的长度大于或等于申请长度，处理如下：
如果小块的长度大于申请长度，先把这个小块分裂为两个小块。
更新分配图。
更新空闲字节数和最大连续空闲字节数
根据空闲字节数计算新的插槽号，把块移到新的插槽中。
    }
}

如果分配失败，处理如下：
如果是原子分配 {
    向全局工作队列添加1个工作项`pcpu_balance_work`，异步创建新的块。
} 否则 {
    如果最后一个插槽是空的，那么创建新的块，然后重新分配内存。
}

如果分配成功，处理如下：
如果是原子分配 {
    如果空闲的已映射到物理页的虚拟页的数量小于`PCPU_EMPTY_POP_PAGES_LOW`（值为2），那么向全局工作队列添加1个工作项`pcpu_balance_work`，异步分配物理页。
} 否则 {
    在分配出去的区域中，对于没有映射到物理页的虚拟页，分配物理页，在内核的页表中把虚拟页映射到物理页。
}
把分配出去的区域清零。
返回地址（`chunk->base_addr + offset − delta`），其中`chunk->base_addr`是块的基准地址，`offset`是单元内部的偏移，`delta`是（`pcpu_base_addr − __per_cpu_start`），即第一块的基准地址和内核中每处理器数据段的起始地址的差值。

3.11 页表

3.11.1 统一的页表框架

页表用来把虚拟页映射到物理页，并且存放页的保护位，即访问权限。

在 Linux 4.11 版本以前，Linux 内核把页表分为 4 级。

（1）页全局目录（Page Global Directory，PGD）。

（2）页上层目录（Page Upper Directory，PUD）。

（3）页中间目录（Page Middle Directory，PMD）。

（4）直接页表（Page Table，PT）。

4.11 版本把页表扩展到五级，在页全局目录和页上层目录之间增加了页四级目录（Page 4th Directory，P4D）。

各种处理器架构可以选择使用五级、四级、三级或两级页表，同一种处理器架构在页长度不同的情况可能选择不同的页表级数。可以使用配置宏 CONFIG_PGTABLE_LEVELS 配置页表的级数，一般使用默认值。

如果选择四级页表，那么使用页全局目录、页上层目录、页中间目录和直接页表；如果选择三级页表，那么使用页全局目录、页中间目录和直接页表；如果选择两级页表，那么使用页全局目录和直接页表。

如果不使用页中间目录，那么内核在头文件"include/asm-generic/pgtable-nopmd.h"中模拟页中间目录，调用函数 pmd_offset()根据页上层目录表项和虚拟地址获取页中间目录表项的时候，直接把页上层目录表项指针强制转换成页中间目录表项指针并返回，访问页中间目录表项实际上是在访问页上层目录表项。

```
typedef struct { pud_t pud; } pmd_t;

static inline pmd_t * pmd_offset(pud_t * pud, unsigned long address)
{
    return (pmd_t *)pud;
}
```

同样，如果不使用页上层目录，那么内核在头文件"include/asm-generic/pgtable-nopud.h"中模拟页上层目录；如果不使用页四级目录，那么内核在头文件"include/asm-generic/pgtable-nop4d.h"中模拟页四级目录。

五级页表的结构如图 3.53 所示，每个进程有独立的页表，进程的 mm_struct 实例的成员 pgd 指向页全局目录，前面四级页表的表项存放下一级页表的起始地址，直接页表的表项存放页帧号（Page Frame Number，PFN）。

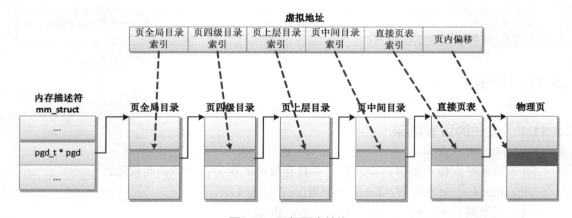

图3.53　五级页表结构

内核也有一个页表，0 号内核线程的进程描述符 init_task 的成员 active_mm 指向内存描述符 init_mm，内存描述符 init_mm 的成员 pgd 指向内核的页全局目录 swapper_pg_dir。

虚拟地址被分解为 6 个部分：页全局目录索引、页四级目录索引、页上层目录索引、页中间目录索引、直接页表索引和页内偏移。

查询页表，把虚拟地址转换成物理地址的过程如下。

（1）根据页全局目录的起始地址和页全局目录索引得到页全局目录表项的地址，然后从表项得到页四级目录的起始地址。

（2）根据页四级目录的起始地址和页四级目录索引得到页四级目录表项的地址，然后从表项得到页上层目录的起始地址。

（3）根据页上层目录的起始地址和页上层目录索引得到页上层目录表项的地址，然后从表项得到页中间目录的起始地址。

（4）根据页中间目录的起始地址和页中间目录索引得到页中间目录表项的地址，然后从表项得到直接页表的起始地址。

（5）根据直接页表的起始地址和直接页表索引得到页表项的地址，然后从表项得到页帧号。

（6）把页帧号和页内偏移组合成物理地址。

内核定义了各级页表索引在虚拟地址中的偏移：宏 PAGE_SHIFT 是页内偏移的位数，也是直接页表索引的偏移；宏 PMD_SHIFT 是页中间目录索引的偏移；宏 PUD_SHIFT 是页上层目录索引的偏移；宏 P4D_SHIFT 是页四级目录索引的偏移；宏 PGDIR_SHIFT 是页全局目录索引的偏移。

内核定义了各级页表表项描述的地址空间的大小：宏 PGDIR_SIZE 是一个页全局目录表项映射的地址空间的大小；宏 P4D_SIZE 是一个页四级目录表项映射的地址空间的大小；宏 PUD_SIZE 是一个页上层目录表项映射的地址空间的大小；宏 PMD_SIZE 是一个页中间目录表项映射的地址空间的大小；宏 PAGE_SIZE 是一个直接页表项映射的地址空间的大小，也是页长度。

内核定义了各级页表能存放的指针数量，即表项数量：PTRS_PER_PGD 是页全局目录的表项数量；PTRS_PER_P4D 是页四级目录的表项数量；PTRS_PER_PUD 是页上层目录的表项数量；PTRS_PER_PMD 是页中间目录的表项数量；PTRS_PER_PTE 是直接页表的表项数量。

内核定义了各级页表占用的页的阶数：PGD_ORDER 是一个页全局目录占用的页的阶数；P4D_ORDER 是一个页四级目录占用的页的阶数；PUD_ORDER 是一个页上层目录占用的页的阶数；PMD_ORDER 是一个页中间目录占用的页的阶数；PTE_ORDER 是一个直接页表占用的页的阶数。

页全局目录表项的数据结构是 pgd_t；页四级目录表项的数据结构是 p4d_t；页上层目录表项的数据结构是 pud_t；页中间目录表项的数据结构是 pmd_t；直接页表项的数据结构是 pte_t。这些数据结构通常是只包含一个无符号长整数的结构体，例如页全局目录表项的定义如下：

```
typedef struct { unsigned long pgd; } pgd_t;
```

以页全局目录为例，内核定义了以下宏和内联函数。

（1）宏 pgd_val() 用来把 pgd_t 类型转换成无符号长整数：

```
#define pgd_val(x)  ((x).pgd)
```

（2）宏 __pgd() 用来把无符号长整数转换成 pgd_t 类型：

```
#define __pgd(x)((pgd_t) { (x) } )
```

（3）宏 pgd_index(address)用来从虚拟地址分解出页全局目录索引：

```
#define pgd_index(address)(((address) >> PGDIR_SHIFT) & (PTRS_PER_PGD-1))
```

（4）宏 pgd_offset(mm, addr)用来返回指定进程的虚拟地址对应的页全局目录表项的地址。

内核定义了宏"pgd_offset_k(address)"，用来在内核的页全局目录找到虚拟地址对应的表项：

```
#define pgd_offset_k(address)    pgd_offset(&init_mm, address)
```

（5）内联函数 pgd_none(pgd)用来判断页全局目录表项是空表项，空表项没有指向下一级页表，如果是空表项，那么返回非零值。

（6）内联函数 pgd_present(pgd)用来判断页全局目录表项是否存在，即是否指向下一级页表，如果表项指向下一级页表，那么返回非零值。

前四级页表的表项存放下一级页表的起始地址，直接页表存放页帧号和标志位。大多数处理器支持的最小页长度是 4KB，有些处理器支持 1KB 的页长度，可以使用页帧号以外的位作为标志位。

不同处理器架构的页表项的格式不同，为了屏蔽差异性，每种处理器架构自定义访问的宏或内联函数：宏 pte_pfn(x)从页表项取出页帧号，宏 pfn_pte(pfn, prot)把页帧号和标志位组合成页表项。

有些标志位是要求每种处理器架构都必须实现的，每种处理器架构定义宏或内联函数来访问这些标志位，例如：

（1）pte_present(pte)检查页是否在内存中，如果不在内存中，说明页被换出到交换区；

（2）pte_write(pte)检查页是否可写；

（3）pte_young(pte)检查页是否被访问过；

（4）pte_dirty(pte)检查页是不是脏的，即页的数据是不是被修改过；

各种处理器架构也可以定义私有的标志位。

3.11.2　ARM64 处理器的页表

ARM64 处理器把页表称为转换表（translation table），最多 4 级。ARM64 处理器支持 3 种页长度：4KB、16KB 和 64KB。页长度和虚拟地址的宽度决定了转换表的级数，如果虚拟地址的宽度是 48 位，页长度和转换表级数的关系如下所示。

（1）页长度是 4KB：使用 4 级转换表，转换表和内核的页表术语的对应关系是：0 级转换表对应页全局目录，1 级转换表对应页上层目录，2 级转换表对应页中间目录，3 级转换表对应直接页表。

48 位虚拟地址被分解为如图 3.54 所示。

47...39	38...30	29...21	20...12	11...0
0级转换表索引	1级转换表索引	2级转换表索引	3级转换表索引	页内偏移

图3.54　页长度为4KB时48位虚拟地址的分解

每级转换表占用一页，有 512 项，索引是 48 位虚拟地址的 9 个位。

（2）页长度是 16KB：使用 4 级转换表，转换表和内核的页表术语的对应关系是：0 级转换表对应页全局目录，1 级转换表对应页上层目录，2 级转换表对应页中间目录，3 级转换表对应直接页表。

48 位虚拟地址被分解为如图 3.55 所示。

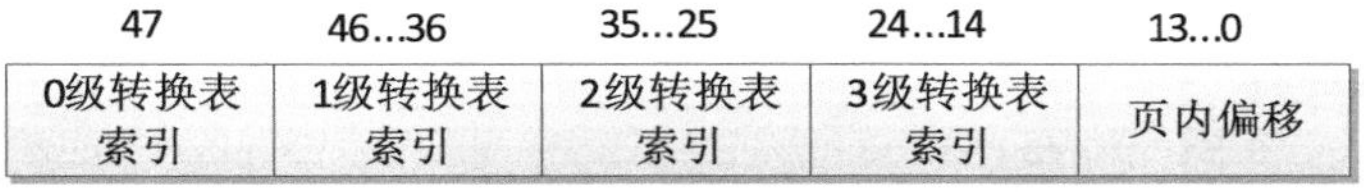

47	46...36	35...25	24...14	13...0
0级转换表索引	1级转换表索引	2级转换表索引	3级转换表索引	页内偏移

图3.55 页长度为16KB时48位虚拟地址的分解

0 级转换表有 2 项，索引是 48 位虚拟地址的最高位；其他转换表占用一页，有 2048 项，索引是 48 位虚拟地址的 11 个位。

（3）页长度是 64KB：使用 3 级转换表，转换表和内核的页表术语的对应关系是：1 级转换表对应页全局目录，2 级转换表对应页中间目录，3 级转换表对应直接页表。

48 位虚拟地址被分解为如图 3.56 所示。

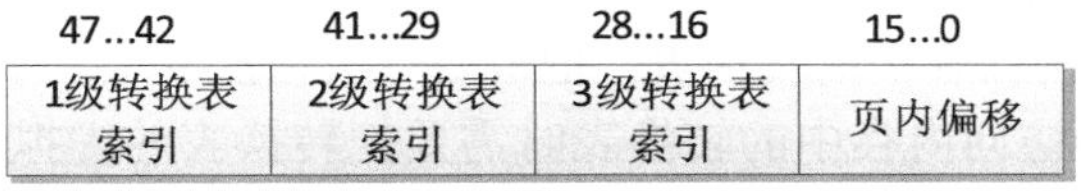

47...42	41...29	28...16	15...0
1级转换表索引	2级转换表索引	3级转换表索引	页内偏移

图3.56 页长度为64KB时48位虚拟地址的分解

1 级转换表有 64 项，索引是 48 位虚拟地址的最高 6 位；其他转换表占用一页，有 8192 项，索引是 48 位虚拟地址的 13 个位。

ARM64 处理器把表项称为描述符（descriptor），使用 64 位的长描述符格式。描述符的第 0 位指示描述符是不是有效的：0 表示无效，1 表示有效；第 1 位指定描述符类型，如下。

（1）在第 0～2 级转换表中，0 表示块（block）描述符，1 表示表（table）描述符。块描述符存放一个内存块（即巨型页）的起始地址，表描述符存放下一级转换表的地址。

（2）在第 3 级转换表中，0 表示保留描述符，1 表示页描述符。

第 0～2 级转换表的描述符分为 3 种。

（1）无效描述符：无效描述符的第 0 位是 0，格式如图 3.57 所示。

图3.57 0～2级转换表的无效描述符

（2）块描述符：块描述符的最低两位是 01，当虚拟地址的位数是 48 时，块描述符的格式如图 3.58 所示。

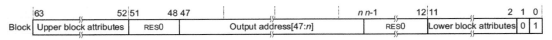

图3.58 0～2级转换表的块描述符

n 的取值：如果页长度是 4KB，那么 1 级描述符的 n 是 30，2 级描述符的 n 是 21；如果页长度是 16KB，那么 2 级描述符的 n 是 25；如果页长度是 64KB，那么 2 级描述符的 n 是 29。

（3）表描述符：表描述符的最低两位是 11，当虚拟地址的位数是 48 时，表描述符的格式如图 3.59 所示。

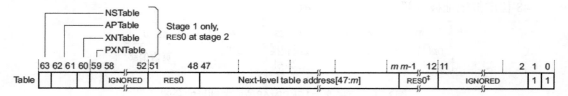

图3.59　0~2级转换表的表描述符

m 的取值：如果页长度是 4KB，m 是 12；如果页长度是 16KB，m 是 14；如果页长度是 64KB，m 是 16。

注意"下一级表地址"是下一级转换表的物理地址。为什么使用物理地址，不使用虚拟地址？因为 ARM64 处理器支持转换表遍历（translation table walk）：当 ARM64 处理器的内存管理单元需要把虚拟地址转换成物理地址时，首先在页表缓存中匹配虚拟地址，如果没有匹配，那么处理器访问内存中的转换表，把最后一级转换表项复制到页表缓存。使用物理地址，可以避免处理器访问内存中的转换表时需要把转换表的虚拟地址转换成物理地址。

第 3 级转换表的描述符分为 3 种。

（1）无效描述符：无效描述符的第 0 位是 0，格式如图 3.60 所示。

图3.60　第3级转换表的无效描述符

（2）保留描述符：保留描述符的最低两位是 01，现在没有使用，保留给将来使用，格式如图 3.61 所示。

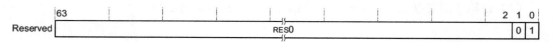

图3.61　第3级转换表的保留描述符

（3）页描述符：页描述符的最低两位是 11，当虚拟地址的位数是 48 时，页长度分别为 4KB、16KB 和 64KB 的页描述符的格式如图 3.62 所示。

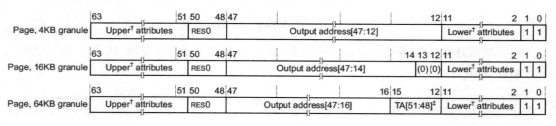

图3.62　第3级转换表的页描述符

在块描述符和页描述符中，内存属性被拆分成一个高属性块和一个低属性块，如图3.63所示。

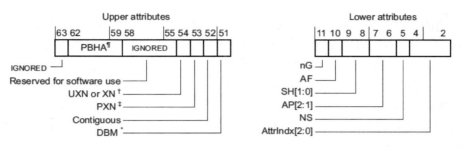

图3.63　块/页描述符中的内存属性

第 59～62 位：基于页的硬件属性（Page-Based Hardware Attributes，PBHA），如果没有实现 ARMv8.2-TTPBHA，忽略。

第 55～58 位：保留给软件使用。

第 54 位：在异常级别 0，表示 UXN（Unprivileged execute-Never），即不允许异常级别 0 执行内核代码；在其他异常级别，表示 XN（execute-Never），不允许执行。

第 53 位：PXN（Privileged execute-Never），不允许在特权级别（即异常级别 1/2/3）执行。

第 52 位：连续（Contiguous），指示这条转换表项属于一个连续表项集合，一个连续表项集合可以被缓存在一条 TLB 表项里面。

第 51 位：脏位修饰符（Dirty Bit Modifier，DBM），指示页或内存块是否被修改过。

第 11 位：非全局（not global，nG）。nG 位是 1，表示转换不是全局的，是进程私有的，有一个关联的地址空间标识符（Address Space Identifier，ASID）；nG 位是 0，表示转换是全局的，是所有进程共享的，内核的页或内存块是所有进程共享的。

第 10 位：访问标志（Access Flag，AF），指示页或内存块自从相应的转换表描述符中的访问标志被设置为 0 以后是否被访问过。

第 8～9 位：可共享性（SHareability，SH），00 表示不共享，01 是保留值，10 表示外部共享，11 表示内部共享。

第 6～7 位：AP[2:1]（Data Access Permissions，数据访问权限）。在阶段 1 转换中，AP[2]用来选择只读或读写，1 表示只读，0 表示读写；AP[1]用来选择是否允许异常级别 0 访问，1 表示允许异常级别 0 访问，0 表示不允许异常级别 0 访问。例如 AP[2:1] 为 00，表示允许从异常级别 1/2/3 读写，不允许从异常级别 0 访问；AP[2:1]为 01，表示表示允许从异常级别 1/2/3 读写，允许从异常级别 0 读写。在非安全异常级别 1 和 0 转换机制的阶段 2 转换中，AP[2:1]为 00 表示不允许访问，01 表示只读，10 表示只写，11 表示读写。

第 5 位：非安全（Non-Secure，NS）。对于安全状态的内存访问，指定输出地址在安全地址映射还是在非安全地址映射。

第 2～4 位：内存属性索引（memory attributes index，AttrIndx），指定寄存器 MAIR_ELx 中内存属性字段的索引，内存属性间接寄存器（Memory Attribute Indirection Register，MAIR_ELx）有 8 个 8 位内存属性字段：Attr<n>，n 等于 0～7。

3.12 页表缓存

处理器的内存管理单元（Memory Management Unit，MMU）负责把虚拟地址转换成物理地址，为了改进虚拟地址到物理地址的转换速度，避免每次转换都需要查询内存中的页表，处理器厂商在内存管理单元里面增加了一个称为 TLB（Translation Lookaside Buffer）的高速缓存，TLB 直译为转换后备缓冲区，意译为页表缓存。

页表缓存用来缓存最近使用过的页表项，有些处理器使用两级页表缓存：第一级 TLB 分为指令 TLB 和数据 TLB，好处是取指令和取数据可以并行执行；第二级 TLB 是统一 TLB（Unified TLB），即指令和数据共用的 TLB。

3.12.1 TLB 表项格式

不同处理器架构的 TLB 表项的格式不同。ARM64 处理器的每条 TLB 表项不仅包含虚拟地址和物理地址，也包含属性：内存类型、缓存策略、访问权限、地址空间标识符（Address Space Identifier，ASID）和虚拟机标识符（Virtual Machine Identifier，VMID）。地址空间标识符区分不同进程的页表项，虚拟机标识符区分不同虚拟机的页表项。

3.12.2 TLB 管理

如果内核修改了可能缓存在 TLB 里面的页表项，那么内核必须负责使旧的 TLB 表项失效，内核定义了每种处理器架构必须实现的函数，如表 3.6 所示。

表 3.6　页表改变以后冲刷 TLB 的函数

函　　数	说　　明
void flush_tlb_all(void);	使所有TLB表项失效
void flush_tlb_mm(struct mm_struct *mm);	使指定用户地址空间的所有TLB表项失效， 参数mm是进程的内存描述符
void flush_tlb_range(struct vm_area_struct *vma, unsigned long start, unsigned long end);	使指定用户地址空间的某个范围的TLB表项失效 参数vma是虚拟内存区域，start是起始地址，end是结束地址（不包括）
void flush_tlb_page(struct vm_area_struct *vma, unsigned long uaddr);	使指定用户地址空间里面的指定虚拟页的TLB表项失效 参数vma是虚拟内存区域，uaddr是一个虚拟页中的任意虚拟地址
void flush_tlb_kernel_range(unsigned long start, unsigned long end);	使内核的某个虚拟地址范围的TLB表项失效 参数start是起始地址，end是结束地址（不包括）
void update_mmu_cache(struct vm_area_struct *vma, unsigned long address, pte_t *ptep);	修改页表项以后把页表项设置到页表缓存 由软件管理页表缓存的处理器必须实现该函数，例如MIPS处理器 ARM64处理器的内存管理单元可以访问内存中的页表，把页表项复制到页表缓存，所以ARM64架构的函数update_mmu_cache什么都不用做
void tlb_migrate_finish(struct mm_struct *mm);	内核把进程从一个处理器迁移到另一个处理器以后，调用该函数以更新页表缓存或上下文特定信息

当 TLB 没有命中的时候，ARM64 处理器的内存管理单元自动遍历内存中的页表，把页表项复制到 TLB，不需要软件把页表项写到 TLB，所以 ARM64 架构没有提供写 TLB 的指令。

ARM64 架构提供了一条 TLB 失效指令：

```
TLBI <type><level>{IS} {, <Xt>}
```

（1）字段<type>的常见选项如下。

1）ALL：所有表项。

2）VMALL：当前虚拟机的阶段 1 的所有表项，即表项的 VMID 是当前虚拟机的 VMID。虚拟机里面运行的客户操作系统的虚拟地址转换成物理地址分两个阶段：第 1 阶段把虚拟地址转换成中间物理地址，第 2 阶段把中间物理地址转换成物理地址。

3）VMALLS12：当前虚拟机的阶段 1 和阶段 2 的所有表项。

4）ASID：匹配寄存器 Xt 指定的 ASID 的表项。

5）VA：匹配寄存器 Xt 指定的虚拟地址和 ASID 的表项。

6）VAA：匹配寄存器 Xt 指定的虚拟地址并且 ASID 可以是任意值的表项。

（2）字段<level>指定异常级别，取值如下。

1）E1：异常级别 1。

2）E2：异常级别 2。

3）E3：异常级别 3。

（3）字段 IS 表示内部共享（Inner Shareable），即多个核共享。如果不使用字段 IS，表示非共享，只被一个核使用。在 SMP 系统中，如果指令 TLBI 不携带字段 IS，仅仅使当前核的 TLB 表项失效；如果指令 TLBI 携带字段 IS，表示使所有核的 TLB 表项失效。

（4）字段 Xt 是 X0～X30 中的任何一个寄存器。

例如 ARM64 内核实现了函数 flush_tlb_all，用来使所有核的所有 TLB 表项失效，其代码如下：

```
arch/arm64/include/asm/tlbflush.h
static inline void flush_tlb_all(void)
{
    dsb(ishst);
    __tlbi(vmalle1is);
    dsb(ish);
    isb();
}
```

把宏展开以后是：

```
static inline void flush_tlb_all(void)
{
    asm volatile("dsb ishst" : : : "memory");
    asm ("tlbi vmalle1is" : :);
    asm volatile("dsb ish" : : : "memory");
    asm volatile("isb" : : : "memory");
}
```

dsb ishst：确保屏障前面的存储指令执行完。dsb 是数据同步屏障（Data Synchronization

Barrier)，ishst 中的 ish 表示共享域是内部共享（inner shareable），st 表示存储（store），ishst 表示数据同步屏障指令对所有核的存储指令起作用。

tlbi vmalle1is：使所有核上匹配当前 VMID、阶段 1 和异常级别 1 的所有 TLB 表项失效。

dsb ish：确保前面的 TLB 失效指令执行完。ish 表示数据同步屏障指令对所有核起作用。

isb：isb 是指令同步屏障（Instruction Synchronization Barrier），这条指令冲刷处理器的流水线，重新读取屏障指令后面的所有指令。

可以对比一下，ARM64 内核实现了函数 local_flush_tlb_all，用来使当前核的所有 TLB 表项失效，其代码如下：

```
arch/arm64/include/asm/tlbflush.h
static inline void local_flush_tlb_all(void)
{
    dsb(nshst);
    __tlbi(vmalle1);
    dsb(nsh);
    isb();
}
```

和函数 flush_tlb_all 的区别如下。

（1）指令 dsb 中的字段 ish 换成了 nsh，nsh 是非共享（non-shareable），表示数据同步屏障指令仅仅在当前核起作用。

（2）指令 tlbi 没有携带字段 is，表示仅仅使当前核的 TLB 表项失效。

3.12.3　地址空间标识符

为了减少在进程切换时清空页表缓存的需要，ARM64 处理器的页表缓存使用非全局（not global，nG）位区分内核和进程的页表项（nG 位为 0 表示内核的页表项），使用地址空间标识符（Address Space Identifier，ASID）区分不同进程的页表项。

ARM64 处理器的 ASID 长度是由具体实现定义的，可以选择 8 位或者 16 位，寄存器 ID_AA64MMFR0_EL1（AArch64 内存模型特性寄存器 0，AArch64 Memory Model Feature Register 0）的字段 ASIDBits 存放处理器支持的 ASID 长度。如果具体实现支持 16 位 ASID，那么可以使用寄存器 TCR_EL1（转换控制寄存器，Translation Control Register）的 AS（ASID Size）位控制实际使用的 ASID 长度。如果把 AS 位设置成 0，表示使用 8 位 ASID，否则表示使用 16 位 ASID。

寄存器 TTBR0_EL1（转换表基准寄存器 0，Translation Table Base Register 0）或 TTBR1_EL1 都可以用来存放当前进程的 ASID，寄存器 TCR_EL1 的 A1 位决定使用哪个寄存器存放当前进程的 ASID，通常使用寄存器 TTBR0_EL1。寄存器 TTBR0_EL1 的位[63:48] 存放当前进程的 ASID（如果使用 8 位 ASID，那么寄存器 TTBR0_EL1 的位[63:56]是保留位），位[47:1]存放当前进程的页全局目录的物理地址。

在 SMP 系统中，ARM64 架构要求 ASID 在处理器的所有核上是唯一的。

为了方便描述，本节假设 ASID 长度是 8 位，ASID 只有 256 个值，其中 0 是保留值。可分配的 ASID 范围是 1～255，进程的数量可能超过 255，两个进程的 ASID 可能相同，怎么解决这个问题呢？内核引入了 ASID 版本号，解决方法如下。

（1）每个进程有一个 64 位的软件 ASID，低 8 位存放硬件 ASID，高 56 位存放 ASID 版本号。

（2）64 位全局变量 asid_generation 的高 56 位保存全局 ASID 版本号。

（3）当进程被调度时，比较进程的 ASID 版本号和全局 ASID 版本号。如果版本号相同，那么直接使用上次分配的硬件 ASID，否则需要给进程重新分配硬件 ASID。

1）如果存在空闲的硬件 ASID，那么选择一个分配给进程。

2）如果没有空闲的硬件 ASID，那么把全局 ASID 版本号加 1，重新从 1 开始分配硬件 ASID，即硬件 ASID 从 255 回绕到 1。因为刚分配的硬件 ASID 可能和某个进程的硬件 ASID 相同，只是 ASID 版本号不同，页表缓存可能包含了这个进程的页表项，所以必须把所有处理器的页表缓存清空。

引入 ASID 版本号的好处是：避免每次进程切换都需要清空页表缓存，只需要在硬件 ASID 回绕时把处理器的页表缓存清空。

内存描述符的成员 context 存放架构特定的内存管理上下文，数据类型是结构体 mm_context_t，ARM64 架构定义的结构体如下所示，成员 id 存放内核给进程分配的软件 ASID。

```
arch/arm64/include/asm/mmu.h
typedef struct {
    atomic64_t    id;
    …
} mm_context_t;
```

全局变量 asid_bits 保存 ASID 长度，全局变量 asid_generation 的高 56 位保存全局 ASID 版本号，位图 asid_map 记录哪些 ASID 被分配。

每处理器变量 active_asids 保存处理器正在使用的 ASID，即处理器正在执行的进程的 ASID；每处理器变量 reserved_asids 存放保留的 ASID，用来在全局 ASID 版本号加 1 时保存处理器正在执行的进程的 ASID。处理器给进程分配 ASID 时，如果 ASID 分配完了，那么把全局 ASID 版本号加 1，重新从 1 开始分配 ASID，针对每个处理器，使用该处理器的 reserved_asids 保存该处理器正在执行的进程的 ASID，并且把该处理器的 active_asids 设置为 0。active_asids 为 0 具有特殊含义，说明全局 ASID 版本号变化，ASID 从 255 回绕到 1。

当全局 ASID 版本号加 1 时，每个处理器需要清空页表缓存，位图 tlb_flush_pending 保存需要清空页表缓存的处理器集合。

```
arch/arm64/mm/context.c
static u32 asid_bits;
static atomic64_t asid_generation;
static unsigned long *asid_map;

static DEFINE_PER_CPU(atomic64_t, active_asids);
static DEFINE_PER_CPU(u64, reserved_asids);
static cpumask_t tlb_flush_pending;
```

当进程被调度时，函数 check_and_switch_context 负责检查是否需要给进程重新分配 ASID，其代码如下：

```
__schedule() -> context_switch() -> switch_mm_irqs_off() -> switch_mm() -> check_an
d_switch_context()
arch/arm64/mm/context.c
1    void check_and_switch_context(struct mm_struct *mm, unsigned int cpu)
2    {
3      unsigned long flags;
4      u64 asid;
5
6      asid = atomic64_read(&mm->context.id);
7
8      if (!((asid ^ atomic64_read(&asid_generation)) >> asid_bits)
9          && atomic64_xchg_relaxed(&per_cpu(active_asids, cpu), asid))
10         goto switch_mm_fastpath;
11
12     raw_spin_lock_irqsave(&cpu_asid_lock, flags);
13     asid = atomic64_read(&mm->context.id);
14     if ((asid ^ atomic64_read(&asid_generation)) >> asid_bits) {
15         asid = new_context(mm, cpu);
16         atomic64_set(&mm->context.id, asid);
17     }
18
19     if (cpumask_test_and_clear_cpu(cpu, &tlb_flush_pending))
20         local_flush_tlb_all();
21
22     atomic64_set(&per_cpu(active_asids, cpu), asid);
23     raw_spin_unlock_irqrestore(&cpu_asid_lock, flags);
24
25 switch_mm_fastpath:
26     if (!system_uses_ttbr0_pan())
27         cpu_switch_mm(mm->pgd, mm);
28 }
```

第 8 行和第 9 行代码，如果进程的 ASID 版本号和全局 ASID 版本号相同，那么调用函数 atomic64_xchg_relaxed 把当前处理器的 active_asids 设置成进程的 ASID，并且返回 active_asids 的旧值。如果 active_asids 的旧值不是 0，那么执行快速路径，跳转到标号 switch_mm_fastpath 去设置寄存器 TTBR0_EL1。如果 active_asids 的旧值是 0，说明其他处理器在分配 ASID 时把全局 ASID 版本号加 1 了，那么执行慢速路径。在当前处理器执行代码 "!((asid ^ atomic64_read(&asid_generation)) >> asid_bits)" 和代码 "atomic64_xchg_relaxed (&per_cpu(active_asids, cpu), asid)" 之间，其他处理器可能在分配 ASID 时把全局 ASID 版本号加 1。

第 12 行代码，禁止硬中断并且申请自旋锁 cpu_asid_lock。

第 14～16 行代码，在申请自旋锁 cpu_asid_lock 之后重新比较进程的 ASID 版本号和全局 ASID 版本号，如果进程的 ASID 版本号和全局 ASID 版本号不同，那么调用函数 new_context 给进程重新分配 ASID。

第 19 行和第 20 行代码，如果位图 tlb_flush_pending 中当前处理器对应的位被设置，那么把当前处理器的页表缓存清空。当全局 ASID 版本号加 1 时，需要把所有处理器的页表缓存清空，在位图 tlb_flush_pending 中把所有处理器对应的位设置。

第 22 行代码，把当前处理器的 active_asids 设置为进程的 ASID。

第 23 行代码，释放自旋锁 cpu_asid_lock 并且开启硬中断。

第 26 行和第 27 行代码，如果不需要通过切换寄存器 TTBR0_EL1 仿真 PAN 特性，那么调用函数 cpu_switch_mm 设置寄存器 TTBR0_EL1，否则延迟到进程从内核模式返回用户模式时设置寄存器 TTBR0_EL1。PAN（Privileged Access Never）特性用来禁止内核访问用户虚拟地址。如果处理器不支持 PAN 特性，那么内核通过切换寄存器 TTBR0_EL1 仿真 PAN 特性：在进程进入内核模式时，把寄存器 TTBR0_EL1 设置为保留的地址空间标识符 0 和内核的页全局目录（swapper_pg_dir）后面的保留区域的物理地址；在进程退出内核模式时，把寄存器 TTBR0_EL1 设置为进程的地址空间标识符和页全局目录的物理地址。

函数 new_context 负责分配 ASID，其代码如下：

```
arch/arm64/mm/context.c
1    static u64 new_context(struct mm_struct *mm, unsigned int cpu)
2    {
3      static u32 cur_idx = 1;
4      u64 asid = atomic64_read(&mm->context.id);
5      u64 generation = atomic64_read(&asid_generation);
6
7      if (asid != 0) {
8          u64 newasid = generation | (asid & ~ASID_MASK);
9
10         if (check_update_reserved_asid(asid, newasid))
11             return newasid;
12
13         asid &= ~ASID_MASK;
14         if (!__test_and_set_bit(asid, asid_map))
15             return newasid;
16     }
17
18     asid = find_next_zero_bit(asid_map, NUM_USER_ASIDS, cur_idx);
19     if (asid != NUM_USER_ASIDS)
20         goto set_asid;
21
22     generation = atomic64_add_return_relaxed(ASID_FIRST_VERSION,
23                             &asid_generation);
24     flush_context(cpu);
25
26     asid = find_next_zero_bit(asid_map, NUM_USER_ASIDS, 1);
27
28     set_asid:
29       __set_bit(asid, asid_map);
30       cur_idx = asid;
31       return asid | generation;
32     }
```

第 10 行代码，如果进程已经有 ASID，并且进程的 ASID 是保留 ASID，那么继续使用原来的 ASID，只需更新 ASID 版本号。

第 14 行代码，如果进程已经有 ASID，并且 ASID 在位图中是空闲的，那么继续使用原来的 ASID，只需更新 ASID 版本号。

第 18～20 行代码，从上一次分配的 ASID 开始分配 ASID，如果存在空闲的 ASID，那么分配给进程，然后跳转到第 28 行的标号 set_asid 去设置 ASID 位图。

第 22 行代码，如果 ASID 已经分配完，那么把全局 ASID 版本号加 1。

第 24 行代码，调用函数 flush_context 重新初始化 ASID 分配状态。

第 26 行代码，从 1 开始分配 ASID。

第 29 行代码，为刚分配的 ASID 在位图中设置已分配的标志。

第 30 行代码，使用静态变量 cur_idx 记录刚分配的 ASID，下次分配 ASID 时从这次分配的 ASID 开始查找。

第 31 行代码，返回 ASID 和版本号。

函数 flush_context 负责重新初始化 ASID 分配状态，其代码如下：

```
arch/arm64/mm/context.c
1      static void flush_context(unsigned int cpu)
2      {
3        int i;
4        u64 asid;
5
6        bitmap_clear(asid_map, 0, NUM_USER_ASIDS);
7        …
8        smp_wmb();
9
10       for_each_possible_cpu(i) {
11           asid = atomic64_xchg_relaxed(&per_cpu(active_asids, i), 0);
12           if (asid == 0)
13               asid = per_cpu(reserved_asids, i);
14           __set_bit(asid & ~ASID_MASK, asid_map);
15           per_cpu(reserved_asids, i) = asid;
16       }
17
18       cpumask_setall(&tlb_flush_pending);
19    }
```

第 6 行代码，把 ASID 位图清零。

第 10～16 行代码，把每个处理器的 active_asids 设置为 0，active_asids 为 0 具有特殊含义，说明全局 ASID 版本号变化，ASID 回绕。然后把每个处理器正在执行的进程的 ASID 设置为保留 ASID，为保留 ASID 在 ASID 位图中设置已分配的标志。

第 18 行代码，所有处理器需要清空页表缓存，在位图 tlb_flush_pending 中设置所有处理器对应的位。

3.12.4　虚拟机标识符

虚拟机里面运行的客户操作系统的虚拟地址转换成物理地址分两个阶段：第 1 阶段把虚拟地址转换成中间物理地址，第 2 阶段把中间物理地址转换成物理地址。第 1 阶段转换由客户操作系统的内核控制，和非虚拟化的转换过程相同。第 2 阶段转换由虚拟机监控器控制，虚拟机监控器为每个虚拟机维护一个转换表，分配一个虚拟机标识符（Virtual Machine Identifier，VMID），寄存器 VTTBR_EL2（虚拟化转换表基准寄存器，Virtualization Translation Table Base Register）存放当前虚拟机的阶段 2 转换表的物理地址。每个虚拟机有独立的 ASID 空间，页表缓存使用虚拟机标识符区分不同虚拟机的转换表项，可以避免每次虚拟机切换都要清空页表缓存，只需要在虚拟机标识符回绕时把处理器的页表缓存清空。

ARM64 处理器的 VMID 长度是具体实现定义的，可以选择 8 位或者 16 位，寄存器 ID_AA64MMFR0_EL1 的字段 VMIDBits 存放处理器支持的 VMID 长度。如果具体实现支持

16 位 VMID，可以使用寄存器 VTCR_EL2（虚拟化转换控制寄存器，Virtualization Translation Control Register）的 VS（VMID Size）位控制实际使用的 VMID 长度。如果把 VS 位设置成 0，表示使用 8 位 VMID，否则表示使用 16 位 VMID。

寄存器 VTTBR_EL2 的位[63:48]存放正在运行的虚拟机的标识符，如果使用 8 位 VMID，那么寄存器 VTTBR_EL2 的位[63:56]是保留位。

3.13 巨型页

当运行内存需求量较大的应用程序时，如果使用长度为 4KB 的页，将会产生较多的 TLB 未命中和缺页异常，严重影响应用程序的性能。如果使用长度为 2MB 甚至更大的巨型页，可以大幅减少 TLB 未命中和缺页异常的数量，大幅提高应用程序的性能。这正是内核引入巨型页（Huge Page）的直接原因。

巨型页首先需要处理器支持，然后需要内核支持，内核有如下两种实现方式。

（1）使用 hugetlbfs 伪文件系统实现巨型页。hugetlbfs 文件系统是一个假的文件系统，只是利用了文件系统的编程接口。使用 hugetlbfs 文件系统实现的巨型页称为 hugetblfs 巨型页、传统巨型页或标准巨型页，本书统一称为标准巨型页。

（2）透明巨型页。标准巨型页的优点是预先分配巨型页到巨型页池，进程申请巨型页的时候从巨型页池取，成功的概率很高，缺点是应用程序需要使用文件系统的编程接口。透明巨型页的优点是对应用程序透明，缺点是动态分配，在内存碎片化的时候分配成功的概率很低。

3.13.1 处理器对巨型页的支持

ARM64 处理器支持巨型页的方式有两种。

（1）通过块描述符支持。

（2）通过页/块描述符的连续位支持。

1．通过块描述符支持巨型页

如图 3.64 所示，如果页长度是 4KB，那么使用 4 级转换表，0 级转换表不能使用块描述符，1 级转换表的块描述符指向 1GB 巨型页，2 级转换表的块描述符指向 2MB 巨型页。

如果页长度是 16KB，那么使用 4 级转换表，0 级转换表不能使用块描述符，1 级转换表不能使用块描述符，2 级转换表的块描述符指向 32MB 巨型页。

如果页长度是 64KB，那么使用 3 级转换表，1 级转换表不能使用块描述符，2 级转换表的块描述符指向 512MB 巨型页。

2．通过页/块描述符的连续位支持巨型页

页/块描述符中的连续位指示表项是一个连续表项集合中的一条表项，一个连续表项集合可以被缓存在一条 TLB 表项里面。通俗地说，进程申请了 n 页的虚拟内存区域，然后申请了 n 页的物理内存区域，使用 n 个连续的页表项把每个虚拟页映射到物理页，每个页表项设置了连续标志位，当处理器的内存管理单元遍历内存中的页表时，访问到 n 个页表项

中的任何一个页表项，发现页表项设置了连续标志位，就会把 n 个页表项合并以后填充到一个 TLB 表项。当然，n 不是随意选择的，而且 n 页的虚拟内存区域的起始地址必须是 n 页的整数倍，n 页的物理内存区域的起始地址也必须是 n 页的整数倍。

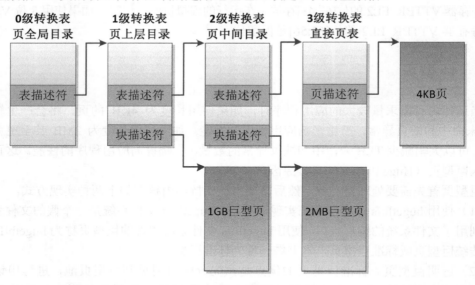

图3.64　页长度为4KB时通过块描述符支持巨型页

如图 3.65 所示，如果页长度是 4KB，那么使用 4 级转换表，1 级转换表的块描述符不能使用连续位；2 级转换表的块描述符支持 16 个连续块，即支持（16 × 2MB = 32MB）巨型页；3 级转换表的页描述符支持 16 个连续页，即支持（16 × 4KB = 64KB）巨型页。

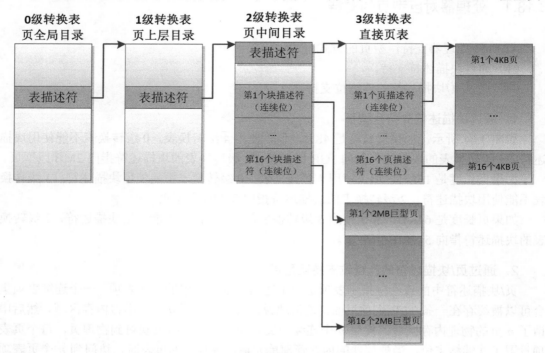

图3.65　页长度为4KB时通过页/块描述符的连续位支持巨型页

如果页长度是 16KB，那么使用 4 级转换表，2 级转换表的块描述符支持 32 个连续块，即支持（$32 \times 32MB = 1GB$）巨型页；3 级转换表的页描述符支持 128 个连续页，即支持（$128 \times 16KB = 2MB$）巨型页。

如果页长度是 64KB，那么使用 3 级转换表，2 级转换表的块描述符不能使用连续位；3 级转换表的页描述符支持 32 个连续页，即支持（$32 \times 64KB = 2MB$）巨型页。

3.13.2　标准巨型页

1．使用方法

编译内核时需要打开配置宏 CONFIG_HUGETLBFS 和 CONFIG_HUGETLB_PAGE（打开配置宏 CONFIG_HUGETLBFS 的时候会自动打开）。

通过文件 "/proc/sys/vm/nr_hugepages" 指定巨型页池中永久巨型页的数量，预先分配指定数量的永久巨型页到巨型页池中。另一种方法是在引导内核时指定内核参数 "hugepages=N" 以分配永久巨型页，这是分配巨型页最可靠的方法，因为内存还没有碎片化。

有些平台支持多种巨型页长度。如果要分配特定长度的巨型页，必须在内核参数 "hugepages" 前面添加选择巨型页长度的参数 "hugepagesz=<size>[kKmMgG]"。可以使用内核参数 "default_hugepagesz=<size>[kKmMgG]" 选择默认的巨型页长度。文件 "/proc/sys/vm/nr_hugepages" 表示默认长度的永久巨型页的数量。

通过文件 "/proc/sys/vm/nr_overcommit_hugepages" 指定巨型页池中临时巨型页的数量，当永久巨型页用完的时候，可以从页分配器申请临时巨型页。

nr_hugepages 是巨型页池的最小长度，（nr_hugepages + nr_overcommit_hugepages）是巨型页池的最大长度。这两个参数的默认值都是 0，至少要设置一个，不然分配巨型页会失败。

创建匿名的巨型页映射，其代码如下：

```
#define MAP_LENGTH        (10 * 1024 * 1024)
addr = mmap(0, MAP_LENGTH, PROT_READ | PROT_WRITE,
            MAP_ANONYMOUS | MAP_HUGETLB, -1, 0);
```

如果要创建基于文件的巨型页映射，首先管理员需要在某个目录下挂载 hugetlbfs 文件系统：

```
mount -t hugetlbfs \
 -o uid=<value>,gid=<value>,mode=<value>,pagesize=<value>,size=<value>,\
 min_size=<value>,nr_inodes=<value>   none   <目录>
```

各选项的意思如下。

（1）选项 uid 和 gid 指定文件系统的根目录的用户和组，默认取当前进程的用户和组。

（2）选项 mode 指定文件系统的根目录的模式，默认值是 0755。

（3）如果平台支持多种巨型页长度，可以使用选项 pagesize 指定巨型页长度和关联的巨型页池。如果不使用选项 pagesize，表示使用默认的巨型页长度。

（4）选项 size 指定允许文件系统使用的巨型页的最大数量。如果不指定选项 size，表示没有限制。

（5）选项 min_size 指定允许文件系统使用的巨型页的最小数量。挂载文件系统的时候，申请巨型页池为这个文件系统预留选项 min_size 指定的巨型页数量。如果不指定选项 min_size，表示没有限制。

（6）选项 nr_inodes 指定文件系统中文件（一个文件对应一个索引节点）的最大数量。如果不指定选项 nr_inodes，表示没有限制。

假设在目录"/mnt/huge"下挂载了 hugetlbfs 文件系统，应用程序在 hugetlbfs 文件系统中创建文件，然后创建基于文件的内存映射，这个内存映射就会使用巨型页。

```
#define MAP_LENGTH              (10 * 1024 * 1024)
fd = open("/mnt/huge/test", O_CREAT | O_RDWR, S_IRWXU);
addr = mmap(0, MAP_LENGTH, PROT_READ | PROT_WRITE, MAP_SHARED, fd, 0);
```

应用程序可以使用开源的 hugetlbfs 库，这个库对 hugetlbfs 文件系统做了封装。使用 hugetlbfs 库的好处如下。

（1）启动程序时使用环境变量"LD_PRELOAD=libhugetlbfs.so"把 hugetlbfs 库设置成优先级最高的动态库，malloc()使用巨型页，对应用程序完全透明，应用程序不需要修改代码。

（2）可以把代码段、数据段和未初始化数据段都放在巨型页中。

执行命令"cat /proc/meminfo"可以看到巨型页的信息：

```
…
HugePages_Total:   vvv
HugePages_Free:    www
HugePages_Rsvd:    xxx
HugePages_Surp:    yyy
Hugepagesize:      zzz kB
```

这些字段的意思如下。

（1）HugePages_Total：巨型页池的大小。

（2）HugePages_Free：巨型页池中没有分配的巨型页的数量。

（3）HugePages_Rsvd："Rsvd"是"Reserved"的缩写，意思是"预留的"，是已经承诺从巨型页池中分配但是还没有分配的巨型页的数量。预留的巨型页保证应用程序在发生缺页异常的时候能够从巨型页池中分配一个巨型页。

（4）HugePages_Surp："Surp"是"Surplus"的缩写，意思是"多余的"，是巨型页池中临时巨型页的数量。临时巨型页的最大数量由"/proc/sys/vm/nr_overcommit_hugepages"控制。

（5）Hugepagesize：巨型页的大小。

2. 实现原理

（1）巨型页池。

内核使用巨型页池管理巨型页。有的处理器架构支持多种巨型页长度，每种巨型页长度对应一个巨型页池，有一个默认的巨型页长度，默认只创建巨型页长度是默认长度的巨型页池。例如 ARM64 架构在页长度为 4KB 的时候支持的巨型页长度是 1GB、32MB、2MB 和 64KB，默认的巨型页长度是 2MB，默认只创建巨型页长度是 2MB 的巨型页池。如果需要创建巨型页长度不是默认长度的巨型页池，可以在引导内核时指定内核参数 "hugepagesz=<size>[kKmMgG]"，长度必须是处理器支持的长度。可以使用内核参数 "default_hugepagesz=<size>[kKmMgG]" 选择默认的巨型页长度。

巨型页池的数据结构是结构体 hstate，全局数组 hstates 是巨型页池数组，全局变量 hugetlb_max_hstate 是巨型页池的数量，全局变量 default_hstate_idx 是默认巨型页池的索引。

```
mm/hugetlb.c
int hugetlb_max_hstate __read_mostly;
unsigned int default_hstate_idx;
struct hstate hstates[HUGE_MAX_HSTATE];
```

巨型页池中的巨型页分为两种。

1）永久巨型页：永久巨型页是保留的，不能有其他用途，被预先分配到巨型页池，当进程释放永久巨型页的时候，永久巨型页被归还到巨型页池。

2）临时巨型页：也称为多余的（surplus）巨型页，当永久巨型页用完的时候，可以从页分配器分配临时巨型页；进程释放临时巨型页的时候，直接释放到页分配器。当设备长时间运行后，内存可能碎片化，分配临时巨型页可能失败。

巨型页池的数据结构 hstate 的主要成员如表 3.7 所示。

表 3.7 巨型页池的数据结构 hstate 的主要成员

成　　员	说　　明
char name[HSTATE_NAME_LEN]	巨型页池的名称，格式是 "hugepages-<size>kB"
unsigned int order	巨型页的长度，页的阶数
unsigned long mask	巨型页页号的掩码，将虚拟地址和掩码按位与，得到巨型页页号
unsigned long max_huge_pages	永久巨型页的最大数量
unsigned long nr_overcommit_huge_pages	临时巨型页的最大数量
unsigned long nr_huge_pages	巨型页的数量
unsigned int nr_huge_pages_node[MAX_NUMNODES]	每个内存节点中巨型页的数量
unsigned long surplus_huge_pages	临时巨型页的数量
unsigned int surplus_huge_pages_node[MAX_NUMNODES]	每个内存节点中临时巨型页的数量
unsigned long free_huge_pages	空闲巨型页的数量
unsigned int free_huge_pages_node[MAX_NUMNODES]	每个内存节点中空闲巨型页的数量
unsigned long resv_huge_pages	预留巨型页的数量，它们已经承诺分配但还没有分配
struct list_head hugepage_freelists[MAX_NUMNODES]	每个内存节点一个空闲巨型页链表
struct list_head hugepage_activelist	把已分配出去的巨型页链接起来
int next_nid_to_alloc	分配永久巨型页并添加到巨型页池中的时候，在允许的内存节点集合中轮流从每个内存节点分配永久巨型页，这个成员用来记录下次从哪个内存节点分配永久巨型页

成　　员	说　　明
int next_nid_to_free	从巨型页池释放空闲巨型页的时候，在允许的内存节点集合中轮流从每个内存节点释放巨型页，这个成员用来记录下次从哪个内存节点释放巨型页

（2）预先分配永久巨型页。

预先分配指定数量的永久巨型页到巨型页池中有两种方法。

1）最可靠的方法是在引导内核时指定内核参数"hugepages=N"来分配永久巨型页，因为内核初始化的时候内存还没有碎片化。

有些处理器架构支持多种巨型页长度。如果要分配特定长度的巨型页，必须在内核参数"hugepages"前面添加选择巨型页长度的参数"hugepagesz=<size>[kKmMgG]"。

2）通过文件"/proc/sys/vm/nr_hugepages"指定默认长度的永久巨型页的数量。

内核参数"hugepages=N"的处理函数是 hugetlb_nrpages_setup，其代码如下：

```
mm/hugetlb.c
1    static int __init hugetlb_nrpages_setup(char *s)
2    {
3     unsigned long *mhp;
4     static unsigned long *last_mhp;
5
6     if (!parsed_valid_hugepagesz) {
7         pr_warn("hugepages = %s preceded by "
8               "an unsupported hugepagesz, ignoring\n", s);
9         parsed_valid_hugepagesz = true;
10        return 1;
11    }
12    /*
13     * "!hugetlb_max_hstate" 意味着没有解析一个 "hugepagesz=" 参数，
14     * 所以这个 "hugepages=" 参数对应默认的巨型页池。
15     */
16    else if (!hugetlb_max_hstate)
17        mhp = &default_hstate_max_huge_pages;
18    else
19        mhp = &parsed_hstate->max_huge_pages;
20
21    if (mhp == last_mhp) {
22        pr_warn("hugepages= specified twice without interleaving hugepagesz=,
          ignoring\n");
23        return 1;
24    }
25
26    if (sscanf(s, "%lu", mhp) <= 0)
27        *mhp = 0;
28
29    if (hugetlb_max_hstate && parsed_hstate->order >= MAX_ORDER)
30        hugetlb_hstate_alloc_pages(parsed_hstate);
31
32    last_mhp = mhp;
33
34    return 1;
35    }
36    __setup("hugepages=", hugetlb_nrpages_setup);
```

第6～10行代码，如果内核参数"hugepagesz="指定的巨型页长度是非法的，直接返回。

第 16 行和第 17 行代码，如果前面没有内核参数 "hugepagesz="，那么内核参数 "hugepages=" 指定默认巨型页池的永久巨型页的数量。

第 18 行和第 19 行代码，如果前面有内核参数 "hugepagesz=" 指定巨型页长度，那么内核参数 "hugepages=" 指定该巨型页长度对应的巨型页池的永久巨型页的数量。

第 26 行代码，解析并保存内核参数 "hugepagesz=" 的值。

第 29 行和第 30 行代码，如果前面有内核参数 "hugepagesz=" 指定巨型页长度，并且巨型页长度超过页分配器支持的最大阶数，那么需要从引导内存分配器分配巨型页。如果巨型页长度小于或等于页分配器支持的最大阶数，巨型页子系统在初始化的时候从页分配器分配巨型页。

函数 hugetlb_hstate_alloc_pages 负责预先分配指定数量的永久巨型页，其代码如下：

mm/hugetlb.c
```
1    static void __init hugetlb_hstate_alloc_pages(struct hstate *h)
2    {
3     unsigned long i;
4
5     for (i = 0; i < h->max_huge_pages; ++i) {
6         if (hstate_is_gigantic(h)) {
7             if (!alloc_bootmem_huge_page(h))
8                 break;
9         } else if (!alloc_fresh_huge_page(h,
10                     &node_states[N_MEMORY]))
11             break;
12     }
13     h->max_huge_pages = i;
14    }
```

第 6 行和第 7 行代码，如果巨型页长度超过页分配器支持的最大阶数，那么从引导内存分配器分配巨型页。

第 9 行代码，如果巨型页长度小于或等于页分配器支持的最大阶数，那么从页分配器分配巨型页。

函数 alloc_bootmem_huge_page 负责从引导内存分配器分配巨型页，其代码如下：

mm/hugetlb.c
```
1    int __weak alloc_bootmem_huge_page(struct hstate *h)
2    {
3     struct huge_bootmem_page *m;
4     int nr_nodes, node;
5
6     for_each_node_mask_to_alloc(h, nr_nodes, node, &node_states[N_MEMORY]) {
7         void *addr;
8
9         addr = memblock_virt_alloc_try_nid_nopanic(
10                 huge_page_size(h), huge_page_size(h),
11                 0, BOOTMEM_ALLOC_ACCESSIBLE, node);
12         if (addr) {
13             m = addr;
14             goto found;
15         }
16     }
17     return 0;
18
19    found:
20     BUG_ON(!IS_ALIGNED(virt_to_phys(m), huge_page_size(h)));
21     /* 先把它们放到私有链表中，因为mem_map还没准备好 */
22     list_add(&m->list, &huge_boot_pages);
```

```
23    m->hstate = h;
24    return 1;
25    }
```

第 9 行代码，从内存节点分配巨型页。

第 22 行代码，把巨型页添加到链表 huge_boot_pages 中。

在巨型页子系统初始化时，把链表 huge_boot_pages 中的巨型页添加到对应的巨型页池中，其代码如下：

```
hugetlb_init() -> gather_bootmem_prealloc()
```

mm/hugetlb.c
```
1    static void __init gather_bootmem_prealloc(void)
2    {
3      struct huge_bootmem_page *m;
4
5      list_for_each_entry(m, &huge_boot_pages, list) {
6          struct hstate *h = m->hstate;
7          struct page *page;
8
9    #ifdef CONFIG_HIGHMEM
10         page = pfn_to_page(m->phys >> PAGE_SHIFT);
11         memblock_free_late(__pa(m),
12                      sizeof(struct huge_bootmem_page));
13   #else
14         page = virt_to_page(m);
15   #endif
16         WARN_ON(page_count(page) != 1);
17         prep_compound_huge_page(page, h->order);
18         WARN_ON(PageReserved(page));
19         prep_new_huge_page(h, page, page_to_nid(page));
20         if (hstate_is_gigantic(h))
21             adjust_managed_page_count(page, 1 << h->order);
22    }
23    }
```

第 17 行代码，把巨型页组织成复合页。

第 19 行代码，把巨型页添加到对应的巨型页池中。

如果巨型页长度小于或等于页分配器支持的最大阶数，那么在巨型页子系统初始化的时候从页分配器预先分配永久巨型页，其代码如下：

```
hugetlb_init() -> hugetlb_init_hstates()
```

mm/hugetlb.c
```
static void __init hugetlb_init_hstates(void)
{
    struct hstate *h;

    for_each_hstate(h) {
        if (minimum_order > huge_page_order(h))
            minimum_order = huge_page_order(h);

        /* 长度超过页分配器支持的最大阶数的巨型页已经从引导内存分配器中分配 */
        if (!hstate_is_gigantic(h))
            hugetlb_hstate_alloc_pages(h);
    }
    VM_BUG_ON(minimum_order == UINT_MAX);
}
```

针对每个巨型页池，如果巨型页长度小于或等于页分配器支持的最大阶数，那么从页分配器分配永久巨型页，添加到巨型页池中。

文件"/proc/sys/vm/nr_hugepages"的处理函数是 hugetlb_sysctl_handler，最终调用函数 set_max_huge_pages 来增加或减少永久巨型页，其代码如下：

```
hugetlb_sysctl_handler() -> hugetlb_sysctl_handler_common() -> __nr_hugepages_store_
common() -> set_max_huge_pages()
```

mm/hugetlb.c
```
1    static unsigned long set_max_huge_pages(struct hstate *h, unsigned long count,
2                                   nodemask_t *nodes_allowed)
3    {
4     unsigned long min_count, ret;
5
6     if (hstate_is_gigantic(h) && !gigantic_page_supported())
7          return h->max_huge_pages;
8
9     spin_lock(&hugetlb_lock);
10    while (h->surplus_huge_pages && count > persistent_huge_pages(h)) {
11         if (!adjust_pool_surplus(h, nodes_allowed, -1))
12              break;
13    }
14
15    while (count > persistent_huge_pages(h)) {
16         spin_unlock(&hugetlb_lock);
17
18         /* 让出处理器，避免死锁(soft lockup) */
19         cond_resched();
20
21         if (hstate_is_gigantic(h))
22              ret = alloc_fresh_gigantic_page(h, nodes_allowed);
23         else
24              ret = alloc_fresh_huge_page(h, nodes_allowed);
25         spin_lock(&hugetlb_lock);
26         if (!ret)
27              goto out;
28
29         /* 去处理信号，用户可能按下ctrl+c组合键 */
30         if (signal_pending(current))
31              goto out;
32    }
33
34    min_count = h->resv_huge_pages + h->nr_huge_pages - h->free_huge_pages;
35    min_count = max(count, min_count);
36    try_to_free_low(h, min_count, nodes_allowed);
37    while (min_count < persistent_huge_pages(h)) {
38         if (!free_pool_huge_page(h, nodes_allowed, 0))
39              break;
40         cond_resched_lock(&hugetlb_lock);
41    }
42    while (count < persistent_huge_pages(h)) {
43         if (!adjust_pool_surplus(h, nodes_allowed, 1))
44              break;
45    }
46   out:
47    ret = persistent_huge_pages(h);
48    spin_unlock(&hugetlb_lock);
49    return ret;
50   }
```

参数 count 指定永久巨型页的最大数量。

第 10～32 行代码，如果增加永久巨型页的数量，处理如下。

- 第 10～13 行代码，如果有临时巨型页，那么把临时巨型页转换为永久巨型页。
- 第 15～32 行代码，如果永久巨型页的数量不够，那么分配巨型页。

第 34 行和第 45 行代码，如果减小永久巨型页的数量，处理如下。

- 第 34 行代码，min_count 等于（巨型页总数 −（空闲巨型页数量 − 预留巨型页数量）），即扣除没有预留的空闲巨型页。注意预留巨型页数量包含在空闲巨型页数量里面，进程创建内存映射的时候已经申请预留巨型页。
- 第 35 行代码，min_count 不能小于 count。
- 第 36 行代码，如果支持高端内存区域，优先把从低端内存区域分配的没有预留的空闲巨型页归还给页分配器。
- 第 37～41 行代码，如果永久巨型页的数量超过 min_count，那么把没有预留的空闲巨型页归还给页分配器。
- 第 42～45 行代码，如果永久巨型页的数量超过指定的最大数量，那么把永久巨型页转换为临时巨型页。

（3）挂载 hugetlbfs 文件。

hugetlbfs 文件系统在初始化的时候，调用函数 register_filesystem 以注册 hugetlbfs 文件系统，hugetlbfs 文件系统的结构体如下：

```
fs/hugetlbfs/inode.c
static struct file_system_type hugetlbfs_fs_type = {
    .name           = "hugetlbfs",
    .mount          = hugetlbfs_mount,
    .kill_sb        = kill_litter_super,
};
```

挂载 hugetlbfs 文件系统的时候，挂载函数调用 hugetlbfs 文件系统的挂载函数 hugetlbfs_mount，创建超级块和根目录，把文件系统和巨型页池关联起来。

如图 3.66 所示，超级块的成员 s_fs_info 指向 hugetblfs 文件系统的私有信息；成员 s_blocksize 是块长度，被设置为巨型页的长度。

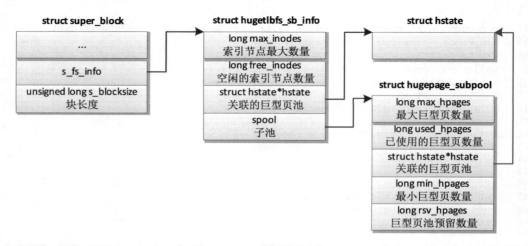

图3.66　hugetlbfs文件系统关联巨型页池

结构体 hugetlbfs_sb_info 描述 hugetblfs 文件系统的私有信息。

1）成员 max_inode 是允许的索引节点最大数量。

2）成员 free_inodes 是空闲的索引节点数量。

3）成员 hstate 指向关联的巨型页池。

4）如果指定了最大巨型页数量或最小巨型页数量，那么为巨型页池创建一个子池，成员 spool 指向子池。

结构体 hugepage_subpool 描述子池的信息。

1）成员 max_hpages 是允许的最大巨型页数量。

2）used_hpages 是已使用的巨型页数量，包括分配的和预留的。

3）成员 hstate 指向巨型页池。

4）成员 min_hpages 是最小巨型页数量。

5）成员 rsv_hpages 是子池向巨型页池申请预留的巨型页的数量。

（4）创建文件。

调用系统调用 open()，在 hugetlbfs 文件系统的一个目录下创建一个文件的时候，系统调用 open 最终调用函数 hugetlbfs_create()为文件分配索引节点（结构体 inode）并且初始化，索引节点的成员 i_fop 指向 hugetlbfs 文件系统特有的文件操作集合 hugetlbfs_file_operations，这个文件操作集合的成员 mmap 方法是函数 hugetlbfs_file_mmap()，这个函数在创建内存映射的时候很关键。

（5）创建内存映射。

在 hugetlbfs 文件系统中打开文件，然后基于这个文件创建内存映射时，系统调用 mmap 将会调用函数 hugetlbfs_file_mmap()。

函数 hugetlbfs_file_mmap()的主要功能如下。

1）设置标准巨型页标志 VM_HUGETLB 和不允许扩展标志 VM_DONTEXPAND。

2）虚拟内存区域的成员 vm_ops 指向巨型页特有的虚拟内存操作集合 hugetlb_vm_ops。

3）检查文件的偏移是不是巨型页长度的整数倍。

4）调用函数 hugetlb_reserve_pages()，向巨型页池申请预留巨型页。

函数 hugetlb_reserve_pages()的主要功能如下。

1）如果设置标志位 VM_NORESERVE 指定不需要预留巨型页，直接返回。

2）如果是共享映射，那么使用文件的索引节点的预留图（结构体 resv_map），如图 3.67 所示，在预留图中查看从文件的起始偏移到结束偏移有哪些部分以前没有预留，计算需要预留的巨型页的数量 N。

3）如果是私有映射，那么创建预留图，虚拟内存区域的成员 vm_private_data 指向预留图，并且设置标志 HPAGE_RESV_OWNER 指明该虚拟内存区域拥有这个预留，如图 3.68 所示。计算需要预留的巨型页的数量 N =（文件的结束偏移 − 起始偏移），偏移的单位是巨型页长度。

虚拟内存区域的成员 vm_private_data 的最低两位用来存储标志位。

❑ 标志位 HPAGE_RESV_OWNER，值为 1，指明当前进程是预留的拥有者。

❑ 标志位 HPAGE_RESV_UNMAPPED，值为 2。对于私有映射，如果创建映射的进程在执行写时复制时分配巨型页失败，那么删除所有子进程的映射，设置该标志，让子进程在发生页错误异常时被杀死。

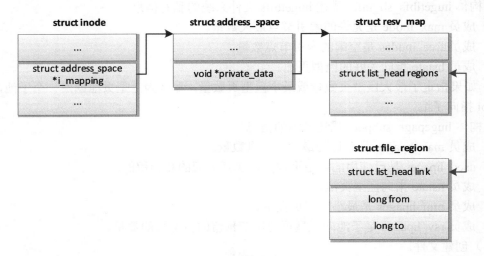

图3.67　共享映射的预留图

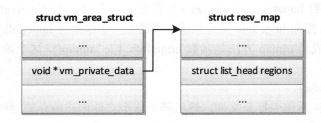

图3.68　私有映射的预留图

4）如果文件系统创建了巨型页子池，计算子池需要向巨型页池申请预留的巨型页的数量，否则需要向巨型页池申请预留的巨型页的数量是 N。

如果子池以前申请预留的巨型页数量大于或等于 N，那么子池不需要向巨型页池申请预留。

如果子池以前申请预留的巨型页数量小于 N，那么子池需要向巨型页池申请预留的数量等于（N－ 子池以前申请预留的巨型页数量）。

5）向巨型页池申请预留指定数量的巨型页。

6）如果是共享映射，那么在预留图的区域链表中增加 1 个 file_region 实例，记录预留区域。

（6）分配和映射到巨型页。

第一次访问巨型页的时候触发缺页异常，函数 handle_mm_fault 发现虚拟内存区域设置了标志 VM_HUGETLB，调用巨型页的页错误处理函数 hugetlb_fault。

函数 hugetlb_fault 发现页表项是空表项，调用函数 hugetlb_no_page 以分配并且映射到巨型页。

函数 hugetlb_no_page 的执行过程如下。

1）在文件的页缓存中根据文件的页偏移查找页。

2）如果在页缓存中没有找到页，调用函数 alloc_huge_page 以分配巨型页。如果是共享映射，那么把巨型页加入文件的页缓存，以便和其他进程共享页。

3）设置页表项。

4）如果第一步在页缓存中找到页，映射是私有的，并且执行写操作，那么执行写时复制。

函数 alloc_huge_page 的执行过程如下。

1）检查预留图，确定进程是否预留过要分配的巨型页。

2）如果进程没有预留巨型页，检查分配是否超过子池的限制。

3）从巨型页池中目标内存节点的空闲链表中分配永久巨型页。

4）如果分配永久巨型页失败，那么尝试从页分配器分配临时巨型页。

（7）写时复制。

假设进程 1 创建了私有的巨型页映射，然后进程 1 分叉生成进程 2 和进程 3。其中一个进程试图写巨型页的时候，触发页错误异常，巨型页的页错误处理函数 hugetlb_fault 调用函数 hugetlb_cow 以执行写时复制。

函数 hugetlb_cow 的执行过程如下。

1）如果只有一个虚拟页映射到该物理页，并且是匿名映射，那么不需要复制，直接修改页表项设置可写。

2）分配巨型页。

3）处理分配巨型页失败的情况。

如果触发页错误异常的进程是创建私有映射的进程，那么删除所有子进程的映射，为子进程的虚拟内存区域的成员 vm_private_data 设置标志 HPAGE_RESV_UNMAPPED，让子进程在发生页错误异常的时候被杀死。

如果触发页错误异常的进程不是创建私有映射的进程，返回错误。

4）把旧页的数据复制到新页。

5）修改页表项，映射到新页，并且设置可写。

3.13.3　透明巨型页

透明巨型页（Transparent Huge Page，THP）对进程是透明的，如果虚拟内存区域足够大，并且允许使用巨型页，那么内核在分配内存的时候首先选择分配巨型页，如果分配巨型页失败，回退分配普通页。

1．使用方法

透明巨型页的配置宏如下所示。

（1）CONFIG_TRANSPARENT_HUGEPAGE：支持透明巨型页。

（2）CONFIG_TRANSPARENT_HUGEPAGE_ALWAYS：总是使用透明巨型页。

（3）CONFIG_TRANSPARENT_HUGEPAGE_MADVISE：只在进程使用 madvise(MADV_HUGEPAGE)指定的虚拟地址范围内使用透明巨型页。

（4）CONFIG_TRANSPARENT_HUGE_PAGECACHE：文件系统的页缓存使用透明巨型页。

可以在引导内核的时候通过内核参数开启或关闭透明巨型页。

（1）transparent_hugepage=always

（2）transparent_hugepage=madvise

（3）transparent_hugepage=never

可以在运行过程中开启或关闭透明巨型页。

（1）总是使用透明巨型页。

```
echo always >/sys/kernel/mm/transparent_hugepage/enabled
```

（2）只在进程使用 madvise(MADV_HUGEPAGE)指定的虚拟地址范围内使用透明巨型页。

```
echo madvise >/sys/kernel/mm/transparent_hugepage/enabled
```

（3）禁止使用透明巨型页。

```
echo never >/sys/kernel/mm/transparent_hugepage/enabled
```

分配透明巨型页失败的时候，页分配器采取什么消除内存碎片的策略？可以配置以下策略。

（1）直接回收页，执行同步模式的内存碎片整理。

```
echo always >/sys/kernel/mm/transparent_hugepage/defrag
```

（2）异步回收页，执行异步模式的内存碎片整理。

```
echo defer >/sys/kernel/mm/transparent_hugepage/defrag
```

（3）只针对 madvise(MADV_HUGEPAGE)指定的虚拟内存区域，异步回收页，执行异步模式的内存碎片整理。

```
echo defer+madvise >/sys/kernel/mm/transparent_hugepage/defrag
```

（4）只针对 madvise(MADV_HUGEPAGE)指定的虚拟内存区域，直接回收页，执行同步模式的内存碎片整理。这是默认策略。

```
echo madvise >/sys/kernel/mm/transparent_hugepage/defrag
```

（5）不采取任何策略。

```
echo never >/sys/kernel/mm/transparent_hugepage/defrag
```

可以查看透明巨型页的长度，单位是字节：

```
cat /sys/kernel/mm/transparent_hugepage/hpage_pmd_size
```

透明巨型页扫描线程定期扫描允许使用透明巨型页的虚拟内存区域，尝试把普通页合并成透明巨型页。

可以通过文件"/sys/kernel/mm/transparent_hugepage/khugepaged/pages_to_scan"配置每次扫描多少页（指普通页），默认值是一个巨型页包含的普通页数量的 8 倍。

可以通过文件"/sys/kernel/mm/transparent_hugepage/khugepaged/scan_sleep_millisecs"配置两次扫描的时间间隔，单位是毫秒，默认值是 10 秒。

系统调用 madvise 针对透明巨型页提供了两个 Linux 私有的建议值。

（1）MADV_HUGEPAGE 表示指定的虚拟地址范围允许使用透明巨型页。

（2）MADV_NOHUGEPAGE 表示指定的虚拟地址范围不要合并成巨型页。

2．实现原理

虚拟内存区域 vm_area_struct 的成员 vm_flags 增加了以下两个标志。

（1）VM_HUGEPAGE 表示允许虚拟内存区域使用透明巨型页，进程使用 madvise(MADV_HUGEPAGE)给虚拟内存区域设置这个标志。

（2）VM_NOHUGEPAGE 表示不允许虚拟内存区域使用透明巨型页，进程使用 madvise(MADV_NOHUGEPAGE)给虚拟内存区域设置这个标志。

注意：标志 VM_HUGETLB 表示允许使用标准巨型页。

虚拟内存区域满足以下条件才允许使用透明巨型页。

（1）以下条件二选一。

1）总是使用透明巨型页。

2）只在进程使用 madvise(MADV_HUGEPAGE)指定的虚拟地址范围内使用透明巨型页，并且虚拟内存区域设置了允许使用透明巨型页的标志。

（2）虚拟内存区域没有设置不允许使用透明巨型页的标志。

假设一个虚拟内存区域允许使用透明巨型页，访问虚拟内存区域的时候，如果没有映射到物理页，那么生成页错误异常，页错误异常处理程序的处理过程如下。

（1）首先尝试在页上层目录分配巨型页。如果触发异常的虚拟地址所属的虚拟巨型页超出虚拟内存区域，或者分配巨型页失败，那么回退，尝试在页中间目录分配巨型页。

（2）尝试在页中间目录分配巨型页。如果触发异常的虚拟地址所属的虚拟巨型页超出虚拟内存区域，或者分配巨型页失败，那么回退，尝试分配普通页。

（3）分配普通页。

页上层目录级别的巨型页和页中间目录级别的巨型页仅仅大小不同，页上层目录级别的巨型页大。以页中间目录级别的巨型页为例说明，分配巨型页的时候，会分配直接页表，把直接页表添加到页中间目录的直接页表寄存队列中。直接页表寄存队列有什么用处呢？当释放巨型页的一部分时，巨型页分裂成普通页，需要从直接页表寄存队列取一个直接页表。直接页表寄存队列分两种情况。

（1）如果每个页中间目录使用独立的锁，那么每个页中间目录一个直接页表寄存队列，头节点是页中间目录的页描述符的成员 pmd_huge_pte（见图 3.69）。

图3.69　每个页中间目录一个直接页表寄存队列

（2）如果一个进程的所有页中间目录共用一个锁，那么每个进程一个直接页表寄存队列，头节点是内存描述符的成员 pmd_huge_pte（见图 3.70）。

图3.70　每个进程一个直接页表寄存队列

内核有一个透明巨型页线程（线程名称是 khugepaged），定期地扫描允许使用透明巨型页的虚拟内存区域，尝试把普通页合并成巨型页。

在分配透明巨页时，会把进程的内存描述符加入透明巨型页线程的扫描链表中，如果分配透明巨型页失败，回退使用普通页，透明巨型页线程将会尝试把普通页合并成巨型页。

透明巨型页线程的数据结构如图 3.71 所示。

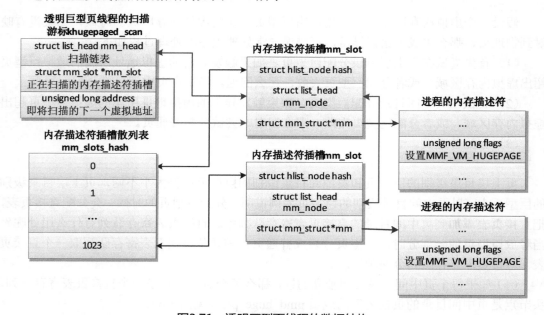

图3.71　透明巨型页线程的数据结构

（1）扫描游标 khugepaged_scan：成员 mm_head 是扫描链表的头节点，扫描链表的成员是内存描述符插槽；成员 mm_slot 指向当前正在扫描的内存描述符插槽，成员 address 是即将扫描的下一个虚拟地址。

（2）内存描述符插槽 mm_slot：成员 mm 指向进程的内存描述符，成员 hash 用来加入散列表，成员 mm_node 用来加入扫描链表。

（3）内存描述符插槽散列表 mm_slots_hash。

（4）加入扫描链表的内存描述符设置了标志 MMF_VM_HUGEPAGE。

当进程使用 munmap 释放巨型页的一部分时，需要把巨型页分裂成普通页。以页中间目录级别的巨型页为例说明，执行过程如下。

（1）先把巨型页分裂成普通页。从直接页表寄存队列取一个直接页表，页中间目录表项指向直接页表，直接页表的每个表项指向巨型页中的一个普通页。

（2）释放普通页，把直接页表表项删除。

透明巨型页分裂前如图 3.72 所示。

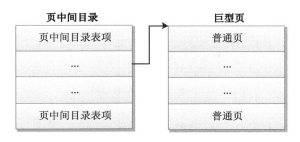

图3.72　透明巨型页分裂前

透明巨型页分裂后如图 3.73 所示。

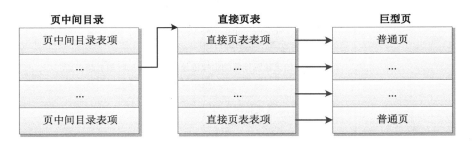

图3.73　透明巨型页分裂后

（1）分配透明巨型页。

函数 handle_mm_fault 是页错误异常处理程序的核心函数，如果触发异常的虚拟内存区域使用普通页或透明巨型页，把主要工作委托给函数 __handle_mm_fault，如图 3.74 所示，函数 __handle_mm_fault 的执行过程如下。

1）在页全局目录中查找表项。

2）在页四级目录中查找表项，如果页四级目录不存在，先创建页四级目录。

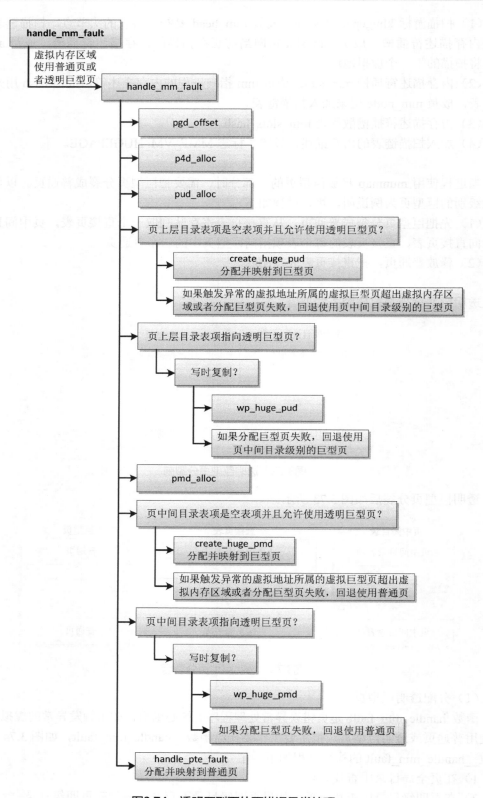

图3.74　透明巨型页的页错误异常处理

3）在页上层目录中查找表项，如果页上层目录不存在，先创建页上层目录。

4）如果页上层目录表项是空表项，并且虚拟内存区域允许使用透明巨型页，那么分配巨型页，页上层目录表项指向巨型页。如果触发异常的虚拟地址所属的虚拟巨型页超出虚拟内存区域，或者分配巨型页失败，那么回退使用页中间目录级别的巨型页。

5）如果页上层目录表项指向巨型页，表项没有设置写权限，但是虚拟内存区域有写权限，那么执行写时复制。如果分配巨型页失败，那么回退使用页中间目录级别的巨型页。

6）在页中间目录中查找表项，如果页中间目录不存在，先创建页中间目录。

7）如果页中间目录表项是空表项，并且虚拟内存区域允许使用透明巨型页，那么分配巨型页，页中间目录表项指向巨型页。如果触发异常的虚拟地址所属的虚拟巨型页超出虚拟内存区域，或者分配巨型页失败，那么回退使用普通页。

8）如果页中间目录表项指向巨型页，表项没有设置写权限，但是虚拟内存区域有写权限，那么执行写时复制。如果分配巨型页失败，那么回退使用普通页。

9）在直接页表中分配并映射到普通页。

函数 create_huge_pmd 负责分配页中间目录级别的巨型页，执行流程如图 3.75 所示。

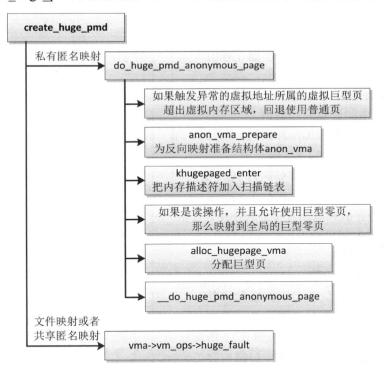

图3.75 分配透明巨型页的执行流程

1）如果是私有匿名映射，调用函数 do_huge_pmd_anonymous_page 来处理。

❑ 如果触发异常的虚拟地址所属的虚拟巨型页超出虚拟内存区域，那么回退使用普通页。

❑ 调用函数 anon_vma_prepare，为反向映射准备结构体 anon_vma。

❑ 调用函数 khugepaged_enter，把内存描述符添加到透明巨型页线程的扫描链表中。如果分配巨型页失败，回退使用普通页，透明巨型页线程将会尝试把普通页合并成巨型页。

❑ 如果是读操作，并且允许使用巨型零页，那么映射到全局的巨型零页。

❑ 分配巨型页。

❑ 调用函数 __do_huge_pmd_anonymous_page，设置页中间目录表项，映射到巨型页。

2）如果是文件映射或者共享匿名映射，调用虚拟内存区域的虚拟内存操作集合中的 huge_fault 方法来处理。

函数 __do_huge_pmd_anonymous_page 负责为私有匿名映射设置页中间目录表项，映射到巨型页，如图 3.76 所示，执行流程如下。

1）分配直接页表。

2）把巨型页清零。

3）设置页描述符的标志位 PG_uptodate，表示物理页包含有效的数据。

4）锁住页表。

5）如果锁住页表以后发现页中间目录表项不是空表项，说明其他处理器正在竞争，已经分配并且映射到物理页，那么当前处理器放弃操作。

6）构造页中间目录表项的值。

7）为匿名巨型页添加反向映射。

8）把巨型页添加到 LRU 链表中。

9）把直接页表添加到寄存队列中。当释放巨型页的一部分时，需要把巨型页分裂成普通页，从寄存队列取出直接页表使用。

10）设置页中间目录表项指向巨型页。

11）释放页表锁。

（2）透明巨型页线程。

透明巨型页线程负责定期扫描允许使用透明巨型页的虚拟内存区域，尝试把普通页合并成巨型页，执行流程如图 3.77 所示。每次从上次结束的位置继续扫描内存描述符插槽链表，对扫描的页数（指普通页的数量）有限制，如果扫描的页数达到限制，睡眠一段时间后继续扫描。函数 khugepaged_do_scan 的执行过程是，如果扫描的页数没有达到限制，重复执行下面的步骤。

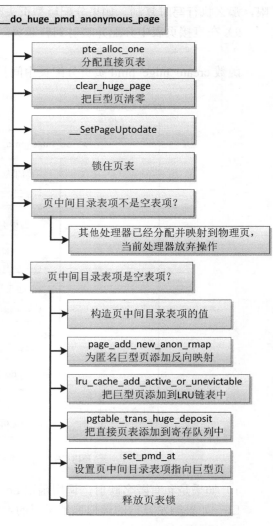

图3.76 映射到透明巨型页的执行流程

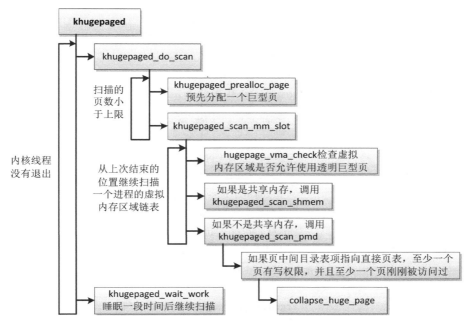

图3.77　透明巨型页线程的执行流程

1）调用函数 khugepaged_prealloc_page，预先分配一个巨型页。在 NUMA 系统上函数 khugepaged_prealloc_page 不会分配巨型页，执行到函数 collapse_huge_page 的时候才分配巨型页。

2）调用函数 khugepaged_scan_mm_slot，扫描一个内存描述符插槽，针对进程的每个虚拟内存区域，处理如下。

❏　调用函数 hugepage_vma_check，检查虚拟内存区域是否允许使用透明巨型页。

❏　如果是共享内存，调用函数 khugepaged_scan_shmem 来处理。

❏　如果不是共享内存，调用函数 khugepaged_scan_pmd 来处理。

函数 khugepaged_scan_pmd 的执行过程是：如果页中间目录表项指向直接页表，至少一个页有写权限，并且至少一个页刚刚被访问过，那么调用函数 collapse_huge_page，把普通页合并成巨型页。如果全部是只读页，或者最近都没有访问过，那么不会合并成巨型页。

函数 collapse_huge_page 负责把普通页合并成巨型页，执行流程如图 3.78 所示。

1）调用函数 khugepaged_alloc_page 以分配巨型页。这个函数只会在 NUMA 系统上分配巨型页，如果不是 NUMA 系统，函数 khugepaged_do_scan 已经分配了巨型页。

2）部分普通页可能换出到交换区，需要把这些普通页从交换区读到内存中。

3）隔离准备合并的所有普通页。

4）把数据从普通页复制到巨型页，释放普通页。

5）为巨型页添加反向映射。

6）把巨型页加入 LRU 链表。

7）把直接页表添加到寄存队列中。

8）设置页中间目录表项指向巨型页。

9）更新页表缓存。

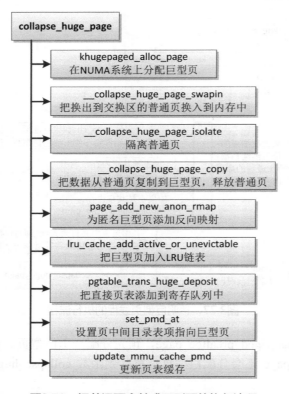

图3.78　把普通页合并成巨型页的执行流程

（3）释放透明巨型页。

假设进程使用 munmap 释放虚拟内存区域，而这个虚拟内存区域可能映射到透明巨型页，可能是释放巨型页的一部分，也可能是释放整个巨型页。

函数 unmap_single_vma 负责删除一个虚拟内存区域，执行流程如图 3.79 所示。如果虚拟内存区域使用普通页或透明巨型页，把主要工作委托给函数 unmap_page_range。

函数 unmap_page_range 负责处理页全局目录，针对每个需要删除的页全局目录表项，调用函数 zap_p4d_range 来处理页四级目录。

函数 zap_p4d_range 负责处理页四级目录，针对每个需要删除的页四级目录表项，调用函数 zap_pud_range 来处理页上层目录。

函数 zap_pud_range 负责处理页上层目录，针对每个需要删除的页上层目录表项，执行过程如下。

1）如果页上层目录表项指向透明巨型页，处理如下。

❑　如果释放巨型页的一部分，那么调用函数 split_huge_pud 以分裂巨型页。

❑　如果释放整个巨型页，那么调用函数 zap_huge_pud 以删除页上层目录表项，释放巨型页。

2）如果页上层目录表项指向页中间目录，或者释放巨型页的一部分，那么调用函数 zap_pmd_range 以处理页中间目录。

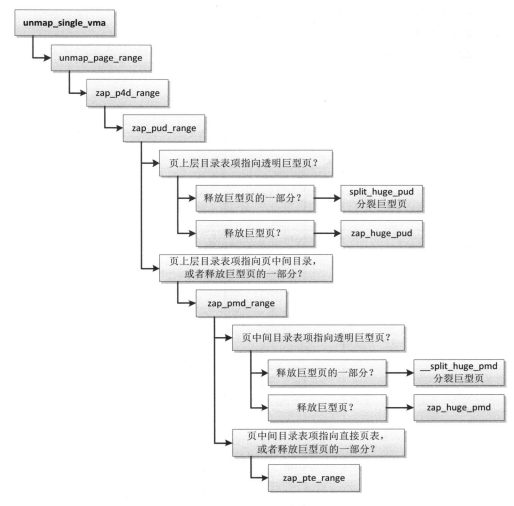

图3.79　释放透明巨型页的执行流程

函数 zap_pmd_range 负责处理页中间目录，针对每个需要删除的页中间目录表项，执行过程如下。

1）如果页中间目录表项指向透明巨型页，处理如下。

❑　如果释放巨型页的一部分，那么调用函数 __split_huge_pmd 以分裂巨型页。

❑　如果释放整个巨型页，那么调用函数 zap_huge_pmd 以删除页中间目录表项，释放巨型页。

2）如果页中间目录表项指向直接页表，或者释放巨型页的一部分，那么调用函数 zap_pte_range 以处理直接页表。

函数 __split_huge_pmd 负责把页中间目录级别的透明巨型页分裂成普通页，执行流程如图 3.80 所示。把主要工作委托给函数 __split_huge_pmd_locked，执行过程如下。

1）如果是文件映射或者共享匿名映射，说明巨型页在文件的页缓存中，因为可能有多个进程共享，所以不能把巨型页分裂成普通页，只需要删除映射，处理如下。

❑　删除页中间目录表项。

❑ 从寄存队列中取一个直接页表并删除。

❑ 删除反向映射。

❑ 把巨型页的引用计数减 1。

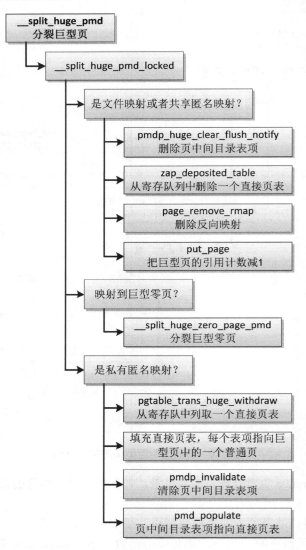

图3.80 分裂透明巨型页的执行流程

2）如果是私有匿名映射，映射到巨型零页，那么调用函数 __split_huge_zero_page_pmd 以分裂巨型零页。

3）如果是私有匿名映射，没有映射到巨型零页，那么把巨型页分裂成普通页，处理如下。

❑ 从寄存队列中取一个直接页表。

❑ 填充直接页表，每个表项指向巨型页中的一个普通页。

❑ 清除页中间目录表项。

❑ 页中间目录表项指向直接页表。

3.14 页错误异常处理

在取指令或数据的时候，处理器的内存管理单元需要把虚拟地址转换成物理地址。如果虚拟页没有映射到物理页，或者没有访问权限，处理器将生成页错误异常。

虚拟页没有映射到物理页，这种情况通常称为缺页异常，有以下几种情况。

（1）访问用户栈的时候，超出了当前用户栈的范围，需要扩大用户栈。

（2）当进程申请虚拟内存区域的时候，通常没有分配物理页，进程第一次访问的时候触发页错误异常。

（3）内存不足的时候，内核把进程的匿名页换出到交换区。

（4）一个文件页被映射到进程的虚拟地址空间，内存不足的时候，内核回收这个文件页，在进程的页表中删除这个文件页的映射。

（5）程序错误，访问没有分配给进程的虚拟内存区域。

前面四种情况，如果页错误异常处理程序成功地把虚拟页映射到物理页，处理程序返回后，处理器重新执行触发异常的指令。

第五种情况，页错误异常处理程序将会发送段违法（SIGSEGV）信号以杀死进程。

没有访问权限，有以下两种情况。

（1）可能是软件有意造成的，典型的例子是写时复制（Copy on Write，CoW）：进程分叉生成子进程的时候，为了避免复制物理页，子进程和父进程以只读方式共享所有私有的匿名页和文件页。当其中一个进程试图写只读页时，触发页错误异常，页错误异常处理程序分配新的物理页，把旧的物理页的数据复制到新的物理页，然后把虚拟页映射到新的物理页。

（2）程序错误，例如试图写只读的代码段所在的物理页。

第一种情况，如果页错误异常处理程序成功地把虚拟页映射到物理页，处理程序返回后，处理器重新执行触发异常的指令。

第二种情况，页错误异常处理程序将会发送段违法（SIGSEGV）信号以杀死进程。

不同处理器架构实现的页错误异常不同，页错误异常处理程序的前面一部分是各种处理器架构自定义的部分，后面从函数 handle_mm_fault 开始的部分是所有处理器架构共用的部分。

3.14.1 处理器架构特定部分

1. 生成页错误异常

首先声明，本节不考虑 ARM64 处理器的虚拟化扩展和安全扩展。本节假定 ARM64 处理器带有内存管理单元，并且开了内存管理单元。ARM64 处理器在没有开启内存管理单元的情况下，不会转换虚拟地址，物理地址等于虚拟地址。

ARM64 处理器在取指令或数据的时候，需要把虚拟地址转换成物理地址，分两种情况：

（1）如果虚拟地址的高 16 位不是全 1 或全 0（假设使用 48 位虚拟地址），是非法地址，生成页错误异常。

（2）如果虚拟地址的高 16 位是全 1 或全 0，内存管理单元根据关键字{地址空间标识符，虚拟地址}查找 TLB。

> 通常使用寄存器 TTBR0_EL1 的高 16 位存放正在执行的进程的地址空间标识符（TTBR 是 "Translation Table Base Register" 的缩写，表示转换表基准寄存器；EL1 是 "Exception Level 1" 的缩写，表示异常级别 1）。
>
> 寄存器 TTBR1_EL1 存放内核的页全局目录的物理地址，寄存器 TTBR0_EL1 存放进程的页全局目录的物理地址。

如果命中了 TLB 表项，从 TLB 表项读取访问权限，检查访问权限，如果没有访问权限，生成页错误异常。

如果没有命中 TLB 表项，内存管理单元将会查询内存中的页表，称为转换表遍历（translation table walk），分两种情况。

（1）如果虚拟地址的高 16 位全部是 1，说明是内核虚拟地址，应该查询内核的页表，从寄存器 TTBR1_EL1 取内核的页全局目录的物理地址。

（2）如果虚拟地址的高 16 位全部是 0，说明是用户虚拟地址，应该查询进程的页表，从寄存器 TTBR0_EL1 取进程的页全局目录的物理地址。

内存管理单元访问内存中的页表，根据表项的类型进行处理。

（1）如果是无效描述符，生成页错误异常。

（2）如果是块描述符或页描述符，把表项复制到 TLB。

（3）如果是表描述符，从表项读取下一级页表的物理地址，继续访问下一级页表。

2．处理页错误异常

在 ARM64 架构的系统中，用户程序在异常级别 0 运行，内核在异常级别 1 运行，异常级别 0 是用户模式，异常级别 1 是内核模式。

ARM64 架构的内核定义了一个异常向量表，起始地址是 vectors（源文件 arch/arm64/kernel/entry.S），每个异常向量的长度是 128 字节，但是在 Linux 内核中每个异常向量只有一条指令：跳转到对应的处理程序。异常向量表的虚拟地址存放在异常级别 1 的向量基准地址寄存器（Vector Base Address Register for Exception Level 1，VBAR_EL1）中。

如图 3.81 所示，处理器生成页错误异常，页错误异常属于同步异常，处理器立即处理，从向量基准地址寄存器得到异常向量表的虚拟地址，然后根据异常类型选择对应的异常向量。

（1）如果异常类型是异常级别 1 生成的同步异常，异常向量的偏移是 0x200，这个异常向量跳转到函数 el1_sync。

（2）如果异常类型是 64 位用户程序在异常级别 0 生成的同步异常，异常向量的偏移是 0x400，这个异常向量跳转到函数 el0_sync。

（3）如果异常类型是 32 位用户程序在异常级别 0 生成的同步异常，异常向量的偏移是 0x600，这个异常向量跳转到函数 el0_sync_compat。

以函数 el0_sync 为例说明，函数 el0_sync 根据异常级别 1 的异常症状寄存器的异常类别字段处理。

（1）如果异常类别是异常级别 0 生成的数据中止（data abort），即在异常级别 0 访问数据时生成页错误异常，那么调用函数 el0_da。

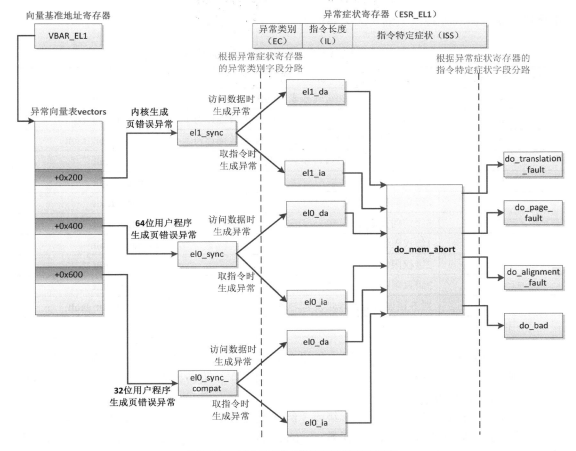

图3.81 ARM64处理器处理页错误异常

（2）如果异常类别是异常级别 0 生成的指令中止（instruction abort），即在异常级别 0 取指令时生成页错误异常，那么调用函数 el0_ia。

对于 ARM64 处理器，异常级别 1 的异常症状寄存器（ESR_EL1，Exception Syndrome Register for Exception Level 1）用来存放异常的症状信息，如图 3.82 所示。

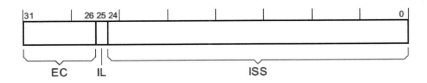

图3.82 异常级别1的异常症状寄存器

EC：异常类别（Exception Class），指示引起异常的原因。

ISS：指令特定症状（Instruction Specific Syndrome），每种异常类别独立定义这个字段。

（1）函数 do_mem_abort。

页错误异常处理程序最终都会执行到函数 do_mem_abort，该函数根据异常症状寄存器的指令特定症状字段的指令错误状态码（第 0～5 位），调用数组 fault_info 中的处理函数，指令错误状态码和处理函数的对应关系如表 3.8 所示。

表 3.8　指令错误状态码和处理函数的对应关系

指令错误状态码	说　　　明	处 理 函 数
4	0 级转换错误（在 0 级转换表中匹配无效描述符）	do_translation_fault
5	1 级转换错误（在 1 级转换表中匹配无效描述符）	do_translation_fault
6	2 级转换错误（在 2 级转换表中匹配无效描述符）	do_translation_fault
7	3 级转换错误（在 3 级转换表中匹配无效描述符）	do_page_fault
9	1 级访问标志错误	do_page_fault
10	2 级访问标志错误	do_page_fault
11	3 级访问标志错误	do_page_fault
13	1 级权限错误	do_page_fault
14	2 级权限错误	do_page_fault
15	3 级权限错误	do_page_fault
33	对齐错误（虚拟地址没有对齐）	do_alignment_fault
其他	其他错误	do_bad

虚拟页没有映射到物理页的情况：如果在 0 级、1 级或 2 级转换表中匹配的表项是无效描述符，调用函数 do_translation_fault 来处理；如果在 3 级转换表中匹配的表项是无效描述符，调用函数 do_page_fault 来处理。

如果是访问标志错误："在 1 级、2 级或 3 级转换表中匹配的表项是块描述符或页描述符，但是没有设置访问标志"，那么调用函数 do_page_fault，函数 do_page_fault 将会为页表项设置访问标志。页回收算法需要根据页表项的访问标志判断物理页是不是刚刚被访问过。

如果是权限错误："在 1 级、2 级或 3 级转换表中匹配的表项是块描述符或页描述符，但是没有访问权限"，那么调用函数 do_page_fault。

（2）函数 do_translation_fault。

函数 do_translation_fault 处理在 0 级、1 级或 2 级转换表中匹配的表项是无效描述符的情况，执行流程如图 3.83 所示，其代码如下：

```
arch/arm64/mm/fault.c
static int __kprobes do_translation_fault(unsigned long addr,
                        unsigned int esr,
                        struct pt_regs *regs)
{
    if (addr < TASK_SIZE)
        return do_page_fault(addr, esr, regs);

    do_bad_area(addr, esr, regs);
    return 0;
}
```

参数 addr 是触发异常的虚拟地址，esr 是异常症状寄存器的值，regs 指向内核栈中保存的被打断的进程的寄存器集合。

如果触发异常的虚拟地址是用户虚拟地址，调用函数 do_page_fault 来处理。如果触发异常的虚拟地址是内核虚拟地址或不规范地址，调用函数 do_bad_area 来处理。

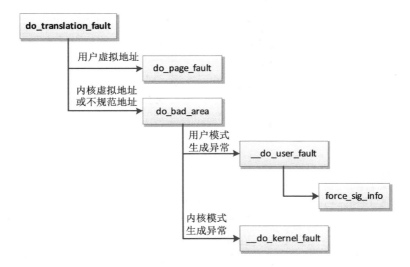

图3.83　函数do_translation_fault的执行流程

函数 do_bad_area 的代码如下：

```
arch/arm64/mm/fault.c
static void do_bad_area(unsigned long addr, unsigned int esr, struct pt_regs *regs)
{
    struct task_struct *tsk = current;
    struct mm_struct *mm = tsk->active_mm;
    const struct fault_info *inf;

    if (user_mode(regs)) {
        inf = esr_to_fault_info(esr);
        __do_user_fault(tsk, addr, esr, inf->sig, inf->code, regs);
    } else
        __do_kernel_fault(mm, addr, esr, regs);
}
```

如果异常是在用户模式下生成的，根据异常症状寄存器的指令特定字段的指令错误状态码在数组 fault_info 中取出信号，然后调用函数 __do_user_fault 发送信号以杀死进程。

如果异常是在内核模式下生成的，调用函数 __do_kernel_fault 来处理。

（3）函数 do_page_fault。

函数 do_page_fault 的执行流程如图 3.84 所示，其主要代码如下：

```
arch/arm64/mm/fault.c
1    static int __kprobes do_page_fault(unsigned long addr, unsigned int esr,
2                    struct pt_regs *regs)
3    {
4    struct task_struct *tsk;
5    struct mm_struct *mm;
6    int fault, sig, code;
7    unsigned long vm_flags = VM_READ | VM_WRITE;
8    unsigned int mm_flags = FAULT_FLAG_ALLOW_RETRY | FAULT_FLAG_KILLABLE;
9
10   …
11   tsk = current;
12   mm  = tsk->mm;
13
14   if (faulthandler_disabled() || !mm)
```

```
15          goto no_context;
16
17   if (user_mode(regs))
18          mm_flags |= FAULT_FLAG_USER;
19
20   if (is_el0_instruction_abort(esr)) {
21          vm_flags = VM_EXEC;
22   } else if ((esr & ESR_ELx_WNR) && !(esr & ESR_ELx_CM)) {
23          vm_flags = VM_WRITE;
24          mm_flags |= FAULT_FLAG_WRITE;
25   }
26
27   if (addr < USER_DS && is_permission_fault(esr, regs, addr)) {
28          /* 如果从异常级别0进入，regs->orig_addr_limit可能是0 */
29          if (regs->orig_addr_limit == KERNEL_DS)
30              die("Accessing user space memory with fs=KERNEL_DS", regs, esr);
31
32          if (is_el1_instruction_abort(esr))
33              die("Attempting to execute userspace memory", regs, esr);
34
35          if (!search_exception_tables(regs->pc))
36              die("Accessing user space memory outside uaccess.h routines", regs, esr);
37   }
38
39   if (!down_read_trylock(&mm->mmap_sem)) {
40          if (!user_mode(regs) && !search_exception_tables(regs->pc))
41              goto no_context;
42   retry:
43          down_read(&mm->mmap_sem);
44   } else {
45          might_sleep();
46          …
47   }
48
49   fault = __do_page_fault(mm, addr, mm_flags, vm_flags, tsk);
50
51   if ((fault & VM_FAULT_RETRY) && fatal_signal_pending(current))
52          return 0;
53
54   …
55   if (mm_flags & FAULT_FLAG_ALLOW_RETRY) {
56          if (fault & VM_FAULT_MAJOR) {
57              tsk->maj_flt++;
58              …
59          } else {
60              tsk->min_flt++;
61              …
62          }
63          if (fault & VM_FAULT_RETRY) {
64              mm_flags &= ~FAULT_FLAG_ALLOW_RETRY;
65              mm_flags |= FAULT_FLAG_TRIED;
66              goto retry;
67          }
68   }
69
70   up_read(&mm->mmap_sem);
71
72   if (likely(!(fault & (VM_FAULT_ERROR | VM_FAULT_BADMAP |
73                  VM_FAULT_BADACCESS))))
74          return 0;
75
76   if (!user_mode(regs))
77          goto no_context;
```

```
78
79    if (fault & VM_FAULT_OOM) {
80          pagefault_out_of_memory();
81          return 0;
82    }
83
84    if (fault & VM_FAULT_SIGBUS) {
85          sig = SIGBUS;
86          code = BUS_ADRERR;
87    } else {
88          sig = SIGSEGV;
89          code = fault == VM_FAULT_BADACCESS ?
90                SEGV_ACCERR : SEGV_MAPERR;
91    }
92
93    __do_user_fault(tsk, addr, esr, sig, code, regs);
94    return 0;
95
96  no_context:
97    __do_kernel_fault(mm, addr, esr, regs);
98    return 0;
99  }
```

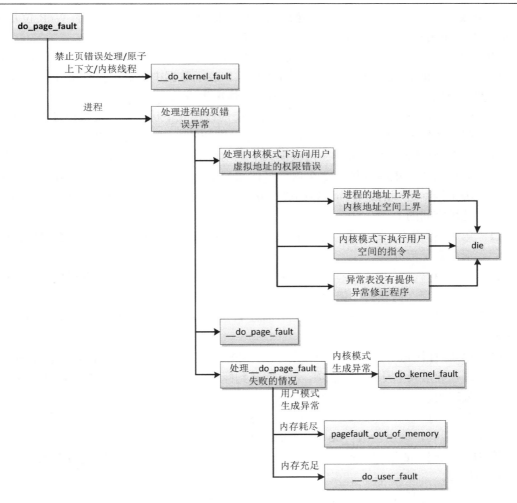

图3.84 函数do_page_fault的执行流程

第 14 行代码，如果禁止执行页错误异常处理程序，或者处于原子上下文，或者当前进程是内核线程，那么跳转到标号 no_context，调用函数 __do_kernel_fault 处理内核模式生成的页错误异常。

禁止执行页错误异常处理程序：有些系统调用传入用户空间的缓冲区，内核使用用户虚拟地址访问缓冲区，可能生成页错误异常，页错误异常处理程序可能睡眠，但是内核不想睡眠，在使用用户虚拟地址访问缓冲区之前，调用函数 pagefault_disable() 禁止执行页错误异常处理程序。

原子上下文：执行硬中断、执行软中断、禁止硬中断、禁止软中断和禁止内核抢占这五种情况不允许睡眠，称为原子上下文。

第 17 行和第 18 行代码，如果是在用户模式下生成的异常，那么 mm_flags 设置标志位 FAULT_FLAG_USER。

第 20 行和第 21 行代码，如果是异常级别 0 的指令中止，即用户模式下取指令时生成页错误异常，那么把 vm_flags 设置为 VM_EXEC。

第 22～24 行代码，如果是写数据时生成页错误异常，那么把 vm_flags 设置为 VM_WRITE，mm_flags 设置标志位 FAULT_FLAG_WRITE。

"(esr & ESR_ELx_WNR)"表示异常症状寄存器的指令特定症状字段的 WnR 位是 1，WnR 是"Write not Read"的缩写，1 表示写，0 表示读。

"!(esr & ESR_ELx_CM)"表示异常症状寄存器的指令特定症状字段的 CM 位是 0，CM 是"Cache Maintenance"的缩写，即缓存维护，1 表示数据中止是由执行缓存维护指令或地址转换指令生成的，0 表示数据中止是因其他情况生成的。

第 27～37 行代码，如果页错误异常是进程在内核模式下访问用户虚拟地址的时候，因为访问权限而触发的（USER_DS 是用户虚拟地址空间的上界），处理如下。

❑ 第 29 行代码，如果进程在内核模式下把地址上界设置为内核虚拟地址空间上界以后访问用户虚拟地址，那么内核打印错误信息，然后死掉。regs->orig_addr_limit 等于当前进程的进程描述符的成员 thread_info.addr_limit，KERNEL_DS 是内核虚拟地址空间的上界。

❑ 第 32 行代码，如果进程在内核模式下试图执行用户空间的指令，那么内核打印错误信息然后死掉。

❑ 第 35 行代码，如果根据触发异常的指令的虚拟地址在异常表中没有找到异常修正程序，那么内核打印错误信息，然后死掉。

第 39 行代码，尝试以读模式申请内存描述符的读写信号量 mmap_sem，如果申请信号量失败，处理如下。

❑ 第 40 行代码，如果是在内核模式下生成的异常，并且根据触发异常的指令的虚拟地址在异常表中没有找到表项，那么跳转到标号 no_context，调用函数 __do_kernel_fault 处理内核模式生成的页错误异常。

❑ 第 43 行代码，以读模式申请内存描述符的读写信号量 mmap_sem，可能挂起等待。

第 49 行代码，调用函数 __do_page_fault 处理页错误异常。

第 51 行代码，如果需要重新尝试处理页错误异常，但是进程已经收到致命的信号，那么先处理信号。

第 55～68 行代码，如果允许重新尝试处理页错误异常，那么处理如下。

❑ 第 56～61 行代码，如果函数 __do_page_fault 返回 VM_FAULT_MAJOR，表示主

要页错误，即页错误异常处理程序需要从存储设备读文件，那么把进程描述符的主要页错误计数 maj_flt 加 1；否则，表示次要页错误，即不需要从存储设备读文件，那么把进程描述符的次要页错误计数 min_flt 加 1。

❑ 第 63～67 行代码，如果函数 __do_page_fault 返回 VM_FAULT_RETRY，表示页错误异常处理程序被阻塞，必须重试，那么重新尝试处理页错误异常。

第 72～74 行代码，如果成功地处理页错误异常，返回。

第 76 行代码，如果是在内核模式下生成的异常，那么跳转到标号 no_context，调用函数 __do_kernel_fault 处理内核模式生成的页错误异常。

第 79 行代码，如果内存耗尽，页错误异常处理程序申请内存失败，那么使用内存耗尽杀手选择进程杀死，然后页错误异常处理程序返回。当前进程要么在重新执行指令时生成页错误异常，要么被内存耗尽杀手杀死。

第 93 行代码，如果是在用户模式下生成的异常，那么发送总线地址错误信号 SIGBUS 或段违法信号 SIGSEGV 杀死进程。

（4）函数 __do_page_fault。

函数 __do_page_fault 的执行流程如图 3.85 所示，其代码如下：

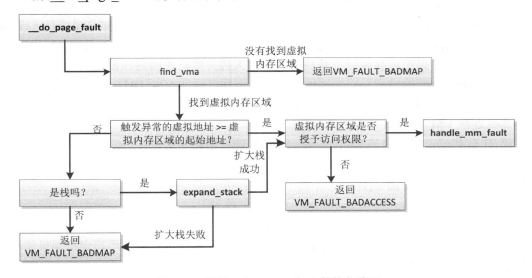

图3.85　函数 __do_page_fault 的执行流程

```
arch/arm64/mm/fault.c
1    static int __do_page_fault(struct mm_struct *mm, unsigned long addr,
2                unsigned int mm_flags, unsigned long vm_flags,
3                struct task_struct *tsk)
4    {
5    struct vm_area_struct *vma;
6    int fault;
7
8    vma = find_vma(mm, addr);
9    fault = VM_FAULT_BADMAP;
10   if (unlikely(!vma))
11       goto out;
12   if (unlikely(vma->vm_start > addr))
13       goto check_stack;
14
```

```
15  good_area:
16   if (!(vma->vm_flags & vm_flags)) {
17        fault = VM_FAULT_BADACCESS;
18        goto out;
19   }
20
21   return handle_mm_fault(vma, addr & PAGE_MASK, mm_flags);
22
23  check_stack:
24   if (vma->vm_flags & VM_GROWSDOWN && !expand_stack(vma, addr))
25        goto good_area;
26  out:
27   return fault;
28  }
```

第 8 行代码，根据触发异常的虚拟地址在进程的虚拟内存区域红黑树中查找一个满足条件的虚拟内存区域：触发异常的虚拟地址小于虚拟内存区域的结束地址。

第 10 行代码，如果没有找到虚拟内存区域，说明内核没有把触发异常的虚拟地址分配给进程，虚拟地址是非法的，那么返回 VM_FAULT_BADMAP。

第 12 行代码，如果找到的虚拟内存区域的起始地址比触发异常的虚拟地址大，那么跳转到标号 check_stack 继续处理。

❑ 如果这个虚拟内存区域是栈，那么调用函数 expand_stack，扩大栈的虚拟内存区域。如果扩大栈成功，那么检查访问权限，然后调用函数 handle_mm_fault 处理页错误异常。

❑ 如果这个虚拟内存区域不是栈，或者扩大栈失败，说明内核没有把触发异常的虚拟地址分配给进程，虚拟地址是非法的，那么返回 VM_FAULT_BADMAP。

第 16 行代码，检查访问权限，如果虚拟内存区域没有授予触发页错误异常的访问权限，那么返回 VM_FAULT_BADACCESS。

第 21 行代码，调用函数 handle_mm_fault 处理页错误异常。

3.14.2　用户空间页错误异常

从函数 handle_mm_fault 开始的部分是所有处理器架构共用的部分，函数 handle_mm_fault 负责处理用户空间的页错误异常。用户空间页错误异常是指进程访问用户虚拟地址生成的页错误异常，分两种情况。

（1）进程在用户模式下访问用户虚拟地址，生成页错误异常。

（2）进程在内核模式下访问用户虚拟地址，生成页错误异常。进程通过系统调用进入内核模式，系统调用传入用户空间的缓冲区，进程在内核模式下访问用户空间的缓冲区。

如果页错误异常处理程序确认虚拟地址属于分配给进程的虚拟内存区域，并且虚拟内存区域授予触发页错误异常的访问权限，就会运行到函数 handle_mm_fault。

函数 handle_mm_fault 的执行流程如图 3.86 所示，其主要代码如下：

```
mm/memory.c
int handle_mm_fault(struct vm_area_struct *vma, unsigned long address,
        unsigned int flags)
{
    …
    if (unlikely(is_vm_hugetlb_page(vma)))
        ret = hugetlb_fault(vma->vm_mm, vma, address, flags);
    else
```

```
        ret = __handle_mm_fault(vma, address, flags);
    ...
}
```

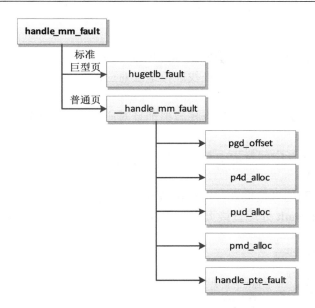

图3.86 函数handle_mm_fault的执行流程

如果虚拟内存区域使用标准巨型页，那么调用函数 hugetlb_fault 处理标准巨型页的页错误异常。如果虚拟内存区域使用普通页，那么调用函数 __handle_mm_fault 处理普通页的页错误异常。

下面重点介绍普通页的页错误异常处理，函数 __handle_mm_fault 的主要代码如下：

mm/memory.c
```
1    static int __handle_mm_fault(struct vm_area_struct *vma, unsigned long address,
2        unsigned int flags)
3    {
4    struct vm_fault vmf = {
5        .vma = vma,
6        .address = address & PAGE_MASK,
7        .flags = flags,
8        .pgoff = linear_page_index(vma, address),
9        .gfp_mask = __get_fault_gfp_mask(vma),
10   };
11   struct mm_struct *mm = vma->vm_mm;
12   pgd_t *pgd;
13   p4d_t *p4d;
14   int ret;
15
16   pgd = pgd_offset(mm, address);
17   p4d = p4d_alloc(mm, pgd, address);
18   if (!p4d)
19       return VM_FAULT_OOM;
20
21   vmf.pud = pud_alloc(mm, p4d, address);
22   if (!vmf.pud)
23       return VM_FAULT_OOM;
24   ...
25
26   vmf.pmd = pmd_alloc(mm, vmf.pud, address);
```

267

```
27   if (!vmf.pmd)
28       return VM_FAULT_OOM;
29   …
30
31   return handle_pte_fault(&vmf);
32  }
```

第 16 行代码，在页全局目录中查找虚拟地址对应的表项。

第 17 行代码，在页四级目录中查找虚拟地址对应的表项，如果页四级目录不存在，那么先创建页四级目录。

第 21 行代码，在页上层目录中查找虚拟地址对应的表项，如果页上层目录不存在，那么先创建页上层目录。

第 26 行代码，在页中间目录中查找虚拟地址对应的表项，如果页中间目录不存在，那么先创建页中间目录。

第 31 行代码，到达直接页表，调用函数 handle_pte_fault 来处理。

函数 handle_pte_fault 处理直接页表，执行流程如图 3.87 所示，其主要代码如下：

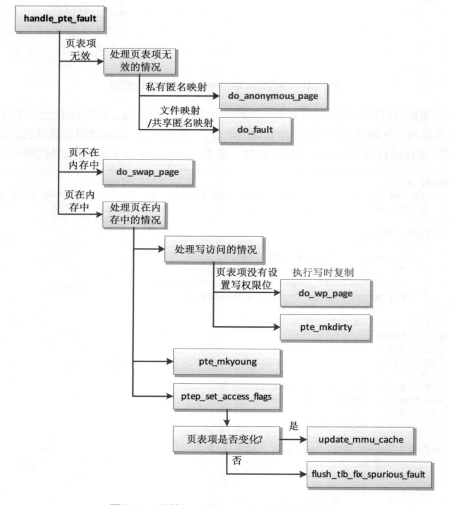

图3.87　函数handle_pte_fault的执行流程

mm/memory.c
```
1   static int handle_pte_fault(struct vm_fault *vmf)
2   {
3    pte_t entry;
4
5    if (unlikely(pmd_none(*vmf->pmd))) {
6        vmf->pte = NULL;
7    } else {
8        …
9        vmf->pte = pte_offset_map(vmf->pmd, vmf->address);
10       vmf->orig_pte = *vmf->pte;
11
12       barrier();
13       if (pte_none(vmf->orig_pte)) {
14           pte_unmap(vmf->pte);
15           vmf->pte = NULL;
16       }
17   }
18
19   if (!vmf->pte) {
20       if (vma_is_anonymous(vmf->vma))
21           return do_anonymous_page(vmf);
22       else
23           return do_fault(vmf);
24   }
25
26   if (!pte_present(vmf->orig_pte))
27       return do_swap_page(vmf);
28
29   …
30   vmf->ptl = pte_lockptr(vmf->vma->vm_mm, vmf->pmd);
31   spin_lock(vmf->ptl);
32   entry = vmf->orig_pte;
33   if (unlikely(!pte_same(*vmf->pte, entry)))
34       goto unlock;
35   if (vmf->flags & FAULT_FLAG_WRITE) {
36       if (!pte_write(entry))
37           return do_wp_page(vmf);
38       entry = pte_mkdirty(entry);
39   }
40   entry = pte_mkyoung(entry);
41   if (ptep_set_access_flags(vmf->vma, vmf->address, vmf->pte, entry,
42               vmf->flags & FAULT_FLAG_WRITE)) {
43       update_mmu_cache(vmf->vma, vmf->address, vmf->pte);
44   } else {
45       if (vmf->flags & FAULT_FLAG_WRITE)
46           flush_tlb_fix_spurious_fault(vmf->vma, vmf->address);
47   }
48   unlock:
49   pte_unmap_unlock(vmf->pte, vmf->ptl);
50   return 0;
51  }
```

第 5~17 行代码，在直接页表中查找虚拟地址对应的表项。

❑ 第 5 行和第 6 行代码，如果页中间目录表项是空表项，说明直接页表不存在，那么把 vmf->pte 设置成空指针。

❑ 第 7~17 行代码，如果页中间目录表项不是空表项，说明直接页表存在，那么在直接页表中查找虚拟地址对应的表项，vmf->pte 存放表项的地址，vmf->orig_pte 存放页表项的值，如果页表项是空表项，vmf->pte 没必要存放表项的地址，设置成空指针。

第 19～24 行代码，如果页表项不存在（直接页表不存在或者页表项是空表项），处理如下。

❑ 第 20 行和第 21 行代码，如果是私有匿名映射，调用函数 do_anonymous_page 处理匿名页的缺页异常。

❑ 第 22 行和第 23 行代码，如果是文件映射或者共享匿名映射（内核使用共享文件映射实现共享匿名映射，区别在于文件是内核创建的内部文件，进程看不见），调用函数 do_fault 处理文件页的缺页异常。

第 26 行和第 27 行代码，如果页表项存在，但是页不在物理内存中，说明页被换出到交换区，那么调用函数 do_swap_page，把页从交换区读到内存中。

从第 30 行代码开始处理"页表项存在，并且页在物理内存中"这种情况，页错误异常是由访问权限触发的。

第 30 行代码，获取页表锁的地址。页表锁有两种实现方式：粗粒度的锁，一个进程一个页表锁；细粒度的锁，每个直接页表一个锁。为了屏蔽两种实现方式的差异，提供函数 pte_lockptr() 来获取页表锁的地址。

第 31 行代码，锁住页表。

第 33 行代码，重新读取页表项的值，如果和第 10 行代码没有锁住页表的时候读取的值不同，说明其他处理器可能正在修改同一个页表项，那么当前处理器只需要等着使用其他处理器设置的页表项，没必要继续处理页错误异常。

第 35 行代码，如果页错误异常是由写操作触发的，处理如下。

❑ 第 36 行和第 37 行代码，如果页表项没有写权限，那么调用函数 do_wp_page 执行写时复制。

❑ 第 38 行代码，如果页表项有写权限，那么设置页表项的脏标志位，表示页的数据被修改。

第 40 行代码，设置页表项的访问标志位，表示页刚刚被访问过。

第 41 行代码，设置页表项。

第 43 行代码，如果页表项发生变化，那么调用函数 update_mmu_cache 以更新处理器的内存管理单元的页表缓存。

第 45 行和第 46 行代码，如果页表项没有变化，并且页错误异常是由写操作触发的，说明页错误异常可能是 TLB 表项和页表项不一致导致的，那么使 TLB 表项失效。

第 49 行代码，释放页表的锁。

接下来描述匿名页的缺页异常、文件页的缺页异常和写时复制。把页从交换区读到内存中，将在 3.16.6 节描述。

1．匿名页的缺页异常

什么情况会触发匿名页的缺页异常呢？

（1）函数的局部变量比较大，或者函数调用的层次比较深，导致当前栈不够用，需要扩大栈。

（2）进程调用 malloc，从堆申请了内存块，只分配了虚拟内存区域，还没有映射到物理页，第一次访问时触发缺页异常。

（3）进程直接调用 mmap，创建匿名的内存映射，只分配了虚拟内存区域，还没有映射到物理页，第一次访问时触发缺页异常。

函数 do_anonymous_page 处理私有匿名页的缺页异常，执行流程如图 3.88 所示，其主要代码如下：

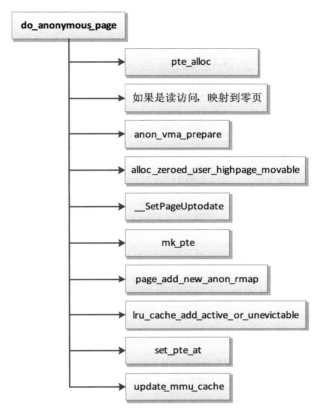

图3.88 函数do_anonymous_page的执行流程

```
mm/memory.c
1    static int do_anonymous_page(struct vm_fault *vmf)
2    {
3      struct vm_area_struct *vma = vmf->vma;
4      …
5      struct page *page;
6      pte_t entry;
7
8      /* 没有"->vm_ops"的文件映射？ */
9      if (vma->vm_flags & VM_SHARED)
10         return VM_FAULT_SIGBUS;
11
12     if (pte_alloc(vma->vm_mm, vmf->pmd, vmf->address))
13         return VM_FAULT_OOM;
14
15     …
16     /* 如果是读操作，映射到零页 */
17     if (!(vmf->flags & FAULT_FLAG_WRITE) &&
18             !mm_forbids_zeropage(vma->vm_mm)) {
19         entry = pte_mkspecial(pfn_pte(my_zero_pfn(vmf->address),
20                         vma->vm_page_prot));
21         vmf->pte = pte_offset_map_lock(vma->vm_mm, vmf->pmd,
22                 vmf->address, &vmf->ptl);
23         if (!pte_none(*vmf->pte))
```

```
24          goto unlock;
25      …
26      goto setpte;
27  }
28
29  /* 分配我们自己的私有页 */
30  if (unlikely(anon_vma_prepare(vma)))
31      goto oom;
32  page = alloc_zeroed_user_highpage_movable(vma, vmf->address);
33  if (!page)
34      goto oom;
35
36  …
37  __SetPageUptodate(page);
38
39  entry = mk_pte(page, vma->vm_page_prot);
40  if (vma->vm_flags & VM_WRITE)
41      entry = pte_mkwrite(pte_mkdirty(entry));
42
43  vmf->pte = pte_offset_map_lock(vma->vm_mm, vmf->pmd, vmf->address,
44          &vmf->ptl);
45  if (!pte_none(*vmf->pte))
46      goto release;
47
48  …
49  inc_mm_counter_fast(vma->vm_mm, MM_ANONPAGES);
50  page_add_new_anon_rmap(page, vma, vmf->address, false);
51  …
52  lru_cache_add_active_or_unevictable(page, vma);
53  setpte:
54  set_pte_at(vma->vm_mm, vmf->address, vmf->pte, entry);
55
56  /* 不需要从页表缓存删除页表项，因为以前虚拟页没有映射到物理页 */
57  update_mmu_cache(vma, vmf->address, vmf->pte);
58  unlock:
59  pte_unmap_unlock(vmf->pte, vmf->ptl);
60  return 0;
61  release:
62  …
63  put_page(page);
64  goto unlock;
65  oom_free_page:
66  put_page(page);
67  oom:
68  return VM_FAULT_OOM;
69  }
```

第 9 行代码，如果是共享的匿名映射，但是虚拟内存区域没有提供虚拟内存操作集合（vm_area_struct.vm_ops），那么返回错误号 VM_FAULT_SIGBUS。

第 12 行代码，如果直接页表不存在，那么分配页表。

第 17~27 行代码，如果缺页异常是由读操作触发的，并且进程允许使用零页，那么把虚拟页映射到一个专用的零页。

- ❑ 第 19 行代码，生成特殊的页表项，映射到专用的零页。
- ❑ 第 21 行代码，在直接页表中查找虚拟地址对应的表项，并且锁住页表。
- ❑ 第 23 行代码，如果页表项不是空表项，说明其他处理器可能正在修改同一个页表项，那么当前处理器只需要等着使用其他处理器设置的页表项，没必要继续处理页错误异常。

- ❑ 第 26 行代码，跳转到标号 setpte 去设置页表项。

第 30 行代码，关联一个 anon_vma 实例到虚拟内存区域，在 3.16.1 节描述匿名页的反向映射时具体介绍。

第 32 行代码，分配物理页，优先从高端内存区域分配，并且用零初始化。

第 37 行代码，设置页描述符的标志位 PG_uptodate，表示物理页包含有效的数据。

第 39 行代码，使用页帧号和访问权限生成页表项。

第 40 行和第 41 行代码，如果虚拟内存区域有写权限，设置页表项的脏标志位和写权限，脏标志位表示页的数据被修改过。

第 43 行代码，在直接页表中查找虚拟地址对应的表项，并且锁住页表。

第 45 行代码，如果页表项不是空表项，说明其他处理器可能正在修改同一个页表项，那么当前处理器只需要等着使用其他处理器设置的页表项，没必要继续处理页错误异常。

第 50 行代码，建立物理页到虚拟页的反向映射，在 3.16.1 节描述匿名页的反向映射时具体介绍。

第 52 行代码，把物理页添加到活动 LRU（最近最少使用）链表或不可回收 LRU 链表中，页回收算法需要从 LRU 链表选择需要回收的物理页。

第 54 行代码，设置页表项。

第 57 行代码，更新处理器的页表缓存。

第 59 行代码，释放页表的锁。

2．文件页的缺页异常

什么情况会触发文件页的缺页异常呢？

（1）启动程序的时候，内核为程序的代码段和数据段创建私有的文件映射，映射到进程的虚拟地址空间，第一次访问的时候触发文件页的缺页异常。

（2）进程使用 mmap 创建文件映射，把文件的一个区间映射到进程的虚拟地址空间，第一次访问的时候触发文件页的缺页异常。

函数 do_fault 处理文件页和共享匿名页的缺页异常，执行流程如图 3.89 所示，其主要代码如下：

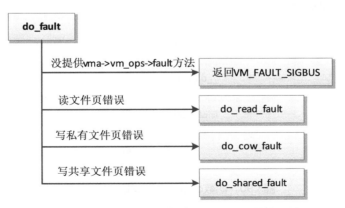

图3.89 函数do_fault的执行流程

```
mm/memory.c
1    static int do_fault(struct vm_fault *vmf)
```

```
2   {
3     struct vm_area_struct *vma = vmf->vma;
4     int ret;
5
6     /* 这个vm_area_struct结构体在执行mmap()的时候没有完全填充，或者缺少标志位VM_DONTEXPAND。 */
7     if (!vma->vm_ops->fault)
8         ret = VM_FAULT_SIGBUS;
9     else if (!(vmf->flags & FAULT_FLAG_WRITE))
10        ret = do_read_fault(vmf);
11    else if (!(vma->vm_flags & VM_SHARED))
12        ret = do_cow_fault(vmf);
13    else
14        ret = do_shared_fault(vmf);
15
16    …
17    return ret;
18  }
```

第 7 行和第 8 行代码，如果虚拟内存区域没有提供处理页错误异常的方法（vm_area_struct.vm_ops->fault），返回错误号 VM_FAULT_SIGBUS。

第 9 行和第 10 行代码，如果缺页异常是由读文件页触发的，调用函数 do_read_fault 以处理读文件页错误。

第 11 行和第 12 行代码，如果缺页异常是由写私有文件页触发的，那么调用函数 do_cow_fault 以处理写私有文件页错误，执行写时复制。

第 13 行和第 14 行代码，如果缺页异常是由写共享文件页触发的，那么调用函数 do_shared_faul 以处理写共享文件页错误。

（1）处理读文件页错误。

处理读文件页错误的方法如下。

1）把文件页从存储设备上的文件系统读到文件的页缓存（每个文件有一个缓存，因为以页为单位，所以称为页缓存）中。

2）设置进程的页表项，把虚拟页映射到文件的页缓存中的物理页。

函数 do_read_fault 处理读文件页错误，执行流程如图 3.90 所示，其代码如下：

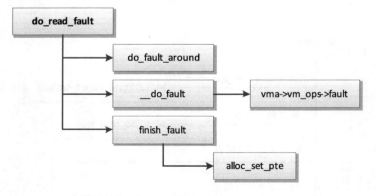

图3.90　函数do_read_fault的执行流程

```
mm/memory.c
1   static int do_read_fault(struct vm_fault *vmf)
2   {
3     struct vm_area_struct *vma = vmf->vma;
4     int ret = 0;
```

```
 5
 6      if (vma->vm_ops->map_pages && fault_around_bytes >> PAGE_SHIFT > 1) {
 7          ret = do_fault_around(vmf);
 8          if (ret)
 9              return ret;
10      }
11
12      ret = __do_fault(vmf);
13      if (unlikely(ret & (VM_FAULT_ERROR | VM_FAULT_NOPAGE | VM_FAULT_RETRY)))
14          return ret;
15
16      ret |= finish_fault(vmf);
17      unlock_page(vmf->page);
18      if (unlikely(ret & (VM_FAULT_ERROR | VM_FAULT_NOPAGE | VM_FAULT_RETRY)))
19          put_page(vmf->page);
20      return ret;
21  }
```

第 6 行和第 7 行代码，为了减少页错误异常的次数，如果正在访问的文件页后面的几个文件页也被映射到进程的虚拟地址空间，那么预先读取到页缓存中。全局变量 fault_around_bytes 控制总长度，默认值是 64KB。如果页长度是 4KB，就一次读取 16 页。

第 12 行代码，把文件页读到文件的页缓存中。

第 16 行代码，设置页表项，把虚拟页映射到文件的页缓存中的物理页。

函数 __do_fault 需要使用虚拟内存区域的虚拟内存操作集合中的 fault 方法（vm_area_struct.vm_ops->fault）来把文件页读到内存中。进程调用 mmap 创建文件映射的时候，文件所属的文件系统会注册虚拟内存区域的虚拟内存操作集合，fault 方法负责处理文件页的缺页异常。例如，EXT4 文件系统注册的虚拟内存操作集合是 ext4_file_vm_ops，fault 方法是函数 ext4_filemap_fault。许多文件系统注册的 fault 方法是通用的函数 filemap_fault。

给定一个虚拟内存区域 vma，函数 filemap_fault 读文件页的方法如下。

1）根据 vma->vm_file 得到文件的打开实例 file。

2）根据 file->f_mapping 得到文件的地址空间 mapping。

3）使用地址空间操作集合中的 readpage 方法（mapping->a_ops->readpage）把文件页读到内存中。

函数 finish_fault 负责设置页表项，把主要工作委托给函数 alloc_set_pte，执行流程如图 3.91 所示，函数 alloc_set_pte 的代码如下：

mm/memory.c
```
 1   int alloc_set_pte(struct vm_fault *vmf, struct mem_cgroup *memcg,
 2       struct page *page)
 3   {
 4    struct vm_area_struct *vma = vmf->vma;
 5    bool write = vmf->flags & FAULT_FLAG_WRITE;
 6    pte_t entry;
 7    int ret;
 8
 9    …
10    if (!vmf->pte) {
11        ret = pte_alloc_one_map(vmf);
12        if (ret)
13            return ret;
14    }
15
16    /* 锁住页表后重新检查 */
17    if (unlikely(!pte_none(*vmf->pte)))
```

```
18            return VM_FAULT_NOPAGE;
19
20    flush_icache_page(vma, page);
21    entry = mk_pte(page, vma->vm_page_prot);
22    if (write)
23            entry = maybe_mkwrite(pte_mkdirty(entry), vma);
24    /* 写时复制的页 */
25    if (write && !(vma->vm_flags & VM_SHARED)) {
26            inc_mm_counter_fast(vma->vm_mm, MM_ANONPAGES);
27            page_add_new_anon_rmap(page, vma, vmf->address, false);
28            …
29            lru_cache_add_active_or_unevictable(page, vma);
30    } else {
31            inc_mm_counter_fast(vma->vm_mm, mm_counter_file(page));
32            page_add_file_rmap(page, false);
33    }
34    set_pte_at(vma->vm_mm, vmf->address, vmf->pte, entry);
35
36    /* 不需要使无效: 一个不存在的页不会被缓存 */
37    update_mmu_cache(vma, vmf->address, vmf->pte);
38
39    return 0;
40  }
```

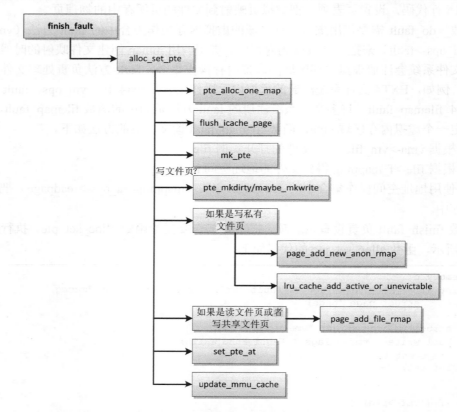

图3.91　函数finish_fault的执行流程

第 10 行和第 11 行代码，如果直接页表不存在，那么分配直接页表，根据虚拟地址在直接页表中查找页表项，并且锁住页表。

第 17 行代码，如果在锁住页表以后发现页表项不是空表项，说明其他处理器修改了同一页表项，那么当前处理器放弃处理。

第 20 行代码，从指令缓存中冲刷页。

第 21 行代码，使用页帧号和访问权限生成页表项的值。

第 22 行和第 23 行代码，如果是写访问，设置页表项的脏标志位和写权限位。

第 25 行代码，如果写私有文件页，那么处理如下。

❑ 第 27 行代码，建立物理页到虚拟页的反向映射，在 3.16.1 节描述匿名页的反向映射时具体介绍。

❑ 第 29 行代码，把物理页添加到活动 LRU 链表或不可回收 LRU 链表中，页回收算法需要从 LRU 链表中选择需要回收的物理页。

第 32 行代码，如果读文件页或写共享文件页，那么把文件页的页表映射计数加 1。

第 34 行代码，设置页表项。

第 37 行代码，更新处理器的页表缓存。

（2）处理写私有文件页错误。

处理写私有文件页错误的方法如下。

1）把文件页从存储设备上的文件系统读到文件的页缓存中。

2）执行写时复制，为文件的页缓存中的物理页创建一个副本，这个副本是进程的私有匿名页，和文件脱离关系，修改副本不会导致文件变化。

3）设置进程的页表项，把虚拟页映射到副本。

函数 do_cow_fault 处理写私有文件页错误，执行流程如图 3.92 所示，其代码如下：

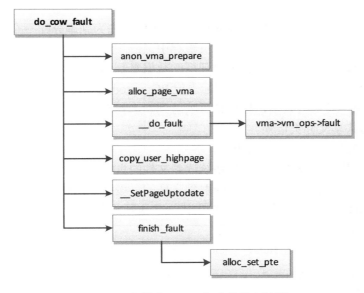

图3.92　函数do_cow_fault的执行流程

```
mm/memory.c
1    static int do_cow_fault(struct vm_fault *vmf)
2    {
3    struct vm_area_struct *vma = vmf->vma;
4    int ret;
5
6        if (unlikely(anon_vma_prepare(vma)))
```

```
7          return VM_FAULT_OOM;
8
9      vmf->cow_page = alloc_page_vma(GFP_HIGHUSER_MOVABLE, vma, vmf->address);
10     if (!vmf->cow_page)
11          return VM_FAULT_OOM;
12
13     …
14     ret = __do_fault(vmf);
15     if (unlikely(ret & (VM_FAULT_ERROR | VM_FAULT_NOPAGE | VM_FAULT_RETRY)))
16          goto uncharge_out;
17     if (ret & VM_FAULT_DONE_COW)
18          return ret;
19
20     copy_user_highpage(vmf->cow_page, vmf->page, vmf->address, vma);
21     __SetPageUptodate(vmf->cow_page);
22
23     ret |= finish_fault(vmf);
24     unlock_page(vmf->page);
25     put_page(vmf->page);
26     if (unlikely(ret & (VM_FAULT_ERROR | VM_FAULT_NOPAGE | VM_FAULT_RETRY)))
27          goto uncharge_out;
28     return ret;
29 uncharge_out:
30     …
31     put_page(vmf->cow_page);
32     return ret;
33 }
```

第 6 行代码，关联一个 **anon_vma** 实例到虚拟内存区域，在 3.16.1 节描述匿名页的反向映射时具体介绍。

第 9 行代码，因为后面需要执行写时复制，所以预先为副本分配一个物理页。

第 14 行代码，把文件页读到文件的页缓存中。

第 20 行代码，把文件的页缓存中物理页的数据复制到副本物理页。

第 21 行代码，设置副本页描述符的标志位 **PG_uptodate**，表示物理页包含有效的数据。

第 23 行代码，设置页表项，把虚拟页映射到副本物理页。

（3）处理写共享文件页错误。

处理写共享文件页错误的方法如下。

1）把文件页从存储设备上的文件系统读到文件的页缓存中。

2）设置进程的页表项，把虚拟页映射到文件的页缓存中的物理页。

函数 do_shared_fault 处理写共享文件页错误，执行流程如图 3.93 所示，其代码如下：

mm/memory.c
```
1   static int do_shared_fault(struct vm_fault *vmf)
2   {
3    struct vm_area_struct *vma = vmf->vma;
4    int ret, tmp;
5
6    ret = __do_fault(vmf);
7    if (unlikely(ret & (VM_FAULT_ERROR | VM_FAULT_NOPAGE | VM_FAULT_RETRY)))
8         return ret;
9
10   if (vma->vm_ops->page_mkwrite) {
11        unlock_page(vmf->page);
12        tmp = do_page_mkwrite(vmf);
13        if (unlikely(!tmp ||
14                  (tmp & (VM_FAULT_ERROR | VM_FAULT_NOPAGE)))) {
```

```
15                  put_page(vmf->page);
16                  return tmp;
17          }
18      }
19
20      ret |= finish_fault(vmf);
21      if (unlikely(ret & (VM_FAULT_ERROR | VM_FAULT_NOPAGE |
22                          VM_FAULT_RETRY))) {
23          unlock_page(vmf->page);
24          put_page(vmf->page);
25          return ret;
26      }
27
28      fault_dirty_shared_page(vma, vmf->page);
29      return ret;
30  }
```

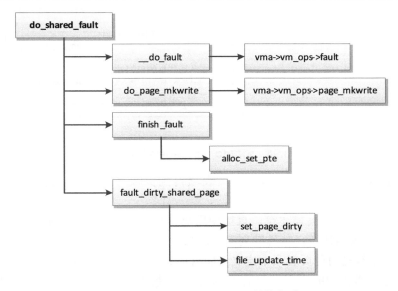

图3.93 函数do_shared_fault的执行流程

第 6 行代码，把文件页读到文件的页缓存中。

第 10~12 行代码，如果创建内存映射的时候文件所属的文件系统注册了虚拟内存操作集合中的 page_mkwrite 方法，那么调用该方法，通知文件系统"页即将变成可写的"，文件系统判断是否允许写或者等待页进入适当的状态。

第 20 行代码，设置页表项，把虚拟页映射到文件的页缓存中的物理页。

第 28 行代码，设置页的脏标志位，表示页的数据被修改。如果文件所属的文件系统没有注册虚拟内存操作集合中的 page_mkwrite 方法，那么更新文件的修改时间。

3. 写时复制

有两种情况会执行写时复制（Copy on Write，CoW）。

（1）进程分叉生成子进程的时候，为了避免复制物理页，子进程和父进程以只读方式共享所有私有的匿名页和文件页。当其中一个进程试图写只读页时，触发页错误异常，页错误异常处理程序分配新的物理页，把旧的物理页的数据复制到新的物理页，然后把虚拟页映射到新的物理页。

（2）进程创建私有的文件映射，然后读访问，触发页错误异常，异常处理程序把文件读到页缓存，然后以只读模式把虚拟页映射到文件的页缓存中的物理页。接着执行写访问，触发页错误异常，异常处理程序执行写时复制，为文件的页缓存中的物理页创建一个副本，把虚拟页映射到副本。这个副本是进程的私有匿名页，和文件脱离关系，修改副本不会导致文件变化。

函数 do_wp_page 处理写时复制，执行流程如图 3.94 所示，执行过程如下。

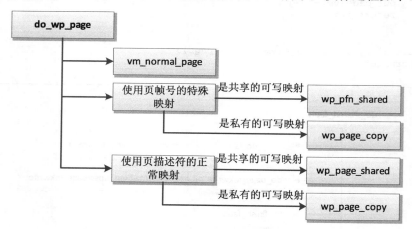

图3.94　函数do_wp_page的执行流程

（1）调用函数 vm_normal_page，从页表项得到页帧号，然后得到页帧号对应的页描述符。

特殊映射不希望关联页描述符，直接使用页帧号，可能是因为页描述符不存在，也可能是因为不想使用页描述符。特殊映射有两种实现。

1）有些处理器架构在页表项中定义了特殊映射位 PTE_SPECIAL。

2）有些处理器架构的页表项没有空闲的位，使用更复杂的实现方案：页帧号（Page Frame Number，PFN）映射，虚拟内存区域设置了标志位 VM_PFNMAP，内核提供了函数 remap_pfn_range()来把页帧号映射到进程的虚拟页。还有混合映射，虚拟内存区域设置了标志位 VM_MIXEDMAP，映射可以包含页描述符或页帧号。

（2）使用页帧号的特殊映射。

1）如果是共享的可写映射，不需要复制物理页，调用函数 wp_pfn_shared 来设置页表项的写权限位。

2）如果是私有的可写映射，调用函数 wp_page_copy 以复制物理页，然后把虚拟页映射到新的物理页。

（3）使用页描述符的正常映射。

1）如果是共享的可写映射，不需要复制物理页，调用函数 wp_page_shared 来设置页表项的写权限位。

2）如果是私有的可写映射，调用函数 wp_page_copy 以复制物理页，然后把虚拟页映射到新的物理页。

函数 wp_page_copy 执行写时复制，执行流程如图 3.95 所示，其代码如下：

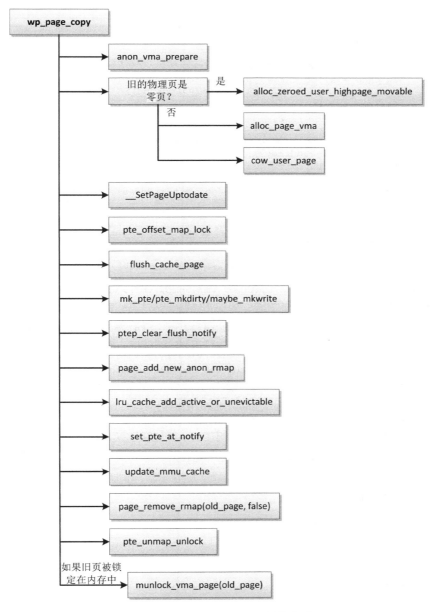

图3.95　函数wp_page_copy的执行流程

```
mm/memory.c
1    static int wp_page_copy(struct vm_fault *vmf)
2    {
3    struct vm_area_struct *vma = vmf->vma;
4    struct mm_struct *mm = vma->vm_mm;
5    struct page *old_page = vmf->page;
6    struct page *new_page = NULL;
7    pte_t entry;
8    int page_copied = 0;
9    const unsigned long mmun_start = vmf->address & PAGE_MASK;
10   const unsigned long mmun_end = mmun_start + PAGE_SIZE;
11   struct mem_cgroup *memcg;
```

281

```
12
13    if (unlikely(anon_vma_prepare(vma)))
14        goto oom;
15
16    if (is_zero_pfn(pte_pfn(vmf->orig_pte))) {
17        new_page = alloc_zeroed_user_highpage_movable(vma,
18                                    vmf->address);
19        if (!new_page)
20            goto oom;
21    } else {
22        new_page = alloc_page_vma(GFP_HIGHUSER_MOVABLE, vma,
23                    vmf->address);
24        if (!new_page)
25            goto oom;
26        cow_user_page(new_page, old_page, vmf->address, vma);
27    }
28
29    …
30    __SetPageUptodate(new_page);
31
32    mmu_notifier_invalidate_range_start(mm, mmun_start, mmun_end);
33
34    vmf->pte = pte_offset_map_lock(mm, vmf->pmd, vmf->address, &vmf->ptl);
35    if (likely(pte_same(*vmf->pte, vmf->orig_pte))) {
36        …
37        flush_cache_page(vma, vmf->address, pte_pfn(vmf->orig_pte));
38        entry = mk_pte(new_page, vma->vm_page_prot);
39        entry = maybe_mkwrite(pte_mkdirty(entry), vma);
40        ptep_clear_flush_notify(vma, vmf->address, vmf->pte);
41        page_add_new_anon_rmap(new_page, vma, vmf->address, false);
42        …
43        lru_cache_add_active_or_unevictable(new_page, vma);
44        set_pte_at_notify(mm, vmf->address, vmf->pte, entry);
45        update_mmu_cache(vma, vmf->address, vmf->pte);
46        if (old_page) {
47            page_remove_rmap(old_page, false);
48        }
49
50        /* 释放旧的物理页 */
51        new_page = old_page;
52        page_copied = 1;
53    } else {
54        …
55    }
56
57    if (new_page)
58        put_page(new_page);
59
60    pte_unmap_unlock(vmf->pte, vmf->ptl);
61    mmu_notifier_invalidate_range_end(mm, mmun_start, mmun_end);
62    if (old_page) {
63        if (page_copied && (vma->vm_flags & VM_LOCKED)) {
64            lock_page(old_page);
65            if (PageMlocked(old_page))
66                munlock_vma_page(old_page);
67            unlock_page(old_page);
68        }
69        put_page(old_page);
70    }
71    return page_copied ? VM_FAULT_WRITE : 0;
72 oom_free_new:
73    put_page(new_page);
```

```
74  oom:
75  if (old_page)
76      put_page(old_page);
77  return VM_FAULT_OOM;
78  }
```

第 13 行代码，关联一个 anon_vma 实例到虚拟内存区域，在 3.16.1 节描述匿名页的反向映射时具体介绍。

第 16～27 行代码，复制物理页，分以下两种情况：

❑ 第 16 行和第 17 行代码，如果是零页，那么分配一个物理页，然后用零初始化。

❑ 第 22～26 行代码，如果不是零页，那么分配一个物理页，然后把数据复制到新的物理页。

第 30 行代码，设置新页的标志位 PG_uptodate，表示物理页包含有效的数据。

第 34 行代码，锁住页表。锁住以后重新读页表项，如果页表项和锁住以前的页表项不同，说明其他处理器修改了同一页表项，那么当前处理器放弃更新页表项。

第 37 行代码，从缓存中冲刷页。

第 38 行代码，使用新的物理页和访问权限生成页表项的值。

第 40 行代码，把页表项清除，并且冲刷页表缓存。

第 41 行代码，建立新物理页到虚拟页的反向映射，在 3.16.1 节描述匿名页的反向映射时具体介绍。

第 43 行代码，把物理页添加到活动 LRU 链表或不可回收 LRU 链表中，页回收算法需要从 LRU 链表中选择需要回收的物理页。

第 44 行代码，修改页表项。

第 45 行代码，更新页表缓存。

第 46 行和第 47 行代码，删除旧物理页到虚拟页的反向映射。

第 60 行代码，释放页表的锁。

第 63～68 行代码，如果页表项映射到新的物理页，并且旧的物理页被锁定在内存中，那么把旧的物理页解除锁定。

3.14.3 内核模式页错误异常

内核访问内核虚拟地址，正常情况下不会出现虚拟页没有映射到物理页的状况，内核使用线性映射区域的虚拟地址，在内存管理子系统初始化的时候就会把虚拟地址映射到物理地址，运行过程中可能使用 vmalloc() 函数从 vmalloc 区域分配虚拟内存区域，vmalloc() 函数会分配并且映射到物理页。如果出现虚拟页没有映射到物理页的情况，一定是程序错误，内核将会崩溃。

内核可能访问用户虚拟地址，进程通过系统调用进入内核模式，有些系统调用会传入用户空间的缓冲区，内核必须使用头文件"uaccess.h"定义的专用函数访问用户空间的缓冲区，这些专用函数在异常表中添加了可能触发异常的指令地址和异常修正程序的地址。如果访问用户空间的缓冲区时生成页错误异常，页错误异常处理程序发现用户虚拟地址没有被分配给进程，就在异常表中查找指令地址对应的异常修正程序，如果找到了，使用异常修正程序修正异常，避免内核崩溃。

在内核模式下执行时触发页错误异常，ARM64 架构内核的处理流程如图 3.96 所示，概括起来有 3 种处理方式。

（1）如果不允许内核执行用户空间的指令，那么进程在内核模式下试图执行用户空间的指令时，内核崩溃。

（2）如果进程在内核模式下访问用户虚拟地址，那么先使用函数__do_page_fault 处理，如果处理失败，最后一招是使用函数__do_kernel_fault 处理。

（3）其他情况使用函数__do_kernel_fault 处理。

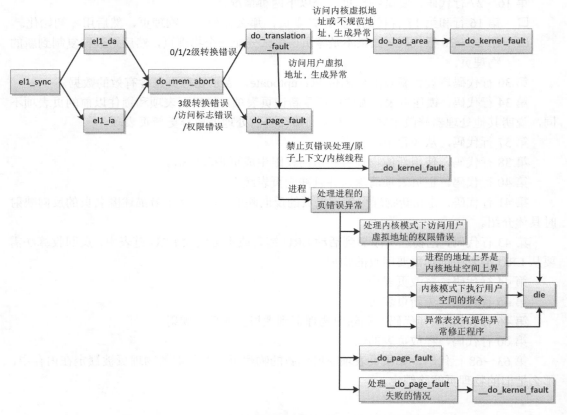

图3.96　ARM64架构中内核模式页错误异常的处理流程

1．函数__do_kernel_fault

针对访问数据生成的异常，函数__do_kernel_fault 尝试在异常表中查找异常修正程序。

如果找到异常修正程序，把保存在内核栈中的异常链接寄存器（ELR_EL1，Exception Link Register for Exception Level 1）的值修改为异常修正程序的虚拟地址。当异常处理程序返回的时候，处理器把程序计数器设置成异常链接寄存器的值，执行异常修正程序。

如果没有找到异常修正程序，内核只能崩溃。

函数__do_kernel_fault 的代码如下：

```
arch/arm64/mm/fault.c
1    static void __do_kernel_fault(struct mm_struct *mm, unsigned long addr,
2              unsigned int esr, struct pt_regs *regs)
3    {
4      const char *msg;
```

```
5
6      if (!is_el1_instruction_abort(esr) && fixup_exception(regs))
7          return;
8
9      bust_spinlocks(1);
10
11     if (is_permission_fault(esr, regs, addr)) {
12         if (esr & ESR_ELx_WNR)
13             msg = "write to read-only memory";
14         else
15             msg = "read from unreadable memory";
16     } else if (addr < PAGE_SIZE) {
17         msg = "NULL pointer dereference";
18     } else {
19         msg = "paging request";
20     }
21
22     pr_alert("Unable to handle kernel %s at virtual address %08lx\n", msg,
23         addr);
24
25     show_pte(mm, addr);
26     die("Oops", regs, esr);
27     bust_spinlocks(0);
28     do_exit(SIGKILL);
29 }
```

第 6 行代码，如果异常是由访问数据生成的，那么在异常表中查找异常修复程序，如果找到，返回。

第 9 行代码，bust_spinlocks(1)清除任何可能阻止在终端打印信息的自旋锁（"bust"的意思是打碎）。

> bust_spinlocks(1)把全局变量 oops_in_progress 加 1。终端驱动程序在需要申请自旋锁的地方，如果全局变量 oops_in_progress 不是零，就会使用 spin_trylock()尝试申请自旋锁，如果自旋锁已经被其他地方持有，不会等待自旋锁，继续往下执行。如下所示：
>
> ```
> if (oops_in_progress)
>     locked = spin_trylock(&lock);
> else
>     spin_lock(&lock);
> ```

第 22 行代码，打印触发页错误异常的原因。

第 25 行代码，打印页表信息。

第 26 行代码，调用函数 die()以打印寄存器信息。

第 27 行代码，bust_spinlocks(0)停止清除任何可能阻止打印信息的自旋锁。

第 28 行代码，终止当前进程。

函数 fixup_exception 根据指令地址在异常表中查找，然后把保存在内核栈中的异常链接寄存器的值修改为异常修正程序的虚拟地址，其代码如下：

arch/arm64/mm/extable.c
```
int fixup_exception(struct pt_regs *regs)
{
    const struct exception_table_entry *fixup;
```

```
    fixup = search_exception_tables(instruction_pointer(regs));
    if (fixup)
            regs->pc = (unsigned long)&fixup->fixup + fixup->fixup;

    return fixup != NULL;
}
```

根据触发异常的指令的虚拟地址在异常表中查找，如果找到表项，那么把保存在内核栈中的异常链接寄存器的值修改为异常修正程序的虚拟地址。当异常处理程序返回的时候，处理器把程序计数器设置成异常链接寄存器的值，执行异常修正程序。

异常表项中存储的指令地址是相对地址：fixup->insn =（指令的虚拟地址 − &fixup->insn）。

异常表项中存储的异常修正程序的地址是相对地址：fixup->fixup =（异常修正程序的虚拟地址 − &fixup->fixup）。

regs->pc 是保存在内核栈中的异常链接寄存器的值。生成页错误异常的时候，处理器会把触发异常的指令的地址保存在异常链接寄存器中。

函数 search_exception_tables 根据指令地址在异常表中查找表项，其代码如下：

```
kernel/extable.c
1    const struct exception_table_entry *search_exception_tables(unsigned long addr)
2    {
3     const struct exception_table_entry *e;
4
5     e = search_extable(__start___ex_table, __stop___ex_table-1, addr);
6     if (!e)
7         e = search_module_extables(addr);
8     return e;
9    }
```

第 5 行代码，在内核的异常表中查找。

第 6 行和第 7 行代码，如果在内核的异常表中没有找到，那么根据触发异常的指令的虚拟地址找到内核模块，然后在内核模块的异常表中查找。

2. 异常表

进程在内核模式下运行的时候，可能需要访问用户虚拟地址，应用程序通常是不可信任的，不能保证传入的用户虚拟地址是合法的，所以必须采取措施保护内核。当前采用的措施是使用异常表，每条表项有两个字段。

（1）可能触发异常的指令的虚拟地址。

（2）异常修正程序的起始虚拟地址。

异常表项的定义如下：

```
arch/arm64/include/asm/extable.h
struct exception_table_entry
{
    int insn, fixup;
};
```

异常表通常不是直接保存虚拟地址，而是保存相对地址。假设可能触发异常的指令的虚拟地址是 p1，异常修正程序的起始虚拟地址是 p2，对应的异常表项的字段 insn 的虚拟地址是 p3，字段 fixup 的虚拟地址是 p4，那么异常表项的字段 insn 的值是（p1 − p3），字段 fixup 的值是（p2 − p4）。

　　内核有一张异常表，全局变量 __start___ex_table 存放异常表的起始地址，__stop___ex_table 存放异常表的结束地址。每个内核模块可以有自己的异常表。

　　进程在内核模式下访问用户虚拟地址的时候，只允许使用头文件"uaccess.h"声明的函数，以函数 get_user 为例说明，函数 get_user 从用户空间读取 C 语言标准类型的数据，ARM64 架构实现的代码如下：

```
arch/arm64/include/asm/uaccess.h
#define get_user(x, ptr)                                    \
({                                                          \
    __typeof__(*(ptr)) __user *__p = (ptr);                 \
    might_fault();                                          \
    access_ok(VERIFY_READ, __p, sizeof(*__p)) ?            \
        __get_user((x), __p) :                              \
        ((x) = 0, -EFAULT);                                 \
})
```

　　从用户虚拟地址 ptr 读取数值并存放到局部变量 x 中。
　　"access_ok(VERIFY_READ, __p, sizeof(*__p))"检查（用户虚拟地址 + 长度）是否小于进程的虚拟地址空间的上界（current->addr_limit），如果小于，用户虚拟地址是合法的，返回 1，否则返回 0。
　　如果用户虚拟地址是合法的，那么使用"__get_user((x), __p)"从用户空间读取数值。
　　如果用户虚拟地址不是合法的，那么把 x 设置成 0，返回"-EFAULT"。

　　假设数据类型是长整数，在 64 位内核中长整数的长度是 8 字节，把"__get_user((x), __p)"展开以后是：

```
1     asm volatile(                                         \
2     "1: ldr %x1, [%2]\n",                                 \
3     "2:\n"                                                \
4     "   .section .fixup, \"ax\"\n"                        \
5     "   .align    2\n"                                    \
6     "3: mov   %w0, %3\n"                                  \
7     "   mov   %1, #0\n"                                   \
8     "   b     2b\n"                                       \
9     "   .previous\n"                                      \
10    "   .pushsection   __ex_table, \"a\"\n"               \
11    "   .align    3\n"                                    \
12    "   .long   (1b - .), (3b - .)\n"                     \
13    "   .popsection\n"                                    \
14    : "+r" (err), "=&r" (x)                               \
15    : "r" (__p), "i" (-EFAULT))
```

　　第 2 行代码，从虚拟地址 __p 读取数据并存放到变量 x 使用的 64 位寄存器中，这条加载指令可能触发页错误异常。
　　第 4 行代码，定义".fixup"节，用来存放异常修正程序。异常修正程序如下。
　　❑　第 6 行代码，把变量 err 使用的 32 位寄存器设置为"-EFAULT"。
　　❑　第 7 行代码，把变量 x 使用的寄存器设置为 0。
　　❑　第 8 行代码，跳转到标号 2，如果标号 1 的加载指令触发页错误异常，页错误异常处理程序处理失败，异常修正程序跳转到标号 1 的下一条指令。

第 10 行的 ".pushsection" 和第 13 行的 ".popsection" 成对使用，表示把两者之间的指令放到 "__ex_table" 节，即异常表节。

第 11 行代码，表示把后面的数据的地址对齐到 2 的 3 次方，也就是对齐到 8。

第 12 行代码，把标号 1 相对当前地址（小黑点表示当前地址）的差值和标号 3 相对当前地址的差值存放到异常表节，两个相对地址组成一条异常表项。标号 1 是可能触发页错误异常的加载指令，标号 3 是异常修正程序的起始地址。

再看看链接脚本：

```
arch/arm64/kernel/vmlinux.lds.S
    …
    . = ALIGN(SEGMENT_ALIGN);
    _etext = .;                 /* 代码段的结束地址 */

    RO_DATA(PAGE_SIZE)          /* 从这里到 */
    EXCEPTION_TABLE(8)          /* __init_begin将被标记为只读和不可执行 */
    NOTES
    …
```

宏 EXCEPTION_TABLE 的定义如下：

```
include/asm-generic/vmlinux.lds.h
/*
 * 异常表
 */
#define EXCEPTION_TABLE(align)                          \
    . = ALIGN(align);                                   \
    __ex_table : AT(ADDR(__ex_table) - LOAD_OFFSET) {   \
        VMLINUX_SYMBOL(__start___ex_table) = .;         \
        KEEP(*(__ex_table))                             \
        VMLINUX_SYMBOL(__stop___ex_table) = .;          \
    }
```

内核的全局变量 __start___ex_table 存放异常表节（__ex_table）的起始地址，__stop___ex_table 存放异常表节的结束地址。

3.15 反碎片技术

内存碎片分为内部碎片和外部碎片，内部碎片指内存页里面的碎片，外部碎片指空闲的内存页分散，很难找到一组物理地址连续的空闲内存页，无法满足超过一页的内存分配请求。

对于内核来说，外部碎片是一个问题，内核有时候需要分配超过一页的物理内存，因为内核使用线性映射区域的虚拟地址，所以必须分配连续的物理页。

如果进程使用巨型页，外部碎片是一个问题，因为巨型页需要连续的物理页。

为了解决外部碎片问题，内核引入了以下反碎片技术。

（1）2.6.23 版本引入了虚拟可移动区域。

（2）2.6.23 版本引入了成块回收（lumpy reclaim，有的书中翻译为集中回收），3.5 版本废除，被内存碎片整理技术取代。

成块回收不是一个完整的解决方案，它只是缓解了碎片问题。成块回收，就是尝试成块回收目标页相邻的页面，以形成一块满足需求的高阶连续页块。这种方法有其局限性，就是成块回收时没有考虑被连带回收的页面可能是"热页"，即被高强度使用的页，这对系统性能是损伤。

（3）2.6.24 版本引入了根据可移动性分组的技术，把物理页分为不可移动页、可移动页和可回收页 3 种类型，在 3.7.3 节已经介绍了这种反碎片技术。

（4）2.6.35 版本引入了内存碎片整理技术。

虚拟可移动区域和根据可移动性分组是预防外部碎片的技术，成块回收和内存碎片整理是在出现外部碎片以后消除外部碎片的技术。

3.15.1　虚拟可移动区域

可移动区域（ZONE_MOVABLE）是一个伪内存区域，基本思想很简单：把物理内存分为两个区域，一个区域用于分配不可移动的页，另一个区域用于分配可移动的页，防止不可移动页向可移动区域引入碎片。

1．使用方法

可移动区域必须由管理员配置，配置方法如下。

（1）使用内核引导参数"kernelcore=nn[KMGTPE]"（K 表示单位是 KB，M 表示单位是 MB）指定不可移动区域的大小；也可以使用"kernelcore=mirror"指定使用镜像的内存作为不可移动区域，使用其他内存作为可移动区域。

> 内存镜像是内存冗余技术的一种，是为了提高服务器的可靠性，防止内存故障导致服务器的数据永久丢失或者系统宕机。内存镜像的工作原理与硬盘的热备份类似，内存镜像是将内存数据做两个拷贝，分别放在主内存和镜像内存中。系统工作时会向两个内存中同时写入数据，因此使得内存数据有两套完整的备份。

（2）使用内核引导参数"movablecore=nn[KMG]"指定可移动区域的大小。

（3）如果同时指定参数 kernelcore 和 movablecore，那么不可移动区域的大小取参数 kernelcore 和（物理内存容量 − 参数 movablecore）的最大值。

默认认为巨型页是不可移动的，不会从可移动区域分配巨型页，可以通过文件"/proc/sys/vm/hugepages_treat_as_movable"配置允许从可移动区域分配巨型页。

在 NUMA 系统上，如果打开配置宏 CONFIG_MOVABLE_NODE（允许一个内存节点只有可移动的内存），并且指定内核引导参数"movable_node"，那么忽略内核引导参数"kernelcore"和"movablecore"，所有可以热插拔的物理内存都作为可移动区域。

2．技术原理

可移动区域（ZONE_MOVABLE）没有包含任何物理内存，所以我们说它是伪内存区域，或者说是虚拟的内存区域。可移动区域借用最高内存区域的内存，在 32 位系统上最高的内存区域通常是高端内存区域（ZONE_HIGHMEM），在 64 位系统上最高的内存区域通常是普通区域（ZONE_NORMAL）。

（1）解析内核引导参数。

函数 cmdline_parse_kernelcore 解析内核引导参数"kernelcore"，其代码如下：

```
mm/page_alloc.c
1    static int __init cmdline_parse_kernelcore(char *p)
2    {
3      /* 解析kernelcore=mirror */
4      if (parse_option_str(p, "mirror")) {
5          mirrored_kernelcore = true;
6          return 0;
7      }
8
9      return cmdline_parse_core(p, &required_kernelcore);
10   }
11   early_param("kernelcore", cmdline_parse_kernelcore);
```

第 4 行和第 5 行代码，如果值是 "mirror"，那么把全局变量 mirrored_kernelcore 设置为真，表示把镜像的内存作为不可移动区域。

第 9 行代码，如果值是不可移动区域的大小，那么使用全局变量 required_kernelcore 保存不可移动区域的大小。

函数 cmdline_parse_movablecore 解析内核引导参数 "movablecore"，使用全局变量 required_movablecore 保存可移动区域的大小，其代码如下：

```
mm/page_alloc.c
static int __init cmdline_parse_movablecore(char *p)
{
    return cmdline_parse_core(p, &required_movablecore);
}
early_param("movablecore", cmdline_parse_movablecore);
```

函数 cmdline_parse_movable_node 解析内核引导参数 "movable_node"，把全局变量 movable_node_enabled 设置为真，表示所有可以热插拔的物理内存都作为可移动区域，其代码如下：

```
mm/memory_hotplug.c
static int __init cmdline_parse_movable_node(char *p)
{
#ifdef CONFIG_MOVABLE_NODE
    movable_node_enabled = true;
#else
    pr_warn("movable_node option not supported\n");
#endif
    return 0;
}
early_param("movable_node", cmdline_parse_movable_node);
```

（2）确定可移动区域的范围。

函数 find_zone_movable_pfns_for_nodes 确定可移动区域的范围。

1）确定可移动区域从哪个内存区域借用物理页：调用函数 find_usable_zone_for_movable 以查找包含物理页的最高内存区域，全局变量 movable_zone 保存借用区域的索引。

2）确定每个内存节点中可移动区域的起始物理页号，使用全局数组 zone_movable_pfn[MAX_NUMNODES]保存，分 3 种情况。

❑　使用可以热插拔的物理内存作为可移动区域。

❑　使用镜像内存作为不可移动区域，使用其他内存作为可移动区域。

❑　如果管理员配置了不可移动区域或可移动区域的大小，处理如下：如果同时指定参数 kernelcore 和 movablecore，那么不可移动区域的大小取参数 kernelcore 和（物理内存容量 − 参数 movablecore）的最大值；把不可移动区域的内存按比例分布到所有内存节点上。

函数 calculate_node_totalpages 负责计算一个内存节点中所有内存区域的起始物理页号和物理页总数，针对每个内存区域，调用函数 zone_spanned_pages_in_node 来计算内存区域的起始物理页号和结束物理页号。

1）从全局数组 arch_zone_lowest_possible_pfn 和 arch_zone_highest_possible_pfn 中分别得到内存区域的起始物理页号和结束物理页号。

2）调用函数 adjust_zone_range_for_zone_movable，根据数组 zone_movable_pfn 修正借用区域的结束物理页号，以及得到可移动区域的起始物理页号。

（3）从可移动区域分配物理页。

申请物理页的时候，如果同时指定了分配标志__GFP_HIGHMEM 和__GFP_MOVABLE，页分配器的核心函数__alloc_pages_nodemask（-> prepare_alloc_pages -> gfp_zone）计算出首选的内存区域是可移动区域，首先尝试从可移动区域分配物理页。如果可移动区域分配失败，从备用的内存区域借用物理页。

分配标志__GFP_MOVABLE 有两个用处。

1）和__GFP_HIGHMEM 组合表示从可移动区域分配物理页。

2）在根据可移动性分组技术中表示申请迁移类型是可移动类型的物理页。

为用户空间分配物理页时，通常使用分配标志组合 GFP_HIGHUSER_MOVABLE，这个组合包含标志__GFP_HIGHMEM 和__GFP_MOVABLE。

```
include/linux/gfp.h
#define GFP_USER        (__GFP_RECLAIM | __GFP_IO | __GFP_FS | __GFP_HARDWALL)
#define GFP_HIGHUSER            (GFP_USER | __GFP_HIGHMEM)
#define GFP_HIGHUSER_MOVABLE    (GFP_HIGHUSER | __GFP_MOVABLE)
```

例如，进程访问匿名页的时候，如果没有映射到物理页，生成页错误异常。页错误异常处理程序在函数 do_anonymous_page 中调用函数 alloc_zeroed_user_highpage_movable 以分配物理页，函数 alloc_zeroed_user_highpage_movable 使用分配标志组合 GFP_HIGHUSER_MOVABLE 分配物理页。

3.15.2　内存碎片整理

内存碎片整理（memory compaction，直译为"内存紧缩"，意译为"内存碎片整理"）的基本思想是：从内存区域的底部扫描已分配的可移动页，从内存区域的顶部扫描空闲页，把底部的可移动页移到顶部的空闲页，在底部形成连续的空闲页。

1．使用方法

编译内核时，如果需要内存碎片整理功能，必须开启配置文件"mm/Kconfig"定义的配置宏 CONFIG_COMPACTION，默认开启。

内存碎片整理技术提供了以下配置文件。

（1）文件"/proc/sys/vm/compact_memory"：向这个文件写入任何整数值（数值没有意义），触发内存碎片整理。

（2）文件"/proc/sys/vm/compact_unevictable_allowed"：用来设置是否允许内存碎片整理移动不可回收的页（进程使用系统调用 mlock 把页锁定在内存中），如果设置为 1，表示允许，默认值是 1。

（3）文件"/proc/sys/vm/extfrag_threshold"：用来设置外部碎片的阈值，取值范围是 0～1000，默认值是 500。这个参数影响内核在申请连续页失败的时候选择直接回收页还是选择内存碎片整理。内核计算出内存区域的碎片指数，碎片指数趋向 0 表示分配失败是因为内存不足，碎片指数趋向 1000 表示分配失败是因为内存碎片。如果碎片指数小于或等于外部碎片的阈值，选择直接回收页；如果碎片指数大于阈值，那么选择内存碎片整理。

2．技术原理

我们假设有一个很小的内存区域，包含 16 个页，如图 3.97 所示。

图3.97　碎片化的内存区域

白色表示页是空闲的，这个内存区域已经碎片化。最大的连续空闲页是两页，从这个区域分配四页将会失败，甚至分配两页也会失败，因为连续的两个空闲页的起始地址没有对齐到两页的整数倍。

首先，内存碎片整理算法从内存区域的底部向顶部扫描，把可以移动的已分配页组成一条链表，我们把这个扫描称为迁移扫描器，如图 3.98 所示。

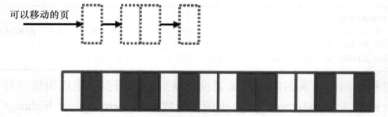

图3.98　迁移扫描器从内存区域的底部向顶部扫描

然后，内存碎片整理算法从内存区域的顶部向底部扫描，把空闲的页组成一条链表，我们把这个扫描称为空闲扫描器，如图 3.99 所示。

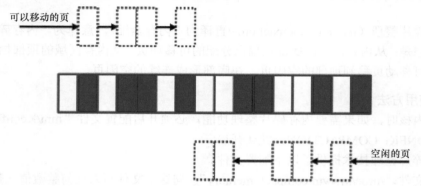

图3.99　空闲扫描器从内存区域的顶部向底部扫描

最后，迁移扫描器和空闲扫描器在内存区域的中间相遇，把可以移动的已分配页移到顶部的空闲页，形成连续的 8 个空闲页，可以满足申请连续 8 页的需求，如图 3.100 所示。

图3.100　把可以移动的已分配页移到顶部的空闲页

在真实的系统中，内存区域大得多，内存碎片整理以内存区域为单位执行，在内存区域内部以分组页块（参考 3.7.3 节）为单位执行。

内存碎片整理的算法如下。

（1）首先从内存区域的底部向顶部以页块为单位扫描，在页块内部从起始页向结束页扫描，把这个页块里面的可移动页组成一条链表。

（2）然后从内存区域的顶部向底部以页块为单位扫描，在页块内部也是从起始页向结束页扫描，把空闲页组成一条链表。

（3）最后把底部的可移动页的数据复制到顶部的空闲页，修改进程的页表，把虚拟页映射到新的物理页。

内存碎片整理有 3 种优先级，从高到低依次如下所示。

（1）COMPACT_PRIO_SYNC_FULL：完全同步模式，允许阻塞，允许把脏的文件页回写到存储设备上，并且等待回写完成。

（2）COMPACT_PRIO_SYNC_LIGHT：轻量级同步模式，允许大多数操作阻塞，但是不允许把脏的文件页回写到存储设备上（因为可能需要等待很长的时间）。

（3）COMPACT_PRIO_ASYNC：异步模式，不允许阻塞。

完全同步模式的成本最高，轻量级同步模式的成本其次，异步模式的成本最低。

执行内存碎片整理的时机如下。

（1）页分配器使用最低水线分配页失败以后，如果调用者允许直接回收页（即设置了分配标志 __GFP_DIRECT_RECLAIM）和写存储设备（即设置了分配标志 __GFP_IO），并且是昂贵的分配（申请的阶数大于 3）或者申请不可移动类型的连续页，那么在尝试直接回收页之前，先尝试执行异步模式的内存碎片整理。

（2）页分配器直接回收页以后分配连续页仍然失败，如果调用者允许写存储设备，尝试执行轻量级同步模式的内存碎片整理。

（3）每个内存节点有一个页回收线程和一个内存碎片整理线程，当页回收线程准备睡眠一小段时间的时候，唤醒内存碎片整理线程，内存碎片整理线程执行轻量级同步模式的内存碎片整理。

内存碎片整理线程的名称是"kcompactd<node_id>"，内存节点的 pglist_data 实例的成员"kcompactd"指向内存碎片整理线程的进程描述符。

（4）当管理员向文件"/proc/sys/vm/compact_memory"写入任何整数值的时候，在所有内存节点的所有内存区域上执行完全同步的内存碎片整理。

判断一个内存区域是否适合执行内存碎片整理的标准如下。

（1）如果管理员通过写文件"/proc/sys/vm/compact_memory"触发内存碎片整理，那么这个内存区域强制执行内存碎片整理。

（2）如果内存区域同时满足以下 3 个条件，适合执行内存碎片整理。

1）如果（空闲页数 − 申请页数）低于水线，或者虽然大于或等于水线但是没有一个足够大的空闲页块，那么这个内存区域适合执行内存碎片整理。

2）如果（空闲页数 − 两倍的申请页数）大于或等于水线，说明有足够多的空闲页作为迁移的目的地，那么这个内存区域适合执行内存碎片整理。

3）对于昂贵的分配（阶数大于 3），计算碎片指数（fragmentation index）。如果碎片指数在范围[0，外部碎片的阈值]以内，说明分配失败是内存不足导致的，不是外部碎片导致的，那么这个内存区域不适合执行内存碎片整理。

❑　如果不存在空闲页块，那么碎片指数 = 0。

❑　如果至少存在一个足够大的空闲页块，那么碎片指数 = −1000。

❑　其他情况，碎片指数 = 1000 −（1000 + 1000 * 空闲页数 / 申请页数）/ 空闲页块的总数。

碎片指数趋向 0 表示分配失败是因为内存不足，趋向 1000 表示分配失败是因为外部碎片。外部碎片的阈值是内存不足和外部碎片的分界线：如果碎片指数小于或等于阈值，分配失败是因为内存不足，应该直接回收页；如果碎片指数大于阈值，分配失败是因为外部碎片，应该执行内存碎片整理。

内存碎片整理的结束条件如下。

（1）如果迁移扫描器和空闲扫描器相遇，那么内存碎片整理结束。

（2）如果迁移扫描器和空闲扫描器没有相遇，但是申请或备用的迁移类型至少有一个足够大的空闲页块，那么内存碎片整理结束。

如果管理员通过写文件"/proc/sys/vm/compact_memory"触发内存碎片整理，结束的唯一条件是迁移扫描器和空闲扫描器相遇。

内存碎片整理推迟

内存碎片整理成功的标准是：（空闲页数 − 申请页数）大于或等于水线，并且申请或备用的迁移类型至少有一个足够大的空闲页块。

执行完全同步模式或轻量级同步模式的内存碎片整理，当迁移扫描器和空闲扫描器相遇的时候，没有达到成功标准，以后试图执行轻量级同步或异步模式的内存碎片整理，如果申请阶数大于或等于内存碎片整理失败时的申请阶数，需要推迟若干次。

内核在内存区域中增加了 3 个成员用来记录内存碎片整理推迟的信息：

```
include/linux/mmzone.h
struct zone {
    …
#ifdef CONFIG_COMPACTION
    unsigned int    compact_considered;
    unsigned int    compact_defer_shift;
    int             compact_order_failed;
#endif
    …
}
```

（1）成员 compact_considered 记录推迟的次数。

（2）成员 compact_defer_shift 是推迟的最大次数以 2 为底的对数，当推迟的次数达到（1 << compact_defer_shift）时，不能推迟。

每次内存碎片整理执行失败，把成员 compact_defer_shift 加 1，不允许超过 COMPACT_MAX_DEFER_SHIFT（值为 6），即把推迟的最大次数翻倍，但是不能超过 64。

页分配器在执行内存碎片整理以后，如果分配页成功，那么把成员 compact_defer_shift 设置为 0。

（3）成员 compact_order_failed 记录内存碎片整理失败时的申请阶数。

内存碎片整理执行成功的时候，如果申请阶数 order 大于或等于成员 compact_order_failed，那么把成员 compact_order_failed 设置为（order+1）。

内存碎片整理执行失败的时候，如果申请阶数 order 小于成员 compact_order_failed，那么把成员 compact_order_failed 设置为 order。

3. 代码分析

如图 3.101 所示，函数 __alloc_pages_nodemask 是页分配器的核心函数，函数 __alloc_pages_slowpath 是页分配器的慢速路径，执行内存碎片整理的代码如下：

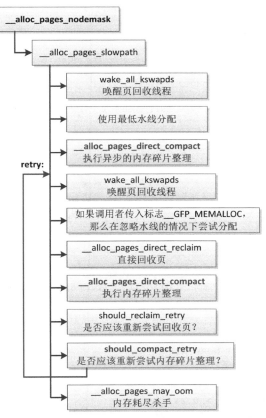

图3.101 页分配器执行内存碎片整理

mm/page_alloc.c
```
1    static inline struct page *
2    __alloc_pages_slowpath(gfp_t gfp_mask, unsigned int order,
```

```
3                            struct alloc_context *ac)
4   {
5     …
6     compaction_retries = 0;
7     no_progress_loops = 0;
8     compact_priority = DEF_COMPACT_PRIORITY;
9     …
10    if (gfp_mask & __GFP_KSWAPD_RECLAIM)
11        wake_all_kswapds(order, ac);
12
13    /* 使用最低水线分配页 */
14    page = get_page_from_freelist(gfp_mask, order, alloc_flags, ac);
15    if (page)
16        goto got_pg;
17
18    /* 执行异步模式的内存碎片整理 */
19    if (can_direct_reclaim &&
20            (costly_order ||
21             (order > 0 && ac->migratetype != MIGRATE_MOVABLE))
22            && !gfp_pfmemalloc_allowed(gfp_mask)) {
23        page = __alloc_pages_direct_compact(gfp_mask, order,
24                          alloc_flags, ac,
25                          INIT_COMPACT_PRIORITY,
26                          &compact_result);
27        if (page)
28            goto got_pg;
29
30        if (costly_order && (gfp_mask & __GFP_NORETRY)) {
31            if (compact_result == COMPACT_DEFERRED)
32                goto nopage;
33
34            compact_priority = INIT_COMPACT_PRIORITY;/* 优先级是COMPACT_PRIO_ASYNC */
35        }
36    }
37
38  retry:
39    …
40    /* 直接回收页 */
41    page = __alloc_pages_direct_reclaim(gfp_mask, order, alloc_flags, ac,
42                          &did_some_progress);
43    if (page)
44        goto got_pg;
45
46    /* 执行内存碎片整理 */
47    page = __alloc_pages_direct_compact(gfp_mask, order, alloc_flags, ac,
48                      compact_priority, &compact_result);
49    if (page)
50        goto got_pg;
51
52    /* 调用者不允许重试 */
53    if (gfp_mask & __GFP_NORETRY)
54        goto nopage;
55
56    …
57    if (did_some_progress > 0 &&
58            should_compact_retry(ac, order, alloc_flags,
59                compact_result, &compact_priority,
60                &compaction_retries))
61        goto retry;
62    …
63  }
```

第 19～26 行代码，使用最低水线分配页失败以后，如果满足以下 3 个条件，那么执行异步模式的内存碎片整理。

（1）调用者允许直接回收页。

（2）这是昂贵的分配（分配的阶数大于 3），或者申请不可移动的连续页。

（3）不允许使用紧急保留内存。

第 30～35 行代码，执行异步模式的内存碎片整理以后分配页仍然失败，如果是昂贵的分配，并且调用者不允许重试，处理如下。

（1）如果内存碎片整理被推迟，那么处理结束。

（2）把下一次内存碎片整理的优先级从轻量级同步模式降级为异步模式。

第 47 行和第 48 行代码，直接回收页以后分配页仍然失败，执行第二次内存碎片整理。

第 57～61 行代码，如果调用者允许重试，并且直接回收了一些页，那么调用函数 should_compact_retry 判断是否应该重新尝试内存碎片整理。

（1）函数 __alloc_pages_direct_compact。

内存碎片整理的执行流程如图 3.102 所示，函数 try_to_compact_pages 的代码如下：

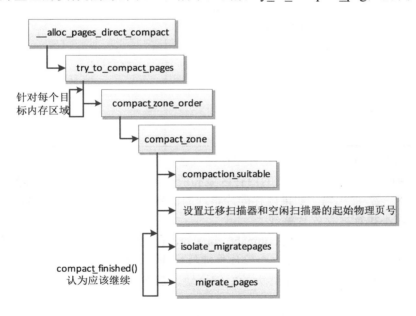

图3.102　内存碎片整理的执行流程

```
mm/compaction.c
1    enum compact_result try_to_compact_pages(gfp_t gfp_mask, unsigned int order,
2        unsigned int alloc_flags, const struct alloc_context *ac,
3        enum compact_priority prio)
4    {
5        int may_perform_io = gfp_mask & __GFP_IO;
6        struct zoneref *z;
7        struct zone *zone;
8        enum compact_result rc = COMPACT_SKIPPED;
9
```

```
10    if (!may_perform_io)
11        return COMPACT_SKIPPED;
12
13    /* 针对列表中的每个区域执行内存碎片整理 */
14    for_each_zone_zonelist_nodemask(zone, z, ac->zonelist, ac->high_zoneidx,
15                                        ac->nodemask) {
16        enum compact_result status;
17
18        if (prio > MIN_COMPACT_PRIORITY
19                      && compaction_deferred(zone, order)) {
20            rc = max_t(enum compact_result, COMPACT_DEFERRED, rc);
21            continue;
22        }
23
24        status = compact_zone_order(zone, order, gfp_mask, prio,
25                        alloc_flags, ac_classzone_idx(ac));
26        rc = max(status, rc);
27
28        /* 分配成功，停止内存碎片整理 */
29        if (status == COMPACT_SUCCESS) {
30            compaction_defer_reset(zone, order, false);
31            break;
32        }
33
34        if (prio != COMPACT_PRIO_ASYNC && (status == COMPACT_COMPLETE ||
35                        status == COMPACT_PARTIAL_SKIPPED))
36            defer_compaction(zone, order);
37
38        if ((prio == COMPACT_PRIO_ASYNC && need_resched())
39                        || fatal_signal_pending(current))
40            break;
41    }
42
43    return rc;
44 }
45
```

第 10 行代码，如果调用者不允许写存储设备，那么不执行内存碎片整理。

第 14～41 行代码，针对首选的内存区域和所有备用的内存区域，处理如下。

1）第 18～22 行代码，如果内存碎片整理的优先级不是完全同步，并且应该推迟，那么该内存区域不执行内存碎片整理。

2）第 24 行代码，调用函数 compact_zone_order，在该内存区域执行内存碎片整理。

3）第 29～32 行代码，如果内存碎片整理执行成功，即（空闲页数 − 申请页数）大于或等于水线，并且至少有一个足够大的空闲页块，那么更新推迟信息，并且不再继续执行内存碎片整理。

4）第 34～36 行代码，如果内存碎片整理的优先级不是异步模式，并且迁移扫描器和空闲扫描器在内存区域中间相遇，那么更新推迟信息。

5）第 38～40 行代码，如果内存碎片整理的优先级是异步模式并且进程调度器需要重新调度进程，或者当前进程收到致命的信号，那么停止执行内存碎片整理。

函数 compact_zone 负责在一个内存区域执行内存碎片整理，主要步骤如下。

1）调用函数 compaction_suitable，判断内存区域是否适合执行内存碎片整理。

2）设置迁移扫描器和空闲扫描器的起始物理页号。

❑　如果扫描整个内存区域，那么迁移扫描器的起始物理页号是内存区域的第一页，空闲扫描器的起始物理页号是最后一个页块的第一页。

❑ 如果不需要扫描整个内存区域，那么迁移扫描器的起始物理页号是 zone->compact_cached_migrate_pfn[sync]（sync 为 1 表示同步模式，sync 为 0 表示异步模式），空闲扫描器的起始物理页号是 zone->compact_cached_free_pfn。

3）调用函数 compact_finished，判断内存碎片整理是否完成，如果应该继续，那么执行第 4 步。

4）调用函数 isolate_migratepages，隔离可移动页，把可移动页添加到迁移扫描器的可移动页链表中。

5）调用函数 migrate_pages，把可移动页移到内存区域顶部的空闲页。

6）回到第 3 步。

下面重点描述函数 compact_zone 调用的这 4 个函数。

（2）函数 compaction_suitable。

函数 compaction_suitable 负责判断内存区域是否适合执行内存碎片整理，代码如下：

mm/compaction.c

```
1   enum compact_result compaction_suitable(struct zone *zone, int order,
2                       unsigned int alloc_flags,
3                       int classzone_idx)
4   {
5    enum compact_result ret;
6    int fragindex;
7
8    ret = __compaction_suitable(zone, order, alloc_flags, classzone_idx,
9                       zone_page_state(zone, NR_FREE_PAGES));
10
11   if (ret == COMPACT_CONTINUE && (order > PAGE_ALLOC_COSTLY_ORDER)) {
12       fragindex = fragmentation_index(zone, order);
13       if (fragindex >= 0 && fragindex <= sysctl_extfrag_threshold)
14           ret = COMPACT_NOT_SUITABLE_ZONE;
15   }
16
17   trace_mm_compaction_suitable(zone, order, ret);
18   if (ret == COMPACT_NOT_SUITABLE_ZONE)
19       ret = COMPACT_SKIPPED;
20
21   return ret;
22   }
23
24   static enum compact_result __compaction_suitable(struct zone *zone, int order,
25                       unsigned int alloc_flags,
26                       int classzone_idx,
27                       unsigned long wmark_target)
28   {
29    unsigned long watermark;
30
31    if (is_via_compact_memory(order))
32        return COMPACT_CONTINUE;
33
34    watermark = zone->watermark[alloc_flags & ALLOC_WMARK_MASK];
35    if (zone_watermark_ok(zone, order, watermark, classzone_idx,
36                       alloc_flags))
37        return COMPACT_SUCCESS;
38
39    watermark = (order > PAGE_ALLOC_COSTLY_ORDER) ?
```

```
40                     low_wmark_pages(zone) : min_wmark_pages(zone);
41      watermark += compact_gap(order);
42      if (!__zone_watermark_ok(zone, 0, watermark, classzone_idx,
43                              ALLOC_CMA, wmark_target))
44          return COMPACT_SKIPPED;
45
46      return COMPACT_CONTINUE;
47  }
```

第 8 行代码，调用函数 __compaction_suitable，判断内存区域是否适合执行内存碎片整理。函数 __compaction_suitable 的执行过程如下。

- ❑ 第 31 行和第 32 行代码，如果参数 order 是-1，表示内存碎片整理是由管理员通过文件 "/proc/sys/vm/compact_memory" 触发的，那么内存区域强制执行内存碎片整理。
- ❑ 第 34～37 行代码，如果（空闲页数 − 申请页数）大于或等于水线，并且至少有一个足够大的空闲页块，那么内存区域不需要执行内存碎片整理。
- ❑ 第 39～44 行代码，内存碎片整理需要申请空闲页，如果（空闲页数 − 两倍的申请页数）大于或等于水线（如果是昂贵的分配，使用低水线；否则使用最低水线），说明空闲页太少，那么内存区域不适合执行内存碎片整理。

第 11～15 行代码，对于昂贵的分配，计算碎片指数，如果碎片指数在范围[0，外部碎片的阈值]以内，说明分配失败是内存不足导致的，不是外部碎片导致的，那么内存区域不适合执行内存碎片整理。

（3）函数 isolate_migratepages。

函数 isolate_migratepages 负责隔离可移动页，迁移扫描器从起始物理页号以页块为单位扫描，找到第一个合适的页块，把可移动页添加到迁移扫描器的可移动页链表中，执行流程如图 3.103 所示，其代码如下：

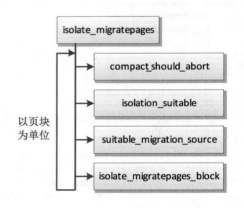

图3.103　函数isolate_migratepages的执行流程

```
mm/compaction.c
1   static isolate_migrate_t isolate_migratepages(struct zone *zone,
2                       struct compact_control *cc)
3   {
4    unsigned long block_start_pfn;
5    unsigned long block_end_pfn;
6    unsigned long low_pfn;
7    struct page *page;
8    const isolate_mode_t isolate_mode =
9        (sysctl_compact_unevictable_allowed ? ISOLATE_UNEVICTABLE : 0) |
10       (cc->mode != MIGRATE_SYNC ? ISOLATE_ASYNC_MIGRATE : 0);
11
12   low_pfn = cc->migrate_pfn;
13   block_start_pfn = pageblock_start_pfn(low_pfn);
14   if (block_start_pfn < zone->zone_start_pfn)
15       block_start_pfn = zone->zone_start_pfn;
16
17   /* 只在一个页块中扫描 */
18   block_end_pfn = pageblock_end_pfn(low_pfn);
```

```
19
20    for (; block_end_pfn <= cc->free_pfn;
21            low_pfn = block_end_pfn,
22            block_start_pfn = block_end_pfn,
23            block_end_pfn += pageblock_nr_pages) {
24
25        if (!(low_pfn % (SWAP_CLUSTER_MAX * pageblock_nr_pages))
26                            && compact_should_abort(cc))
27            break;
28
29        page = pageblock_pfn_to_page(block_start_pfn, block_end_pfn,
30                                    zone);
31        if (!page)
32            continue;
33
34        /* 如果最近隔离失败过，那么不要重试 */
35        if (!isolation_suitable(cc, page))
36            continue;
37
38        if (!suitable_migration_source(cc, page))
39            continue;
40
41        /* 隔离物理页 */
42        low_pfn = isolate_migratepages_block(cc, low_pfn,
43                            block_end_pfn, isolate_mode);
44
45        if (!low_pfn || cc->contended)
46            return ISOLATE_ABORT;
47
48        break;
49    }
50
51    /* 记录迁移扫描器将会重新开始的位置 */
52    cc->migrate_pfn = low_pfn;
53
54    return cc->nr_migratepages ? ISOLATE_SUCCESS : ISOLATE_NONE;
55 }
```

第 12 行代码，low_pfn 是迁移扫描器上次停止的物理页号，从这个物理页号继续扫描。

第 13～18 行代码，block_start_pfn 是物理页号 low_pfn 所属页块的第一页，block_end_pfn 是下一个页块的第一页。

第 20～23 行代码，迁移扫描器向顶部以页块为单位扫描，直到和空闲扫描器相遇为止，针对每个页块处理如下。

1）第 25～27 行代码，内存区域可能非常大，每次扫描完 32 个页块，检查进程调度器是否需要重新调度进程，或者是否应该放弃执行异步模式的内存碎片整理。

❑ 如果进程调度器需要重新调度进程，那么对于异步模式的内存碎片整理，选择放弃；对于轻量级同步模式或完全同步模式的内存碎片整理，选择调度进程，但是不停止扫描。

❑ 如果进程调度器不需要重新调度进程，那么应该继续扫描。

2）第 29 行代码，检查页块的第一页和最后一页是不是都属于当前内存区域。

3）第 35 行和第 36 行代码，如果页块因为上次隔离失败被标记为跳过，并且调用者没有强制要求扫描标记为跳过的页块（完全同步优先级需要扫描标记为跳过的页块），那么跳过这个页块。

4）第 38 行代码，判断页块的迁移类型是否适合。

- 如果内存碎片整理的优先级不是异步模式，或者不是由页分配器执行内存碎片整理（是内存碎片整理线程或者管理员通过文件触发），那么任何类型的页块都可以。
- 内存碎片整理的优先级是异步模式，并且是由页分配器执行内存碎片整理：如果申请可移动类型的页，页块的类型必须是 CMA 类型（CMA 是连续内存分配器，只允许可移动类型盗用 CMA 类型的页）或可移动类型；如果申请其他类型的页，页块的类型必须和申请的类型相同。

5）第 42 行代码，找到第一个合适的页块，调用函数 isolate_migratepages_block 来隔离页块里面的可移动页。

第 52 行代码，记录迁移扫描器停止的物理页号，下次从这个物理页号继续扫描。

函数 isolate_migratepages_block 负责隔离一个页块里面的可移动页，其主要代码如下：

```
mm/compaction.c
1    static unsigned long
2    isolate_migratepages_block(struct compact_control *cc, unsigned long low_pfn,
3                unsigned long end_pfn, isolate_mode_t isolate_mode)
4    {
5     …
6     /* 隔离一些页，用于迁移 */
7     for (; low_pfn < end_pfn; low_pfn++) {
8         …
9         page = pfn_to_page(low_pfn);
10
11        if (!valid_page)
12            valid_page = page;
13
14        if (PageBuddy(page)) {
15            unsigned long freepage_order = page_order_unsafe(page);
16
17            if (freepage_order > 0 && freepage_order < MAX_ORDER)
18                low_pfn += (1UL << freepage_order) - 1;
19            continue;
20        }
21
22        if (PageCompound(page)) {
23            unsigned int comp_order = compound_order(page);
24
25            if (likely(comp_order < MAX_ORDER))
26                low_pfn += (1UL << comp_order) - 1;
27
28            goto isolate_fail;
29        }
30
31        if (!PageLRU(page)) {
32            if (unlikely(__PageMovable(page)) &&
33                    !PageIsolated(page)) {
34                if (locked) {
35                    spin_unlock_irqrestore(zone_lru_lock(zone),
36                                            flags);
37                    locked = false;
38                }
39
40                if (!isolate_movable_page(page, isolate_mode))
41                    goto isolate_success;
42            }
43
44            goto isolate_fail;
45        }
```

```
46
47          if (!page_mapping(page) &&
48              page_count(page) > page_mapcount(page))
49                  goto isolate_fail;
50
51          if (!(cc->gfp_mask & __GFP_FS) && page_mapping(page))
52                  goto isolate_fail;
53
54          /* 如果已经持有锁，那么可以跳过一些重复检查 */
55          if (!locked) {
56                  locked = compact_trylock_irqsave(zone_lru_lock(zone),
57                                          &flags, cc);
58              if (!locked)
59                  break;
60
61              /* 申请锁后，重新检查页是否在LRU链表中，或者是不是复合页 */
62              if (!PageLRU(page))
63                      goto isolate_fail;
64
65              if (unlikely(PageCompound(page))) {
66                      low_pfn += (1UL << compound_order(page)) - 1;
67                      goto isolate_fail;
68                  }
69          }
70
71          …
72          if (__isolate_lru_page(page, isolate_mode) != 0)
73                  goto isolate_fail;
74          …
75
76          /* 隔离成功 */
77          del_page_from_lru_list(page, lruvec, page_lru(page));
78          inc_node_page_state(page,
79                      NR_ISOLATED_ANON + page_is_file_cache(page));
80
81  isolate_success:
82          list_add(&page->lru, &cc->migratepages);
83          cc->nr_migratepages++;
84          nr_isolated++;
85          …
86
87          /* 避免太多隔离页 */
88          if (cc->nr_migratepages == COMPACT_CLUSTER_MAX) {
89                  ++low_pfn;
90                  break;
91          }
92
93          continue;
94  isolate_fail:
95          …
96      }
97
98      …
99  }
```

第 7 行代码，针对每个物理页，处理如下。

1）第 14～20 行代码，如果页属于页分配器，说明页是空闲的，那么跳过这个页。

2）第 22～29 行代码，如果页是复合页，例如透明巨型页或 hugetlbfs 巨型页，那么不能移动。

3）第 31～45 行代码，如果是非 LRU 可移动页（函数__PageMovable(page)返回真就表示页是非 LRU 可移动页），即不在 LRU 链表上的可移动页，包括 KVM 虚拟机的内存气球（memory balloon）里面的页和压缩页内存分配器 zsmalloc 使用的页，那么调用函数 isolate_movable_page 以隔离页。

4）如果可移动页在 LRU 链表中，那么处理如下。

❑ 第 47～49 行代码，如果是匿名页，引用计数大于映射计数，说明内核的某个地方正在访问这个匿名页，那么不能移动。

❑ 第 51 行和第 52 行代码，如果是文件页，但是调用者不允许调用文件系统的接口（文件系统申请页，页分配器执行内存碎片整理，如果调用文件系统的接口，可能导致死锁），那么不能移动。

❑ 第 55～69 行代码，如果没有持有锁，那么申请锁，然后重新判断页是否在 LRU 链表中以及是不是复合页。在没有持有锁的情况下判断可能不准确。

❑ 第 72 行代码，调用函数 __isolate_lru_page 以隔离页。

❑ 第 77 行代码，把页从 LRU 链表中删除。

❑ 第 82 行代码，把页添加到迁移扫描器的可移动页链表中。

❑ 第 88～91 行代码，避免一次隔离太多页，如果已经隔离了 32 页，那么停止。

（4）函数 migrate_pages。

如图 3.104 所示，函数 migrate_pages 负责把迁移扫描器找到的可移动页迁移到空闲扫描器找到的空闲页，针对迁移扫描器的可移动页链表中的每个页，执行下面的操作。

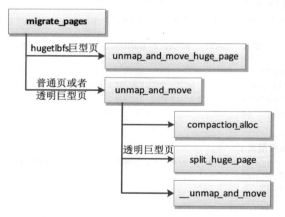

图3.104　函数migrate_pages的执行流程

1）如果是 hugetlbfs 巨型页，调用函数 unmap_and_move_huge_page 来移动页。

2）如果是普通页或透明巨型页，调用函数 unmap_and_move 来移动页。函数 unmap_and_move 的执行步骤如下。

❑ 调用函数 compaction_alloc，从空闲扫描器的空闲页链表中取一个空闲页，如果空闲页链表是空的，空闲扫描器扫描空闲页并将之添加到空闲页链表中。

❑ 如果是透明巨型页，调用函数 split_huge_page 来把巨型页分裂成普通页。

❑ 调用函数 __unmap_and_move 来把可移动页移到空闲页。

如图 3.105 所示，函数 __unmap_and_move 的执行流程如下。

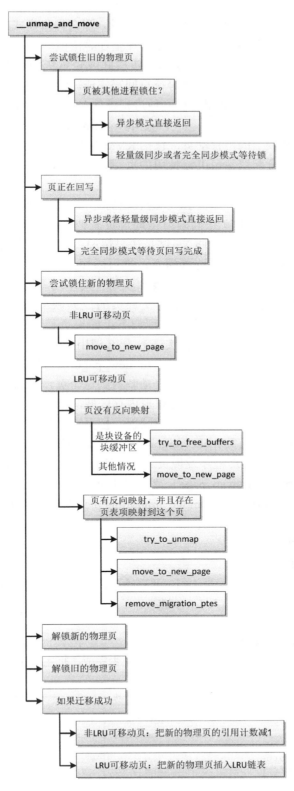

图3.105 函数__unmap_and_move的执行流程

1）尝试锁住旧的物理页。如果其他进程持有锁，那么异步模式的内存碎片整理直接返回，轻量级同步模式或完全同步模式的内存碎片整理等待锁。

2）如果页正在回写到存储设备，那么异步模式或轻量级同步模式的内存碎片整理直接返回，完全同步模式的内存碎片整理等待页回写完成。

3）尝试锁住新的物理页，如果页被其他进程锁住，不等待锁，直接返回。

4）如果是非 LRU 可移动页（函数__PageMovable(page)返回真就表示页是非 LRU 可移动页），即不在 LRU 链表上的可移动页，包括 KVM 虚拟机的内存气球（memory balloon）里面的页和压缩页内存分配器 zsmalloc 使用的页，那么调用函数 move_to_new_page 把页移动到新的物理页。

5）如果是 LRU 可移动页，即在 LRU 链表上的可移动页，那么处理如下。

❑ 如果页没有反向映射（正向映射是通过页表把虚拟页映射到物理页的，反向映射是把物理页映射到虚拟页），这是边界情况，第一种情况是页错误异常处理程序刚刚把页从交换区读到交换缓存，把页添加到 LRU 链表，但是还没有设置页表把虚拟页映射到物理页和创建反向映射（具体代码见函数 do_swap_page）；第二种情况是截断文件，被截断的文件页的反向映射被删除（具体代码见函数 truncate_complete_page），那么处理如下：如果页是块设备的块缓冲区（块设备的块缓冲区基于文件的页缓存实现），那么调用函数 try_to_free_buffers 释放块缓冲区；其他情况，调用函数 move_to_new_page 把页移动到新的物理页。

❑ 如果页有反向映射，并且存在页表项映射到这个页，那么根据反向映射的数据结构可以知道物理页被映射到哪些虚拟内存区域，调用函数 try_to_unmap 从进程的页表中删除虚拟页到旧的物理页的映射，把页表项设置为特殊的迁移页表项（迁移页表项的格式见函数 make_migration_entry。如果其他处理器访问这一页，生成页错误异常，异常处理程序发现页表项是迁移页表项，那么睡眠等待页迁移完成，具体代码见函数 do_swap_page），然后调用函数 move_to_new_page 把页移动到新的物理页，最后调用函数 remove_migration_ptes 在进程的页表中删除迁移页表项，把虚拟页映射到新的物理页。

6）解锁新的物理页。

7）解锁旧的物理页。

8）如果迁移成功，那么对于非 LRU 可移动页，把新的物理页的引用计数减 1；对于 LRU 可移动页，把新的物理页插入 LRU 链表。

（5）函数 compact_finished。

函数 compact_finished 负责判断内存碎片整理是否完成，把主要工作委托给函数__compact_finished，其代码如下：

```
mm/compaction.c
1    static enum compact_result __compact_finished(struct zone *zone,
2                              struct compact_control *cc)
3    {
4      unsigned int order;
5      const int migratetype = cc->migratetype;
6
7      if (cc->contended || fatal_signal_pending(current))
8          return COMPACT_CONTENDED;
```

```
9
10      /* 如果迁移和空闲扫描器相遇，那么内存碎片整理结束。 */
11      if (compact_scanners_met(cc)) {
12          /* 下一次内存碎片整理从头开始 */
13          reset_cached_positions(zone);
14
15          if (cc->direct_compaction)
16              zone->compact_blockskip_flush = true;
17
18          if (cc->whole_zone)
19              return COMPACT_COMPLETE;
20          else
21              return COMPACT_PARTIAL_SKIPPED;
22      }
23
24      if (is_via_compact_memory(cc->order))
25          return COMPACT_CONTINUE;
26
27      if (cc->finishing_block) {
28          if (IS_ALIGNED(cc->migrate_pfn, pageblock_nr_pages))
29              cc->finishing_block = false;
30          else
31              return COMPACT_CONTINUE;
32      }
33
34      /* 是否有合适的空闲页块？ */
35      for (order = cc->order; order < MAX_ORDER; order++) {
36          struct free_area *area = &zone->free_area[order];
37          bool can_steal;
38
39          /* 如果目标迁移类型存在大小合适的空闲页块，那么内存碎片整理结束 */
40          if (!list_empty(&area->free_list[migratetype]))
41              return COMPACT_SUCCESS;
42
43  #ifdef CONFIG_CMA
44          /* 可移动类型可以盗用CMA类型的页 */
45          if (migratetype == MIGRATE_MOVABLE &&
46                  !list_empty(&area->free_list[MIGRATE_CMA]))
47              return COMPACT_SUCCESS;
48  #endif
49
50          if (find_suitable_fallback(area, order, migratetype,
51                              true, &can_steal) != -1) {
52
53              /* 可移动类型可以盗用任何其他类型的页 */
54              if (migratetype == MIGRATE_MOVABLE)
55                  return COMPACT_SUCCESS;
56
57              if (cc->mode == MIGRATE_ASYNC ||
58                      IS_ALIGNED(cc->migrate_pfn,
59                                  pageblock_nr_pages)) {
60                  return COMPACT_SUCCESS;
61              }
62
63              cc->finishing_block = true;
64              return COMPACT_CONTINUE;
65          }
66      }
67
68      return COMPACT_NO_SUITABLE_PAGE;
69  }
```

第 7 行代码，如果竞争锁或者需要重新调度进程，或者进程收到致命的信号，那么返回 COMPACT_CONTENDED，不继续执行内存碎片整理。

第 11～22 行代码，如果迁移扫描器和空闲扫描器相遇，那么内存碎片整理完成。如果扫描整个内存区域，那么返回 COMPACT_COMPLETE；如果只扫描内存区域的一部分，那么返回 COMPACT_PARTIAL_SKIPPED。

第 24 行代码，如果内存碎片整理是管理员执行命令触发的，那么继续执行内存碎片整理。

第 27～32 行代码，如果上次检查在第 63 行代码发现当前页块没有处理完，现在发现当前页块仍然没有处理完，那么继续执行内存碎片整理。

第 35～66 行代码，检查是否存在足够大的空闲页块。

1）第 40 行代码，如果申请的迁移类型存在足够大的空闲页块，那么认为内存碎片整理成功。

2）第 45～47 行代码，如果申请可移动类型的页，并且 CMA 类型存在足够大的空闲页块，那么认为内存碎片整理成功。

3）第 50～65 行代码，如果备用的迁移类型存在足够大的空闲页块，处理如下：

❑　第 54 行代码，如果申请的类型是可移动类型，那么认为内存碎片整理成功。

❑　第 57～61 行代码，申请的类型不是可移动类型：如果内存碎片整理的优先级是异步模式，那么认为内存碎片整理成功；如果内存碎片整理的优先级是轻量级同步模式或完全同步模式，为了避免从备用迁移类型盗用页，应该把当前页块处理完；如果当前页块处理完了，那么认为内存碎片整理成功。

❑　第 63 行代码，如果内存碎片整理的优先级是轻量级同步模式或完全同步模式，并且当前页块没有处理完，那么继续执行内存碎片整理。

第 68 行代码，不存在足够大的空闲页块，需要继续执行内存碎片整理。

（6）函数 should_compact_retry。

页分配器调用函数 should_compact_retry 来判断是否应该重新尝试内存碎片整理，其代码如下：

```
mm/page_alloc.c
1    static inline bool
2    should_compact_retry(struct alloc_context *ac, int order, int alloc_flags,
3            enum compact_result compact_result,
4            enum compact_priority *compact_priority,
5            int *compaction_retries)
6    {
7        int max_retries = MAX_COMPACT_RETRIES;
8        int min_priority;
9        bool ret = false;
10       int retries = *compaction_retries;
11       enum compact_priority priority = *compact_priority;
12
13       if (!order)
14           return false;
15
16       if (compaction_made_progress(compact_result))
17           (*compaction_retries)++;
18
19       if (compaction_failed(compact_result))
20           goto check_priority;
```

```
21
22    if (compaction_withdrawn(compact_result)) {
23        ret = compaction_zonelist_suitable(ac, order, alloc_flags);
24        goto out;
25    }
26
27    if (order > PAGE_ALLOC_COSTLY_ORDER)
28        max_retries /= 4;
29    if (*compaction_retries <= max_retries) {
30        ret = true;
31        goto out;
32    }
33
34 check_priority:
35    min_priority = (order > PAGE_ALLOC_COSTLY_ORDER) ?
36            MIN_COMPACT_COSTLY_PRIORITY : MIN_COMPACT_PRIORITY;
37
38    if (*compact_priority > min_priority) {
39        (*compact_priority)--;
40        *compaction_retries = 0;
41        ret = true;
42    }
43 out:
44    trace_compact_retry(order, priority, compact_result, retries, max_retries, ret);
45    return ret;
46 }
```

第 13 行和第 14 行代码，如果只申请一页，那么不需要重试。

第 16 行和第 17 行代码，如果上次内存碎片整理成功，那么把重试计数加 1。

第 19 行和第 20 行代码，如果上次内存碎片整理扫描了整个内存区域，但是没有成功，那么提升内存碎片整理的优先级并重试。

第 22～25 行代码，如果上次内存碎片整理因为各种原因（没有足够多的空闲页作为迁移的目的地，或者被推迟，或者竞争锁，或者需要重新调度进程，或者虽然迁移扫描器和空闲扫描器相遇但却只扫描了内存区域的一部分）而放弃，检查目标内存区域列表是否至少有一个内存区域有足够多的可用页（包括可回收页和空闲页）作为迁移的目的地，如果有一个内存区域满足条件，那么可以重试。

第 27 行代码，重试的最大次数是 16，如果是昂贵的分配（阶数大于 3），那么重试的最大次数是 4。

第 29 行代码，如果重试次数小于或等于最大次数，那么可以重试。

第 34～42 行代码，如果重试次数超过最大次数，那么提升内存碎片整理的优先级并重试。

❑ 第 35 行和第 36 行代码，对于昂贵的分配，最高优先级是轻量级同步；如果阶数小于或等于 3，最高优先级是完全同步。

❑ 第 38～42 行代码，如果优先级没有达到最高优先级，那么把优先级提高一级，把重试次数设置为 0，然后重试。如果优先级达到最高优先级，那么不允许重试。

3.16 页回收

申请分配页的时候，页分配器首先尝试使用低水线分配页。如果使用低水线分配失败，说明内存轻微不足，页分配器将会唤醒内存节点的页回收内核线程，异步回收页，然后尝试使用最低水线分配页。如果使用最低水线分配失败，说明内存严重不足，页分配器将会直接回收页。

物理页根据是否有存储设备支持分为两类。

（1）交换支持的页：没有存储设备支持的物理页，包括匿名页，以及 tmpfs 文件系统（内存中的文件系统）的文件页和进程在修改私有的文件映射时复制生成的匿名页。

（2）存储设备支持的文件页。

针对不同的物理页，采用不同的回收策略。

（1）交换支持的页：采用页交换的方法，先把页的数据写到交换区，然后释放物理页。

（2）存储设备支持的文件页：如果是干净的页，即把文件从存储设备读到内存以后没有修改过，可以直接释放；如果是脏页，即把文件从存储设备读到内存以后修改过，那么先写回到存储设备，然后释放物理页。

页回收算法还会回收 slab 缓存。使用专用 slab 缓存的内核模块可以使用函数 register_shrinker 注册收缩器，页回收算法调用所有收缩器的函数以释放对象。

根据什么原则选择回收的物理页？内核使用 LRU（Least Recently Used，最近最少使用）算法选择最近最少使用的物理页。

回收物理页的时候，如果物理页被映射到进程的虚拟地址空间，那么需要从页表中删除虚拟页到物理页的映射。怎么知道物理页被映射到哪些虚拟页？需要通过反向映射的数据结构，虚拟页映射到物理页是正向映射，物理页映射到虚拟页是反向映射。

3.16.1　数据结构

1. LRU 链表

页回收算法使用 LRU 算法选择回收的页。如图 3.106 所示，每个内存节点的 pglist_data 实例有一个成员 lruvec，称为 LRU 向量，LRU 向量包含 5 条 LRU 链表。

（1）不活动匿名页 LRU 链表，用来链接不活动的匿名页，即最近访问频率低的匿名页。

（2）活动匿名页 LRU 链表，用来链接活动的匿名页，即最近访问频率高的匿名页。

（3）不活动文件页 LRU 链表，用来链接不活动的文件页，即最近访问频率低的文件页。

（4）活动文件页 LRU 链表，用来链接活动的文件页，即最近访问频率高的文件页。

（5）不可回收 LRU 链表，用来链接使用 mlock 锁定在内存中、不允许回收的物理页。

在 LRU 链表中，物理页的页描述符的特征如下。

（1）页描述符设置 PG_lru 标志位，表示物理页在 LRU 链表中。

（2）页描述符通过成员 lru 加入 LRU 链表。

（3）如果是交换支持的物理页，页描述符会设置 PG_swapbacked 标志位。

（4）如果是活动的物理页，页描述符会设置 PG_active 标志位。

（5）如果是不可回收的物理页，页描述符会设置 PG_unevictable 标志位。

每条 LRU 链表中的物理页按访问时间从大到小排序，链表首部的物理页的访问时间离当前最近，物理页从 LRU 链表的首部加入，页回收算法从不活动 LRU 链表的尾部取物理页回收，从活动 LRU 链表的尾部取物理页并移动到不活动 LRU 链表中。

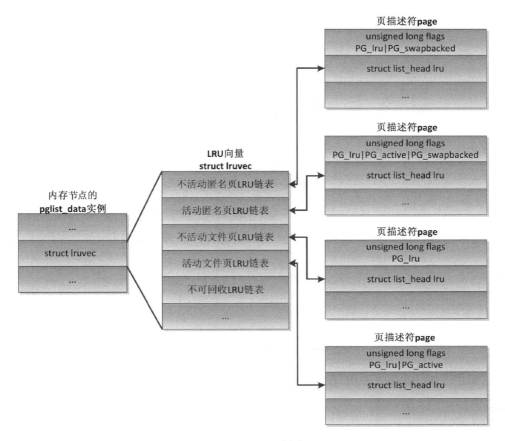

图3.106 LRU链表

怎么确定页的活动程度？确定方法如下。

（1）如果是页表映射的匿名页或文件页，根据页表项中的访问标志位确定页的活动程度。当处理器的内存管理单元把虚拟地址转换成物理地址的时候，如果页表项没有设置访问标志位，就会生成页错误异常。页错误异常处理程序为页表项设置访问标志位，如图 3.107 所示，函数 pte_mkyoung 负责为页表项设置访问标志位。

（2）如果是没有页表映射的文件页，进程通过系统调用 read 或 write 访问文件，文件系统在文件的页缓存中查找文件页，为文件页的

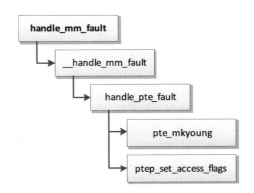

图3.107 页错误异常处理程序设置访问标志位

页描述符设置访问标志位（PG_referenced）。如图 3.108 所示，进程读 EXT4 文件系统中的一个文件，函数 mark_page_accessed 为文件页的页描述符设置访问标志位。

2. 反向映射

回收页表映射的匿名页或文件页时，需要从页表中删除映射，内核需要知道物理页被映射到哪些进程的虚拟地址空间，需要实现物理页到虚拟页的反向映射。

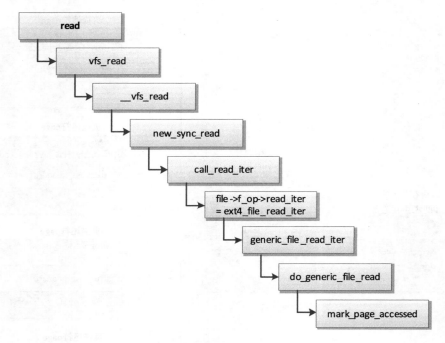

图3.108　读文件页时设置访问标志位

页描述符中和反向映射相关的成员如下：

```
include/linux/mm_types.h
struct page {
    …
    union {
        struct address_space  *mapping;
        …
    };

    union {
        pgoff_t  index;        /* 在映射里面的偏移 */
        …
    };
    union {
        …
        struct {
            union {
                atomic_t  _mapcount;
                …
            };
            …
        };
    };
    …
};
```

❑　成员 mapping

利用指针总是 4 的整数倍这个特性，成员 mapping 的最低两位用来作为页映射标志，最低位 PAGE_MAPPING_ANON 表示匿名页。

如果物理页是匿名页，page.mapping =（结构体 anon_vma 的地址 | PAGE_MAPPING_ANON）。

如果物理页是文件页，page.mapping 指向结构体 address_space。

❑　成员 index

成员 index 是在映射里面的偏移，单位是页。如果是匿名映射，那么 index 是物理页对应的虚拟页在虚拟内存区域中的页偏移；如果是文件映射，那么 index 是物理页存储的数据在文件中的页偏移。

❑　成员_mapcount

成员_mapcount 是映射计数，反映物理页被映射到多少个虚拟内存区域。初始值是-1，加上 1 以后才是真实的映射计数，建议使用内联函数 page_mapcount 获取页的映射计数。

（1）匿名页的反向映射。

匿名页的反向映射的数据结构如图 3.109 和图 3.110 所示。

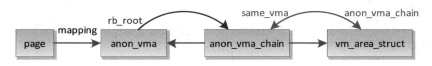

图3.109　匿名页的反向映射的简要视图

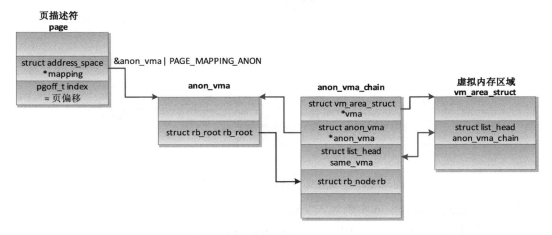

图3.110　匿名页的反向映射的详细视图

1）结构体 page 的成员 mapping 指向一个 anon_vma 实例，并且设置了 PAGE_MAPPING_ANON 标志位。

2）结构体 anon_vma 用来组织匿名页被映射到的所有虚拟内存区域。

3）结构体 anon_vma_chain 充当中介，关联 anon_vma 实例和 vm_area_struct 实例。

4）一个匿名页可能被映射到多个虚拟内存区域，anon_vma 实例通过中介 anon_vma_chain 把所有 vm_area_struct 实例放在区间树中，区间树是用红黑树实现的，anon_vma 实例的成员 rb_root 指向区间树的根，中介 anon_vma_chain 的成员 rb 是红黑树的节点。

5）一个虚拟内存区域可能关联多个 anon_vma 实例，即父进程的 anon_vma 实例和当前进程的 anon_vma 实例。vm_area_struct 实例通过中介 anon_vma_chain 把所有 anon_vma 实例放在一条链表中，成员 anon_vma_chain 是链表的头节点，中介 anon_vma_chain 的成员 same_vma 是链表节点。

查询一个匿名页被映射到的所有虚拟页的过程如下。

1）根据页描述符的成员 mapping 得到结构体 anon_vma。

2）根据结构体 anon_vma 的成员 rb_root 得到区间树的根。

3）通过遍历区间树可以得到物理页被映射到的所有虚拟内存区域，从 anon_vma_chain 实例的成员 vma 得到 vm_area_struct 实例。

4）根据 vm_area_struct 实例的成员 vm_start 得到虚拟内存区域的起始地址，根据页描述符的成员 index 得到虚拟页在虚拟内存区域中的页偏移，将两者相加得到虚拟页的起始地址。

5）根据 vm_area_struct 实例的成员 vm_mm 得到进程的内存描述符，根据内存描述符的成员 pgd 得到页全局目录的起始地址。

从一个进程分叉生成子进程的时候，子进程把父进程的虚拟内存完全复制一份，如图 3.111 和图 3.112 所示，子进程把父进程的每个 vm_area_struct 实例复制一份，对每个 vm_area_struct 实例执行下面的操作。

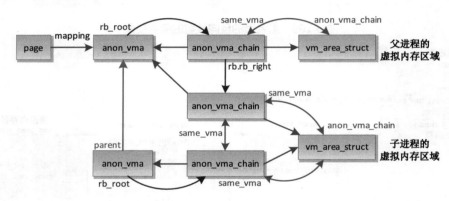

图3.111　分叉生成子进程时反向映射的简要视图

1）通过 anon_vma_chain 实例加入父进程的 anon_vma 实例的区间树中。

2）创建自己的 anon_vma 实例，把 vm_area_struct 实例加入 anon_vma 实例的区间树中。

3）vm_area_struct 实例通过 anon_vma_chain 把父进程的 anon_vma 实例和自己的 anon_vma 实例放在一条双向链表中。

4）父子进程的 anon_vma 实例组成一棵树：子进程的 anon_vma 实例的成员 parent 指向父进程的 anon_vma 实例，成员 root 指向这棵树的根。

（2）文件页的反向映射。

文件页的反向映射的数据结构如图 3.113 所示。

1）存储设备上的文件系统有一个描述文件系统信息的超级块，挂载文件系统时在内存中创建一个超级块的副本，即 super_block 实例。

2）文件系统中的每个文件有一个描述文件属性的索引节点，读文件时在内存中创建一个索引节点的副本，即 inode 实例，成员 i_mapping 指向一个地址空间结构体 address_space。

3）打开文件时，在内存中创建一个文件打开实例 file，成员 f_mapping 继承 inode 实例的成员 i_mapping。

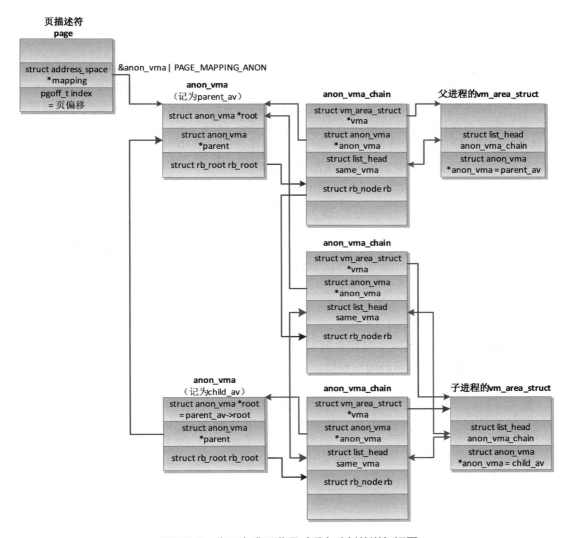

图3.112 分叉生成子进程时反向映射的详细视图

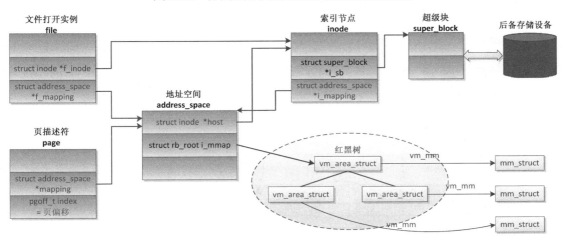

图3.113 文件页的反向映射

4）读文件时，分配物理页，页描述符的成员 mapping 继承 file 实例的成员 i_mapping，成员 index 是物理页存储的数据在文件中的偏移，单位是页。

5）每个文件有一个地址空间结构体 address_space，用来建立数据缓存（在内存中为某种数据创建的缓存）和数据来源（即存储设备）之间的关联。地址空间结构体 address_space 的成员 i_mmap 指向区间树，区间树是使用红黑树实现的，用来把文件区间映射到虚拟内存区域，索引是虚拟内存区域对应的文件页偏移（vm_area_struct.vm_pgoff）。

查询一个文件页被映射到的所有虚拟页的过程如下。

1）根据页描述符的成员 mapping 得到地址空间结构体 address_space。

2）根据地址空间结构体 address_space 的成员 i_mmap 得到区间树的根。

3）遍历区间树，虚拟内存区域对应的文件区间是[成员 vm_pgoff，成员 vm_pgoff + 虚拟内存区域的页数−1]，页描述符的成员 index 是物理页存储的数据在文件中的页偏移。如果页描述符的成员 index 属于虚拟内存区域对应的文件区间，就说明文件页被映射到这个虚拟内存区域中的虚拟页。

4）文件页被映射到的虚拟页的起始地址是"虚拟内存区域的成员 vm_start+（页描述符的成员 index−虚拟内存区域的成员 vm_pgoff）×页长度"。

5）根据 vm_area_struct 实例的成员 vm_mm 得到进程的内存描述符，根据内存描述符的成员 pgd 得到页全局目录的起始地址。

如图 3.114 所示，对于私有的文件映射，在写的时候生成页错误异常，页错误异常处理程序执行写时复制，新的物理页和文件脱离关系，属于匿名页。

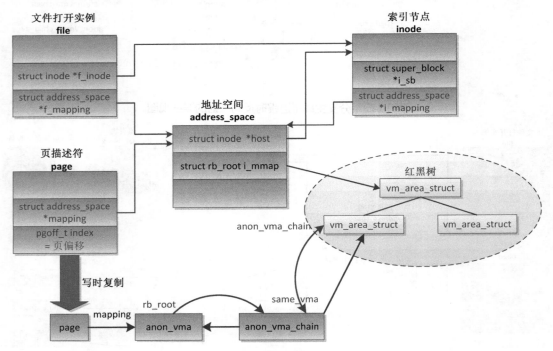

图3.114　私有的文件映射写时复制

3.16.2 发起页回收

如图 3.115 所示，申请分配页的时候，页分配器首先尝试使用低水线分配页。如果使用低水线分配失败，说明内存轻微不足，页分配器将会唤醒所有符合分配条件的内存节点的页回收线程，异步回收页，然后尝试使用最低水线分配页。如果分配失败，说明内存严重不足，页分配器将会直接回收页。如果直接回收页失败，那么判断是否应该重新尝试回收页。

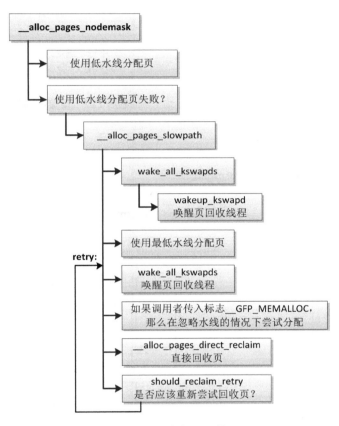

图3.115 发起页回收

1．异步回收

每个内存节点有一个页回收线程，执行流程如图 3.116 所示。如果内存节点的所有内存区域的空闲页数小于高水线，页回收线程就会反复尝试回收页，调用函数 shrink_node 以回收内存节点中的页。

2．直接回收

直接回收页的执行流程如图 3.117 所示，针对备用区域列表中符合分配条件的每个内存区域，调用函数 shrink_node 来回收内存区域所属的内存节点中的页。

回收页是以内存节点为单位执行的，函数 shrink_node 负责回收内存节点中的页，执行流程如图 3.118 所示。

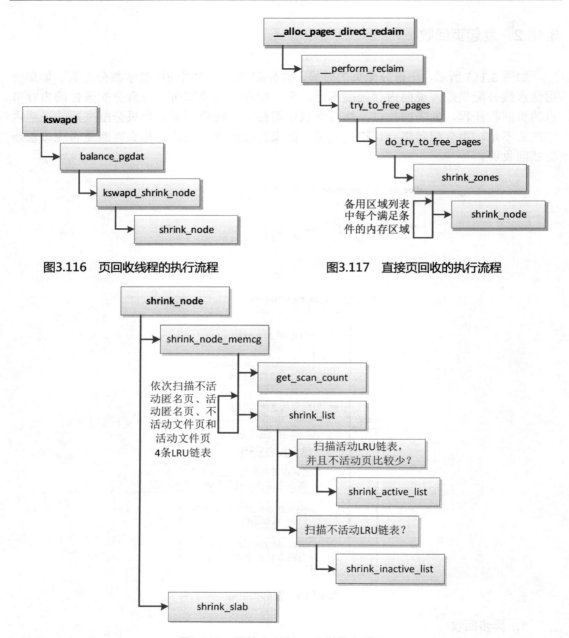

图3.116　页回收线程的执行流程　　　　　图3.117　直接页回收的执行流程

图3.118　函数shrink_node的执行流程

（1）回收内存节点中的页。

1）调用函数 get_scan_count，计算需要扫描多少个不活动匿名页、活动匿名页、不活动文件页和活动文件页。

2）依次扫描不活动匿名页、活动匿名页、不活动文件页和活动文件页 4 条 LRU 链表，针对每条 LRU 链表，处理如下。

❑　如果是活动 LRU 链表，并且不活动页比较少，那么调用函数 shrink_active_list，把一部分活动页转移到不活动链表中。

❏ 如果是不活动 LRU 链表，那么调用函数 shrink_inactive_list 以回收不活动页。

（2）调用函数 shrink_slab 以回收 slab 缓存。

函数 balance_pgdat 和 try_to_free_pages 使用结构体 scan_control 控制扫描操作，这个结构体不仅用于高层函数向低层函数传递控制指令，也用于反向传递结果，主要成员如表 3.9 所示。

表 3.9　结构体 scan_control 的主要成员

成　员	说　明
unsigned long nr_to_reclaim	应该回收多少页，执行直接页回收的时候取32页
gfp_t gfp_mask	申请分配页的掩码。调用者申请页时可能不允许向下调用到底层文件系统，或者不允许读写存储设备，需要把这些约束传给页回收算法
enum zone_type reclaim_idx	回收的最高内存区域
int order	申请分配页的阶数。比如调用者正在申请n阶页，希望页回收算法能满足申请n阶页的需求
nodemask_t *nodemask	调用者允许扫描的内存节点的掩码，如果是空指针，表示扫描所有内存节点
int priority	扫描优先级，一次扫描的页数是（LRU链表的总页数 >> 扫描优先级），初始值是12
unsigned int may_writepage:1	是否允许把修改过的文件页回写到存储设备
unsigned int may_unmap:1	是否允许回收页表映射的物理页
unsigned int may_swap:1	是否允许把匿名页换出到交换区
unsigned long nr_scanned	用来报告扫描过的不活动页的数量
unsigned long nr_reclaimed	用来报告回收了多少页

3. 判断是否应该重试回收页

函数 should_reclaim_retry 判断是否应该重试回收页，如果直接回收 16 次全都失败，或者即使回收所有可回收的页，也还是无法满足水线，那么应该放弃重试回收，其代码如下：

```
mm/page_alloc.c
1    static inline bool
2    should_reclaim_retry(gfp_t gfp_mask, unsigned order,
3            struct alloc_context *ac, int alloc_flags,
4            bool did_some_progress, int *no_progress_loops)
5    {
6      struct zone *zone;
7      struct zoneref *z;
8
9      if (did_some_progress && order <= PAGE_ALLOC_COSTLY_ORDER)
10          *no_progress_loops = 0;
11      else
12          (*no_progress_loops)++;
13
14      if (*no_progress_loops > MAX_RECLAIM_RETRIES) {
15          /* 在杀死进程以前，先用完高阶原子类型的空闲页 */
16          return unreserve_highatomic_pageblock(ac, true);
17      }
18
19      /*
20       * 如果考虑了所有可回收的页，没有一个目标区域能满足分配请求，
```

```
21      * 那么只能杀死进程
22      */
23     for_each_zone_zonelist_nodemask(zone, z, ac->zonelist, ac->high_zoneidx,
24                      ac->nodemask) {
25          unsigned long available;
26          unsigned long reclaimable;
27          unsigned long min_wmark = min_wmark_pages(zone);
28          bool wmark;
29
30          available = reclaimable = zone_reclaimable_pages(zone);
31          available += zone_page_state_snapshot(zone, NR_FREE_PAGES);
32
33          wmark = __zone_watermark_ok(zone, order, min_wmark,
34                      ac_classzone_idx(ac), alloc_flags, available);
35          …
36          if (wmark) {
37              if (!did_some_progress) {
38                  unsigned long write_pending;
39
40                  write_pending = zone_page_state_snapshot(zone,
41                              NR_ZONE_WRITE_PENDING);
42
43                  if (2 * write_pending > reclaimable) {
44                      congestion_wait(BLK_RW_ASYNC, HZ/10);
45                      return true;
46                  }
47              }
48              …
49              return true;
50          }
51      }
52
53     return false;
54    }
```

第 9～12 行代码，对于昂贵的分配，直接回收可能有进展，但不意味着申请的阶数有可用的空闲页块，因为内存可能高度碎片化，所以总是增加计数器 no_progress_loops。no_progress_loops 是直接回收没有进展的计数器。

第 14～17 行代码，如果直接回收没有进展超过 16 次，那么检查高阶原子类型是否有空闲页。如果有，那么转换成申请的迁移类型，然后重试分配。

第 23 行代码，针对每个目标内存区域，处理如下。

❑ 第 30～34 行代码，如果回收了所有可回收的页，空闲页数是否大于水线？如果大于，函数 __zone_watermark_ok 返回真。

❑ 第 37～47 行代码，如果直接回收没有进展，并且脏页和正在回写的页在可回收页中的比例超过一半，那么应该等待回写完成，使回收减速，阻止过早杀死进程。

3.16.3　计算扫描的页数

页回收算法每次扫描多少页？扫描多少个匿名页和多少个文件页，怎么分配匿名页和文件页的比例？

扫描优先级用来控制一次扫描的页数，如果扫描优先级是 n，那么一次扫描的页数是（LRU 链表中的总页数 >> n），可以看出："扫描优先级的值越小，扫描的页越多"。页回收算法从默认优先级 12 开始，如果回收的页数没有达到目标，那么提高扫描优先级，把扫描优先级的值减 1,然后继续扫描。扫描优先级的最小值为 0,表示扫描 LRU 链表中的所有页。

两个参数用来控制扫描的匿名页和文件页的比例。

(1)参数"swappiness"控制换出匿名页的积极程度,取值范围是 0~100,值越大表示匿名页的比例越高,默认值是 60。可以通过文件"/proc/sys/vm/swappiness"配置换出匿名页的积极程度。

(2)针对匿名页和文件页分别统计最近扫描的页数和从不活动变为活动的页数,计算比例(从不活动变为活动的页数 / 最近扫描的页数)。如果匿名页的比例值比较大,说明匿名页的活动程度高,文件页的活动程度低,那么应该降低扫描的匿名页所占的比例,提高扫描的文件页所占的比例。

函数 get_scan_count 针对不活动匿名页、活动匿名页、不活动文件页和活动文件页 4 条 LRU 链表,计算每条 LRU 链表需要扫描的页数,其算法如下:

```
anon_prio = swappiness
file_prio = 200 - anon_prio

ap = anon_prio / (reclaim_stat->recent_rotated[0] / reclaim_stat->recent_scanned[0])
fp = file_prio / (reclaim_stat->recent_rotated[1] / reclaim_stat->recent_scanned[1])

size = LRU链表中内存区域类型小于或等于回收的最高区域类型的总页数
scan = size >> 扫描优先级
如果是匿名页, scan = scan * ap / (ap + fp)
如果是文件页, scan = scan * fp / (ap + fp)
```

其中,reclaim_stat->recent_scanned[0]是最近扫描过的匿名页的数量,reclaim_stat->recent_rotated[0]是从不活动变为活动的匿名页的数量;reclaim_stat->recent_scanned[1]是最近扫描过的文件页的数量,reclaim_stat->recent_rotated[1]是从不活动变为活动的文件页的数量。

3.16.4 收缩活动页链表

当不活动页比较少的时候,页回收算法收缩活动页链表,也就是从活动页链表的尾部取物理页并转移到不活动页链表中,把活动页转换成不活动页。

函数 inactive_list_is_low 判断不活动页是不是比较少,其算法如下:

inactive = 不活动页链表中内存区域类型小于或等于回收的最高区域类型的总页数
active = 活动页链表中内存区域类型小于或等于回收的最高区域类型的总页数
gb = 把(inactive + active)从页数转换成字节数,单位是 GB。
如果 gb 大于 0

$$inactive\_ratio = \sqrt{10 * gb}$$

否则

$$inactive\_ratio = 1$$

如果(inactive * inactive_ratio < active),说明不活动页比较少。

函数 shrink_active_list 负责从活动页链表中转移物理页到不活动页链表中,有 4 个参数。

(1)unsigned long nr_to_scan:指定扫描的页数。

（2）struct lruvec *lruvec：LRU 向量的地址。

（3）struct scan_control *sc：扫描控制结构体。

（4）enum lru_list lru：LRU 链表的索引，取值是 LRU_ACTIVE_ANON（活动匿名页 LRU 链表）或 LRU_ACTIVE_FILE（活动文件页 LRU 链表）。

函数 shrink_active_list 的执行流程如图 3.119 所示。

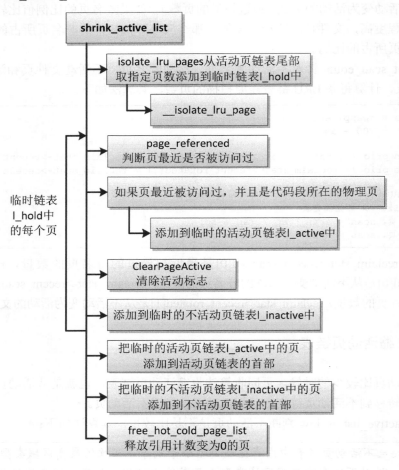

图3.119　函数shrink_active_list的执行流程

（1）调用函数 isolate_lru_pages，从活动页链表的尾部取指定页数添加到临时链表 1_hold 中，清除页的 LRU 标志位。页所属的内存区域必须小于或等于回收的最高区域。

（2）针对临时链表 1_hold 中的每个页，处理如下。

1）调用函数 page_referenced 来判断页最近是否被访问过。

2）如果页最近被访问过，并且是程序的代码段所在的物理页，那么保留在活动页链表中，添加到临时的活动页链表 1_active 中。

3）将活动页转换成不活动页，清除页的活动标志。

4）添加到临时的不活动页链表 1_inactive 中。

（3）有些活动页保留在活动页链表中，把临时的活动页链表 1_active 中的页添加到活动页链表的首部。

（4）将有些活动页转换成不活动页，把临时的不活动页链表 l_inactive 中的页添加到不活动页链表的首部。

（5）调用函数 free_hot_cold_page_list 释放引用计数变为 0 的页，作为缓存冷页（即页的数据不在处理器的缓存中）释放。在回收的过程中，在其他地方可能已经释放了页，当页回收算法把页的引用计数减 1 的时候，发现引用计数变成 0，直接释放页。

将活动页转换成不活动页的规则如下。

（1）对有执行权限并且有存储设备支持的文件页（就是程序的代码段所在的物理页）做了特殊处理：如果页表项设置了访问标志位，那么保留在活动页链表中；如果页表项没有设置访问标志位，那么转移到不活动页链表中。

（2）如果是匿名页或其他类型的文件页，转移到不活动页链表中。

为什么对代码段的物理页做特殊处理呢？可能是因为考虑到有些共享库，比如 C 标准库，被很多进程链接，如果把这些共享库的代码段的物理页回收了，影响很大，每个进程执行时都会生成页错误异常，重新把共享库的虚拟页映射到物理页。

3.16.5　回收不活动页

函数 shrink_inactive_list 负责回收不活动页，有 4 个参数。

（1）unsigned long nr_to_scan：指定扫描的页数。

（2）struct lruvec *lruvec：LRU 向量的地址。

（3）struct scan_control *sc：扫描控制结构体。

（4）enum lru_list lru：LRU 链表的索引，取值是 LRU_INACTIVE_ANON（不活动匿名页 LRU 链表）或 LRU_INACTIVE_FILE（不活动文件页 LRU 链表）。

函数 shrink_inactive_list 的执行流程如图 3.120 所示。

（1）调用函数 isolate_lru_pages，从不活动页链表的尾部取指定页数添加到临时链表 page_list 中。

（2）调用函数 shrink_page_list 来处理临时链表 page_list 中的所有页。

（3）有些不活动页可能被转换成活动页，有些不活动页可能保留在不活动页链表中，调用函数 putback_inactive_pages，把这些不活动页放回到对应的链表中。

（4）调用函数 free_hot_cold_page_list 释放引用计数变为 0 的页，作为缓存冷页释放。

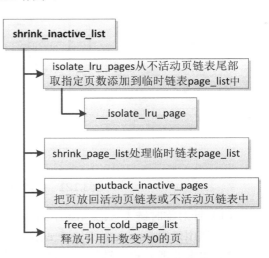

图3.120　函数shrink_inactive_list的执行流程

回收不活动页的主要工作是由函数 shrink_page_list 实现的，执行流程如图 3.121 所示。

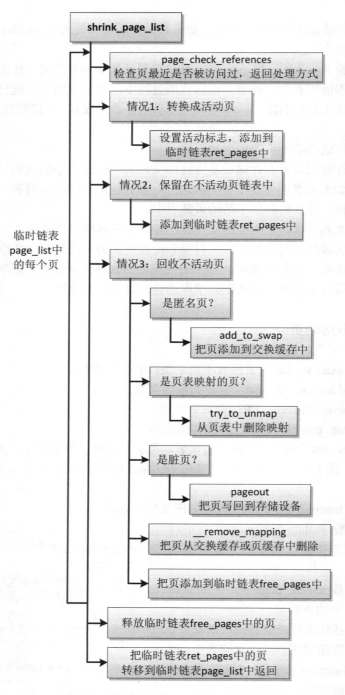

图3.121 函数shrink_page_list的执行流程

（1）针对临时链表 page_list 中的每个页，执行下面的操作。

1）调用函数 page_check_references，检查页最近是否被访问过，返回处理方式。

2）如果处理方式是转换成活动页，那么设置活动标志，添加到临时链表 ret_pages 中。

3）如果处理方式是保留在不活动页链表中，那么添加到临时链表 ret_pages 中。

4）如果处理方式是回收，执行下面的操作。

❑ 如果是匿名页，调用函数 add_to_swap 以添加到交换缓存中。

❑ 如果是页表映射的页，调用函数 try_to_unmap，从页表中删除映射，通过反向映射的数据结构可以知道物理页被映射到哪些虚拟内存区域。

❑ 如果是脏页，调用函数 pageout，把文件页写回到存储设备，或者把匿名页写回到交换区。

❑ 把页从交换缓存或页缓存中删除：如果是交换支持的页，从交换缓存中删除；如果是文件页，从文件的页缓存中删除。

❑ 把页添加到临时链表 free_pages 中。

（2）释放临时链表 free_pages 中的页。

（3）临时链表 ret_pages 存放转换成活动页或保留在不活动页链表中的不活动页，把临时链表 ret_pages 中的页转移到临时链表 page_list 中返回。

不活动页转换成活动页的情况如下。

（1）页表映射的页。

1）交换支持的页，如果页表项设置了访问标志位，那么将不活动页转换成活动页。

2）有存储设备支持的文件页，采用两次机会算法：如果页回收算法连续两次选中一个不活动页，并且每次不活动页最近被访问过，那么将不活动页转换成活动页。

3）对程序的代码段所在的页做了特殊处理：如果页表项设置了访问标志位，那么将不活动页转换成活动页。

（2）没有页表映射的文件页。

采用两次机会算法：进程第一次访问时，如果页描述符没有设置访问标志位，那么设置访问标志位；进程第二次访问时，发现页描述符设置了访问标志位，将不活动页转换成活动页。

不活动页保留在不活动页链表中或者回收的情况如下。

（1）页表映射的不活动页。

1）如果页表项设置了访问标志位，那么页保留在不活动页链表中，清除页表项的访问标志位，给页描述符设置访问标志位。

2）如果页表项没有设置访问标志位，根据页的类型处理。

❑ 如果是交换支持的页，立即回收。

❑ 存储设备支持的文件页：如果页描述符设置了访问标志位，那么只回收干净的页（页的数据自从读到内存中没有被修改），脏页（页的数据自从读到内存中被修改过）保留在不活动页链表中；如果页描述符没有设置访问标志位，那么立即回收。

（2）没有页表映射的文件页。

1）如果页描述符设置了访问标志位，那么只回收干净的页，脏页保留在不活动页链表中。

2）如果页描述符没有设置访问标志位，那么立即回收。

3.16.6 页交换

页交换（swap）的原理是：当内存不足的时候，把最近很少访问的没有存储设备支持的物理页的数据暂时保存到交换区，释放内存空间，当交换区中存储的页被访问的时候，再把数据从交换区读到内存中。

交换区可以是一个磁盘分区，也可以是存储设备上的一个文件。

1. 使用方法

编译内核时需要开启配置宏 CONFIG_SWAP，默认开启。

使用磁盘分区作为交换区的配置方法如下。

（1）使用 fdisk 命令（例如 fdisk /dev/sda）创建磁盘分区，在 fdisk 中用"t"命令把分区类型修改为十六进制的数值 82（Linux 交换分区的类型），最后用"w"命令保存 fdisk 操作。

（2）使用命令"mkswap"格式化交换分区，命令格式是"mkswap [options] device [size]"。

例如：假设交换分区是"/dev/sda1"，执行命令"mkswap /dev/sda1"以进行格式化。

（3）使用命令"swapon"启用交换区，命令格式是"swapon [options] specialfile"。

例如：假设交换分区是"/dev/sda1"，执行命令"swapon /dev/sda1"启用交换区。

使用文件作为交换区的配置方法如下。

（1）使用 dd 命令创建文件。

例如：创建文件"/root/swap"，块长度是 1MB，块的数量是 2048，文件的长度是 2048MB。

dd if=/dev/zero of=/root/swap bs=1M count=2048

（2）使用命令"mkswap"格式化文件。

例如：mkswap /root/swap

（3）使用命令"swapon"启用交换区。

例如：swapon /root/swap

在内存比较小的设备上，可以使用 ZRAM 设备作为交换区。ZRAM 是基于内存的块设备，写到 ZRAM 设备的页被压缩后存储在内存中，可以节省内存空间，相当于扩大内存容量。编译内核时需要开启配置宏 CONFIG_ZRAM。配置方法如下。

（1）如果把 ZRAM 编译成内核模块，可以使用命令"modprobe"加载模块，参数"num_devices"用来指定创建多少个 ZRAM 设备，默认值是 1。

modprobe zram num_devices=4

"num_devices=4"表示创建 4 个 ZRAM 设备，设备名称是"/dev/zram{0,1,2,3}"。

（2）指定 ZRAM 设备的容量，建议为总内存的 10%～25%。如果 ZRAM 设备的容量是 zram_size，物理页的长度是 page_size，那么 ZRAM 设备最多可以把（zram_size/page_size）个物理页的数据压缩后存储在内存中。

假设把 ZRAM0 设备的容量设置为 512MB：echo 512M > /sys/block/zram0/disksize

（3）格式化 ZRAM 设备。

假设格式化 ZRAM0 设备：mkswap /dev/zram0

（4）启用交换区。

假设启用 ZRAM0 设备：swapon /dev/zram0

如果配置了多个交换区，可以使用命令"swapon"的选项"-p priority"指定交换区的优先级，取值范围是[0,32767]，值越大表示优先级越高。

可以把交换区添加到文件"/etc/fstab"中，然后执行命令"swapon -a"来启用文件"/etc/fstab"中的所有交换区。

可以使用命令"swapoff"禁用交换区。

可以执行命令"cat /proc/swaps"或"swapon -s"来查看交换区。

目前常用的存储设备是：机械硬盘、固态硬盘和 NAND 闪存。

固态硬盘使用 NAND 闪存作为存储介质，固态硬盘中的控制器运行闪存转换层固化程序，把闪存转换成块设备，使固态硬盘对外表现为块设备。

NAND 闪存的特点是：写入数据之前需要把擦除块擦除，每个擦除块的擦除次数有限，范围是 $10^5 \sim 10^6$，频繁地写数据会缩短闪存的寿命。

所以，如果设备使用固态硬盘或 NAND 闪存存储数据，不适合启用交换区；如果设备使用机械硬盘存储数据，可以启用交换区。

交换区的缺点是读写速度慢，影响程序的执行性能，为了缓解这个问题，内核 3.11 版本引入了 zswap，它是交换页的轻量级压缩缓存，目前还是实验特性。zswap 把准备换出的页压缩到动态分配的内存池，仅当压缩缓存的大小达到限制时才会把压缩缓存里面的页写到交换区。zswap 以消耗处理器周期为代价，大幅度减少读写交换区的次数，带来了重大的性能提升，因为解压缩比从交换区读更快。

编译内核时需要开启配置宏 CONFIG_ZSWAP。zswap 默认是禁止的，可以使用模块参数"enabled"启用 zswap：在引导内核时使用内核参数"zswap.enabled=1"，或者在运行时执行"echo 1 > /sys/module/zswap/parameters/enabled"。

可以使用模块参数"max_pool_percent"设置压缩缓存占用内存的最大百分比，默认值是 20。例如：把压缩缓存占用内存的最大百分比设置成 25%，可以在引导内核时使用内核参数"zswap.max_pool_percent=25"，或者在运行时执行"echo 25 > /sys/module/zswap/parameters/max_pool_percent"。

2. 技术原理

（1）数据结构。

1）交换区格式。

交换区的第一页是交换区首部，内核使用数据结构 swap_header 描述交换区首部：

```
include/linux/swap.h
union swap_header {
    struct {
        char reserved[PAGE_SIZE - 10];
        char magic[10];              /* SWAP-SPACE或者SWAPSPACE2 */
    } magic;
    struct {
        char        bootbits[1024];   /* 存放磁盘标签和其他空间 */
        __u32       version;
        __u32       last_page;
        __u32       nr_badpages;
        unsigned char sws_uuid[16];
        unsigned char sws_volume[16];
        __u32       padding[117];
```

```
        __u32           badpages[1];
    } info;
};
```

- ❏ 前面 1024 字节空闲，为引导程序预留空间，这种做法使得交换区可以处在磁盘的起始位置。
- ❏ 成员 version 是交换区的版本号。
- ❏ 成员 last_page 是最后一页的页号。
- ❏ 成员 nr_badpages 是坏页的数量，从成员 badpages 的位置开始存放坏页的页号。
- ❏ 最后 10 字节是魔幻数，用来区分交换区格式，内核已经不支持旧的格式"SWAP-SPACE"，只支持格式"SWAPSPACE2"。

2）交换区信息。

内核定义了交换区信息数组 swap_info，每个数组项存储一个交换区的信息。数组项的数量是在编译时由宏 MAX_SWAPFILES 指定的，通常是 32，说明最多可以启用 32 个交换区。

mm/swap_file.c
```
struct swap_info_struct *swap_info[MAX_SWAPFILES];
```

交换区分为多个连续的槽（slot），每个槽位的长度等于页的长度。

聚集（cluster）由 32（宏 SWAPFILE_CLUSTER）个连续槽位组成，通过按顺序分配槽位把换出的页聚集在一起，避免分散到整个交换区。聚集带来的好处是可以把连续槽位按顺序写到存储设备上，对于机械硬盘，可以减少磁头寻找磁道的时间，提高写的性能。

交换区按优先级从高到低排序，首先从优先级高的交换区分配槽位。对于优先级相同的交换区，轮流从每个交换区分配槽位，每次从交换区分配槽位后，把交换区移到优先级相同的交换区的最后面。

结构体 swap_info_struct 描述交换区的信息，主要成员如表 3.10 所示。

表 3.10　结构体 swap_info_struct 的主要成员

成　　员	说　　明
unsigned long flags	标志位。常用的标志位如下： （1）SWP_USED表示当前数组项处于使用状态 （2）SWP_WRITEOK表示交换区可写，禁用交换区以后交换区不可写 （3）SWP_BLKDEV表示交换区是块设备，即磁盘分区
signed short prio	优先级
struct plist_node list	用来加入有效交换区链表，按优先级从高到低排序，头节点是swap_active_head。启用交换区以后交换区是有效的，禁用交换区以后交换区不再是有效的
struct plist_node avail_list	用来加入可用交换区链表，按优先级从高到低排序，头节点是swap_avail_head。可用交换区是指有效的并且没有满的交换区
signed char type	交换区的索引
unsigned int max	交换区的最大页数，和成员pages不同的是：max不仅包括可用槽位，也包括损坏的或用于管理目的的槽位。硬盘出现坏块的情况很少见，所以max通常等于pages加1
unsigned int pages	交换区可用槽位的总数

续表

成 员	说 明
unsigned int inuse_pages	交换区正在使用的页的数量
unsigned char *swap_map	交换映射，指向一个数组，每字节对应交换区中的每个槽位，低6位存储每个槽位的使用计数，也就是共享换出页的进程的数量；高2位是标志位，SWAP_HAS_CACHE表示页在交换缓存中
unsigned int lowest_bit	数组swap_map中第一个空闲数组项的索引
unsigned int highest_bit	数组swap_map中最后一个空闲数组项的索引
struct block_device *bdev	指向块设备。如果交换区是磁盘分区，bdev指向磁盘分区对应的块设备；如果交换区是文件，bdev指向文件所在的块设备
struct file *swap_file	指向交换区关联的文件的打开实例。如果交换区是磁盘分区，swap_file指向磁盘分区对应的块设备文件的打开实例；如果交换区是文件，swap_file指向文件的打开实例
unsigned int cluster_next	当前聚集中下一次分配的槽位的索引
unsigned int cluster_nr	当前聚集中可用的槽位数量
struct swap_extent first_swap_extent	交换区间链表

3）交换区间。

交换区间（swap extent）用来把交换区的连续槽位映射到连续的磁盘块。如果交换区是磁盘分区，因为磁盘分区的块是连续的，所以只需要一个交换区间。如果交换区是文件，因为文件对应的磁盘块不一定是连续的，所以对于每个连续的磁盘块范围，需要使用一个交换区间来存储交换区的连续槽位和磁盘块范围的映射关系。

如图 3.122 所示，交换区信息的成员 first_swap_extent 存储第一个交换区间的信息，交换区间的成员 start_page 是起始槽位的页号，成员 nr_pages 是槽位的数量，成员 start_block 是起始磁盘块号，成员 list 用来链接同一个交换区的所有交换区间。

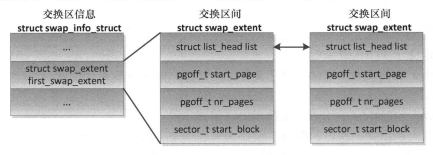

图3.122　交换区间

4）交换槽位缓存。

为了加快为换出页分配交换槽位的速度，每个处理器有一个交换槽位缓存 swp_slots，数据结构如图 3.123 所示。

❑　成员 slots 指向交换槽位数组，数组的大小是宏 SWAP_SLOTS_CACHE_SIZE，即 64。
❑　成员 nr 是空闲槽位的数量。
❑　成员 cur 是当前已分配的槽位数量，也是下次分配的数组索引。
❑　成员 alloc_lock 用来保护 slots、nr 和 cur 三个成员。

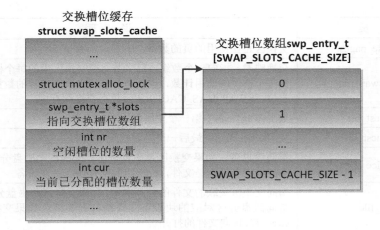

图3.123 每处理器交换槽位缓存

为换出页分配交换槽位的时候，首先从当前处理器的交换槽位缓存分配，如果交换槽位缓存没有空闲槽位，那么从交换区分配槽位以重新填充交换槽位缓存。

如果所有交换区的空闲槽位总数小于（在线处理器数量 * 2 * SWAP_SLOTS_CACHE_SIZE），那么禁止使用每处理器交换槽位缓存。

如果所有交换区的空闲槽位总数大于（在线处理器数量 * 5 * SWAP_SLOTS_CACHE_SIZE），那么启用每处理器交换槽位缓存。

5）交换项。

内核定义了数据类型 swp_entry_t 以存储换出页在交换区中的位置，我们称为交换项，高 7 位存储交换区的索引，其他位存储页在交换区中的偏移（单位是页）。

```
include/linux/mm_types.h
typedef struct {
    unsigned long val;
} swp_entry_t;
```

内核定义了 3 个内联函数。

❑ swp_entry(type,offset)用来把交换区的索引和偏移转换成交换项。

❑ swp_type(entry)用来从交换项提取索引字段。

❑ swp_offset(entry)用来从交换项提取偏移字段。

把匿名页换出到交换区的时候，需要在页表项中存储页在交换区中的位置，页表项存储交换区位置的格式由各种处理器架构自己定义，数据类型 swp_entry_t 是处理器架构无关的。内核定义了两个内联函数以转换页表项和交换项。

❑ swp_entry_to_pte(entry)用来把交换项转换成页表项。

❑ pte_to_swp_entry(pte)用来把页表项转换成交换项。

如果页表项满足条件"!pte_none(pte) && !pte_present(pte)"，说明页被换出到交换区，其中"!pte_none(pte)"表示页表项不是空表项，"!pte_present(pte)"表示页不在内存中。

6）交换缓存。

每个交换区有若干个交换缓存，每 2^{14} 页对应一个交换缓存，交换缓存的数量是（交换区的总页数/2^{14}）。

为什么需要交换缓存？

换出页可能由多个进程共享，进程的页表项存储页在交换区中的位置。当某个进程访问页的数据时，把页从交换区换入内存中，把页表项指向内存页。问题是：其他进程怎么找到内存页？

从交换区换入页的时候，把页放在交换缓存中，直到共享同一个页的所有进程请求换入页，知道这一页在内存中新的位置为止。如果没有交换缓存，内核无法确定一个共享的内存页是不是已经换入内存中。

交换区信息结构体有一个交换映射，每个字节对应交换区中的每个槽位，低 6 位存储每个槽位的使用计数，也就是共享换出页的进程的数量。每当一个进程请求换入页的时候，就会把使用计数减 1，减到 0 时说明共享内存页的所有进程已经请求换入页；高 2 位是标志位，SWAP_HAS_CACHE 表示页在交换缓存中。

交换缓存是使用地址空间结构体 address_space 实现的，用来把交换区的槽位映射到内存页，全局数组 swapper_spaces 存储每个交换区的交换地址空间数组的地址，全局数组 nr_swapper_spaces 存储每个交换区的交换缓存数量。

```
mm/swap_state.c
struct address_space *swapper_spaces[MAX_SWAPFILES];
static unsigned int nr_swapper_spaces[MAX_SWAPFILES];
```

如图 3.124 所示，全局数组 swapper_spaces 的每一项指向一个交换区的交换地址空间数组，数组的大小是（交换区的总页数/2^{14}），每个交换地址空间的主要成员如下。

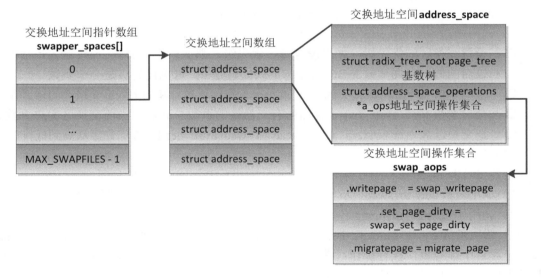

图3.124　交换缓存

❑ 成员 page_tree 是基数树（radix tree）的根，用来把交换区的偏移映射到物理页的页描述符，内核的基数树是 16 叉树或 64 叉树。

❑ 成员 a_ops 指向交换地址空间操作集合 swap_aops，后者的 writepage 方法是函数 swap_writepage，用来把页写到交换区。

宏 swap_address_space(entry)用来获取交换项对应的交换地址空间：

```
include/linux/swap.h
#define SWAP_ADDRESS_SPACE_SHIFT  14
#define swap_address_space(entry) (&swapper_spaces[swp_type(entry)][swp_offset(entry)
 >> SWAP_ADDRESS_SPACE_SHIFT])
```

（2）启用交换区。

命令"swapon"通过系统调用 sys_swapon 启用交换区，系统调用 sys_swapon 有两个参数。

1）const char __user *specialfile：文件路径。如果交换区是磁盘分区，文件路径是块设备文件的路径。

2）int swap_flags：标志位，其中第 0～14 位存储交换区的优先级，第 15 位指示是否指定了优先级。

系统调用 sys_swapon 的执行过程如下。

1）调用函数 alloc_swap_info，分配交换区信息结构体，在交换区信息数组中查找一个空闲的数组项，设置数组项指向刚分配的交换区信息结构体。

2）打开文件，设置交换区信息结构体的成员 swap_file 指向文件的打开实例。

3）调用函数 claim_swapfile，设置交换区信息结构体的成员 bdev：如果交换区是磁盘分区，指向磁盘分区对应的块设备；如果交换区是文件，指向文件所在的块设备。

4）读入交换区的第一页，解析交换区的首部，得到交换区的总页数和坏页数量。

5）调用函数 setup_swap_map_and_extents，设置交换映射和交换区间。

6）调用函数 init_swap_address_space，初始化交换区的交换缓存。

7）调用函数 enable_swap_info，处理如下。

❑ 设置交换区的优先级。如果没有指定优先级，那么取全局变量 least_priority 减一以后的值，全局变量 least_priority 的初始值是 0，可见优先级是一个负数。

❑ 全局变量 nr_swap_pages 存储所有交换区的空闲页数总和加上当前交换区的总页数。

❑ 全局变量 total_swap_pages 存储所有交换区的页数总和加上当前交换区的总页数。

❑ 把交换区加入链表 swap_active_head 和 swap_avail_head，按优先级从高到低排序。

（3）换出匿名页。

函数 shrink_inactive_list 回收不活动匿名页的执行流程如图 3.125 所示。

1）调用函数 add_to_swap，从优先级最高的交换区分配交换槽位，把页加入交换缓存。

2）调用函数 page_mapping，获取交换地址空间。

3）调用函数 try_to_unmap，根据反向映射的数据结构找到物理页被映射到的所有虚拟页，针对每个虚拟页，执行操作：首先从进程的页表中删除旧的映射，如果页表项设置了脏标志位，那么把脏标志位转移到页描述符，然后在交换映射中把交换槽位的使用计数加 1，最后在页表项中保存交换区的索引和偏移。

4）如果是脏页，那么调用函数 pageout，把页回写到存储设备，函数 pageout 调用交换地址空间的 writepage 方法 swap_writepage，把页写到交换区。

5）调用函数 __remove_mapping，把匿名页从交换缓存中删除。

6）把页添加到释放链表 free_pages 中。

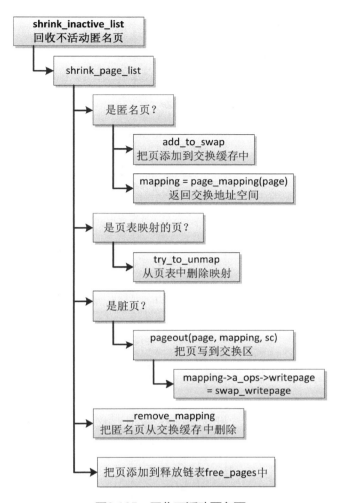

图3.125　回收不活动匿名页

函数 add_to_swap 的执行流程如下。

1）调用函数 get_swap_page，从优先级最高的交换区分配一个槽位。

2）如果是透明巨型页，拆分成普通页。

3）调用函数 add_to_swap_cache，把页添加到交换缓存中，给页描述符设置标志位 PG_swapcache，表示页在交换缓存中，页描述符的成员 private 存储交换项。

（4）换入匿名页。

匿名页被换出到交换区以后，访问页时，生成页错误异常。如图 3.126 所示，函数 handle_pte_fault 发现"页表项不是空表项，但是页不在内存中"，知道页已经被换出到交换区，调用函数 do_swap_page 以把页从交换区读到内存中。函数 do_swap_page 的执行流程如下。

1）调用函数 pte_to_swp_entry，把页表项转换成交换项，交换项包含了交换区的索引和偏移。

2）调用函数 lookup_swap_cache，在交换缓存中根据交换区的偏移查找页。

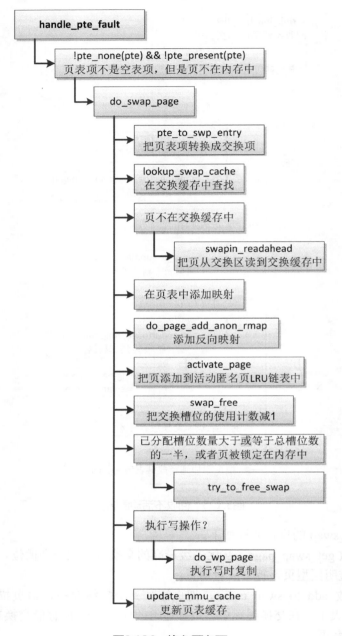

图3.126　换入匿名页

3）如果页不在交换缓存中，那么调用函数 swapin_readahead，把页从交换区读到交换缓存。

4）在页表中添加映射。

5）调用函数 do_page_add_anon_rmap，添加反向映射。

6）调用函数 activate_page，把页添加到活动匿名页 LRU 链表中。

7）调用函数 swap_free，在交换映射中把交换槽位的使用计数减 1。

8）如果已分配槽位数量大于或等于总槽位数的一半，或者页被锁定在内存中，那么调用函数 try_to_free_swap，尝试释放交换槽位：如果交换槽位的使用计数是 0，那么把页从交换缓存中删除，并且释放交换槽位。

9）如果执行写操作，那么调用函数 do_wp_page 以执行写时复制。

10）调用函数 update_mmu_cache，更新页表缓存。

3.16.7 回收 slab 缓存

使用 slab 缓存的内核模块可以注册收缩器，页回收算法遍历收缩器链表，调用每个收缩器来收缩 slab 缓存，释放对象。

1. 编程接口

使用 slab 缓存的内核模块可以使用函数 register_shrinker 注册收缩器：

```
int register_shrinker(struct shrinker *shrinker);
```

使用函数 unregister_shrinker 注销收缩器：

```
void unregister_shrinker(struct shrinker *shrinker);
```

2. 数据结构

收缩器的数据结构如下：

include/linux/shrinker.h
```
struct shrinker {
    unsigned long (*count_objects)(struct shrinker *,
                        struct shrink_control *sc);
    unsigned long (*scan_objects)(struct shrinker *,
                        struct shrink_control *sc);

    int seeks;
    long batch;
    unsigned long flags;

    /* 这些成员是内部使用的 */
    struct list_head list;
    atomic_long_t *nr_deferred;
};
```

（1）方法 count_objects：返回可释放对象的数量。

（2）方法 scan_objects：释放对象，返回释放的对象数量。如果返回 SHRINK_STOP，表示停止扫描。

（3）成员 seeks：控制扫描的对象数量的因子，扫描的对象数量和这个因子成反比，即因子越大，扫描的对象越少。如果使用者不知道合适的数值，可以设置为宏 DEFAULT_SEEKS，值为 2。

（4）成员 batch：批量释放的数量，如果为 0，使用默认值 128。

（5）成员 flags：标志位，目前定义了两个标志位，SHRINKER_NUMA_AWARE 表示感知 NUMA 内存节点，SHRINKER_MEMCG_AWARE 表示感知内存控制组。

（6）成员 list：内部使用的成员，用来把收缩器添加到收缩器链表中。

（7）成员 nr_deferred：内部使用的成员，记录每个内存节点延迟到下一次扫描的对象数量。

方法 scan_objects 的第二个参数 sc 用来传递控制信息，结构体 shrink_control 如下：

```
include/linux/shrinker.h
struct shrink_control {
    gfp_t gfp_mask;
    unsigned long nr_to_scan;
    int nid;
    struct mem_cgroup *memcg;
};
```

（1）成员 gfp_mask：分配掩码。

（2）成员 nr_to_scan：应该扫描的对象数量。

（3）成员 nid：对于感知 NUMA 内存节点的收缩器，需要知道当前正在回收的内存节点的编号。

（4）成员 memcg：对于感知内存控制组的收缩器，需要知道正在回收的内存控制组。

3．技术原理

函数 shrink_slab 负责回收 slab 缓存，有 5 个参数。

（1）gfp_t gfp_mask：分配掩码。

（2）int nid：内存节点编号。

（3）struct mem_cgroup *memcg：内存控制组。

（4）unsigned long nr_scanned：在 LRU 链表中扫描过的页数。

（5）unsigned long nr_eligible：LRU 链表中符合扫描条件的总页数。

函数 shrink_slab 遍历收缩器链表 shrinker_list，针对每个收缩器，把主要工作委托给函数 do_shrink_slab。函数 do_shrink_slab 的代码如下：

```
mm/vmscan.c
1    static unsigned long do_shrink_slab(struct shrink_control *shrinkctl,
2                    struct shrinker *shrinker,
3                    unsigned long nr_scanned,
4                    unsigned long nr_eligible)
5    {
6    unsigned long freed = 0;
7    unsigned long long delta;
8    long total_scan;
9    long freeable;
10   long nr;
11   long new_nr;
12   int nid = shrinkctl->nid;
13   long batch_size = shrinker->batch ? shrinker->batch
14                       : SHRINK_BATCH;
15   long scanned = 0, next_deferred;
16
17   freeable = shrinker->count_objects(shrinker, shrinkctl);
18   if (freeable == 0)
19       return 0;
20
21   nr = atomic_long_xchg(&shrinker->nr_deferred[nid], 0);
22
23   total_scan = nr;
```

```
24    delta = (4 * nr_scanned) / shrinker->seeks;
25    delta *= freeable;
26    do_div(delta, nr_eligible + 1);
27    total_scan += delta;
28    if (total_scan < 0) {
29        …
30        total_scan = freeable;
31        next_deferred = nr;
32    } else
33        next_deferred = total_scan;
34
35    if (delta < freeable / 4)
36        total_scan = min(total_scan, freeable / 2);
37
38    if (total_scan > freeable * 2)
39        total_scan = freeable * 2;
40
41    …
42    while (total_scan >= batch_size ||
43            total_scan >= freeable) {
44        unsigned long ret;
45        unsigned long nr_to_scan = min(batch_size, total_scan);
46
47        shrinkctl->nr_to_scan = nr_to_scan;
48        ret = shrinker->scan_objects(shrinker, shrinkctl);
49        if (ret == SHRINK_STOP)
50            break;
51        freed += ret;
52
53        …
54        total_scan -= nr_to_scan;
55        scanned += nr_to_scan;
56
57        cond_resched();
58    }
59
60    if (next_deferred >= scanned)
61        next_deferred -= scanned;
62    else
63        next_deferred = 0;
64    if (next_deferred > 0)
65        new_nr = atomic_long_add_return(next_deferred,
66                            &shrinker->nr_deferred[nid]);
67    else
68        new_nr = atomic_long_read(&shrinker->nr_deferred[nid]);
69
70    …
71    return freed;
72  }
```

第 17 行代码，调用收缩器的 count_objects 方法，计算可释放对象的数量 freeable。

第 23～27 行代码，计算准备扫描的对象数量。

（1）total_scan = 内存节点上次记录的延迟到下一次扫描的对象数量

（2）delta = freeable * (nr_scanned / (nr_eligible + 1)) * 4 / shrinker->seeks

（3）total_scan = total_scan + delta

其中 nr_scanned 是 LRU 链表中扫描过的页数，nr_eligible 是 LRU 链表中符合扫描条件的总页数。

第 35 行和第 36 行代码，如果 delta 小于（freeable/4），total_scan 取 total_scan 和

（freeable/2）的较小值。

第 38 行和第 39 行代码，如果 total_scan 大于（freeable/2），total_scan 取（freeable/2）。

第 42～58 行代码，如果 total_scan 大于或等于批量值或者大于或等于 freeable，执行循环：

- 第 45 行代码，一次扫描的对象数量是批量值和 total_scan 的较小值。
- 第 48 行代码，调用收缩器的 scan_objects 方法以释放对象，返回释放的对象数量，如果返回 SHRINK_STOP，表示停止扫描。
- 第 54 行代码，用 total_scan 减去本次扫描的对象数量。

第 64～66 行代码，把本次没有用完的扫描计数值添加到 shrinker->nr_deferred [nid] 中。

3.17　内存耗尽杀手

如图 3.127 所示，当内存严重不足的时候，页分配器在多次尝试直接页回收失败以后，就会调用内存耗尽杀手（OOM killer，OOM 是 "Out of Memory" 的缩写），选择进程杀死，释放内存。

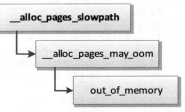

图3.127　调用内存耗尽杀手

3.17.1　使用方法

内存耗尽杀手没有配置宏，可配置的参数如下。

（1）/proc/sys/vm/oom_kill_allocating_task：是否允许杀死正在申请分配内存并触发内存耗尽的进程，避免扫描进程链表选择进程，非零值表示允许，0 表示禁止，默认禁止。

（2）/proc/sys/vm/oom_dump_tasks：是否允许内存耗尽杀手杀死进程的时候打印所有用户进程的内存使用信息，非零值表示允许，0 表示禁止，默认允许。

（3）/proc/sys/vm/panic_on_oom：是否允许在内存耗尽的时候内核恐慌（panic），重启系统。0 表示禁止内核恐慌；1 表示允许内核恐慌，但是如果进程通过内存策略或 cpuset 限制了允许使用的内存节点，这些内存节点耗尽内存，不需要重启系统，可以杀死进程，因为其他内存节点可能有空闲的内存；2 表示强制执行内核恐慌。默认值是 0。如果把参数 panic_on_oom 设置成非零值，优先级比参数 oom_kill_allocating_task 高。

内存耗尽杀手计算进程的坏蛋分数（badness score），选择坏蛋分数最高的进程，坏蛋分数的范围是 0～1000，0 表示不杀死，1000 表示总是杀死。管理员可以通过文件 "/proc/\<pid>/oom_score_adj" 为指定进程设置分数调整值，取值范围是 -1000～1000，值越大导致坏蛋分数越高，分数调整值 -1000 将会导致坏蛋分数是 0，表示禁止杀死本进程。

可以通过文件 "/proc/\<pid>/oom_score" 查看指定进程的坏蛋分数。

3.17.2　技术原理

内存耗尽杀手分为全局的内存耗尽杀手和内存控制组的内存耗尽杀手。内存控制组的内存耗尽杀手是指内存控制组的内存使用量超过硬限制的时候，从内存控制组选择进程杀死，3.18.2 节将介绍内存控制组的内存耗尽杀手。全局的内存耗尽杀手是指内存严重不足的时候，从整个系统选择进程杀死。本节只介绍全局的内存耗尽杀手。

内存耗尽杀手的核心函数是 out_of_memory，执行流程如图 3.128 所示。

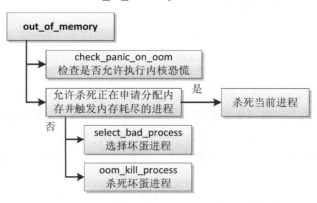

图3.128　函数out_of_memory的执行流程

（1）调用函数 check_panic_on_oom，检查是否允许执行内核恐慌，如果允许，那么重启系统。

（2）如果允许杀死正在申请分配内存并触发内存耗尽的进程，那么杀死当前进程。

（3）调用函数 select_bad_process，选择坏蛋进程。

（4）调用函数 oom_kill_process，杀死坏蛋进程。

函数 select_bad_process 负责选择坏蛋进程，遍历进程链表，调用函数 oom_evaluate_task 计算进程的坏蛋分数，选择坏蛋分数最高的进程。

函数 oom_badness 负责计算进程的坏蛋分数，坏蛋分数的范围是 0～1000，0 表示不杀死，1000 表示总是杀死，其代码如下：

mm/oom_kill.c
```
1   unsigned long oom_badness(struct task_struct *p, struct mem_cgroup *memcg,
2           const nodemask_t *nodemask, unsigned long totalpages)
3   {
4   long points;
5   long adj;
6
7   if (oom_unkillable_task(p, memcg, nodemask))
8           return 0;
9
10  p = find_lock_task_mm(p);
11  if (!p)
12          return 0;
13
14  adj = (long)p->signal->oom_score_adj;
15  if (adj == OOM_SCORE_ADJ_MIN ||
16              test_bit(MMF_OOM_SKIP, &p->mm->flags) ||
17              in_vfork(p)) {
18          task_unlock(p);
19          return 0;
20  }
21
```

```
22   points = get_mm_rss(p->mm) + get_mm_counter(p->mm, MM_SWAPENTS) +
23       atomic_long_read(&p->mm->nr_ptes) + mm_nr_pmds(p->mm);
24   task_unlock(p);
25
26   if (has_capability_noaudit(p, CAP_SYS_ADMIN))
27       points -= (points * 3) / 100;
28
29   adj *= totalpages / 1000;
30   points += adj;
31
32   return points > 0 ? points : 1;
33   }
```

第 7 行代码，如果是不可杀死的进程，比如 1 号进程和内核线程，那么坏蛋分数是 0。

第 15～20 行代码，如果进程的分数调整值是最小值−1000，或者进程被标记为不可杀，或者进程处在执行 vfork 的过程中，那么坏蛋分数是 0。

第 22 行和第 23 行代码，坏蛋分数等于（常驻内存集合的大小 + 换出的页数 + 直接页表的数量 + 页中间目录的数量）。

第 29 行代码，坏蛋分数的调整值等于（（物理内存的总页数 + 交换区的总页数）* 进程的分数调整值 / 1000）。

第 30 行代码，将坏蛋分数加上调整值。

第 32 行代码，返回坏蛋分数，如果坏蛋分数小于或等于 0，那么把坏蛋分数设置为 1。

函数 oom_kill_process 负责杀死坏蛋进程，执行流程如下。

（1）如果被选中的进程有子进程，那么从所有子进程中选择坏蛋分数最高的子进程代替父进程牺牲，试图使丢失的工作数量最小化。

假设有一个服务器进程，每当一个客户端连接进来，创建一个子进程负责和特定的客户端通信。如果杀死服务器进程，将会导致客户端无法连接进来；如果杀死一个子进程，只影响一个客户端，影响面小。

（2）向被选中的进程发送杀死信号 SIGKILL。

3.18 内存资源控制器

控制组（cgroup）的内存资源控制器用来控制一组进程的内存使用量，启用内存资源控制器的控制组简称内存控制组（memcg）。控制组把各种资源控制器称为子系统，内存资源控制器也称为内存子系统。

3.18.1 使用方法

编译内核时需要开启以下配置宏。
（1）控制组的配置宏 CONFIG_CGROUPS。
（2）内存资源控制器的配置宏 CONFIG_MEMCG。

可选的配置宏如下。
（1）内存资源控制器交换扩展（也称为交换控制器）的配置宏 CONFIG_MEMCG_

SWAP，控制进程使用的交换区的大小，依赖配置宏 CONFIG_MEMCG 和页交换的配置宏 CONFIG_SWAP。

（2）配置宏 CONFIG_MEMCG_SWAP_ENABLED 控制是否默认开启交换控制器，默认开启，依赖配置宏 CONFIG_MEMCG_SWAP。

可以在引导内核时通过内核参数"swapaccount="指定是否开启交换控制器，参数值为 1 表示开启，参数值为 0 表示关闭。

控制组已经从版本 1（cgroup v1）演进到版本 2（cgroup v2），主要的改进如下。

（1）版本 1 可以创建多个层级树，版本 2 只有一个统一的层级树。

（2）在版本 2 中，进程只能加入作为叶子节点的控制组（即没有子控制组），根控制组是个例外（进程默认属于根控制组）。

控制组版本 1 可以创建多个控制组层级树，但是每种资源控制器只能关联一个控制组层级树，内存资源控制器只能关联一个控制组层级树。

控制组版本 1 和版本 2 的内存资源控制器是互斥的：如果使用了控制组版本 1 的内存资源控制器，就不能使用控制组版本 2 的内存资源控制器；同样，如果使用了控制组版本 2 的内存资源控制器，就不能使用控制组版本 1 的内存资源控制器。

1．控制组版本 1 的内存资源控制器

控制组版本 1 的内存资源控制器提供的主要接口文件如下。

（1）memory.use_hierarchy：启用分层记账，默认禁止。内存控制组启用分层记账以后，子树中的所有内存控制组的内存使用都会被记账到这个内存控制组。

（2）memory.limit_in_bytes：设置或查看内存使用的限制（硬限制），默认值是"max"。

（3）memory.soft_limit_in_bytes：设置或查看内存使用的软限制，默认值是"max"。软限制和硬限制的区别是：内存使用量可以超过软限制，但是不能超过硬限制，页回收算法会优先从内存使用量超过软限制的内存控制组回收内存。

（4）memory.memsw.limit_in_bytes：设置或查看内存+交换区的使用限制，默认值是"max"。

（5）memory.swappiness：设置或查看交换积极程度。

（6）memory.oom_control：控制是否禁止内存耗尽杀手，1 表示禁止，0 表示启用，默认启用内存耗尽杀手。

（7）memory.stat：查看内存使用的各种统计值。

（8）memory.usage_in_bytes：查看当前内存使用量。

（9）memory.memsw.usage_in_bytes：查看当前内存+交换区的使用量。

（10）memory.max_usage_in_bytes：查看记录的最大内存使用量。

（11）memory.memsw.max_usage_in_bytes：查看记录的最大内存+交换区使用量。

（12）memory.failcnt：查看内存使用量命中限制的次数。

（13）memory.memsw.failcnt：查看内存+交换区的使用量命中限制的次数。

（14）memory.kmem.limit_in_bytes：设置或查看内核内存的使用限制。

（15）memory.kmem.usage_in_bytes：查看当前内核内存使用量。

（16）memory.kmem.failcnt：查看内核内存使用量命中限制的次数。

（17）memory.kmem.max_usage_in_bytes：查看记录的最大内核内存使用量。

（18）memory.kmem.tcp.limit_in_bytes：设置或查看 TCP 缓冲区的内存使用限制。

（19）memory.kmem.tcp.usage_in_bytes：查看当前 TCP 缓冲区的内存使用量。

（20）memory.kmem.tcp.failcnt：查看 TCP 缓冲区内存使用量命中限制的次数。

（21）memory.kmem.tcp.max_usage_in_bytes：查看记录的最大 TCP 缓冲区内存使用量。

根控制组对资源使用量没有限制，并且不允许在根控制组配置资源使用限制，进程默认属于根控制组。创建子进程的时候，子进程继承父进程加入的控制组。

控制组版本 1 的内存资源控制器的配置方法如下。

（1）在目录"/sys/fs/cgroup"下挂载 tmpfs 文件系统。
`mount -t tmpfs none /sys/fs/cgroup`
（2）在目录"/sys/fs/cgroup"下创建目录"memory"。
`mkdir /sys/fs/cgroup/memory`
（3）在目录"/sys/fs/cgroup/memory"下挂载 cgroup 文件系统，把内存资源控制器关联到控制组层级树。
`mount -t cgroup -o memory none /sys/fs/cgroup/memory`
（4）创建新的控制组。
`mkdir /sys/fs/cgroup/memory/memcg0`
（5）设置内存使用的限制。例如把控制组的内存使用限制设置为 4MB：
`echo 4M > /sys/fs/cgroup/memory/memcg0/memory.limit_in_bytes`
（6）把线程加入控制组。
`echo <pid> > /sys/fs/cgroup/memory/memcg0/tasks`
（7）也可以把线程组加入控制组，指定线程组中任意一个线程的标识符，就会把线程组的所有线程加入任务组。
`echo <pid> > /sys/fs/cgroup/memory/memcg0/cgroup.procs`

2．控制组版本 2 的内存资源控制器

控制组版本 2 的内存资源控制器提供的主要接口文件如下。

（1）memory.low：内存使用低界限，默认值是 0。用来保护一个控制组可以分配到指定数量的内存，这种保护只能尽力而为，没有绝对的保证。如果一个控制组和所有祖先的内存使用量在低界限以下，并且可以从其他不受保护的控制组回收内存，那么这个控制组的内存不会被回收。

（2）memory.high：内存使用高界限，内存使用节流（throttle）限制，默认值是"max"。这是控制内存使用的主要机制。如果一个控制组的内存使用量超过高界限，那么这个控制

组里面的所有进程将会被节流，从这个控制组回收内存。

（3）memory.max：内存使用硬限制，默认值是"max"。如果一个控制组的内存使用量达到硬限制，将会在这个控制组中调用内存耗尽杀手选择进程杀死。

（4）memory.current：查看控制组和所有子孙的当前内存使用量。

（5）memory.stat：查看内存使用的各种统计值。

（6）memory.swap.max：交换区使用硬限制，默认值是"max"。如果一个控制组的交换区使用量达到硬限制，那么不会换出这个控制组的匿名页。

（7）memory.swap.current：查看控制组和所有子孙的当前交换区使用量。

根控制组对资源使用量没有限制，并且不允许在根控制组配置资源使用限制，进程默认属于根控制组。创建子进程的时候，子进程继承父进程加入的控制组。

控制组版本 1 和版本 2 的内存资源控制器的区别如下。

（1）控制组版本 1 的内存资源控制器默认禁止分层记账方式，可以配置；控制组版本 2 的内存资源控制器总是使用分层记账方式，不可配置。

（2）对交换区的记账方式不同：控制组版本 1 使用内存+交换区记账方式，即记录内存使用量和交换区使用量的总和；控制组版本 2 对交换区单独记账。

（3）控制组版本 1 的内存资源控制器默认启用内存耗尽杀手，可以配置；控制组版本 2 的内存资源控制器总是启用内存耗尽杀手，不可配置。

控制组版本 2 的内存资源控制器的配置方法如下。

（1）在目录"/sys/fs/cgroup"下挂载 tmpfs 文件系统。

```
mount -t tmpfs cgroup_root /sys/fs/cgroup
```

（2）在目录"/sys/fs/cgroup"下挂载 cgroup2 文件系统。

```
mount -t cgroup2  none /sys/fs/cgroup
```

（3）在根控制组开启内存资源控制器。

```
cd /sys/fs/cgroup
echo "+memory" > cgroup.subtree_control
```

（4）创建新的控制组。

```
mkdir cgroup0
```

（5）设置控制组的内存使用高界限。

```
echo 4M > cgroup0/memory.high
```

（6）把线程组加入控制组。

```
echo <pid> > cgroup0/cgroup.procs
```

3.18.2　技术原理

1．数据结构

（1）内存控制组。

内存资源控制器的数据结构是结构体 mem_cgroup，如图 3.129 所示，主要成员如下。

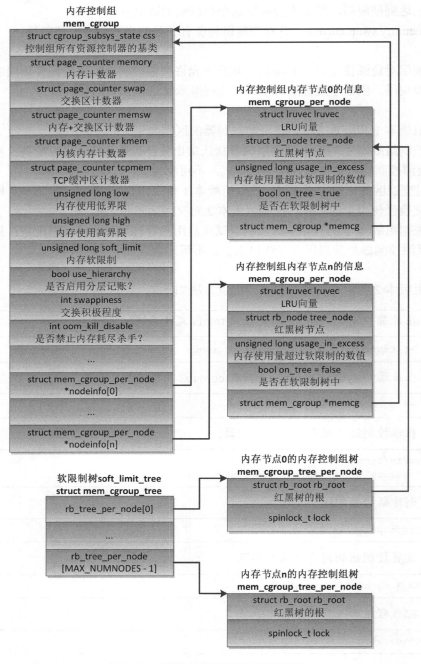

图3.129　内存资源控制器的数据结构

❑ 成员 css：结构体 cgroup_subsys_state 是所有资源控制器的基类，结构体 mem_cgroup 是它的一个派生类。

❑ 成员 memory：内存计数器，记录内存的限制和当前使用量。

❑ 成员 swap：（控制组版本 2 的）交换区计数器，记录交换区的限制和当前使用量。

❑ 成员 memsw：（控制组版本 1 的）内存+交换区计数器，记录内存+交换区的限制和当前使用量。

❑ 成员 kmem：（控制组版本 1 的）内核内存计数器，记录内核内存的限制和当前使用量。

❑ 成员 tcpmem：（控制组版本 1 的）TCP 套接字缓冲区计数器，记录 TCP 套接字缓冲区的限制和当前使用量。

❑ 成员 low：（控制组版本 2 的）内存使用低界限。

❑ 成员 high：（控制组版本 2 的）内存使用高界限。

❑ 成员 soft_limit：（控制组版本 1 的）内存使用的软限制。

❑ 成员 use_hierarchy：控制是否启用分层记账。

❑ 成员 swappiness：控制交换的积极程度。

❑ 成员 oom_kill_disable：控制是否禁止内存耗尽杀手。

❑ 成员 nodeinfo：每个内存节点对应一个 mem_cgroup_per_node 实例，存放内存控制组在每个内存节点上的信息。

结构体 page_counter 是页计数器，计数的单位是页，其代码如下：

```
include/linux/page_counter.h
struct page_counter {
    atomic_long_t count;
    unsigned long limit;
    struct page_counter *parent;

    /* 历史遗留成员 */
    unsigned long watermark;
    unsigned long failcnt;
}
```

1）成员 count 是计数值。

2）成员 limit 是硬限制。

3）成员 parent：如果父内存控制组启用分层记账，那么成员 parent 指向父内存控制组的页计数器；如果父内存控制组禁止分层记账，那么成员 parent 是空指针。

4）成员 watermark 记录计数值的历史最大值。

5）成员 failcnt 是命中限制的次数。

结构体 mem_cgroup_per_node 存放内存控制组在每个内存节点上的信息，如图 3.129 所示，主要成员如下。

1）成员 lruvec 是 LRU 向量，其中的 LRU 链表是内存控制组的私有 LRU 链表。当进程加入内存控制组以后，给进程分配的页不再加入内存节点的 LRU 链表，而是加入内存控制组的私有 LRU 链表。

2）成员 usage_in_excess 是内存使用量超过软限制的数值。如果内存使用量超过软限制，成员 usage_in_excess 等于（mem_cgroup.memory.count – mem_cgroup.soft_limit），否则成员 usage_in_excess 等于 0。

3）成员 on_tree 指示内存控制组是否在软限制树中。当内存使用量超过软限制的时候，借助成员 tree_node 把 mem_cgroup_per_node 实例加入内存节点的软限制树，软限制树是红黑树，根据内存使用量超过软限制的数值从小到大排序，树的根是 soft_limit_tree.rb_tree_per_node[n]->rb_root，其中 n 是内存节点编号。

4）成员 memcg 指向 mem_cgroup_per_node 实例所属的内存控制组。

进程怎么知道它属于哪个内存控制组？如图 3.130 所示，给定一个进程，得到进程所属的内存控制组的方法如下。

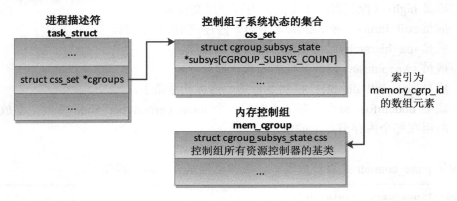

图3.130　进程和内存控制组的关系

1）根据进程描述符的成员 cgroups 得到结构体 css_set，结构体 css_set 是控制组子系统状态的集合。

2）根据 css_set.subsys[memory_cgrp_id]得到内存控制组的第一个成员 css 的地址。结构体 css_set 的成员 subsys 指向每种资源控制器的结构体 cgroup_subsys_state，其中索引为 memory_cgrp_id（枚举常量）的数组元素指向内存控制组的第一个成员 css。

3）如果 css_set.subsys[memory_cgrp_id]是空指针，说明进程没有加入内存控制组，默认属于根内存控制组，全局变量 root_mem_cgroup 指向根内存控制组。

4）如果 css_set.subsys[memory_cgrp_id]不是空指针，把地址减去结构体 mem_cgroup 中成员 css 的偏移，就是内存控制组的地址。

内存描述符怎么知道它属于哪个内存控制组？内存描述符的成员 owner 指向进程描述符。如果进程属于线程组，那么成员 owner 指向线程组组长的进程描述符。

```
include/linux/mm_types.h
struct mm_struct {
    …
#ifdef CONFIG_MEMCG
    struct task_struct __rcu *owner;
#endif
    …
};
```

首先根据成员 owner 得到进程描述符，然后可以得到进程所属的内存控制组。

怎么知道物理页属于哪个内存控制组？如图 3.131 所示，如果将进程加入内存控制组，给进程分配的物理页的页描述符的成员 mem_cgroup 指向内存控制组。

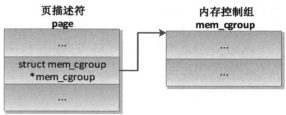

图3.131　页和内存控制组的关系

（2）交换槽位到内存控制组的映射。

把一个页换出到交换区的时候，需要把内存控制组的交换区使用量加 1，把内存使用量减 1，并且保存交换槽位到页所属的内存控制组的映射关系。

访问页的时候，把页从交换区换入交换缓存，需要把内存控制组的内存使用量加 1。释放交换槽位的时候，需要把内存控制组的交换区使用量减 1，必须使用页在换出时所属的内存控制组，不能使用进程所属的内存控制组。

为什么换入页时要使用换出时页所属的内存控制组？

假设进程 1 和进程 2 共享一个交换支持的页，把进程 1 加入内存控制组 cg1，进程 2 属于内存控制组 cg2。假设物理页是由进程 1 申请分配的，所以页属于内存控制组 cg1。

把页换出到交换区的时候，把内存控制组 cg1 的交换区使用量加 1，把内存使用量减 1。

假设在换出页以后进程 2 先访问页，把页从交换区换入。如果使用进程 2 所属的内存控制组，那么页属于内存控制组 cg2，把内存控制组 cg2 的内存使用量加 1。释放交换槽位的时候，把内存控制组 cg2 的交换区使用量减 1，这就出现问题了："换出页时把内存控制组 cg1 的交换区使用量加 1，换入页以后，释放交换槽位的时候，把内存控制组 cg2 的交换区使用量减 1。"

所以在换入页时要使用换出时页所属的内存控制组，换出时需要保存交换槽位到页所属的内存控制组的映射关系。

如图 3.132 所示，内核定义了数组 swap_cgroup_ctrl，每个数组项指向一个交换区的 swap_cgroup_ctrl 实例，交换区的每个槽位对应一个 swap_cgroup 实例。

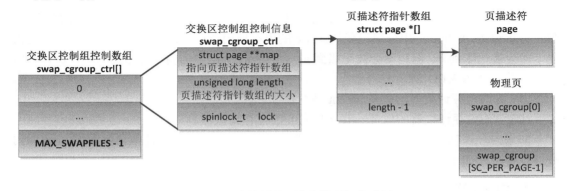

图3.132　交换槽位到内存控制组的映射

swap_cgroup_ctrl 实例的主要成员如下。

1）成员 map 指向页描述符指针数组，每个数组项指向交换槽位的 swap_cgroup 实例所在的物理页的页描述符。

2）成员 length 是页描述符指针数组的大小，也就是一个交换区需要多少个物理页来存放所有槽位的 swap_cgroup 实例，等于（交换区的总页数 / SC_PER_PAGE），宏 SC_PER_PAGE 是一个物理页可以容纳的 swap_cgroup 实例数量。

swap_cgroup 实例的成员 id 是换出页所属的内存控制组的标识符，其代码如下：

```
mm/swap_cgroup.c
struct swap_cgroup {
    unsigned short      id;
};
```

获取交换槽位对应的内存控制组的方法如下。

1）根据交换区索引得到 swap_cgroup_ctrl 实例。

2）mappage = ctrl->map[offset / SC_PER_PAGE]，得到交换槽位的 swap_cgroup 实例所在的物理页的页描述符，其中 offset 是交换区的偏移。

3）sc = page_address(mappage)，得到交换槽位的 swap_cgroup 实例所在的物理页的内核虚拟地址。

4）交换槽位的 swap_cgroup 实例的地址等于（sc + offset % SC_PER_PAGE）。

5）从交换槽位的 swap_cgroup 实例的成员 id 得到内存控制组的标识符。

6）在全局的标识符到内存控制组的映射 mem_cgroup_idr 中根据标识符得到 mem_cgroup 实例。

2. 分层记账

在一个内存控制组启用分层记账以后，子树中的所有内存控制组的内存使用都会被记账到这个内存控制组。

在一个内存控制组启用或禁止分层记账的时候，要求它没有子树。如果一个内存控制组启用了分层记账，创建子内存控制组的时候，子内存控制组自动启用分层记账，并且不允许管理员禁止分层记账。

版本 1 的内存控制组默认禁止分层记账，可以配置；版本 2 的内存控制组总是启用分层记账，不可配置。

如图 3.133 所示，假设有 3 个内存控制组：a、b 和 c。b 是 a 的孩子，c 是 b 的孩子，a 禁止分层记账，b 和 c 启用分层记账，那么 c 的内存使用会被记账到所有启用分层记账的祖先，即会被记账到 b，但是不会被记账到 a。以内存控制组中的内存计数器为例，页计数器之间的关系如图 3.133 所示。

（1）b 的内存计数器的成员 parent 是空指针。

（2）c 的内存计数器的成员 parent 指向 b 的内存计数器。

如果内存控制组 c 申请分配了一个物理页，那么 c 和 b 的内存计数器都会加 1，a 的内存计数器不会加 1。

3. 内存记账

内存记账（charge）是指分配物理页的时候记录内存控制组的内存使用量，主要在以下 4 种情况下执行。

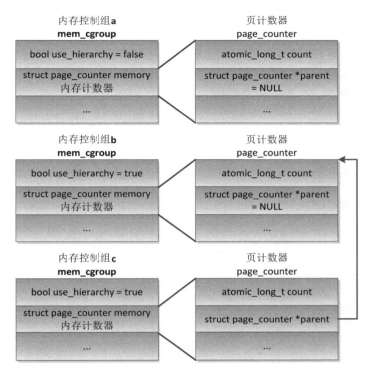

图3.133　启用分层记账以后页计数器的关系

（1）第一次访问匿名页时分配物理页。

（2）访问文件时分配物理页。

（3）执行写时复制，分配物理页。

（4）从交换区换入页。

如图 3.134 所示，第一次访问匿名页时生成页错误异常，函数 do_anonymous_page 负责处理匿名页的页错误异常，主要步骤如下。

（1）分配物理页。

（2）调用函数 mem_cgroup_try_charge 以记账。

（3）锁住页表。

（4）如果直接页表项是空表项，那么调用函数 mem_cgroup_commit_charge 以提交记账，然后设置页表项。

（5）如果直接页表项不是空表项，说明其他处理器已经分配并映射到物理页，那么当前处理器放弃处理，调用函数 mem_cgroup_cancel_charge 以放弃记账。

（6）释放页表锁。

如图 3.135 所示，访问文件的某一页时，如果文件页不在内存中，那么把文件页读到内存中。函数 add_to_page_cache_lru 负责把文件页添加到文件的页缓存中，主要步骤如下。

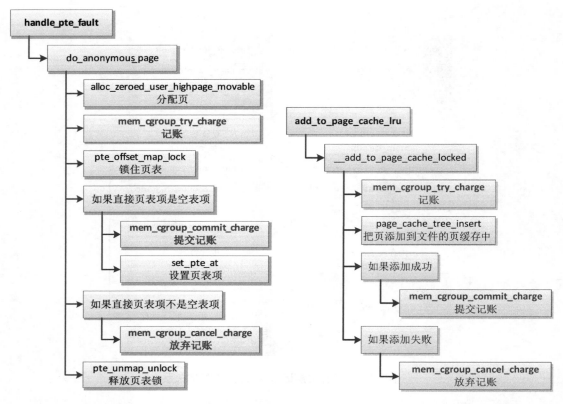

图3.134　第一次访问匿名页时执行内存记账　　图3.135　访问文件时执行内存记账

（1）调用函数 mem_cgroup_try_charge 以记账。

（2）把页添加到文件的页缓存中。

（3）如果添加成功，调用函数 mem_cgroup_commit_charge 以提交记账。

（4）如果添加失败，调用函数 mem_cgroup_cancel_charge 以放弃记账。

如图 3.136 所示，写只读页时生成页错误异常。函数 do_wp_page 负责执行写时复制，主要步骤如下。

（1）分配物理页。

（2）调用函数 mem_cgroup_try_charge 以记账。

（3）锁住页表。

（4）如果直接页表项和锁住页表之前相同，那么调用函数 mem_cgroup_commit_charge 以提交记账，然后设置页表项。

（5）如果直接页表项和锁住页表之前不同，说明其他处理器已经执行写时复制，那么当前处理器放弃处理，调用函数 mem_cgroup_cancel_charge 以放弃记账。

（6）释放页表锁。

如图 3.137 所示，访问已换出到交换区的页时生成页错误异常，函数 do_swap_page 负责从交换区换入页，主要步骤如下。

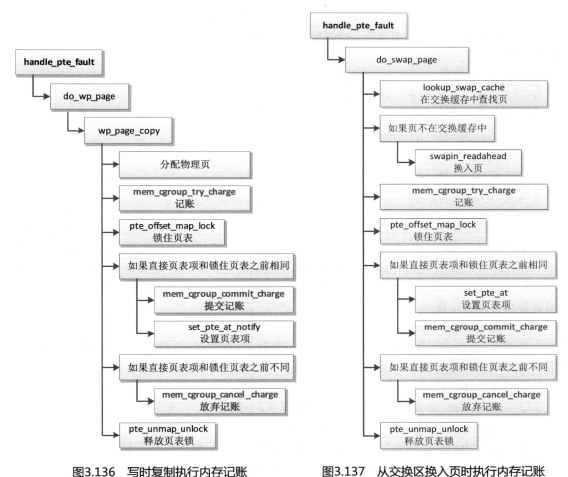

图3.136 写时复制执行内存记账　　图3.137 从交换区换入页时执行内存记账

（1）在交换缓存中查找页。

（2）如果页不在交换缓存中，那么从交换区换入页。

（3）调用函数 mem_cgroup_try_charge 以记账。

（4）锁住页表。

（5）如果直接页表项和锁住页表之前相同，那么设置页表项，然后调用函数 mem_cgroup_commit_charge 以提交记账。

（6）如果直接页表项和锁住页表之前不同，说明其他处理器已经换入页，那么当前处理器放弃处理，调用函数 mem_cgroup_cancel_charge 以放弃记账。

（7）释放页表锁。

可以看出，内存记账分为两步。

（1）调用函数 mem_cgroup_try_charge 以记账，把内存控制组的内存计数加上准备记账的页数。

（2）如果成功，调用函数 mem_cgroup_commit_charge 以提交记账；如果失败，调用函数 mem_cgroup_cancel_charge 以放弃记账。

为了减少处理器之间的竞争，提高内存记账的速度，为每个处理器定义一个记账缓存，其代码如下：

```
mm/memcontrol.c
#define CHARGE_BATCH    32U
struct memcg_stock_pcp {
    struct mem_cgroup *cached;
    unsigned int nr_pages;
    struct work_struct work;
    unsigned long flags;
#define FLUSHING_CACHED_CHARGE    0
};
static DEFINE_PER_CPU(struct memcg_stock_pcp, memcg_stock);
```

每处理器记账缓存一次从内存控制组批量申请 32 页，把内存控制组的内存使用量加上 32 页。结构体 memcg_stock_pcp 的成员 cached 记录内存控制组，成员 nr_pages 是预留页数。

在内存控制组记账的时候，先查看当前处理器的记账缓存。如果记账缓存保存的内存控制组正是准备记账的内存控制组，并且预留页数大于或等于准备记账的页数，那么把预留页数减去准备记账的页数。

（1）函数 mem_cgroup_try_charge。

函数 mem_cgroup_try_charge 尝试记账一个页，检查内存控制组的内存使用量是否超过限制。如果没有超过限制，就把页记账到内存控制组。该函数有 5 个参数。

❑ struct page *page：准备记账的页。

❑ struct mm_struct *mm：指向申请物理页的进程的内存描述符。

❑ gfp_t gfp_mask：申请分配物理页的掩码。

❑ struct mem_cgroup **memcgp：输出参数，返回记账的内存控制组。

❑ bool compound：指示复合页按一页记账还是按单页数量记账。

返回值：如果内存控制组的内存使用量没有超过限制，那么该函数返回 0，参数 memcgp 返回记账的内存控制组，否则返回错误码。

函数 mem_cgroup_try_charge 的代码如下：

```
mm/memcontrol.c
1    int mem_cgroup_try_charge(struct page *page, struct mm_struct *mm,
2              gfp_t gfp_mask, struct mem_cgroup **memcgp,
3              bool compound)
4    {
5    struct mem_cgroup *memcg = NULL;
6    unsigned int nr_pages = compound ? hpage_nr_pages(page) : 1;
7    int ret = 0;
8
9    if (mem_cgroup_disabled())
10       goto out;
11
12   if (PageSwapCache(page)) {
13       if (page->mem_cgroup)
14           goto out;
15
16       if (do_swap_account) {
17           swp_entry_t ent = { .val = page_private(page), };
```

```
18              unsigned short id = lookup_swap_cgroup_id(ent);
19
20              rcu_read_lock();
21              memcg = mem_cgroup_from_id(id);
22              if (memcg && !css_tryget_online(&memcg->css))
23                  memcg = NULL;
24              rcu_read_unlock();
25          }
26      }
27
28      if (!memcg)
29          memcg = get_mem_cgroup_from_mm(mm);
30
31      ret = try_charge(memcg, gfp_mask, nr_pages);
32
33      css_put(&memcg->css);
34  out:
35      *memcgp = memcg;
36      return ret;
37  }
```

第 9 行代码，如果禁用内存控制组，那么返回 0。

第 12 行代码，如果页在交换缓存中，处理如下。

1）第 13 行代码，如果页已经关联内存控制组，那么返回 0。

2）第 16 行代码，如果启用交换区记账，处理如下。

❏ 第 17 行代码，从页描述符的成员 private 得到交换项。

❏ 第 18 行代码，在交换槽位到内存控制组的映射中根据交换项得到内存控制组的标识符。

❏ 第 21 行代码，根据标识符查找内存控制组。

❏ 第 22 行代码，如果内存控制组没有被删除，那么把引用计数加 1。

第 28 行和第 29 行代码，如果页不在交换缓存中，或者在第 22 行代码发现内存控制组被删除，那么查询进程所属的内存控制组。

第 31 行代码，把主要工作委托给函数 try_charge。

第 33 行代码，把内存控制组的引用计数减 1。

第 35 行代码，参数 memcgp 返回记账的内存控制组。

函数 try_charge 的主要代码如下：

mm/memcontrol.c
```
1   static int try_charge(struct mem_cgroup *memcg, gfp_t gfp_mask,
2               unsigned int nr_pages)
3   {
4    unsigned int batch = max(CHARGE_BATCH, nr_pages);
5    int nr_retries = MEM_CGROUP_RECLAIM_RETRIES;
6    struct mem_cgroup *mem_over_limit;
7    struct page_counter *counter;
8    unsigned long nr_reclaimed;
9    bool may_swap = true;
10   bool drained = false;
11
12   if (mem_cgroup_is_root(memcg))
13       return 0;
14  retry:
15   if (consume_stock(memcg, nr_pages))
```

```
16        return 0;
17
18    if (!do_memsw_account() ||
19        page_counter_try_charge(&memcg->memsw, batch, &counter)) {
20        if (page_counter_try_charge(&memcg->memory, batch, &counter))
21            goto done_restock;
22        if (do_memsw_account())
23            page_counter_uncharge(&memcg->memsw, batch);
24        mem_over_limit = mem_cgroup_from_counter(counter, memory);
25    } else {
26        mem_over_limit = mem_cgroup_from_counter(counter, memsw);
27        may_swap = false;
28    }
29
30    if (batch > nr_pages) {
31        batch = nr_pages;
32        goto retry;
33    }
34
35    …
36    nr_reclaimed = try_to_free_mem_cgroup_pages(mem_over_limit, nr_pages,
37                            gfp_mask, may_swap);
38
39    if (mem_cgroup_margin(mem_over_limit) >= nr_pages)
40        goto retry;
41
42    if (!drained) {
43        drain_all_stock(mem_over_limit);
44        drained = true;
45        goto retry;
46    }
47
48    if (gfp_mask & __GFP_NORETRY)
49        goto nomem;
50
51    if (nr_reclaimed && nr_pages <= (1 << PAGE_ALLOC_COSTLY_ORDER))
52        goto retry;
53
54    …
55    if (nr_retries--)
56        goto retry;
57
58    if (gfp_mask & __GFP_NOFAIL)
59        goto force;
60
61    …
62    mem_cgroup_oom(mem_over_limit, gfp_mask,
63            get_order(nr_pages * PAGE_SIZE));
64 nomem:
65    if (!(gfp_mask & __GFP_NOFAIL))
66        return -ENOMEM;
67 force:
68    page_counter_charge(&memcg->memory, nr_pages);
69    if (do_memsw_account())
70        page_counter_charge(&memcg->memsw, nr_pages);
71    css_get_many(&memcg->css, nr_pages);
72
73    return 0;
74
75 done_restock:
76    css_get_many(&memcg->css, batch);
77    if (batch > nr_pages)
78        refill_stock(memcg, batch - nr_pages);
```

```
79
80   …
81   return 0;
82 }
```

第 12 行代码，如果进程属于根控制组，因为根控制组对内存使用量没有限制，所以不需要记账。

第 15 行代码，如果当前处理器的记账缓存从准备记账的内存控制组预留的页数足够多，那么从记账缓存减去准备记账的页数。

第 18 行和第 19 行代码，第一次尝试记账的页数是批量值和参数 nr_pages 的较大值。如果没有启用内存+交换区记账，或者内存控制组和所有启用分层记账的祖先的内存+交换区使用量没有超过限制，那么处理如下。

1）第 20 行和第 21 行代码，如果内存控制组和所有启用分层记账的祖先的内存使用量没有超过限制，那么把内存控制组的引用计数加上记账的页数，把记账的多余页数保存到当前处理器的记账缓存，然后返回 0。

2）第 22 行和第 23 行代码，如果内存控制组或者一个启用分层记账的祖先的内存使用量超过限制，那么撤销内存+交换区记账。

3）第 24 行代码，记录内存使用量超过限制的内存控制组。

第 25 行和第 26 行代码，如果启用了内存+交换区记账，并且内存控制组或者其中一个启用分层记账的祖先的内存+交换区使用量超过限制，那么记录内存+交换区使用量超过限制的内存控制组。

第 30～33 行代码，如果批量值大于准备记账的实际页数，那么使用实际页数跳转到第 14 行代码，重新尝试记账。

第 36 行代码，调用函数 try_to_free_mem_cgroup_pages，从超过限制的内存控制组回收内存。

第 39 行代码，如果回收内存以后，限制和使用量的差值大于或等于准备记账的页数，那么跳转到第 14 行代码，重新尝试记账。

第 42～46 行代码，把每处理器记账缓存预留的页数归还给内存控制组，跳转到第 14 行代码，重新尝试记账。

第 48 行代码，如果申请页时不允许重试，那么跳转到第 64 行代码。

第 51 行代码，如果从超过限制的内存控制组回收的页数大于 0，并且准备记账的页数没有超过 8，那么跳转到第 14 行代码，重新尝试记账。

第 55 行代码，最多允许重试 5 次。如果重试次数不是 0，那么把重试次数减 1，然后跳转到第 14 行代码，重新尝试记账。

第 58 行代码，如果申请页时不允许失败，那么强制记账，允许内存使用量超过限制。

第 62 行代码，调用函数 mem_cgroup_oom，把进程设置为内存控制组内存耗尽状态。

第 65 行代码，如果申请页时允许失败，那么返回 "-ENOMEM"。

第 68 行代码，如果申请页时不允许失败，那么强制记账，允许内存使用量超过限制。

第 71 行代码，把内存控制组的引用计数加上记账的页数。

（2）函数 mem_cgroup_commit_charge。

函数 mem_cgroup_commit_charge 负责提交记账，有 4 个参数。

❏　struct page *page：需要记账的页。

- ❏ struct mem_cgroup *memcg：记账的内存控制组。
- ❏ bool lrucare：指示需要记账的页是不是可能在 LRU 链表中。
- ❏ bool compound：指示复合页按一页记账还是按单页数量记账。

函数 mem_cgroup_commit_charge 把主要工作委托给函数 commit_charge，函数 commit_charge 的代码如下：

```
mm/memcontrol.c
1    static void commit_charge(struct page *page, struct mem_cgroup *memcg,
2                bool lrucare)
3    {
4     int isolated;
5
6     if (lrucare)
7         lock_page_lru(page, &isolated);
8
9     page->mem_cgroup = memcg;
10
11    if (lrucare)
12        unlock_page_lru(page, isolated);
13   }
```

第 6 行和第 7 行代码，如果页在其他内存控制组的私有 LRU 链表中，那么把页从 LRU 链表中删除。

第 9 行代码，在页描述符中记录记账的内存控制组。

第 11 行和第 12 行代码，如果以前页在 LRU 链表中，那么把页添加到记账的内存控制组的私有 LRU 链表中。

（3）函数 mem_cgroup_cancel_charge。

函数 mem_cgroup_cancel_charge 负责放弃记账，把主要工作委托给函数 cancel_charge。函数 cancel_charge 的代码如下：

```
mm/memcontrol.c
1    static void cancel_charge(struct mem_cgroup *memcg, unsigned int nr_pages)
2    {
3     if (mem_cgroup_is_root(memcg))
4         return;
5
6     page_counter_uncharge(&memcg->memory, nr_pages);
7     if (do_memsw_account())
8         page_counter_uncharge(&memcg->memsw, nr_pages);
9
10    css_put_many(&memcg->css, nr_pages);
11   }
```

第 3 行代码，如果是根控制组，因为根控制组对内存使用量没有限制，不需要记账，所以不需要放弃记账。

第 6 行代码，把内存控制组和所有启用分层记账的祖先的内存使用量减去记账的页数。

第 7 行和第 8 行代码，如果启用了内存+交换区记账，那么把内存控制组和所有启用分层记账的祖先的内存+交换区使用量减去记账的页数。

第 10 行代码，把内存控制组的引用计数减去记账的页数。

4. 撤销内存记账

如图 3.138 所示，调用函数 put_page 释放页的时候，把页的引用计数减 1，只有页的引用计数变成 0，才会真正释放页，调用函数 mem_cgroup_uncharge 以撤销内存记账。

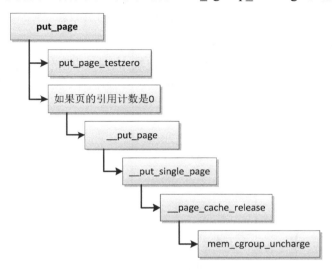

图3.138　释放页时撤销内存记账

函数 mem_cgroup_uncharge 把主要工作委托给函数 uncharge_batch，函数 uncharge_batch 的主要代码如下：

```
mm/memcontrol.c
mem_cgroup_uncharge() -> uncharge_list() -> uncharge_batch()
1    static void uncharge_batch(struct mem_cgroup *memcg, unsigned long pgpgout,
2                  unsigned long nr_anon, unsigned long nr_file,
3                  unsigned long nr_kmem, unsigned long nr_huge,
4                  unsigned long nr_shmem, struct page *dummy_page)
5    {
6    unsigned long nr_pages = nr_anon + nr_file + nr_kmem;
7    unsigned long flags;
8
9    if (!mem_cgroup_is_root(memcg)) {
10       page_counter_uncharge(&memcg->memory, nr_pages);
11       if (do_memsw_account())
12           page_counter_uncharge(&memcg->memsw, nr_pages);
13       if (!cgroup_subsys_on_dfl(memory_cgrp_subsys) && nr_kmem)
14           page_counter_uncharge(&memcg->kmem, nr_kmem);
15       memcg_oom_recover(memcg);
16   }
17
18   …
19   if (!mem_cgroup_is_root(memcg))
20       css_put_many(&memcg->css, nr_pages);
21   }
```

第 10 行代码，把内存控制组和所有启用分层记账的祖先的内存使用量减去释放的页数。

第 11 行和第 12 行代码，如果启用了内存+交换区记账，那么把内存控制组和所有启用分层记账的祖先的内存+交换区使用量减去释放的页数。

第 13 行和第 14 行代码，如果是版本 1 的内存控制组，并且释放了内核内存页，那么把内存控制组和所有启用分层记账的祖先的内核内存使用量减去释放的内核内存页数。

第 15 行代码，调用函数 memcg_oom_recover，唤醒因内存控制组内存耗尽而正在睡眠等待的进程，重新尝试申请分配页。

第 20 行代码，把内存控制组的引用计数减去释放的页数。

5．交换区记账

交换区记账是指把页换出到交换区的时候记录内存控制组的交换区使用量。

如图 3.139 所示，函数 shrink_page_list 把匿名页换出到交换区，主要步骤如下。

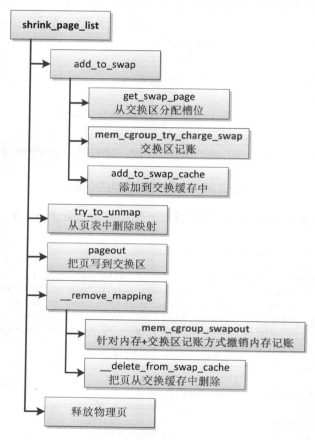

图3.139　换出页时执行交换区记账

（1）调用函数 add_to_swap，把页添加到交换缓存中，处理如下。

❑　从交换区分配槽位。

❑　调用函数 mem_cgroup_try_charge_swap 以执行交换区记账。

❑　把页添加到交换缓存中。

（2）从页表中删除映射。

（3）把页写到交换区。

（4）调用函数 __remove_mapping，处理如下。

❑　调用函数 mem_cgroup_swapout，针对内存+交换区记账方式撤销内存记账。

❑　把页从交换缓存中删除。

（5）释放物理页。

1）函数 mem_cgroup_try_charge_swap。

函数 mem_cgroup_try_charge_swap 负责执行交换区记账，有两个参数。

❑ struct page *page：换出的页。

❑ swp_entry_t entry：交换项，包含交换区的索引和偏移。

返回值：如果内存控制组的交换区使用量没有超过限制，返回 0。

代码如下：

mm/memcontrol.c
```
1   int mem_cgroup_try_charge_swap(struct page *page, swp_entry_t entry)
2   {
3   struct mem_cgroup *memcg;
4   struct page_counter *counter;
5   unsigned short oldid;
6
7   if (!cgroup_subsys_on_dfl(memory_cgrp_subsys) || !do_swap_account)
8       return 0;
9
10  memcg = page->mem_cgroup;
11
12  /* 预读页，不用记账 */
13  if (!memcg)
14      return 0;
15
16  memcg = mem_cgroup_id_get_online(memcg);
17
18  if (!mem_cgroup_is_root(memcg) &&
19      !page_counter_try_charge(&memcg->swap, 1, &counter)) {
20      mem_cgroup_id_put(memcg);
21      return -ENOMEM;
22  }
23
24  oldid = swap_cgroup_record(entry, mem_cgroup_id(memcg));
25  …
26
27  return 0;
28  }
```

第 7 行代码，如果是版本 1 的内存控制组，或者没有启用交换区记账，那么返回 0。

第 13 行代码，如果页没有关联内存控制组，那么返回 0。

第 16 行代码，如果内存控制组被删除，那么选择最亲近的祖先。

第 18 行和第 19 行代码，如果不是根控制组，并且内存控制组和所有启用分层记账的祖先的交换区使用量没有超过限制，那么把内存控制组和所有启用分层记账的祖先的交换区使用量加 1。

第 24 行代码，保存交换槽位到内存控制组的映射。

2）函数 mem_cgroup_swapout。

函数 mem_cgroup_swapout 负责针对内存+交换区记账方式撤销内存记账。如果没有启用内存+交换区记账，只使用内存记账，可以在释放页的时候撤销记账。如果启用了内存+交换区记账，把一页换出到交换区，内存使用量减 1，交换区使用量加 1，内存+交换区的使用量不变；如果等到释放页的时候撤销记账，则会把内存使用量和内存+交换区使用量都减 1，这种做法显然是错误的，所以需要在释放页之前做特殊处理。

函数 mem_cgroup_swapout 的代码如下：

mm/memcontrol.c

```
1    void mem_cgroup_swapout(struct page *page, swp_entry_t entry)
2    {
3        struct mem_cgroup *memcg, *swap_memcg;
4        unsigned short oldid;
5
6        …
7        if (!do_memsw_account())
8            return;
9
10       memcg = page->mem_cgroup;
11
12       /* 预读页，不用记账 */
13       if (!memcg)
14           return;
15
16       swap_memcg = mem_cgroup_id_get_online(memcg);
17       oldid = swap_cgroup_record(entry, mem_cgroup_id(swap_memcg));
18       …
19
20       page->mem_cgroup = NULL;
21
22       if (!mem_cgroup_is_root(memcg))
23           page_counter_uncharge(&memcg->memory, 1);
24
25       if (memcg != swap_memcg) {
26           if (!mem_cgroup_is_root(swap_memcg))
27               page_counter_charge(&swap_memcg->memsw, 1);
28           page_counter_uncharge(&memcg->memsw, 1);
29       }
30
31       …
32       if (!mem_cgroup_is_root(memcg))
33           css_put(&memcg->css);
34   }
```

第 7 行代码，如果没有启用内存+交换区记账，那么直接返回，等到释放页的时候撤销内存记账。

第 13 行代码，如果页没有关联内存控制组，那么返回。

第 16 行代码，如果内存控制组 memcg 被删除，那么选择最亲近的祖先 swap_memcg。

第 17 行代码，保存交换槽位到内存控制组 swap_memcg 的映射。

第 20 行代码，把页和内存控制组解除关系。

第 22 行和第 23 行代码，把内存控制组 memcg 和所有启用分层记账的祖先的内存使用量减 1。

第 25～29 行代码，如果 memcg 和 swap_memcg 不是同一个内存控制组，那么把内存控制组 swap_memcg 的内存+交换区使用量加 1，把内存控制组 memcg 的内存+交换区使用量减 1。

第 32 行和第 33 行代码，把内存控制组 memcg 的引用计数减 1。

6. 撤销交换区记账

如图 3.140 所示，释放交换区槽位的时候撤销交换区记账。函数 mem_cgroup_uncharge_

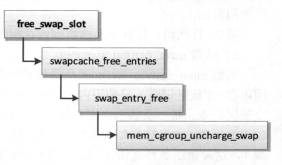

图3.140　释放交换槽位时撤销记账

swap 负责撤销交换区记账，其代码如下。

```
mm/memcontrol.c
1   void mem_cgroup_uncharge_swap(swp_entry_t entry)
2   {
3     struct mem_cgroup *memcg;
4     unsigned short id;
5
6     if (!do_swap_account)
7         return;
8
9     id = swap_cgroup_record(entry, 0);
10    rcu_read_lock();
11    memcg = mem_cgroup_from_id(id);
12    if (memcg) {
13        if (!mem_cgroup_is_root(memcg)) {
14            if (cgroup_subsys_on_dfl(memory_cgrp_subsys))
15                page_counter_uncharge(&memcg->swap, 1);
16            else
17                page_counter_uncharge(&memcg->memsw, 1);
18        }
19        mem_cgroup_swap_statistics(memcg, false);
20        mem_cgroup_id_put(memcg);
21    }
22    rcu_read_unlock();
23  }
```

第 6 行代码，如果没有启用交换区记账，直接返回。

第 9 行代码，在交换槽位到内存控制组的映射中根据交换项查询，返回内存控制组的标识符，并且删除映射。

第 11 行代码，根据内存控制组的标识符查找内存控制组。

第 13 行代码，如果内存控制组存在，并且不是根控制组，处理如下。

（1）第 14 行和第 15 行代码，如果是版本 2 的内存控制组，那么把内存控制组和所有启用分层记账的祖先的交换区使用量减 1。

（2）第 16 行和第 17 行代码，如果是版本 1 的内存控制组，那么把内存控制组和所有启用分层记账的祖先的内存+交换区使用量减 1。

第 20 行代码，释放内存控制组的标识符。

7. 版本 1 的内存使用限制

版本 1 的内存控制组支持两个限制。

（1）软限制（soft limit）：内存使用量可以超过软限制，页回收算法会优先从内存使用量超过软限制的内存控制组回收内存。

（2）硬限制（hard limit）：内存使用量不可以超过硬限制。如果超过硬限制，处理办法是：如果启用内存耗尽杀手，那么使用内存耗尽杀手从内存控制组选择进程杀死；如果禁止内存耗尽杀手，那么进程睡眠，直到内存使用量小于硬限制。

如图 3.141 所示，提交内存记账的时候，检查内存使用量是否超过软限制。为了避免频繁检查，对检查软限制进行限速：每当记账和撤销记账 1024 页时检查一次软限制。函数 mem_cgroup_update_tree 检查内存控制组和所有启用分层记账的祖先，如果内存控制组的内存使用量超过软限制，那么把内存控制组添加到当前记账的物理页所属的内存节点的软限制树，软限制树按内存使用量和软限制的差值从小到大排序。

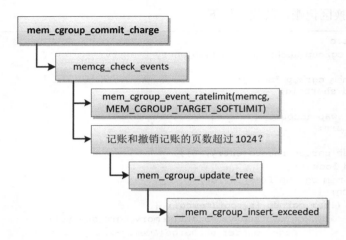

图3.141　检查软限制

如图 3.142 所示，页分配器在内存严重不足的时候直接回收页。如果是全局回收（即不是从指定的内存控制组回收内存），那么优先从内存使用量超过软限制的内存控制组回收内存。

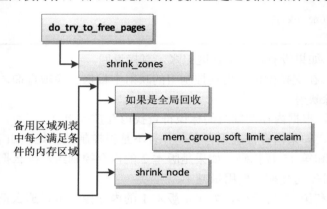

图3.142　优先从超过软限制的内存控制组回收内存

函数 mem_cgroup_soft_limit_reclaim 负责从超过软限制的内存控制组回收内存，其代码如下：

mm/memcontrol.c

```
1    unsigned long mem_cgroup_soft_limit_reclaim(pg_data_t *pgdat, int order,
2                        gfp_t gfp_mask,
3                        unsigned long *total_scanned)
4    {
5      unsigned long nr_reclaimed = 0;
6      struct mem_cgroup_per_node *mz, *next_mz = NULL;
7      unsigned long reclaimed;
8      int loop = 0;
9      struct mem_cgroup_tree_per_node *mctz;
10     unsigned long excess;
11     unsigned long nr_scanned;
12
13     if (order > 0)
14         return 0;
15
16     mctz = soft_limit_tree_node(pgdat->node_id);
17
```

```
18    if (!mctz || RB_EMPTY_ROOT(&mctz->rb_root))
19        return 0;
20
21    do {
22        if (next_mz)
23            mz = next_mz;
24        else
25            mz = mem_cgroup_largest_soft_limit_node(mctz);
26        if (!mz)
27            break;
28
29        nr_scanned = 0;
30        reclaimed = mem_cgroup_soft_reclaim(mz->memcg, pgdat,
31                                gfp_mask, &nr_scanned);
32        nr_reclaimed += reclaimed;
33        *total_scanned += nr_scanned;
34        spin_lock_irq(&mctz->lock);
35        __mem_cgroup_remove_exceeded(mz, mctz);
36
37        next_mz = NULL;
38        if (!reclaimed)
39            next_mz = __mem_cgroup_largest_soft_limit_node(mctz);
40
41        excess = soft_limit_excess(mz->memcg);
42        __mem_cgroup_insert_exceeded(mz, mctz, excess);
43        spin_unlock_irq(&mctz->lock);
44        css_put(&mz->memcg->css);
45        loop++;
46        if (!nr_reclaimed &&
47            (next_mz == NULL ||
48            loop > MEM_CGROUP_MAX_SOFT_LIMIT_RECLAIM_LOOPS))
49            break;
50    } while (!nr_reclaimed);
51    if (next_mz)
52        css_put(&next_mz->memcg->css);
53    return nr_reclaimed;
54 }
```

第 13 行代码，如果申请分配的页数超过 1，那么直接返回。

第 16 行代码，获取目标内存节点的软限制树。

第 22~25 行代码，如果是第一次回收，那么从软限制树取超过软限制最多的内存控制组；否则，取第 39 行代码获取的下一次回收的内存控制组。

第 30 行代码，调用函数 mem_cgroup_soft_reclaim，从内存控制组回收内存。

第 35 行代码，把内存控制组从软限制树中删除。

第 38 行和第 39 行代码，如果回收的页数是 0，那么从软限制树取超过软限制最多的内存控制组作为下一次回收的内存控制组。

第 41 行和第 42 行代码，计算内存使用量和软限制的差值，如果大于 0，把内存控制组重新插入软限制树。

第 46~49 行代码，如果回收的页数是 0，并且软限制树没有其他内存控制组或者已经尝试回收 3 次，那么放弃。

第 50 行代码，如果回收的页数是 0，回到第 22 行代码继续尝试回收内存。

8. 版本 2 的内存使用限制

版本 2 的内存控制组支持 3 个限制。

□ 低界限（low）：用来保护一个控制组可以分配到指定数量的内存，这种保护只能尽力而为，没有绝对的保证。如果一个控制组和所有祖先的内存使用量在低界限以下，并且可以从其他不受保护的控制组回收内存，那么这个控制组的内存不会被回收。

□ 高界限（high）：这是控制内存使用的主要机制。如果一个控制组的内存使用量超过高界限，那么这个控制组里面的所有进程将会被节流，从这个控制组回收内存。

□ 硬限制（limit）：内存使用量不可以超过硬限制。如果超过硬限制，使用内存耗尽杀手从内存控制组选择进程杀死。

（1）低界限。

如图 3.143 所示，直接回收页分为两轮。

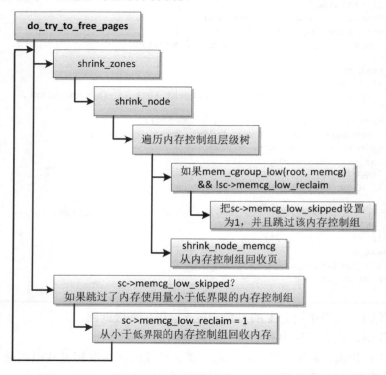

图3.143　尽力保护内存使用量小于低界限的内存控制组

1）第一轮把 sc->memcg_low_reclaim 设置成 0，不允许从内存使用量小于低界限的内存控制组回收页。

函数 shrink_node 遍历内存控制组层级树，如果一个内存控制组和所有祖先的内存使用量小于低界限，并且不允许从内存使用量小于低界限的内存控制组回收页，那么跳过这个内存控制组。

2）如果第一轮跳过了内存使用量小于低界限的内存控制组，那么把 sc->memcg_low_reclaim 设置成 1，允许从内存使用量小于低界限的内存控制组回收页，调用函数 shrink_zones 执行第二轮回收。

（2）高界限。

如图 3.144 所示，执行内存记账的时候，检查内存控制组和所有祖先的内存使用量是否超过高界限。如果其中一个内存控制组超过高界限，那么延后执行从内存控制组回收页，具体实现如下。

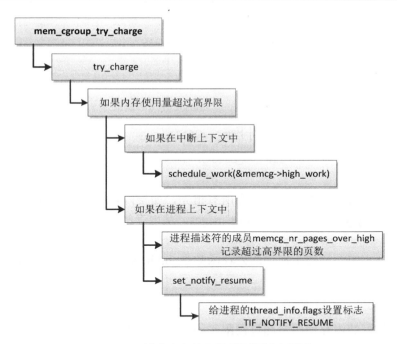

图3.144 检查内存使用量是否超过高界限

1）如果在中断（包括硬中断和软中断）上下文中，那么向工作队列中添加 1 个工作项。

2）如果在进程上下文中，那么进程描述符的成员 memcg_nr_pages_over_high 记录超过高界限的页数，然后给进程的 thread_info.flags 设置标志_TIF_NOTIFY_RESUME，等进程准备从内核模式返回用户模式的时候处理。

如图 3.145 所示，进程准备从内核模式返回用户模式的时候，发现进程的 thread_info.flags 设置了标志_TIF_NOTIFY_RESUME，就会调用函数 mem_cgroup_handle_over_high，从当前进程所属的内存控制组回收超过高界限的页。

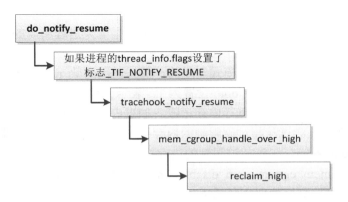

图3.145 返回用户模式时从超过高界限的内存控制组回收页

函数 mem_cgroup_handle_over_high 把主要工作委托给函数 reclaim_high，函数 reclaim_high 的代码如下：

```
mm/memcontrol.c
static void reclaim_high(struct mem_cgroup *memcg,
                unsigned int nr_pages,
                gfp_t gfp_mask)
{
    do {
        if (page_counter_read(&memcg->memory) <= memcg->high)
            continue;
        mem_cgroup_event(memcg, MEMCG_HIGH);
        try_to_free_mem_cgroup_pages(memcg, nr_pages, gfp_mask, true);
    } while ((memcg = parent_mem_cgroup(memcg)));
}
```

检查当前进程所属的内存控制组和所有祖先，如果内存控制组的内存使用量超过高界限，就调用函数 try_to_free_mem_cgroup_pages，从内存控制组回收超过高界限的页。

在中断上下文中添加的工作项的处理函数是 high_work_func，该函数也把主要工作委托给函数 reclaim_high。

9．硬限制

当内存控制组的内存使用量超过硬限制的时候，首先尝试从内存控制组直接回收页。如果回收页失败，采取下面的处理措施。

（1）如果申请分配页的时候指定了分配标志__GFP_NOFAIL，不允许分配失败，那么强行突破硬限制。

（2）版本 1 的内存控制组支持启用或禁止内存耗尽杀手。如果启用内存耗尽杀手，那么使用内存耗尽杀手从内存控制组选择进程杀死；如果禁止内存耗尽杀手，那么进程睡眠，直到内存使用量小于硬限制。

（3）版本 2 的内存控制组总是启用内存耗尽杀手，使用内存耗尽杀手从内存控制组选择进程杀死。

注意内存控制组内存耗尽和系统内存耗尽不同：内存控制组内存耗尽是因为内存控制组的内存使用量超过硬限制，系统内存耗尽是因为内存严重不足。

在页错误异常处理程序中，进程申请分配物理页。如果进程所属的内存控制组的内存使用量超过硬限制，处理流程如图 3.146 所示。

（1）如果页错误异常是由用户模式生成的，那么调用函数 mem_cgroup_oom_enable，把进程描述符的成员 memcg_may_oom 设置为 1，表示允许内存控制组处理内存耗尽。

（2）进程申请分配物理页，执行内存记账。如果内存控制组或某个祖先的内存使用量超过硬限制，那么首先尝试从超过硬限制的内存控制组直接回收页。如果回收页失败，调用函数 mem_cgroup_oom，记录超过限制的内存控制组。

（3）调用函数 mem_cgroup_oom_disable，把进程描述符的成员 memcg_may_oom 设置为 0，表示禁止内存控制组处理内存耗尽。

（4）如果内存控制组的内存使用量超过硬限制，但是因为不允许分配内存失败，强行突破硬限制，那么清除内存控制组的内存耗尽状态。

（5）如果页错误异常是由用户模式生成的，并且分配内存失败是因为内存耗尽，那么调用函数 mem_cgroup_oom_synchronize 处理内存控制组内存耗尽。

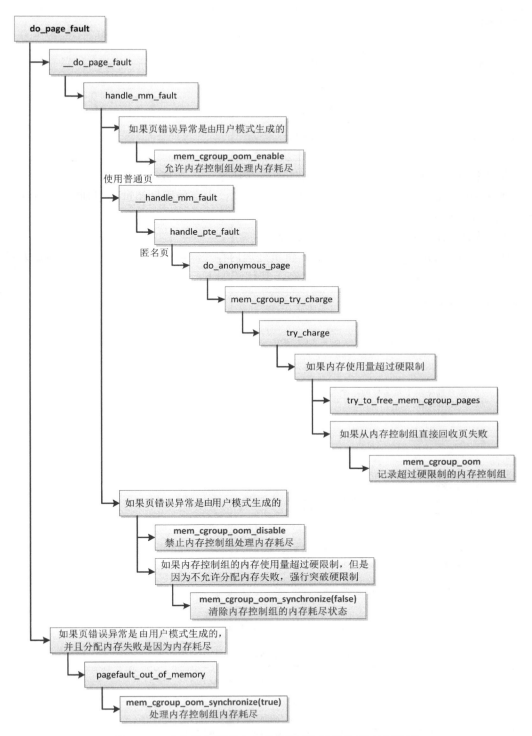

图3.146 内存控制组的内存使用量超过硬限制的处理流程

1）函数 mem_cgroup_oom。

函数 mem_cgroup_oom 没有直接处理内存控制组内存耗尽，只是负责记录信息，其代码如下：

```
mm/memcontrol.c
1    static void mem_cgroup_oom(struct mem_cgroup *memcg, gfp_t mask, int order)
2    {
3     if (!current->memcg_may_oom)
4         return;
5
6     css_get(&memcg->css);
7     current->memcg_in_oom = memcg;
8     current->memcg_oom_gfp_mask = mask;
9     current->memcg_oom_order = order;
10   }
```

第 3 行代码，如果禁止内存控制组处理内存耗尽，那么直接返回。

第 7～9 行代码，在进程描述符中记录 3 个信息：内存使用量超过硬限制的内存控制组、分配掩码和分配阶数。

2）函数 mem_cgroup_oom_synchronize。

函数 mem_cgroup_oom_synchronize 负责处理内存控制组内存耗尽，参数 handle 为真表示处理，为假表示仅仅清除内存耗尽状态，其代码如下：

```
mm/memcontrol.c
1    bool mem_cgroup_oom_synchronize(bool handle)
2    {
3     struct mem_cgroup *memcg = current->memcg_in_oom;
4     struct oom_wait_info owait;
5     bool locked;
6
7     /* 内存耗尽杀手是全局的，不处理 */
8     if (!memcg)
9         return false;
10
11    if (!handle)
12        goto cleanup;
13
14    owait.memcg = memcg;
15    owait.wait.flags = 0;
16    owait.wait.func = memcg_oom_wake_function;
17    owait.wait.private = current;
18    INIT_LIST_HEAD(&owait.wait.task_list);
19
20    prepare_to_wait(&memcg_oom_waitq, &owait.wait, TASK_KILLABLE);
21    mem_cgroup_mark_under_oom(memcg);
22
23    locked = mem_cgroup_oom_trylock(memcg);
24
25    …
26    if (locked && !memcg->oom_kill_disable) {
27        mem_cgroup_unmark_under_oom(memcg);
28        finish_wait(&memcg_oom_waitq, &owait.wait);
29        mem_cgroup_out_of_memory(memcg, current->memcg_oom_gfp_mask,
30                    current->memcg_oom_order);
31    } else {
32        schedule();
33        mem_cgroup_unmark_under_oom(memcg);
34        finish_wait(&memcg_oom_waitq, &owait.wait);
35    }
36
37    if (locked) {
38        mem_cgroup_oom_unlock(memcg);
39        memcg_oom_recover(memcg);
40    }
```

```
41  cleanup:
42    current->memcg_in_oom = NULL;
43    css_put(&memcg->css);
44    return true;
45  }
```

第 3 行代码，从当前进程的进程描述符取出记录的内存耗尽的内存控制组 memcg。

第 8 行代码，如果不是某个内存控制组内存耗尽，而是整个系统内存耗尽，那么不需要处理。

第 11 行代码，如果参数 handle 为假，表示仅仅清除内存耗尽状态，那么跳转到第 41 行代码。

第 20 行代码，把当前进程挂在等待队列 memcg_oom_waitq 上，进程状态被切换到 TASK_KILLABLE，只响应致命的信号。

第 21 行代码，遍历以内存控制组 memcg 为根的子树，把每个内存控制组标记为处于内存耗尽状态，把计数 under_oom 加 1。

第 23 行代码，尝试锁住以内存控制组 memcg 为根的子树。如果其他处理器正在以内存控制组 memcg 为根的子树上执行内存耗尽杀手，那么当前处理器锁住失败。

第 26 行代码，如果其他处理器没有对以内存控制组 memcg 为根的子树执行内存耗尽杀手，并且内存控制组 memcg 启用内存耗尽杀手，那么处理如下。

❑ 第 27 行代码，遍历以内存控制组 memcg 为根的子树，从每个内存控制组清除处于内存耗尽状态的标记，把计数 under_oom 减 1。

❑ 第 28 行代码，把当前进程从等待队列中删除。

❑ 第 29 行代码，调用函数 mem_cgroup_out_of_memory，从内存控制组选择进程杀死。

❑ 第 31 行和第 32 行代码，如果其他处理器正在以内存控制组 memcg 为根的子树上执行内存耗尽杀手，或者内存控制组 memcg 禁止内存耗尽杀手，那么当前进程睡眠等待。

第 37 行代码，如果成功地锁住以内存控制组 memcg 为根的子树，处理如下。

❑ 第 38 行代码，解除对以内存控制组 memcg 为根的子树的锁定。

❑ 第 39 行代码，调用函数 memcg_oom_recover。如果内存控制组 memcg 处于内存耗尽状态，那么把挂在等待队列 memcg_oom_waitq 上等待内存控制组 memcg 的所有进程唤醒。

❑ 第 42 行代码，清除当前进程的进程描述符记录的内存耗尽的内存控制组。

3）函数 mem_cgroup_out_of_memory。

函数 mem_cgroup_out_of_memory 负责从内存控制组选择进程杀死，执行流程如图 3.147 所示。

❑ 如果是内存控制组内存耗尽，那么调用函数 mem_cgroup_scan_tasks 选择进程。

❑ 调用函数 oom_kill_process 杀死选中的进程。

函数 mem_cgroup_scan_tasks 负责从内存控制组选择进程，遍历以传进来的内存控制组为根的子树，针对每个内存控制组，遍历属于内存控制组的所有进程，计算进程的坏蛋分数，选择坏蛋分数最高的进程。

4）撤销内存记账时唤醒进程。

如图 3.148 所示，释放物理页、撤销内存记账的时候，调用函数 memcg_oom_recover。

如果内存控制组处于内存耗尽状态，那么把挂在等待队列 memcg_oom_waitq 上等待内存控制组的所有进程唤醒。

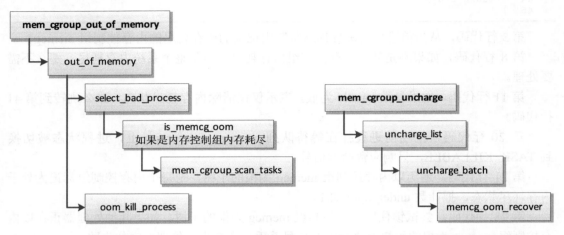

图3.147　函数mem_cgroup_out_of_memory的执行流程　　图3.148　撤销内存记账时唤醒进程

3.19　处理器缓存

现代处理器一纳秒可以执行几十条指令，但是需要几十纳秒才能从物理内存取出一个数据，速度差距超过两个数量级别，导致处理器花费很长时间等待从内存读取数据。为了解决处理器执行速度和内存访问速度不匹配的问题，在处理器和内存之间增加了缓存。缓存和内存的区别如下。

（1）缓存是静态随机访问存储器（Static Random Access Memory，SRAM），访问速度接近于处理器的速度，但是集成度低，和内存相比，在容量相同的情况下体积大，并且价格昂贵。

（2）内存是动态随机访问存储器（Dynamic Random Access Memory，DRAM），访问速度慢，但是集成度高，和缓存相比，在容量相同的情况下体积小。

通常使用多级缓存，一级缓存集成在处理器内部，离处理器最近，容量小，访问时间是 1 个时钟周期。二级缓存可能在处理器内部或外部，容量更大，访问时间是大约 10 个时钟周期。有些高端处理器有三级甚至四级缓存。在 SMP 系统中，处理器的每个核有独立的一级缓存，所有核共享二级缓存。

为了支持同时取指令和取数据，一级缓存分为一级指令缓存（i-cache，instruction cache）和一级数据数据（d-cache，data cache）。二级缓存是指令和数据共享的统一缓存（unified cache）。

3.19.1　缓存结构

看到 32KB 四路组相连缓存（32KB 4-way set associative cache），你知道是什么意思吗？如果想要看懂，就必须先了解缓存的结构。

缓存的结构如图 3.149 所示。

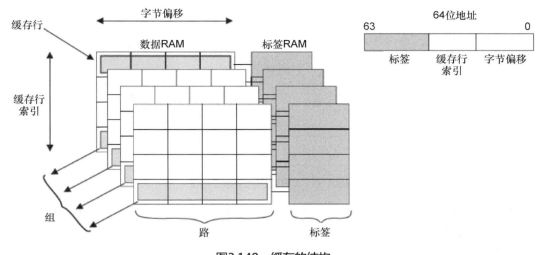

图3.149　缓存的结构

缓存由多个容量相同的子缓存并联组成，每个子缓存称为路（Way），四路表示 4 个子缓存并联。

缓存是通过硬件散列表实现的，散列表有固定长度的散列桶，硬件工程师把散列桶称为组（Set）。四路组相连缓存的散列桶的长度是 4。

缓存被划分为容量相同的缓存行，每个缓存行有两个状态位：有效位表示缓存行包含数据或指令，脏位表示缓存行里面的数据比内存里面的数据新。

每个缓存行对应一个索引。查找一个内存地址对应的缓存行，需要根据内存地址算出缓存行索引。因为可能存在多个内存地址的缓存行索引相同，所以缓存行需要一个标签（tag）来区分不同的内存地址。

内存地址被分解为标签（tag）、缓存行索引（index）和缓存行内部的字节偏移（offset）。

我们再来分析“32KB 四路组相连缓存”的意思：缓存由 4 个子缓存并联组成，即四路并联，四路的容量总和是 32KB，每路的容量是 8KB。

缓存行的标签通常是从物理地址生成的，索引可能从物理地址或虚拟地址生成，我们根据索引的生成方式把缓存分为两类。

（1）把从物理地址生成索引和标签的缓存称为物理索引物理标签（Physically Indexed Physically Tagged，PIPT）缓存。

（2）把从虚拟地址生成索引、从物理地址生成标签的缓存称为虚拟索引物理标签（Virtually Indexed Physically Tagged，VIPT）缓存。

从虚拟地址生成索引的好处是：不需要等到内存管理单元把虚拟地址转换成物理地址以后才能开始查询缓存，查询缓存和地址转换可以并行执行，提高处理器的执行速度，但是可能导致缓存别名（cache alias）问题。

如图 3.150 所示，假设两个进程共享一个物理页，一个物理地址被映射到两个虚拟地址。假设页长度是 4KB，缓存中每路的容量是 8KB，缓存行的长度是 32 字节。

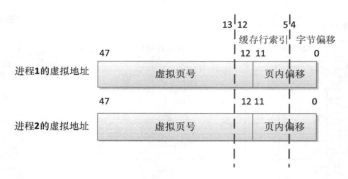

图3.150 VIPT缓存的别名问题

因为进程 1 的虚拟地址的第 0～11 位和物理地址的第 0～11 位相同，进程 2 的虚拟地址的第 0～11 位和物理地址的第 0～11 位相同，所以两个虚拟地址的第 0～11 位相同，但是两个虚拟地址的第 12 位不一定相同。

缓存行的字节偏移是虚拟地址的第 0～4 位，索引是虚拟地址的第 5～12 位。如果两个虚拟地址的第 12 位不同，那么生成的缓存行索引不同，导致同一内存位置的数据被复制到缓存中的两个缓存行，这就是缓存别名问题。

当缓存中每路的容量大于页长度的时候，会出现缓存别名问题。如果缓存中每路的容量小于或等于页长度，那么不会出现缓存别名问题。假设缓存中每路的容量是 4KB，索引是虚拟地址的第 5～11 位，因为两个虚拟地址的第 0～11 位相同，所以两个虚拟地址生成的缓存行索引相同。

对于可写的数据，缓存别名问题的危害是：如果修改了一个缓存行中的数据，但另一个缓存行中的数据仍然是旧的，将导致从两个虚拟地址读到的数据不同。对于指令和只读的数据，缓存别名问题没有危害。

软件可以规避缓存别名问题：把共享内存映射到进程的虚拟地址空间的时候，如果分配的虚拟内存区域的起始地址是缓存中每路的容量的整数倍，就可以规避缓存别名问题。

ARM64 处理器的数据缓存和统一缓存通常是 PIPT 缓存，也可以是没有别名问题的 VIPT 缓存（缓存中每路的容量小于或等于页长度）。

ARM64 处理器的指令缓存有 3 种类型。

（1）PIPT 缓存。

（2）VPIPT（VMID-aware PIPT）缓存，即感知虚拟机标识符的 PIPT 缓存。

（3）VIPT 缓存。

VPIPT 缓存和 VIPT 缓存都实现了 ARM IVIPT（Instruction cache VIPT）扩展：只需要在向存放指令的物理地址写入新的数据以后维护指令缓存。

3.19.2 缓存策略

缓存分配有两种策略。

（1）写分配（write allocation）。

如果处理器写数据的时候没有命中缓存行，那么分配一个缓存行，然后读取数据并填充缓存行，接着把数据写到缓存行。

（2）读分配（read allocation）。

如果处理器读数据的时候没有命中缓存行，那么分配一个缓存行。

缓存更新有两种策略。

（1）写回（write-back）。

处理器写数据的时候，只更新缓存，把缓存行标记为脏。只在缓存行被替换或被程序清理的时候更新内存。

（2）写透（write-through）。

处理器写数据的时候，同时更新缓存和内存，但不会把缓存行标记为脏。

指定内存的可缓存属性时，需要分别指定内部属性和外部属性。对内部和外部的划分是由具体实现定义的，如图 3.151 所示，典型的划分是集成在处理器内部的缓存使用内部属性，外部缓存使用外部属性。

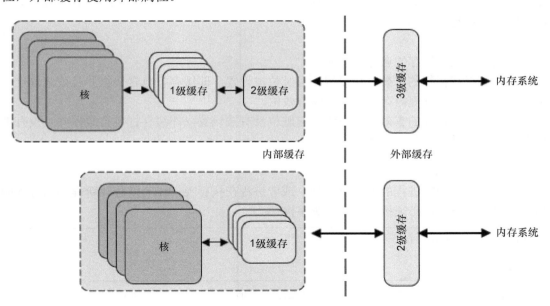

图3.151　内存的可缓存属性

处理器可能投机性地访问内存，即把程序没有请求过的内存位置的数据自动加载到缓存中。程序可以指示处理器哪个数据将来被使用，让处理器预先把数据读到缓存中。ARM64处理器提供了预加载提示指令（PRFM，它是 Prefetch from Memory 的缩写）：

PRFM <prfop>, <addr> | label

<prfop>：<type><target><policy>

<type>：PLD 表示加载预取（prefetch for load），PST 表示存储预取（prefetch for store）。

<target>：L1 表示 1 级缓存，L2 表示 2 级缓存，L3 表示 3 级缓存。

<policy>：KEEP 表示把预取的数据保存在缓存中（因为预取的数据会被使用多次），称为保存预取（retain prefetch）或暂存预取（temporal prefetch）；STRM（stream）表示直

接把预取的数据传给处理器的核（因为预取的数据只会使用一次，不需要保存在缓存中），称为流动预取（streaming prefetch）或非暂存预取（non-temporal prefetch）。

例如：PRFM PLDL1KEEP, [Xm, #imm]表示为一个从虚拟地址（Xm + 偏移）加载数据的操作预取数据到 1 级缓存中，并且暂存在缓存中。

3.19.3　缓存维护

内核在以下情况需要维护缓存。

（1）内核修改或删除页表项的时候，需要冲刷缓存。

（2）内核使用内核虚拟地址修改进程的物理页，为了避免产生内核虚拟地址和用户虚拟地址之间的缓存别名问题，需要冲刷缓存。

（3）和外围设备交互时，处理器写数据到 DMA 区域的内存块，然后通过设置外围设备的控制器上的控制寄存器发送命令，外围设备通过 DMA 控制器从物理内存读取数据。DMA 控制器读取数据时不经过处理器的缓存，所以处理器写完数据以后必须冲刷缓存，把缓存中的数据写回到物理内存。

冲刷（flush）缓存的意思解释如下。

（1）如果缓存行的有效位被设置，且脏位被设置，即缓存行包含数据并且被修改过，那么把数据写回到物理内存，然后清除有效位。

（2）如果缓存行的有效位被设置，但脏位没有被设置，即缓存行包含数据并且没有被修改过，那么只需要清除有效位。

1．内核修改页表

进程退出时删除进程的所有页表项，或者进程在执行 execve()以装载新程序的时候删除所有旧的页表项，必须按照下面的顺序执行：

```
flush_cache_mm(mm);
change_all_page_tables_of(mm);
flush_tlb_mm(mm);
```

内核修改某个虚拟地址范围内的页表项，必须按照下面的顺序执行：

```
flush_cache_range(vma, start, end);
change_range_of_page_tables(mm, start, end);
flush_tlb_range(vma, start, end);
```

内核修改一条页表项，必须按照下面的顺序执行：

```
flush_cache_page(vma, addr, pfn);
set_pte(pte_pointer, new_pte_val);
flush_tlb_page(vma, addr);
```

在修改或删除页表项以前必须冲刷缓存，因为从虚拟地址生成索引的缓存要求：从缓存冲刷虚拟地址的时候，虚拟地址到物理地址的映射必须存在。

内核提供的在修改页表前冲刷缓存的函数如表 3.11 所示。所有处理器架构需要实现这些函数：如果处理器使用从虚拟地址生成索引的缓存，必须实现这些函数；如果处理器使用从物理地址生成索引的缓存，只需要把这些函数定义成空函数。

表 3.11　内核修改页表前冲刷缓存的函数

函　　数	说　　明
void flush_cache_mm(struct mm_struct *mm)	从缓存冲刷整个用户地址空间 进程退出或执行execve()以装载新程序的时候，需要处理整个用户地址空间
void flush_cache_dup_mm(struct mm_struct *mm)	fork()分叉生成新进程的时候，从缓存冲刷整个用户地址空间和flush_cache_mm()分开，是为了允许对VIPT缓存做一些优化
void flush_cache_range(struct vm_area_struct *vma, unsigned long start, unsigned long end)	从缓存冲刷某个用户虚拟地址范围
void flush_cache_page(struct vm_area_struct *vma, unsigned long addr, unsigned long pfn)	从缓存冲刷长度为一页的用户虚拟地址范围，主要是在页错误异常处理程序里面使用这个函数
void flush_cache_kmaps(void)	从缓存冲刷kmap()使用的虚拟地址范围，如果内核使用高端内存区域，需要实现这个函数
void flush_cache_vmap(unsigned long start, unsigned long end)	从缓存冲刷vmalloc地址空间的某个范围，函数vmalloc/vmap在设置页表项以后调用函数flush_cache_vmap
void flush_cache_vunmap(unsigned long start, unsigned long end)	从缓存冲刷vmalloc地址空间的某个范围，函数vfree/vunmap在删除页表项之前调用函数flush_cache_vunmap

2．内核修改进程的物理页

内核在修改进程的物理页时，使用内核虚拟地址（线性映射区域的虚拟地址，或者使用 kmap/kmap_atomic 临时把进程的物理页映射到内核地址空间）修改进程的物理页。为了避免可能存在的内核虚拟地址和用户虚拟地址之间的缓存别名问题，内核修改完以后需要从缓存冲刷内核虚拟地址，让用户空间看见修改后的数据。例如：

（1）void copy_user_page(void *to, void *from, unsigned long addr, struct page *page)

父进程分叉生成子进程，子进程和父进程共享物理页。当其中一个进程试图写私有的匿名页时，触发页错误异常，执行写时复制，分配新的物理页，使用函数 copy_user_page 把旧的物理页里面的数据复制到新的物理页，内核使用函数 kmap_atomic 临时把进程的物理页映射到内核虚拟地址空间。

（2）void clear_user_page(void *to, unsigned long addr, struct page *page)

把进程的物理页清零。内核使用函数 kmap_atomic 临时把进程的物理页映射到内核虚拟地址空间。

（3）void copy_to_user_page(struct vm_area_struct *vma, struct page *page, unsigned long user_vaddr, void *dst, void *src, int len)

内核复制数据到用户页，内核使用 kmap 临时把用户页映射到内核虚拟地址空间。

内核提供的在修改进程的物理页以后冲刷缓存的函数如表 3.12 所示。所有处理器架构需要实现这些函数：如果处理器使用从虚拟地址生成索引的缓存，必须实现这些函数；如果处理器使用从物理地址生成索引的缓存，只需要把这些函数定义成空函数。

表 3.12　内核提供的在修改进程的物理页以后冲刷缓存的函数

函　　数	说　　明
void flush_dcache_page(struct page *page)	从数据缓存冲刷一页的内核虚拟地址范围 当内核写或即将读一个文件页，并且这个文件页存在用户空间共享可写的映射时，需要调用这个函数 flush_dcache_page()不适合匿名页
void flush_anon_page(struct vm_area_struct *vma, struct page *page, unsigned long vmaddr)	从数据缓存冲刷内核虚拟地址范围[vmaddr, vmaddr+PAGE_SIZE) 当内核访问匿名页的时候，调用这个函数，目前只有get_user_pages调用这个函数
void flush_kernel_dcache_page(struct page *page)	内核修改一个用户页，使用kmap把这个用户页临时映射到内核虚拟地址空间，修改完以后需要调用这个函数来冲刷数据缓存
void flush_icache_range(unsigned long start, unsigned long end)	内核把可执行文件的代码段复制到内存时，需要冲刷指令缓存，让处理器重新从内存读取指令
void flush_icache_page(struct vm_area_struct *vma, struct page *page)	内核把可执行文件的代码段复制到内存时，需要冲刷指令缓存，让处理器重新从内存读取指令

3. ARM64 处理器的缓存维护

ARM64 处理器支持 3 种缓存操作。

（1）使缓存行失效（invalidate）：清除缓存行的有效位。

（2）清理（clean）缓存行：首先把标记为脏的缓存行里面的数据写到下一级缓存或内存，然后清除缓存行的有效位。只适用于使用写回策略的数据缓存。

（3）清零（zero）：把缓存里面的一个内存块清零，不需要先从内存读数据到缓存中。只适用于数据缓存。

ARM64 处理器提供的缓存维护指令的形式如下：

```
<cache> <operation>{, <Xt>}
```

<Xt>是 X0~X30 中的一个寄存器，<cache>和<operation>的取值如表 3.13 所示。

表 3.13　<cache>和<operation>的取值

<cache>	<operation>	说　　明
DC （Data Cache）	CISW	清理某路某组的缓存行并使之失效（Clean and invalidate by Set/Way）
	CIVAC	根据虚拟地址清理并使之失效，直至到达一致点为止（Clean and Invalidate by Virtual Address to Point of Coherency）
	CSW	清理某路某组的缓存行（Clean by Set/Way）
	CVAC	根据虚拟地址清理，直至到达一致点为止（Clean by Virtual Address to Point of Coherency）
	CVAU	根据虚拟地址清理，直至到达统一点为止（Clean by Virtual Address to Point of Unification）
	ISW	使某路某组的缓存行失效（Invalidate by Set/Way）
	IVAC	根据虚拟地址使缓存行失效，直至到达一致点为止（Invalidate by Virtual Address, to Point of Coherency）
	ZVA	根据虚拟地址把缓存清零（Cache zero by Virtual Address）

<cache>	<operation>	说　明
IC （Instruction Cache）	IALLUIS	使所有缓存行失效，直至到达统一点为止，内部共享（处理器的所有核）（Invalidate all, to Point of Unification, Inner Sharable）
	IALLU	使所有缓存行失效，直至到达统一点为止（Invalidate all, to Point of Unification）
	IVAU	根据虚拟地址使缓存行失效，直至到达统一点为止（Invalidate by Virtual Address to Point of Unification）

下面解释 ARM64 架构的两个术语。

（1）一致点（Point of Coherency，PoC）：保证所有可能访问内存的观察者（例如处理器核和 DMA 控制器）看到某一内存位置的相同副本的点，通常是物理内存。

（2）统一点（Point of Unification，PoU）：一个核的统一点是保证这个核的指令缓存、数据缓存和 TLB 看到某内存位置的相同副本的点。例如，如果一个处理器核有一级指令缓存、一级数据缓存和 TLB，那么这个处理器核的统一点是统一二级缓存。

我们看看 ARM64 架构的内核怎么实现函数 flush_icache_range，该函数从指令缓存冲刷一个虚拟地址范围。

```
arch/arm64/mm/cache.S
1    /*
2     *      flush_icache_range(start,end)
3     *
4     *    确保指令缓存和数据缓存在指定区域是一致的。
5     *    执行这个函数的典型情况是：把代码写到一个内存区域，
6     *    并且将会执行代码。
7     *
8     *    - start    - 区域的虚拟起始地址
9     *    - end      - 区域的虚拟结束地址
10    */
11   ENTRY(flush_icache_range)
12   uaccess_ttbr0_enable x2, x3
13   dcache_line_size x2, x3
14   sub   x3, x2, #1
15   bic   x4, x0, x3
16  1:
17  user_alt 9f, "dc cvau, x4",  "dc civac, x4",   ARM64_WORKAROUND_CLEAN_CACHE
18   add   x4, x4, x2
19   cmp   x4, x1
20   b.lo 1b
21   dsb   ish
22
23   icache_line_size x2, x3
24   sub   x3, x2, #1
25   bic   x4, x0, x3
26  1:
27   USER(9f, icivau, x4   )      // 使指令缓存的行失效，到统一点为止
28   add   x4, x4, x2
29   cmp   x4, x1
30   b.lo 1b
31   dsb   ish
32   isb
33   mov   x0, #0
```

```
34  1:
35  uaccess_ttbr0_disable x1
36  ret
37  9:
38  mov  x0, #-EFAULT
39  b    1b
40  ENDPROC(flush_icache_range)
```

该函数有两个参数，寄存器 X0 存放起始虚拟地址，寄存器 X1 存放结束虚拟地址。

第 13 行代码，获取数据缓存行的长度，存放在寄存器 X2 中。

第 15 行代码，把起始虚拟地址向下对齐到数据缓存行的长度，存放在寄存器 X4 中。

第 16～20 行代码，从数据缓存中清理指定的虚拟地址范围。执行指令 "dc cvau, x4"，清理寄存器 X4 里面的虚拟地址对应的数据缓存行，到统一点（统一二级缓存）为止。ARM Cortex-A53 处理器存在硬件缺陷（参考源文件 "arch/arm64/kernel/cpu_errata.c" 定义的数组 arm64_errata），需要把数据缓存清理指令提升为数据缓存清理并且失效指令以规避硬件缺陷。然后把寄存器 X4 加上数据缓存行的长度，如果小于寄存器 X1 里面的结束虚拟地址，继续执行循环。

第 21 行代码，"dsb ish" 确保前面的缓存维护指令执行完成。dsb 表示数据同步屏障（Data Synchronization Barrier），ish 表示共享域是内部共享（Inner shareable），即处理器的所有核。

第 23 行代码，获取指令缓存行的长度，存放在寄存器 X2 中。

第 25 行代码，把起始虚拟地址向下对齐到指令缓存行的长度，存放在寄存器 X4 中。

第 26～30 行代码，从指令缓存使指定的虚拟地址范围失效。"ic ivau, x4" 表示使寄存器 X4 里面的虚拟地址对应的指令缓存行失效，到统一点（统一二级缓存）为止。然后把寄存器 X4 加上指令缓存行的长度，如果小于寄存器 X1 里面的结束虚拟地址，继续执行循环。

第 31 行代码，"dsb ish" 确保前面的缓存维护指令执行完成。

第 32 行代码，"isb" 是指令同步屏障，冲刷处理器的流水线，重新读取后面的所有指令。

第 33 行代码，寄存器 X0 存放函数的返回值 0。

3.19.4 SMP 缓存一致性

在 SMP 系统中，处理器的每个核有独立的一级缓存，同一内存位置的数据，可能在多个核的一级缓存中存在多个副本，所以存在数据一致性问题。目前主流的缓存一致性协议是 MESI 协议及其衍生协议。

原生的 MESI 协议有 4 种状态。MESI 是 4 种状态的首字母缩写，缓存行的 4 种状态分别如下。

（1）修改（Modified）：表示数据只在本处理器的缓存中存在副本，数据是脏的，即数据被修改过，没有写回到内存。

（2）独占（Exclusive）：表示数据只在本处理器的缓存中存在副本，数据是干净的，即副本和内存中的数据相同。

（3）共享（Shared）：表示数据可能在多个处理器的缓存中存在副本，数据是干净的，即所有副本和内存中的数据相同。

（4）无效（Invalid）：表示缓存行中没有存放数据。

为了维护缓存一致性，处理器之间需要通信，MESI 协议提供了以下消息。

（1）读（Read）：包含想要读取的缓存行的物理地址。

（2）读响应（Read Response）：包含读消息请求的数据。读响应消息可能是由内存控制器发送的，也可能是由其他处理器的缓存发送的。如果一个处理器的缓存有想要的数据，并且处于修改状态，那么必须发送读响应消息。

（3）使无效（Invalidate）：包含想要删除的缓存行的物理地址。所有其他处理器必须从缓存中删除对应的数据，并且发送使无效确认消息来应答。

（4）使无效确认（Invalidate Acknowledge）：处理器收到使无效消息，必须从缓存中删除对应的数据，并且发送使无效确认消息来应答。

（5）读并且使无效（Read Invalidate）：包含想要读取的缓存行的物理地址，同时要求从其他缓存中删除数据。它是读消息和使无效消息的组合，需要接收者发送读响应消息和使无效确认消息。

（6）写回（Writeback）：包含想要写回到内存的地址和数据。

缓存行状态的转换如图 3.152 所示。

（1）转换 a，修改到独占：处理器收到写回消息，把缓存行写回内存，但是缓存行保留数据。

（2）转换 b，独占到修改：处理器写数据到缓存行。

（3）转换 c，修改到无效：处理器收到"读并且使无效"消息，发送读响应消息和使无效确认消息，删除本地副本（不需要写回内存，因为发送"读并且使无效"消息的处理器需要写数据）。

（4）转换 d，无效到修改：处理器存储不在本地缓存中的数据，发送"读并且使无效"消息，通过读响应消息收到数据。处理器可以在收到所有其他处理器的使无效确认消息以后转换到修改状态。

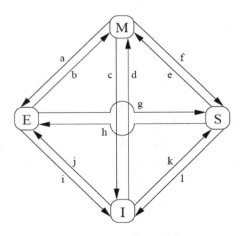

图3.152　MESI缓存行状态的转换

（5）转换 e，共享到修改：处理器存储数据，发送使无效消息，收到所有其他处理器的使无效确认消息以后转换到修改状态。

（6）转换 f，修改到共享：其他处理器读取缓存行，发送读消息，本处理器收到读消息后，写回内存，保留一个只读副本，发送读响应消息。

（7）转换 g，独占到共享：其他处理器读取缓存行，发送读消息，本处理器收到后发送读响应消息，保留一个只读副本。

（8）转换 h，共享到独占：本处理器意识到很快需要写数据，发送使无效消息，收到所有其他处理器的使无效确认消息以后转换到独占状态。

（9）转换 i，独占到无效：其他处理器存储数据，发送"读并且使无效"消息，本处理器收到消息后，发送读响应消息和使无效确认消息。

（10）转换 j，无效到独占：处理器存储不在本地缓存中的数据，发送"读并且使无效"

消息，收到读响应消息和所有其他处理器的使无效确认消息后转换到独占状态，完成存储操作后转换到修改状态。

（11）转换 k，无效到共享：处理器加载不在本地缓存中的数据，发送读消息，收到读响应消息后转换到共享状态。

（12）转换 l，共享到无效：其他处理器存储本地缓存中的数据，发送使无效消息，本处理器收到后，把缓存行的状态转换为无效，发送使无效确认消息。

举例说明，假设有两个处理器：处理器 0 和处理器 1。刚开始两个处理器的缓存行处于无效状态，缓存行的状态转换过程如下。

（1）处理器 0 加载地址 n 的数据，因为本地缓存没有副本，所以发送读消息。内存控制器从内存读取数据后发送读响应消息。处理器 0 收到读响应消息后，缓存行从无效状态转换到共享状态。

（2）处理器 1 加载地址 n 的数据，因为本地缓存没有副本，所以发送读消息。处理器 0 收到读消息后，缓存行保持共享状态不变，发送读响应消息。处理器 1 收到读响应消息后，把缓存行从无效状态转换到共享状态。

（3）处理器 0 存储地址 n 的数据，因为缓存行处于共享状态，所以发送使无效消息。处理器 1 收到使无效消息后，把缓存行从共享状态转换到无效状态，发送使无效确认消息。处理器 0 收到使无效确认消息后，把缓存行从共享状态转换到修改状态。

（4）下面分两种情况。

1）如果处理器 1 加载地址 n 的数据，因为本地缓存没有副本，所以发送读消息。处理器 0 收到读消息后，写回内存，从修改状态转换到共享状态，发送读响应消息。处理器 1 收到读响应消息后，从无效状态转换到共享状态。

2）如果处理器 1 存储地址 n 的数据，因为本地缓存没有副本，所以发送"读并且使无效"消息。处理器 0 收到"读并且使无效"消息后，发送读响应消息和使无效确认消息，从修改状态转换到无效状态。处理器 1 收到读响应消息和使无效确认消息后，修改数据，从无效状态转换到修改状态。

1．存储缓冲区

假设处理器 0 的缓存中没有地址 n 的数据，处理器 1 的缓存中包含地址 n 的数据。处理器 0 要写地址 n 的数据，需要从处理器 1 读取缓存行，发送"读并且使无效"消息，等收到处理器 1 的读响应消息和使无效确认消息后才能写，延迟时间很长。

实际上，处理器 0 没有理由延迟这么长时间，因为不管处理器 1 发送的是什么数据，处理器 0 都将无条件地覆盖数据。

为了避免延迟，在处理器和缓存之间增加 1 个存储缓冲区（store buffer），如图 3.153 所示。处理器 0 发送"读并且使无效"消息

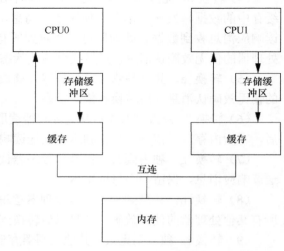

图3.153　带存储缓冲区的缓存

以后，只须把数据写到存储缓冲区，然后继续执行。等处理器 0 收到处理器 1 的读响应消息以后，把数据从存储缓冲区冲刷到缓存行。

把数据写到存储缓冲区，带来两个问题。

第一个问题是：假设变量 a 的值是 0，处理器 0 的缓存中没有变量 a 的副本，处理器 1 的缓存中有变量 a 的副本。处理器 0 把变量 a 设置为 1，在自己的缓存中没有找到变量 a，发送"读并且使无效"消息，把变量 a 的值写到存储缓冲区中，然后继续执行指令，后面有一条加载指令加载变量 a。处理器 0 收到处理器 1 的读响应消息，变量 a 的值是 0。处理器 0 在缓存中找到变量 a，值为 0，但是变量 a 的最新值是 1，在存储缓冲区中。

解决办法是：处理器加载数据时，必须首先在自己的存储缓冲区中查找数据，即把存储直接转发给随后的加载操作，称为"存储转发（store forwarding）"，如图 3.154 所示。

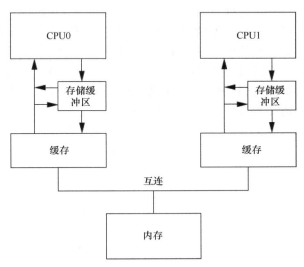

图3.154　支持存储转发的缓存

第二个问题是：如果数据在存储缓冲区中，其他处理器看不见数据的新值，看到的是数据的旧值。

假设变量 a 和 b 的初始值都是 0，处理器 0 和 1 执行下面的程序：

```
处理器0                 处理器1
===============         ===============
a = 1;                  while(b == 0) continue;
b = 1;                  assert(a == 1);
```

当处理器 1 看到变量 b 的值是 1 时，如果变量 a 的最新值 1 在处理器 0 的存储缓冲区中，处理器 1 看到的是变量 a 的旧值 0。

解决办法是：使用写内存屏障（write memory barrier）使处理器执行后面的存储指令时，首先冲刷存储缓冲区，然后才允许把数据写到缓存中。处理器在执行后面的存储指令时有两种可选的处理方式。

（1）把存储缓冲区的所有数据冲刷到缓存中。

（2）写内存屏障为当前存储缓冲区中的所有数据做标记，如果存储缓冲区中有标记过的数据，那么后面的存储指令只能把数据写到存储缓冲区中，不能写到缓存中。

处理器提供了写内存屏障指令，内核封装了宏 smp_wmb()。

将程序修改为：

```
处理器0                 处理器1
===============         ===============
a = 1;                  while(b == 0) continue;
smp_wmb();
b = 1;                  assert(a == 1);
```

2.　使无效队列

假设处理器 0 和 1 的缓存中都包含地址 n 的数据，缓存行处于共享状态。处理器 0 写地址 n 的数据，发送使无效消息，把数据写到存储缓冲区中。存储缓冲区比较小，处理器执行多条存储指令后很快就能填满存储缓冲区。如果存储缓冲区已经满了，必须先把存储缓冲区里面的所有数据冲刷到缓存中，但是把存储缓冲区里面的数据冲刷到缓存中之前，必须等待处理器 1 的使无效确认消息，确认处理器 1 已经使缓存行无效。如果处理器 1 的缓存很忙，处理器 1 正在密集地加载和存储缓存里面的数据，使无效消息的处理被延迟，就会导致处理器 0 花费很长时间等待使无效确认消息。

解决办法是：为每个处理器增加 1 个使无效队列（invalidate queue），存放使无效消息，如图 3.155 所示。处理器把使无效消息存放到使无效队列中，立即发送使无效确认消息，不需要执行使缓存行无效的操作。

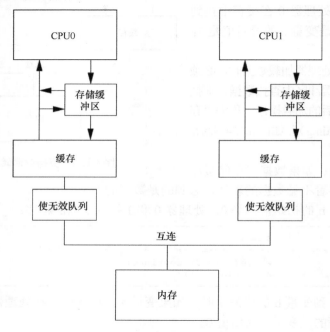

图3.155　带使无效队列的缓存

处理器写数据时，如果找到包含数据的缓存行，并且缓存行处于共享状态，那么需要发送使无效消息，在准备发送使无效消息时必须查询自己的使无效队列。如果使无效队列有这个缓存行的使无效消息，那么处理器不能立即发送使无效消息，必须等到使无效队列中这个缓存行的使无效消息被处理。

使无效队列引入了一个问题。假设变量 a 和 b 的初始值都是 0，处理器 0 和 1 执行下面的程序：

```
处理器0                     处理器1
===============             ===============
a = 1;                      while(b == 0) continue;
smp_wmb();
b = 1;                      assert(a == 1);
```

假设处理器 0 和 1 的缓存都有变量 a 的副本，处于共享状态，可能存在下面的执行顺序。

（1）处理器 0 执行 "a=1"，因为缓存行处于共享状态，所以处理器 0 把 a 的新值放在存储缓冲区中，发送使无效消息。

（2）处理器 1 收到使无效消息，存放到使无效队列中，立即发送使无效确认消息。

（3）当处理器 1 执行 "assert(a == 1)" 的时候，因为 a 的旧值还在处理器 1 的缓存中，所以断言失败。

（4）处理器 1 处理使无效队列中的消息，使包含 a 的缓存行无效。

解决办法是：使用读内存屏障（read memory barrier）为当前使无效队列中的所有消息做标记，后面的加载指令必须等待所有标记过的使无效消息被处理完。处理器提供了读内存屏障指令，内核封装了宏 smp_rmb()。

将程序修改为：

```
处理器0                      处理器1
===============             ===============
a = 1;                      while(b == 0) continue;
smp_wmb();                  smp_rmb();
b = 1;                      assert(a == 1);
```

写内存屏障和读内存屏障必须配对使用，写者执行写内存屏障，读者执行读内存屏障。因为处理器 1 读变量 a 的时候，两种情况都可能出现。

（1）变量 a 的最新值在处理器 0 的存储缓冲区中，处理器 0 需要执行写内存屏障。

（2）处理器 1 的使无效队列包含使包含变量 a 的缓存行无效的消息，处理器 1 需要执行读内存屏障。

还有一种通用内存屏障，它是写内存屏障和读内存屏障的组合，同时处理存储缓冲区和使无效队列，内核封装了宏 smp_mb()。

3.19.5　利用缓存提高性能的编程技巧

在编程的时候，可以利用 GCC 编译器的对齐属性 "__attribute__((__aligned__(n)))"，从而利用处理器的缓存提高程序的执行速度。

（1）使变量的起始地址对齐到一级缓存行长度的整数倍。

（2）使结构体对齐到一级缓存行长度的整数倍，实现的效果是：结构体的所有变量的起始地址是一级缓存行长度的整数倍，并且结构体的长度是一级缓存行长度的整数倍。

（3）使结构体中一个字段的偏移对齐到一级缓存行长度的整数倍。

内核的头文件 "include/linux/cache.h" 定义了以下宏。

（1）以 4 个下划线开头的宏____cacheline_aligned：对齐到一级缓存行的长度。

```
#ifndef ___cacheline_aligned
#define ___cacheline_aligned    __attribute__((__aligned__(SMP_CACHE_BYTES)))
#endif
```

（2）以 4 个下划线开头的宏＿＿＿＿cacheline_aligned_in_smp：在对称多处理器系统中等价于宏＿＿＿＿cacheline_aligned，在单处理器系统中是空的宏。

```
#ifndef ____cacheline_aligned_in_smp
#ifdef CONFIG_SMP
#define ____cacheline_aligned_in_smp    ____cacheline_aligned
#else
#define ____cacheline_aligned_in_smp
#endif /* CONFIG_SMP */
#endif
```

（3）以两个下划线开头的宏__cacheline_aligned：对齐到一级缓存行的长度，并且把变量放在"data..cacheline_aligned"节中。

```
#ifndef __cacheline_aligned
#define __cacheline_aligned                      \
   __attribute__((__aligned__(SMP_CACHE_BYTES),   \
         __section__(".data..cacheline_aligned")))
#endif /* __cacheline_aligned */
```

（4）以两个下划线开头的宏__cacheline_aligned_in_smp：在对称多处理器系统中等价于宏__cacheline_aligned，在单处理器系统中是空的宏。

```
#ifndef __cacheline_aligned_in_smp
#ifdef CONFIG_SMP
#define __cacheline_aligned_in_smp   __cacheline_aligned
#else
#define __cacheline_aligned_in_smp
#endif /* CONFIG_SMP */
#endif
```

以结构体 netdev_queue 为例说明。

（1）结构体 netdev_queue 对齐到一级缓存行长度的整数倍，该结构体的所有变量的起始地址是一级缓存行长度的整数倍，并且该结构体的长度是一级缓存行长度的整数倍。

（2）把只读字段集中放在一起，把可写字段集中放在一起，把第一个可写字段的偏移对齐到一级缓存行长度的整数倍，让只读字段和可写字段处于不同的缓存行中，避免可写字段影响只读字段。

```
include/linux/netdevice.h
struct netdev_queue {
    /* 以读为主的部分 */
    struct net_device   *dev;
    …
    /* 以写为主的部分 */
    spinlock_t       _xmit_lock   ____cacheline_aligned_in_smp;
    …
} ____cacheline_aligned_in_smp;
```

3.20　连续内存分配器

在系统长时间运行后，内存可能碎片化，很难找到连续的物理页，连续内存分配器

（Contiguous Memory Allocator，CMA）使得这种情况下分配大的连续内存块成为可能。

嵌入式系统中的许多设备不支持分散聚集和 I/O 映射，需要连续的大内存块。例如手机上 1300 万像素的摄像头，一个像素占用 3 字节，拍摄一张照片需要大约 37MB 内存。在系统长时间运行后，内存可能碎片化，很难找到连续的物理页，页分配器和块分配器很可能无法分配这么大的连续内存块。

一种解决方案是为设备保留一块大的内存区域，缺点是：当设备驱动不使用的时候（大多数时间手机摄像头是空闲的），内核的其他模块不能使用这块内存。

连续内存分配器试图解决这个问题，保留一块大的内存区域，当设备驱动不使用的时候，内核的其他模块可以使用，当然有要求：只有申请可移动类型的页时可以借用；当设备驱动需要使用的时候，把已经分配的页迁移到其他地方，形成物理地址连续的大内存块。

3.20.1　使用方法

编译内核时需要开启以下配置宏。

（1）配置宏 CONFIG_CMA，启用连续内存分配器。

（2）配置宏 CONFIG_CMA_AREAS，指定 CMA 区域的最大数量，默认值是 7。

（3）配置宏 CONFIG_DMA_CMA，启用允许设备驱动分配内存的连续内存分配器。

CMA 区域分为全局 CMA 区域和设备私有 CMA 区域。全局 CMA 区域是由所有设备驱动共享的，设备私有 CMA 区域由指定的一个或多个设备驱动使用。

配置 CMA 区域有 3 种方法。

（1）通过内核参数"cma"配置全局 CMA 区域的大小。

使用内核参数"cma=nn[MG]@[start[MG][-end[MG]]]"设置全局 CMA 区域的大小和物理地址范围。

（2）通过配置宏配置全局 CMA 区域的大小。

> 首先选择指定大小的方式：CONFIG_CMA_SIZE_SEL_MBYTES 表示指定兆字节数，CONFIG_CMA_SIZE_SEL_PERCENTAGE 表示指定物理内存容量的百分比，默认使用指定兆字节数的方式。
>
> 如果选择指定兆字节数的方式，那么通过配置宏 CONFIG_CMA_SIZE_MBYTES 配置大小。如果配置为 0，表示禁止 CMA，但是可以传递内核参数"cma=nn[MG]"以启用 CMA。
>
> 如果选择指定物理内存容量的百分比的方式，那么通过配置宏 CONFIG_CMA_SIZE_PERCENTAGE 指定百分比。如果配置为 0，表示禁用连续内存分配器，但是可以传递内核参数"cma=nn[MG]"以启用连续内存分配器。

（3）通过设备树源文件的节点"/reserved-memory"配置 CMA 区域，如果子节点的属性"compatible"的值是"shared-dma-pool"，表示全局 CMA 区域，否则表示设备私有 CMA 区域。

例如配置 3 个 CMA 区域。

1）全局 CMA 区域，节点名称是"linux,cma"，大小是 64MB。

2）帧缓冲设备专用的 CMA 区域，节点名称是"framebuffer@78000000"，大小是 8MB。

3）多媒体处理专用的 CMA 区域，节点名称是"multimedia-memory@77000000"，大小是 64MB。

设备树源文件如下：

```
/ {
    #address-cells = <1>;
    #size-cells = <1>;

    memory {
        reg = <0x40000000 0x40000000>;
    };

    reserved-memory {
        #address-cells = <1>;
        #size-cells = <1>;
        ranges;

        /* 全局的自动配置的连续分配区域 */
        linux,cma {
            compatible = "shared-dma-pool";
            reusable;
            size = <0x4000000>;
            alignment = <0x2000>;
            linux,cma-default;
        };

        display_reserved: framebuffer@78000000 {
            reg = <0x78000000 0x800000>;
        };

        multimedia_reserved: multimedia@77000000 {
            compatible = "acme,multimedia-memory";
            reg = <0x77000000 0x4000000>;
        };
    };
    /* ... */

    fb0: video@12300000 {
        memory-region = <&display_reserved>;
        /* ... */
    };

    scaler: scaler@12500000 {
        memory-region = <&multimedia_reserved>;
        /* ... */
    };

    codec: codec@12600000 {
        memory-region = <&multimedia_reserved>;
        /* ... */
    };
};
```

3.20.2　技术原理

连续内存分配器是 DMA 映射框架的辅助框架，设备驱动程序不能直接使用连续内存分配器，软件层次如图 3.156 所示。

（1）连续内存分配器是在页分配器的基础上实现的，提供的接口 cma_alloc 用来从 CMA 区域分配页，接口 cma_release 用来释放从 CMA 区域分配的页。

（2）在连续内存分配器的基础上实现了 DMA 映射框架专用的连续内存分配器，简称 DMA 专用连续内存分配器，提供的接口 dma_alloc_from_contiguous 用来从 CMA 区域分配页，接口 dma_release_from_contiguous 用来释放从 CMA 区域分配的页。

（3）DMA 映射框架从 DMA 专用连续内存分配器分配或释放页，为设备驱动程序提供的接口 dma_alloc_coherent 和 dma_alloc_noncoherent 用来分配内存，接口 dma_free_coherent 和 dma_free_noncoherent 用来释放内存。

（4）设备驱动程序调用 DMA 映射框架提供的函数来分配或释放内存。

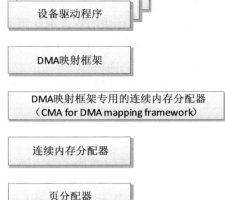

图3.156　连续内存分配器的软件层次

1. 数据结构

内核定义了结构体 cma 来描述一个 CMA 区域的信息，其代码如下：

```
mm/cma.h
struct cma {
    unsigned long    base_pfn;
    unsigned long    count;
    unsigned long    *bitmap;
    unsigned int order_per_bit;
    struct mutex     lock;
    const char *name;
};
```

（1）成员 base_pfn 是 CMA 区域的起始页帧号。

（2）成员 count 是页数。

（3）成员 bitmap 是位图，每个位描述对应的页的分配状态，0 表示空闲，1 表示已分配。

（4）成员 order_per_bit 指示位图中的每个位描述的物理页的阶数，目前取值为 0，表示每个位描述一页。

可以配置多个 CMA 区域，内核定义了一个数组用来管理 CMA 区域，全局变量 cma_area_count 存放配置的 CMA 区域的数量。

```
mm/cma.c
struct cma cma_areas[MAX_CMA_AREAS];
unsigned cma_area_count;
```

页分配器为 CMA 区域的物理页定义了迁移类型 MIGRATE_CMA：

```
include/linux/mmzone.h
enum migratetype {
    …
#ifdef CONFIG_CMA
    MIGRATE_CMA,
#endif
    …
};
```

2．创建 CMA 区域

内存管理子系统初始化时，解析设备树二进制文件得到物理内存的布局，使用 memblock 保存布局信息，memblock 的 memory 类型保存内存块的物理地址范围，reserved 类型保存保留内存块的物理地址范围，CMA 区域属于保留内存块。

首先解析设备树二进制文件中的节点"memory"，把内存块添加到 memblock 的 memory 类型。

如果通过设备树源文件配置 CMA 区域，创建 CMA 区域的执行流程如图 3.157 所示。

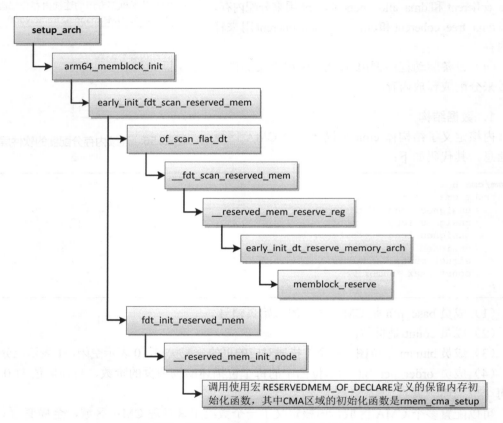

图3.157　解析设备树源文件，创建CMA区域

（1）解析设备树二进制文件中的节点"reserved-memory"，把保留内存块添加到 memblock 的 reserved 类型。

（2）函数 __reserved_mem_init_node 调用注册的所有保留内存初始化函数，保留内存初始化函数是使用宏 RESERVEDMEM_OF_DECLARE 定义的，放在"__reservedmem_of_table"节里面，其中全局 CMA 区域的初始化函数是 rmem_cma_setup。

（3）函数 rmem_cma_setup 从数组 cma_areas 分配一个数组项，保存 CMA 区域的起始页帧号和页数。如果指定了属性"linux,cma-default"，那么这个 CMA 区域是默认的 CMA 区域，设置全局变量 dma_contiguous_default_area 指向这个 CMA 区域。

如果通过内核参数或配置宏配置全局 CMA 区域，创建 CMA 区域的执行流程如图 3.158

所示，函数 dma_contiguous_reserve 负责创建全局 CMA 区域。

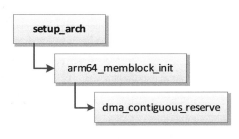

图3.158　根据内核参数或配置宏创建 CMA区域

3．把 CMA 区域释放给页分配器

memblock 是内核初始化的时候使用的内存分配器，内核初始化完以后使用伙伴分配器管理物理页。内核初始化完成的时候，把空闲的内存释放给伙伴分配器，不会把保留的内存释放给伙伴分配器。CMA 区域属于保留的内存，但是我们需要把 CMA 区域的物理页交给伙伴分配器管理。

连续内存分配器注册了初始化函数 cma_init_reserved_areas：

```
mm/cma.c
core_initcall(cma_init_reserved_areas);
```

函数 cma_init_reserved_areas 负责把所有 CMA 区域的物理页释放给伙伴分配器，执行流程如图 3.159 所示。针对每个 CMA 区域，先把页块的迁移类型设置为 MIGRATE_CMA，然后调用函数 __free_pages，把页块释放给伙伴分配器。

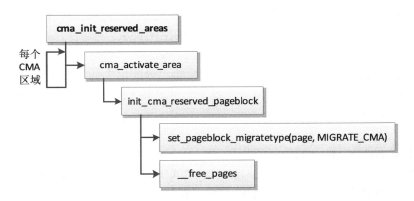

图3.159　函数cma_init_reserved_areas的执行流程

4．从 CMA 区域借用页

当设备驱动程序不使用 CMA 区域的时候，内核的其他模块可以借用 CMA 区域的物理页，页分配器只允许可移动类型从 CMA 类型借用物理页。

如图 3.160 所示，页分配器分配物理页的时候，执行流程如下。

（1）从指定迁移类型分配页。

（2）如果分配失败，从备用迁移类型借用物理页。

❑　如果指定迁移类型是可移动类型，首先从 CMA 类型借用物理页。

❑　从备用迁移类型列表中的每个迁移类型借用物理页。

5．从 CMA 区域分配内存

当设备驱动程序需要使用 CMA 区域的时候，如果 CMA 区域中的物理页已经被页分配器分配出去，需要把物理页迁移到其他地方。

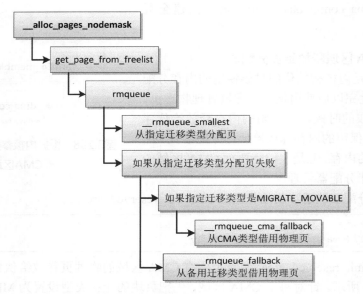

图3.160　可移动类型从CMA类型借用物理页

函数 cma_alloc 负责从 CMA 区域分配内存，执行流程如图 3.161 所示。

（1）在 CMA 区域的位图中查找一个足够大的空闲页块。

（2）在位图中把物理页的分配状态设置为已分配。

（3）调用函数 alloc_contig_range，把页分配器已分配出去的物理页迁移到其他地方。

（4）如果迁移失败，回到第 1 步，查找下一个足够大的空闲页块并尝试分配，直到分配成功或者尝试完所有空闲页块。

函数 alloc_contig_range 的执行流程如下。

（1）调用函数 start_isolate_page_range，把物理页的迁移类型设置为隔离类型（MIGRATE_ISOLATE），隔离物理页，防止页分配器把空闲页分配出去。

（2）调用函数 __alloc_contig_migrate_range，处理页分配器已分配出去的物理页。

❑　调用函数 reclaim_clean_pages_from_list，回收干净的文件页，文件页不可移动，只可回收。

❑　调用函数 migrate_pages，把可移动的物理页迁移到其他地方。

（3）调用函数 isolate_freepages_range 处理空闲页，把空闲页从页分配器的空闲链表中删除。

（4）调用函数 undo_isolate_page_range，撤销对物理页的隔离，把物理页的迁移类型设置为 CMA 类型。

6. 释放 CMA 区域的内存

函数 cma_release 负责释放 CMA 区域的内存，执行流程如图 3.162 所示。

（1）检查物理页是否属于 CMA 区域。

（2）把物理页释放给页分配器。

（3）在 CMA 区域的位图中把物理页的分配状态设置为空闲。

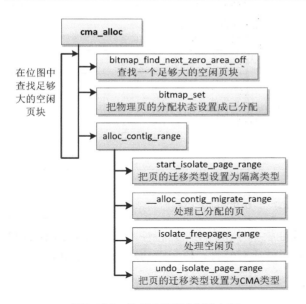

图3.161　从CMA区域分配内存

图3.162　释放CMA区域的内存

3.21　userfaultfd

userfaultfd（用户页错误文件描述符）用来拦截和处理用户空间的页错误异常，内核通过文件描述符将页错误异常的信息传递给用户空间，然后由用户空间决定要往虚拟页写入的数据。传统的页错误异常由内核独自处理，现在改为由内核和用户空间一起控制。

userfaultfd 是为了解决 QEMU/KVM 虚拟机动态迁移的问题而出现的。所谓动态迁移，就是将虚拟机从一端迁移到另一端，而在迁移的过程中虚拟机能够继续提供服务，有两种实现方案。

（1）前复制（precopy）方案：这种方案在目地端的虚拟机运行前把所有的数据复制过去。先将虚拟机的内存迁移到对端，再检查在迁移的过程中是否有页面发生更改（即脏页）。如果有，就把脏页传到对端，一直重复这个过程，直到没有脏页或者脏页的数目足够少。脏页全部迁移过去之后，就可以把源端的虚拟机关闭掉，然后启动目的端的虚拟机。

（2）后复制（postcopy）方案：先让目地端的虚拟机运行起来，当虚拟机在运行过程中需要访问尚未迁移的内存时才把内存从源端读过来。

后复制方案和前复制方案各有自己的优缺点，如前复制方案有较高的吞吐率，而后复制方案可以在虚拟机工作负载较高的情况下能够较快地完成迁移工作。

userfaultfd 是为后复制方案准备的，当虚拟机在目地端运行的时候，目的端的内核不可能知道要往页里面填充的内容，需要借助用户空间的程序来把内容从远端读过来，然后把这些内容放到虚拟机的内存中。

3.21.1　使用方法

应用程序使用 userfaultfd 跟踪处理页错误异常的方法如下。

（1）使用系统调用 userfaultfd 创建一个文件描述符。

```
int userfaultfd(int flags);
```

参数 flags 可以是 0 或以下标志的组合。

1）O_CLOEXEC：使用 execve 装载新程序时关闭文件描述符。

2）O_NONBLOCK：非阻塞模式。

其代码如下：

```
int uffd;

uffd = syscall(__NR_userfaultfd, O_CLOEXEC | O_NONBLOCK);
```

（2）使用控制命令 UFFDIO_API 请求验证版本号和启用某些特性，如果内核 userfaultfd 的版本号是请求的版本号，并且支持请求启用的所有特性，那么成功启用 userfaultfd，返回内核支持的所有特性和控制命令。

参数的数据类型如下：

```
struct uffdio_api {
    __u64 api;
    __u64 features;
    __u64 ioctls;
};
```

调用者使用成员 api 指定版本号，使用成员 features 指定请求启用的特性，成员 features 为 0 表示启用默认特性。如果成功启用 userfaultfd，那么成员 features 返回内核支持的所有特性，成员 ioctls 返回内核支持的所有控制命令。

默认启用的特性是跟踪普通页的页错误异常，userfaultfd 还支持以下特性。

1）UFFD_FEATURE_PAGEFAULT_FLAG_WP 表示跟踪类型为"写只读页"的页错误异常。

2）UFFD_FEATURE_EVENT_FORK 表示启用父进程跟踪子进程的页错误异常：父进程调用 fork 创建子进程，把 userfaultfd 跟踪的虚拟内存区域复制给子进程的时候，为子进程的相同虚拟内存区域创建新的 userfaultfd 上下文，父进程收到事件 UFFD_EVENT_FORK 和新的 userfaultfd 上下文的文件描述符，使用文件描述符跟踪处理子进程的页错误异常。

3）UFFD_FEATURE_EVENT_REMAP 表示启用 mremap 调用的通知。当进程使用 mremap 把一个虚拟内存区域移到不同位置的时候，userfaultfd 收到事件 UFFD_EVENT_REMAP，uffd_msg.remap 包含虚拟内存区域的旧地址、新地址和旧长度。

4）UFFD_FEATURE_EVENT_REMOVE 表示启用 madvise(MADV_REMOVE)和 madvise(MADV_DONTNEED)调用的通知。调用 madvise 的时候，userfaultfd 收到事件 UFFD_EVENT_REMOVE，uffd_msg.remove 包含区域的起始地址和结束地址。

5）UFFD_FEATURE_MISSING_HUGETLBFS 表示跟踪标准巨型页的页错误异常。

6）UFFD_FEATURE_MISSING_SHMEM 表示跟踪 tmpfs 文件页和共享内存的页错误异常。

7）UFFD_FEATURE_EVENT_UNMAP 表示启用 munmap 调用的通知。调用 munmap 的时候，userfaultfd 收到事件 UFFD_EVENT_UNMAP，uffd_msg.remove 包含被删除的虚拟内存区域的起始地址和结束地址。

例如启用默认特性：

```
struct uffdio_api uffdio_api;

uffdio_api.api = UFFD_API;
uffdio_api.features = 0;
ioctl(uffd, UFFDIO_API, &uffdio_api);
```

（3）创建内存映射，从用户虚拟地址空间分配一个虚拟地址范围。

例如创建一个私有的匿名映射，其代码如下：

```
char *addr;

addr = mmap(NULL, len, PROT_READ | PROT_WRITE,
            MAP_PRIVATE | MAP_ANONYMOUS, -1, 0);
```

（4）使用控制命令 UFFDIO_REGISTER 注册虚拟地址范围，跟踪指定虚拟地址范围的页错误异常。

参数的数据类型如下：

```
struct uffdio_register {
    struct uffdio_range range;
    __u64 mode;
    __u64 ioctls;
};
```

成员 range 指定起始地址和长度。

成员 mode 指定跟踪哪些类型的页错误异常，可以是这些标志的组合：UFFDIO_REGISTER_MODE_MISSING 表示跟踪缺页，UFFDIO_REGISTER_MODE_WP 表示跟踪写只读页，当前只支持 UFFDIO_REGISTER_MODE_MISSING。

成员 ioctls 返回在指定虚拟地址范围内可以使用哪些控制命令。

例如跟踪某个虚拟地址范围的缺页异常：

```
struct uffdio_register uffdio_register;

uffdio_register.range.start = (unsigned long) addr;
uffdio_register.range.len = len;
uffdio_register.mode = UFFDIO_REGISTER_MODE_MISSING;
ioctl(uffd, UFFDIO_REGISTER, &uffdio_register);
```

（5）使用 select 或 poll 监听文件可读。进程访问注册的虚拟地址范围，如果生成页错误异常，内核将会把页错误异常传递给进程，userfaultfd 文件变成可读。

需要使用两个线程：一个线程访问虚拟地址以触发页错误异常，另一个线程调用 poll 以监听文件可读。

其代码如下：

```
struct pollfd pollfd;
int nready;

pollfd.fd = uffd;
pollfd.events = POLLIN;
nready = poll(&pollfd, 1, -1);
```

（6）使用 read 读取事件。

事件信息的数据类型是结构体 uffd_msg，事件的类型如下。

1）UFFD_EVENT_PAGEFAULT：页错误异常。

2）UFFD_EVENT_FORK：fork 调用。

3）UFFD_EVENT_REMAP：mremap 调用。

4）UFFD_EVENT_REMOVE：madvise（MADV_REMOVE）和 madvise（MADV_DONTNEED）调用。

5）UFFD_EVENT_UNMAP：munmap 调用。

其代码如下：

```
ssize_t nread;
struct uffd_msg msg;

nread = read(uffd, &msg, sizeof(msg));
if (msg.event != UFFD_EVENT_PAGEFAULT) {
    fprintf(stderr, "Unexpected event on userfaultfd\n");
    exit(EXIT_FAILURE);
}

/* 显示页错误事件的信息 */
printf("        UFFD_EVENT_PAGEFAULT event: ");
printf("flags = %llx; ", msg.arg.pagefault.flags);
printf("address = %llx\n", msg.arg.pagefault.address);
```

（7）使用控制命令 UFFDIO_COPY 把数据复制到触发页错误异常的虚拟页，或者使用控制命令 UFFDIO_ZERO 把虚拟页映射到零页。

控制命令 UFFDIO_COPY 的参数的数据类型如下：

```
struct uffdio_copy {
    __u64 dst;
    __u64 src;
    __u64 len;
#define UFFDIO_COPY_MODE_DONTWAKE          ((__u64)1<<0)
    __u64 mode;
    __s64 copy;
};
```

成员 dst 是目的地址，成员 src 是源地址，成员 len 是长度。

成员 mode 是模式，UFFDIO_COPY_MODE_DONTWAKE 表示不要唤醒等待事件被读取的线程，稍后进程使用命令 UFFDIO_WAKE 唤醒等待的线程。

成员 copy 返回复制的字节数。

其代码如下：

```
int page_size;
struct uffdio_copy uffdio_copy;

page_size = sysconf(_SC_PAGE_SIZE); /* 获取页长度 */

uffdio_copy.src = (unsigned long) src;/* 复制的源地址 */
/* 复制的目的地址是触发页错误异常的虚拟地址所属的虚拟页的起始地址 */
uffdio_copy.dst = (unsigned long) msg.arg.pagefault.address & ~(page_size - 1);
uffdio_copy.len = page_size;
uffdio_copy.mode = 0;
```

```
uffdio_copy.copy = 0;
ioctl(uffd, UFFDIO_COPY, &uffdio_copy);
```

父进程跟踪子进程的页错误异常的方法如下。

（1）使用控制命令 UFFDIO_API 请求启用特性 UFFD_FEATURE_EVENT_FORK。

（2）使用控制命令 UFFDIO_REGISTER 注册虚拟地址范围。

（3）使用 fork 创建子进程。

（4）使用 read 读取事件 UFFD_EVENT_FORK，uffd_msg.fork.ufd 是 userfaultfd 文件描述符，用来跟踪子进程的虚拟内存区域的页错误异常。

3.21.2 技术原理

应用程序使用 userfaultfd 跟踪处理页错误异常的主要步骤如下。

（1）使用系统调用 userfaultfd 创建文件描述符。

（2）使用控制命令 UFFDIO_API 请求验证版本号和启用某些特性。

（3）从用户虚拟地址空间分配一个虚拟地址范围。

（4）使用控制命令 UFFDIO_REGISTER 注册虚拟地址范围。

（5）使用 select 或 poll 监听文件可读。

（6）访问注册的虚拟地址范围，生成页错误异常，页错误异常处理程序唤醒使用 select 或 poll 监听的进程。

（7）使用 read 读取事件。

（8）使用控制命令 UFFDIO_COPY 把数据复制到触发页错误异常的虚拟页。

1．数据结构

userfaultfd 的主要数据结构是 userfaultfd 上下文，每次调用系统调用 userfaultfd 就会创建一个 userfaultfd 上下文，其数据类型如下：

fs/userfaultfd.c
```
struct userfaultfd_ctx {
    wait_queue_head_t fault_pending_wqh;
    wait_queue_head_t fault_wqh;
    wait_queue_head_t fd_wqh;
    wait_queue_head_t event_wqh;
    struct seqcount refile_seq;
    atomic_t refcount;
    unsigned int flags;
    unsigned int features;
    enum userfaultfd_state state;
    bool released;
    struct mm_struct *mm;
};
```

（1）成员 fault_pending_wqh 是未读取页错误等待队列，线程触发页错误异常以后，等待 userfaultfd 读取页错误事件。

（2）成员 fault_wqh 是已读取页错误等待队列，userfaultfd 已读取页错误事件，还没有唤醒触发页错误异常的线程。

（3）成员 fd_wqh 是文件描述符等待队列，userfaultfd 等待事件发生。

（4）成员 event_wqh 是事件等待队列，等待 userfaultfd 读取事件。

（5）成员 refile_seq 是顺序锁，用来保护未读取页错误等待队列和已读取页错误等待队列。

（6）成员 refcount 是引用计数。

（7）成员 flags 保存进程调用系统调用 userfaultfd 指定的标志。

（8）成员 features 保存进程请求启用的特性。

（9）成员 state 是状态，UFFD_STATE_WAIT_API 表示等待进程请求验证版本号和启用某些特性，UFFD_STATE_RUNNING 表示运行状态。

（10）成员 released 表示 userfaultfd 文件描述符是否被关闭。

（11）成员 mm 指向进程的内存描述符。

2．创建文件描述符

系统调用 userfaultfd 负责创建文件描述符，执行流程如下。

（1）分配文件描述符。

（2）创建一个 userfaultfd 上下文：成员 flags 保存调用者传入的标志；成员 state 是状态，初始值是 UFFD_STATE_WAIT_API；成员 mm 指向调用进程的内存描述符。

（3）创建内部文件的一个打开实例 file。

成员 f_inode 指向内部文件的索引节点（全局变量 anon_inode_inode 指向内部文件的索引节点）。

成员 f_op 指向 userfaultfd 文件操作集合，进程使用 poll 查询状态时调用其中的 poll 方法，使用 read 读文件时调用其中的 read 方法，使用 ioctl 执行命令时调用其中的 unlocked_ioctl 方法。

成员 private_data 指向 userfaultfd 上下文。

（4）把文件描述符和 file 实例的映射添加到进程的打开文件表中。

userfaultfd 数据结构的关系如图 3.163 所示。

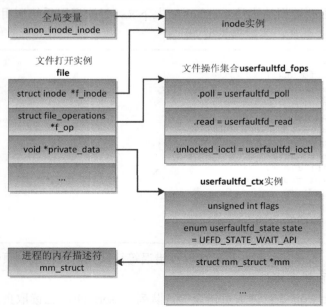

图3.163　userfaultfd数据结构的关系

3．注册虚拟地址范围

进程执行控制命令 UFFDIO_REGISTER 的时候，ioctl 将会调用 userfaultfd 文件操作集合的 unlocked_ioctl 方法，即函数 userfaultfd_ioctl，函数 userfaultfd_ioctl 调用命令 UFFDIO_REGISTER 的处理函数 userfaultfd_register。

函数 userfaultfd_register 针对注册的虚拟地址范围包含的每个虚拟内存区域 vma，处理如下。

（1）如果跟踪缺页，vma->vm_flags 设置标志位 VM_UFFD_MISSING。

（2）把虚拟内存区域关联到 userfaultfd 上下文，即 vma->vm_userfaultfd_ctx.ctx 指向 userfaultfd_ctx 实例。

（3）对于第一个和最后一个虚拟内存区域，如果只跟踪其中的一部分，那么把虚拟内存区域分裂成两个。

4．监听事件

进程调用 poll 监听事件的时候，poll 将会调用 userfaultfd 文件操作集合的 poll 方法，即函数 userfaultfd_poll，执行过程如下。

（1）如果 userfaultfd 上下文的未读取页错误等待队列或事件等待队列不是空的，那么返回 POLLIN，表示文件可读。

（2）否则，把进程挂在 userfaultfd 上下文的文件描述符等待队列上，睡眠等待。

5．页错误异常处理程序

如图 3.164 所示，在页错误异常处理程序中，如果匿名映射的虚拟页没有映射到物理页，并且虚拟内存区域设置了标志 VM_UFFD_MISSING，那么调用函数 handle_userfault，把页错误信息传递给 userfaultfd。

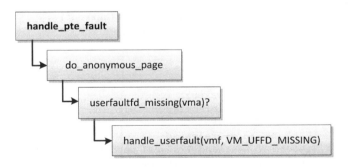

图3.164   把页错误异常发送到用户空间

函数 handle_userfault 的主要代码如下：

```
fs/userfaultfd.c
1    int handle_userfault(struct vm_fault *vmf, unsigned long reason)
2    {
3     struct mm_struct *mm = vmf->vma->vm_mm;
4     struct userfaultfd_ctx *ctx;
5     struct userfaultfd_wait_queue uwq;
6     int ret;
7     bool must_wait, return_to_userland;
8     long blocking_state;
```

```
9
10     …
11     ctx = vmf->vma->vm_userfaultfd_ctx.ctx;
12     if (!ctx)
13         goto out;
14
15     …
16     userfaultfd_ctx_get(ctx);
17
18     init_waitqueue_func_entry(&uwq.wq, userfaultfd_wake_function);
19     uwq.wq.private = current;
20     uwq.msg = userfault_msg(vmf->address, vmf->flags, reason);
21     uwq.ctx = ctx;
22     uwq.waken = false;
23
24     return_to_userland =
25         (vmf->flags & (FAULT_FLAG_USER|FAULT_FLAG_KILLABLE)) ==
26         (FAULT_FLAG_USER|FAULT_FLAG_KILLABLE);
27     blocking_state = return_to_userland ? TASK_INTERRUPTIBLE :
28                 TASK_KILLABLE;
29
30     spin_lock(&ctx->fault_pending_wqh.lock);
31     __add_wait_queue(&ctx->fault_pending_wqh, &uwq.wq);
32     set_current_state(blocking_state);
33     spin_unlock(&ctx->fault_pending_wqh.lock);
34
35     if (!is_vm_hugetlb_page(vmf->vma))/* 普通页或透明巨型页 */
36         must_wait = userfaultfd_must_wait(ctx, vmf->address, vmf->flags,
37                             reason);
38     else/* 标准巨型页 */
39         must_wait = userfaultfd_huge_must_wait(ctx, vmf->address,
40                             vmf->flags, reason);
41     up_read(&mm->mmap_sem);
42
43     if (likely(must_wait && !ACCESS_ONCE(ctx->released) &&
44          (return_to_userland ? !signal_pending(current) :
45           !fatal_signal_pending(current)))) {
46         wake_up_poll(&ctx->fd_wqh, POLLIN);
47         schedule();
48         ret |= VM_FAULT_MAJOR;
49
50         while (!READ_ONCE(uwq.waken)) {
51             set_current_state(blocking_state);
52             if (READ_ONCE(uwq.waken) ||
53                READ_ONCE(ctx->released) ||
54                (return_to_userland ? signal_pending(current) :
55               fatal_signal_pending(current)))
56                break;
57             schedule();
58         }
59     }
60
61     __set_current_state(TASK_RUNNING);
62     …
63     userfaultfd_ctx_put(ctx);
64
65 out:
66  return ret;
67 }
```

第 11 行代码，获取跟踪虚拟内存区域的 userfaultfd 上下文。

第 16 行代码，把 userfaultfd 上下文的引用计数加 1。

第 18～22 行代码，初始化变量 uwq。

（1）成员 wq 是等待队列的节点。

（2）成员 msg 保存页错误信息，msg.event 是 UFFD_EVENT_PAGEFAULT，msg.arg.pagefault.address 是触发页错误异常的虚拟地址，如果执行写操作触发页错误异常，那么 msg.arg.pagefault.flags 设置标志位 UFFD_PAGEFAULT_FLAG_WRITE。

（3）成员 ctx 指向 userfaultfd 上下文。

（4）成员 waken 设置为假。

第 31 行代码，把变量 uwq 的成员 wq 添加到 userfaultfd 上下文的未读取页错误等待队列的首部。

第 32 行代码，设置当前线程的状态：如果页错误异常是由用户模式生成的，把线程状态设置成轻度睡眠；如果页错误异常是由内核模式生成的，把线程状态设置成中度睡眠。

第 35～40 行代码，在睡眠前检查页表项，如果虚拟页已经映射到物理页，就没有必要睡眠。

第 46 行代码，唤醒正在系统调用 poll/read 中等待事件发生的线程。

第 47 行代码，当前进程睡眠等待用户空间处理页错误异常。

第 50～58 行代码，如果当前线程被唤醒，但 uwq.waken 为假，说明是假唤醒，那么继续睡眠等待。

第 61 行代码，当前线程被唤醒，把状态设置为 TASK_RUNNING。

第 63 行代码，把 userfaultfd 上下文的引用计数减 1。

6．读取事件

页错误异常处理程序把等待事件发生的线程唤醒以后，线程调用 read 读取事件，read 调用 userfaultfd 文件操作集合的 read 方法，即函数 userfaultfd_read。

函数 userfaultfd_read 反复调用函数 userfaultfd_ctx_read 读取消息，直到把进程提供的缓冲区填满或者读完所有消息为止。

函数 userfaultfd_ctx_read 的执行流程如下。

（1）先查看未读取页错误等待队列，如果未读取页错误等待队列不是空的，那么从尾部取一个节点，从节点读取消息，把节点移到已读取页错误等待队列，避免下一次从未读取页错误等待队列取同一个节点。

（2）如果未读取页错误等待队列是空的，就查看事件等待队列。如果事件等待队列不是空的，那么从尾部取一个节点，读取消息，并且唤醒等待事件被读取的线程。

7．复制数据

进程读取事件以后，执行控制命令 UFFDIO_COPY，把数据复制到触发页错误异常的虚拟页。ioctl 将会调用函数 userfaultfd_ioctl，然后函数 userfaultfd_ioctl 调用命令 UFFDIO_COPY 的处理函数 userfaultfd_copy。

函数 userfaultfd_copy 的执行流程如下。

（1）调用函数 mcopy_atomic，分配物理页，把数据复制到物理页，在进程的页表中把虚拟页映射到物理页。

（2）如果调用者允许唤醒，那么调用 wake_userfault，唤醒 userfaultfd 上下文的未读取页错误等待队列和已读取页错误等待队列中访问复制的目的虚拟页时触发异常的所有线程；否则，进程使用命令 UFFDIO_WAKE 唤醒等待的线程。

8．父进程跟踪子进程的页错误异常

如图 3.165 所示，调用 fork 创建子进程的时候，函数 dup_mmap 针对 userfaultfd 的处理如下。

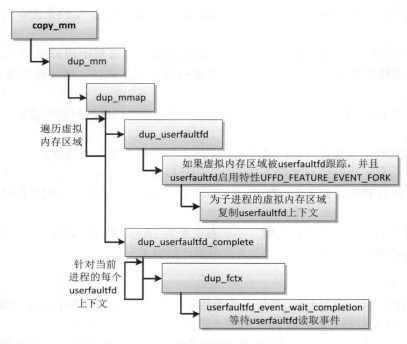

图3.165　创建子进程时复制userfaultfd上下文

（1）遍历当前进程的虚拟内存区域，调用函数 dup_userfaultfd：如果虚拟内存区域被 userfaultfd 跟踪，并且 userfaultfd 启用特性 UFFD_FEATURE_EVENT_FORK，那么为子进程的虚拟内存区域复制 userfaultfd 上下文。

（2）调用函数 dup_userfaultfd_complete：针对当前进程的每个 userfaultfd 上下文，挂在事件等待队列上等待 userfaultfd 读取事件 UFFD_EVENT_FORK。

如图 3.166 所示，进程调用 read 以读取事件，函数 userfaultfd_ctx_read 从 userfaultfd 上下文的事件等待队列的尾部取一个事件，如果事件是 UFFD_EVENT_FORK，处理如下。

（1）调用函数 resolve_userfault_fork：分配文件描述符，关联到跟踪子进程的页错误异常的 userfaultfd 上下文，把文件描述符填写到消息 uffd_msg 的成员 arg.fork.ufd 中。

（2）调用函数 userfaultfd_event_complete，唤醒等待事件被读取的线程。

进程读取消息以后，从消息的成员 arg.fork.ufd 得到文件描述符，使用文件描述符跟踪处理子进程的页错误异常。

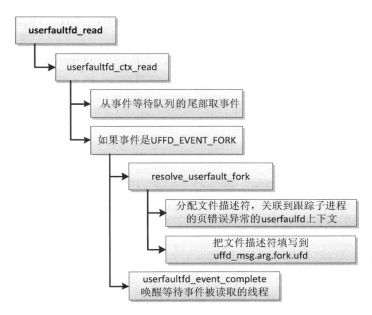

图3.166 userfaultfd读取事件UFFD_EVENT_FORK

3.22 内存错误检测工具 KASAN

内核地址消毒剂（Kernel Address SANitizer，KASAN）是一个动态的内存错误检查工具，为发现"释放后使用"和"越界访问"这两类缺陷提供了快速和综合的解决方案。

KASAN 使用编译时插桩（compile-time instrumentation）检查每个内存访问，要求 GCC 编译器的版本至少是 4.9.2，检查栈或全局变量的越界访问需要 GCC 编译器的版本至少是 5.0。

内核支持 KASAN 的进展如下。

（1）4.0 版本引入 KASAN，仅 x86_64 架构支持，只有 SLUB 分配器支持 KASAN。

（2）4.4 版本的 ARM64 架构支持 KASAN。

（3）4.6 版本的 SLAB 分配器支持 KASAN。

3.22.1 使用方法

编译内核时需要开启以下配置宏。

（1）有些版本要求先开启 SLUB 分配器的调试配置宏 CONFIG_SLUB_DEBUG，才能看到 KASAN 的配置菜单项。最新版本已经不需要了，但是建议开启，因为可以打印更多有用的信息。

（2）开启配置宏 CONFIG_KASAN。

（3）选择编译时插桩类型：配置宏 CONFIG_KASAN_OUTLINE 启用外联插桩，配置宏 CONFIG_KASAN_INLINE 启用内联插桩。外联插桩编译生成的程序小，内联插桩编译生成的程序运行速度快。内联手段需要 GCC 编译器的版本至少是 5.0。

（4）为了更好地缺陷检查和报告，开启配置宏 CONFIG_STACKTRACE。

如果需要为特定文件或目录禁止编译时插桩，在内核的 Makefile 文件中添加。

（1）为单个文件，例如 main.o：KASAN_SANITIZE_main.o := n。

（2）为某个目录里面的所有文件：KASAN_SANITIZE := n。

3.22.2　技术原理

KASAN 使用影子内存（shadow memory）记录内存的每个字节是否可以安全访问，使用编译时插桩在每次访问内存时检查影子内存。

KASAN 使用内核地址空间的 1/8 作为影子内存，影子内存的每个字节记录内存连续 8 字节的状态。

（1）如果 8 字节都可以访问，那么影子内存的值是 0。

（2）如果连续 n（1≤n≤7）字节可以访问，那么影子内存的值是 n。

（3）如果 8 字节都不能访问，那么影子内存的值是负数，使用不同的负数区分不同类型的不可访问内存，其代码如下：

```
#define KASAN_FREE_PAGE        0xFF   /* 页已被释放 */
#define KASAN_PAGE_REDZONE     0xFE   /* kmalloc_large()分配的红色区域 */
#define KASAN_KMALLOC_REDZONE  0xFC   /* SLAB对象里面的红色区域 */
#define KASAN_KMALLOC_FREE     0xFB   /* SLAB对象已被释放 */
#define KASAN_GLOBAL_REDZONE   0xFA   /* 全局变量的红色区域 */
```

把内存的内核虚拟地址转换成影子地址的方法如下：

```
static inline void *kasan_mem_to_shadow(const void *addr)
{
    return (void *)((unsigned long)addr >> KASAN_SHADOW_SCALE_SHIFT)
        + KASAN_SHADOW_OFFSET;
}
```

其中 KASAN_SHADOW_SCALE_SHIFT 的值是 3。

KASAN 使用编译时插桩检查内存访问，编译内核时需要指定编译选项 "-fsanitize=kernel-address"。编译器在加载指令的前面插入函数调用 "__asan_loadN(addr)" 来检查内存访问是否合法，在存储指令的前面插入函数调用 "__asan_storeN(addr)" 来检查内存访问是否合法，N 是字节数，可能是 1、2、4、8 或 16。如果加载指令从内存加载 1 字节，那么编译器在加载指令的前面插入函数调用 "__asan_load1(addr)"。如果存储指令存储 1 字节到内存中，那么编译器在存储指令的前面插入函数调用 "__asan_store1(addr)"。

第4章

中断、异常和系统调用

在 ARM64 和 MIPS 这些精简指令集计算机（Reduced Instruction Set Computer，RISC）体系结构中，中断、系统调用和其他打断程序正常执行流的事件统称为异常，这是广义的异常。

狭义的异常专指执行指令时触发的异常，典型的例子是：执行加载或存储指令时，如果处理器的内存管理单元发现指令访问的数据的虚拟地址没有映射到物理地址，就会触发页错误异常。

4.1 ARM64 异常处理

4.1.1 异常级别

如图 4.1 所示，ARM64 处理器定义了 4 个异常级别：0~3。异常级别越高，权限越高。

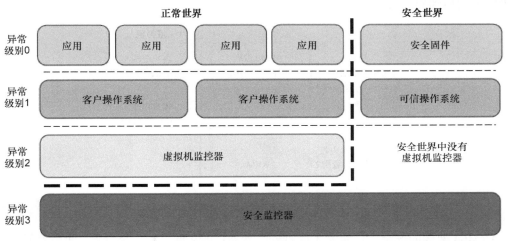

图4.1 ARM64处理器的异常级别

如图 4.2 所示，通常 ARM64 处理器在异常级别 0 执行进程，在异常级别 1 执行内核。ARM64 处理器的异常级别 0 就是我们常说的用户模式，异常级别 1 就是我们常说的内核模式。

虚拟机是现在流行的虚拟化技术，在计算机上创建一个虚拟机，在虚拟机里面运行一个操作系统，运行虚拟机的操作系统称为宿主操作系统（host OS），虚拟机

图4.2 普通的异常级别切换

403

里面的操作系统称为客户操作系统（guest OS）。

　　常用的开源虚拟机管理软件是 QEMU，QEMU 支持基于内核的虚拟机（Kernel-based Virtual Machine，KVM）。KVM 的主要特点是直接在处理器上执行客户操作系统，所以虚拟机的执行速度很快。KVM 是内核的一个模块，把内核变成虚拟机监控程序。如图 4.3 所示，宿主操作系统中的进程在异常级别 0 运行，内核在异常级别 1 运行，KVM 模块可以穿越异常级别 1 和 2；客户操作系统中的进程在异常级别 0 运行，内核在异常级别 1 运行。在宿主操作系统的异常级别 1 和客户操作系统的异常级别 1 之间切换时，需要 KVM 陷入异常级别 2。

图4.3　支持虚拟化的异常级别切换

　　如图 4.4 所示，为了提高切换速度，ARM64 架构引入了虚拟化宿主扩展，在异常级别 2 执行宿主操作系统的内核，从 QEMU 切换到客户操作系统的时候，KVM 不再需要从异常级别 1 切换到异常级别 2。

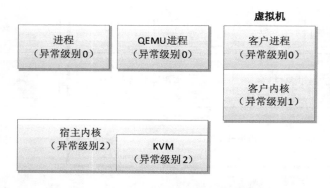

图4.4　支持虚拟化宿主扩展的异常级别切换

　　ARM64 架构的安全扩展定义了两种安全状态：正常世界和安全世界。两个世界只能通过异常级别 3 的安全监控器切换。

　　对于虚拟化和安全扩展，我们只需要了解。下面重点描述常见的情况：在异常级别 0 执行进程，在异常级别 1 执行内核。

4.1.2　异常分类

　　在 ARM64 体系结构中，异常分为同步异常和异步异常。

　　同步异常是试图执行指令时生成的异常，或是作为指令的执行结果生成的异常。同步异常包括如下。

（1）系统调用。异常级别 0 使用 svc（Supervisor Call）指令陷入异常级别 1，异常级别 1 使用 hvc（Hypervisor Call）指令陷入异常级别 2，异常级别 2 使用 smc（Secure Monitor Call）指令陷入异常级别 3。

（2）数据中止，即访问数据时的页错误异常，虚拟地址没有映射到物理地址，或者没有写权限。

（3）指令中止，即取指令时的页错误异常，虚拟地址没有映射到物理地址，或者没有执行权限。

（4）栈指针或指令地址没有对齐。

（5）没有定义的指令。

（6）调试异常。

异步异常不是由正在执行的指令生成的，和正在执行的指令没有关联。异步异常包括以下。

（1）中断（normal priority interrupt，IRQ），即普通优先级的中断。

（2）快速中断（fast interrupt，FIQ），即高优先级的中断。

（3）系统错误（System Error，SError），是由硬件错误触发的异常，例如最常见的是把脏数据从缓存行写回内存时触发异步的数据中止异常。

4.1.3 异常向量表

当异常发生的时候，处理器需要执行异常的处理程序。存储异常处理程序的内存位置称为异常向量，通常把所有异常向量存放在一张表中，称为异常向量表。对于 ARM64 处理器的异常级别 1、2 和 3，每个异常级别都有自己的异常向量表，异常向量表的起始虚拟地址存放在寄存器 VBAR_ELn（向量基准地址寄存器，Vector Based Address Register）中。

每个异常向量表有 16 项，分为 4 组，每组 4 项，每项的长度是 128 字节（可以存放 32 条指令）。异常级别 n 的异常向量表如表 4.1 所示。

表 4.1 异常级别 n 的异常向量表

地址	异常类型	说明
VBAR_ELn + 0x000	同步异常	当前异常级别生成的异常，使用异常级别0的栈指针寄存器SP_EL0
+ 0x080	中断	
+ 0x100	快速中断	
+ 0x180	系统错误	
+ 0x200	同步异常	当前异常级别生成的异常，使用当前异常级别的栈指针寄存器SP_ELn
+ 0x280	中断	
+ 0x300	快速中断	
+ 0x380	系统错误	
+ 0x400	同步异常	64位应用程序在异常级别（n–1）生成的异常
+ 0x480	中断	

续表

地址	异常类型	说明
+ 0x500	快速中断	
+ 0x580	系统错误	
+ 0x600	同步异常	
+ 0x680	中断	32位应用程序在异常级别（n−1）生成的异常
+ 0x700	快速中断	
+ 0x780	系统错误	

ARM64 架构内核定义的异常级别 1 的异常向量表如下：

ach/arm64/kernel/entry.S
```
    .align    11
ENTRY(vectors)
    ventry el1_sync_invalid    // 异常级别1生成的同步异常，使用栈指针寄存器SP_EL0
    ventry el1_irq_invalid     // 异常级别1生成的中断，使用栈指针寄存器SP_EL0
    ventry el1_fiq_invalid     // 异常级别1生成的快速中断，使用栈指针寄存器SP_EL0
    ventry el1_error_invalid   // 异常级别1生成的系统错误，使用栈指针寄存器SP_EL0

    ventry el1_sync            // 异常级别1生成的同步异常，使用栈指针寄存器SP_EL1
    ventry el1_irq             // 异常级别1生成的中断，使用栈指针寄存器SP_EL1
    ventry el1_fiq_invalid     // 异常级别1生成的快速中断，使用栈指针寄存器SP_EL1
    ventry el1_error_invalid   // 异常级别1生成的系统错误，使用栈指针寄存器SP_EL1

    ventry     el0_sync        // 64位应用程序在异常级别0生成的同步异常
    ventry     el0_irq         // 64位应用程序在异常级别0生成的中断
    ventry     el0_fiq_invalid // 64位应用程序在异常级别0生成的快速中断
    ventry     el0_error_invalid// 64位应用程序在异常级别0生成的系统错误

#ifdef CONFIG_COMPAT           /* 表示支持执行32位程序 */
    ventry     el0_sync_compat // 32位应用程序在异常级别0生成的同步异常
    ventry     el0_irq_compat  // 32位应用程序在异常级别0生成的中断
    ventry     el0_fiq_invalid_compat // 32位应用程序在异常级别0生成的快速中断
    ventry     el0_error_invalid_compat// 32位应用程序在异常级别0生成的系统错误
#else
    ventry     el0_sync_invalid // 32位应用程序在异常级别0生成的同步异常
    ventry     el0_irq_invalid  // 32位应用程序在异常级别0生成的中断
    ventry     el0_fiq_invalid  // 32位应用程序在异常级别0生成的快速中断
    ventry     el0_error_invalid// 32位应用程序在异常级别0生成的系统错误
#endif
END(vectors)
```

ventry 是一个宏，参数是跳转标号，即异常处理程序的标号，宏的定义如下：

arch/arm64/include/asm/assembler.h
```
    .macro    ventry    label
    .align 7
    b    \label
    .endm
```

把 "ventry el1_sync" 展开以后是：

```
.align 7
b  el1_sync
```

"`.align 7`"表示把下一条指令的地址对齐到 2^7，即对齐到 128；"`b  el1_sync`"表示跳转到标号 el1_sync。每个异常向量只有一条指令，就是跳转到对应的处理程序。

从异常级别 1 的异常向量表可以看出如下内容。

（1）有些异常向量的跳转标号带有"invalid"，说明内核不支持这些异常，例如内核不支持 ARM64 处理器的快速中断。

（2）对于内核模式（异常级别 1）生成的异常，Linux 内核选择使用异常级别 1 的栈指针寄存器。

（3）对于内核模式（异常级别 1）生成的同步异常，入口是 el1_sync。

（4）如果处理器处在内核模式（异常级别 1），中断的入口是 el1_irq。

（5）对于 64 位应用程序在用户模式（异常级别 0）下生成的同步异常，入口是 el0_sync。

（6）如果处理器正在用户模式（异常级别 0）下执行 64 位应用程序，中断的入口是 el0_irq。

（7）对于 32 位应用程序在用户模式（异常级别 0）下生成的同步异常，入口是 el0_sync_compat。

（8）如果处理器正在用户模式（异常级别 0）下执行 32 位应用程序，中断的入口是 el0_irq_compat。

在启动过程中，0 号处理器称为引导处理器，其他处理器称为从处理器。引导处理器在函数 __primary_switched() 中把寄存器 VBAR_EL1 设置为异常级别 1 的异常向量表的起始虚拟地址。

```
_head() -> stext() -> __primary_switch() -> __primary_switched()

arch/arm64/kernel/head.S
__primary_switched:
   …
   adr_l x8, vectors
   msr   vbar_el1, x8          // 把寄存器VBAR_EL1设置为异常向量表的起始虚拟地址
   isb
   …
   b   start_kernel
ENDPROC(__primary_switched)
```

从处理器在函数 __secondary_switched() 中把寄存器 VBAR_EL1 设置为异常级别 1 的异常向量表的起始虚拟地址。

```
secondary_entry() -> secondary_startup() -> __secondary_switched()

arch/arm64/kernel/head.S
__secondary_switched:
   adr_l x5, vectors
   msr   vbar_el1, x5
   isb
   …
   b   secondary_start_kernel
ENDPROC(__secondary_switched)
```

4.1.4 异常处理

当处理器取出异常处理的时候，自动执行下面的操作。

（1）把当前的处理器状态（Processor State，PSTATE）保存在寄存器 SPSR_EL1（保存

程序状态寄存器，Saved Program Status Register）中。

（2）把返回地址保存在寄存器 ELR_EL1（异常链接寄存器，Exception Link Register）中。

❑　如果是系统调用，那么返回地址是系统调用指令后面的指令。

❑　如果是除系统调用外的同步异常，那么返回地址是生成异常的指令，因为执行完异常处理程序以后需要重新执行生成异常的指令。

❑　如果是异步异常，那么返回地址是没有执行的第一条指令。

（3）把处理器状态的 DAIF 这 4 个异常掩码位都设置为 1，禁止这 4 种异常，D 是调试掩码位（Debug mask bit），A 是系统错误掩码位（SError mask bit），I 是中断掩码位（IRQ mask bit），F 是快速中断掩码位（FIQ mask bit）。

（4）如果是同步异常或系统错误异常，把生成异常的原因保存在寄存器 ESR_EL1（异常症状寄存器，Exception Syndrome Register）中。

（5）如果是同步异常，把错误地址保存在寄存器 FAR_EL1（错误地址寄存器，Fault Address Register）中。

例如：访问数据时生成的页错误异常，错误地址就是数据的虚拟地址；取指令时生成的页错误异常，错误地址就是指令的虚拟地址。

（6）如果处理器处于用户模式（异常级别 0），那么把异常级别提升到 1。

（7）根据向量基准地址寄存器 VBAR_EL1、异常类型和生成异常的异常级别计算出异常向量的虚拟地址，执行异常向量。

对于 64 位应用程序在用户模式（异常级别 0）下生成的同步异常，入口是 el0_sync，其代码如下：

```
arch/arm64/kernel/entry.S
1    el0_sync:
2    kernel_entry 0
3    mrs    x25, esr_el1                      // 读异常症状寄存器
4    lsr    x24, x25, #ESR_ELx_EC_SHIFT       // 异常类别
5    cmp    x24, #ESR_ELx_EC_SVC64            // 64位系统调用
6    b.eq   el0_svc
7    cmp    x24, #ESR_ELx_EC_DABT_LOW         // 异常级别0的数据中止
8    b.eq   el0_da
9    cmp    x24, #ESR_ELx_EC_IABT_LOW         // 异常级别0的指令中止
10   b.eq   el0_ia
11   cmp    x24, #ESR_ELx_EC_FP_ASIMD         // 访问浮点或者高级SIMD
12   b.eq   el0_fpsimd_acc
13   cmp    x24, #ESR_ELx_EC_FP_EXC64         // 浮点或者高级SIMD异常
14   b.eq   el0_fpsimd_exc
15   cmp    x24, #ESR_ELx_EC_SYS64            // 可配置陷入
16   b.eq   el0_sys
17   cmp    x24, #ESR_ELx_EC_SP_ALIGN         // 栈对齐异常
18   b.eq   el0_sp_pc
19   cmp    x24, #ESR_ELx_EC_PC_ALIGN         // 指令地址对齐异常
20   b.eq   el0_sp_pc
21   cmp    x24, #ESR_ELx_EC_UNKNOWN          // 异常级别0的未知异常
22   b.eq   el0_undef
23   cmp    x24, #ESR_ELx_EC_BREAKPT_LOW      // 异常级别0的调试异常
24   b.ge   el0_dbg
25   b      el0_inv
```

第 2 行代码，把所有通用寄存器的值保存在当前进程的内核栈中。

第 3 行和第 4 行代码，从寄存器 ESR_EL1 的第 26～31 位得到异常类别。

根据异常类别调用对应的函数。

（1）第 5 行和第 6 行代码，系统调用，调用函数 el0_svc。

（2）第 7 行和第 8 行代码，数据中止，即访问数据时的页错误异常，调用函数 el0_da。

（3）第 9 行和第 10 行代码，指令中止，即取指令时的页错误异常，调用函数 el0_ia。

（4）第 11 行和第 12 行代码，访问浮点或高级 SIMD，调用函数 el0_fpsimd_acc。

（5）第 13 行和第 14 行代码，浮点或高级 SIMD 异常，调用函数 el0_fpsimd_exc。

（6）第 15 行和第 16 行代码，可配置陷入，调用函数 el0_sys。

（7）第 17 行和第 18 行代码，栈对齐异常，调用函数 el0_sp_pc。

（8）第 19 行和第 20 行代码，指令地址对齐异常，调用函数 el0_sp_pc。

（9）第 21 行和第 22 行代码，未定义指令，调用函数 el0_undef。

（10）第 23 行和第 24 行代码，调试异常，调用函数 el0_dbg。

（11）第 25 行代码，其他同步异常，调用函数 el0_inv。

对于内核模式（异常级别 1）生成的同步异常，入口是 el1_sync，其代码如下：

```
arch/arm64/kernel/entry.S
1    el1_sync:
2    kernel_entry 1
3    mrs   x1, esr_el1                        // 读异常症状寄存器
4    lsr   x24, x1, #ESR_ELx_EC_SHIFT         // 异常类别
5    cmp   x24, #ESR_ELx_EC_DABT_CUR          // 异常级别1的数据中止
6    b.eq el1_da
7    cmp   x24, #ESR_ELx_EC_IABT_CUR          // 异常级别1的指令中止
8    b.eq el1_ia
9    cmp   x24, #ESR_ELx_EC_SYS64             // 可配置陷入
10   b.eq el1_undef
11   cmp   x24, #ESR_ELx_EC_SP_ALIGN          // 栈对齐异常
12   b.eq el1_sp_pc
13   cmp   x24, #ESR_ELx_EC_PC_ALIGN          // 指令地址对齐异常
14   b.eq el1_sp_pc
15   cmp   x24, #ESR_ELx_EC_UNKNOWN           // 异常级别1的未知异常
16   b.eq el1_undef
17   cmp   x24, #ESR_ELx_EC_BREAKPT_CUR // 异常级别1的调试异常
18   b.ge el1_dbg
19   b     el1_inv
```

第 2 行代码，把所有通用寄存器的值保存在当前进程的内核栈中。

第 3 行和第 4 行代码，从寄存器 ESR_EL1 的第 26～31 位得到异常类别。

根据异常类别调用对应的函数。

（1）第 5 行和第 6 行代码，数据中止，即访问数据时的页错误异常，调用函数 el1_da。

（2）第 7 行和第 8 行代码，指令中止，即取指令时的页错误异常，调用函数 el1_ia。

（3）第 9 行和第 10 行代码，可配置陷入，调用函数 el1_undef。

（4）第 11 行和第 12 行代码，栈对齐异常，调用函数 el1_sp_pc。

（5）第 13 行和第 14 行代码，指令地址对齐异常，调用函数 el1_sp_pc。

（6）第 15 行和第 16 行代码，未定义指令，调用函数 el1_undef。

（7）第 17 行和第 18 行代码，调试异常，调用函数 el1_dbg。

（8）第 19 行代码，其他同步异常，调用函数 el1_inv。

以 64 位应用程序在用户模式（异常级别 0）下访问数据时生成的页错误异常为例，处理函数是 el0_da，其代码如下：

```
arch/arm64/kernel/entry.S
1    el0_da:
2    mrs    x26, far_el1
3    enable_dbg_and_irq  // msr    daifclr, #(8 | 2)
4    …
5    clear_address_tag x0, x26
6    mov   x1, x25
7    mov   x2, sp
8    bl    do_mem_abort
9    b     ret_to_user
```

第 2 行代码，获取数据的虚拟地址，存放在寄存器 x26 中。

第 3 行代码，开启调试异常和中断。

第 8 行代码，调用 C 语言函数 do_mem_abort。

（1）寄存器 x0 存放第一个参数：数据的虚拟地址。

（2）寄存器 x1 存放第二个参数：寄存器 ESR_EL1 的值，即生成异常的原因。

（3）寄存器 x2 存放第三个参数：保存在内核栈里面的结构体 pt_regs 的起始地址，结构体 pt_regs 保存所有通用寄存器的值。

第 9 行代码，恢复当前进程的寄存器，返回用户模式，重新执行触发页错误异常的指令。

以在内核模式（异常级别 1）下访问数据时生成的页错误异常为例说明，处理函数是 el1_da，其代码如下：

```
arch/arm64/kernel/entry.S
1    el1_da:
2    mrs    x3, far_el1
3    enable_dbg
4    tbnz    x23, #7, 1f
5    enable_irq
6    1:
7    clear_address_tag x0, x3
8    mov   x2, sp            // 结构体 pt_regs
9    bl   do_mem_abort
10
11   disable_irq
12   kernel_exit 1
```

第 2 行代码，获取数据的虚拟地址，存放在寄存器 x3 中。

第 3 行代码，开启调试异常。

第 4 行代码，如果已经开启中断，那么不需要执行第 5 行代码。

第 5 行代码，开启中断。

第 9 行代码，调用 C 语言函数 do_mem_abort。

（1）寄存器 x0 存放第一个参数：数据的虚拟地址。

（2）寄存器 x1 存放第二个参数：寄存器 ESR_EL1 的值，即生成异常的原因。

（3）寄存器 x2 存放第三个参数：保存在内核栈里面的结构体 pt_regs 的起始地址，结构体 pt_regs 保存所有通用寄存器的值。

第 11 行代码，关闭中断。

第 12 行代码，恢复当前进程的寄存器，重新执行触发页错误异常的指令。

页错误异常的处理过程在 3.14 节中已经详细描述。

当异常处理程序执行完的时候，调用 kernel_exit 返回。kernel_exit 是一个宏，参数 el 是返回的异常级别，0 表示返回异常级别 0，1 表示返回异常级别 1，主要代码如下：

```
arch/arm64/kernel/entry.S
    .macro  kernel_exit, el
    …
    ldp  x21, x22, [sp, #S_PC]      //加载保存的寄存器ELR_EL1和SPSR_EL1的值
    …
    .if  \el == 0                   /* 如果返回用户模式（异常级别0）*/
    ldr  x23, [sp, #S_SP]
    msr  sp_el0, x23                /* 恢复异常级别0的栈指针寄存器 */
    …
    .endif

    msr  elr_el1, x21
    msr  spsr_el1, x22
    ldp  x0, x1, [sp, #16 * 0]
    ldp  x2, x3, [sp, #16 * 1]
    ldp  x4, x5, [sp, #16 * 2]
    ldp  x6, x7, [sp, #16 * 3]
    ldp  x8, x9, [sp, #16 * 4]
    ldp  x10, x11, [sp, #16 * 5]
    ldp  x12, x13, [sp, #16 * 6]
    ldp  x14, x15, [sp, #16 * 7]
    ldp  x16, x17, [sp, #16 * 8]
    ldp  x18, x19, [sp, #16 * 9]
    ldp  x20, x21, [sp, #16 * 10]
    ldp  x22, x23, [sp, #16 * 11]
    ldp  x24, x25, [sp, #16 * 12]
    ldp  x26, x27, [sp, #16 * 13]
    ldp  x28, x29, [sp, #16 * 14]
    ldr  lr, [sp, #S_LR]
    add  sp, sp, #S_FRAME_SIZE
    eret
    .endm
```

首先使用保存在内核栈里面的寄存器值恢复通用寄存器，然后执行指令 eret 返回，继续执行被打断的程序。

执行指令 eret 的时候，处理器自动使用寄存器 SPSR_EL1 保存的值恢复处理器状态，使用寄存器 ELR_EL1 保存的返回地址恢复程序计数器（Program Counter，PC）。

4.2　中断

中断是外围设备通知处理器的一种机制，典型的例子是：网卡从网络收到报文，把报文放到接收环，然后发送中断请求通知处理器，接着处理器响应中断请求，执行中断处理

程序，从网卡的接收环取走报文；网卡驱动程序发送报文的时候，把报文放到网卡的发送环，当网卡从发送环取出报文发送的时候，发送中断请求通知处理器发送完成。

4.2.1 中断控制器

外围设备不是把中断请求直接发给处理器，而是发给中断控制器，由中断控制器转发给处理器。ARM 公司提供了一种标准的中断控制器，称为通用中断控制器（Generic Interrupt Controller，GIC）。目前 GIC 架构规范有 4 个版本：v1～v4。GIC v2 最多支持 8 个处理器，GIC v3 最多支持 128 个处理器，GIC v3 和 GIC v4 只支持 ARM64 处理器。

GIC 硬件的实现形态有两种。

（1）厂商研发自己的 ARM 处理器，向 ARM 公司购买 GIC 的授权，ARM 公司提供的 GIC 型号有：GIC-400、GIC-500 和 GIC-600。GIC-400 遵循 GIC v2 规范，GIC-500 和 GIC-600 遵循 GIC v3 规范。

（2）厂商直接向 ARM 公司购买处理器的授权，这些处理器包含了 GIC。

从软件的角度看，GIC v2 控制器有两个主要的功能块。

（1）分发器（Distributor）：系统中所有的中断源连接到分发器，分发器的寄存器用来控制单个中断的属性：优先级、状态、安全、转发信息（可以被发送到哪些处理器）和使能状态。分发器决定哪个中断应该通过处理器接口转发到哪个处理器。

（2）处理器接口（CPU Interface）：处理器通过处理器接口接收中断。处理器接口提供的寄存器用来屏蔽和识别中断，控制中断的状态。每个处理器有一个单独的处理器接口。

软件通过中断号识别中断，每个中断号唯一对应一个中断源。

中断有以下 4 种类型。

（1）软件生成的中断（Software Generated Interrupt，SGI）：中断号 0～15，通常用来实现处理器间中断（Inter-Processor Interrupt，IPI）。这种中断是由软件写分发器的软件生成中断寄存器（GICD_SGIR）生成的。

（2）私有外设中断（Private Peripheral Interrupt，PPI）：中断号 16～31。处理器私有的中断源，不同处理器的相同中断源没有关系，比如每个处理器的定时器。

（3）共享外设中断（Shared Peripheral Interrupt，SPI）：中断号 32～1020。这种中断可以被中断控制器转发到多个处理器。

（4）局部特定外设中断（Locality-specific Peripheral Interrupt，LPI）：基于消息的中断。GIC v1 和 GIC v2 不支持 LPI。

中断可以是边沿触发（edge-triggered），也可以是电平触发（level-triggered）。边沿触发是在电压变化的一瞬间触发，电压由高到低变化触发的中断称为下降沿触发，电压由低到高变化触发的中断称为上升沿触发。电平触发是在高电压或低电压保持的时间内触发，低电压触发的中断称为低电平触发，高电压触发的中断称为高电平触发。

中断有以下 4 种状态。

（1）Inactive：中断源没有发送中断。

（2）Pending：中断源已经发送中断，等待处理器处理。

（3）Active：处理器已经确认中断，正在处理。

（4）Active and pending：处理器正在处理中断，相同的中断源又发送了一个中断。

中断的状态转换过程如下。

（1）Inactive -> Pending：外围设备发送了中断。

（2）Pending -> Active：处理器确认了中断。

（3）Active -> Inactive：处理器处理完中断。

处理器可以通过中断控制器的寄存器访问中断控制器。中断控制器的寄存器和物理内存使用统一的物理地址空间，把寄存器的物理地址映射到内核的虚拟地址空间，可以像访问内存一样访问寄存器。所有处理器可以访问公共的分发器，但是每个处理器使用相同的地址只能访问自己私有的处理器接口。

外围设备把中断发送给分发器，如果中断的状态是 inactive，那么切换到 pending；如果中断的状态已经是 active，那么切换到 active and pending。

分发器取出优先级最高的状态为 pending 的中断，转发到目标处理器的处理器接口，然后处理器接口把中断发送到处理器。

处理器取出中断，执行中断处理程序，中断处理程序读取处理器接口的中断确认寄存器（Interrupt Acknowledge Register），得到中断号，读取操作导致分发器里面的中断状态切换到 active。中断处理程序根据中断号可以知道中断是由哪个设备发出的，从而调用该设备的处理程序。

中断处理程序执行完的时候，把中断号写到处理器接口的中断结束寄存器（End of Interrupt Register）中，指示中断处理完成，分发器里面的中断状态从 active 切换到 inactive，或者从 active and pending 切换到 pending。

不同种类的中断控制器的访问方法存在差异，为了屏蔽差异，内核定义了中断控制器描述符 irq_chip，每种中断控制器自定义各种操作函数。GIC v2 控制器的描述符如下：

```
drivers/irqchip/irq-gic.c
static struct irq_chip gic_chip = {
    .irq_mask           = gic_mask_irq,
    .irq_unmask         = gic_unmask_irq,
    .irq_eoi            = gic_eoi_irq,
    .irq_set_type       = gic_set_type,
    .irq_get_irqchip_state = gic_irq_get_irqchip_state,
    .irq_set_irqchip_state = gic_irq_set_irqchip_state,
    .flags              = IRQCHIP_SET_TYPE_MASKED |
                          IRQCHIP_SKIP_SET_WAKE |
                          IRQCHIP_MASK_ON_SUSPEND,
};
```

4.2.2 中断域

一个大型系统可能有多个中断控制器，这些中断控制器可以级联，一个中断控制器作为中断源连接到另一个中断控制器，但只有一个中断控制器作为根控制器直接连接到处理器。为了把每个中断控制器本地的硬件中断号映射到全局唯一的 Linux 中断号（也称为虚拟中断号），内核定义了中断域 irq_domain，每个中断控制器有自己的中断域。

1．创建中断域

中断控制器的驱动程序使用分配函数 irq_domain_add_*()创建和注册中断域。每种映射方法提供不同的分配函数，调用者必须给分配函数提供 irq_domain_ops 结构体，分配函数在执行成功的时候返回 irq_domain 的指针。

中断域支持以下映射方法。

（1）线性映射（linear map）。

线性映射维护一个固定大小的表，索引是硬件中断号。如果硬件中断号的最大数量是固定的，并且比较小（小于 256），那么线性映射是好的选择。对于线性映射，分配中断域的函数如下：

```
static inline struct irq_domain *irq_domain_add_linear(struct device_node *of_node,
                         unsigned int size,
                         const struct irq_domain_ops *ops,
                         void *host_data)
{
      return __irq_domain_add(of_node_to_fwnode(of_node), size, size, 0, ops, host_data)
;
}
```

（2）树映射（tree map）。

树映射使用基数树（radix tree）保存硬件中断号到 Linux 中断号的映射。如果硬件中断号可能非常大，那么树映射是好的选择，因为不需要根据最大硬件中断号分配一个很大的表。对于树映射，分配中断域的函数如下：

```
static inline struct irq_domain *irq_domain_add_tree(struct device_node *of_node,
                         const struct irq_domain_ops *ops,
                         void *host_data)
{
      return __irq_domain_add(of_node_to_fwnode(of_node), 0, ~0, 0, ops, host_data);
}
```

（3）不映射（no map）。

有些中断控制器很强，硬件中断号是可以配置的，例如 PowerPC 架构使用的 MPIC（Multi-Processor Interrupt Controller）。我们直接把 Linux 中断号写到硬件，硬件中断号就是 Linux 中断号，不需要映射。对于不映射，分配中断域的函数如下：

```
static inline struct irq_domain *irq_domain_add_nomap(struct device_node *of_node,
                         unsigned int max_irq,
                         const struct irq_domain_ops *ops,
                         void *host_data)
{
      return __irq_domain_add(of_node_to_fwnode(of_node), 0, max_irq, max_irq, ops,
host_data);
}
```

分配函数把主要工作委托给函数__irq_domain_add()。函数__irq_domain_add()的执行过程是：分配一个 irq_domain 结构体，初始化成员，然后把中断域添加到全局链表 irq_domain_list 中。

2．创建映射

创建中断域以后，需要向中断域添加硬件中断号到 Linux 中断号的映射，内核提供了函数 irq_create_mapping：

```
unsigned int irq_create_mapping(struct irq_domain *domain, irq_hw_number_t hwirq);
```

输入参数是中断域和硬件中断号，返回 Linux 中断号。该函数首先分配 Linux 中断号，然后把硬件中断号到 Linux 中断号的映射添加到中断域。

3．查找映射

中断处理程序需要根据硬件中断号查找 Linux 中断号，内核提供了函数 irq_find_mapping：

```
unsigned int irq_find_mapping(struct irq_domain *domain, irq_hw_number_t hwirq);
```

输入参数是中断域和硬件中断号，返回 Linux 中断号。

4.2.3　中断控制器驱动初始化

1．设备树源文件

ARM64 架构使用扁平设备树（Flattened Device Tree，FDT）描述板卡的硬件信息，好处是可以把板卡特定的代码从内核中删除，编译生成通用的板卡无关的内核。驱动开发者首先编写设备树源文件（Device Tree Source，DTS），存放在目录"arch/arm64/boot/dts"下，然后使用设备树编译器（Device Tree Compiler，DTC）把设备树源文件转换成设备树二进制文件（Device Tree Blob，DTB），最后把设备树二进制文件写到存储设备上。设备启动时，引导程序把设备树二进制文件从存储设备读到内存中，引导内核的时候把设备树二进制文件的起始地址传给内核，内核解析设备树二进制文件，得到硬件信息。

设备树源文件是文本文件，扩展名是".dts"，需要在设备树源文件中描述中断的相关信息。

（1）中断控制器的信息。

（2）对于作为中断源的外围设备，需要描述设备连接到哪个中断控制器，使用哪个硬件中断号。

以文件"arch/arm64/boot/dts/arm/foundation-v8.dts"为例说明：

```
/ {
    model = "Foundation-v8A";
    compatible = "arm,foundation-aarch64", "arm,vexpress";
    interrupt-parent = <&gic>;
    #address-cells = <2>;
    #size-cells = <2>;

    …
    timer {
        compatible = "arm,armv8-timer";
        interrupts = <1 13 0xf08>,
                     <1 14 0xf08>,
```

```
                        <1 11 0xf08>,
                        <1 10 0xf08>;
            clock-frequency = <100000000>;
    };

    …

};

/ {
    gic: interrupt-controller@2c001000 {
            compatible = "arm,cortex-a15-gic", "arm,cortex-a9-gic";
            #interrupt-cells = <3>;
            #address-cells = <2>;
            interrupt-controller;
            reg = <0x0 0x2c001000 0 0x1000>,
                    <0x0 0x2c002000 0 0x2000>,
                    <0x0 0x2c004000 0 0x2000>,
                    <0x0 0x2c006000 0 0x2000>;
            interrupts = <1 9 0xf04>;
    };
};
```

节点"interrupt-controller@2c001000"描述中断控制器的信息，"gic"是标号。

（1）属性"compatible"：值是字符串列表，用来匹配驱动程序。第一个字符串指定准确的设备名称，后面的字符串指定兼容的设备名称。

（2）属性"#interrupt-cells"：指定属性"interrupts"的单元数量，一个单元是一个 32 位整数。属性"#interrupt-cells"的值为 3，表示属性"interrupts"用 3 个 32 位整数描述。

（3）属性"interrupt-controller"：表示本设备是中断控制器。

（4）属性"reg"：描述中断控制器的寄存器的物理地址范围，第一个物理地址范围是分发器的，第二个物理地址范围是处理器接口的。<0 0x2c001000 0 0x1000>表示起始地址是"0 0x2c001000"，长度是"0 0x1000"。

节点"timer"描述定时器的信息。

（1）属性"interrupts"：包含 3 个单元，依次描述中断类型、硬件中断号和中断触发方式。处理器有 4 个核，每个核对应一个定时器。

第 1 个单元是中断类型，值为 1 表示中断类型是私有外设中断，参考头文件"scripts/dtc/include-prefixes/dt-bindings/ interrupt-controller/arm-gic.h"定义的宏：GIC_SPI 为 0，GIC_PPI 为 1。

第 2 个单元是硬件中断号，4 个核的定时器分别使用硬件中断号 13、14、11 和 10。

第 3 个单元是标志位组合，参考头文件"include/linux/irq.h"定义的标志位，0xf08 是以下标志位的组合。

❑ IRQ_TYPE_LEVEL_LOW = 0x00000008 表示低电平触发。

❑ IRQ_LEVEL 　　　　　 = (1 << 8) 表示电平触发。

❑ IRQ_PER_CPU 　　　　 = (1 << 9) 表示中断是每个处理器私有的。

❑ IRQ_NOPROBE 　　　　 = (1 << 10)表示中断不能被自动探测。

❑ IRQ_NOREQUEST 　　　 = (1 << 11)表示不能通过函数 request_irq()请求中断。

（2）属性"interrupt-parent"：描述本设备的中断请求线连接到哪个中断控制器。如果本节点没有指定属性"interrupt-parent"，那么继承父节点的属性"interrupt-parent"。

节点"timer"的父节点是根节点，根节点的属性"interrupt-parent"的值是"<&gic>"，"gic"是节点"interrupt-controller@2c001000"的标号，意思是本设备的中断请求线连接到

中断控制器 "interrupt-controller@2c001000"。

中断控制器可以作为中断源连接到另一个中断控制器，所以中断控制器的节点可能有属性 "interrupts" 和 "interrupt-parent"。

2. 中断控制器匹配表

在 GIC v2 控制器的驱动程序中，定义了多个类型为 of_device_id 的静态变量，成员 compatible 是驱动程序支持的设备的名称，成员 data 是初始化函数，编译器把这些静态变量放在专用的节 "__irqchip_of_table" 里面。我们把节 "__irqchip_of_table" 称为中断控制器匹配表，里面每个表项的格式是结构体 of_device_id。

```
drivers/irqchip/irq-gic.c
IRQCHIP_DECLARE(gic_400, "arm,gic-400", gic_of_init);
…
IRQCHIP_DECLARE(cortex_a15_gic, "arm,cortex-a15-gic", gic_of_init);
IRQCHIP_DECLARE(cortex_a9_gic, "arm,cortex-a9-gic", gic_of_init);
…
```

把宏 IRQCHIP_DECLARE 展开以后是：

```
static const struct of_device_id __of_table_gic_400
    __section(__irqchip_of_table)
        = { .compatible = "arm,gic-400",
            .data = gic_of_init };
…
static const struct of_device_id __of_table_cortex_a15_gic
    __section(__irqchip_of_table)
        = { .compatible = "arm,cortex_a15_gic",
            .data = gic_of_init };
static const struct of_device_id __of_table_cortex_a9_gic
    __section(__irqchip_of_table)
        = { .compatible = "arm,cortex_a9_gic ",
            .data = gic_of_init };
…
```

编译 ARM64 架构的内核时，链接器执行下面的链接脚本，使用全局变量 __irqchip_of_table 存放节 "__irqchip_of_table" 的起始地址，也就是中断控制器匹配表的起始地址。

```
arch/arm64/kernel/vmlinux.lds.S
    …
    __initdata_begin = .;
    .init.data : {
        INIT_DATA
        …
    }
    …

include/asm-generic/vmlinux.lds.h
#define INIT_DATA                               \
    …
    IRQCHIP_OF_MATCH_TABLE()                     \
    …
```

把 IRQCHIP_OF_MATCH_TABLE() 展开以后是：

```
. = ALIGN(8);                                   \
__irqchip_of_table = .;                         \
```

```
KEEP(*(__irqchip_of_table))                              \
KEEP(*(__irqchip_of_table_end))
```

3. 初始化

在内核初始化的时候，匹配设备树文件中的中断控制器的属性"compatible"和内核的中断控制器匹配表匹配，找到合适的中断控制器驱动程序，执行驱动程序的初始化函数。函数 irqchip_init 把主要工作委托给函数 of_irq_init，传入中断控制器匹配表的起始地址 __irqchip_of_table。

```
start_kernel() -> init_IRQ() -> irqchip_init()
```

drivers/irqchip/irqchip.c
```
void __init irqchip_init(void)
{
    of_irq_init(__irqchip_of_table);
    …
}
```

（1）函数 of_irq_init。

函数 of_irq_init 的代码如下：

driver/of/irq.c
```
1    void __init of_irq_init(const struct of_device_id *matches)
2    {
3     const struct of_device_id *match;
4     struct device_node *np, *parent = NULL;
5     struct of_intc_desc *desc, *temp_desc;
6     struct list_head intc_desc_list, intc_parent_list;
7
8     INIT_LIST_HEAD(&intc_desc_list);
9     INIT_LIST_HEAD(&intc_parent_list);
10
11    for_each_matching_node_and_match(np, matches, &match) {
12        if (!of_find_property(np, "interrupt-controller", NULL) ||
13                !of_device_is_available(np))
14            continue;
15
16        …
17        desc = kzalloc(sizeof(*desc), GFP_KERNEL);
18        if (WARN_ON(!desc)) {
19            of_node_put(np);
20            goto err;
21        }
22
23        desc->irq_init_cb = match->data;
24        desc->dev = of_node_get(np);
25        desc->interrupt_parent = of_irq_find_parent(np);
26        if (desc->interrupt_parent == np)
27            desc->interrupt_parent = NULL;
28        list_add_tail(&desc->list, &intc_desc_list);
29    }
30
31    while (!list_empty(&intc_desc_list)) {
32        list_for_each_entry_safe(desc, temp_desc, &intc_desc_list, list) {
33            int ret;
34
35            if (desc->interrupt_parent != parent)
36                continue;
37
38            list_del(&desc->list);
```

```
39
40                  of_node_set_flag(desc->dev, OF_POPULATED);
41
42                  …
43                  ret = desc->irq_init_cb(desc->dev,
44                              desc->interrupt_parent);
45                  if (ret) {
46                      of_node_clear_flag(desc->dev, OF_POPULATED);
47                      kfree(desc);
48                      continue;
49                  }
50
51                  list_add_tail(&desc->list, &intc_parent_list);
52          }
53
54          desc = list_first_entry_or_null(&intc_parent_list,
55                          typeof(*desc), list);
56          if (!desc) {
57                  …
58                  break;
59          }
60          list_del(&desc->list);
61          parent = desc->dev;
62          kfree(desc);
63      }
64
65  list_for_each_entry_safe(desc, temp_desc, &intc_parent_list, list) {
66          list_del(&desc->list);
67          kfree(desc);
68  }
69  err:
70  list_for_each_entry_safe(desc, temp_desc, &intc_desc_list, list) {
71          list_del(&desc->list);
72          of_node_put(desc->dev);
73          kfree(desc);
74  }
75  }
```

第 11 行代码，遍历设备树文件的设备节点。如果属性"compatible"和中断控制器匹配表中的任何一条表项的字段"compatible"匹配，处理如下。

❑ 第 12～14 行代码，如果节点没有属性"interrupt-controller"，说明设备不是中断控制器，那么忽略该设备。

❑ 第 17 行代码，分配一个 of_intc_desc 实例。成员 irq_init_cb 保存初始化函数；成员 dev 保存本设备的 device_node 实例；成员 interrupt_parent 保存父设备。多个中断控制器可以级联，中断控制器 1 可以作为中断源连接到中断控制器 2，中断控制器 2 是中断控制器 1 的父设备。

❑ 第 28 行代码，把 of_intc_desc 实例添加到链表 intc_desc_list 中。

第 31～63 行代码，遍历链表 intc_desc_list，从根设备开始，先执行父设备的初始化函数，然后执行子设备的初始化函数。

设备树文件"arch/arm64/boot/dts/arm/foundation-v8.dts"里面中断控制器的属性"compatible"是：

```
"arm,cortex-a15-gic", "arm,cortex-a9-gic"
```

和中断控制器匹配表中的"{ .compatible = "arm,cortex_a15_gic", .data = gic_of_init }"

或 "{ .compatible = "arm,cortex_a9_gic ", .data = gic_of_init }" 匹配。

（2）函数 gic_of_init。

GIC v2 控制器的初始化函数 gic_of_init 的代码如下：

```
drivers/irqchip/irq-gic.c
1     int __init
2     gic_of_init(struct device_node *node, struct device_node *parent)
3     {
4      struct gic_chip_data *gic;
5      int irq, ret;
6
7      if (WARN_ON(!node))
8          return -ENODEV;
9
10     if (WARN_ON(gic_cnt >= CONFIG_ARM_GIC_MAX_NR))
11         return -EINVAL;
12
13     gic = &gic_data[gic_cnt];
14
15     ret = gic_of_setup(gic, node);
16     if (ret)
17         return ret;
18
19     if (gic_cnt == 0 && !gic_check_eoimode(node, &gic->raw_cpu_base))
20         static_key_slow_dec(&supports_deactivate);
21
22     ret = __gic_init_bases(gic, -1, &node->fwnode);
23     if (ret) {
24         gic_teardown(gic);
25         return ret;
26     }
27
28     if (!gic_cnt) {
29         gic_init_physaddr(node);
30         gic_of_setup_kvm_info(node);
31     }
32
33     if (parent) {
34         irq = irq_of_parse_and_map(node, 0);
35         gic_cascade_irq(gic_cnt, irq);
36     }
37
38     if (IS_ENABLED(CONFIG_ARM_GIC_V2M))
39         gicv2m_init(&node->fwnode, gic_data[gic_cnt].domain);
40
41     gic_cnt++;
42     return 0;
43  }
```

参数 node 是本中断控制器；参数 parent 是父设备，即本中断控制器作为中断源连接到的中断控制器。

第 13 行代码，从全局数组 gic_data 取一个空闲的元素来保存本中断控制器的信息。

第 15 行代码，调用函数 gic_of_setup：从设备树文件读取中断控制器的属性 "reg"，获取分发器和处理器接口的寄存器的物理地址范围，把物理地址映射到内核的虚拟地址空间。

第 22 行代码，调用函数 __gic_init_bases 以初始化结构体 gic_chip_data。

第 33 行代码，如果本中断控制器有父设备，即作为中断源连接到其他中断控制器，处理如下。

1）第 34 行代码，调用函数 irq_of_parse_and_map：从设备树文件中本设备节点的属性"interrupts"获取硬件中断号，把硬件中断号映射到 Linux 中断号 n。

2）第 35 行代码，调用函数 gic_cascade_irq：把 Linux 中断号 n 的中断描述符的成员 handle_irq()设置为函数 gic_handle_cascade_irq()。

（3）函数__gic_init_bases。

函数__gic_init_bases 的代码如下：

```
drivers/irqchip/irq-gic.c
1    static int __init __gic_init_bases(struct gic_chip_data *gic,
2                         int irq_start,
3                         struct fwnode_handle *handle)
4    {
5     char *name;
6     int i, ret;
7
8     if (WARN_ON(!gic || gic->domain))
9         return -EINVAL;
10
11    if (gic == &gic_data[0]) {
12        for (i = 0; i < NR_GIC_CPU_IF; i++)
13            gic_cpu_map[i] = 0xff;
14   #ifdef CONFIG_SMP
15        set_smp_cross_call(gic_raise_softirq);
16   #endif
17        cpuhp_setup_state_nocalls(CPUHP_AP_IRQ_GIC_STARTING,
18                    "irqchip/arm/gic:starting",
19                    gic_starting_cpu, NULL);
20        set_handle_irq(gic_handle_irq);
21        if (static_key_true(&supports_deactivate))
22            pr_info("GIC: Using split EOI/Deactivate mode\n");
23    }
24
25    if (static_key_true(&supports_deactivate) && gic == &gic_data[0]) {
26        name = kasprintf(GFP_KERNEL, "GICv2");
27        gic_init_chip(gic, NULL, name, true);
28    } else {
29        name = kasprintf(GFP_KERNEL, "GIC-%d", (int)(gic-&gic_data[0]));
30        gic_init_chip(gic, NULL, name, false);
31    }
32
33    ret = gic_init_bases(gic, irq_start, handle);
34    if (ret)
35        kfree(name);
36
37    return ret;
38   }
```

第 11 行代码，如果本中断控制器是根控制器（最先初始化根控制器，所以在数组 gic_data 中的索引是 0），处理如下。

1）第 15 行代码，把全局函数指针__smp_cross_call 设置为函数 gic_raise_softirq，用来发送软件生成的中断，即一个处理器向其他处理器发送中断。

2）第 20 行代码，把全局函数指针 handle_arch_irq 设置为函数 gic_handle_irq，该函数是中断处理程序 C 语言部分的入口。

第 25～31 行代码，调用函数 gic_init_chip 以初始化中断控制器描述符 irq_chip。

第 33 行代码，调用函数 gic_init_bases 进行初始化：为本中断控制器分配中断域，初始化中断控制器的分发器的各种寄存器，初始化中断控制器的处理器接口的各种寄存器。

4.2.4　Linux 中断处理

对于中断控制器的每个中断源，向中断域添加硬件中断号到 Linux 中断号的映射时，内核分配一个 Linux 中断号和一个中断描述符 irq_desc，如图 4.5 所示，中断描述符有两个层次的中断处理函数。

（1）第一层处理函数是中断描述符的成员 handle_irq()。

（2）第二层处理函数是设备驱动程序注册的处理函数。中断描述符有一个中断处理链表（irq_desc.action），每个中断处理描述符（irq_action）保存设备驱动程序注册的处理函数。因为多个设备可以共享同一个硬件中断号，所以中断处理链表可能挂载多个中断处理描述符。

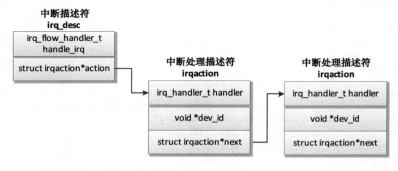

图4.5　中断描述符

怎么存储 Linux 中断号到中断描述符的映射关系？有两种实现方式。

（1）如果中断编号是稀疏的（即不连续），那么使用基数树（radix tree）存储。需要开启配置宏 CONFIG_SPARSE_IRQ。

（2）如果中断编号是连续的，那么使用数组存储。

```
kernel/irq/irqdesc.c
#ifdef CONFIG_SPARSE_IRQ
static RADIX_TREE(irq_desc_tree, GFP_KERNEL);

#else
struct irq_desc irq_desc[NR_IRQS] __cacheline_aligned_in_smp = {
    [0 ... NR_IRQS-1]  = {
            .handle_irq = handle_bad_irq,
            .depth      = 1,
            .lock       = __RAW_SPIN_LOCK_UNLOCKED(irq_desc->lock),
    }
};
#endif
```

ARM64 架构默认开启配置宏 CONFIG_SPARSE_IRQ，使用基数树存储。

把硬件中断号映射到 Linux 中断号的时候，根据硬件中断的类型设置中断描述符的成员 handle_irq()，以 GIC v2 控制器为例，函数 gic_irq_domain_map 所做的处理如下所示。

（1）如果硬件中断号小于32，说明是软件生成的中断或私有外设中断，那么把中断描述符的成员 handle_irq() 设置为函数 handle_percpu_devid_irq。

（2）如果硬件中断号大于或等于32，说明是共享外设中断，那么把中断描述符的成员 handle_irq() 设置为函数 handle_fasteoi_irq。

```
irq_create_mapping() -> irq_domain_associate() -> domain->ops->map() -> gic_irq_
domain_map()

drivers/irqchip/irq-gic.c
static int gic_irq_domain_map(struct irq_domain *d, unsigned int irq,
                    irq_hw_number_t hw)
{
        struct gic_chip_data *gic = d->host_data;

        if (hw < 32) {
                irq_set_percpu_devid(irq);
                irq_domain_set_info(d, irq, hw, &gic->chip, d->host_data,
                            handle_percpu_devid_irq, NULL, NULL);
                irq_set_status_flags(irq, IRQ_NOAUTOEN);
        } else {
                irq_domain_set_info(d, irq, hw, &gic->chip, d->host_data,
                            handle_fasteoi_irq, NULL, NULL);
                irq_set_probe(irq);
        }
        return 0;
}
```

设备驱动程序可以使用函数 request_irq() 注册中断处理函数：

```
int request_irq(unsigned int irq, irq_handler_t handler, unsigned long flags, cons
t char *name, void *dev);
```

（1）参数 irq 是 Linux 中断号。

（2）参数 handler 是处理函数。

（3）参数 flags 是标志位，可以是 0 或者以下标志位的组合。

❑ IRQF_SHARED：允许多个设备共享同一个中断号。

❑ __IRQF_TIMER：定时器中断。

❑ IRQF_PERCPU：中断是每个处理器私有的。

❑ IRQF_NOBALANCING：不允许该中断在处理器之间负载均衡。

❑ IRQF_NO_THREAD：中断不能线程化。

（4）参数 name 是设备名称。

（5）参数 dev 是传给处理函数（由参数 handler 指定）的参数。

在 ARM64 架构下，在异常级别 1 的异常向量表中，中断的入口有 3 个。

（1）如果处理器处在内核模式（异常级别 1），中断的入口是 el1_irq。

（2）如果处理器正在用户模式（异常级别 0）下执行 64 位应用程序，中断的入口是 el0_irq。

（3）如果处理器正在用户模式（异常级别 0）下执行 32 位应用程序，中断的入口是 el0_irq_compat。

假设处理器正在用户模式（异常级别 0）下执行 64 位应用程序，中断控制器是 GIC v2

控制器，Linux 中断处理流程如图 4.6 所示。

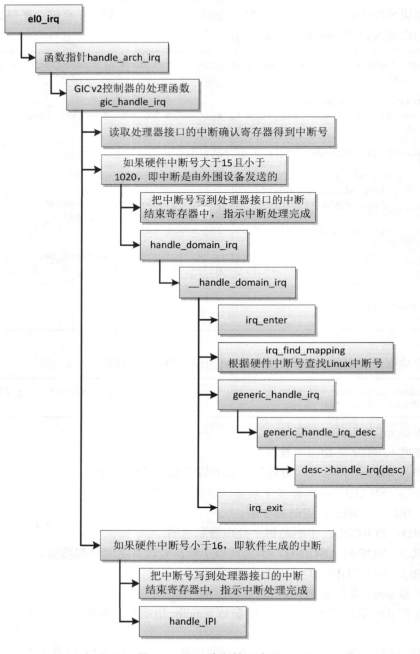

图4.6　Linux中断处理流程

（1）读取处理器接口的中断确认寄存器得到中断号，分发器里面的中断状态切换到 active。

（2）如果硬件中断号大于 15 且小于 1020，即中断是由外围设备发送的，处理如下。

❑　把中断号写到处理器接口的中断结束寄存器中，指示中断处理完成，分发器里面的中断状态从 active 切换到 inactive，或者从 active and pending 切换到 pending。

❑ 调用函数 irq_enter()，进入中断上下文。

❑ 调用函数 irq_find_mapping()，根据硬件中断号查找 Linux 中断号。

❑ 调用中断描述符的成员 handle_irq()。

❑ 调用函数 irq_exit()，退出中断上下文。

（3）如果硬件中断号小于 16，即中断是由软件生成的，处理如下。

❑ 把中断号写到处理器接口的中断结束寄存器中，指示中断处理完成。

❑ 调用函数 handle_IPI()进行处理。

函数 el0_irq 的代码如下：

```
arch/arm64/kernel/entry.S
1    .align    6
2    el0_irq:
3    kernel_entry 0
4    el0_irq_naked:
5    enable_dbg
6    …
7    irq_handler
8    …
9    b     ret_to_user
10   ENDPROC(el0_irq)
11
12   .macro    irq_handler
13   ldr_l    x1, handle_arch_irq
14   mov   x0, sp
15   irq_stack_entry
16   blr   x1
17   irq_stack_exit
18   .endm
```

第 3 行代码，把进程的寄存器值保存到内核栈。

第 5 行代码，开启调试异常。

第 7 行代码，irq_handler 是一个宏，执行过程如下。

❑ 第 15 行代码，从进程的内核栈切换到中断栈。每个处理器有一个专用的中断栈：

```
arch/arm64/kernel/irq.c
DEFINE_PER_CPU(unsigned long [IRQ_STACK_SIZE/sizeof(long)], irq_stack) __aligned(16
);
```

❑ 第 16 行代码，调用函数指针 handle_arch_irq 指向的函数。中断控制器在内核初始
化的时候设置函数指针 handle_arch_irq，GIC v2 控制器把该函数指针设置为函数
gic_handle_irq。

❑ 第 17 行代码，从中断栈切换到进程的内核栈。

第 9 行代码，使用内核栈保存的寄存器值恢复进程的寄存器，返回用户模式。

GIC v2 控制器的函数 gic_handle_irq 的代码如下：

```
drivers/irqchip/irq-gic.c
static void __exception_irq_entry gic_handle_irq(struct pt_regs *regs)
{
    u32 irqstat, irqnr;
    struct gic_chip_data *gic = &gic_data[0];
    void __iomem *cpu_base = gic_data_cpu_base(gic);
```

```
        do {
                irqstat = readl_relaxed(cpu_base + GIC_CPU_INTACK);
                irqnr = irqstat & GICC_IAR_INT_ID_MASK;

                if (likely(irqnr > 15 && irqnr < 1020)) {
                        if (static_key_true(&supports_deactivate))
                                writel_relaxed(irqstat, cpu_base + GIC_CPU_EOI);
                        handle_domain_irq(gic->domain, irqnr, regs);
                        continue;
                }
                if (irqnr < 16) {
                        writel_relaxed(irqstat, cpu_base + GIC_CPU_EOI);
                        if (static_key_true(&supports_deactivate))
                                writel_relaxed(irqstat, cpu_base + GIC_CPU_DEACTIVATE);
#ifdef CONFIG_SMP
                        smp_rmb();
                        handle_IPI(irqnr, regs);
#endif
                        continue;
                }
                break;
        } while (1);
}
```

如果是私有外设中断，那么中断描述符的成员 handle_irq()是函数 handle_percpu_devid_irq，其代码如下：

kernel/irq/chip.c
```
void handle_percpu_devid_irq(struct irq_desc *desc)
{
    struct irq_chip *chip = irq_desc_get_chip(desc);
    struct irqaction *action = desc->action;
    unsigned int irq = irq_desc_get_irq(desc);
    irqreturn_t res;

    …
    if (chip->irq_ack)
        chip->irq_ack(&desc->irq_data);

    if (likely(action)) {
        …
        res = action->handler(irq, raw_cpu_ptr(action->percpu_dev_id));
        …
    } else {
        …
    }

    if (chip->irq_eoi)
        chip->irq_eoi(&desc->irq_data);
}
```

如果是共享外设中断，那么中断描述符的成员 handle_irq()是函数 handle_fasteoi_irq，其代码如下：

kernel/irq/chip.c
```
void handle_fasteoi_irq(struct irq_desc *desc)
{
    struct irq_chip *chip = desc->irq_data.chip;

    raw_spin_lock(&desc->lock);
    if (!irq_may_run(desc))
```

```
            goto out;

    desc->istate &= ~(IRQS_REPLAY | IRQS_WAITING);

    if (unlikely(!desc->action || irqd_irq_disabled(&desc->irq_data))) {
        desc->istate |= IRQS_PENDING;
        mask_irq(desc);
        goto out;
    }

    …
    if (desc->istate & IRQS_ONESHOT)
        mask_irq(desc);

    preflow_handler(desc);
    handle_irq_event(desc);

    cond_unmask_eoi_irq(desc, chip);

    raw_spin_unlock(&desc->lock);
    return;
out:
    if (!(chip->flags & IRQCHIP_EOI_IF_HANDLED))
        chip->irq_eoi(&desc->irq_data);
    raw_spin_unlock(&desc->lock);
}
```

　　调用函数 handle_irq_event，执行设备驱动程序注册的处理函数。

　　函数 handle_irq_event 把主要工作委托给函数 __handle_irq_event_percpu。函数 __handle_irq_event_percpu 遍历中断描述符的中断处理链表，执行每个中断处理描述符的处理函数，其代码如下：

```
handle_irq_event()  ->  handle_irq_event_percpu()  ->  __handle_irq_event_percpu()
```

kernel/irq/handle.c
```
irqreturn_t __handle_irq_event_percpu(struct irq_desc *desc, unsigned int *flags)
{
    irqreturn_t retval = IRQ_NONE;
    unsigned int irq = desc->irq_data.irq;
    struct irqaction *action;

    for_each_action_of_desc(desc, action) {
        irqreturn_t res;

        …
        res = action->handler(irq, action->dev_id);
        …

        switch (res) {
        case IRQ_WAKE_THREAD:
            …
            __irq_wake_thread(desc, action);
            /*继续往下走，把 "action->flags" 作为生成随机数的一个因子 */
        case IRQ_HANDLED:
            *flags |= action->flags;
            break;

        default:
            break;
        }
        retval |= res;
```

427

```
    }

    return retval;
}
```

4.2.5　中断线程化

中断线程化就是使用内核线程处理中断，目的是减少系统关中断的时间，增强系统的实时性。内核提供的函数 request_threaded_irq()用来注册线程化的中断：

```
int request_threaded_irq(unsigned int irq, irq_handler_t handler,
            irq_handler_t thread_fn,
            unsigned long flags, const char *name, void *dev);
```

参数 thread_fn 是线程处理函数。

少数中断不能线程化，典型的例子是时钟中断，有些流氓进程不主动让出处理器，内核只能依靠周期性的时钟中断夺回处理器的控制权，时钟中断是调度器的脉搏。对于不能线程化的中断，注册处理函数的时候必须设置标志 IRQF_NO_THREAD。

如果开启了强制中断线程化的配置宏 CONFIG_IRQ_FORCED_THREADING，并且在引导内核的时候指定内核参数 "threadirqs"，那么强制除了标记 IRQF_NO_THREAD 以外的所有中断线程化。ARM64 架构默认开启配置宏 CONFIG_IRQ_FORCED_THREADING。

每个中断处理描述符（irqaction）对应一个内核线程，成员 thread 指向内核线程的进程描述符，成员 thread_fn 指向线程处理函数，其代码如下：

```
include/linux/interrupt.h
struct irqaction {
    …
    irq_handler_t       thread_fn;
    struct task_struct *thread;
    …
} ___cacheline_internodealigned_in_smp;
```

可以看到，中断处理线程是优先级为 50、调度策略是 SCHED_FIFO 的实时内核线程，名称是 "irq/" 后面跟着 Linux 中断号，线程处理函数是 irq_thread()。

```
request_threaded_irq()  ->  __setup_irq()  ->  setup_irq_thread()

kernel/irq/manage.c
static int setup_irq_thread(struct irqaction *new, unsigned int irq, bool secondary)
{
    struct task_struct *t;
    struct sched_param param = {
        .sched_priority = MAX_USER_RT_PRIO/2,
    };

    if (!secondary) {
        t = kthread_create(irq_thread, new, "irq/%d-%s", irq,
                    new->name);
    } else {
        t = kthread_create(irq_thread, new, "irq/%d-s-%s", irq,
                    new->name);
        param.sched_priority -= 1;
    }
```

```
    ...
    sched_setscheduler_nocheck(t, SCHED_FIFO, &param);
    ...
}
```

在中断处理程序中，函数__handle_irq_event_percpu 遍历中断描述符的中断处理链表，执行每个中断处理描述符的处理函数。如果处理函数返回 IRQ_WAKE_THREAD，说明是线程化的中断，那么唤醒中断处理线程。

```
handle_fasteoi_irq() -> handle_irq_event() -> handle_irq_event_percpu() -> __
handle_irq_event_percpu()
```
kernel/irq/handle.c
```
irqreturn_t __handle_irq_event_percpu(struct irq_desc *desc, unsigned int *flags)
{
    irqreturn_t retval = IRQ_NONE;
    unsigned int irq = desc->irq_data.irq;
    struct irqaction *action;

    for_each_action_of_desc(desc, action) {
        irqreturn_t res;

        ...
        res = action->handler(irq, action->dev_id);
        ...

        switch (res) {
        case IRQ_WAKE_THREAD:
            ...
            __irq_wake_thread(desc, action);
            /*继续往下走，把 "action->flags" 作为生成随机数的一个因子*/
        case IRQ_HANDLED:
            *flags |= action->flags;
            break;

        default:
            break;
        }

        retval |= res;
    }

    return retval;
}
```

中断处理线程的处理函数是 irq_thread()，调用函数 irq_thread_fn()，然后函数 irq_thread_fn()调用注册的线程处理函数。

kernel/irq/manage.c
```
static int irq_thread(void *data)
{
    struct callback_head on_exit_work;
    struct irqaction *action = data;
    struct irq_desc *desc = irq_to_desc(action->irq);
    irqreturn_t (*handler_fn)(struct irq_desc *desc,
            struct irqaction *action);

    if (force_irqthreads && test_bit(IRQTF_FORCED_THREAD,
                        &action->thread_flags))
        handler_fn = irq_forced_thread_fn;
    else
```

429

```
        handler_fn = irq_thread_fn;

    …
    while (!irq_wait_for_interrupt(action)) {
        irqreturn_t action_ret;

        …
        action_ret = handler_fn(desc, action);
        …
    }

    …
    return 0;
}

static irqreturn_t  irq_thread_fn(struct irq_desc *desc, struct irqaction *action)
{
    irqreturn_t ret;

    ret = action->thread_fn(action->irq, action->dev_id);
    irq_finalize_oneshot(desc, action);
    return ret;
}
```

4.2.6　禁止/开启中断

软件可以禁止中断，使处理器不响应所有中断请求，但是不可屏蔽中断（Non Maskable Interrupt，NMI）是个例外。

禁止中断的接口如下。
（1）local_irq_disable()。
（2）local_irq_save(flags)：首先把中断状态保存在参数 flags 中，然后禁止中断。
这两个接口只能禁止本处理器的中断，不能禁止其他处理器的中断。禁止中断以后，处理器不会响应中断请求。

开启中断的接口如下。
（1）local_irq_enable()。
（2）local_irq_restore(flags)：恢复本处理器的中断状态。
local_irq_disable()和 local_irq_enable()不能嵌套使用，local_irq_save(flags)和 local_irq_restore(flags)可以嵌套使用。

ARM64 架构禁止中断的函数 local_irq_disable()如下：

```
local_irq_disable() -> raw_local_irq_disable() -> arch_local_irq_disable()

arch/arm64/include/asm/irqflags.h
static inline void arch_local_irq_disable(void)
{
    asm volatile(
        "msr        daifset, #2         // arch_local_irq_disable"
        :
        :
```

```
            : "memory");
}
```

把处理器状态的中断掩码位设置成 1，从此以后处理器不会响应中断请求。

ARM64 架构开启中断的函数 local_irq_enable()如下：

```
local_irq_enable() -> raw_local_irq_enable() -> arch_local_irq_enable()
```

arch/arm64/include/asm/irqflags.h
```
static inline void arch_local_irq_enable(void)
{
        asm volatile(
            "msr          daifclr, #2     // arch_local_irq_enable"
            :
            :
            : "memory");
}
```

把处理器状态的中断掩码位设置成 0。

4.2.7　禁止/开启单个中断

软件可以禁止某个外围设备的中断，中断控制器不会把该设备发送的中断转发给处理器。

禁止单个中断的函数是：

```
void disable_irq(unsigned int irq);
```

参数 irq 是 Linux 中断号。

开启单个中断的函数是：

```
void enable_irq(unsigned int irq);
```

参数 irq 是 Linux 中断号。

对于 ARM64 架构的 GIC 控制器，如果需要开启硬件中断 n，那么设置分发器的寄存器 GICD_ISENABLERn（Interrupt Set-Enable Register）；如果需要禁止硬件中断 n，那么设置分发器的寄存器 GICD_ICENABLERn（Interrupt Clear-Enable Register）。

假设某个外围设备的硬件中断号是 n，当这个外围设备发送中断给分发器的时候，只有在分发器上开启了硬件中断 n，分发器才会把硬件中断 n 转发给处理器。

4.2.8　中断亲和性

在多处理器系统中，管理员可以设置中断亲和性，允许中断控制器把某个中断转发给哪些处理器，有两种配置方法。

（1）写文件 "/proc/irq/IRQ#/smp_affinity"，参数是位掩码。

（2）写文件 "/proc/irq/IRQ#/smp_affinity_list"，参数是处理器列表。

例如,管理员想要配置允许中断控制器把 Linux 中断号为 32 的中断转发给处理器 0~3,配置方法有两种。

(1) echo 0f > /proc/irq/32/smp_affinity。

(2) echo 0-3 > /proc/irq/32/smp_affinity_list。

配置完以后,可以连续执行命令 "cat /proc/interrupts | grep 'CPU\|32:'",观察是否只有处理器 0~3 收到了 Linux 中断号为 32 的中断。

内核提供了设置中断亲和性的函数:

```
int irq_set_affinity(unsigned int irq, const struct cpumask *cpumask);
```

参数 irq 是 Linux 中断号,参数 cpumask 是处理器位掩码。

对于 ARM64 架构的 GIC 控制器,可以设置分发器的寄存器 GICD_ITARGETSRn(中断目标寄存器,Interrupt Targets Register)允许把硬件中断 n 转发到哪些处理器,硬件中断 n 必须是共享外设中断。

4.2.9　处理器间中断

处理器间中断(Inter-Processor Interrupt,IPI)是一种特殊的中断,在多处理器系统中,一个处理器可以向其他处理器发送中断,要求目标处理器执行某件事情。

常见的使用处理器间中断的函数如下。

(1) 在所有其他处理器上执行一个函数。

```
int smp_call_function(smp_call_func_t func, void *info, int wait);
```

参数 func 是要执行的函数,目标处理器在中断处理程序中执行该函数;参数 info 是传给函数 func 的参数;参数 wait 表示是否需要等待目标处理器执行完函数。

(2) 在指定的处理器上执行一个函数。

```
int smp_call_function_single(int cpu, smp_call_func_t func, void *info, int wait);
```

(3) 要求指定的处理器重新调度进程。

```
void smp_send_reschedule(int cpu);
```

对于 ARM64 架构的 GIC 控制器,把处理器间中断称为软件生成的中断,可以写分发器的寄存器 GICD_SGIR(软件生成中断寄存器,Software Generated Interrupt Register)以生成处理器间中断。

假设处理器正在用户模式(异常级别 0)下执行 64 位应用程序,中断控制器是 GIC v2 控制器,处理处理器间中断的执行流程如图 4.7 所示。

函数 handle_IPI 负责处理处理器间中断,参数 ipinr 是硬件中断号,其代码如下:

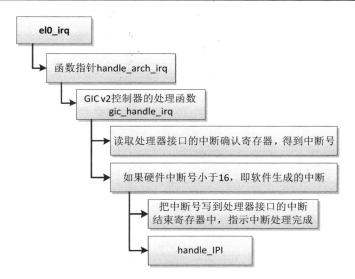

图4.7 处理处理器间中断

arch/arm64/kernel/smp.c
```
void handle_IPI(int ipinr, struct pt_regs *regs)
{
        unsigned int cpu = smp_processor_id();
        struct pt_regs *old_regs = set_irq_regs(regs);

        …
        switch (ipinr) {
        case IPI_RESCHEDULE:
                scheduler_ipi();
                break;

        case IPI_CALL_FUNC:
                irq_enter();
                generic_smp_call_function_interrupt();
                irq_exit();
                break;

        case IPI_CPU_STOP:
                irq_enter();
                ipi_cpu_stop(cpu);
                irq_exit();
                break;

        case IPI_CPU_CRASH_STOP:
                if (IS_ENABLED(CONFIG_KEXEC_CORE)) {
                        irq_enter();
                        ipi_cpu_crash_stop(cpu, regs);

                        unreachable();
                }
                break;

#ifdef CONFIG_GENERIC_CLOCKEVENTS_BROADCAST
        case IPI_TIMER:
                irq_enter();
                tick_receive_broadcast();
                irq_exit();
                break;
```

```
#endif

#ifdef CONFIG_IRQ_WORK
    case IPI_IRQ_WORK:
        irq_enter();
        irq_work_run();
        irq_exit();
        break;
#endif

#ifdef CONFIG_ARM64_ACPI_PARKING_PROTOCOL
    case IPI_WAKEUP:
        WARN_ONCE(!acpi_parking_protocol_valid(cpu),
            "CPU%u: Wake-up IPI outside the ACPI parking protocol\n",
            cpu);
        break;
#endif

    default:
        pr_crit("CPU%u: Unknown IPI message 0x%x\n", cpu, ipinr);
        break;
    }

    …
    set_irq_regs(old_regs);
}
```

目前支持 7 种处理器间中断。

（1）IPI_RESCHEDULE：硬件中断号是 0，重新调度进程，函数 smp_send_reschedule()生成的中断。

（2）IPI_CALL_FUNC：硬件中断号是 1，执行函数，函数 smp_call_function()生成的中断。

（3）IPI_CPU_STOP：硬件中断号是 2，使处理器停止，函数 smp_send_stop()生成的中断。

（4）IPI_CPU_CRASH_STOP：硬件中断号是 3，使处理器停止，函数 smp_send_crash_stop()生成的中断。

（5）IPI_TIMER：硬件中断号是 4，广播的时钟事件，函数 tick_broadcast()生成的中断。

（6）IPI_IRQ_WORK：硬件中断号是 5，在硬中断上下文中执行回调函数，函数 irq_work_queue()生成的中断。

（7）IPI_WAKEUP：硬件中断号是 6，唤醒处理器，函数 acpi_parking_protocol_cpu_boot()生成的中断。

4.3　中断下半部

为了避免处理复杂的中断嵌套，中断处理程序是在关闭中断的情况下执行的。可是，如果关闭中断的时间太长，可能导致中断请求丢失。例如周期时钟每隔 10 毫秒发送一个中断请求，如果执行某个中断处理程序花费的时间超过 10 毫秒，在这段时间里时钟发送了两个中断请求，但是处理器只认为收到一个时钟中断请求。

最激进的解决办法是中断线程化，但是常用的解决办法是：把中断处理程序分为两部分，上半部（top half，th）在关闭中断的情况下执行，只做对时间非常敏感、与硬件相关或者不能被其他中断打断的工作；下半部（bottom half，bh）在开启中断的情况下执行，可以被其他中断打断。

上半部称为硬中断（hardirq），下半部有 3 种：软中断（softirq）、小任务（tasklet）和工作队列（workqueue）。3 种下半部的区别如下。

（1）软中断和小任务不允许睡眠；工作队列是使用内核线程实现的，处理函数可以睡眠。

（2）软中断的种类是编译时静态定义的，在运行时不能添加或删除；小任务可以在运行时添加或删除。

（3）同一种软中断的处理函数可以在多个处理器上同时执行，处理函数必须是可以重入的，需要使用锁保护临界区；一个小任务同一时刻只能在一个处理器上执行，不要求处理函数是可以重入的。

4.3.1　软中断

软中断（softirq）是中断处理程序在开启中断的情况下执行的部分，可以被硬中断抢占。

内核定义了一张软中断向量表，每种软中断有一个唯一的编号，对应一个 softirq_action 实例，softirq_action 实例的成员 action 是处理函数。

```
kernel/softirq.c
static struct softirq_action softirq_vec[NR_SOFTIRQS] __cacheline_aligned_in_smp;

include/linux/interrupt.h
struct softirq_action
{
    void (*action)(struct softirq_action *);
};
```

1. 软中断的种类

目前内核定义了 10 种软中断，各种软中断的编号如下：

```
include/linux/interrupt.h
enum
{
    HI_SOFTIRQ=0,
    TIMER_SOFTIRQ,
    NET_TX_SOFTIRQ,
    NET_RX_SOFTIRQ,
    BLOCK_SOFTIRQ,
    IRQ_POLL_SOFTIRQ,
    TASKLET_SOFTIRQ,
    SCHED_SOFTIRQ,
    HRTIMER_SOFTIRQ, /* 没有使用，但是保留，因为有些工具依赖这个编号 */
    RCU_SOFTIRQ,     /* RCU软中断应该总是最后一个软中断 */

    NR_SOFTIRQS
};
```

（1）HI_SOFTIRQ：高优先级的小任务。

（2）TIMER_SOFTIRQ：定时器软中断。

（3）NET_TX_SOFTIRQ：网络栈发送报文的软中断。

（4）NET_RX_SOFTIRQ：网络栈接收报文的软中断。

（5）BLOCK_SOFTIRQ：块设备软中断。

（6）IRQ_POLL_SOFTIRQ：支持 I/O 轮询的块设备软中断。

（7）TASKLET_SOFTIRQ：低优先级的小任务。

（8）SCHED_SOFTIRQ：调度软中断，用于在处理器之间负载均衡。

（9）HRTIMER_SOFTIRQ：高精度定时器，这种软中断已经被废弃，目前在中断处理程序的上半部处理高精度定时器。

（10）RCU_SOFTIRQ：RCU 软中断。

软中断的编号形成了优先级顺序，编号小的软中断优先级高。

2．注册软中断的处理函数

函数 open_softirq()用来注册软中断的处理函数，在软中断向量表中为指定的软中断编号设置处理函数。

```
kernel/softirq.c
void open_softirq(int nr, void (*action)(struct softirq_action *))
{
    softirq_vec[nr].action = action;
}
```

同一种软中断的处理函数可以在多个处理器上同时执行，处理函数必须是可以重入的，需要使用锁保护临界区。

3．触发软中断

函数 raise_softirq 用来触发软中断，参数是软中断编号。

```
void raise_softirq(unsigned int nr);
```

在已经禁止中断的情况下可以调用函数 raise_softirq_irqoff 来触发软中断。

```
void raise_softirq_irqoff(unsigned int nr);
```

函数 raise_softirq 在当前处理器的待处理软中断位图中为指定的软中断编号设置对应的位，如下所示：

```
raise_softirq() -> raise_softirq_irqoff() -> __raise_softirq_irqoff()

kernel/softirq.c
void __raise_softirq_irqoff(unsigned int nr)
{
    or_softirq_pending(1UL << nr);
}
```

把宏 or_softirq_pending 展开以后是：

```
irq_stat[smp_processor_id()].__softirq_pending |= (1UL << nr);
```

4．执行软中断

内核执行软中断的地方如下。

（1）在中断处理程序的后半部分执行软中断，对执行时间有限制：不能超过 2 毫秒，并且最多执行 10 次。

（2）每个处理器有一个软中断线程，调度策略是 SCHED_NORMAL，优先级是 120。

（3）开启软中断的函数 local_bh_enable()。

如果开启了强制中断线程化的配置宏 CONFIG_IRQ_FORCED_THREADING，并且在引导内核的时候指定内核参数 "threadirqs"，那么所有软中断由软中断线程执行。

（1）中断处理程序执行软中断。

在中断处理程序的后半部分，调用函数 irq_exit() 以退出中断上下文，处理软中断，其代码如下：

```
kernel/softirq.c
void irq_exit(void)
{
    …
    preempt_count_sub(HARDIRQ_OFFSET);
    if (!in_interrupt() && local_softirq_pending())
        invoke_softirq();
    …
}
```

如果 in_interrupt() 为真，表示在不可屏蔽中断、硬中断或软中断上下文，或者禁止软中断。

如果正在处理的硬中断没有抢占正在执行的软中断，没有禁止软中断，并且当前处理器的待处理软中断位图不是空的，那么调用函数 invoke_softirq() 来处理软中断。

函数 invoke_softirq 的代码如下：

```
kernel/softirq.c
1    static inline void invoke_softirq(void)
2    {
3      if (ksoftirqd_running())
4          return;
5
6      if (!force_irqthreads) {
7          __do_softirq();
8      } else {
9          wakeup_softirqd();
10     }
11   }
```

第 3 行代码，如果软中断线程处于就绪状态或运行状态，那么让软中断线程执行软中断。

第 6 行和第 7 行代码，如果没有强制中断线程化，那么调用函数 __do_softirq() 执行软中断。

第 8 行和第 9 行代码，如果强制中断线程化，那么唤醒软中断线程执行软中断。

函数 __do_softirq 是执行软中断的核心函数，其主要代码如下：

```
kernel/softirq.c
1    #define MAX_SOFTIRQ_TIME  msecs_to_jiffies(2)
2    #define MAX_SOFTIRQ_RESTART 10
3    asmlinkage __visible void __softirq_entry __do_softirq(void)
4    {
5      unsigned long end = jiffies + MAX_SOFTIRQ_TIME;
6      unsigned long old_flags = current->flags;
7      int max_restart = MAX_SOFTIRQ_RESTART;
8      struct softirq_action *h;
9      bool in_hardirq;
10     __u32 pending;
11     int softirq_bit;
```

```
12
13    …
14    pending = local_softirq_pending();
15    …
16    __local_bh_disable_ip(_RET_IP_, SOFTIRQ_OFFSET);
17    …
18
19  restart:
20    set_softirq_pending(0);
21
22    local_irq_enable();
23
24    h = softirq_vec;
25
26    while ((softirq_bit = ffs(pending))) {
27        …
28        h += softirq_bit - 1;
29        …
30        h->action(h);
31        …
32        h++;
33        pending >>= softirq_bit;
34    }
35
36    …
37    local_irq_disable();
38
39    pending = local_softirq_pending();
40    if (pending) {
41        if (time_before(jiffies, end) && !need_resched() &&
42            --max_restart)
43            goto restart;
44
45        wakeup_softirqd();
46    }
47
48    …
49    __local_bh_enable(SOFTIRQ_OFFSET);
50    …
51  }
```

第 14 行代码，把局部变量 pending 设置为当前处理器的待处理软中断位图。

第 16 行代码，把抢占计数器的软中断计数加 1。

第 20 行代码，把当前处理器的待处理软中断位图重新设置为 0。

第 22 行代码，开启硬中断。

第 26～34 行代码，从低位向高位扫描待处理软中断位图，针对每个设置了对应位的软中断编号，执行软中断的处理函数。

第 37 行代码，禁止硬中断。

第 40 行代码，如果软中断的处理函数又触发软中断，处理如下。

❑　第 41～43 行代码，如果软中断的执行时间小于 2 毫秒，不需要重新调度进程，并且软中断的执行次数没超过 10，那么跳转到第 19 行代码继续执行软中断。

❑　第 45 行代码，唤醒软中断线程执行软中断。

第 49 行代码，把抢占计数器的软中断计数减 1。

（2）软中断线程

每个处理器有一个软中断线程，名称是"ksoftirqd/"后面跟着处理器编号，调度策略是 SCHED_NORMAL，优先级是 120。

软中断线程的核心函数是 run_ksoftirqd()，其代码如下：

```
kernel/softirq.c
static void run_ksoftirqd(unsigned int cpu)
{
        local_irq_disable();
        if (local_softirq_pending()) {
            __do_softirq();
            local_irq_enable();
            …
            return;
        }
        local_irq_enable();
}
```

（3）开启软中断时执行软中断。

当进程调用函数 local_bh_enable() 开启软中断的时候，如果是开启最外层的软中断，并且当前处理器的待处理软中断位图不是空的，那么执行软中断。

```
local_bh_enable() -> __local_bh_enable_ip()

kernel/softirq.c
void __local_bh_enable_ip(unsigned long ip, unsigned int cnt)
{
    …
    preempt_count_sub(cnt - 1);

    if (unlikely(!in_interrupt() && local_softirq_pending())) {
            do_softirq();
    }

    preempt_count_dec();
    …
}
```

5. 抢占计数器

在介绍"禁止/开启软中断"之前，首先了解一下抢占计数器这个背景知识。

每个进程的 thread_info 结构体有一个抢占计数器：int preempt_count，它用来表示当前进程能不能被抢占。

抢占是指当进程在内核模式下运行的时候可以被其他进程抢占，如果优先级更高的进程处于就绪状态，强行剥夺当前进程的处理器使用权。

但是有时候进程可能在执行一些关键操作，不能被抢占，所以内核设计了抢占计数器。如果抢占计数器为 0，表示可以被抢占；如果抢占计数器不为 0，表示不能被抢占。

当中断处理程序返回的时候，如果进程在被打断的时候正在内核模式下执行，就会检查抢占计数器是否为 0。如果抢占计数器是 0，可以让优先级更高的进程抢占当前进程。

虽然抢占计数器不为 0 意味着禁止抢占，但是内核进一步按照各种场景对抢占计数器的位进行了划分，如图 4.8 所示。

其中第 0～7 位是抢占计数，第 8～15 位是软中断计数，第 16～19 位是硬中断计数，第 20 位是不可屏蔽中断（Non Maskable Interrupt，NMI）计数。

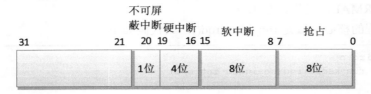

图4.8　进程的抢占计数器

```
include/linux/preempt.h
/*
 *          PREEMPT_MASK:  0x000000ff
 *          SOFTIRQ_MASK:  0x0000ff00
 *          HARDIRQ_MASK:  0x000f0000
 *              NMI_MASK:  0x00100000
 */
#define PREEMPT_BITS 8
#define SOFTIRQ_BITS 8
#define HARDIRQ_BITS 4
#define NMI_BITS     1
```

各种场景分别利用各自的位禁止或开启抢占。

（1）普通场景（PREEMPT_MASK）：对应函数 preempt_disable() 和 preempt_enable()。

（2）软中断场景（SOFTIRQ_MASK）：对应函数 local_bh_disable() 和 local_bh_enable()。

（3）硬中断场景（HARDIRQ_MASK）：对应函数 __irq_enter() 和 __irq_exit()。

（4）不可屏蔽中断场景（NMI_MASK）：对应函数 nmi_enter() 和 nmi_exit()。

反过来，我们可以通过抢占计数器的值判断当前处在什么场景：

```
include/linux/preempt.h
#define in_irq()            (hardirq_count())
#define in_softirq()        (softirq_count())
#define in_interrupt()      (irq_count())
#define in_serving_softirq() (softirq_count() & SOFTIRQ_OFFSET)
#define in_nmi()            (preempt_count() & NMI_MASK)
#define in_task()           (!(preempt_count() & \
                            (NMI_MASK | HARDIRQ_MASK | SOFTIRQ_OFFSET)))

#define hardirq_count() (preempt_count() & HARDIRQ_MASK)
#define softirq_count() (preempt_count() & SOFTIRQ_MASK)
#define irq_count()     (preempt_count() & (HARDIRQ_MASK | SOFTIRQ_MASK \
                | NMI_MASK))
```

in_irq() 表示硬中断场景，也就是正在执行硬中断。

in_softirq() 表示软中断场景，包括禁止软中断和正在执行软中断。

in_interrupt() 表示正在执行不可屏蔽中断、硬中断或软中断，或者禁止软中断。

in_serving_softirq() 表示正在执行软中断。

in_nmi() 表示不可屏蔽中断场景。

in_task() 表示普通场景，也就是进程上下文。

6．禁止/开启软中断

如果进程和软中断可能访问同一个对象，那么进程和软中断需要互斥，进程需要禁止软中断。

禁止软中断的函数是 local_bh_disable()，注意：这个函数只能禁止本处理器的软中断，不能禁止其他处理器的软中断。该函数把抢占计数器的软中断计数加 2，其代码如下：

```
include/linux/bottom_half.h
static inline void local_bh_disable(void)
{
        __local_bh_disable_ip(_THIS_IP_, SOFTIRQ_DISABLE_OFFSET);
}

static __always_inline void __local_bh_disable_ip(unsigned long ip, unsigned int cn
t)
{
        preempt_count_add(cnt);
        barrier();
}

include/linux/preempt.h
#define SOFTIRQ_DISABLE_OFFSET  (2 * SOFTIRQ_OFFSET)
```

开启软中断的函数是 local_bh_enable()，该函数把抢占计数器的软中断计数减 2。

为什么禁止软中断的函数 local_bh_disable() 把抢占计数器的软中断计数加 2，而不是加 1 呢？目的是区分禁止软中断和正在执行软中断这两种情况。执行软中断的函数 __do_softirq() 把抢占计数器的软中断计数加 1。如果软中断计数是奇数，可以确定正在执行软中断。

4.3.2　小任务

小任务（tasklet，有的书中翻译为"任务蕾"）是基于软中断实现的。为什么要提供小任务？因为小任务相对软中断有以下优势。

（1）软中断的种类是编译时静态定义的，在运行时不能添加或删除；小任务可以在运行时添加或删除。

（2）同一种软中断的处理函数可以在多个处理器上同时执行，处理函数必须是可以重入的，需要使用锁保护临界区；一个小任务同一时刻只能在一个处理器上执行，不要求处理函数是可以重入的。

小任务根据优先级分为两种：低优先级小任务和高优先级小任务。

1. 数据结构

小任务的数据结构如下：

```
include/linux/interrupt.h
struct tasklet_struct
{
    struct tasklet_struct *next;
    unsigned long state;
    atomic_t count;
    void (*func)(unsigned long);
    unsigned long data;
};
```

成员 next 用来把小任务添加到单向链表中。

成员 state 是小任务的状态，取值如下。

（1）0：小任务没有被调度。

（2）(1 << TASKLET_STATE_SCHED)：小任务被调度，即将被执行。

（3）(1 << TASKLET_STATE_RUN)：只在多处理器系统中使用，表示小任务正在执行。

成员 count 是计数，0 表示允许小任务被执行，非零值表示禁止小任务被执行。

成员 func 是处理函数，成员 data 是传给处理函数的参数。

每个处理器有两条单向链表：低优先级小任务链表和高优先级小任务链表。

```
kernel/softirq.c
struct tasklet_head {
    struct tasklet_struct *head;
    struct tasklet_struct **tail;
};

static DEFINE_PER_CPU(struct tasklet_head, tasklet_vec);
static DEFINE_PER_CPU(struct tasklet_head, tasklet_hi_vec);
```

2. 编程接口

定义一个静态的小任务，并且允许小任务被执行，方法如下：

```
DECLARE_TASKLET(name, func, data)
```

定义一个静态的小任务，并且禁止小任务被执行，方法如下：

```
DECLARE_TASKLET_DISABLED(name, func, data)
```

在运行时动态初始化小任务，并且允许小任务被执行，方法如下：

```
void tasklet_init(struct tasklet_struct *t, void (*func)(unsigned long), unsigned long data);
```

函数 tasklet_disable()用来禁止小任务被执行，如果小任务正在被执行，该函数等待小任务执行完。

```
void tasklet_disable(struct tasklet_struct *t);
```

函数 tasklet_disable_nosync()用来禁止小任务被执行，如果小任务正在被执行，该函数不会等待小任务执行完。

```
void tasklet_disable_nosync(struct tasklet_struct *t);
```

函数 tasklet_enable()用来允许小任务被执行。

```
void tasklet_enable(struct tasklet_struct *t);
```

函数 tasklet_schedule()用来调度低优先级小任务：把小任务添加到当前处理器的低优先级小任务链表中，并且触发低优先级小任务软中断。

```
void tasklet_schedule(struct tasklet_struct *t);
```

函数 tasklet_hi_schedule()用来调度高优先级小任务：把小任务添加到当前处理器的高优先级小任务链表的尾部，并且触发高优先级小任务软中断。

```
void tasklet_hi_schedule(struct tasklet_struct *t);
```

函数 tasklet_hi_schedule_first()用来调度高优先级小任务：把小任务添加到当前处理器

的高优先级小任务链表的首部，并且触发高优先级小任务软中断。

```
void tasklet_hi_schedule_first(struct tasklet_struct *t);
```

函数 tasklet_kill()用来杀死小任务，确保小任务不会被调度和执行。如果小任务正在被执行，该函数等待小任务执行完。通常在卸载内核模块的时候调用该函数。

```
void tasklet_kill(struct tasklet_struct *t);
```

3. 技术原理

小任务是基于软中断实现的，根据优先级分为两种：低优先级小任务和高优先级小任务。软中断 HI_SOFTIRQ 执行高优先级小任务，软中断 TASKLET_SOFTIRQ 执行低优先级小任务。

（1）调度小任务。

函数 tasklet_schedule()用来调度低优先级小任务，函数 tasklet_hi_schedule()用来调度高优先级小任务。以函数 tasklet_schedule()为例说明，其代码如下：

```
include/linux/interrupt.h
static inline void tasklet_schedule(struct tasklet_struct *t)
{
        if (!test_and_set_bit(TASKLET_STATE_SCHED, &t->state))
            __tasklet_schedule(t);
}

kernel/softirq.c
void __tasklet_schedule(struct tasklet_struct *t)
{
    unsigned long flags;

    local_irq_save(flags);
    t->next = NULL;
    *__this_cpu_read(tasklet_vec.tail) = t;
    __this_cpu_write(tasklet_vec.tail, &(t->next));
    raise_softirq_irqoff(TASKLET_SOFTIRQ);
    local_irq_restore(flags);
}
```

如果小任务没有被调度过，那么首先设置调度标志位，然后把小任务添加到当前处理器的低优先级小任务链表的尾部，最后触发软中断 TASKLET_SOFTIRQ。

（2）执行小任务。

初始化的时候，把软中断 TASKLET_SOFTIRQ 的处理函数注册为函数 tasklet_action，把软中断 HI_SOFTIRQ 的处理函数注册为函数 tasklet_hi_action。

```
kernel/softirq.c
void __init softirq_init(void)
{
    …
    open_softirq(TASKLET_SOFTIRQ, tasklet_action);
    open_softirq(HI_SOFTIRQ, tasklet_hi_action);
}
```

以函数 tasklet_action()为例说明，其代码如下：

```
kernel/softirq.c
```

```
1    static __latent_entropy void tasklet_action(struct softirq_action *a)
2    {
3      struct tasklet_struct *list;
4
5      local_irq_disable();
6      list = __this_cpu_read(tasklet_vec.head);
7      __this_cpu_write(tasklet_vec.head, NULL);
8      __this_cpu_write(tasklet_vec.tail, this_cpu_ptr(&tasklet_vec.head));
9      local_irq_enable();
10
11     while (list) {
12         struct tasklet_struct *t = list;
13
14         list = list->next;
15
16         if (tasklet_trylock(t)) {
17             if (!atomic_read(&t->count)) {
18                 if (!test_and_clear_bit(TASKLET_STATE_SCHED,
19                                         &t->state))
20                     BUG();
21                 t->func(t->data);
22                 tasklet_unlock(t);
23                 continue;
24             }
25             tasklet_unlock(t);
26         }
27
28         local_irq_disable();
29         t->next = NULL;
30         *__this_cpu_read(tasklet_vec.tail) = t;
31         __this_cpu_write(tasklet_vec.tail, &(t->next));
32         __raise_softirq_irqoff(TASKLET_SOFTIRQ);
33         local_irq_enable();
34     }
35   }
```

第 6～8 行代码，把当前处理器的低优先级小任务链表中的所有小任务移到临时链表 list 中。

第 11 行代码，遍历临时链表 list，依次处理每个小任务，如下。

1）第 16 行代码，尝试锁住小任务，确保一个小任务同一时刻只在一个处理器上执行。

2）第 17 行代码，如果小任务的计数为 0，表示允许小任务被执行。

3）第 18 行代码，清除小任务的调度标志位，其他处理器可以调度这个小任务，但是不能执行这个小任务。

4）第 21 行代码，执行小任务的处理函数。

5）第 22 行代码，释放小任务的锁，其他处理器就可以执行这个小任务了。

6）第 29～32 行代码，如果尝试锁住小任务失败（表示小任务正在其他处理器上执行），或者禁止小任务被执行，那么把小任务重新添加到当前处理器的低优先级小任务链表的尾部，然后触发软中断 TASKLET_SOFTIRQ。

4.3.3　工作队列

工作队列（work queue）是使用内核线程异步执行函数的通用机制。

工作队列是中断处理程序的一种下半部机制，中断处理程序可以把耗时比较长并且可能睡眠的函数交给工作队列执行。

工作队列不完全是中断处理程序的下半部。内核的很多模块需要异步执行函数,这些模块可以创建一个内核线程来异步执行函数。但是,如果每个模块都创建自己的内核线程,会造成内核线程的数量过多,内存消耗比较大,影响系统性能。所以,最好的方法是提供一种通用机制,让这些模块把需要异步执行的函数交给工作队列执行,共享内核线程,节省资源。

1. 编程接口

内核使用工作项保存需要异步执行的函数,工作项的数据类型是 work_struct,需要异步执行的函数的原型如下所示:

```
typedef void(*work_func_t)(struct work_struct *work);
```

有一类工作项称为延迟工作项,数据类型是 delayed_work。把延迟工作项添加到工作队列中的时候,延迟一段时间才会真正地把工作项添加到工作队列中。延迟工作项是工作项和定时器的结合,可以避免使用者自己创建定时器。

我们可以使用内核定义的工作队列,也可以自己创建专用的工作队列。内核定义了以下工作队列:

```
include/linux/workqueue.h
extern struct workqueue_struct *system_wq;
extern struct workqueue_struct *system_highpri_wq;
extern struct workqueue_struct *system_long_wq;
extern struct workqueue_struct *system_unbound_wq;
extern struct workqueue_struct *system_freezable_wq;
extern struct workqueue_struct *system_power_efficient_wq;
extern struct workqueue_struct *system_freezable_power_efficient_wq;
```

system_wq:如果工作项的执行时间比较短,应该使用这个工作队列。早期的内核版本只提供了这个工作队列,称为全局工作队列,函数 schedule_work()和 schedule_delayed_work()使用这个工作队列。

system_highpri_wq:高优先级的工作队列。

system_long_wq:如果工作项的执行时间比较长,应该使用这个工作队列。

system_unbound_wq:这个工作队列使用的内核线程不绑定到某个特定的处理器。

system_freezable_wq:这个工作队列可以冻结。

system_power_efficient_wq:如果开启了工作队列模块的参数"wq_power_efficient",那么这个工作队列倾向于省电;否则和 system_wq 相同。

system_freezable_power_efficient_wq:这个工作队列和 system_power_efficient_wq 的区别是可以冻结。

(1)定义工作项。

定义一个静态的工作项,参数 n 是变量名称,参数 f 是工作项的处理函数。

```
DECLARE_WORK(n, f)
```

定义一个静态的延迟工作项,参数 n 是变量名称,参数 f 是工作项的处理函数。

```
DECLARE_DELAYED_WORK(n, f)
```

使用 DECLARE_DEFERRABLE_WORK(n, f)也可以定义一个静态的延迟工作项，和 DECLARE_DELAYED_WORK()的区别是它使用可推迟的定时器（deferrable timer）。

可推迟的定时器在系统忙的时候工作正常，但是在处理器空闲的时候不会处理可推迟的定时器。当一个不可推迟的定时器唤醒处理器的时候，才会处理可推迟的定时器。

在运行时动态初始化工作项，方法如下。

1）INIT_WORK(_work, _func)：初始化一个工作项，参数_work 是工作项的地址，参数_func 是需要异步执行的函数。

2）INIT_WORK_ONSTACK(_work, _func)：初始化一个工作项，工作项是栈里面的局部变量，参数_work 是工作项的地址，参数_func 是需要异步执行的函数。

3）INIT_DELAYED_WORK(_work, _func)：初始化一个延迟工作项，参数_work 是延迟工作项的地址，参数_func 是需要异步执行的函数。

4）INIT_DELAYED_WORK_ONSTACK(_work, _func)：初始化一个延迟工作项，延迟工作项是栈里面的局部变量，参数_work 是延迟工作项的地址，参数_func 是需要异步执行的函数。

5）INIT_DEFERRABLE_WORK(_work, _func)：初始化一个延迟工作项，和 INIT_DELAYED_WORK()的区别是它使用可推迟的定时器。

6）INIT_DEFERRABLE_WORK_ONSTACK(_work, _func)：初始化一个延迟工作项，延迟工作项是栈里面的局部变量，和 INIT_DELAYED_WORK_ONSTACK()的区别是它使用可推迟的定时器。

（2）全局工作队列。

在全局工作队列中添加一个工作项。

```
bool schedule_work(struct work_struct *work);
```

在全局工作队列中添加一个工作项，并且指定执行工作项的处理器。

```
bool schedule_work_on(int cpu, struct work_struct *work);
```

在全局工作队列中添加一个延迟工作项，参数 delay 是把工作项添加到工作队列中之前等待的时间，单位是嘀嗒（tick）。

```
bool schedule_delayed_work(struct delayed_work *dwork, unsigned long delay);
```

在全局工作队列中添加一个延迟工作项，并且指定执行工作项的处理器。

```
bool schedule_delayed_work_on(int cpu, struct delayed_work *dwork,
                              unsigned long delay);
```

冲刷全局工作队列，确保全局工作队列中的所有工作项执行完。

```
void flush_scheduled_work(void);
```

（3）专用工作队列。

分配工作队列的函数是：

```
alloc_workqueue(fmt, flags, max_active, args...)
```

1）参数 fmt 是工作队列名称的格式。

2）参数 flags 是标志位，可以是 0，也可以是下面这些标志位的组合。

❑ WQ_UNBOUND：处理工作项的内核线程不绑定到任何特定的处理器。

❑ WQ_FREEZABLE：在系统挂起的时候冻结。

❑ WQ_MEM_RECLAIM：在内存回收的时候可能使用这个工作队列。

❑ WQ_HIGHPRI：高优先级。

❑ WQ_CPU_INTENSIVE：处理器密集型。

❑ WQ_POWER_EFFICIENT：省电。

3）参数 max_active 是每个处理器可以同时执行的工作项的最大数量，0 表示使用默认值。

4）参数 args 是传给参数 fmt 的参数。

下面的函数用来分配一个有序的工作队列。有序的工作队列在任何时刻，按照入队的顺序只执行一个工作项。

```
alloc_ordered_workqueue(fmt, flags, args...)
```

旧版本的创建工作队列的函数 create_workqueue()、create_freezable_workqueue()和 create_singlethread_workqueue()已经被废弃。

在指定的工作队列中添加一个工作项。

```
bool queue_work(struct workqueue_struct *wq, struct work_struct *work);
```

在指定的工作队列中添加一个工作项，并且指定执行工作项的处理器。

```
bool queue_work_on(int cpu, struct workqueue_struct *wq, struct work_struct *work);
```

在指定的工作队列中添加一个延迟工作项，参数 delay 是把工作项添加到工作队列中之前等待的时间，单位是嘀嗒（tick）。

```
bool queue_delayed_work(struct workqueue_struct *wq, struct delayed_work *dwork, un
signed long delay);
```

在指定的工作队列中添加一个延迟工作项，并且指定执行工作项的处理器。

```
bool queue_delayed_work_on(int cpu, struct workqueue_struct *wq,
            struct delayed_work *work, unsigned long delay);
```

冲刷工作队列，确保工作队列中的所有工作项执行完。

```
void flush_workqueue(struct workqueue_struct *wq);
```

销毁工作队列的函数是：

```
void destroy_workqueue(struct workqueue_struct *wq);
```

（4）其他编程接口。

取消一个工作项。

```
bool cancel_work(struct work_struct *work);
```

取消一个工作项，并且等待取消操作执行完。

447

```
bool cancel_work_sync(struct work_struct *work);
```

取消一个延迟工作项。

```
bool cancel_delayed_work(struct delayed_work *dwork);
```

取消一个延迟工作项，并且等待取消操作执行完。

```
bool cancel_delayed_work_sync(struct delayed_work *dwork);
```

等待一个工作项执行完。

```
bool flush_work(struct work_struct *work);
```

等待一个延迟工作项执行完。

```
bool flush_delayed_work(struct delayed_work *dwork);
```

2．技术原理

首先介绍一下工作队列使用的术语。

- ❑ work：工作，也称为工作项。
- ❑ work queue：工作队列，就是工作的集合，work queue 和 work 是一对多的关系。
- ❑ worker：工人，一个工人对应一个内核线程，我们把工人对应的内核线程称为工人线程。
- ❑ worker_pool：工人池，就是工人的集合，工人池和工人是一对多的关系。
- ❑ pool_workqueue：中介，负责建立工作队列和工人池之间的关系。工作队列和 pool_workqueue 是一对多的关系，pool_workqueue 和工人池是一对一的关系。

（1）数据结构。

工作队列分为两种。

1）绑定处理器的工作队列：默认创建绑定处理器的工作队列，每个工人线程绑定到一个处理器。

2）不绑定处理器的工作队列：创建工作队列的时候需要指定标志位 WQ_UNBOUND，工人线程不绑定到某个处理器，可以在处理器之间迁移。

绑定处理器的工作队列的数据结构如图 4.9 所示，工作队列在每个处理器上有一个 pool_workqueue 实例，一个 pool_workqueue 实例对应一个工人池，一个工人池有一条工人链表，每个工人对应一个内核线程。向工作队列中添加工作项的时候，选择当前处理器的 pool_workqueue 实例、工人池和工人线程。

不绑定处理器的工作队列的数据结构如图 4.10 所示，工作队列在每个内存节点上有一个 pool_workqueue 实例，一个 pool_workqueue 实例对应一个工人池，一个工人池有一条工人链表，每个工人对应一个内核线程。向工作队列中添加工作项的时候，选择当前处理器所属的内存节点的 pool_workqueue 实例、工人池和工人线程。

不绑定处理器的工作队列还有一个默认的 pool_workqueue 实例（workqueue_struct.dfl_pwq），当某个处理器下线的时候，使用默认的 pool_workqueue 实例。

工作项负责保存需要异步执行的函数，数据类型是 work_struct，其定义如下：

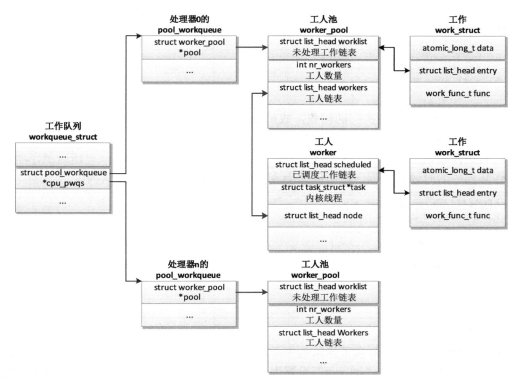

图4.9 绑定处理器的工作队列

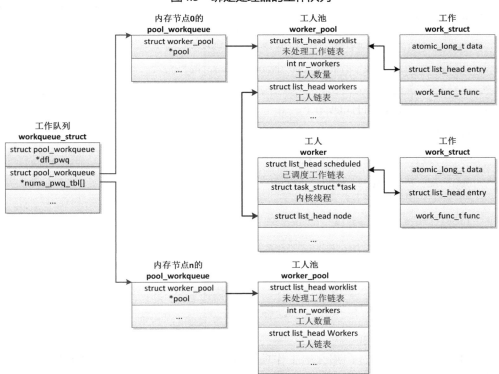

图4.10 不绑定处理器的工作队列

```
include/linux/workqueue.h
struct work_struct {
    atomic_long_t data;
    struct list_head entry;
    work_func_t func;
};
```

成员 func 是需要异步执行的函数，成员 data 是传给函数 func 的参数。

成员 entry 用来把工作项添加到链表中。

延迟工作项是工作项和定时器的结合，数据类型是 delayed_work。把延迟工作项添加到工作队列中的时候，延迟一段时间才会真正地把工作项添加到工作队列中。

```
include/linux/workqueue.h
struct delayed_work {
    struct work_struct work;
    struct timer_list timer;

    /* 定时器把工作项添加到工作队列时，需要知道目标工作队列和处理器 */
    struct workqueue_struct *wq;
    int cpu;
};
```

（2）添加工作项。

函数 queue_work()用来向工作队列中添加一个工作项，把主要工作委托给函数 queue_work_on()，把第一个参数"int cpu"设置为 WORK_CPU_UNBOUND，意思是不绑定到任何处理器，优先选择当前处理器。

```
include/linux/workqueue.h
static inline bool queue_work(struct workqueue_struct *wq,
                    struct work_struct *work)
{
    return queue_work_on(WORK_CPU_UNBOUND, wq, work);
}
```

函数 queue_work_on 的代码如下：

```
kernel/workqueue.c
bool queue_work_on(int cpu, struct workqueue_struct *wq,
        struct work_struct *work)
{
    bool ret = false;
    unsigned long flags;

    local_irq_save(flags);

    if (!test_and_set_bit(WORK_STRUCT_PENDING_BIT, work_data_bits(work))) {
        __queue_work(cpu, wq, work);
        ret = true;
    }

    local_irq_restore(flags);
    return ret;
}
```

如果工作项没有添加过，那么给工作项设置标志位 WORK_STRUCT_PENDING_BIT，然后把主要工作委托给函数 __queue_work()。

函数 __queue_work 的代码如下：

kernel/workqueue.c

```
1   static void __queue_work(int cpu, struct workqueue_struct *wq,
2                struct work_struct *work)
3   {
4    struct pool_workqueue *pwq;
5    struct worker_pool *last_pool;
6    struct list_head *worklist;
7    unsigned int work_flags;
8    unsigned int req_cpu = cpu;
9
10     …
11   retry:
12    if (req_cpu == WORK_CPU_UNBOUND)
13        cpu = wq_select_unbound_cpu(raw_smp_processor_id());
14
15    if (!(wq->flags & WQ_UNBOUND))
16        pwq = per_cpu_ptr(wq->cpu_pwqs, cpu);
17    else
18        pwq = unbound_pwq_by_node(wq, cpu_to_node(cpu));
19
20    last_pool = get_work_pool(work);
21    if (last_pool && last_pool != pwq->pool) {
22        struct worker *worker;
23
24        spin_lock(&last_pool->lock);
25
26        worker = find_worker_executing_work(last_pool, work);
27
28        if (worker && worker->current_pwq->wq == wq) {
29            pwq = worker->current_pwq;
30        } else {
31            spin_unlock(&last_pool->lock);
32            spin_lock(&pwq->pool->lock);
33        }
34    } else {
35        spin_lock(&pwq->pool->lock);
36    }
37
38     …
39    if (WARN_ON(!list_empty(&work->entry))) {
40        spin_unlock(&pwq->pool->lock);
41        return;
42    }
43
44    pwq->nr_in_flight[pwq->work_color]++;
45    work_flags = work_color_to_flags(pwq->work_color);
46
47    if (likely(pwq->nr_active < pwq->max_active)) {
48        …
49        pwq->nr_active++;
50        worklist = &pwq->pool->worklist;
51        if (list_empty(worklist))
52            pwq->pool->watchdog_ts = jiffies;
53    } else {
54        work_flags |= WORK_STRUCT_DELAYED;
55        worklist = &pwq->delayed_works;
56    }
57
58    insert_work(pwq, work, worklist, work_flags);
59
60    spin_unlock(&pwq->pool->lock);
61   }
```

第 15～18 行代码，从工作队列中选择 pool_workqueue 实例。如果是绑定处理器的工作队列，那么选择当前处理器的 pool_workqueue 实例；如果是不绑定处理器的工作队列，那么选择当前处理器所属的内存节点的 pool_workqueue 实例。

第 21～33 行代码，如果工作正在被其他 pool_workqueue 实例的工人执行，那么还是把工作添加到那个 pool_workqueue 实例。

第 47～56 行代码，如果 pool_workqueue 实例的未处理工作数量小于限制，那么把工作添加到 pool_workqueue 实例对应的工人池的链表 worklist 中；如果 pool_workqueue 实例的未处理工作数量达到限制，那么给工作设置标志位 WORK_STRUCT_DELAYED，并且把工作添加到 pool_workqueue 实例的链表 delayed_works 中。

第 58 行代码，把工作添加到第 47～56 行代码选择的链表中。

（3）工人处理工作。

每个工人对应一个内核线程，一个工人池对应一个或多个工人。多个工人从工人池的未处理工作链表（worker_pool.worklist）中取工作并处理。

工人线程的处理函数是 worker_thread()，调用函数 process_one_work() 处理一个工作项。

函数 worker_thread() 的代码如下：

kernel/workqueue.c
```
1   static int worker_thread(void *__worker)
2   {
3    struct worker *worker = __worker;
4    struct worker_pool *pool = worker->pool;
5
6    /* 告诉进程调度器这是一个工作队列的工人线程 */
7    worker->task->flags |= PF_WQ_WORKER;
8   woke_up:
9    spin_lock_irq(&pool->lock);
10
11   /* 我应该消亡吗? */
12   if (unlikely(worker->flags & WORKER_DIE)) {
13       spin_unlock_irq(&pool->lock);
14       worker->task->flags &= ~PF_WQ_WORKER;
15
16       set_task_comm(worker->task, "kworker/dying");
17       ida_simple_remove(&pool->worker_ida, worker->id);
18       worker_detach_from_pool(worker, pool);
19       kfree(worker);
20       return 0;
21   }
22
23   worker_leave_idle(worker);
24  recheck:
25   if (!need_more_worker(pool))
26       goto sleep;
27
28   if (unlikely(!may_start_working(pool)) && manage_workers(worker))
29       goto recheck;
30
31   …
32   worker_clr_flags(worker, WORKER_PREP | WORKER_REBOUND);
33
34   do {
35       struct work_struct *work =
36           list_first_entry(&pool->worklist,
37                       struct work_struct, entry);
```

```
38
39                  pool->watchdog_ts = jiffies;
40
41                  if (likely(!(*work_data_bits(work) & WORK_STRUCT_LINKED))) {
42                          /* 优化的路径，严格地说不是必要的*/
43                          process_one_work(worker, work);
44                          if (unlikely(!list_empty(&worker->scheduled)))
45                                  process_scheduled_works(worker);
46                  } else {
47                          move_linked_works(work, &worker->scheduled, NULL);
48                          process_scheduled_works(worker);
49                  }
50          } while (keep_working(pool));
51
52      worker_set_flags(worker, WORKER_PREP);
53  sleep:
54      worker_enter_idle(worker);
55      __set_current_state(TASK_INTERRUPTIBLE);
56      spin_unlock_irq(&pool->lock);
57      schedule();
58      goto woke_up;
59  }
```

第 12～21 行代码，如果工人太多，想要减少工人的数量，那么当前工人线程退出。

第 23 行代码，工人退出空闲状态。

第 25 行和第 26 行代码，如果不需要本工人执行工作，那么本工人进入空闲状态。

第 28 行代码，如果工人池中没有空闲的工人，那么创建一些工人备用。

第 35～37 行代码，从工人池的链表 worklist 中取一个工作。

第 41～45 行代码，如果是正常工作，那么调用函数 process_one_work()执行正常工作，然后执行工人的链表 scheduled 中的特殊工作。

第 46～48 行代码，如果是特殊工作，那么首先把工作添加到工人的链表 scheduled 的尾部，然后执行工人的链表 scheduled 中的特殊工作。

第 50 行代码，如果有工作需要处理，并且处于运行状态的工人数量不超过 1，那么本工人继续执行工作。

第 54～57 行代码，工人进入空闲状态，睡眠。

下面解释一下正常工作和特殊工作。

向工作队列中添加正常工作，是直接添加到工人池的链表 worklist 中。

调用函数 flush_work(t)等待工作 t 执行完，实现方法是添加一个特殊工作：屏障工作，执行这个屏障工作的时候就可以确定工作 t 执行完。如果工作 t 正在被工人 p 执行，那么把屏障工作直接添加到工人 p 的链表 scheduled 中；如果工作 t 没有执行，那么把屏障工作添加到工人池的链表 worklist 中，并且给屏障工作设置标志位 WORK_STRUCT_LINKED。

函数 process_one_work()负责处理一个工作，其代码如下：

kernel/workqueue.c
```
1   static void process_one_work(struct worker *worker, struct work_struct *work)
2   {
3       struct pool_workqueue *pwq = get_work_pwq(work);
4       struct worker_pool *pool = worker->pool;
```

```
5      bool cpu_intensive = pwq->wq->flags & WQ_CPU_INTENSIVE;
6      int work_color;
7      struct worker *collision;
8
9      …
10     collision = find_worker_executing_work(pool, work);
11     if (unlikely(collision)) {
12         move_linked_works(work, &collision->scheduled, NULL);
13         return;
14     }
15
16     …
17     hash_add(pool->busy_hash, &worker->hentry, (unsigned long)work);
18     worker->current_work = work;
19     worker->current_func = work->func;
20     worker->current_pwq = pwq;
21     work_color = get_work_color(work);
22
23     list_del_init(&work->entry);
24
25     if (unlikely(cpu_intensive))
26         worker_set_flags(worker, WORKER_CPU_INTENSIVE);
27
28     if (need_more_worker(pool))
29         wake_up_worker(pool);
30
31     set_work_pool_and_clear_pending(work, pool->id);
32
33     spin_unlock_irq(&pool->lock);
34
35     …
36     worker->current_func(work);
37     …
38
39     cond_resched_rcu_qs();
40
41     spin_lock_irq(&pool->lock);
42
43     /*清除处理器密集状态*/
44     if (unlikely(cpu_intensive))
45         worker_clr_flags(worker, WORKER_CPU_INTENSIVE);
46
47     /*处理完工作项，释放*/
48     hash_del(&worker->hentry);
49     worker->current_work = NULL;
50     worker->current_func = NULL;
51     worker->current_pwq = NULL;
52     worker->desc_valid = false;
53     pwq_dec_nr_in_flight(pwq, work_color);
54 }
```

第 10～14 行代码，一个工作不应该被多个工人并发执行。如果一个工作正在被工人池的其他工人执行，那么把这个工作添加到这个工人的链表 scheduled 中延后执行。

第 17 行代码，把工人添加到工人池的散列表 busy_hash 中。

第 18～20 行代码，工人的成员 current_work 指向当前工作，成员 current_func 指向当前工作的处理函数，成员 current_pwq 指向当前 pool_workqueue 实例。

第 25 行和第 26 行代码，如果工作队列是处理器密集型的，那么给工人设置标志位 WORKER_CPU_INTENSIVE，工人不再被工人池动态调度。

第 28 行和第 29 行代码，对于不绑定处理器或处理器密集型的工作队列，唤醒更多空闲的工人处理工作。

第 36 行代码，执行工作的处理函数。

（4）工人池动态管理工人。

工人池可以动态增加和删除工人，算法如下。

1）工人有 3 种状态：空闲（idle）、运行（running）和挂起（suspend）。空闲是指没有执行工作，运行是指正在执行工作，挂起是指在执行工作的过程中睡眠。

2）如果工人池中有工作需要处理，至少保持一个处在运行状态的工人来处理。

3）如果处在运行状态的工人在执行工作的过程中进入挂起状态，为了保证其他工作的执行，需要唤醒空闲的工人处理工作。

4）如果有工作需要执行，并且处在运行状态的工人数量大于 1，会让多余的工人进入空闲状态。

5）如果没有工作需要执行，会让所有工人进入空闲状态。

6）如果创建的工人过多，工人池把空闲时间超过 300 秒（IDLE_WORKER_TIMEOUT）的工人删除。

为了跟踪工人的运行和挂起状态、动态调整工人的数量，工作队列使用在进程调度中加钩子函数的技巧。

1）跟踪工人从挂起进入运行状态。唤醒工人线程的时候，如果工人线程正在执行工作的过程中，那么把工人池中处在运行状态的工人计数（nr_running）加 1。相关代码如下：

```
try_to_wake_up() -> ttwu_queue() -> ttwu_do_activate() -> ttwu_activate() -> wq_wor
ker_waking_up()
```

kernel/workqueue.c
```
void wq_worker_waking_up(struct task_struct *task, int cpu)
{
    struct worker *worker = kthread_data(task);

    if (!(worker->flags & WORKER_NOT_RUNNING)) {
        WARN_ON_ONCE(worker->pool->cpu != cpu);
        atomic_inc(&worker->pool->nr_running);
    }
}
```

2）跟踪工人从运行进入挂起状态。当一个工人睡眠的时候，如果工人池没有工人处于运行状态，并且工人池有工作需要执行，那么唤醒一个空闲的工人。相关代码如下：

```
__schedule() -> wq_worker_sleeping()
```

kernel/workqueue.c
```
struct task_struct *wq_worker_sleeping(struct task_struct *task)
{
    struct worker *worker = kthread_data(task), *to_wakeup = NULL;
    struct worker_pool *pool;

    if (worker->flags & WORKER_NOT_RUNNING)
        return NULL;

    pool = worker->pool;
```

```
    if (WARN_ON_ONCE(pool->cpu != raw_smp_processor_id()))
        return NULL;

    if (atomic_dec_and_test(&pool->nr_running) &&
        !list_empty(&pool->worklist))
            to_wakeup = first_idle_worker(pool);
    return to_wakeup ? to_wakeup->task : NULL;
}
```

工人池的调度思想是如果有工作需要处理，保持一个处在运行状态的工人来处理，不多也不少。

这种做法有个问题：如果工作是处理器密集型的，虽然工人没有进入挂起状态，但是会长时间占用处理器，让后续的工作阻塞太长时间。

为了解决这个问题，可以在创建工作队列的时候设置标志位 **WQ_CPU_INTENSIVE**，声明工作队列是处理器密集的。当一个工人执行工作的时候，让这个工人不受工人池动态调度，像是进入了挂起状态，工人池创建新的工人来执行后续的工作。

工人线程对处理器密集的特殊处理如下：

```
worker_thread() -> process_one_work()
```

kernel/workqueue.c
```
static void process_one_work(struct worker *worker, struct work_struct *work)
{
    …
    bool cpu_intensive = pwq->wq->flags & WQ_CPU_INTENSIVE;

    …
    if (unlikely(cpu_intensive))
        worker_set_flags(worker, WORKER_CPU_INTENSIVE);

    if (need_more_worker(pool))
        wake_up_worker(pool);

    …
    worker->current_func(work);
    …

    if (unlikely(cpu_intensive))
        worker_clr_flags(worker, WORKER_CPU_INTENSIVE);
    …
}

enum {
    …
    WORKER_NOT_RUNNING = WORKER_PREP | WORKER_CPU_INTENSIVE |
                WORKER_UNBOUND | WORKER_REBOUND,
    …
};

static inline void worker_set_flags(struct worker *worker, unsigned int flags)
{
    struct worker_pool *pool = worker->pool;

    if ((flags & WORKER_NOT_RUNNING) &&
            !(worker->flags & WORKER_NOT_RUNNING)) {
        atomic_dec(&pool->nr_running);
```

```
    }

    worker->flags |= flags;
}

static inline void worker_clr_flags(struct worker *worker, unsigned int flags)
{
    struct worker_pool *pool = worker->pool;
    unsigned int oflags = worker->flags;

    worker->flags &= ~flags;

    if ((flags & WORKER_NOT_RUNNING) && (oflags & WORKER_NOT_RUNNING))
        if (!(worker->flags & WORKER_NOT_RUNNING))
            atomic_inc(&pool->nr_running);
}
```

可以看到，给工人设置标志位 WORKER_CPU_INTENSIVE 的时候，把工人池的计数 nr_running 减 1，相当于工人进入挂起状态。

4.4 系统调用

系统调用是内核给用户程序提供的编程接口。用户程序调用系统调用，通常使用 glibc 库针对单个系统调用封装的函数。如果 glibc 库没有针对某个系统调用封装函数，用户程序可以使用通用的封装函数 syscall()：

```
#define _GNU_SOURCE
#include <unistd.h>
#include <sys/syscall.h>    /* 定义 SYS_xxx */

long syscall(long number, ...);
```

参数 number 是系统调用号，后面是传递给系统调用的参数。

返回值 0 表示成功，返回值-1 表示错误，错误号存储在变量 errno 中。

例如，应用程序使用系统调用 fork()创建子进程，有两种调用方法。

（1）ret = fork();

（2）ret = syscall(SYS_fork);

ARM64 处理器提供的系统调用指令是 svc，调用约定如下。

（1）64 位应用程序使用寄存器 x8 传递系统调用号，32 位应用程序使用寄存器 x7 传递系统调用号。

（2）使用寄存器 x0～x6 最多可以传递 7 个参数。

（3）当系统调用执行完的时候，使用寄存器 x0 存放返回值。

4.4.1 定义系统调用

Linux 内核使用宏 SYSCALL_DEFINE 定义系统调用，以创建子进程的系统调用 fork 为例：

kernel/fork.c
```
SYSCALL_DEFINE0(fork)
```

```
{
#ifdef CONFIG_MMU
     return _do_fork(SIGCHLD, 0, 0, NULL, NULL, 0);
#else
     /* 如果处理器没有内存管理单元，那么不支持 */
     return -EINVAL;
#endif
}
```

把宏"SYSCALL_DEFINE0(fork)"展开以后是：

```
asmlinkage long sys_fork(void)
```

"SYSCALL_DEFINE"后面的数字表示系统调用的参数个数，"SYSCALL_DEFINE0"表示系统调用没有参数，"SYSCALL_DEFINE6"表示系统调用有 6 个参数，如果参数超过6 个，使用宏"SYSCALL_DEFINEx"。头文件"include/linux/syscalls.h"定义了这些宏。

"asmlinkage"表示这个 C 语言函数可以被汇编代码调用。如果使用 C++编译器，"asmlinkage"被定义为 extern "C"；如果使用 C 编译器，"asmlinkage"是空的宏。

系统调用的函数名称以"sys_"开头。

需要在系统调用表中保存系统调用号和处理函数的映射关系，ARM64 架构定义的系统调用表 sys_call_table 如下：

```
arch/arm64/kernel/sys.c
#undef __SYSCALL
#define __SYSCALL(nr, sym)      [nr] = sym,

void * const sys_call_table[__NR_syscalls] __aligned(4096) = {
     [0 ... __NR_syscalls - 1] = sys_ni_syscall,
#include <asm/unistd.h>
};
```

对于 ARM64 架构，头文件"asm/unistd.h"是"arch/arm64/include/asm/unistd.h"。

```
arch/arm64/include/asm/unistd.h
#include <uapi/asm/unistd.h>

arch/arm64/include/uapi/asm/unistd.h
#include <asm-generic/unistd.h>

include/asm-generic/unistd.h
#include <uapi/asm-generic/unistd.h>

include/uapi/asm-generic/unistd.h
#define __NR_io_setup 0                                    /* 系统调用号0 */
__SC_COMP(__NR_io_setup, sys_io_setup, compat_sys_io_setup) /* [0] = sys_io_setup, */
...
#define __NR_fork 1079                    /* 系统调用号1079 */
#ifdef CONFIG_MMU
__SYSCALL(__NR_fork, sys_fork)            /* [1079] = sys_fork, */
#else
__SYSCALL(__NR_fork, sys_ni_syscall)
#endif /* CONFIG_MMU */

#undef __NR_syscalls
#define __NR_syscalls (__NR_fork+1)
```

4.4.2　执行系统调用

ARM64 处理器把系统调用划分到同步异常，在异常级别 1 的异常向量表中，系统调用的入口有两个：

（1）如果 64 位应用程序执行系统调用指令 svc，系统调用的入口是 el0_sync。

（2）如果 32 位应用程序执行系统调用指令 svc，系统调用的入口是 el0_sync_compat。

el0_sync 的代码如下：

```
arch/arm64/kernel.c
1    .align   6
2    el0_sync:
3    kernel_entry 0
4    mrs    x25, esr_el1              // 读异常症状寄存器
5    lsr    x24, x25, #ESR_ELx_EC_SHIFT   // 异常类别
6    cmp    x24, #ESR_ELx_EC_SVC64        // 64位系统调用
7    b.eq el0_svc
8    …
```

第 3 行代码，把当前进程的寄存器值保存在内核栈中。

第 4 行代码，读取异常症状寄存器 esr_el1。

第 5 行代码，解析出异常症状寄存器的异常类别字段。

第 6 行和第 7 行代码，如果异常类别是系统调用，跳转到 el0_svc。

el0_svc 负责执行系统调用，其代码如下：

```
arch/arm64/kernel.c
1    /*
2     * 这些是系统调用处理程序使用的寄存器,
3     * 允许我们理论上最多传递7个参数给一个函数 - x0～x6
4     *
5     * x7保留，用于32位模式的系统调用号
6     */
7    sc_nr .req x25           // 系统调用的数量
8    scno      .req  x26      // 系统调用号
9    stbl      .req  x27      // 系统调用表的地址
10   tsk       .req  x28      // 当前进程的thread_info结构体的地址
11
12   .align   6
13   el0_svc:
14   adrp    stbl, sys_call_table       // 加载系统调用表的地址
15   uxtw    scno, w8            // 寄存器w8里面的系统调用号
16   mov     sc_nr, #__NR_syscalls
17   el0_svc_naked:             // 32位系统调用的入口
18   stp    x0, scno, [sp, #S_ORIG_X0]   // 保存原来的x0和系统调用号
19   enable_dbg_and_irq
20   ct_user_exit 1
21
22   ldr    x16, [tsk, #TSK_TI_FLAGS]   // 检查系统调用钩子
23   tst    x16, #_TIF_SYSCALL_WORK
24   b.ne       __sys_trace
25   cmp    scno, sc_nr            // 检查系统调用号是否超过上限
26   b.hs       ni_sys
```

```
27    ldr    x16, [stbl, scno, lsl #3]    // 系统调用表表项的地址
28    blr    x16                           // 调用sys_*函数
29    b    ret_fast_syscall
30  ni_sys:
31    mov    x0, sp
32    bl    do_ni_syscall
33    b    ret_fast_syscall
34  ENDPROC(el0_svc)
```

第 14 行代码，把寄存器 x27 设置为系统调用表 sys_call_table 的起始地址。

第 15 行代码，把寄存器 x26 设置为系统调用号。64 位进程使用寄存器 x8 传递系统调用号，w8 是寄存器 x8 的 32 位形式。

第 16 行代码，把寄存器 x25 设置为系统调用的数量，也就是（最大的系统调用号+1）。

第 18 行代码，把寄存器 x0 和 x8 的值保存到内核栈中，x0 存放系统调用的第一个参数，x8 存放系统调用号。

第 19 行代码，开启调试异常和中断。

第 22～24 行代码，如果使用 ptrace 跟踪系统调用，跳转到 __sys_trace 处理。

第 25 行和第 26 行代码，如果进程传递的系统调用号等于或大于系统调用的数量，即大于最大的系统调用号，那么是非法值，跳转到 ni_sys 处理错误。

第 27 行代码，计算出系统调用号对应的表项地址（sys_call_table + 系统调用号 * 8），然后取出处理函数的地址。

第 28 行代码，调用系统调用号对应的处理函数。

第 29 行代码，从系统调用返回用户空间。

ret_fast_syscall 从系统调用返回用户空间，其代码如下：

arch/arm64/kernel.c
```
1    ret_fast_syscall:
2    disable_irq
3    str    x0, [sp, #S_X0]    /* DEFINE(S_X0, offsetof(struct pt_regs, regs[0])); */
4    ldr    x1, [tsk, #TSK_TI_FLAGS]
5    and    x2, x1, #_TIF_SYSCALL_WORK
6    cbnz    x2, ret_fast_syscall_trace
7    and    x2, x1, #_TIF_WORK_MASK
8    cbnz    x2, work_pending
9    enable_step_tsk x1, x2
10    kernel_exit 0
11  ret_fast_syscall_trace:
12    enable_irq                           // 开启中断
13    b    __sys_trace_return_skipped    // 我们已经保存了x0
14
15  work_pending:
16    mov    x0, sp                        // 'regs'
17    bl    do_notify_resume
18  #ifdef CONFIG_TRACE_IRQFLAGS
19    bl    trace_hardirqs_on            // 在用户空间执行时开启中断
20  #endif
21    ldr    x1, [tsk, #TSK_TI_FLAGS]    // 重新检查单步执行
22    b    finish_ret_to_user
23
24  ret_to_user:
25    …
```

```
26  finish_ret_to_user:
27   enable_step_tsk x1, x2
28   kernel_exit 0
29  ENDPROC(ret_to_user)
```

第 2 行代码，禁止中断。

第 3 行代码，寄存器 x0 已经存放了处理函数的返回值，把保存在内核栈中的寄存器 x0 的值更新为返回值。

第 4～6 行代码，如果使用 ptrace 跟踪系统调用，跳转到 ret_fast_syscall_trace 处理。

第 7 行和第 8 行代码，如果进程的 thread_info.flags 设置了需要重新调度（_TIF_NEED_RESCHED）或者有信号需要处理（_TIF_SIGPENDING）等标志位，跳转到 work_pending 处理。

第 9 行代码，如果使用系统调用 ptrace 设置了软件单步执行，那么开启单步执行。

第 10 行代码，使用保存在内核栈中的寄存器值恢复寄存器，从内核模式返回用户模式。

work_pending 调用函数 do_notify_resume，函数 do_notify_resume 的代码如下：

arch/arm64/kernel/signal.c
```
1   asmlinkage void do_notify_resume(struct pt_regs *regs,
2                   unsigned int thread_flags)
3   {
4    …
5    do {
6        if (thread_flags & _TIF_NEED_RESCHED) {
7            schedule();
8        } else {
9            local_irq_enable();
10
11           if (thread_flags & _TIF_UPROBE)
12               uprobe_notify_resume(regs);
13
14           if (thread_flags & _TIF_SIGPENDING)
15               do_signal(regs);
16
17           if (thread_flags & _TIF_NOTIFY_RESUME) {
18               clear_thread_flag(TIF_NOTIFY_RESUME);
19               tracehook_notify_resume(regs);
20           }
21
22           if (thread_flags & _TIF_FOREIGN_FPSTATE)
23               fpsimd_restore_current_state();
24       }
25
26       local_irq_disable();
27       thread_flags = READ_ONCE(current_thread_info()->flags);
28   } while (thread_flags & _TIF_WORK_MASK);
29   }
```

第 6 行和第 7 行代码，如果当前进程的 thread_info.flags 设置了标志位_TIF_NEED_RESCHED，那么调度进程。

第 11 行和第 12 行代码，如果设置了标志位_TIF_UPROBE，调用函数 uprobe_notify_resume()处理。uprobes（user-space probes，用户空间探测器）可以在进程的任何指令地址插入探测器，收集调试和性能信息，发现性能问题。需要内核支持，编译内核时开启配置宏 CONFIG_UPROBE_EVENTS。

　　第 14 行和第 15 行代码，如果设置了标志位_TIF_SIGPENDING，调用函数 do_signal() 处理信号。

　　第 17～20 行代码，如果设置了标志位_TIF_NOTIFY_RESUME，那么调用函数 tracehook_ notify_resume()，执行返回用户模式之前的回调函数。

　　第 22 行和第 23 行代码，如果设置了标志位_TIF_FOREIGN_FPSTATE，那么恢复浮点 寄存器。

第 **5** 章
内核互斥技术

在内核中，可能出现多个进程（通过系统调用进入内核模式）访问同一个对象、进程和硬中断访问同一个对象、进程和软中断访问同一个对象、多个处理器访问同一个对象等现象，我们需要使用互斥技术，确保在给定的时刻只有一个主体可以进入临界区访问对象。

如果临界区的执行时间比较长或者可能睡眠，可以使用下面这些互斥技术。

（1）信号量，大多数情况下我们使用互斥信号量。

（2）读写信号量。

（3）互斥锁。

（4）实时互斥锁。

申请这些锁的时候，如果锁被其他进程占有，进程将会睡眠等待，代价很高。

如果临界区的执行时间很短，并且不会睡眠，那么使用上面的锁不太合适，因为进程切换的代价很高，可以使用下面这些互斥技术。

（1）原子变量。

（2）自旋锁。

（3）读写自旋锁，它是对自旋锁的改进，允许多个读者同时进入临界区。

（4）顺序锁，它是对读写自旋锁的改进，读者不会阻塞写者。

申请这些锁的时候，如果锁被其他进程占有，进程自旋等待（也称为忙等待）。

进程还可以使用下面的互斥技术。

（1）禁止内核抢占，防止被当前处理器上的其他进程抢占，实现和当前处理器上的其他进程互斥。

（2）禁止软中断，防止被当前处理器上的软中断抢占，实现和当前处理器上的软中断互斥。

（3）禁止硬中断，防止被当前处理器上的硬中断抢占，实现和当前处理器上的硬中断互斥。

在多处理器系统中，为了提高程序的性能，需要尽量减少处理器之间的互斥，使处理器可以最大限度地并行执行。从互斥信号量到读写信号量的改进，从自旋锁到读写自旋锁的改进，允许读者并行访问临界区，提高了并行性能，但是我们还可以进一步提高并行性能，使用下面这些避免使用锁的互斥技术。

（1）每处理器变量。

（2）每处理器计数器。

（3）内存屏障。

（4）读-复制更新（Read-Copy Update，RCU）。

（5）可睡眠 RCU。

使用锁保护临界区，如果使用不当，可能出现死锁问题。内核里面的锁非常多，定位很难，为了方便定位死锁问题，内核提供了死锁检测工具 lockdep。

5.1　信号量

信号量允许多个进程同时进入临界区，大多数情况下只允许一个进程进入临界区，把信号量的计数值设置为 1，即二值信号量，这种信号量称为互斥信号量。

和自旋锁相比，信号量适合保护比较长的临界区，因为竞争信号量时进程可能睡眠和再次唤醒，代价很高。

内核使用的信号量定义如下。

```
include/linux/semaphore.h
struct semaphore {
    raw_spinlock_t    lock;
    unsigned int      count;
    struct list_head wait_list;
};
```

成员 lock 是自旋锁，用来保护信号量的其他成员。

成员 count 是计数值，表示还可以允许多少个进程进入临界区。

成员 wait_list 是等待进入临界区的进程链表。

初始化静态信号量的方法如下。

（1）__SEMAPHORE_INITIALIZER(name, n)：指定名称和计数值，允许 n 个进程同时进入临界区。

（2）DEFINE_SEMAPHORE(name)：初始化一个互斥信号量。

在运行时动态初始化信号量的方法如下：

```
static inline void sema_init(struct semaphore *sem, int val);
```

参数 val 指定允许同时进入临界区的进程数量。

获取信号量的函数如下。

（1）void down(struct semaphore *sem);

获取信号量，如果计数值是 0，进程深度睡眠。

（2）int down_interruptible(struct semaphore *sem);

获取信号量，如果计数值是 0，进程轻度睡眠。

（3）int down_killable(struct semaphore *sem);

获取信号量，如果计数值是 0，进程中度睡眠。

（4）int down_trylock(struct semaphore *sem);

获取信号量，如果计数值是 0，进程不等待。

（5）int down_timeout(struct semaphore *sem, long jiffies);

获取信号量，指定等待的时间。

释放信号量的函数如下：

```
void up(struct semaphore *sem);
```

5.2　读写信号量

读写信号量是对互斥信号量的改进，允许多个读者同时进入临界区，读者和写者互斥，写者和写者互斥，适合在以读为主的情况使用。

读写信号量的定义如下：

```
include/linux/rwsem.h
struct rw_semaphore {
    atomic_long_t count;
    struct list_head wait_list;
    raw_spinlock_t wait_lock;
    struct task_struct *owner;
    …
};
```

初始化静态读写信号量的方法如下：

```
DECLARE_RWSEM(name);
```

在运行时动态初始化读写信号量的方法如下：

```
init_rwsem(sem);
```

申请读锁的函数如下。

（1）void down_read(struct rw_semaphore *sem);

申请读锁，如果写者占有写锁或者正在等待写锁，那么进程深度睡眠。

（2）int down_read_trylock(struct rw_semaphore *sem);

尝试申请读锁，不会等待。如果申请成功，返回 1；否则返回 0。

释放读锁的函数如下：

```
void up_read(struct rw_semaphore *sem);
```

申请写锁的函数如下。

（1）void down_write(struct rw_semaphore *sem);
申请写锁，如果写者占有写锁或者读者占有读锁，那么进程深度睡眠。
（2）int down_write_killable(struct rw_semaphore *sem);
申请写锁，如果写者占有写锁或者读者占有读锁，那么进程中度睡眠。
（3）int down_write_trylock(struct rw_semaphore *sem);
尝试申请写锁，不会等待。如果申请成功，返回 1；否则返回 0。

占有写锁以后，可以把写锁降级为读锁，函数如下：

```
void downgrade_write(struct rw_semaphore *sem);
```

释放写锁的函数如下：

```
void up_write(struct rw_semaphore *sem);
```

5.3 互斥锁

互斥锁只允许一个进程进入临界区，适合保护比较长的临界区，因为竞争互斥锁时进程可能睡眠和再次唤醒，代价很高。

尽管可以把二值信号量当作互斥锁使用，但是内核单独实现了互斥锁。互斥锁的定义如下：

```
include/linux/mutex.h
struct mutex {
    atomic_long_t   owner;
    spinlock_t      wait_lock;
#ifdef CONFIG_MUTEX_SPIN_ON_OWNER
    struct optimistic_spin_queue osq;
#endif
    struct list_head wait_list;
    …
};
```

初始化静态互斥锁的方法如下：

```
DEFINE_MUTEX(mutexname);
```

在运行时动态初始化互斥锁的方法如下：

```
mutex_init(mutex);
```

申请互斥锁的函数如下。
（1）void mutex_lock(struct mutex *lock);
申请互斥锁，如果锁被占有，进程深度睡眠。
（2）int mutex_lock_interruptible(struct mutex *lock);
申请互斥锁，如果锁被占有，进程轻度睡眠。

（3）int mutex_lock_killable(struct mutex *lock);

申请互斥锁，如果锁被占有，进程中度睡眠。

（4）int mutex_trylock(struct mutex *lock);

申请互斥锁，如果申请成功，返回 1；如果锁被其他进程占有，那么进程不等待，返回 0。

释放互斥锁的函数如下：

```
void mutex_unlock(struct mutex *lock);
```

5.4　实时互斥锁

实时互斥锁是对互斥锁的改进，实现了优先级继承（priority inheritance），解决了优先级反转（priority inversion）问题。

什么是优先级反转问题？

假设进程 1 的优先级低，进程 2 的优先级高。进程 1 持有互斥锁，进程 2 申请互斥锁，因为进程 1 已经占有互斥锁，所以进程 2 必须睡眠等待，导致优先级高的进程 2 等待优先级低的进程 1。

如果存在进程 3，优先级在进程 1 和进程 2 之间，情况更糟糕。假设进程 1 仍然持有互斥锁，进程 2 正在等待。进程 3 开始运行，因为它的优先级比进程 1 高，所以它可以抢占进程 1，导致进程 1 持有互斥锁的时间延长，进程 2 等待的时间延长。

优先级继承可以解决优先级反转问题。如果低优先级的进程持有互斥锁，高优先级的进程申请互斥锁，那么把持有互斥锁的进程的优先级临时提升到申请互斥锁的进程的优先级。在上面的例子中，把进程 1 的优先级临时提升到进程 2 的优先级，防止进程 3 抢占进程 1，使进程 1 尽快执行完临界区，减少进程 2 的等待时间。

如果需要使用实时互斥锁，编译内核时需要开启配置宏 CONFIG_RT_MUTEXES。

实时互斥锁的定义如下：

```
include/linux/rtmutex.h
struct rt_mutex {
    raw_spinlock_t      wait_lock;
    struct rb_root      waiters;
    struct rb_node      *waiters_leftmost;
    struct task_struct  *owner;
    …
};
```

初始化静态实时互斥锁的方法如下：

```
DEFINE_RT_MUTEX(mutexname);
```

在运行时动态初始化实时互斥锁的方法如下：

```
rt_mutex_init(mutex);
```

申请实时互斥锁的函数如下。

（1）void rt_mutex_lock(struct rt_mutex *lock);

申请实时互斥锁，如果锁被占有，进程深度睡眠。

（2）int rt_mutex_lock_interruptible(struct rt_mutex *lock);

申请实时互斥锁，如果锁被占有，进程轻度睡眠。

（3）int rt_mutex_timed_lock(struct rt_mutex *lock, struct hrtimer_sleeper *timeout);

申请实时互斥锁，如果锁被占有，进程睡眠等待一段时间。

（4）int rt_mutex_trylock(struct rt_mutex *lock);

申请实时互斥锁，如果申请成功，返回 1；如果锁被其他进程占有，进程不等待，返回 0。

释放实时互斥锁的函数如下：

```
void rt_mutex_unlock(struct rt_mutex *lock);
```

5.5　原子变量

原子变量用来实现对整数的互斥访问，通常用来实现计数器。

例如，我们写一行代码把变量 a 加 1，编译器把代码编译成 3 条汇编指令。

（1）把变量 a 从内存加载到寄存器。

（2）把寄存器的值加 1。

（3）把寄存器的值写回内存。

在单处理器系统中，如果进程 1 和进程 2 都执行把变量 a 加 1 的操作，可能出现下面的执行顺序：

```
进程 1                          进程 2
=================               =================
把变量 a 从内存加载到寄存器
把寄存器的值加 1
                                把变量 a 从内存加载到寄存器
                                把寄存器的值加 1
                                把寄存器的值写回内存

把寄存器的值写回内存
```

预期结果是进程 1 和进程 2 执行完以后变量 a 的值加 2，但是因为在进程 1 把变量 a 的新值写回内存之前，进程调度器调度进程 2，进程 2 从内存读取变量 a 的旧值，导致进程 1 和进程 2 执行完以后变量 a 的值只增加 1。

在多处理器系统中，如果处理器 1 和处理器 2 都执行把变量 a 加 1 的操作，可能出现下面的执行顺序：

```
处理器 1                          处理器 2
===============                  ===============

把变量 a 从内存加载到寄存器
把寄存器的值加 1

                                 把变量 a 从内存加载到寄存器
                                 把寄存器的值加 1
                                 把寄存器的值写回内存

把寄存器的值写回内存
```

　　预期结果是处理器 1 和处理器 2 执行完以后变量 a 的值加 2，但是因为在处理器 1 把变量 a 的新值写回内存之前，处理器 2 从内存读取变量 a 的旧值，导致处理器 1 和处理器 2 执行完以后变量 a 的值只增加 1。

　　原子变量可以解决这种问题，使 3 个操作成为一个原子操作。

　　内核定义了 3 种原子变量。

　　（1）整数原子变量，数据类型是 atomic_t。

```
include/linux/types.h
typedef struct {
    int counter;
} atomic_t;
```

　　（2）长整数原子变量，数据类型是 atomic_long_t。

　　（3）64 位整数原子变量，数据类型是 atomic64_t。

　　下面以整数原子变量为例说明使用方法。初始化静态原子变量的方法如下：

```
atomic_t <name> = ATOMIC_INIT(n);
```

　　在运行中动态初始化原子变量的方法如下：

```
atomic_set(v, i);
```

　　把原子变量 v 的值初始化为 i。

　　常用的原子变量操作函数如下。

　　（1）atomic_read(v)

　　读取原子变量 v 的值。

　　（2）atomic_add_return(i, v)

　　把原子变量 v 的值加上 i，并且返回新值。

　　（3）atomic_add(i, v)

　　把原子变量 v 的值加上 i。

　　（4）atomic_inc(v)

　　把原子变量 v 的值加上 1。

　　（5）int atomic_add_unless(atomic_t *v, int a, int u);

如果原子变量 v 的值不是 u，那么把原子变量 v 的值加上 a，并且返回 1，否则返回 0。

（6）atomic_inc_not_zero(v)

如果原子变量 v 的值不是 0，那么把原子变量 v 的值加上 1，并且返回 1，否则返回 0。

（7）atomic_sub_return(i, v)

把原子变量 v 的值减去 i，并且返回新值。

（8）atomic_sub_and_test(i, v)

把原子变量 v 的值减去 i，测试新值是否为 0，如果为 0，返回真。

（9）atomic_sub(i, v)

把原子变量 v 的值减去 i。

（10）atomic_dec(v)

把原子变量 v 的值减去 1。

（11）atomic_cmpxchg(v, old, new)

执行原子比较交换，如果原子变量 v 的值等于 old，那么把原子变量 v 的值设置为 new。返回值总是原子变量 v 的旧值。

ARM64 处理器的原子变量实现

原子变量需要各种处理器架构提供特殊的指令支持，ARM64 处理器提供了以下指令。

（1）独占加载指令 ldxr（Load Exclusive Register）。

（2）独占存储指令 stxr（Store Exclusive Register）。

独占加载指令从内存加载 32 位或 64 位数据到寄存器中，把访问的物理地址标记为独占访问。

独占加载指令加载 32 位数据的格式为：

```
ldxr <Wt>, [<Xn|SP>{,#0}]
```

<Wt>：存放数据的 32 位通用寄存器。

<Xn|SP>：64 位通用寄存器 Xn 或栈指针寄存器，存放基准地址。

#0：偏移，只能是 0，可以省略。变量的虚拟地址是基准地址加上偏移。

独占存储指令从寄存器存储 32 位或 64 位数据到内存中，检查目标内存地址是否被标记为独占访问。如果是独占访问，那么存储到内存中，并且返回状态值 0 来表示存储成功；否则不存储到内存中，并且返回 1。

独占存储指令存储 32 位数据的格式为：

```
stxr <Ws>, <Wt>, [<Xn|SP>{,#0}]
```

<Ws>：32 位通用寄存器，用来存放返回的状态值。如果存储成功，返回 0，否则返回 1。

<Wt>：存放数据的 32 位通用寄存器。

<Xn|SP>：64 位通用寄存器 Xn 或栈指针寄存器，存放基准地址。

#0：偏移，只能是 0，可以省略。变量的虚拟地址是基准地址加上偏移。

例如，函数 atomic_add(i, v)的功能是把原子变量 v 的值加上 i，ARM64 架构的实现如下：

```
arch/arm64/include/asm/atomic_ll_sc.h
1    static inline void atomic_add(int i, atomic_t *v)
2    {
3     unsigned long tmp;
4     int result;
5
6     asm volatile("// atomic_add \n"                    \
7    "   prfm    pstl1strm, %2\n"                         \
8    "1:   ldxr   %w0, %2\n"                              \
9    "   " add "    %w0, %w0, %w3\n"                      \
10   "   stxr   %w1, %w0, %2\n"                           \
11   "   cbnz   %w1, 1b"                                  \
12    : "=&r" (result), "=&r" (tmp), "+Q" (v->counter)   \
13    : "Ir" (i));
14   }
```

第 8 行代码，使用独占加载指令把原子变量 v 的值加载到 32 位寄存器中。

第 9 行代码，把寄存器的值加上 i。

第 10 行代码，使用独占存储指令把寄存器的值写到原子变量 v。

第 11 行代码，如果独占存储指令返回 1，表示存储失败，那么回到第 8 行代码重新执行。

在非常大的系统中，处理器很多，竞争很激烈，使用独占加载指令和独占存储指令可能需要重试很多次才能成功，性能很差。ARM v8.1 标准实现了大系统扩展（Large System Extensions，LSE），专门设计了原子指令，提供了原子加法指令 stadd：首先从内存加载 32 位或 64 位数据到寄存器中，然后把寄存器加上指定值，把结果写回内存。

原子加法指令 stadd 操作 32 位数据的格式为：

```
stadd <Ws>, [<Xn|SP>]
```

<Ws>：32 位通用寄存器，存放要加上的值。

<Xn|SP>：64 位通用寄存器 Xn 或栈指针寄存器，存放变量的虚拟地址。

使用原子加法指令 stadd 实现的函数 atomic_add(i, v)如下：

```
arch/arm64/include/asm/atomic_lse.h
static inline void atomic_add(int i, atomic_t *v)
{
     register int w0 asm ("w0") = i;
     register atomic_t *x1 asm ("x1") = v;

     asm volatile(" stadd  %w[i], %[v]\n"       \
     : [i] "+r" (w0), [v] "+Q" (v->counter)     \
     : "r" (x1)                                 \
     : );
}
```

5.6　自旋锁

自旋锁用于处理器之间的互斥，适合保护很短的临界区，并且不允许在临界区睡眠。申请自旋锁的时候，如果自旋锁被其他处理器占有，本处理器自旋等待（也称为忙等待）。

进程、软中断和硬中断都可以使用自旋锁。

目前内核的自旋锁是排队自旋锁（queued spinlock，也称为"FIFO ticket spinlock"），算法类似于银行柜台的排队叫号。

（1）锁拥有排队号和服务号，服务号是当前占有锁的进程的排队号。

（2）每个进程申请锁的时候，首先申请一个排队号，然后轮询锁的服务号是否等于自己的排队号，如果等于，表示自己占有锁，可以进入临界区，否则继续轮询。

（3）当进程释放锁时，把服务号加 1，下一个进程看到服务号等于自己的排队号，退出自旋，进入临界区。

自旋锁的定义如下：

```
include/linux/spinlock_types.h
typedef struct spinlock {
    union {
        struct raw_spinlock rlock;
        …
    };
} spinlock_t;

typedef struct raw_spinlock {
    arch_spinlock_t raw_lock;
    …
} raw_spinlock_t;
```

可以看到，数据类型 spinlock 对数据类型 raw_spinlock 做了封装，spinlock 和 raw_spinlock（原始自旋锁）有什么关系？

Linux 内核有一个实时内核分支（开启配置宏 CONFIG_PREEMPT_RT）来支持硬实时特性，内核主线只支持软实时。

对于没有打上实时内核补丁的内核，spinlock 只是封装 raw_spinlock，它们完全一样。如果打上实时内核补丁，那么 spinlock 使用实时互斥锁保护临界区，在临界区内可以被抢占和睡眠，但 raw_spinlock 还是自旋锁。

目前主线版本还没有合并实时内核补丁，说不定哪天就会合并进来，为了使代码可以兼容实时内核，最好坚持 3 个原则。

（1）尽可能使用 spinlock。

（2）绝对不允许被抢占和睡眠的地方，使用 raw_spinlock，否则使用 spinlock。

（3）如果临界区足够小，使用 raw_spinlock。

各种处理器架构需要自定义数据类型 arch_spinlock_t，ARM64 架构的定义如下：

```
arch/arm64/include/asm/spinlock_types.h
typedef struct {
#ifdef __AARCH64EB__        /* 大端字节序（高位存放在低地址） */
```

```
    u16 next;
    u16 owner;
#else                              /* 小端字节序（低位存放在低地址） */
    u16 owner;
    u16 next;
#endif
} __aligned(4) arch_spinlock_t;
```

成员 next 是排队号，成员 owner 是服务号。

定义并且初始化静态自旋锁的方法如下：

```
DEFINE_SPINLOCK(x);
```

在运行时动态初始化自旋锁的方法如下：

```
spin_lock_init(x);
```

申请自旋锁的函数如下。

（1）void spin_lock(spinlock_t *lock);

申请自旋锁，如果锁被其他处理器占有，当前处理器自旋等待。

（2）void spin_lock_bh(spinlock_t *lock);

申请自旋锁，并且禁止当前处理器的软中断。

（3）void spin_lock_irq(spinlock_t *lock);

申请自旋锁，并且禁止当前处理器的硬中断。

（4）spin_lock_irqsave(lock, flags);

申请自旋锁，保存当前处理器的硬中断状态，并且禁止当前处理器的硬中断。

（5）int spin_trylock(spinlock_t *lock);

申请自旋锁，如果申请成功，返回 1；如果锁被其他处理器占有，当前处理器不等待，立即返回 0。

释放自旋锁的函数如下。

（1）void spin_unlock(spinlock_t *lock);

（2）void spin_unlock_bh(spinlock_t *lock);

释放自旋锁，并且开启当前处理器的软中断。

（3）void spin_unlock_irq(spinlock_t *lock);

释放自旋锁，并且开启当前处理器的硬中断。

（4）void spin_unlock_irqrestore(spinlock_t *lock, unsigned long flags);

释放自旋锁，并且恢复当前处理器的硬中断状态。

定义并且初始化静态原始自旋锁的方法如下：

```
DEFINE_RAW_SPINLOCK(x);
```

在运行时动态初始化原始自旋锁的方法如下：

```
raw_spin_lock_init (x);
```

申请原始自旋锁的函数如下。

（1）raw_spin_lock(lock)

申请原始自旋锁，如果锁被其他处理器占有，当前处理器自旋等待。

（2）raw_spin_lock_bh(lock)

申请原始自旋锁，并且禁止当前处理器的软中断。

（3）raw_spin_lock_irq(lock)

申请原始自旋锁，并且禁止当前处理器的硬中断。

（4）raw_spin_lock_irqsave(lock, flags)

申请原始自旋锁，保存当前处理器的硬中断状态，并且禁止当前处理器的硬中断。

（5）raw_spin_trylock(lock)

申请原始自旋锁，如果申请成功，返回 1；如果锁被其他处理器占有，当前处理器不等待，立即返回 0。

释放原始自旋锁的函数如下。

（1）raw_spin_unlock(lock)

（2）raw_spin_unlock_bh(lock)

释放原始自旋锁，并且开启当前处理器的软中断。

（3）raw_spin_unlock_irq(lock)

释放原始自旋锁，并且开启当前处理器的硬中断。

（4）raw_spin_unlock_irqrestore(lock, flags)

释放原始自旋锁，并且恢复当前处理器的硬中断状态。

在多处理器系统中，函数 spin_lock()负责申请自旋锁，其代码如下：

```
spin_lock() -> raw_spin_lock() -> _raw_spin_lock() -> __raw_spin_lock()  -> do_raw_s
pin_lock() -> arch_spin_lock()
```

arch/arm64/include/asm/spinlock.h

```
1     static inline void arch_spin_lock(arch_spinlock_t *lock)
2     {
3      unsigned int tmp;
4      arch_spinlock_t lockval, newval;
5
6      asm volatile(
7     ARM64_LSE_ATOMIC_INSN(
8      /* LL/SC */
9     "   prfm    pstl1strm, %3\n"
10    "1:   ldaxr   %w0, %3\n"
11    "    add   %w1, %w0, %w5\n"
12    "    stxr   %w2, %w1, %3\n"
13    "    cbnz   %w2, 1b\n",
14     /* 大系统扩展的原子指令 */
15    "   mov   %w2, %w5\n"
16    "    ldadda   %w2, %w0, %3\n"
17    __nops(3)
18    )
```

```
19
20     /* 我们得到锁了吗? */
21  "    eor    %w1, %w0, %w0, ror #16\n"
22  "    cbz    %w1, 3f\n"
23  "    sevl\n"
24  "2:    wfe\n"
25  "    ldaxrh    %w2, %4\n"
26  "    eor    %w1, %w2, %w0, lsr #16\n"
27  "    cbnz    %w1, 2b\n"
28     /* 得到锁, 临界区从这里开始*/
29  "3:"
30  : "=&r" (lockval), "=&r" (newval), "=&r" (tmp), "+Q" (*lock)
31  : "Q" (lock->owner), "I" (1 << TICKET_SHIFT)
32  : "memory");
33  }
```

第 7~18 行代码，申请排队号，然后把自旋锁的排队号加 1，这是一个原子操作，有两种实现方法。

1）第 9~13 行代码，使用指令 ldaxr（带有获取语义的独占加载）和 stxr（独占存储）实现，指令 ldaxr 带有获取语义（参考 5.14.4 节），后面的加载/存储操作必须在指令 ldaxr 之后被观察到。

2）第 15 行和第 16 行代码，如果处理器支持大系统扩展，那么使用带有获取语义的原子加法指令 ldadda 实现，指令 ldadda 带有获取语义，后面的加载/存储操作必须在指令 ldadda 之后被观察到。

第 21 行和第 22 行代码，如果服务号等于当前进程的排队号，进入临界区。

第 24~27 行代码，如果服务号不等于当前进程的排队号，那么自旋等待。使用指令 ldaxrh（带有获取语义的独占加载，h 表示 halfword，即 2 字节）读取服务号，指令 ldaxrh 带有获取语义，后面的加载/存储操作必须在指令 ldaxrh 之后被观察到。

第 23 行代码，sevl（send event local）指令的功能是发送一个本地事件，避免错过其他处理器释放自旋锁时发送的事件。

第 24 行代码，wfe（wait for event）指令的功能是使处理器进入低功耗状态，等待事件。

函数 spin_unlock()负责释放自旋锁，其代码如下：

```
spin_unlock() -> raw_spin_unlock() -> _raw_spin_unlock() -> __raw_spin_unlock()  ->
do_raw_spin_unlock() -> arch_spin_unlock()
```

arch/arm64/include/asm/spinlock.h
```
1    static inline void arch_spin_unlock(arch_spinlock_t *lock)
2    {
3     unsigned long tmp;
4
5     asm volatile(ARM64_LSE_ATOMIC_INSN(
6     /* LL/SC */
7     "    ldrh    %w1, %0\n"
8     "    add    %w1, %w1, #1\n"
9     "    stlrh    %w1, %0",
10    /* 大系统扩展的原子指令 */
11    "    mov    %w1, #1\n"
12    "    staddlh    %w1, %0\n"
13    __nops(1))
14    : "=Q" (lock->owner), "=&r" (tmp)
15    :
16    : "memory");
```

```
17  }
```

把自旋锁的服务号加 1，有如下两种实现方法。

- ❑ 第 7~9 行代码，使用指令 ldrh（加载，h 表示 halfword，即 2 字节）和 stlrh（带有释放语义的存储）实现，指令 stlrh 带有释放语义（参考 5.14.4 节），前面的加载/存储操作必须在指令 stlrh 之前被观察到。因为一次只能有一个进程进入临界区，所以只有一个进程把自旋锁的服务号加 1，不需要是原子操作。
- ❑ 第 11 行和第 12 行代码，如果处理器支持大系统扩展，那么使用带有释放语义的原子加法指令 staddlh 实现，指令 staddlh 带有释放语义，前面的加载/存储操作必须在指令 staddlh 之前被观察到。

在单处理器系统中，自旋锁是空的。

```
include/linux/spinlock_types_up.h
typedef struct { } arch_spinlock_t;
```

函数 spin_lock() 只是禁止内核抢占。

```
spin_lock() -> raw_spin_lock() -> _raw_spin_lock()
```

```
include/linux/spinlock_api_up.h
#define _raw_spin_lock(lock)                 __LOCK(lock)

#define __LOCK(lock) \
  do { preempt_disable(); ___LOCK(lock); } while (0)

#define ___LOCK(lock) \
  do { __acquire(lock); (void)(lock); } while (0)
```

5.7　读写自旋锁

读写自旋锁（通常简称读写锁）是对自旋锁的改进，区分读者和写者，允许多个读者同时进入临界区，读者和写者互斥，写者和写者互斥。

如果读者占有读锁，写者申请写锁的时候自旋等待。如果写者占有写锁，读者申请读锁的时候自旋等待。

读写自旋锁的定义如下：

```
include/linux/rwlock_types.h
typedef struct {
    arch_rwlock_t raw_lock;
    …
} rwlock_t;
```

各种处理器架构需要自定义数据类型 arch_rwlock_t，ARM64 架构的定义如下：

```
arch/arm64/include/asm/spinlock_types.h
typedef struct {
    volatile unsigned int lock;
} arch_rwlock_t;
```

定义并且初始化静态读写自旋锁的方法如下：

```
DEFINE_RWLOCK(x);
```

在运行时动态初始化读写自旋锁的方法如下：

```
rwlock_init(lock);
```

申请读锁的函数如下。

（1）read_lock(lock)

申请读锁，如果写者占有写锁，当前处理器自旋等待。

（2）read_lock_bh(lock)

申请读锁，并且禁止当前处理器的软中断。

（3）read_lock_irq(lock)

申请读锁，并且禁止当前处理器的硬中断。

（4）read_lock_irqsave(lock, flags)

申请读锁，保存当前处理器的硬中断状态，并且禁止当前处理器的硬中断。

（5）read_trylock(lock)

尝试申请读锁，如果没有占有写锁的写者，那么申请读锁成功，返回 1；如果写者占有写锁，那么当前处理器不等待，立即返回 0。

释放读锁的函数如下。

（1）read_unlock(lock)

（2）read_unlock_bh(lock)

释放读锁，并且开启当前处理器的软中断。

（3）read_unlock_irq(lock)

释放读锁，并且开启当前处理器的硬中断。

（4）read_unlock_irqrestore(lock, flags)

释放读锁，并且恢复当前处理器的硬中断状态。

申请写锁的函数如下。

（1）write_lock(lock)

申请写锁，如果写者占有写锁或者读者占有读锁，当前处理器自旋等待。

（2）write_lock_bh(lock)

申请写锁，并且禁止当前处理器的软中断。

（3）write_lock_irq(lock)

申请写锁，并且禁止当前处理器的硬中断。

（4）write_lock_irqsave(lock, flags)

申请写锁，保存当前处理器的硬中断状态，并且禁止当前处理器的硬中断。

（5）write_trylock(lock)

尝试申请写锁，如果没有占有锁的写者和读者，那么申请写锁成功，返回 1；如果写者占有写锁或者读者占有读锁，那么当前处理器不等待，立即返回 0。

释放写锁的函数如下。

（1）write_unlock(lock)

（2）write_unlock_bh(lock)

释放写锁，并且开启当前处理器的软中断。

（3）write_unlock_irq(lock)

释放写锁，并且开启当前处理器的硬中断。

（4）write_unlock_irqrestore(lock, flags)

释放写锁，并且恢复当前处理器的硬中断状态。

读写自旋锁使用一个无符号 32 位整数作为计数值，写锁使用最高位，读锁使用其余 31 位，算法如下。

（1）申请写锁时，如果计数值是 0，那么设置计数的最高位，进入临界区；如果计数值不是 0，说明写者占有写锁或者读者占有读锁，那么自旋等待。

（2）申请读锁时，如果计数值的最高位是 0，那么把计数加 1，进入临界区；如果计数的最高位不是 0，说明写者占有写锁，那么自旋等待。

（3）释放写锁时，把计数值设置为 0。

（4）释放读锁时，把计数值减 1。

读写自旋锁的缺点是：如果读者很多，写者很难获取写锁，可能饿死。假设有一个读者占有读锁，然后写者申请写锁，写者需要自旋等待，接着另一个读者申请读锁，它可以获取读锁，如果两个读者轮流占有读锁，可能造成写者饿死。

针对这个缺点，内核实现了排队读写锁，主要改进是：如果写者正在等待写锁，那么读者申请读锁时自旋等待，写者在锁被释放以后先得到写锁。排队读写锁的配置宏是 CONFIG_QUEUED_RWLOCKS，源文件是"kernel/locking/qrwlock.c"。

5.8　顺序锁

顺序锁区分读者和写者，和读写自旋锁相比，它的优点是不会出现写者饿死的情况。读者不会阻塞写者，读者读数据的时候写者可以写数据。顺序锁有序列号，写者把序列号加 1，如果读者检测到序列号有变化，发现写者修改了数据，将会重试，读者的代价比较高。

顺序锁支持两种类型的读者。

（1）顺序读者（sequence readers）：不会阻塞写者，但是如果读者检测到序列号有变化，发现写者修改了数据，读者将会重试。

（2）持锁读者（locking readers）：如果写者或另一个持锁读者正在访问临界区，持锁读者将会等待。持锁读者也会阻塞写者。这种情况下顺序锁退化为自旋锁。

如果使用顺序读者，那么互斥访问的资源不能是指针，因为写者可能使指针失效，读者访问失效的指针会出现致命的错误。

顺序锁比读写自旋锁更加高效，但读写自旋锁适用于所有场合，而顺序锁不能适用于所有场合，所以顺序锁不能完全替代读写自旋锁。

顺序锁有两个版本。

（1）完整版的顺序锁提供自旋锁和序列号。

（2）顺序锁只提供序列号，使用者有自己的自旋锁。

5.8.1 完整版的顺序锁

完整版的顺序锁的定义如下：

```
include/linux/seqlock.h
typedef struct {
    struct seqcount seqcount;
    spinlock_t lock;
} seqlock_t;
```

成员 seqcount 是序列号，成员 lock 是自旋锁。

定义并且初始化静态顺序锁的方法如下：

```
DEFINE_SEQLOCK(x)
```

运行时动态初始化顺序锁的方法如下：

```
seqlock_init(x)
```

顺序读者读数据的方法如下：

```
seqlock_t seqlock;
unsigned int seq;

do {
    seq = read_seqbegin(&seqlock);
    读数据
} while (read_seqretry(&seqlock, seq));
```

首先调用函数 read_seqbegin 读取序列号，然后读数据，最后调用函数 read_seqretry 判断序列号是否有变化。如果序列号有变化，说明写者修改了数据，那么读者需要重试。

持锁读者读数据的方法如下：

```
seqlock_t seqlock;

read_seqlock_excl(&seqlock);
读数据
read_sequnlock_excl(&seqlock);
```

函数 read_seqlock_excl 有一些变体。

（1）read_seqlock_excl_bh()：申请自旋锁，并且禁止当前处理器的软中断。

（2）read_seqlock_excl_irq()：申请自旋锁，并且禁止当前处理器的硬中断。

（3）read_seqlock_excl_irqsave()：申请自旋锁，保存当前处理器的硬中断状态，并且禁止当前处理器的硬中断。

读者还可以根据情况灵活选择：如果没有写者在写数据，那么读者成为顺序读者；如果写者正在写数据，那么读者成为持锁读者。方法如下：

```
seqlock_t seqlock;
unsigned int seq = 0;

do {
    read_seqbegin_or_lock(&seqlock, &seq);
    读数据
} while (need_seqretry(&seqlock, seq));

done_seqretry(&seqlock, seq);
```

函数 read_seqbegin_or_lock 有一个变体。

read_seqbegin_or_lock_irqsave：如果没有写者在写数据，那么读者成为顺序读者；如果写者正在写数据，那么读者成为持锁读者，申请自旋锁，保存当前处理器的硬中断状态，并且禁止当前处理器的硬中断。

写者写数据的方法如下：

```
write_seqlock(&seqlock);
写数据
write_sequnlock(&seqlock);
```

函数 write_seqlock 有一些变体。

（1）write_seqlock_bh()：申请写锁，并且禁止当前处理器的软中断。

（2）write_seqlock_irq()：申请写锁，并且禁止当前处理器的硬中断。

（3）write_seqlock_irqsave()：申请写锁，保存当前处理器的硬中断状态，并且禁止当前处理器的硬中断。

函数 write_seqlock 的代码如下：

```
include/linux/seqlock.h
static inline void write_seqlock(seqlock_t *sl)
{
    spin_lock(&sl->lock);
    write_seqcount_begin(&sl->seqcount);
}

static inline void write_seqcount_begin(seqcount_t *s)
{
    write_seqcount_begin_nested(s, 0);
}

static inline void write_seqcount_begin_nested(seqcount_t *s, int subclass)
{
    raw_write_seqcount_begin(s);
    …
}

static inline void raw_write_seqcount_begin(seqcount_t *s)
```

```
{
    s->sequence++;
    smp_wmb();
}
```

写者申请顺序锁的执行过程是：首先申请自旋锁，然后把序列号加1，序列号变成奇数。

函数 write_sequnlock 的代码如下：

```
include/linux/seqlock.h
static inline void write_sequnlock(seqlock_t *sl)
{
    write_seqcount_end(&sl->seqcount);
    spin_unlock(&sl->lock);
}

static inline void write_seqcount_end(seqcount_t *s)
{
    …
    raw_write_seqcount_end(s);
}

static inline void raw_write_seqcount_end(seqcount_t *s)
{
    smp_wmb();
    s->sequence++;
}
```

写者释放顺序锁的执行过程是：首先把序列号加1，序列号变成偶数，然后释放自旋锁。

5.8.2 只提供序列号的顺序锁

只提供序列号的顺序锁的定义如下：

```
include/linux/seqlock.h
typedef struct seqcount {
    unsigned sequence;
    …
} seqcount_t;
```

定义并且初始化静态顺序锁的方法如下：

```
seqcount_t x = SEQCNT_ZERO(x);
```

运行时动态初始化顺序锁的方法如下：

```
seqcount_init(s)
```

读者读数据的方法如下：

```
seqcount_t sc;
unsigned int seq;

do {
    seq = read_seqcount_begin(&sc);
    读数据
```

```
} while (read_seqcount_retry(&sc, seq));
```

写者写数据的方法如下：

```
spin_lock(&mylock);/* 假设使用者定义了自旋锁mylock */
write_seqcount_begin(&sc);
写数据
write_seqcount_end(&sc);
spin unlock(&mylock);
```

5.9　禁止内核抢占

内核抢占是指当进程在内核模式下运行的时候可以被其他进程抢占，编译内核时需要打开配置宏 CONFIG_PREEMPT。

支持抢占的内核称为抢占式内核，不支持抢占的内核称为非抢占式内核。个人计算机的桌面操作系统要求响应速度快，适合使用抢占式内核；服务器要求业务的吞吐率高，适合使用非抢占式内核。

如果变量只会被本处理器上的进程访问，比如每处理器变量，可以使用禁止内核抢占的方法来保护，代价很低。如果变量可能被其他处理器上的进程访问，应该使用锁保护。

每个进程的 thread_info 结构体有一个抢占计数器："int preempt_count"，其中第 0~7 位是抢占计数，第 8~15 位是软中断计数，第 16~19 位是硬中断计数，第 20 位是不可屏蔽中断计数。

禁止内核抢占的时候把当前进程的抢占计数加 1，开启内核抢占的时候把当前进程的抢占计数减 1。

禁止内核抢占的编程接口如下：

```
preempt_disable()
```

开启内核抢占的编程接口如下：

（1）preempt_enable()

把抢占计数减 1，如果抢占计数器变成 0，重新调度进程。

（2）preempt_enable_no_resched()

把抢占计数减 1，如果抢占计数器变成 0，不调度进程。

申请自旋锁的函数包含了禁止内核抢占，其代码如下：

```
spin_lock() -> raw_spin_lock() -> _raw_spin_lock() -> __raw_spin_lock()

include/linux/spinlock_api_smp.h
static inline void __raw_spin_lock(raw_spinlock_t *lock)
{
    preempt_disable();
    …
    LOCK_CONTENDED(lock, do_raw_spin_trylock, do_raw_spin_lock);
}
```

释放自旋锁的函数包含了开启内核抢占，其代码如下：

```
spin_unlock() -> raw_spin_unlock() -> _raw_spin_unlock() -> __raw_spin_unlock()

include/linux/spinlock_api_smp.h
static inline void __raw_spin_unlock(raw_spinlock_t *lock)
{
    …
    do_raw_spin_unlock(lock);
    preempt_enable();
}
```

5.10 进程和软中断互斥

如果进程和软中断可能访问同一个对象，那么进程和软中断需要互斥，进程需要禁止软中断。

如果进程只需要和本处理器的软中断互斥，那么进程只需要禁止本处理器的软中断；如果进程要和所有处理器的软中断互斥，那么进程需要禁止本处理器的软中断，还要使用自旋锁和其他处理器的软中断互斥。

每个进程的 thread_info 结构体有一个抢占计数器"int preempt_count"，其中第 8～15 位是软中断计数。

禁止软中断的时候把当前进程的软中断计数加 2，开启软中断的时候把当前进程的软中断计数减 2。

禁止软中断的接口是 local_bh_disable()。

注意：这个接口只能禁止本处理器的软中断，不能禁止其他处理器的软中断。bh 表示"bottom half"，即下半部，软中断是中断处理程序的下半部。

开启软中断的接口是 local_bh_enable()。

把当前进程的软中断计数减 2，如果软中断计数、硬中断计数和不可屏蔽中断计数都是 0，并且有软中断需要处理，那么执行软中断。

5.11 进程和硬中断互斥

如果进程和硬中断可能访问同一个对象，那么进程和硬中断需要互斥，进程需要禁止硬中断。

如果进程只需要和本处理器的硬中断互斥，那么进程只需要禁止本处理器的硬中断；如果进程要和所有处理器的硬中断互斥，那么进程需要禁止本处理器的硬中断，还要使用自旋锁和其他处理器的硬中断互斥。

禁止硬中断的接口如下。

（1）local_irq_disable()。

（2）local_irq_save(flags)：首先把硬中断状态保存在参数 flags 中，然后禁止硬中断。

这两个接口只能禁止本处理器的硬中断，不能禁止其他处理器的硬中断。禁止硬中断以后，处理器不会响应中断请求。

开启硬中断的接口如下。

（1）local_irq_enable()。

（2）local_irq_restore(flags)：恢复本处理器的硬中断状态。

local_irq_disable()和 local_irq_enable()不能嵌套使用，local_irq_save(flags)和 local_irq_restore(flags)可以嵌套使用。

5.12 每处理器变量

在多处理器系统中，每处理器变量为每个处理器生成一个变量的副本，每个处理器访问自己的副本，从而避免了处理器之间的互斥和处理器缓存之间的同步，提高了程序的执行速度。

每处理器变量分为静态和动态两种。

5.12.1 静态每处理器变量

使用宏"DEFINE_PER_CPU(type, name)"定义普通的静态每处理器变量，使用宏"DECLARE_PER_CPU(type, name)"声明普通的静态每处理器变量。

把宏"DEFINE_PER_CPU(type, name)"展开以后是：

```
__attribute__((section(".data..percpu")))  __typeof__(type)  name
```

可以看出，普通的静态每处理器变量存放在".data..percpu"节中。

定义静态每处理器变量的其他变体如下。

（1）使用宏"DEFINE_PER_CPU_FIRST(type, name)"定义必须在每处理器变量集合中最先出现的每处理器变量。

（2）使用宏"DEFINE_PER_CPU_SHARED_ALIGNED(type, name)"定义和处理器缓存行对齐的每处理器变量，仅仅在 SMP 系统中需要和处理器缓存行对齐。

（3）使用宏"DEFINE_PER_CPU_ALIGNED(type, name)"定义和处理器缓存行对齐的每处理器变量，不管是不是 SMP 系统，都需要和处理器缓存行对齐。

（4）使用宏"DEFINE_PER_CPU_PAGE_ALIGNED(type, name)"定义和页长度对齐的每处理器变量。

（5）使用宏"DEFINE_PER_CPU_READ_MOSTLY(type, name)"定义以读为主的每处理器变量。

如果想要静态每处理器变量可以被其他内核模块引用，需要导出到符号表：

（1）如果允许任何内核模块引用，使用宏"EXPORT_PER_CPU_SYMBOL(var)"把静态每处理器变量导出到符号表。

（2）如果只允许使用 GPL 许可的内核模块引用，使用宏"EXPORT_PER_CPU_SYMBOL_GPL(var)"把静态每处理器变量导出到符号表。

5.12.2 动态每处理器变量

为动态每处理器变量分配内存的函数如下。

（1）使用函数__alloc_percpu_gfp 为动态每处理器变量分配内存。

```
void __percpu *__alloc_percpu_gfp(size_t size, size_t align, gfp_t gfp);
```

参数 size 是长度，参数 align 是对齐值，参数 gfp 是传给页分配器的分配标志位。

（2）宏 alloc_percpu_gfp(type, gfp)是函数__alloc_percpu_gfp 的简化形式，参数 size 取"sizeof(type)"，参数 align 取"__alignof__(type)"，即数据类型 type 的对齐值。

（3）函数__alloc_percpu 是函数__alloc_percpu_gfp 的简化形式，参数 gfp 取 GFP_KERNEL。

```
void __percpu *__alloc_percpu(size_t size, size_t align);
```

（4）宏 alloc_percpu(type)是函数__alloc_percpu 的简化形式，参数 size 取"sizeof(type)"，参数 align 取"__alignof__(type)"。

最常用的是宏 alloc_percpu(type)。

使用函数 free_percpu 释放动态每处理器变量的内存。

```
void free_percpu(void __percpu *__pdata);
```

5.12.3 访问每处理器变量

宏"this_cpu_ptr(ptr)"用来得到当前处理器的变量副本的地址，宏"get_cpu_var(var)"用来得到当前处理器的变量副本的值。宏"this_cpu_ptr(ptr)"展开以后是：

```
unsigned long __ptr;

__ptr = (unsigned long) (ptr);
(typeof(ptr)) (__ptr + per_cpu_offset(raw_smp_processor_id()));
```

可以看出，当前处理器的变量副本的地址等于基准地址加上当前处理器的偏移。

宏"per_cpu_ptr(ptr, cpu)"用来得到指定处理器的变量副本的地址，宏"per_cpu(var, cpu)"用来得到指定处理器的变量副本的值。

宏"get_cpu_ptr(var)"禁止内核抢占并且返回当前处理器的变量副本的地址，宏"put_cpu_ptr(var)"开启内核抢占，这两个宏成对使用，确保当前进程在内核模式下访问当前处理器的变量副本的时候不会被其他进程抢占。

宏"get_cpu_var(var)"禁止内核抢占并且返回当前处理器的变量副本的值，宏"put_cpu_var(var)"开启内核抢占，这两个宏成对使用，确保当前进程在内核模式下访问当前处理器的变量副本的时候不会被其他进程抢占。

5.13 每处理器计数器

通常使用原子变量作为计数器，在多处理器系统中，如果处理器很多，那么计数器可能成为瓶颈：每次只能有一个处理器修改计数器，其他处理器必须等待。如果访问计数器很频繁，将会严重降低系统性能。

有些计数器，我们不需要时刻知道它们的准确值，计数器的近似值和准确值对我们没有差别。针对这种情况，我们可以使用每处理器计数器加速多处理器系统中计数器的操作。每处理器计数器的设计思想是：计数器有一个总的计数值，每个处理器有一个临时计数值，每个处理器先把计数累加到自己的临时计数值，当临时计数值达到或超过阈值的时候，把临时计数值累加到总的计数值。

每处理器计数器的定义如下：

```
include/linux/percpu_counter.h
struct percpu_counter {
    raw_spinlock_t lock;
    s64 count;
    …
    s32 __percpu *counters;
};
```

成员 count 是总的计数值，成员 lock 用来保护总的计数值，成员 counters 指向每处理器变量，每个处理器对应一个临时计数值。

运行时动态初始化每处理器计数器的方法如下：

```
percpu_counter_init(fbc, value, gfp)
```

fbc 是每处理器计数器的地址，value 是初始值，gfp 是分配每处理器变量的标志位。

把计数累加到每处理器计数器的函数是：

```
void percpu_counter_add(struct percpu_counter *fbc, s64 amount)
```

读取近似计数值的函数如下。

（1）s64 percpu_counter_read(struct percpu_counter *fbc)

可能返回负数。

（2）s64 percpu_counter_read_positive(struct percpu_counter *fbc)

返回值大于或等于 0，如果是负数，返回 0。如果计数值必须大于或等于 0，那么应该使用这个函数。

读取准确计数值的函数如下。

（1）s64 percpu_counter_sum(struct percpu_counter *fbc)

可能返回负数。

（2）s64 percpu_counter_sum_positive(struct percpu_counter *fbc)

返回值大于或等于 0，如果是负数，返回 0。如果计数值必须大于或等于 0，那么应该使用这个函数。

销毁每处理器计数器的函数是：

```
void percpu_counter_destroy(struct percpu_counter *fbc)
```

函数 percpu_counter_add 的功能是把计数累加到每处理器计数器，其代码如下：

lib/percpu_counter.c

```
1    static inline void percpu_counter_add(struct percpu_counter *fbc, s64 amount)
2    {
3      __percpu_counter_add(fbc, amount, percpu_counter_batch);
4    }
5
6    void __percpu_counter_add(struct percpu_counter *fbc, s64 amount, s32 batch)
7    {
8      s64 count;
9
10     preempt_disable();
11     count = __this_cpu_read(*fbc->counters) + amount;
12     if (count >= batch || count <= -batch) {
13         unsigned long flags;
14         raw_spin_lock_irqsave(&fbc->lock, flags);
15         fbc->count += count;
16         __this_cpu_sub(*fbc->counters, count - amount);
17         raw_spin_unlock_irqrestore(&fbc->lock, flags);
18     } else {
19         this_cpu_add(*fbc->counters, amount);
20     }
21     preempt_enable();
22   }
```

第 10 行代码，禁止内核抢占。

第 11 行代码，count 等于本处理器的临时计数值加上 amount。

第 12 行代码，如果 count 大于或等于阈值，或者小于或等于阈值的相反数，处理如下。

（1）第 14 行代码，申请自旋锁并且禁止本处理器的硬中断。

（2）第 15 行代码，把 count 加到总的计数值。

（3）第 16 行代码，从本处理器的临时计数值减去（count − amount）。

（4）第 17 行代码，释放自旋锁并且恢复本处理器的硬中断状态。

第 18～20 行代码，如果 count 大于阈值的相反数，并且小于阈值，那么把 amount 加到本处理器的临时计数值。

第 21 行代码，开启内核抢占。

全局变量 percpu_counter_batch 是每处理器计数器的阈值，取值是 32 和（处理器数量×2）的最大值。

5.14 内存屏障

内存屏障（memory barrier）是一种保证内存访问顺序的方法，用来解决下面这些内存访问乱序问题。

（1）编译器编译代码时可能重新排列汇编指令，使编译出来的程序在处理器上运行更快，但是有时候优化的结果可能不符合程序员的意图。

（2）现代的处理器采用超标量体系结构和乱序执行技术，能够在一个时钟周期并行执行多条指令。处理器按照程序顺序取出一批指令，分析找出没有依赖关系的指令，发给多个独立的执行单元并行执行，最后按照程序顺序提交执行结果。用一句话总结就是"顺序取指令，乱序执行，顺序提交执行结果"。有些情况不允许乱序执行，必须严格按照顺序，可是处理器不能识别出依赖关系。常见的情况是处理器访问外围设备控制器的寄存器，例如查询有些外围设备的状态值，需要先向控制寄存器写入数值，然后从状态寄存器读取状态值。

（3）在多处理器系统中，硬件工程师使用存储缓冲区、使无效队列协助缓存和缓存一致性协议实现高性能，引入了处理器之间的内存访问乱序问题。一个处理器修改数据，可能不会把数据立即同步到自己的缓存或者其他处理器的缓存，导致其他处理器不能立即看到最新的数据。注意：处理器的乱序执行不会造成处理器之间的内存访问乱序问题，因为执行结果是按照程序顺序提交的。

内核支持 3 种内存屏障。
（1）编译器屏障。
（2）处理器内存屏障。
（3）内存映射 I/O（Memory Mappping I/O，MMIO）写屏障。

5.14.1 编译器屏障

为了提高程序的执行速度，编译器优化代码，对于不存在数据依赖或控制依赖的汇编指令，重新排列它们的顺序，但是有时候优化产生的指令顺序不符合程序员的真实意图，程序员需要使用编译器屏障指导编译器。

编译器屏障是：

```
barrier();
```

它阻止编译器把屏障一侧的指令移动到另一侧，既不能把屏障前面的指令移动到屏障后面，也不能把屏障后面的指令移动到屏障前面。编译器屏障也称为编译器优化屏障。

内核定义了宏 READ_ONCE()、WRITE_ONCE() 和 ACCESS_ONCE()，它们可以看作 barrier() 的弱化形式，只阻止编译器对单个变量优化。C 语言的关键字 "volatile"（易变的）也可以阻止编译器对单个变量优化。

例如想使用禁止内核抢占的方法保护临界区：

```
preempt_disable();
临界区
preempt_enable();
```

编译器发现临界区和前后的代码不存在数据依赖关系，就会优化代码，可能把代码重新排列如下：

```
临界区
preempt_disable();
preempt_enable();
```

也可能把代码重新排列如下：

```
preempt_disable();
preempt_enable();
临界区
```

这两种排列都是错误的，导致临界区不受保护。为了阻止编译器错误地重排指令，在禁止内核抢占和开启内核抢占的宏里面添加了编译器优化屏障：

```
include/linux/preempt.h
#define preempt_disable() \
do { \
    preempt_count_inc(); \
    barrier(); \
} while (0)

#define preempt_enable() \
do { \
    barrier(); \
    if (unlikely(preempt_count_dec_and_test())) \
        __preempt_schedule(); \
} while (0)
```

GCC 编译器定义的宏"barrier()"如下:

```
include/linux/compiler-gcc.h
#define barrier() __asm__ __volatile__("": : :"memory")
```

关键字"__volatile__"告诉编译器:禁止优化代码,不要改变 barrier()前面的代码块、barrier()和后面的代码块这 3 个代码块的顺序。

嵌入式汇编代码中的破坏列表(clobber list)"memory"告诉编译器:内存中变量的值可能变化,不要继续使用加载到寄存器中的值,应该重新从内存中加载变量的值。

5.14.2 处理器内存屏障

处理器内存屏障用来解决处理器之间的内存访问乱序问题和处理器访问外围设备的乱序问题。

处理器的硬件工程师使用存储缓冲区和使无效队列(参考 3.19.4 节)协助缓存和缓存一致性协议实现高性能,引入了处理器之间的内存访问乱序问题。

(1)写操作乱序问题,或者叫存储乱序问题。

假设执行顺序如下。

❑ 处理器 0 写的变量 a 不在本地缓存中,发送"读并且使无效"消息,然后把变量 a 的新值写到存储缓冲区中,接着继续执行指令。

❑ 处理器 0 写的变量 b 在本地缓存中,假设处理器 1 的缓存中不包含变量 b。

❑ 处理器 1 读变量 b,因为变量 b 的新值在处理器 0 的缓存中,处理器 1 可以看到变量 b 的新值。

❑ 处理器 1 读变量 a,因为变量 a 的新值在处理器 0 的存储缓冲区中,处理器 1 看不到变量 a 的新值,要等处理器 0 把存储缓冲区中的数据冲刷到缓存之后才能看到变量 a 的新值。

处理器 0 首先写变量 a,然后写变量 b,可是处理器 1 看到变量 b 的新值时没有看到变量 a 的新值,看到的处理器 0 写的顺序好像是首先写变量 b,然后写变量 a。处理器 0 的存储缓冲区导致出现写操作乱序问题。

(2)读操作乱序问题,或者叫加载乱序问题。

假设处理器 0 和处理器 1 的缓存中都有变量 a，执行顺序如下。

- 处理器 0 写变量 a，发送使无效消息。
- 处理器 1 把使无效消息存放到使无效队列中，立即发送使无效确认消息，没有执行使包含变量 a 的缓存行无效的操作。
- 处理器 0 写的变量 b 在本地缓存中，假设处理器 1 的本地缓存中没有变量 b。
- 处理器 1 读变量 b，发送读消息，收到处理器 0 的读响应消息，读到变量 b 的新值。
- 处理器 1 读变量 a，从缓存中读到变量 a 的旧值。

处理器 0 首先写变量 a，然后写变量 b，可是处理器 1 看到变量 b 的新值时没有看到变量 a 的新值，处理器 1 的使无效队列导致出现读操作乱序问题。

外围设备控制器的寄存器和物理内存使用统一的物理地址空间，把外围设备控制器的寄存器的物理地址映射到内核的虚拟地址空间，像访问内存一样访问外围设备控制器的寄存器，称为内存映射 I/O。访问外围设备控制器的寄存器时，顺序很重要。例如，假设一个以太网卡有多个内部寄存器，如果想要读取一个内存寄部器的值，首先往地址端口寄存器写入内部寄存器的索引，然后从数据端口寄存器读取值。假设地址端口寄存器映射到虚拟地址 A，数据端口寄存器映射到虚拟地址 D，读取内部寄存器 5 的值，其代码如下：

```
*A = 5;
x = *D;
```

编译器和处理器不能识别出这种依赖关系，编译器可能重新排列这两行代码的顺序。采用超标量体系结构和乱序执行技术的处理器，可能不会按照程序顺序执行这两行代码。

内核有 8 种基本的处理器内存屏障，如表 5.1 所示。

表 5.1　基本的处理器内存屏障

内存屏障类型	强制性的内存屏障	SMP 内存屏障
通用内存屏障	mb()	smp_mb()
写内存屏障	wmb()	smp_wmb()
读内存屏障	rmb()	smp_rmb()
数据依赖屏障	read_barrier_depends()	smp_read_barrier_depends()

除了数据依赖屏障以外，所有的处理器内存屏障隐含编译器优化屏障。

SMP 内存屏障只在 SMP 系统中生效，解决处理器之间的内存访问乱序问题，在单处理器系统中退化为编译器优化屏障。

强制性的内存屏障在单处理器系统和 SMP 系统中都生效，在 SMP 系统中用来解决处理器之间的内存访问乱序问题和处理器访问外围设备的乱序问题，在单处理器系统中用来解决处理器访问外围设备的乱序问题。

写内存屏障解决写操作乱序问题，保证屏障前面的写操作看起来在屏障后面的写操作之前发生，也就是屏障前面的写操作必须在屏障后面的写操作之前被观察到，处理器之间的写操作乱序问题是由存储缓冲区引入的。

读内存屏障解决读操作乱序问题，保证屏障前面的读操作看起来在屏障后面的读操作之前发生，也就是屏障前面的读操作必须在屏障后面的读操作之前被观察到，处理器之间的读操作乱序问题是由使无效队列引入的。

通用内存屏障是写内存屏障和读内存屏障的组合，保证屏障前面的读和写操作看起来在屏障后面的读和写操作之前发生，也就是屏障前面的读和写操作必须在屏障后面的读和写操作之前被观察到。

解决处理器之间的内存访问乱序问题时，内存屏障必须配对使用：写者执行写内存屏障或通用内存屏障，读者执行读内存屏障或通用内存屏障，如下。

```
处理器0                    处理器1
===============            ===============
a = 1;                     while(b == 0) continue;
smp_wmb();                 smp_rmb();
b = 1;                     assert(a == 1);
```

为什么内存屏障必须配对使用？因为处理器 1 读变量 a 的时候，两种情况都可能出现。

（1）变量 a 的最新值在处理器 0 的存储缓冲区中，处理器 0 需要执行写内存屏障。

（2）处理器 1 的使无效队列包含使包含变量 a 的缓存行无效的消息，处理器 1 需要执行读内存屏障。

数据依赖屏障是更弱的读内存屏障，使用场合是第二个读操作依赖第一个读操作的结果，比如第一个读操作读指针的值，第二个读操作读指针指向的变量的值。

数据依赖屏障只在阿尔法（Alpha）处理器上生效，在其他处理器上是空操作。内核定义数据依赖屏障，不直接使用读内存屏障，目的是避免在除了阿尔法以外的处理器上产生额外的开销。

为什么阿尔法处理器需要数据依赖屏障？因为阿尔法处理器使用分区缓存，可以并行访问缓存的不同分区。假设下面的程序：

```
处理器1                    处理器2
===============            ===============
{ A == 1, B == 2, C == 3, P == &A, Q == &C }
B = 4;
smp_wmb();
WRITE_ONCE(P, &B)         Q = READ_ONCE(P);
                          D = *Q;
```

假设变量 B 的缓存行由缓存分区 0 处理，指针 P 的缓存行由缓存分区 1 处理。处理器 1 执行"B = 4"的时候，发送使无效消息，处理器 2 把使无效消息存放到使无效队列中，立即发送使无效确认消息。如果处理器 2 的缓存分区 0 很忙，缓存分区 1 空闲，缓存分区 0 没有处理针对变量 B 的使无效消息，那么处理器 2 可能看见指针 P 的新值和变量 B 的旧值：P 的值是 B 的地址，B 的值是 2。

使用数据依赖屏障可以解决问题，其代码如下：

```
处理器1                    处理器2
===============            ===============
{ A == 1, B == 2, C == 3, P == &A, Q == &C }
B = 4;
smp_wmb();
WRITE_ONCE(P, &B)         Q = READ_ONCE(P);
                          smp_read_barrier_depends();
                          D = *Q;
```

处理器 2 的缓存分区 0 执行数据依赖屏障，处理使无效队列中的消息，然后执行"D = *Q"，如果看到指针 P 的值是变量 B 的地址，那么一定看到变量 B 的新值 4。

除了基本的内存屏障，内核还提供了以下高级的屏障函数。

（1）smp_store_mb(var, value)

给变量赋值，然后执行通用内存屏障。

（2）smp_mb__before_atomic()

放在原子操作函数的前面，执行通用内存屏障。例如：

```
obj->dead = 1;
smp_mb__before_atomic();
atomic_dec(&obj->ref_count);
```

（3）smp_mb__after_atomic()

放在原子操作函数的后面，执行通用内存屏障。

（4）lockless_dereference(p)

读取指针的值，里面封装了数据依赖屏障"smp_read_barrier_depends()"。

（5）dma_wmb()和 dma_rmb()

保证访问处理器和支持 DMA 能力的设备共享的内存时写或读有序。

例如，假设设备驱动和设备共享内存，使用一个描述符状态值指示描述符属于设备或处理器，使用一个门铃在新的描述符可用时通知设备：

```
if (desc->status != DEVICE_OWN) {
    /* 拥有描述符后才读数据 */
    dma_rmb();

    /* 读/修改数据 */
    read_data = desc->data;
    desc->data = write_data;

    /* 在更新状态之前冲刷修改 */
    dma_wmb();

    /* 分配所有权 */
    desc->status = DEVICE_OWN;

    /* 在通过内存映射I/O通知设备之前强制同步内存 */
    wmb();

    /* 把新的描述符通告给设备 */
    writel(DESC_NOTIFY, doorbell);
}
```

dma_rmb()保证处理器从描述符读数据之前设备释放了所有权。dma_wmb()保证在设备看到它得到所有权之前把数据写到描述符。wmb()保证在写到缓存不一致的内存映射 I/O 区域之前已经完成缓存一致的内存写操作。

5.14.3　MMIO 写屏障

内核为内存映射 I/O 写操作提供了一个特殊的屏障：

```
mmiowb();
```

它是 wmb() 的一个变体。这个屏障已经被废弃，新的驱动程序不应该使用。

5.14.4　隐含内存屏障

内核的有些函数隐含内存屏障。

（1）获取和释放函数。

（2）中断禁止函数。

1．获取和释放函数

获取（acquire）函数包括如下。

（1）获取锁的函数。锁包括自旋锁、读写自旋锁、互斥锁、信号量和读写信号量。

（2）smp_load_acquire(p)：加载获取。

（3）smp_cond_load_acquire(ptr, cond_expr)：带条件的加载获取。

获取操作隐含如下。

（1）获取操作后面的内存访问操作只能在获取操作完成之后被观察到。

（2）获取操作前面的内存访问操作可能在获取操作完成之后被观察到。

释放（release）函数包括如下。

（1）释放锁的函数。

（2）smp_store_release(p, v)：存储释放。

释放操作隐含如下。

（1）释放操作前面的内存访问操作必须在释放操作完成之前被观察到。

（2）释放操作后面的内存访问操作可能在释放操作完成之前被观察到。

获取操作和释放操作都是单向屏障。

2．中断禁止函数

禁止中断和开启中断的函数只充当编译器优化屏障。

5.14.5　ARM64 处理器内存屏障

不同处理器提供的内存屏障指令不同，ARM64 处理器提供了 3 种内存屏障。

（1）指令同步屏障（Instruction Synchronization Barrier，ISB），指令是 isb。

（2）数据内存屏障（Data Memory Barrier，DMB），指令是 dmb。

（3）数据同步屏障（Data Synchronization Barrier，DSB），指令是 dsb。

指令同步屏障指令冲刷流水线，在屏障指令执行完毕后重新取程序中屏障指令后面的所有指令，以便使用最新的内存管理单元配置检查权限和访问。屏障指令确保以前执行的改变上下文的操作（包括缓存维护指令、页表缓存维护指令或修改系统控制寄存器）在屏障指令执行完的时候已经完成。

数据内存屏障保证屏障前面的内存访问和屏障后面的内存访问的相对顺序，屏障前面的内存访问必须在屏障后面的内存访问之前被观察到，但是不保证屏障前面的内存访问完成。

数据同步屏障保证屏障前面的内存访问、缓存维护指令和页表缓存维护指令在屏障完成之前已经完成，屏障后面的任何指令在屏障完成之后才能开始执行，是比数据内存屏障更强的屏障。

ARM64 架构定义的内存屏障宏如下。

（1）#define mb()　　asm volatile("dsb sy" : : : "memory")

使用数据同步屏障指令，保证屏障前面的读写操作在屏障完成之前已经完成，使整个系统看见。

（2）#define wmb()　　asm volatile("dsb st" : : : "memory")

使用数据同步屏障指令，保证屏障前面的写操作在屏障完成之前已经完成，使整个系统看见。

（3）#define rmb()　　asm volatile("dsb ld" : : : "memory")

使用数据同步屏障指令，保证屏障前面的读操作在屏障完成之前已经完成，使整个系统看见。

（4）#define read_barrier_depends()　　do { } while (0)

（5）#define smp_mb()　　asm volatile("dmb ish" : : : "memory")

使用数据内存屏障指令，保证屏障前面的读写操作和屏障后面的读写操作的相对顺序，使内部共享域（包括所有处理器）看见。

（6）#define smp_wmb()　　asm volatile("dmb ishst" : : : "memory")

使用数据内存屏障指令，保证屏障前面的写操作和屏障后面的写操作的相对顺序，使内部共享域看见。

（7）#define smp_rmb()　　asm volatile("dmb ishld" : : : "memory")

使用数据内存屏障指令，保证屏障前面的读操作和屏障后面的读写操作的相对顺序，使内部共享域看见。

（8）#define smp_read_barrier_depends()　　do { } while (0)

（9）#define dma_wmb()　　asm volatile("dmb oshst" : : : "memory")

使用数据内存屏障指令，保证屏障前面的写操作和屏障后面的写操作的相对顺序，使外部共享域（包括所有处理器和外围设备）看见。

（10）#define dma_rmb()　　asm volatile("dmb oshld" : : : "memory")

使用数据内存屏障指令，保证屏障前面的读操作和屏障后面的读写操作的相对顺序，使外部共享域看见。

ARM64 还提供了带有隐含单向屏障的加载和存储指令。

（1）加载获取指令 ldar。

加载获取指令后面并且匹配目标地址的共享域的所有加载存储操作必须在加载获取指

令之后被观察到。

（2）存储释放指令 stlr。

存储释放指令前面并且匹配目标地址的共享域的所有加载存储操作必须在存储释放指令之前被观察到，并且存储释放指令生成的存储操作在该指令执行完之后可以被观察到。

ARM64 还提供了上面两条指令的独占版本：ldaxr 和 stlxr。

ARM64 架构的内核使用加载获取指令实现了加载获取函数 smp_load_acquire(p) 和 smp_cond_load_acquire(ptr, cond_expr)，使用存储释放指令实现了存储释放函数 smp_store_release(p, v)。

5.15 RCU

RCU（Read-Copy Update）的意思是读-复制更新，它是根据原理命名的。写者修改对象的过程是：首先复制生成一个副本，然后更新这个副本，最后使用新的对象替换旧的对象。在写者执行复制更新的时候读者可以读数据。

写者删除对象，必须等到所有访问被删除对象的读者访问结束，才能执行销毁操作。RCU 的关键技术是怎么判断所有读者已经完成访问。等待所有读者访问结束的时间称为宽限期（grace period）。

RCU 的优点是读者没有任何同步开销：不需要获取任何锁，不需要执行原子指令，（在除了阿尔法以外的处理器上）不需要执行内存屏障。但是写者的同步开销比较大，写者需要延迟对象的释放，复制被修改的对象，写者之间必须使用锁互斥。

RCU 的第一个版本称为经典 RCU，在内核版本 2.5.43 中引入，目前内核支持 3 种 RCU。

（1）不可抢占 RCU（RCU-sched）。不允许进程在读端临界区被其他进程抢占。最初的经典 RCU 是不可抢占 RCU，后来引入了可抢占 RCU，所以内核版本 2.6.12 为不可抢占 RCU 设计了一套专用编程接口。

（2）加速版不可抢占 RCU（RCU-bh，bh 是 "bottom half" 的缩写，下半部），在内核版本 2.6.9 中引入，是针对不可抢占 RCU 的改进，在软中断很多的情况下可以缩短宽限期。

内核的网络栈在软中断里面处理报文，如果攻击者疯狂地发送报文攻击设备，导致被攻击设备的处理器大部分时间执行软中断，宽限期会变得很长，大量延后执行的销毁操作没有被执行，可能导致内存耗尽。

为了应对这种分布式拒绝服务攻击，RCU-bh 把执行完软中断看作处理器退出读端临界区的标志，缩短宽限期。

（3）可抢占 RCU（RCU-preempt），也称为实时 RCU，在内核版本 2.6.26 中引入。可抢占 RCU 允许进程在读端临界区被其他进程抢占。编译内核时需要开启配置宏 CONFIG_PREEMPT_RCU。

RCU 根据数据结构可以分为以下两种。

（1）树型 RCU（tree RCU）：也称为基于树的分层 RCU（Tree-based hierarchical RCU），为拥有几百个或几千个处理器的大型系统设计。配置宏是 CONFIG_TREE_RCU。

（2）微型 RCU（tiny RCU）：为不需要实时响应的单处理器系统设计。配置宏是 CONFIG_TINY_RCU。

5.15.1 使用方法

1．经典 RCU

如果不关心使用的 RCU 是不可抢占 RCU 还是可抢占 RCU，应该使用经典 RCU 的编程接口。最初的经典 RCU 是不可抢占 RCU，后来实现了可抢占 RCU，经典 RCU 的意思发生了变化：如果内核编译了可抢占 RCU，那么经典 RCU 的编程接口被实现为可抢占RCU，否则被实现为不可抢占 RCU。

读者使用函数 rcu_read_lock() 标记进入读端临界区，使用函数 rcu_read_unlock() 标记退出读端临界区。读端临界区可以嵌套。

在读端临界区里面应该使用宏 rcu_dereference(p) 访问指针，这个宏封装了数据依赖屏障，即只有阿尔法处理器需要的读内存屏障。

写者可以使用下面 4 个函数。

（1）使用函数 synchronize_rcu() 等待宽限期结束，即所有读者退出读端临界区，然后写者执行下一步操作。这个函数可能睡眠。

（2）使用函数 synchronize_rcu_expedited() 等待宽限期结束。和函数 synchronize_rcu() 的区别是：该函数会向其他处理器发送处理器间中断（Inter-Processor Interrupt，IPI）请求，强制宽限期快速结束。我们把强制快速结束的宽限期称为加速宽限期（expedited grace period），把没有强制快速结束的宽限期称为正常宽限期（normal grace period）。

（3）使用函数 call_rcu() 注册延后执行的回调函数，把回调函数添加到 RCU 回调函数链表中，立即返回，不会阻塞。函数原型如下：

```
void call_rcu(struct rcu_head *head, rcu_callback_t func);

struct callback_head {
    struct callback_head *next;
    void (*func)(struct callback_head *head);
} __attribute__((aligned(sizeof(void *))));
#define rcu_head callback_head

typedef void (*rcu_callback_t)(struct rcu_head *head);
```

（4）使用函数 rcu_barrier() 等待使用 call_rcu 注册的所有回调函数执行完。这个函数可能睡眠。

现在举例说明使用方法，假设链表节点和头节点如下：

```
typedef struct {
    struct list_head link;
    struct rcu_head rcu;
    int key;
    int val;
} test_entry;

struct list_head test_head;
```

成员"struct rcu_head rcu"：调用函数 call_rcu 把回调函数添加到 RCU 回调函数链表的

时候需要使用。

读者访问链表的方法如下：

```
int test_read(int key, int *val_ptr)
{
    test_entry *entry;
    int found = 0;

    rcu_read_lock();
    list_for_each_entry_rcu(entry, &test_head, link) {
        if (entry->key == key) {
            *val_ptr = entry->val;
            found = 1;
            break;
        }
    }
    rcu_read_unlock();

    return found;
}
```

如果只有一个写者，写者不需要使用锁，添加、更新和删除 3 种操作的实现方法如下。

（1）写者添加一个节点到链表尾部。

```
void test_add_node(test_entry *entry)
{
    list_add_tail_rcu(&entry->link, &test_head);
}
```

（2）写者更新一个节点。

更新的过程是：首先把旧节点复制更新，然后使用新节点替换旧节点，最后使用函数 call_rcu 注册回调函数，延后释放旧节点。

```
int test_update_node(int key, int new_val)
{
    test_entry *entry, *new_entry;
    int ret;

    ret = -ENOENT;
    list_for_each_entry(entry, &test_head, link) {
        if (entry->key == key) {
            new_entry = kmalloc(sizeof(test_entry), GFP_ATOMIC);
            if (new_entry == NULL) {
                ret = -ENOMEM;
                break;
            }

            *new_entry = *entry;
            new_entry->val = new_val;
            list_replace_rcu(&entry->list, &new_entry->list);
            call_rcu(&entry->rcu, test_free_node);
            ret = 0;
            break;
        }
    }

    return ret;
```

```
}

static void test_free_node(struct rcu_head *head)
{
    test_entry *entry = container_of(head, test_entry, rcu);

    kfree(entry);
}
```

（3）写者删除一个节点的第一种实现方法是：首先把节点从链表中删除，然后使用函数 call_rcu 注册回调函数，延后释放节点。

```
int test_del_node(int key)
{
    test_entry *entry;
    int found = 0;

    list_for_each_entry(entry, &test_head, link) {
        if (entry->key == key) {
            list_del_rcu(&entry->link);
            call_rcu(&entry->rcu, test_free_node);
            found = 1;
            break;
        }
    }

    return found;
}

static void test_free_node(struct rcu_head *head)
{
    test_entry *entry = container_of(head, test_entry, rcu);

    kfree(entry);
}
```

（4）写者删除一个节点的第二种实现方法是：首先把节点从链表中删除，然后使用函数 synchronize_rcu()等待宽限期结束，最后释放节点。

```
int test_del_node(int key)
{
    test_entry *entry;
    int found = 0;

    list_for_each_entry(entry, &test_head, link) {
        if (entry->key == key) {
            list_del_rcu(&entry->link);
            synchronize_rcu();
            kfree(entry);
            found = 1;
            break;
        }
    }

    return found;
}
```

如果有多个写者，那么写者之间必须使用锁互斥，添加、更新和删除 3 种操作的实现方法如下。

（1）写者添加一个节点到链表尾部。假设使用自旋锁"test_lock"保护链表。

```
void test_add_node(test_entry *entry)
{
    spin_lock(&test_lock);
    list_add_tail_rcu(&entry->link, &test_head);
    spin_unlock(&test_lock);
}
```

（2）写者更新一个节点。

```
int test_update_node(int key, int new_val)
{
    test_entry *entry, *new_entry;
    int ret;
    ret = -ENOENT;
    spin_lock(&test_lock);
    list_for_each_entry(entry, &test_head, link) {
            if (entry->key == key) {
                    new_entry = kmalloc(sizeof(test_entry), GFP_ATOMIC);
                    if (new_entry == NULL) {
                            ret = -ENOMEM;
                            break;
                    }

                    *new_entry = *entry;
                    new_entry->val = new_val;
                    list_replace_rcu(&entry->list, &new_entry->list);
                    call_rcu(&entry->rcu, test_free_node);
                    ret = 0;
                    break;
            }
    }
    spin_unlock(&test_lock);

    return ret;
}

static void test_free_node(struct rcu_head *head)
{
    test_entry *entry = container_of(head, test_entry, rcu);

    kfree(entry);
}
```

（3）写者删除一个节点。

```
int test_del_node(int key)
{
    test_entry *entry;
    int found = 0;

    spin_lock(&test_lock);
    list_for_each_entry(entry, &test_head, link) {
            if (entry->key == key) {
                    list_del_rcu(&entry->link);
                    call_rcu(&entry->rcu, test_free_node);
                    found = 1;
                    break;
            }
    }
```

```
        spin_unlock(&test_lock);

        return found;
}

static void test_free_node(struct rcu_head *head)
{
        test_entry *entry = container_of(head, test_entry, rcu);

        kfree(entry);
}
```

2．不可抢占 RCU

如果我们的需求是"不管内核是否编译了可抢占 RCU，都要使用不可抢占 RCU"，那么应该使用不可抢占 RCU 的专用编程接口。

读者使用函数 rcu_read_lock_sched()标记进入读端临界区，使用函数 rcu_read_unlock_sched()标记退出读端临界区。读端临界区可以嵌套。

在读端临界区里面应该使用宏 rcu_dereference_sched(p)访问指针，这个宏封装了数据依赖屏障，即只有阿尔法处理器需要的读内存屏障。

写者可以使用下面 4 个函数。

（1）使用函数 synchronize_sched()等待宽限期结束，即所有读者退出读端临界区，然后写者执行下一步操作。这个函数可能睡眠。

（2）使用函数 synchronize_sched_expedited()等待宽限期结束。和函数 synchronize_sched()的区别是：该函数会向其他处理器发送处理器间中断请求，强制宽限期快速结束。

（3）使用函数 call_rcu_sched()注册延后执行的回调函数，把回调函数添加到 RCU 回调函数链表中，立即返回，不会阻塞。

（4）使用函数 rcu_barrier_sched()等待使用 call_rcu_sched 注册的所有回调函数执行完。这个函数可能睡眠。

3．加速版不可抢占 RCU

加速版不可抢占 RCU 在软中断很多的情况下可以缩短宽限期。

读者使用函数 rcu_read_lock_bh()标记进入读端临界区，使用函数 rcu_read_unlock_bh()标记退出读端临界区。读端临界区可以嵌套。

在读端临界区里面应该使用宏 rcu_dereference_bh(p)访问指针，这个宏封装了数据依赖屏障，即只有阿尔法处理器需要的读内存屏障。

写者可以使用下面 4 个函数。

（1）使用函数 synchronize_rcu_bh()等待宽限期结束，即所有读者退出读端临界区，然后写者执行下一步操作。这个函数可能睡眠。

（2）使用函数 synchronize_rcu_bh_expedited()等待宽限期结束。和函数 synchronize_rcu_bh()的区别是：该函数会向其他处理器发送处理器间中断请求，强制宽限期快速结束。

（3）使用函数 call_rcu_bh 注册延后执行的回调函数，把回调函数添加到 RCU 回调函数链表中，立即返回，不会阻塞。

（4）使用函数 rcu_barrier_bh()等待使用 call_rcu_bh 注册的所有回调函数执行完。这个函数可能睡眠。

4．链表操作的 RCU 版本

RCU 最常见的使用场合是保护大多数时候读的双向链表。内核实现了链表操作的 RCU 版本，这些操作封装了内存屏障。

内核实现了 4 种双向链表。

（1）链表"list_head"。

（2）链表"hlist"：和链表"list_head"相比，优势是头节点只有一个指针，节省内存。

（3）链表"hlist_nulls"。hlist_nulls 是 hlist 的变体，区别是：链表 hlist 的结束符号是一个空指针；链表 hlist_nulls 的结束符号是"（1UL | (((long)value) << 1))"，最低位为 1，value 是嵌入的值，比如散列桶的索引。

（4）链表"hlist_bl"。hlist_bl 是 hlist 的变体，链表头节点的最低位作为基于位的自旋锁保护链表。

链表"list_head"常用的操作如下。

（1）list_for_each_entry_rcu(pos, head, member)

遍历链表，这个宏封装了只有阿尔法处理器需要的数据依赖屏障。

（2）void list_add_rcu(struct list_head *new, struct list_head *head)

把节点添加到链表首部。

（3）void list_add_tail_rcu(struct list_head *new, struct list_head *head)

把节点添加到链表尾部。

（4）void list_del_rcu(struct list_head *entry)

把节点从链表中删除。

（5）void list_replace_rcu(struct list_head *old, struct list_head *new)

用新节点替换旧节点。

链表"hlist"常用的操作如下。

（1）hlist_for_each_entry_rcu(pos, head, member)

遍历链表。

（2）void hlist_add_head_rcu(struct hlist_node *n, struct hlist_head *h)

把节点添加到链表首部。

（3）void hlist_add_tail_rcu(struct hlist_node *n, struct hlist_head *h)

把节点添加到链表尾部。

（4）void hlist_del_rcu(struct hlist_node *n)

把节点从链表中删除。

（5）void hlist_replace_rcu(struct hlist_node *old, struct hlist_node *new)

用新节点替换旧节点。

链表"hlist_nulls"常用的操作如下。

（1）hlist_nulls_for_each_entry_rcu(tpos, pos, head, member)

遍历链表。

（2）void hlist_nulls_add_head_rcu(struct hlist_nulls_node *n, struct hlist_nulls_head *h)
把节点添加到链表首部。

（3）void hlist_nulls_add_tail_rcu(struct hlist_nulls_node *n, struct hlist_nulls_head *h)
把节点添加到链表尾部。

（4）void hlist_nulls_del_rcu(struct hlist_nulls_node *n)
把节点从链表中删除。

链表 "hlist_bl" 常用的操作如下。

（1）hlist_bl_for_each_entry_rcu(tpos, pos, head, member)
遍历链表。

（2）void hlist_bl_add_head_rcu(struct hlist_bl_node *n, struct hlist_bl_head *h)
把节点添加到链表首部。

（3）void hlist_bl_del_rcu(struct hlist_bl_node *n)
把节点从链表中删除。

5．slab 缓存支持 RCU

创建 slab 缓存的时候，可以使用标志 SLAB_TYPESAFE_BY_RCU（旧的名称是 SLAB_DESTROY_BY_RCU），延迟释放 slab 页到 RCU 宽限期结束，例如：

```
struct kmem_cache *anon_vma_cachep;

anon_vma_cachep = kmem_cache_create("anon_vma", sizeof(struct anon_vma),
                0, SLAB_TYPESAFE_BY_RCU|SLAB_PANIC|SLAB_ACCOUNT,
                anon_vma_ctor);
```

注意：标志 SLAB_TYPESAFE_BY_RCU 只会延迟释放 slab 页到 RCU 宽限期结束，但是不会延迟对象的释放。当调用函数 kmem_cache_free() 释放对象时，对象的内存被释放了，可能立即被分配给另一个对象。如果使用散列表，新的对象可能加入不同的散列桶。所以查找对象的时候一定要小心。

针对使用函数 kmalloc() 从通用 slab 缓存分配的对象，提供了函数 "kfree_rcu(ptr, rcu_head)" 来延迟释放对象到 RCU 宽限期结束，参数 rcu_head 是指针 ptr 指向的结构体里面类型为 "struct rcu_head" 的成员的名称。例如：

```
typedef struct {
    struct list_head link;
    struct rcu_head rcu;
    int key;
    int val;
} test_entry;

test_entry *p;

p = kmalloc(sizeof(test_entry), GFP_KERNEL);
…
kfree_rcu(p, rcu);
```

举例说明，假设对象从设置了标志 SLAB_TYPESAFE_BY_RCU 的 slab 缓存分配内存，对象加入散列表，散列表如下：

```
struct hlist_nulls_head table[TABLE_SIZE];
```

初始化散列桶的时候，把散列桶索引嵌入到链表结束符号中，其代码如下：

```
for (i = 0; i < TABLE_SIZE; i++) {
    INIT_HLIST_NULLS_HEAD(&table[i], i);
}
```

查找对象的算法如下：

```
1      head = &table[slot];
2      rcu_read_lock();
3   begin:
4      hlist_nulls_for_each_entry_rcu(obj, node, head, hash_node) {
5         if (obj->key == key) {
6             if (!atomic_inc_not_zero(obj->refcnt)) {
7                 goto begin;
8             }
9
10            if (obj->key != key) {
11                put_ref(obj);
12                goto begin;
13            }
14            goto out;
15        }
16
17        if (get_nulls_value(node) != slot) {
18            goto begin;
19        }
20        obj = NULL;
21
22   out:
23       rcu_read_unlock();
```

第 6～8 行代码，找到对象以后，如果引用计数不是 0，把引用计数加一；如果引用计数是 0，表示对象已经被释放，应该在散列桶中重新查找对象。

第 10～13 行代码，把引用计数加 1 以后，需要重新比较关键字。如果关键字不同，说明对象的内存被释放以后立即分配给新的对象，应该在散列桶中重新查找对象。

第 17～19 行代码，如果遍历完一个散列桶，没有找到对象，那么需要比较链表结束符号中嵌入的散列桶索引。如果不同，说明对象的内存被释放以后立即分配给新的对象，新对象的散列值不同，加入了不同的散列桶。需要在散列桶中重新查找对象。

插入对象的算法如下：

```
obj = kmem_cache_alloc(cachep);
if (obj == NULL) {
    return -ENOMEM;
}

obj->key = key;
atomic_set(&obj->refcnt, 1);

lock_chain(); /* 通常是spin_lock() */
hlist_nulls_add_head_rcu(&obj->hash_node, &table[slot]);
unlock_chain(); /* 通常是spin_unlock() */
```

删除对象的算法如下：

```
if (atomic_dec_and_test(obj->refcnt)) {
    lock_chain(); /* 通常是spin_lock() */
    hlist_nulls_del_rcu(&obj->hash_node);
    unlock_chain(); /* 通常是spin_unlock() */

    kmem_cache_free(cachep, obj);
}
```

5.15.2 技术原理

首先介绍 RCU 的术语。

（1）读端临界区（Read-Side Critical Section）：读者访问 RCU 保护的对象的代码区域。

（2）静止状态（quiescent state）：处理器的执行状态，处理器没有读 RCU 保护的对象，也可以理解为读者静止，没有访问临界区。

（3）候选静止状态（Candidate Quiescent State）：读端临界区以外的所有点都是候选静止状态。

（4）可被观察的静止状态（Observed Quiescent State）：一部分候选静止状态可以很容易观察到，因为它们和内核的某个事件关联，通过内核的事件可以观察到。把这些容易观察到的静止状态称为可被观察的静止状态。内核的 RCU 使用的静止状态是可被观察的静止状态，不可抢占 RCU 通过事件"进程调度器调度进程"观察到静止状态，加速版不可抢占 RCU 通过事件"执行完软中断"观察到静止状态。

（5）宽限期（grace period）：等待所有处理器上的读者退出临界区的时间称为宽限期。如果所有处理器都至少经历了一个静止状态，那么当前宽限期结束，新的宽限期开始。当前宽限期结束的时候，写者在当前宽限期及以前注册的销毁对象的回调函数就可以安全地执行了。

宽限期分为正常宽限期（normal grace period）和加速宽限期（expedited grace period）。调用函数 synchronize_rcu_expedited()等待宽限期结束的时候，会向其他处理器发送处理器间中断（Inter-Processor Interrupt，IPI）请求，强制产生静止状态，使宽限期快速结束，我们把强制快速结束的宽限期称为加速宽限期。

RCU 需要使用位图记录哪些处理器经历了一个静止状态。在宽限期开始的时候，在位图中为所有处理器设置对应的位，如果一个处理器经历了一个静止状态，就把自己的位从位图中清除，处理器修改位图的时候必须使用自旋锁保护。如果处理器很多，对自旋锁的竞争很激烈，会导致系统性能很差。

为了解决性能问题，基于树的分层 RCU 采用了类似淘汰赛的原理：把处理器分组，当一个处理器经历了一个静止状态时，把自己的位从分组的位图中清除，只需要竞争分组的自旋锁，当分组中的最后一个处理器经历了一个静止状态时，代表分组从上一层分组的位图中清除位，竞争上一层分组的自旋锁。

本节选择基于树的分层 RCU 描述技术原理。微型 RCU 是一个简化版本，原理相同。

1．数据结构

RCU 使用数据类型 rcu_state 描述 RCU 的全局状态，使用数据类型 rcu_node 描述一个处理器分组的 RCU 状态，使用数据类型 rcu_data 描述一个处理器的 RCU 状态，每个处理器对应一个 rcu_data 实例。

如图 5.1 所示，RCU 分层树节点的类型是 rcu_node，成员 parent 指向上一层 rcu_node 实例，每个处理器的 rcu_data 实例的成员 mynode 指向叶子节点。

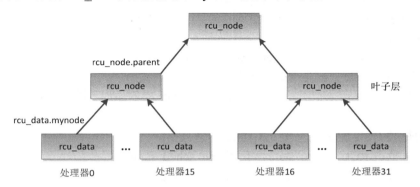

图5.1 RCU分层树

配置宏 CONFIG_RCU_FANOUT 用来配置中间节点的扇出（fanout），即一个中间节点可以拥有的子节点的最大数量，64 位内核的默认值是 64。

配置宏 CONFIG_RCU_FANOUT_LEAF 用来配置叶子节点的扇出，即叶子节点可以拥有的 rcu_data 实例的最大数量，默认值是 16。

树的深度取决于处理器的数量、中间节点的扇出和叶子节点的扇出。

数据类型 rcu_state 描述 RCU 的全局状态，主要成员如下：

```
kernel/rcu/tree.h
struct rcu_state {
        struct rcu_node node[NUM_RCU_NODES]; /* 层级 */
        struct rcu_node *level[RCU_NUM_LVLS + 1];
                                    /* 层级的层次 */
                                    /* （加1是为了消除虚假的编译器警告） */

        struct rcu_data __percpu *rda;
        call_rcu_func_t call;
        int ncpus;

        …
        unsigned long gpnum;
        unsigned long completed;
        struct task_struct *gp_kthread;
        struct swait_queue_head gp_wq;
        short gp_flags;
        short gp_state;
        …
        struct list_head flavors;
};
```

（1）数组 node 定义了所有树节点。

（2）数组 level 保存每个层次的第一个 rcu_node 实例。

（3）成员 rda 指向每个处理器的 rcu_data 实例。

（4）成员 call 指向特定 RCU 类型的 call_rcu()函数：不可抢占 RCU 的成员 call 是函数

call_rcu_sched，加速版不可抢占 RCU 的成员 call 是函数 call_rcu_bh。

（5）成员 ncpus 是处理器数量。

（6）成员 gpnum 是当前宽限期的编号。

（7）成员 completed 是上一个结束的宽限期的编号。

（8）成员 gp_kthread 指向宽限期线程。

（9）成员 gp_wq 是宽限期线程的等待队列。

（10）成员 gp_flags 用来向宽限期线程传递命令。

（11）成员 gp_state 是宽限期线程的睡眠状态。

（12）成员 flavors 用来把不同 RCU 类型的 rcu_state 实例添加到链表 rcu_struct_flavors 中。

内核为每种 RCU 定义了一个 rcu_state 实例。

（1）不可抢占 RCU 的 rcu_state 实例是 rcu_sched_state。

（2）加速版不可抢占 RCU 的 rcu_state 实例是 rcu_bh_state。

（3）可抢占 RCU 的 rcu_state 实例是 rcu_preempt_state。

（4）经典 RCU 的 rcu_state 实例是全局变量 rcu_state_p 指向的 rcu_state 实例：如果内核编译了可抢占 RCU，rcu_state_p 指向可抢占 RCU 的 rcu_state 实例，否则指向不可抢占 RCU 的 rcu_state 实例。

其代码如下：

kernel/rcu/tree.c
```
RCU_STATE_INITIALIZER(rcu_sched, 's', call_rcu_sched);
/* 把宏展开以后是:
static DEFINE_PER_CPU_SHARED_ALIGNED(struct rcu_data, rcu_sched_data);
struct rcu_state rcu_sched_state = {
    …
}; */

RCU_STATE_INITIALIZER(rcu_bh, 'b', call_rcu_bh);
/* 把宏展开以后是:
static DEFINE_PER_CPU_SHARED_ALIGNED(struct rcu_data, rcu_bh_data);
struct rcu_state rcu_bh_state = {
    …
}; */

…
#include "tree_plugin.h"
```

kernel/rcu/tree_plugin.h
```
#ifdef CONFIG_PREEMPT_RCU

RCU_STATE_INITIALIZER(rcu_preempt, 'p', call_rcu);
/* 把宏展开以后是:
static DEFINE_PER_CPU_SHARED_ALIGNED(struct rcu_data, rcu_preempt_data);
struct rcu_state rcu_preempt_state = {
    …
}; */

static struct rcu_state *const rcu_state_p = &rcu_preempt_state;
static struct rcu_data __percpu *const rcu_data_p = &rcu_preempt_data;

#else
```

```
static struct rcu_state *const rcu_state_p = &rcu_sched_state;
#endif
```

数据类型 rcu_node 描述一个处理器分组的 RCU 状态，主要成员如下：

kernel/rcu/tree.h
```
struct rcu_node {
    raw_spinlock_t __private lock;
    unsigned long gpnum;
    unsigned long completed;
    unsigned long qsmask;
    unsigned long qsmaskinit;
    unsigned long qsmaskinitnext;
    unsigned long expmask;
    unsigned long expmaskinit;
    unsigned long expmaskinitnext;
    unsigned long grpmask;
    int    grplo;
    int    grphi;
    u8     grpnum;
    u8     level;
    …
    struct rcu_node *parent;
    …
} ___cacheline_internodealigned_in_smp;
```

（1）成员 lock 是保护本节点的自旋锁。

（2）成员 gpnum 是本节点的当前宽限期编号。

（3）成员 completed 是本节点上一个结束的宽限期编号。

（4）成员 qsmask 是静止状态位图，用来记录哪些成员经历了正常宽限期的静止状态。如果某个位为 1，表示对应的成员没有经历静止状态。

（5）成员 qsmaskinit 是每个正常宽限期开始的时候静止状态位图的初始值。

（6）成员 qsmaskinitnext 是下一个正常宽限期开始的时候静止状态位图的初始值，和处理器热插拔有关。

（7）成员 expmask 是静止状态位图，用来记录哪些成员经历了加速宽限期的静止状态。

（8）成员 expmaskinit 是每个加速宽限期开始的时候静止状态位图的初始值。

（9）成员 expmaskinitnext 是下一个加速宽限期开始的时候静止状态位图的初始值。

（10）成员 grpmask 是该分组在上一层分组的位图中的位掩码。

（11）成员 grplo 是属于该分组的处理器的最小编号。

（12）成员 grphi 是属于该分组的处理器的最大编号。

（13）成员 grpnum 是该分组在上一层分组里面的编号。

（14）成员 level 是本节点在树中的层次，根的层次是 0。

（15）成员 parent 指向上一层分组。

数据类型 rcu_data 描述一个处理器的 RCU 状态，主要成员如下：

kernel/rcu/tree.h
```
struct rcu_data {
    /* 1) 静止状态和宽限期处理: */
    unsigned long completed;
```

```
        unsigned long   gpnum;

        …
        union rcu_noqs   cpu_no_qs;
        bool        core_needs_qs;
        …
        bool        gpwrap;
        struct rcu_node *mynode;
        unsigned long grpmask;
        …

        /* 2）批量处理*/
        struct rcu_segcblist cblist;
        …
        int cpu;
        struct rcu_state *rsp;
};
```

（1）成员 completed 是本处理器看到的已经结束的宽限期编号。

（2）成员 gpnum 是本处理器看到的最高宽限期编号。

（3）成员 cpu_no_qs 记录本处理器是否经历静止状态，数据类型如下：

```
union rcu_noqs {
    struct {
        u8 norm;
        u8 exp;
    } b; /* 位 */
    u16 s; /* 位集合，用来把 "norm || exp" 聚合为 "s"。*/
};
```

其中 norm 表示是否经历正常宽限期的静止状态，exp 表示是否经历加速宽限期的静止状态。

（4）成员 core_needs_qs 表示 RCU 需要本处理器报告静止状态。

（5）成员 gpwrap 表示宽限期编号是否回绕。

（6）成员 mynode 指向本处理器所属的分组。

（7）成员 grpmask 是本处理器在分组的位图中的位掩码。

（8）成员 cblist 是回调函数链表，存放函数 call_rcu()注册的延后执行的回调函数。

（9）成员 cpu 是本处理器的编号。

（10）成员 rsp 指向 rcu_state 实例。

2．不可抢占 RCU

不可抢占 RCU（RCU-sched）不允许进程在读端临界区被其他进程抢占，使用函数 rcu_read_lock_sched()标记读端临界区的开始,使用函数 rcu_read_unlock_sched()标记读端临界区的结束。

从代码可以看出，函数 rcu_read_lock_sched()禁止内核抢占，函数 rcu_read_unlock_sched()开启内核抢占。

```
include/linux/rcupdate.h
static inline void rcu_read_lock_sched(void)
{
    preempt_disable();
    …
}
```

```
static inline void rcu_read_unlock_sched(void)
{
    …
    preempt_enable();
}
```

不可抢占 RCU 通过以下事件观察到静止状态。

（1）进程调度器调度进程。因为不可抢占 RCU 的读端临界区禁止内核抢占，所以进程调度器不会在读端临界区里面调度进程。如果进程调度器调度进程，处理器一定不在读端临界区里面。

（2）当前进程正在用户模式下运行。

（3）处理器空闲，正在执行空闲线程。

如图 5.2 所示，当进程调度器调度进程的时候，观察到静止状态，调用函数 rcu_sched_qs 记录静止状态。

如图 5.3 所示，时钟中断处理程序调用函数 rcu_check_callbacks 检查静止状态。函数 rcu_check_callbacks 的代码如下：

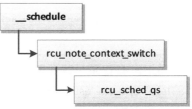

图5.2　RCU-sched在调度进程时记录静止状态

```
kernel/rcu/tree.c
void rcu_check_callbacks(int user)
{
    …
    if (user || rcu_is_cpu_rrupt_from_idle()) {
        rcu_sched_qs();
        …
    }
    …
}
```

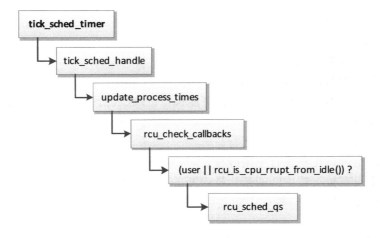

图5.3　RCU-sched在时钟中断处理程序记录静止状态

user 为 1 表示"当前进程正在用户模式下运行"。

"rcu_is_cpu_rrupt_from_idle()"表示处理器正在执行空闲线程，并且时钟中断是第一层中断。为什么要求时钟中断是第一层中断？如果是第二层中断，说明第一层中断正在执行下半部，下半部可能正在执行读端临界区，第二层中断抢占第一层中断的下半部。

通过这两个事件观察到静止状态，调用函数 rcu_sched_qs 记录静止状态。

函数 rcu_sched_qs 记录静止状态，其代码如下：

```
kernel/rcu/tree.c
void rcu_sched_qs(void)
{
    if (!__this_cpu_read(rcu_sched_data.cpu_no_qs.s))
        return;
    …
    __this_cpu_write(rcu_sched_data.cpu_no_qs.b.norm, false);
    …
}
```

如果没有记录过静止状态，那么记录本处理器经历了静止状态，把 rcu_sched_data 实例的成员 cpu_no_qs.b.norm 设置为假。RCU 不关心处理器经历了多少个静止状态，只关心是否经历过静止状态。

3. 加速版不可抢占 RCU

加速版不可抢占 RCU（RCU-bh）使用函数 rcu_read_lock_bh() 标记读端临界区的开始，使用函数 rcu_read_unlock_bh() 标记读端临界区的结束。

从代码可以看出，函数 rcu_read_lock_bh() 禁止软中断，函数 rcu_read_unlock_bh() 开启软中断。

```
include/linux/rcupdate.h
static inline void rcu_read_lock_bh(void)
{
    local_bh_disable();
    …
}

static inline void rcu_read_unlock_bh(void)
{
    …
    local_bh_enable();
}
```

加速版不可抢占 RCU 通过以下事件观察到静止状态。

（1）执行完软中断。因为 RCU-bh 的读端临界区禁止软中断，所以进程在读端临界区里面不会被软中断抢占。考虑到软中断也可能执行读端临界区，所以执行完软中断的时候，处理器一定不在读端临界区里面。

（2）当前进程正在用户模式下运行。

（3）处理器空闲，正在执行空闲线程。

（4）处理器没有执行软中断或禁止软中断的代码区域。

如图 5.4 所示，执行完一轮软中断之后，禁止硬中断之前，调用函数 rcu_bh_qs 记录静止状态。

如图 5.5 所示，时钟中断处理程序调用函数 rcu_check_callbacks 检查静止状态。函数 rcu_check_callbacks 的代码如下：

```
kernel/rcu/tree.c
void rcu_check_callbacks(int user)
{
    …
    if (user || rcu_is_cpu_rrupt_from_idle()) {
        …
```

```
        rcu_bh_qs();

    } else if (!in_softirq()) {
        rcu_bh_qs();
    }   …
}
```

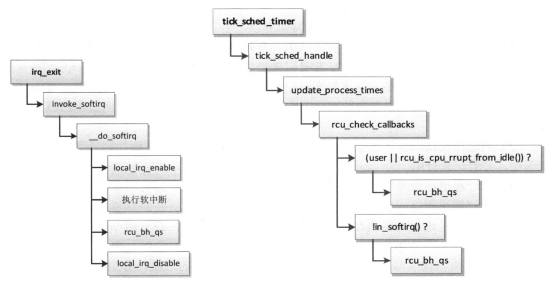

图5.4　RCU-bh在执行完软中断　　　图5.5　RCU-bh在时钟中断处理程序记录静止状态
　　　　时记录静止状态

user 为真表示"当前进程正在用户模式下运行"。

"rcu_is_cpu_rrupt_from_idle()"表示处理器正在执行空闲线程，并且时钟中断是第一层中断。

"!in_softirq()"表示时钟中断打断的时候，处理器没有执行软中断或禁止软中断的代码区域。

通过这 3 个事件观察到静止状态，调用函数 rcu_bh_qs 记录静止状态。

函数 rcu_bh_qs 记录静止状态，其代码如下：

kernel/rcu/tree.c
```
void rcu_bh_qs(void)
{
    if (__this_cpu_read(rcu_bh_data.cpu_no_qs.s)) {
        …
        __this_cpu_write(rcu_bh_data.cpu_no_qs.b.norm, false);
    }
}
```

如果没有记录过静止状态，那么记录本处理器经历了静止状态，把 rcu_bh_data 实例的成员 cpu_no_qs.b.norm 设置为假。

4．可抢占 RCU

可抢占 RCU（RCU-preempt）允许进程在读端临界区里面被其他进程抢占，使用函数 rcu_read_lock()标记读端临界区的开始，使用函数 rcu_read_unlock()标记读端临界区的结束。

可抢占 RCU 观察静止状态，需要考虑以下因素。

（1）进程在读端临界区里面被其他进程抢占以后，可能被迁移到其他处理器：可能是同一个分组的其他处理器，也可能是其他分组的处理器。造成的后果是：进程可能在一个处理器上进入读端临界区，在同一个分组的另一个处理器上退出读端临界区；进程可能在一个分组中进入读端临界区，在另一个分组中退出读端临界区。

（2）读端临界区可能嵌套。

可抢占 RCU 观察静止状态的实现方案如下。

（1）不是以处理器为单位观察静止状态，而是以最底层分组为单位观察静止状态。不可抢占 RCU 和加速版不可抢占 RCU 都是以处理器为单位观察静止状态。

（2）进程需要记录读端临界区的嵌套层数，进入读端临界区的时候把嵌套层数加 1，退出读端临界区的时候把嵌套层数减 1。当嵌套层数变成 0 的时候，说明进程已退出最外层的读端临界区。

（3）当进程在读端临界区里面被其他进程抢占的时候，把进程添加到分组的阻塞进程链表中，并且记录分组。

（4）当进程退出最外层的读端临界区的时候，把进程从分组的阻塞进程链表中删除。如果分组的阻塞进程链表变为空，那么观察到一个静止状态。注意这里的分组是第 3 步记录的分组，不是进程当前所在的处理器的分组。换句话说，在分组 n 中进入读端临界区的进程，不管是不是在分组 n 中退出读端临界区，都看作在分组 n 中退出读端临界区。当在分组 n 中进入读端临界区的所有进程退出读端临界区的时候，分组 n 观察到一个静止状态。

举例说明：假设处理器 0 属于分组 0，处理器 16 属于分组 1。进程在处理器 0 上运行，在读端临界区里面被其他进程抢占的时候，把进程添加到分组 0 的阻塞进程链表中。然后进程被迁移到处理器 16，退出最外层的读端临界区，把进程从分组 0 的阻塞进程链表中删除，分组 0 的阻塞进程链表变为空，观察到分组 0 的一个静止状态。

可抢占 RCU 在进程描述符里面增加了成员：

```
include/linux/sched.h
struct task_struct {
    ...
#ifdef CONFIG_PREEMPT_RCU
    int              rcu_read_lock_nesting;
    union rcu_special  rcu_read_unlock_special;
    struct list_head   rcu_node_entry;
    struct rcu_node    *rcu_blocked_node;
#endif /* #ifdef CONFIG_PREEMPT_RCU */
    …
};
```

（1）成员 rcu_read_lock_nesting 记录读端临界区的嵌套次数。

（2）成员 rcu_read_unlock_special 的数据类型如下：

```
union rcu_special {
    struct {
        u8          blocked;
        u8          need_qs;
        u8          exp_need_qs;
        u8          pad;
```

```
    } b; /* 位 */
    u32 s; /* 位集合 */
};
```

❑ 成员 blocked：如果为真，表示进程在读端临界区里面被其他进程抢占，阻塞了当前宽限期。

❑ 成员 need_qs：如果为真，表示需要进程报告正常宽限期的静止状态。

❑ 成员 exp_need_qs：如果为真，表示需要进程报告加速宽限期的静止状态。

（3）当进程在读端临界区里面被其他进程抢占的时候，使用成员 rcu_node_entry 把进程加入分组的阻塞进程链表，使用成员 rcu_blocked_node 记录当前处理器所属的分组。

可抢占 RCU 在数据类型 rcu_node 中增加了以下成员：

```
kernel/rcu/tree.h
struct rcu_node {
    …
    struct list_head blkd_tasks;
    struct list_head *gp_tasks;
    struct list_head *exp_tasks;
} ___cacheline_internodealigned_in_smp;
```

（1）成员 blkd_tasks 是阻塞进程链表，保存在读端临界区里面被其他进程抢占的进程。

（2）成员 gp_tasks 指向阻塞当前正常宽限期的第一个进程，从这个节点开始到链表尾部的所有进程都阻塞当前正常宽限期。

（3）成员 exp_tasks 指向阻塞当前加速宽限期的第一个进程，从这个节点开始到链表尾部的所有进程都阻塞当前加速宽限期。

只有叶子节点使用阻塞进程链表，阻塞进程链表的数据结构如图 5.6 所示。

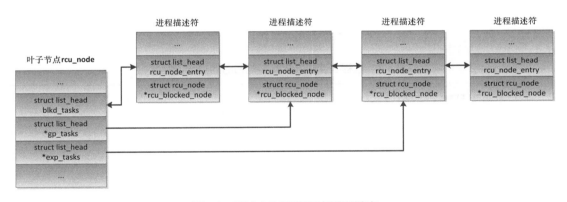

图5.6 可抢占RCU的阻塞进程链表

❑ 从首部到 gp_tasks 的前一个链表节点是没有阻塞当前宽限期的进程。

❑ 从 gp_tasks 到尾部是阻塞当前正常宽限期的进程。

❑ 从 exp_tasks 到尾部是阻塞当前加速宽限期的进程。

（1）进入读端临界区。

函数 rcu_read_lock() 把当前进程的读端临界区的嵌套次数加 1，其代码如下：

```
rcu_read_lock() -> __rcu_read_lock()
```

kernel/rcu/update.c
```
#ifdef CONFIG_PREEMPT_RCU
void __rcu_read_lock(void)
{
    current->rcu_read_lock_nesting++;
    barrier();
}
#endif
```

（2）在读端临界区里面被抢占。

当进程在读端临界区里面被其他进程抢占的时候，执行流程如图 5.7 所示，函数 rcu_preempt_note_context_switch 的代码如下：

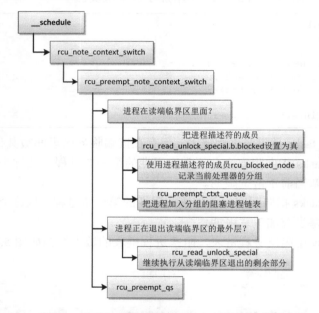

图5.7　进程在读端临界区被抢占时的执行流程

kernel/rcu/tree_plugin.h
```
1    static void rcu_preempt_note_context_switch(void)
2    {
3      struct task_struct *t = current;
4      struct rcu_data *rdp;
5      struct rcu_node *rnp;
6
7      if (t->rcu_read_lock_nesting > 0 &&
8        !t->rcu_read_unlock_special.b.blocked) {
9          rdp = this_cpu_ptr(rcu_state_p->rda);
10         rnp = rdp->mynode;
11         raw_spin_lock_rcu_node(rnp);
12         t->rcu_read_unlock_special.b.blocked = true;
13         t->rcu_blocked_node = rnp;
14         …
15         rcu_preempt_ctxt_queue(rnp, rdp);
16     } else if (t->rcu_read_lock_nesting < 0 &&
17         t->rcu_read_unlock_special.s) {
18         rcu_read_unlock_special(t);
```

```
19    }
20
21    rcu_preempt_qs();
22  }
```

第 7 行和第 8 行代码，如果进程在读端临界区里面，处理如下。

❑ 第 12 行代码，记录进程被抢占，把进程描述符的成员 rcu_read_unlock_special. b.blocked 设置为真。

❑ 第 13 行代码，使用进程描述符的成员 rcu_blocked_node 记录当前处理器的分组。

❑ 第 15 行代码，调用函数 rcu_preempt_ctxt_queue()，把进程加入分组的阻塞进程链表。

第 16～19 行代码，如果进程描述符的成员 rcu_read_lock_nesting 是负数，说明进程正在退出读端临界区的最外层，那么继续执行从读端临界区退出的剩余部分。

第 21 行代码，调用函数 rcu_preempt_qs()记录静止状态。

1）函数 rcu_preempt_ctxt_queue。

函数 rcu_preempt_ctxt_queue 把进程加入分组的阻塞进程链表。

假设没有加速宽限期，只有正常宽限期，处理如下。

❑ 如果分组的静止状态位图未包含本处理器，说明当前宽限期不需要等待本处理器的静止状态，进程没有阻塞当前宽限期，那么把进程添加到链表首部。

❑ 如果分组的静止状态位图包含本处理器，说明当前宽限期需要等待本处理器的静止状态，进程阻塞当前宽限期，那么处理如下：如果分组的成员 gp_tasks 没有指向进程，那么把进程添加到链表尾部，并且成员 gp_tasks 指向这个进程；如果分组的成员 gp_tasks 已经指向第一个阻塞当前宽限期的进程，那么把进程添加到 gp_tasks 的后面。

2）函数 rcu_preempt_qs。

函数 rcu_preempt_qs 记录静止状态，其代码如下：

kernel/rcu/tree_plugin.h
```
1    static void rcu_preempt_qs(void)
2    {
3      if (__this_cpu_read(rcu_data_p->cpu_no_qs.s)) {
4        …
5        __this_cpu_write(rcu_data_p->cpu_no_qs.b.norm, false);
6        barrier();
7        current->rcu_read_unlock_special.b.need_qs = false;
8      }
9    }
```

第 3 行代码，如果没有记录过静止状态，处理如下。

❑ 第 5 行代码，记录本处理器经历了静止状态，把本处理器的 rcu_data 实例的成员 cpu_no_qs.b.norm 设置为假。

❑ 第 7 行代码，把当前进程的 rcu_read_unlock_special.b.need_qs 设置为假，表示不需要当前进程报告正常宽限期的静止状态。

作者认为这里以处理器为单位记录静止状态没有实际意义，那为什么要这样做呢？因为 3 种 RCU 共用绝大部分代码，其他两种 RCU 都以处理器为单位记录静止状态，为了使代码统一，可抢占 RCU 也以处理器为单位记录静止状态。

（3）退出读端临界区。

函数 rcu_read_unlock()的代码如下：

rcu_read_unlock() -> __rcu_read_unlock()

kernel/rcu/update.c

```
1    #ifdef CONFIG_PREEMPT_RCU
2    void __rcu_read_unlock(void)
3    {
4      struct task_struct *t = current;
5
6      if (t->rcu_read_lock_nesting != 1) {
7          --t->rcu_read_lock_nesting;
8      } else {
9          barrier();
10         t->rcu_read_lock_nesting = INT_MIN;
11         barrier();
12         if (unlikely(READ_ONCE(t->rcu_read_unlock_special.s)))
13             rcu_read_unlock_special(t);
14         barrier();
15         t->rcu_read_lock_nesting = 0;
16     }
17     …
18     }
19   #endif
```

第 6 行和第 7 行代码，如果读端临界区的嵌套次数大于 1，那么把嵌套次数减 1，立即返回。

第 8 行代码，如果读端临界区的嵌套次数是 1，说明进程退出读端临界区的最外层，那么处理如下。

❑ 第 10 行代码，把嵌套次数设置成负数。如果此时进程被其他进程抢占，那么函数 **rcu_preempt_note_context_switch** 看到嵌套次数是负数，知道进程正在退出读端临界区的最外层，就会继续执行从读端临界区退出的剩余部分。

❑ 第 12 行和第 13 行代码，如果进程在读端临界区里面被其他进程抢占过，那么调用函数 rcu_read_unlock_special() 把进程从分组的阻塞进程链表中删除。

❑ 第 15 行代码，把嵌套次数设置成 0。

函数 **rcu_read_unlock_special** 负责把进程从分组的阻塞进程链表中删除，其主要代码如下：

kernel/rcu/tree_plugin.h

```
1    void rcu_read_unlock_special(struct task_struct *t)
2    {
3      …
4      special = t->rcu_read_unlock_special;
5      …
6      if (special.b.blocked) {
7          t->rcu_read_unlock_special.b.blocked = false;
8
9          rnp = t->rcu_blocked_node;
10         raw_spin_lock_rcu_node(rnp);
11         empty_norm = !rcu_preempt_blocked_readers_cgp(rnp);
12         …
13         smp_mb();
14         np = rcu_next_node_entry(t, rnp);
15         list_del_init(&t->rcu_node_entry);
16         t->rcu_blocked_node = NULL;
17         …
18         if (&t->rcu_node_entry == rnp->gp_tasks)
19             rnp->gp_tasks = np;
20         …
21         if (!empty_norm && !rcu_preempt_blocked_readers_cgp(rnp)) {
22             …
```

```
23                      rcu_report_unblock_qs_rnp(rcu_state_p, rnp, flags);
24              } else {
25                      raw_spin_unlock_irqrestore_rcu_node(rnp, flags);
26              }
27
28          …
29  } else {
30  local_irq_restore(flags);
31      }
32  }
```

第 6 行代码，如果进程在读端临界区里面被其他进程抢占过，处理如下。

❑　第 7 行代码，清除进程在读端临界区里面被其他进程抢占过的标志。

❑　第 15 行代码，把进程从分组的阻塞进程链表中删除。

❑　第 18 行和第 19 行代码，如果进程是第一个阻塞当前正常宽限期的进程，那么把分组的成员 gp_tasks 指向下一个进程。

❑　第 21～23 行代码，如果进程是最后一个阻塞当前正常宽限期的进程，那么记录分组的静止状态。

5. 报告静止状态

如果一个处理器经历了静止状态，那么需要向分组报告静止状态。如果是分组中最后一个经历静止状态的处理器，那么还需要代表分组向上一层分组报告静止状态。当根节点的所有成员都报告了静止状态后，当前宽限期可以结束。

如图 5.8 所示，时钟中断处理程序调用函数 rcu_check_callbacks，函数 rcu_check_callbacks 调用函数 rcu_pending 以检查本处理器是否有 RCU 相关的工作需要处理，如果有，那么触发 RCU 软中断。

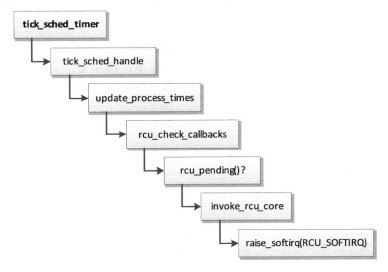

图5.8　触发RCU软中断报告静止状态

函数 rcu_pending 把主要工作委托给函数 __rcu_pending，函数 __rcu_pending 检查是否需要报告静止状态的代码如下：

kernel/rcu/tree.c
```
static int __rcu_pending(struct rcu_state *rsp, struct rcu_data *rdp)
```

```
{
    struct rcu_node *rnp = rdp->mynode;

    …
    if (…) {
        …
    } else if (rdp->core_needs_qs && !rdp->cpu_no_qs.b.norm) {
        rdp->n_rp_report_qs++;
        return 1;
    }
    …
}
```

rdp->core_needs_qs 为真表示 RCU 需要本处理器报告静止状态，!rdp->cpu_no_qs.b.norm 为真表示本处理器经历了正常宽限期的静止状态。

如图 5.9 所示，RCU 软中断的处理函数 rcu_process_callbacks 调用函数 rcu_check_quiescent_ state 来检查是否需要报告静止状态。如果 RCU 需要本处理器报告静止状态，并且本处理器经历了正常宽限期的静止状态，那么调用函数 rcu_report_qs_rdp 报告静止状态。

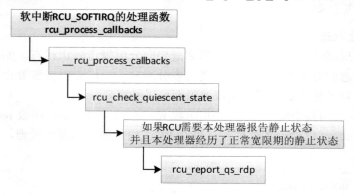

图5.9　报告静止状态

函数 rcu_report_qs_rdp 负责报告静止状态，其主要代码如下：

kernel/rcu/tree.c
```
1    static void
2    rcu_report_qs_rdp(int cpu, struct rcu_state *rsp, struct rcu_data *rdp)
3    {
4     unsigned long flags;
5     unsigned long mask;
6     bool needwake;
7     struct rcu_node *rnp;
8
9     rnp = rdp->mynode;
10    raw_spin_lock_irqsave_rcu_node(rnp, flags);
11    if (rdp->cpu_no_qs.b.norm || rdp->gpnum != rnp->gpnum ||
12      rnp->completed == rnp->gpnum || rdp->gpwrap) {
13      rdp->cpu_no_qs.b.norm = true;
14      …
15      raw_spin_unlock_irqrestore_rcu_node(rnp, flags);
16      return;
17    }
18    mask = rdp->grpmask;
19    if ((rnp->qsmask & mask) == 0) {
20        raw_spin_unlock_irqrestore_rcu_node(rnp, flags);
21    } else {
22        rdp->core_needs_qs = false;
```

```
23          …
24          rcu_report_qs_rnp(mask, rsp, rnp, rnp->gpnum, flags);
25          …
26      }
27  }
```

第 11 行和第 12 行代码，如果本处理器看到的当前宽限期是已经结束的宽限期，那么不需要报告静止状态。

第 19 行代码，如果叶子节点的静止状态位图没有包含本处理器，那么不需要报告静止状态。

第 21～24 行代码，如果没有报告过静止状态，那么调用函数 rcu_report_qs_rnp，报告本处理器经历了宽限期编号是 rnp->gpnum 的静止状态。

函数 rcu_report_qs_rdp 把报告静止状态的主要工作委托给函数 rcu_report_qs_rnp，函数 rcu_report_qs_rnp 的代码如下：

```
kernel/rcu/tree.c
1   static void
2   rcu_report_qs_rnp(unsigned long mask, struct rcu_state *rsp,
3           struct rcu_node *rnp, unsigned long gps, unsigned long flags)
4       __releases(rnp->lock)
5   {
6   …
7   for (;;) {
8       if (!(rnp->qsmask & mask) || rnp->gpnum != gps) {
9           raw_spin_unlock_irqrestore_rcu_node(rnp, flags);
10          return;
11      }
12      …
13      rnp->qsmask &= ~mask;
14      …
15      if (rnp->qsmask != 0 || rcu_preempt_blocked_readers_cgp(rnp)) {
16          raw_spin_unlock_irqrestore_rcu_node(rnp, flags);
17          return;
18      }
19      mask = rnp->grpmask;
20      if (rnp->parent == NULL) {
21          break;
22      }
23      raw_spin_unlock_irqrestore_rcu_node(rnp, flags);
24      …
25      rnp = rnp->parent;
26      raw_spin_lock_irqsave_rcu_node(rnp, flags);
27      …
28  }
29
30  rcu_report_qs_rsp(rsp, flags);
31  }
```

第 7 行代码，从叶子节点向上到根节点逐层报告静止状态，处理如下。

❑ 第 8～11 行代码，如果节点的静止状态位图没有设置当前成员的位，或者节点的当前宽限期编号不等于本处理器看到的当前宽限期编号，那么不需要报告静止状态。

❑ 第 13 行代码，从节点的静止状态位图中清除当前成员的位。

❑ 第 15～18 行代码，如果节点的静止状态位图不是 0，说明其他成员没有报告静止状态，那么不需要继续上报。如果是可抢占 RCU，节点的静止状态位图是 0 不能说明所有成员经历了静止状态，还要看节点的成员 gp_tasks 是否指向第一个在读端临界区里面被抢占的进程。

- ☐ 第 20～22 行代码，如果是根节点的所有成员报告了静止状态，当前宽限期可以结束。
- ☐ 第 25 行代码，当前节点的所有成员报告了静止状态，本处理器代表当前节点继续向上一层节点报告静止状态。

第 30 行代码，根节点的所有成员报告了静止状态，调用函数 rcu_report_qs_rsp，通知宽限期线程结束当前宽限期。

函数 rcu_report_qs_rsp 负责通知宽限期线程结束当前宽限期，其代码如下：

```
kernel/rcu/tree.c
1    static void rcu_report_qs_rsp(struct rcu_state *rsp, unsigned long flags)
2      __releases(rcu_get_root(rsp)->lock)
3    {
4      …
5      WRITE_ONCE(rsp->gp_flags, READ_ONCE(rsp->gp_flags) | RCU_GP_FLAG_FQS);
6      raw_spin_unlock_irqrestore_rcu_node(rcu_get_root(rsp), flags);
7      rcu_gp_kthread_wake(rsp);
8    }
```

第 5 行代码，给 rcu_state 实例的成员 gp_flags 设置标志位 RCU_GP_FLAG_FQS，通知宽限期线程"所有处理器经历了静止状态"。

第 7 行代码，唤醒宽限期线程以结束当前宽限期。

6. 宽限期的开始和结束

每种 RCU 创建了一个宽限期线程，专门负责启动新的宽限期和结束当前宽限期。数据类型 rcu_state 中和宽限期线程相关的成员如下：

```
kernel/rcu/tree.h
struct rcu_state {
    …
    struct task_struct *gp_kthread;
    struct swait_queue_head gp_wq;
    short gp_flags;
    short gp_state;
    …
};
```

（1）成员 gp_kthread 指向宽限期线程。

（2）成员 gp_wq 是宽限期线程的等待队列。

（3）成员 gp_flags 用来向宽限期线程传递命令，目前有如下两个标志位。

- ☐ 标志位 RCU_GP_FLAG_INIT 表示需要启动新的宽限期。
- ☐ 标志位 RCU_GP_FLAG_FQS 表示需要强制静止状态。

（4）成员 gp_state 是宽限期线程的睡眠状态，取值如下：

```
#define RCU_GP_IDLE        0 /* 没有宽限期. */
#define RCU_GP_WAIT_GPS    1 /* 等待宽限期开始 */
#define RCU_GP_DONE_GPS    2 /* 停止等待宽限期开始 */
#define RCU_GP_WAIT_FQS    3 /* 等待强制静止状态时刻 */
#define RCU_GP_DOING_FQS   4 /* 停止等待强制静止状态时刻 */
#define RCU_GP_CLEANUP     5 /* 宽限期清理开始 */
#define RCU_GP_CLEANED     6 /* 宽限期清理结束 */
```

宽限期线程的处理函数是 rcu_gp_kthread，其主要代码如下：

kernel/rcu/tree.c

```
1    static int __noreturn rcu_gp_kthread(void *arg)
2    {
3     bool first_gp_fqs;
4     int gf;
5     unsigned long j;
6     int ret;
7     struct rcu_state *rsp = arg;
8     struct rcu_node *rnp = rcu_get_root(rsp);
9
10    …
11    for (;;) {
12
13            /* 处理宽限期开始 */
14            for (;;) {
15                    …
16                    rsp->gp_state = RCU_GP_WAIT_GPS;
17                    swait_event_interruptible(rsp->gp_wq,
18                                    READ_ONCE(rsp->gp_flags) &
19                                    RCU_GP_FLAG_INIT);
20                    rsp->gp_state = RCU_GP_DONE_GPS;
21                    if (rcu_gp_init(rsp))
22                            break;
23                    …
24            }
25
26            /* 处理强制静止状态 */
27            first_gp_fqs = true;
28            j = jiffies_till_first_fqs;
29            if (j > HZ) {
30                    j = HZ;
31                    jiffies_till_first_fqs = HZ;
32            }
33            ret = 0;
34            for (;;) {
35                    if (!ret) {
36                            rsp->jiffies_force_qs = jiffies + j;
37                            WRITE_ONCE(rsp->jiffies_kick_kthreads,
38                                    jiffies + 3 * j);
39                    }
40                    …
41                    rsp->gp_state = RCU_GP_WAIT_FQS;
42                    ret = swait_event_interruptible_timeout(rsp->gp_wq,
43                            rcu_gp_fqs_check_wake(rsp, &gf), j);
44                    rsp->gp_state = RCU_GP_DOING_FQS;
45                    if (!READ_ONCE(rnp->qsmask) &&
46                        !rcu_preempt_blocked_readers_cgp(rnp))
47                            break;
48
49                    if (ULONG_CMP_GE(jiffies, rsp->jiffies_force_qs) ||
50                        (gf & RCU_GP_FLAG_FQS)) {
51                            …
52                            rcu_gp_fqs(rsp, first_gp_fqs);
53                            …
54                    } else {
55                            …
56                    }
57            }
58
59            /* 处理宽限期结束 */
60            rsp->gp_state = RCU_GP_CLEANUP;
61            rcu_gp_cleanup(rsp);
62            rsp->gp_state = RCU_GP_CLEANED;
```

```
63    }
64  }
```

执行过程分为 3 个部分。

（1）启动新的宽限期。

❑ 第 16 行代码，把睡眠状态设置为 RCU_GP_WAIT_GPS，表示等待宽限期开始的
通知。

❑ 第 17～19 行代码，等待通知启动新的宽限期，即 rcu_state 实例的成员 gp_flags
被设置标志位 RCU_GP_FLAG_INIT。

❑ 第 20 行代码，把睡眠状态设置为 RCU_GP_DONE_GPS。

❑ 第 21 行代码，调用函数 rcu_gp_init 以初始化新的宽限期。

（2）等待强制静止状态，设置超时。如果提前唤醒，说明所有处理器经历静止状态；
如果到期，说明一部分处理器没有经历静止状态，必须强制这些处理器产生静止状态。

❑ 第 41 行代码，把睡眠状态设置为 RCU_GP_WAIT_FQS，表示等待强制静止状态。

❑ 第 42 行和第 43 行代码，等待 rcu_state 实例的成员 gp_flags 被设置标志位 RCU_
GP_FLAG_FQS，设置超时。

❑ 第 44 行代码，把睡眠状态设置为 RCU_GP_DOING_FQS。

❑ 第 45～47 行代码，如果所有处理器经历静止状态，那么结束当前宽限期。

❑ 第 49～52 行代码，如果等待超时，那么强制没有经历静止状态的处理器产生静止状态。

（3）结束当前宽限期。

❑ 第 60 行代码，把睡眠状态设置为 RCU_GP_CLEANUP，表示宽限期清理开始。

❑ 第 61 行代码，调用函数 rcu_gp_cleanup，处理当前宽限期的结束。

❑ 第 62 行代码，把睡眠状态设置为 RCU_GP_CLEANED。

（1）通知启动新的宽限期。

以下情况下通知启动新的宽限期。

1）RCU 软中断发现需要新的宽限期。

2）函数 rcu_gp_cleanup 结束当前宽限期
的时候，如果发现调用 call_rcu 注册了新的回
调函数，就会通知启动新的宽限期。

通知的方式是给 rcu_state 实例的成员
gp_flags 设置标志位 RCU_GP_FLAG_INIT。

RCU 软中断发现需要新的宽限期，通知启
动新的宽限期，执行流程如图 5.10 所示，函数
__rcu_process_callbacks 的代码如下：

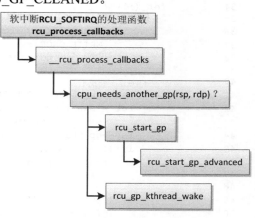

图5.10　通知启动新的宽限期

```
kernel/rcu/tree.c
1    static void
2    __rcu_process_callbacks(struct rcu_state *rsp)
3    {
4     unsigned long flags;
5     bool needwake;
6     struct rcu_data *rdp = raw_cpu_ptr(rsp->rda);
7
8     …
```

```
9      local_irq_save(flags);
10     if (cpu_needs_another_gp(rsp, rdp)) {
11         raw_spin_lock_rcu_node(rcu_get_root(rsp)); /*已经禁止中断 */
12         needwake = rcu_start_gp(rsp);
13         raw_spin_unlock_irqrestore_rcu_node(rcu_get_root(rsp), flags);
14         if (needwake)
15             rcu_gp_kthread_wake(rsp);
16     } else {
17         local_irq_restore(flags);
18     }
19     …
20 }
```

第 10 行代码，调用函数 cpu_needs_another_gp，检查是否需要启动新的宽限期。

第 12 行代码，调用函数 rcu_start_gp，通知启动新的宽限期。

第 15 行代码，唤醒宽限期线程。

函数 cpu_needs_another_gp 检查是否需要启动新的宽限期，其代码如下：

kernel/rcu/tree.c
```
1    static bool cpu_needs_another_gp(struct rcu_state *rsp, struct rcu_data *rdp)
2    {
3     if (rcu_gp_in_progress(rsp))
4         return false;
5     if (rcu_future_needs_gp(rsp))
6         return true;
7     if (!rcu_segcblist_is_enabled(&rdp->cblist))
8         return false;
9     if (!rcu_segcblist_restempty(&rdp->cblist, RCU_NEXT_READY_TAIL))
10         return true;
11    if (rcu_segcblist_future_gp_needed(&rdp->cblist,
12                          READ_ONCE(rsp->completed)))
13         return true;
14    return false;
15   }
```

第 3 行和第 4 行代码，如果当前宽限期没有结束，那么不需要启动新的宽限期。

第 5 行和第 6 行代码，如果需要未来的宽限期，那么需要启动新的宽限期。

第 7 行和第 8 行代码，如果是不执行 RCU 回调函数的处理器或是下线的处理器，那么不需要启动新的宽限期。

第 9 行和第 10 行代码，如果使用 call_rcu 注册了新的回调函数，那么需要启动新的宽限期。

第 11~13 行代码，如果回调函数链表的子链表 RCU_WAIT_TAIL 或 RCU_NEXT_READY_TAIL 不是空的，并且宽限期编号大于已结束宽限期编号，那么需要启动新的宽限期。

（2）启动新的宽限期。

宽限期线程启动新的宽限期时，执行过程如下。

1）把 rcu_state 实例的宽限期编号加 1。

2）从根节点开始按层次遍历 RCU 树的每个节点，把节点的宽限期编号更新为新的宽限期编号，初始化静止状态位图。

3）假设宽限期线程在处理器 n 上运行，初始化处理器 n 的 rcu_data 实例。

❑   把成员 gpnum 更新为新的宽限期编号。

❑   把成员 cpu_no_qs.b.norm 初始化为真，表示没有经历静止状态。

❑ 把成员 core_needs_qs 初始化为真，表示需要该处理器报告静止状态。增加这个成员是为了支持处理器热插拔，如果某个处理器下线，那么叶子节点的静止状态位图不会包含该处理器，RCU 不需要该处理器报告静止状态。

每个处理器只能初始化自己的 rcu_data 实例，其他处理器在自己的 RCU 软中断里面初始化 rcu_data 实例。这会造成同一时刻不同处理器看到的当前宽限期编号不同。

函数 rcu_gp_init 负责启动新的宽限期，其主要代码如下：

```
kernel/rcu/tree.c
1   static bool rcu_gp_init(struct rcu_state *rsp)
2   {
3   unsigned long oldmask;
4   struct rcu_data *rdp;
5   struct rcu_node *rnp = rcu_get_root(rsp);
6
7       …
8   raw_spin_lock_irq_rcu_node(rnp);
9       …
10  smp_store_release(&rsp->gpnum, rsp->gpnum + 1);
11      …
12  raw_spin_unlock_irq_rcu_node(rnp);
13
14      …
15  rcu_for_each_node_breadth_first(rsp, rnp) {
16      …
17      raw_spin_lock_irq_rcu_node(rnp);
18      rdp = this_cpu_ptr(rsp->rda);
19      …
20      rnp->qsmask = rnp->qsmaskinit;
21      WRITE_ONCE(rnp->gpnum, rsp->gpnum);
22      if (WARN_ON_ONCE(rnp->completed != rsp->completed))
23          WRITE_ONCE(rnp->completed, rsp->completed);
24      if (rnp == rdp->mynode)
25          (void)__note_gp_changes(rsp, rnp, rdp);
26      …
27      raw_spin_unlock_irq_rcu_node(rnp);
28      …
29  }
30
31  return true;
32  }
```

第 10 行代码，把宽限期编号加 1。

第 15 行代码，从根节点开始按层次遍历树节点，针对每个节点进行下面的处理。

❑ 第 20 行代码，把节点的静止状态位图设置为初始值。

❑ 第 21 行代码，把节点的宽限期编号设置为新的宽限期编号。

❑ 第 24 行和第 25 行代码，处理本处理器所属分组的叶子节点时，调用函数 __note_gp_changes 初始化本处理器的 rcu_data 实例。

函数 __note_gp_changes 负责为某个处理器的 rcu_data 实例处理旧的宽限期结束和新的宽限期开始，这里我们只关注处理新的宽限期开始，其主要代码如下：

```
kernel/rcu/tree.c
1   static bool __note_gp_changes(struct rcu_state *rsp, struct rcu_node *rnp,
2               struct rcu_data *rdp)
3   {
4   bool ret;
```

```
5    bool need_gp;
6
7    …
8    if (rdp->gpnum != rnp->gpnum || unlikely(READ_ONCE(rdp->gpwrap))) {
9        rdp->gpnum = rnp->gpnum;
10       …
11       need_gp = !!(rnp->qsmask & rdp->grpmask);
12       rdp->cpu_no_qs.b.norm = need_gp;
13       …
14       rdp->core_needs_qs = need_gp;
15       …
16   }
17   return ret;
18   }
```

第 8 行代码，如果 rcu_data 实例的宽限期编号不等于叶子节点的宽限期编号，那么初始化 rcu_data 实例。

1）第 9 行代码，把宽限期编号设置为叶子节点的宽限期编号。

2）第 11 行代码，检查叶子节点的静止状态位图是否包含本处理器。如果包含，need_gp 为真，否则为假。

3）第 12 行代码，把成员 cpu_no_qs.b. norm 初始化为 need_gp。如果为真，表示本处理器没有经历静止状态。

4）第 14 行代码，把成员 core_needs_qs 初始化为 need_gp。如果为真，表示需要本处理器报告静止状态。

如图 5.11 所示，RCU 软中断调用函数 note_gp_changes 来检查新的宽限期：如果本处理器的 rcu_date 实例的宽限期编号不等于叶子节点的宽限期编号，说明启动了新的宽限期，那么调用函数 __note_gp_changes 初始化 rcu_data 实例。

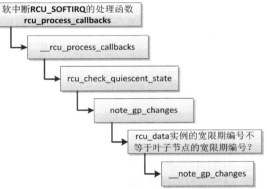

图5.11　RCU软中断检查新的宽限期

（3）结束当前宽限期。

宽限期线程结束当前宽限期的执行过程如下。

1）从根节点开始按层次遍历 RCU 树的每个节点，把节点的已结束宽限期编号更新为当前宽限期编号。

2）假设宽限期线程在处理器 n 上运行，为处理器 n 的 rcu_data 实例处理宽限期结束：

❑　把当前宽限期及以前注册的回调函数移动到 RCU_DONE_TAIL 子链表中。

❑　把成员 completed 更新为当前宽限期编号。

每个处理器只能处理自己的 rcu_data 实例，其他处理器在自己的 RCU 软中断里面为自己的 rcu_data 实例处理宽限期结束。这会造成同一时刻不同处理器看到的已结束宽限期编号不同。

函数 rcu_gp_cleanup 负责结束当前宽限期，其主要代码如下：

kernel/rcu/tree.c
```
1    static void rcu_gp_cleanup(struct rcu_state *rsp)
2    {
3      unsigned long gp_duration;
4      bool needgp = false;
```

```
5       int nocb = 0;
6       struct rcu_data *rdp;
7       struct rcu_node *rnp = rcu_get_root(rsp);
8       struct swait_queue_head *sq;
9
10      …
11      rcu_for_each_node_breadth_first(rsp, rnp) {
12          raw_spin_lock_irq_rcu_node(rnp);
13          …
14          WRITE_ONCE(rnp->completed, rsp->gpnum);
15          rdp = this_cpu_ptr(rsp->rda);
16          if (rnp == rdp->mynode)
17              needgp = __note_gp_changes(rsp, rnp, rdp) || needgp;
18          …
19          raw_spin_unlock_irq_rcu_node(rnp);
20          …
21      }
22      rnp = rcu_get_root(rsp);
23      raw_spin_lock_irq_rcu_node(rnp);
24      …
25      WRITE_ONCE(rsp->completed, rsp->gpnum);
26      …
27      rsp->gp_state = RCU_GP_IDLE;
28      rdp = this_cpu_ptr(rsp->rda);
29      /*推进回调函数,以减少下面的误报 */
30      needgp = rcu_advance_cbs(rsp, rnp, rdp) || needgp;
31      if (needgp || cpu_needs_another_gp(rsp, rdp)) {
32          WRITE_ONCE(rsp->gp_flags, RCU_GP_FLAG_INIT);
33          …
34      }
35      raw_spin_unlock_irq_rcu_node(rnp);
36  }
```

第 11 行代码,从根节点开始按照层次遍历树节点,针对每个节点进行下面的处理。

❑ 第 14 行代码,把节点的已结束宽限期编号设置为当前宽限期编号。

❑ 第 16 行和第 17 行代码,处理本处理器所属分组的叶子节点时,调用函数 __note_gp_changes,为本处理器的 rcu_data 实例处理当前宽限期的结束。

第 25 行代码,把 rcu_state 实例的已结束宽限期编号设置为当前宽限期编号。

第 27 行代码,把宽限期线程的睡眠状态设置为 RCU_GP_IDLE。

第 31 行和第 32 行代码,如果使用 call_rcu 注册了新的回调函数,那么给 rcu_state 实例的成员 gp_flags 设置标志位 RCU_GP_FLAG_INIT,通知宽限期线程启动新的宽限期。

函数 __note_gp_changes 负责为某个处理器的 rcu_data 实例处理旧的宽限期结束和新的宽限期开始,这里我们只关注处理旧的宽限期结束,其主要代码如下:

kernel/rcu/tree.c
```
1   static bool __note_gp_changes(struct rcu_state *rsp, struct rcu_node *rnp,
2                   struct rcu_data *rdp)
3   {
4    bool ret;
5    bool need_gp;
6
7    if (rdp->completed == rnp->completed &&
8       !unlikely(READ_ONCE(rdp->gpwrap))) {
9           …
10   } else {
11          ret = rcu_advance_cbs(rsp, rnp, rdp);
12
```

```
13          rdp->completed = rnp->completed;
14          …
15      }
16      …
17  }
```

第 10 行代码，如果 rcu_data 实例的已结束宽限期编号不等于叶子节点的已结束宽限期编号，处理如下。

❑ 第 11 行代码，调用函数 rcu_advance_cbs 推进回调函数。

❑ 第 13 行代码，把已结束宽限期编号设置为叶子节点的已结束宽限期编号。

如图 5.12 所示，RCU 软中断调用函数 note_gp_changes 来检查宽限期是否结束：如果本处理器的 rcu_date 实例的已结束宽限期编号不等于叶子节点的已结束宽限期编号，说明宽限期结束，那么调用函数 __note_gp_changes 处理宽限期结束。

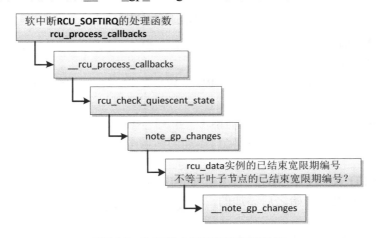

图5.12　RCU软中断检查宽限期结束

7．RCU 回调函数

（1）回调函数链表。

每个处理器的 rcu_data 实例的成员 cblist 是回调函数链表，里面存放使用函数 call_rcu() 注册的回调函数，其定义如下：

```
include/linux/rcu_segcblist.h
#define RCU_DONE_TAIL          0      /* 也是 RCU_WAIT 的首部. */
#define RCU_WAIT_TAIL          1      /* 也是 RCU_NEXT_READY 的首部. */
#define RCU_NEXT_READY_TAIL    2      /* 也是 RCU_NEXT 的首部 */
#define RCU_NEXT_TAIL          3
#define RCU_CBLIST_NSEGS       4

struct rcu_segcblist {
    struct rcu_head *head;
    struct rcu_head **tails[RCU_CBLIST_NSEGS];
    unsigned long gp_seq[RCU_CBLIST_NSEGS];
    long len;
    long len_lazy;
};
```

成员 head 指向第一个回调函数。

数组 tails 指向每一段的结束位置。tails[n]是第 n 段的最后一个 rcu_head 实例的成员 next

的地址，因为 next 是 rcu_head 的第一个成员，所以*tails[n]等价于((struct rcu_head *)tails[n])->next，指向下一段的开始位置。

数组 gp_seq 保存每一段的宽限期编号。

成员 len 是回调函数链表的长度。

如图 5.13 所示，回调函数链表分为 4 段，每段对应不同的宽限期，如下。

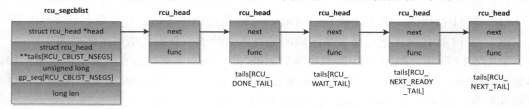

图5.13　RCU回调函数链表

1）[head, *tails[RCU_DONE_TAIL])：子链表 RCU_DONE_TAIL，宽限期已经结束的回调函数，可以被执行。

2）[*tails[RCU_DONE_TAIL], *tails[RCU_WAIT_TAIL])：子链表 RCU_WAIT_TAIL，等待当前宽限期的回调函数。

3）[*tails[RCU_WAIT_TAIL], *tails[RCU_NEXT_READY_TAIL])：子链表 RCU_NEXT_READY_TAIL，在下一个宽限期开始之前添加的回调函数，在下一个宽限期可以执行这些回调函数。

4）[*tails[RCU_NEXT_READY_TAIL], *tails[RCU_NEXT_TAIL])：子链表 RCU_NEXT_TAIL，在下一个宽限期开始之后添加的回调函数。

这里说的当前宽限期是处理器看到的当前宽限期，宽限期线程启动新的宽限期时，处理器的 rcu_data 实例记录的当前宽限期可能还是旧的，落后于全局的当前宽限期。

（2）注册回调函数。

使用 call_rcu 注册回调函数的执行流程如图 5.14 所示，把主要工作委托给函数 __call_rcu，执行过程如下。

1）调用函数 rcu_segcblist_enqueue，把回调函数添加到最后一个子链表 RCU_NEXT_TAIL 的尾部。

2）调用函数 __call_rcu_core，如果回调函数太多，处理如下。

❑ 调用函数 note_gp_change，把叶子节点的已结束宽限期和最新宽限期同步到本处理器的 rcu_data 实例。

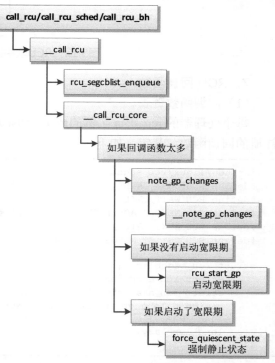

图5.14　注册回调函数的执行流程

□ 如果没有启动宽限期，那么通知宽限期线程启动宽限期。

□ 如果启动了宽限期，那么通知宽限期线程强制静止状态。

（3）执行回调函数。

RCU 软中断执行回调函数的流程如图 5.15 所示。

1）调用函数 __note_gp_changes，推进回调函数链表。

2）如果子链表 RCU_DONE_TAIL 不是空的，那么调用函数 rcu_do_batch 执行回调函数。

如图 5.16 所示，函数 __note_gp_changes 比较本处理器的 rcu_data 实例的已结束宽限期编号和叶子节点的已结束宽限期编号，分情况处理。

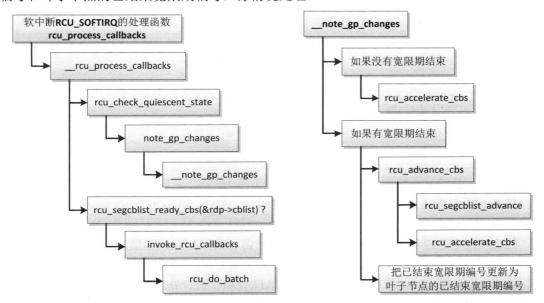

图5.15 执行回调函数　　　　　图5.16 推进回调函数链表

1）如果相等，说明没有宽限期结束，那么调用函数 rcu_accelerate_cbs 加速回调函数，把最后一个子链表 RCU_NEXT_TAIL 的回调函数移到前面的子链表中。

2）如果不等，说明有宽限期结束，处理如下。

□ 调用函数 rcu_advance_cbs 推进回调函数链表：首先调用函数 rcu_segcblist_advance，把已结束宽限期的回调函数移到子链表 RCU_DONE_TAIL 中，然后调用函数 rcu_accelerate_cbs 加速回调函数，把最后一个子链表 RCU_NEXT_TAIL 的回调函数移到前面的子链表中。

□ 把 rcu_data 实例的已结束宽限期编号更新为叶子节点的已结束宽限期编号。

1）函数 rcu_segcblist_advance。

函数 rcu_segcblist_advance 负责处理子链表 RCU_WAIT_TAIL 和 RCU_NEXT_READY_TAIL。如果子链表的宽限期是已结束宽限期，那么把回调函数移到子链表 RCU_DONE_TAIL 中，其代码如下：

kernel/rcu/rcu_segcblist.c

```
1    void rcu_segcblist_advance(struct rcu_segcblist *rsclp, unsigned long seq)
2    {
3     int i, j;
4
5     …
6     if (rcu_segcblist_restempty(rsclp, RCU_DONE_TAIL))
7         return;
8
9     for (i = RCU_WAIT_TAIL; i < RCU_NEXT_TAIL; i++) {
10        if (ULONG_CMP_LT(seq, rsclp->gp_seq[i]))
11            break;
12        rsclp->tails[RCU_DONE_TAIL] = rsclp->tails[i];
13    }
14
15    if (i == RCU_WAIT_TAIL)
16        return;
17
18    for (j = RCU_WAIT_TAIL; j < i; j++)
19        rsclp->tails[j] = rsclp->tails[RCU_DONE_TAIL];
20
21    for (j = RCU_WAIT_TAIL; i < RCU_NEXT_TAIL; i++, j++) {
22        if (rsclp->tails[j] == rsclp->tails[RCU_NEXT_TAIL])
23            break;
24        rsclp->tails[j] = rsclp->tails[i];
25        rsclp->gp_seq[j] = rsclp->gp_seq[i];
26    }
27   }
```

参数 seq 是已结束宽限期编号。

第 9～13 行代码，依次处理子链表 RCU_WAIT_TAIL 和 RCU_NEXT_READY_TAIL。如果宽限期编号小于或等于已结束宽限期编号，那么合并到子链表 RCU_DONE_TAIL 中。

第 18 行和第 19 行代码，把被合并的所有子链表的尾部指向子链表 RCU_DONE_TAIL 新的尾部。

第 21～26 行代码，如果子链表 RCU_WAIT_TAIL 被合并，但是子链表 RCU_NEXT_READY_TAIL 没有被合并，那么把子链表 RCU_NEXT_READY_TAIL 的所有回调函数移到子链表 RCU_WAIT_TAIL 中，子链表 RCU_NEXT_READY_TAIL 变为空。

2）函数 rcu_accelerate_cbs。

函数 rcu_accelerate_cbs 负责加速回调函数，把最后一个子链表 RCU_NEXT_TAIL 的回调函数移到前面的子链表中，其代码如下：

kernel/rcu/tree.c
```
1    static bool rcu_accelerate_cbs(struct rcu_state *rsp, struct rcu_node *rnp,
2                    struct rcu_data *rdp)
3    {
4     bool ret = false;
5
6     if (!rcu_segcblist_pend_cbs(&rdp->cblist))
7         return false;
8
9     if (rcu_segcblist_accelerate(&rdp->cblist, rcu_cbs_completed(rsp, rnp)))
10        ret = rcu_start_future_gp(rnp, rdp, NULL);
11    …
12    return ret;
13   }
```

第 6 行代码，如果后面 3 个子链表都是空的，那么返回。

第 9 行代码，调用函数 rcu_segcblist_accelerate，尝试把最后一个子链表 RCU_NEXT_TAIL 的回调函数移到前面的子链表中，函数 rcu_cbs_completed 用来获取下一个宽限期编号。

第 10 行代码，如果把最后一个子链表 RCU_NEXT_TAIL 的回调函数移到前面的子链表中，那么调用函数 rcu_start_future_gp，启动未来的宽限期。

函数 rcu_cbs_completed 用来获取当前宽限期的下一个宽限期编号，其代码如下：

```
kernel/rcu/tree.c
1    static unsigned long rcu_cbs_completed(struct rcu_state *rsp,
2                            struct rcu_node *rnp)
3    {
4      if (rcu_get_root(rsp) == rnp && rnp->gpnum == rnp->completed)
5          return rnp->completed + 1;
6
7      return rnp->completed + 2;
8    }
```

第 4 行和第 5 行代码，如果 RCU 树只有一层，并且没有启动新的宽限期，那么返回（已结束宽限期编号 + 1）。

第 7 行代码，其他情况返回（已结束宽限期编号 + 2）。

函数 rcu_segcblist_accelerate 尝试把最后一个子链表 RCU_NEXT_TAIL 的回调函数移到前面的子链表中，其代码如下：

```
kernel/rcu/rcu_segcblist.c
1    bool rcu_segcblist_accelerate(struct rcu_segcblist *rsclp, unsigned long seq)
2    {
3      int i;
4
5      if (rcu_segcblist_restempty(rsclp, RCU_DONE_TAIL))
6          return false;
7
8      for (i = RCU_NEXT_READY_TAIL; i > RCU_DONE_TAIL; i--)
9          if (rsclp->tails[i] != rsclp->tails[i - 1] &&
10             ULONG_CMP_LT(rsclp->gp_seq[i], seq))
11             break;
12
13     if (++i >= RCU_NEXT_TAIL)
14         return false;
15
16     for (; i < RCU_NEXT_TAIL; i++) {
17         rsclp->tails[i] = rsclp->tails[RCU_NEXT_TAIL];
18         rsclp->gp_seq[i] = seq;
19     }
20     return true;
21   }
```

参数 seq 是下一个宽限期编号。

第 8～11 行代码，从子链表 RCU_NEXT_READY_TAIL 开始往前面查找，找到最后一个满足条件"链表为空或者宽限期编号大于或等于 seq"的子链表。

第 16～19 行代码，把后面的所有子链表合并到这个子链表中，把子链表的宽限期编号更新为 seq。

如果子链表 RCU_NEXT_READY_TAIL 为空或者宽限期编号大于或等于 seq，那么把子链表 RCU_NEXT_TAIL 合并到子链表 RCU_NEXT_READY_TAIL 中，并且把宽限期编号更新为 seq。

如果子链表 RCU_WAIT_TAIL 为空或者宽限期编号大于或等于 seq，那么把后面两个子链表合并到子链表 RCU_WAIT_TAIL 中，并且把宽限期编号更新为 seq。

8．加速宽限期

加速宽限期的原理是在所有处理器上强制产生静止状态，使宽限期快速结束。加速宽限期减少了函数 synchronize_rcu_expedited 及其变体的等待时间，但是提高了处理器利用率，增加了实时延迟和耗电。

以不可抢占 RCU 的函数 synchronize_sched_expedited() 为例说明，调用函数 smp_call_function_single，在每个处理器上执行强制产生静止状态的函数 sync_sched_exp_handler，函数 smp_call_function_single 根据情况进行处理。

（1）如果目标处理器是本处理器，那么直接执行强制产生静止状态的函数 sync_sched_exp_handler。

（2）如果目标处理器是其他处理器，那么发送处理器间中断请求到目标处理器，目标处理器在中断处理程序里面执行强制产生静止状态的函数 sync_sched_exp_handler。

函数 sync_sched_exp_handler 的代码如下：

kernel/rcu/tree_exp.h
```
1    static void sync_sched_exp_handler(void *data)
2    {
3     struct rcu_data *rdp;
4     struct rcu_node *rnp;
5     struct rcu_state *rsp = data;
6
7     rdp = this_cpu_ptr(rsp->rda);
8     rnp = rdp->mynode;
9     if (!(READ_ONCE(rnp->expmask) & rdp->grpmask) ||
10       __this_cpu_read(rcu_sched_data.cpu_no_qs.b.exp))
11    return;
12    if (rcu_is_cpu_rrupt_from_idle()) {
13        rcu_report_exp_rdp(&rcu_sched_state,
14                this_cpu_ptr(&rcu_sched_data), true);
15        return;
16    }
17    __this_cpu_write(rcu_sched_data.cpu_no_qs.b.exp, true);
18    …
19    resched_cpu(smp_processor_id());
20   }
```

第 9～11 行代码，如果叶子节点的加速宽限期位图没有包含本处理器，或者本处理器经历了加速静止状态，那么返回。

第 12～16 行代码，如果处理器正在执行空闲线程，那么报告加速静止状态。

第 17 行代码，把本处理器的 rcu_sched_data 实例的成员 cpu_no_qs.b.exp 初始化为真，表示本处理器没有经历加速静止状态。

第 19 行代码，给当前进程设置需要重新调度的标志位，强制产生静止状态。

当进程准备返回用户模式时，发现设置了需要重新调度的标志位，进程调度器就会调度进程，观察到静止状态，调用函数 rcu_sched_qs 记录静止状态：

kernel/rcu/tree.c
```
1    void rcu_sched_qs(void)
```

```
 2  {
 3      if (!__this_cpu_read(rcu_sched_data.cpu_no_qs.s))
 4          return;
 5      …
 6      __this_cpu_write(rcu_sched_data.cpu_no_qs.b.norm, false);
 7      if (!__this_cpu_read(rcu_sched_data.cpu_no_qs.b.exp))
 8          return;
 9      __this_cpu_write(rcu_sched_data.cpu_no_qs.b.exp, false);
10      rcu_report_exp_rdp(&rcu_sched_state,
11                      this_cpu_ptr(&rcu_sched_data), true);
12  }
```

第 6 行代码，记录本处理器经历了正常静止状态。

第 7 行和第 8 行代码，如果记录过加速静止状态，那么没必要重复记录。

第 9 行代码，记录本处理器经历了加速静止状态。

第 10 行和第 11 行代码，报告加速静止状态。

从代码可以看到：观察到正常静止状态，没有立即报告；观察到加速静止状态，立即报告。

5.16 可睡眠 RCU

可睡眠 RCU（Sleepable RCU，SRCU）允许在读端临界区里面睡眠。

在读端临界区里面睡眠，可能导致宽限期很长。为了避免影响整个系统，使用 SRCU 的子系统需要定义一个 SRCU 域，每个 SRCU 域有自己的读端临界区和宽限期。

目前内核有 3 种可睡眠 RCU。

（1）经典 SRCU：传统的 SRCU，配置宏是 CONFIG_CLASSIC_SRCU。

（2）微型 SRCU：为单处理器系统设计，配置宏是 CONFIG_TINY_SRCU。

（3）树型 SRCU：为拥有几百个或几千个处理器的大型系统设计，配置宏是 CONFIG_TREE_SRCU。

内核 4.12 版本引入微型 SRCU 和树型 SRCU，保留经典 SRCU，作为微型 SRCU 和树型 SRCU 出现问题时的备选项。由于微型 SRCU 和树型 SRCU 在测试中表现非常好，所以内核 4.13 版本废除了经典 SRCU。

5.16.1 使用方法

首先需要定义一个 SRCU 域：

```
struct srcu_struct ss;
```

然后初始化 SRCU 域：

```
int init_srcu_struct(struct srcu_struct *sp);
```

成功则返回 0，分配内存失败则返回"-ENOMEM"。

读者访问临界区的方法如下：

```
int idx;
```

```
idx = srcu_read_lock(&ss);
/* 读端临界区 */
srcu_read_unlock(&ss, idx);
```

函数 srcu_read_lock() 返回一个索引，需要把这个索引传给函数 srcu_read_unlock()。

在读端临界区里面应该使用宏 srcu_dereference(p, sp) 访问指针，这个宏封装了数据依赖屏障，即只有阿尔法处理器需要的读内存屏障。

写者可以使用下面 4 个函数。

（1）使用函数 synchronize_srcu() 等待宽限期结束，即所有读者退出读端临界区，然后写者执行下一步操作。这个函数可能睡眠。

```
void synchronize_srcu(struct srcu_struct *sp);
```

（2）使用函数 synchronize_srcu_expedited() 等待宽限期结束，强制宽限期快速结束。

```
void synchronize_srcu_expedited(struct srcu_struct *sp);
```

（3）使用函数 call_srcu() 注册延后执行的回调函数，把回调函数添加到 srcu_struct 结构体的回调函数链表中，立即返回，不会睡眠。

```
void call_srcu(struct srcu_struct *sp, struct rcu_head *head, rcu_callback_t func);
```

（4）使用函数 srcu_barrier() 等待所有回调函数执行完。这个函数可能睡眠。

```
void srcu_barrier(struct srcu_struct *sp);
```

用完以后，需要使用函数 cleanup_srcu_struct() 销毁结构体。

```
void cleanup_srcu_struct(struct srcu_struct *sp);
```

可以使用下面的宏定义并且初始化数据类型为 srcu_struct 的变量。

（1）DEFINE_SRCU(name)：定义外部全局变量。

（2）DEFINE_STATIC_SRCU(name)：定义静态全局变量或静态局部变量。

使用这两个宏定义的变量，不需要使用函数 init_srcu_struct() 初始化，也不需要使用函数 cleanup_srcu_struct() 销毁。

5.16.2　技术原理

本节选用树型 SRCU 描述技术原理。

1. 数据结构

SRCU 使用数据类型 srcu_struct 描述 SRCU 域的状态，使用数据类型 srcu_node 描述处理器分组的 SRCU 状态，使用数据类型 srcu_data 描述处理器的 SRCU 状态，每个处理器对应一个 srcu_data 实例。

如图 5.17 所示，SRCU 分层树节点的类型是 srcu_node，成员 srcu_parent 指向上一层 srcu_node 实例，每个处理器的 srcu_data 实例的成员 mynode 指向叶子节点。

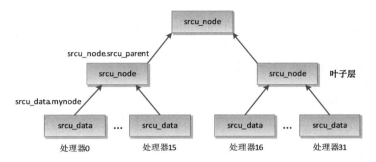

图5.17 SRCU分层树

数据类型 srcu_struct 的定义如下：

```
include/linux/srcutree.h
struct srcu_struct {
    struct srcu_node node[NUM_RCU_NODES];
    struct srcu_node *level[RCU_NUM_LVLS + 1];
    struct mutex srcu_cb_mutex;
    spinlock_t gp_lock;
    struct mutex srcu_gp_mutex;
    unsigned int srcu_idx;
    unsigned long srcu_gp_seq;
    unsigned long srcu_gp_seq_needed;
    unsigned long srcu_gp_seq_needed_exp;
    unsigned long srcu_last_gp_end;
    struct srcu_data __percpu *sda;
    …
    struct delayed_work work;
    …
};
```

（1）数组 node 定义了所有树节点。

（2）数组 level 保存每个层次的第一个 srcu_node 实例。

（3）srcu_idx 是当前读者数组索引，指示数据类型 srcu_data 中数组 srcu_lock_count 和 srcu_unlock_count 的哪个数组项保存当前宽限期的读端临界区计数。

（4）srcu_gp_seq 是当前宽限期编号。

（5）sda 指向每个处理器的 srcu_data 实例。

数据类型 srcu_node 的定义如下：

```
include/linux/srcutree.h
struct srcu_node {
    spinlock_t lock;
    unsigned long srcu_have_cbs[4];


    unsigned long srcu_data_have_cbs[4];
```

```
    unsigned long srcu_gp_seq_needed_exp;
    struct srcu_node *srcu_parent;
    int grplo;
    int grphi;
};
```

（1）srcu_parent 指向上一层分组的 srcu_node 实例。

（2）grplo 是属于本分组的处理器的最小编号。

（3）grphi 是属于本分组的处理器的最大编号。

数据类型 srcu_data 的定义如下：

```
include/linux/srcutree.h
struct srcu_data {
    /* 读者状态 */
    unsigned long srcu_lock_count[2];
    unsigned long srcu_unlock_count[2];

    /*写者状态. */
    spinlock_t lock ___cacheline_internodealigned_in_smp;
    struct rcu_segcblist srcu_cblist;
    unsigned long srcu_gp_seq_needed;
    unsigned long srcu_gp_seq_needed_exp;
    bool srcu_cblist_invoking;
    struct delayed_work work;
    struct rcu_head srcu_barrier_head;
    struct srcu_node *mynode;
    unsigned long grpmask;

    int cpu;
    struct srcu_struct *sp;
};
```

（1）数组 srcu_lock_count 保存进入读端临界区的计数。

（2）数组 srcu_unlock_count 保存退出读端临界区的计数。

（3）srcu_cblist 是回调函数链表。

（4）mynode 指向叶子节点。

（5）grpmask 是本处理器在叶子节点的位图中的位掩码。

2. 进入和退出读端临界区

数据类型 srcu_data 有两个数组：

```
unsigned long srcu_lock_count[2];
unsigned long srcu_unlock_count[2];
```

数组 srcu_lock_count 保存进入读端临界区的计数，数组 srcu_unlock_count 保存退出读端临界区的计数，我们把这两个数组称为读端临界区计数数组。每个数组有两项：一项用来保存上一个宽限期的计数，另一项保存当前宽限期的计数。

数据类型 srcu_struct 的成员 srcu_idx 是当前读者数组索引，指示读端临界区计数数组的哪一项保存当前宽限期的计数：如果是偶数，那么索引为 0 的数组项保存当前宽限期的计数；如果是奇数，那么索引为 1 的数组项保存当前宽限期的计数。

在一个宽限期内,如果所有处理器退出读端临界区的计数总和等于进入读端临界区的计数总和,说明在这个宽限期内进入读端临界区的所有读者都退出读端临界区,那么宽限期可以结束。

函数 srcu_read_lock 标记进入 SRCU 读端临界区,其代码如下:

```
srcu_read_lock() -> __srcu_read_lock()

kernel/rcu/srcutree.c
int __srcu_read_lock(struct srcu_struct *sp)
{
    int idx;

    idx = READ_ONCE(sp->srcu_idx) & 0x1;
    this_cpu_inc(sp->sda->srcu_lock_count[idx]);
    smp_mb();
    return idx;
}
```

把当前宽限期的进入读端临界区的计数加 1,并且返回当前读者数组索引。

函数 srcu_read_unlock 标记退出 SRCU 读端临界区,其代码如下:

```
srcu_read_unlock() -> __srcu_read_unlock()

kernel/rcu/srcutree.c
void __srcu_read_unlock(struct srcu_struct *sp, int idx)
{
    smp_mb();
    this_cpu_inc(sp->sda->srcu_unlock_count[idx]);
}
```

把进入读端临界区时的宽限期对应的退出读端临界区的计数加 1。

3. 宽限期的开始和结束
数据类型 srcu_struct 有两个成员。

(1) struct delayed_work work:定义了一个工作项,处理函数是 process_srcu,专门负责启动和结束宽限期。SRCU 把这个工作项添加到工作队列 system_power_efficient_wq 中。

(2) unsigned long srcu_gp_seq:保存宽限期编号。

srcu_gp_seq 的最低两位存放宽限期的状态,其他位存放宽限期的编号。宽限期的状态机有 3 种状态。

(1) SRCU_STATE_IDLE:宽限期的初始状态是空闲状态,如果在当前宽限期没有使用 call_srcu()注册回调函数,宽限期就会保持空闲状态。

(2) SRCU_STATE_SCAN1:SCAN1 状态,等待所有读者退出前一个宽限期的临界区。

(3) SRCU_STATE_SCAN2:SCAN2 状态,等待所有读者退出当前宽限期的临界区。

假设当前宽限期的编号是 N,状态机的运行过程如下。

(1) 初始状态是空闲状态,如果在宽限期 N 使用 call_srcu()注册回调函数,那么启动宽限期 N，从空闲状态切换到 SCAN1 状态。

（2）SCAN1 状态：等待所有读者退出宽限期（N−1）的临界区，然后切换当前读者数组索引，从 SCAN1 状态切换到 SCAN2 状态。

切换当前读者数组索引的目的是：从现在开始，读者进入的临界区属于宽限期（N+1），宽限期 N 的临界区只许出，不许进。如果在等待所有读者退出宽限期 N 的临界区的过程中，还允许读者进入宽限期 N 的临界区，那么可能导致宽限期 N 延长。

SCAN1 状态为什么要等待所有读者退出宽限期（N−1）的临界区？因为宽限期（N+1）和宽限期（N−1）使用读端临界区计数数组的同一个数组项。

（3）SCAN2 状态：等待所有读者退出宽限期 N 的临界区，然后结束宽限期 N，切换到宽限期（N+1）的空闲状态。

函数 process_srcu 的代码如下：

```
kernel/rcu/srcutree.c
void process_srcu(struct work_struct *work)
{
    struct srcu_struct *sp;

    sp = container_of(work, struct srcu_struct, work.work);

    srcu_advance_state(sp);
    srcu_reschedule(sp, srcu_get_delay(sp));
}
```

调用函数 srcu_advance_state 执行当前宽限期的状态机，然后调用函数 srcu_reschedule 确定是否需要启动下一个宽限期。

函数 srcu_advance_state 的代码如下：

```
kernel/rcu/srcutree.c
1   static void srcu_advance_state(struct srcu_struct *sp)
2   {
3     int idx;
4
5     mutex_lock(&sp->srcu_gp_mutex);
6
7     idx = rcu_seq_state(smp_load_acquire(&sp->srcu_gp_seq));
8     if (idx == SRCU_STATE_IDLE) {
9         spin_lock_irq(&sp->gp_lock);
10        if (ULONG_CMP_GE(sp->srcu_gp_seq, sp->srcu_gp_seq_needed)) {
11            WARN_ON_ONCE(rcu_seq_state(sp->srcu_gp_seq));
12            spin_unlock_irq(&sp->gp_lock);
13            mutex_unlock(&sp->srcu_gp_mutex);
14            return;
15        }
16        idx = rcu_seq_state(READ_ONCE(sp->srcu_gp_seq));
17        if (idx == SRCU_STATE_IDLE)
18            srcu_gp_start(sp);
19        spin_unlock_irq(&sp->gp_lock);
20        if (idx != SRCU_STATE_IDLE) {
21            mutex_unlock(&sp->srcu_gp_mutex);
22            return;
23        }
24    }
```

```
25
26    if (rcu_seq_state(READ_ONCE(sp->srcu_gp_seq)) == SRCU_STATE_SCAN1) {
27        idx = 1 ^ (sp->srcu_idx & 1);
28        if (!try_check_zero(sp, idx, 1)) {
29            mutex_unlock(&sp->srcu_gp_mutex);
30            return;
31        }
32        srcu_flip(sp);
33        rcu_seq_set_state(&sp->srcu_gp_seq, SRCU_STATE_SCAN2);
34    }
35
36    if (rcu_seq_state(READ_ONCE(sp->srcu_gp_seq)) == SRCU_STATE_SCAN2) {
37        idx = 1 ^ (sp->srcu_idx & 1);
38        if (!try_check_zero(sp, idx, 2)) {
39            mutex_unlock(&sp->srcu_gp_mutex);
40            return;
41        }
42        srcu_gp_end(sp);
43    }
44 }
```

第 8 行代码，假设当前宽限期的编号是 N，如果宽限期 N 处于空闲状态，处理如下。

- ❑ 第 10～15 行代码，如果在宽限期 N 没有注册回调函数，那么不需要启动宽限期 N。
- ❑ 第 17 行和第 18 行代码，启动宽限期 N，从空闲状态切换到 SCAN1 状态。

第 26 行代码，如果宽限期 N 处于 SCAN1 状态，处理如下。

- ❑ 第 27～31 行代码，检查所有读者是否退出宽限期（N−1）的临界区，如果没有，那么返回。
- ❑ 第 32 行代码，如果所有读者退出宽限期（N−1）的临界区，那么切换当前读者数组索引。从现在开始，读者进入的临界区属于宽限期（N+1），宽限期 N 的临界区只许出，不许进。
- ❑ 第 33 行代码，从 SCAN1 状态切换到 SCAN2 状态。

第 36 行代码，如果宽限期 N 处于 SCAN2 状态，处理如下。

- ❑ 第 37～41 行代码，检查所有读者是否退出宽限期 N 的临界区，如果没有，那么返回。
- ❑ 第 42 行代码，如果所有读者退出宽限期 N 的临界区，那么结束宽限期 N，切换到宽限期（N+1）的空闲状态。

函数 try_check_zero 负责检查所有读者是否退出了某个宽限期的临界区，其代码如下：

kernel/rcu/srcutree.c
```
static bool try_check_zero(struct srcu_struct *sp, int idx, int trycount)
{
    for (;;) {
        if (srcu_readers_active_idx_check(sp, idx))
            return true;
        if (--trycount + !srcu_get_delay(sp) <= 0)
            return false;
        udelay(SRCU_RETRY_CHECK_DELAY);
    }
}

static bool srcu_readers_active_idx_check(struct srcu_struct *sp, int idx)
{
    unsigned long unlocks;
```

```
        unlocks = srcu_readers_unlock_idx(sp, idx);
        smp_mb();
        return srcu_readers_lock_idx(sp, idx) == unlocks;
}

static unsigned long srcu_readers_unlock_idx(struct srcu_struct *sp, int idx)
{
        int cpu;
        unsigned long sum = 0;

        for_each_possible_cpu(cpu) {
                struct srcu_data *cpuc = per_cpu_ptr(sp->sda, cpu);

                sum += READ_ONCE(cpuc->srcu_unlock_count[idx]);
        }
        return sum;
}
```

先计算所有处理器退出读端临界区的计数总和，然后计算所有处理器进入读端临界区的计数总和。如果两个总和相等，说明所有读者退出了某个宽限期的临界区。

4. SRCU 回调函数

每个处理器的 srcu_data 实例的成员 srcu_cblist 是回调函数链表，存放使用函数 call_srcu() 注册的回调函数，回调函数链表的数据结构和 RCU 回调函数链表相同，见 5.15.2 节。

（1）注册回调函数。

函数 call_srcu 用来注册回调函数，把主要工作委托给函数 __call_srcu，其代码如下：

kernel/rcu/srcutree.c
```
1   void __call_srcu(struct srcu_struct *sp, struct rcu_head *rhp,
2           rcu_callback_t func, bool do_norm)
3   {
4    unsigned long flags;
5    bool needexp = false;
6    bool needgp = false;
7    unsigned long s;
8    struct srcu_data *sdp;
9
10   check_init_srcu_struct(sp);
11   rhp->func = func;
12   local_irq_save(flags);
13   sdp = this_cpu_ptr(sp->sda);
14   spin_lock(&sdp->lock);
15   rcu_segcblist_enqueue(&sdp->srcu_cblist, rhp, false);
16   rcu_segcblist_advance(&sdp->srcu_cblist,
17                 rcu_seq_current(&sp->srcu_gp_seq));
18   s = rcu_seq_snap(&sp->srcu_gp_seq);
19    (void)rcu_segcblist_accelerate(&sdp->srcu_cblist, s);
20   if (ULONG_CMP_LT(sdp->srcu_gp_seq_needed, s)) {
21       sdp->srcu_gp_seq_needed = s;
22       needgp = true;
23   }
24   if (!do_norm && ULONG_CMP_LT(sdp->srcu_gp_seq_needed_exp, s)) {
25       sdp->srcu_gp_seq_needed_exp = s;
26       needexp = true;
27   }
28   spin_unlock_irqrestore(&sdp->lock, flags);
29   if (needgp)
30       srcu_funnel_gp_start(sp, sdp, s, do_norm);
31   else if (needexp)
```

```
32                srcu_funnel_exp_start(sp, sdp->mynode, s);
33    }
```

第 15 行代码，调用函数 rcu_segcblist_enqueue，把回调函数添加到最后一个子链表 RCU_NEXT_TAIL 的尾部。

第 16 行和第 17 行代码，调用函数 rcu_segcblist_advance，把已结束宽限期的回调函数移到子链表 RCU_DONE_TAIL，见 5.15.2 节。

第 18 行代码，取下一个宽限期编号。

第 19 行代码，调用函数 rcu_accelerate_cbs 加速回调函数，把最后一个子链表 RCU_NEXT_TAIL 的回调函数移到前面的子链表中，见 5.15.2 节。

第 20~23 行代码，如果本处理器的 srcu_data 实例的成员 srcu_gp_seq_needed 小于下一个宽限期编号，那么需要启动下一个正常宽限期。

第 24~27 行代码，如果参数 do_norm 的值是假（表示使用加速宽限期），并且本处理器的 srcu_data 实例的成员 srcu_gp_seq_needed_exp 小于下一个宽限期编号，那么需要启动下一个加速宽限期。

第 29 行和第 30 行代码，如果需要启动下一个正常宽限期，那么启动下一个正常宽限期，把负责启动新的宽限期和结束当前宽限期的工作项添加到工作队列中。

第 31 行和第 32 行代码，如果需要启动下一个加速宽限期，那么调用函数 srcu_funnel_exp_start 处理。

（2）执行回调函数。

每个处理器的 srcu_data 实例的成员"struct delayed_work work"定义了一个工作项，这个工作项的处理函数是 srcu_invoke_callbacks，负责执行已结束宽限期的回调函数。SRCU 调用函数 srcu_schedule_cbs_sdp，把这个工作项添加到工作队列 system_power_efficient_wq 中。

函数 srcu_invoke_callbacks 的代码如下：

kernel/rcu/srcutree.c
```
1    static void srcu_invoke_callbacks(struct work_struct *work)
2    {
3     bool more;
4     struct rcu_cblist ready_cbs;
5     struct rcu_head *rhp;
6     struct srcu_data *sdp;
7     struct srcu_struct *sp;
8
9     sdp = container_of(work, struct srcu_data, work.work);
10    sp = sdp->sp;
11    rcu_cblist_init(&ready_cbs);
12    spin_lock_irq(&sdp->lock);
13    smp_mb();
14    rcu_segcblist_advance(&sdp->srcu_cblist,
15                    rcu_seq_current(&sp->srcu_gp_seq));
16    if (sdp->srcu_cblist_invoking ||
17       !rcu_segcblist_ready_cbs(&sdp->srcu_cblist)) {
18         spin_unlock_irq(&sdp->lock);
19         return;
20    }
21
22    sdp->srcu_cblist_invoking = true;
23    rcu_segcblist_extract_done_cbs(&sdp->srcu_cblist, &ready_cbs);
24    spin_unlock_irq(&sdp->lock);
```

```
25    rhp = rcu_cblist_dequeue(&ready_cbs);
26    for (; rhp != NULL; rhp = rcu_cblist_dequeue(&ready_cbs)) {
27        local_bh_disable();
28        rhp->func(rhp);
29        local_bh_enable();
30    }
31
32    spin_lock_irq(&sdp->lock);
33    rcu_segcblist_insert_count(&sdp->srcu_cblist, &ready_cbs);
34    (void)rcu_segcblist_accelerate(&sdp->srcu_cblist,
35                    rcu_seq_snap(&sp->srcu_gp_seq));
36    sdp->srcu_cblist_invoking = false;
37    more = rcu_segcblist_ready_cbs(&sdp->srcu_cblist);
38    spin_unlock_irq(&sdp->lock);
39    if (more)
40        srcu_schedule_cbs_sdp(sdp, 0);
41 }
```

第 14 行和第 15 行代码，调用函数 rcu_segcblist_advance，把已结束宽限期的回调函数移到子链表 RCU_DONE_TAIL 中，参考 5.15.2 节。

第 23 行代码，把子链表 RCU_DONE_TAIL 中的所有回调函数移到临时链表 ready_cbs 中。

第 26～30 行代码，执行临时链表 ready_cbs 中的所有回调函数。

第 34 行和第 35 行代码，调用函数 rcu_accelerate_cbs 加速回调函数，把最后一个子链表 RCU_NEXT_TAIL 中的回调函数移到前面的子链表中，参考 5.15.2 节。

第 39 行和第 40 行代码，如果子链表 RCU_DONE_TAIL 不是空的，那么把执行回调函数的工作项重新添加到工作队列中。

5.17　死锁检测工具 lockdep

常见的死锁有以下 4 种情况。

（1）进程重复申请同一个锁，称为 AA 死锁。例如，重复申请同一个自旋锁；使用读写锁，第一次申请读锁，第二次申请写锁。

（2）进程申请自旋锁时没有禁止硬中断，进程获取自旋锁以后，硬中断抢占，申请同一个自旋锁。这种 AA 死锁很隐蔽，人工审查很难发现。

（3）两个进程都要获取锁 L1 和 L2，进程 1 持有锁 L1，再去获取锁 L2，如果这个时候进程 2 持有锁 L2 并且正在尝试获取锁 L1，那么进程 1 和进程 2 就会死锁，称为 AB-BA 死锁。

（4）在一个处理器上进程 1 持有锁 L1，再去获取锁 L2，在另一个处理器上进程 2 持有锁 L2，硬中断抢占进程 2 以后获取锁 L1。这种 AB-BA 死锁很隐蔽，人工审查很难发现。

避免 AB-BA 死锁最简单的方法就是定义锁的申请顺序，以破坏死锁的环形等待条件。但是如果一个系统拥有几百个甚至几千个锁，那么没法完全定义所有锁的申请顺序，更可行的办法是在开发阶段提前发现潜在的死锁风险，而不是等到在市场上出现死锁时给用户带来糟糕的体验。内核提供的死锁检测工具 lockdep 用来发现内核的死锁风险。

5.17.1 使用方法

死锁检测工具 lockdep 的配置宏如下。

（1）CONFIG_LOCKDEP：在配置菜单中看不到这个配置宏，打开配置宏 CONFIG_PROVE_LOCKING 或 CONFIG_DEBUG_LOCK_ALLOC 的时候会自动打开这个配置宏。

（2）CONFIG_PROVE_LOCKING：允许内核报告死锁问题。

（3）CONFIG_DEBUG_LOCK_ALLOC：检查内核是否错误地释放被持有的锁。

（4）CONFIG_DEBUG_LOCKING_API_SELFTESTS：内核在初始化的过程中运行一小段自我测试程序，自我测试程序检查调试机制是否可以发现常见的锁缺陷。

5.17.2 技术原理

死锁检测工具 lockdep 操作的基本对象是锁类，例如结构体里面的锁是一个锁类，结构体的每个实例里面的锁是锁类的一个实例。

lockdep 跟踪每个锁类的自身状态，也跟踪各个锁类之间的依赖关系，通过一系列的验证规则，确保锁类状态和锁类之间的依赖总是正确的。另外，锁类一旦在初次使用时被注册，后续就会一直存在，它的所有具体实例都会关联到它。

1．锁类状态

lockdep 为锁类定义了（4n+1）种使用历史状态，其中的 4 指代如下。

（1）该锁曾在 STATE 上下文中被持有过。

（2）该锁曾在 STATE 上下文中被以读锁形式持有过。

（3）该锁曾在开启 STATE 的情况下被持有过。

（4）该锁曾在开启 STATE 的情况下被以读锁形式持有过。

其中的 n 是 STATE 状态的个数，STATE 状态包括硬中断（hardirq）、软中断（softirq）和 reclaim_fs（__GFP_FS 分配，表示允许向下调用到文件系统。如果文件系统持有锁以后使用标志位 __GFP_FS 申请内存，在内存严重不足的情况下，需要回收文件页，把修改过的文件页写回到存储设备，递归调用文件系统的函数，可能导致死锁）。

其中的 1 是指该锁曾经被使用过。

如果锁曾在硬中断上下文中被持有过，那么锁是硬中断安全的（hardirq-safe）；如果锁曾在开启硬中断的情况下被持有过，那么锁是硬中断不安全的（hardirq-unsafe）。

如果锁曾在软中断上下文中被持有过，那么锁是软中断安全的（softirq-safe）；如果锁曾在开启软中断的情况下被持有过，那么锁是软中断不安全的（softirq-unsafe）。

2．检查规则

单锁状态规则如下。

（1）一个软中断不安全的锁类也是硬中断不安全的锁类。

（2）任何一个锁类，不可能同时是硬中断安全的和硬中断不安全的，也不可能同时是软中断安全的和软中断不安全的。也就是说：硬中断安全和硬中断不安全是互斥的，软中断安全和软中断不安全也是互斥的。

多锁依赖规则如下。

（1）同一个锁类不能被获取两次，否则可能导致递归死锁（AA 死锁）。

（2）不能以不同顺序获取两个锁类，否则导致 AB-BA 死锁。

（3）不允许在获取硬中断安全的锁类之后获取硬中断不安全的锁类。

硬中断安全的锁类可能被硬中断获取。假设处理器 0 上的进程首先获取硬中断安全的锁类 A，然后获取硬中断不安全的锁类 B；处理器 1 上的进程获取锁类 B，硬中断抢占进程，获取锁类 A，可能导致 AB-BA 死锁。

（4）不允许在获取软中断安全的锁类之后获取软中断不安全的锁类。

软中断安全的锁类可能被软中断获取。假设处理器 0 上的进程首先获取软中断安全的锁类 A，然后获取软中断不安全的锁类 B；处理器 1 上的进程获取锁类 B，软中断抢占进程，获取锁类 A，可能导致 AB-BA 死锁。

当锁类的状态发生变化时，检查下面的依赖规则。

（1）如果锁类的状态变成硬中断安全，检查过去是否在获取它之后获取硬中断不安全的锁。

（2）如果锁类的状态变成软中断安全，检查过去是否在获取它之后获取软中断不安全的锁。

（3）如果锁类的状态变成硬中断不安全，检查过去是否在获取硬中断安全的锁之后获取它。

（4）如果锁类的状态变成软中断不安全，检查过去是否在获取软中断安全的锁之后获取它。

内核有时需要获取同一个锁类的多个实例，上面的检查规则会导致误报"重复上锁"，需要使用"spin_lock_nested(lock, subclass)"这类编程接口设置子类以区分同类锁，消除警报。例如：

```
kernel/sched/sched.h
static inline void double_lock(spinlock_t *l1, spinlock_t *l2)
{
    if (l1 > l2)
        swap(l1, l2);

    spin_lock(l1);
    spin_lock_nested(l2, SINGLE_DEPTH_NESTING); /* 宏SINGLE_DEPTH_NESTING的值是1 */
}
```

3. 代码分析

以自旋锁为例说明，自旋锁的结构体嵌入了一个数据类型为 lockdep_map 的成员 dep_map，用来把锁实例映射到锁类。

```
include/linux/spinlock_types.h
typedef struct spinlock {
    union {
        struct raw_spinlock rlock;

#ifdef CONFIG_DEBUG_LOCK_ALLOC
# define LOCK_PADSIZE (offsetof(struct raw_spinlock, dep_map))
        struct {
            u8 __padding[LOCK_PADSIZE];
            struct lockdep_map dep_map;
        };
```

```
#endif
    };
} spinlock_t;

typedef struct raw_spinlock {
    arch_spinlock_t raw_lock;
    …
#ifdef CONFIG_DEBUG_LOCK_ALLOC
    struct lockdep_map dep_map;
#endif
} raw_spinlock_t;
```

数据类型 lockdep_map 的成员 key 是锁类的键值，同一个锁类的所有锁实例使用相同的键值；成员 class_cache[0]指向锁类的主类（即子类号为 0），class_cache[1]指向锁类的子类 1。

```
include/linux/lockdep.h
struct lockdep_map {
    struct lock_class_key *key;
    struct lock_class      *class_cache[NR_LOCKDEP_CACHING_CLASSES];    /*宏
NR_LOCKDEP_CACHING_CLASSES的值是2 */
    …
};
```

使用函数 spin_lock_init()初始化自旋锁的时候，定义一个数据类型为 lock_class_key 的静态局部变量，使用它的地址作为锁类的键值。

```
spin_lock_init() -> raw_spin_lock_init()

include/linux/spinlock.h
# define raw_spin_lock_init(lock)                 \
do {                                              \
    static struct lock_class_key __key;        \
                                                  \
    __raw_spin_lock_init((lock), #lock, &__key);\
} while (0)

__raw_spin_lock_init() -> lockdep_init_map()

kernel/locking/lockdep.c
void lockdep_init_map(struct lockdep_map *lock, const char *name,
                struct lock_class_key *key, int subclass)
{
    ….
    lock->key = key;
    …
}
```

锁类的主要成员如下：

```
struct lock_class {
    struct hlist_node      hash_entry;
    struct list_head       lock_entry;
    struct lockdep_subclass_key*key;
    …
    unsigned long          usage_mask;
    …
```

```
    struct list_head        locks_after, locks_before;
    …
}
```

（1）成员 hash_entry 用来把锁类加入散列表，第一次申请锁的时候，需要把锁实例映射到锁类，根据锁实例的键值在散列表中查找锁类。

（2）成员 lock_entry 用来把锁类加入全局的锁类链表。

（3）成员 key 指向键值。

（4）成员 usage_mask 是锁类的使用历史状态。

（5）成员 locks_after：曾经在获取本锁类之后获取的所有锁类。

（6）成员 locks_before：曾经在获取本锁类之前获取的所有锁类。

在进程描述符中增加了以下成员：

```
include/linux/sched.h
struct task_struct {
    …
#ifdef CONFIG_LOCKDEP
# define MAX_LOCK_DEPTH                48UL
    u64               curr_chain_key;
    int               lockdep_depth;
    unsigned int      lockdep_recursion;
    struct held_lock  held_locks[MAX_LOCK_DEPTH];
    gfp_t             lockdep_reclaim_gfp;
#endif
    …
};
```

数组 held_locks 保存进程持有的锁，成员 lockdep_depth 是进程持有的锁的数量。

如图 5.18 所示，调用 spin_lock()申请自旋锁的时候检测死锁，函数 __lock_acquire 是 lockdep 检测死锁的核心函数，执行过程如下。

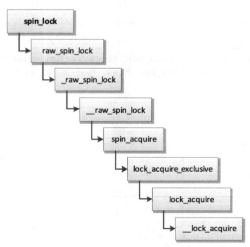

图5.18　申请自旋锁时检测死锁

（1）如果是第一次申请锁实例，需要把锁实例映射到锁类。

（2）把锁添加到当前进程的数组 held_locks 中。

（3）调用函数 mark_irqflags 修改锁的状态，检查依赖规则。

（4）调用函数 validate_chain 检查死锁。

假设当前申请锁类 L2，函数 validate_chain 的检查过程如下。

（1）调用函数 check_deadlock 检查重复上锁，即当前进程是否已经持有锁类 L2，如果已经持有锁类 L2，除非两次都申请读锁，否则存在死锁。

（2）调用函数 check_prevs_add，根据以前学到的锁类依赖关系检查死锁。

假设当前申请锁类 L2，函数 check_prevs_add 针对当前进程的数组 held_locks 中的每个锁类 L1，调用函数 check_prev_add 检查，检查过程如下。

（1）调用函数 check_noncircular 以检查 AB-BA 死锁。

❏ 检查锁类 L1 是否出现在锁类 L2 的链表 locks_after 中，如果出现，说明以前的申请顺序是 L2-L1，现在的申请顺序是 L1-L2，存在死锁风险。

❏ 递归检查，针对锁类 L2 的链表 locks_after 中的每个锁类 L3，检查锁类 L1 是否出现在锁类 L3 的链表 locks_after 中，如果出现，说明存在死锁风险。

（2）调用函数 check_prev_add_irq，检查是否存在以下情况："在获取硬中断安全的锁类之后获取硬中断不安全的锁类"或者"在获取软中断安全的锁类之后获取软中断不安全的锁类"。

如果锁类 L1 的链表 locks_before 中存在硬中断安全的锁类，并且锁类 L2 的链表 locks_after 中存在硬中断不安全的锁类，那么说明在获取硬中断安全的锁类之后获取硬中断不安全的锁类，存在死锁风险。

（3）学习锁类的依赖关系：把锁类 L2 添加到锁类 L1 的链表 locks_after 中，把锁类 L1 添加到锁类 L2 的链表 locks_before 中。

第 **6** 章
文件系统

6.1　概述

在 Linux 系统中，一切皆文件，除了通常所说的狭义的文件（文本文件和二进制文件）以外，目录、设备、套接字和管道等都是文件。

文件系统在不同的上下文中有不同的含义。

（1）在存储设备上组织文件的方法，包括数据结构和访问方法。

（2）按照某种文件系统类型格式化的一块存储介质。我们常说在某个目录下挂载或卸载文件系统，这里的文件系统就是这种意思。

（3）内核中负责管理和存储文件的模块，即文件系统模块。

Linux 文件系统的架构如图 6.1 所示，分为用户空间、内核空间和硬件 3 个层面。

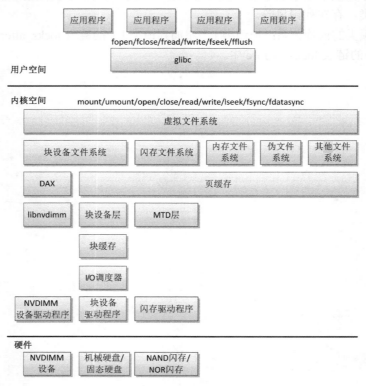

图6.1　Linux文件系统的架构

6.1.1　用户空间层面

应用程序可以直接使用内核提供的系统调用访问文件：

（1）一个存储设备上的文件系统，只有挂载到内存中目录树的某个目录下，进程才能访问这个文件系统。系统调用 mount 用来把文件系统挂载到内存中目录树的某个目录下。可以执行命令"**mount -t** *fstype device dir*"，把文件系统挂载到某个目录下，mount 命令调用系统调用 mount 来挂载文件系统。

（2）系统调用 umount 用来卸载某个目录下挂载的文件系统。可以执行命令"**umount** *dir*"来卸载文件系统，umount 命令调用系统调用 umount。

（3）使用 open 打开文件。

（4）使用 close 关闭文件。

（5）使用 read 读文件。

（6）使用 write 写文件。

（7）使用 lseek 设置文件偏移。

（8）当我们写文件的时候，内核的文件系统模块把数据保存在页缓存中，不会立即写到存储设备。我们可以使用 fsync 把文件修改过的属性和数据立即写到存储设备，或者使用 fdatasync 把文件修改过的数据立即写到存储设备。

应用程序也可以使用 glibc 库封装的标准 I/O 流函数访问文件，标准 I/O 流提供了缓冲区，目的是尽可能减少调用 read 和 write 的次数，提高性能。glibc 库封装的标准 I/O 流函数如下所示。

（1）使用 fopen 打开流。

（2）使用 fclose 关闭流。

（3）使用 fread 读流。

（4）使用 fwrite 写流。

（5）使用 fseek 设置文件偏移。

（6）使用 fwrite 可以把数据写到用户空间缓冲区，但不会立即写到内核。我们可以使用 fflush 冲刷流，即把写到用户空间缓冲区的数据立即写到内核。

6.1.2　硬件层面

外部存储设备分为块设备、闪存和 NVDIMM 设备 3 类。

块设备主要有以下两种。

（1）机械硬盘：机械硬盘的读写单位是扇区。访问机械硬盘的时候，需要首先沿着半径方向移动磁头寻找磁道，然后转动盘片找到扇区。

（2）闪存类块设备：使用闪存作为存储介质，里面的控制器运行固化的驱动程序，驱动程序的功能之一是闪存转换层（Flash Translation Layer，FTL），把闪存转换为块设备，对外表现为块设备。常见的闪存类块设备是在个人计算机和笔记本电脑上使用的固态硬盘（Solid State Drives，SSD），以及在手机和平板电脑上使用的嵌入式多媒体存储卡（embedded Multi Media Card，eMMC）和通用闪存存储（Universal Flash Storage，UFS）。

闪存类块设备相对机械硬盘的优势是：访问速度快，因为没有机械操作；抗振性很高，便于携带。

闪存（Flash Memory）的主要特点如下。

（1）在写入数据之前需要擦除一个擦除块，因为向闪存写数据只能把一个位从 1 变成 0，不能从 0 变成 1，擦除的目的是把擦除块的所有位设置为 1。

（2）一个擦除块的最大擦除次数有限，NOR 闪存的擦除块的最大擦除次数是 $10^4 \sim 10^5$，NAND 闪存的擦除块的最大擦除次数是 $10^5 \sim 10^6$。

闪存按存储结构分为 NAND 闪存和 NOR 闪存，两者的区别如下。

（1）NOR 闪存的容量小，NAND 闪存的容量大。

（2）NOR 闪存支持按字节寻址，支持芯片内执行（eXecute In Place，XIP），可以直接在闪存内执行程序，不需要把程序读到内存中；NAND 闪存的最小读写单位是页或子页，一个擦除块分为多个页，有的 NAND 闪存把页划分为多个子页。

（3）NOR 闪存读的速度比 NAND 闪存块，写的速度和擦除的速度都比 NAND 闪存慢。

（4）NOR 闪存没有坏块；NAND 闪存存在坏块，主要是因为消除坏块的成本太高。

NOR 闪存适合存储程序，一般用来存储引导程序，比如 U-Boot 程序；NAND 闪存适合存储数据。

为什么要针对闪存专门设计文件系统？主要原因如下。

（1）NAND 闪存存在坏块，软件需要识别并且跳过坏块。

（2）需要实现损耗均衡（wear leveling），损耗均衡就是使所有擦除块的擦除次数均衡，避免一部分擦除块先损坏。

机械硬盘和 NAND 闪存的主要区别如下。

（1）机械硬盘的最小读写单位是扇区，扇区的大小一般是 512 字节；NAND 闪存的最小读写单位是页或子页。

（2）机械硬盘可以直接写入数据；NAND 闪存在写入数据之前需要擦除一个擦除块。

（3）机械硬盘的使用寿命比 NAND 闪存长：机械硬盘的扇区的写入次数没有限制；NAND 闪存的擦除块的擦除次数有限。

（4）机械硬盘隐藏坏的扇区，软件不需要处理坏的扇区；NAND 闪存的坏块对软件可见，软件需要处理坏块。

NVDIMM（Non-Volatile DIMM，非易失性内存；DIMM 是 Dual-Inline-Memory-Modules 的缩写，表示双列直插式存储模块，是内存的一种规格）设备把 NAND 闪存、内存和超级电容集成到一起，访问速度和内存一样快，并且断电以后数据不会丢失。在断电的瞬间，超级电容提供电力，把内存中的数据转移到 NAND 闪存。

6.1.3　内核空间层面

在内核的目录 fs 下可以看到，内核支持多种文件系统类型。为了对用户程序提供统一的文件操作接口，为了使不同的文件系统实现能够共存，内核实现了一个抽象层，称为虚拟文件系统（Virtual File System，VFS），也称为虚拟文件系统切换（Virtual Filesystem Switch，VFS）。

文件系统分为以下 4 种。

（1）块设备文件系统，存储设备是机械硬盘和固态硬盘等块设备，常用的块设备文件系统是 EXT 和 btrfs（读作|bʌtəfs|）。EXT 文件系统是 Linux 原创的文件系统，目前有 3 个版本：EXT2、EXT3 和 EXT4。

（2）闪存文件系统，存储设备是 NAND 闪存和 NOR 闪存，常用的闪存文件系统是 JFFS2（日志型闪存文件系统版本 2，Journalling Flash File System version 2）和 UBIFS（无序区块镜像文件系统，Unsorted Block Image File System）。

（3）内存文件系统，文件在内存中，断电以后文件丢失，常用的内存文件系统是 tmpfs，用来创建临时文件。

（4）伪文件系统，是假的文件系统，只是为了使用虚拟文件系统的编程接口，常用的伪文件系统如下所示。

1）sockfs，这种文件系统使得套接字（socket）可以使用读文件的接口 read 接收报文，使用写文件的接口 write 发送报文。

2）proc 文件系统，最初开发 proc 文件系统的目的是把内核中的进程信息导出到用户空间，后来扩展到把内核中的任何信息导出到用户空间，通常把 proc 文件系统挂载在目录"/proc"下。

3）sysfs，用来把内核的设备信息导出到用户空间，通常把 sysfs 文件系统挂载在目录"/sys"下。

4）hugetlbfs，用来实现标准巨型页。

5）cgroup 文件系统，控制组（control group，cgroup）用来控制一组进程的资源，cgroup 文件系统使管理员可以使用写文件的方式配置 cgroup。

6）cgroup2 文件系统，cgroup2 是 cgroup 的第二个版本，cgroup2 文件系统使管理员可以使用写文件的方式配置 cgroup2。

访问外部存储设备的速度很慢，为了避免每次读写文件时访问外部存储设备，文件系统模块为每个文件在内存中创建了一个缓存，因为缓存的单位是页，所以称为页缓存。

块设备的访问单位是块，块大小是扇区大小的整数倍。内核为所有块设备实现了统一的块设备层。

为了避免每次读写都需要访问块设备，内核实现了块缓存，为每个块设备在内存中创建一个块缓存。缓存的单位是块，块缓存是基于页缓存实现的。

访问机械硬盘时，移动磁头寻找磁道和扇区很耗时，如果把读写请求按照扇区号排序，可以减少磁头的移动，提高吞吐量。I/O 调度器用来决定读写请求的提交顺序，针对不同的使用场景提供了多种调度算法：NOOP（No Operation）、CFQ（完全公平排队，Complete Fair Queuing）和 deadline（限期）。NOOP 调度算法适合闪存类块设备，CFQ 和 deadline 调度算法适合机械硬盘。

每种块设备需要实现自己的驱动程序。

内核把闪存称为存储技术设备（Memory Technology Device，MTD），为所有闪存实现了统一的 MTD 层，每种闪存需要实现自己的驱动程序。

针对 NVDIMM 设备，文件系统需要实现 DAX（Direct Access，直接访问；X 代表 eXciting，没有意义，只是为了让名字看起来酷），绕过页缓存和块设备层，把 NVDIMM 设备里面的内存直接映射到进程或内核的虚拟地址空间。

libnvdimm 子系统提供对 3 种 NVDIMM 设备的支持：持久内存（persistent memory，PMEM）模式的 NVDIMM 设备，块设备（block，BLK）模式的 NVDIMM 设备，以及同时支持 PMEM 和 BLK 两种访问模式的 NVDIMM 设备。PMEM 访问模式是把 NVDIMM 设备当作内存，BLK 访问模式是把 NVDIMM 设备当作块设备。每种 NVDIMM 设备需要实现自己的驱动程序。

6.2　虚拟文件系统的数据结构

虽然不同文件系统类型的物理结构不同，但是虚拟文件系统定义了一套统一的数据结构。

（1）超级块。文件系统的第一块是超级块，描述文件系统的总体信息，挂载文件系统的时候在内存中创建超级块的副本：结构体 super_block。

（2）虚拟文件系统在内存中把目录组织为一棵树。一个文件系统，只有挂载到内存中目录树的一个目录下，进程才能访问这个文件系统。每次挂载文件系统，虚拟文件系统就会创建一个挂载描述符：mount 结构体，并且读取文件系统的超级块，在内存中创建超级块的一个副本。

（3）每种文件系统的超级块的格式不同，需要向虚拟文件系统注册文件系统类型 file_system_type，并且实现 mount 方法用来读取和解析超级块。

（4）索引节点。每个文件对应一个索引节点，每个索引节点有一个唯一的编号。当内核访问存储设备上的一个文件时，会在内存中创建索引节点的一个副本：结构体 inode。

（5）目录项。文件系统把目录看作文件的一种类型，目录的数据是由目录项组成的，每个目录项存储一个子目录或文件的名称以及对应的索引节点号。当内核访问存储设备上的一个目录项时，会在内存中创建该目录项的一个副本：结构体 dentry。

（6）当进程打开一个文件的时候，虚拟文件系统就会创建文件的一个打开实例：file 结构体，然后在进程的打开文件表中分配一个索引，这个索引称为文件描述符，最后把文件描述符和 file 结构体的映射添加到打开文件表中。

6.2.1　超级块

文件系统的第一块是超级块，用来描述文件系统的总体信息。当我们把文件系统挂载到内存中目录树的一个目录下时，就会读取文件系统的超级块，在内存中创建超级块的副本：结构体 super_block，主要成员如下：

```
include/linux/fs.h
struct super_block {
    struct list_head    s_list;
    dev_t               s_dev;
    unsigned char       s_blocksize_bits;
    unsigned long       s_blocksize;
    loff_t              s_maxbytes;
```

```
    struct file_system_type *s_type;
    const struct super_operations *s_op;
    …
    unsigned long      s_flags;
    unsigned long      s_iflags; /*内部 SB_I_* 标志 */
    unsigned long      s_magic;
    struct dentry      *s_root;

    …
    struct hlist_bl_head s_anon;
    struct list_head   s_mounts;
    struct block_device *s_bdev;
    struct backing_dev_info *s_bdi;
    struct mtd_info    *s_mtd;
    struct hlist_node s_instances;
    …
    void               *s_fs_info;
    …
};
```

（1）成员 s_list 用来把所有超级块实例链接到全局链表 super_blocks。

（2）成员 s_dev 和 s_bdev 保存文件系统所在的块设备，前者保存设备号，后者指向内存中的一个 block_device 实例。

（3）成员 s_blocksize 是块长度，成员 s_blocksize_bits 是块长度以 2 为底的对数。

（4）成员 s_maxbytes 是文件系统支持的最大文件长度。

（5）成员 s_flags 是标志位。

（6）成员 s_type 指向文件系统类型。

（7）成员 s_op 指向超级块操作集合。

（8）成员 s_magic 是文件系统类型的魔幻数，每种文件系统类型被分配一个唯一的魔幻数。

（9）成员 s_root 指向根目录的结构体 dentry。

（10）成员 s_fs_info 指向具体文件系统的私有信息。

（11）成员 s_instances 用来把同一个文件系统类型的所有超级块实例链接在一起，链表的头节点是结构体 file_system_type 的成员 fs_supers。

超级块操作集合的数据结构是结构体 super_operations，主要成员如下：

```
include/linux/fs.h
struct super_operations {
    struct inode *(*alloc_inode)(struct super_block *sb);
    void (*destroy_inode)(struct inode *);

    void (*dirty_inode) (struct inode *, int flags);
    int (*write_inode) (struct inode *, struct writeback_control *wbc);
    int (*drop_inode) (struct inode *);
    void (*evict_inode) (struct inode *);
    void (*put_super) (struct super_block *);
    int (*sync_fs)(struct super_block *sb, int wait);
    …
    int (*statfs) (struct dentry *, struct kstatfs *);
    int (*remount_fs) (struct super_block *, int *, char *);
    void (*umount_begin) (struct super_block *);
    …
};
```

（1）成员 alloc_inode 用来为一个索引节点分配内存并且初始化。

（2）成员 destroy_inode 用来释放内存中的索引接点。

（3）成员 dirty_inode 用来把索引节点标记为脏。

（4）成员 write_inode 用来把一个索引节点写到存储设备。

（5）成员 drop_inode 用来在索引节点的引用计数减到 0 时调用。

（6）成员 evict_inode 用来从存储设备上的文件系统中删除一个索引节点。

（7）成员 put_super 用来释放超级块。

（8）成员 sync_fs 用来把文件系统修改过的数据同步到存储设备。

（9）成员 statfs 用来读取文件系统的统计信息。

（10）成员 remount_fs 用来在重新挂载文件系统的时候调用。

（11）成员 umount_begin 用来在卸载文件系统的时候调用。

6.2.2 挂载描述符

一个文件系统，只有挂载到内存中目录树的一个目录下，进程才能访问这个文件系统。每次挂载文件系统，虚拟文件系统就会创建一个挂载描述符：mount 结构体。挂载描述符用来描述文件系统的一个挂载实例，同一个存储设备上的文件系统可以多次挂载，每次挂载到不同的目录下。

挂载描述符的主要成员如下：

```
fs/mount.h
struct mount {
    struct hlist_node mnt_hash;
    struct mount *mnt_parent;
    struct dentry *mnt_mountpoint;
    struct vfsmount mnt;
    union {
        struct rcu_head mnt_rcu;
        struct llist_node mnt_llist;
    };
#ifdef CONFIG_SMP
    struct mnt_pcp __percpu *mnt_pcp;
#else
    int mnt_count;
    int mnt_writers;
#endif
    struct list_head mnt_mounts;
    struct list_head mnt_child;
    struct list_head mnt_instance;
    const char *mnt_devname;
    struct list_head mnt_list;
    …
    struct mnt_namespace *mnt_ns;
    struct mountpoint *mnt_mp;
    struct hlist_node mnt_mp_list;
    …
}
```

假设我们把文件系统 2 挂载到目录"/a"下，目录 a 属于文件系统 1。目录 a 称为挂载点，文件系统 2 的 mount 实例是文件系统 1 的 mount 实例的孩子，文件系统 1 的 mount 实例是文件系统 2 的 mount 实例的父亲。

（1）成员 mnt_parent 指向父亲，即文件系统 1 的 mount 实例。

（2）成员 mnt_mountpoint 指向作为挂载点的目录，即文件系统 1 的目录 a，目录 a 的 dentry 实例的成员 d_flags 设置了标志位 DCACHE_MOUNTED。

（3）成员 mnt 的类型如下：

```
struct vfsmount {
    struct dentry *mnt_root;
    struct super_block *mnt_sb;
    int mnt_flags;
};
```

mnt_root 指向文件系统 2 的根目录，mnt_sb 指向文件系统 2 的超级块。

（4）成员 mnt_hash 用来把挂载描述符加入全局散列表 mount_hashtable，关键字是{父挂载描述符，挂载点}。

（5）成员 mnt_mounts 是孩子链表的头节点。

（6）成员 mnt_child 用来加入父亲的孩子链表。

（7）成员 mnt_instance 用来把挂载描述符添加到超级块的挂载实例链表中，同一个存储设备上的文件系统，可以多次挂载，每次挂载到不同的目录下。

（8）成员 mnt_devname 指向存储设备的名称。

（9）成员 mnt_ns 指向挂载命名空间，6.4.3 节将会介绍挂载命名空间。

（10）成员 mnt_mp 指向挂载点，类型如下：

```
struct mountpoint {
    struct hlist_node m_hash;
    struct dentry *m_dentry;
    struct hlist_head m_list;
    int m_count;
};
```

m_dentry 指向作为挂载点的目录，m_list 用来把同一个挂载点下的所有挂载描述符链接起来。为什么同一个挂载点下会有多个挂载描述符？这和挂载命名空间有关，6.4.3 节将会介绍挂载命名空间。

（11）成员 mnt_mp_list 用来把挂载描述符加入同一个挂载点的挂载描述符链表，链表的头节点是成员 mnt_mp 的成员 m_list。

6.2.3　文件系统类型

因为每种文件系统的超级块的格式不同，所以每种文件系统需要向虚拟文件系统注册文件系统类型 file_system_type，并且实现 mount 方法用来读取和解析超级块。结构体 file_system_type 如下：

```
include/linux/fs.h
struct file_system_type {
    const char *name;
    int fs_flags;
#define FS_REQUIRES_DEV    1
```

```
#define FS_BINARY_MOUNTDATA 2
#define FS_HAS_SUBTYPE      4
#define FS_USERNS_MOUNT     8
#define FS_RENAME_DOES_D_MOVE 32768
    struct dentry *(*mount) (struct file_system_type *, int,
                  const char *, void *);
    void (*kill_sb) (struct super_block *);
    struct module *owner;
    struct file_system_type * next;
    struct hlist_head fs_supers;

    …
};
```

（1）成员 name 是文件系统类型的名称。

（2）方法 mount 用来在挂载文件系统的时候读取并且解析超级块。

（3）方法 kill_sb 用来在卸载文件系统的时候释放超级块。

（4）多个存储设备上的文件系统的类型可能相同，成员 fs_supers 用来把相同文件系统类型的超级块链接起来。

6.2.4　索引节点

在文件系统中，每个文件对应一个索引节点，索引节点描述两类信息。

（1）文件的属性，也称为元数据（metadata），例如文件长度、创建文件的用户的标识符、上一次访问的时间和上一次修改的时间，等等。

（2）文件数据的存储位置。

每个索引节点有一个唯一的编号。

当内核访问存储设备上的一个文件时，会在内存中创建索引节点的一个副本：结构体 inode，主要成员如下：

```
include/linux/fs.h
struct inode {
    umode_t            i_mode;
    unsigned short     i_opflags;
    kuid_t             i_uid;
    kgid_t             i_gid;
    unsigned int       i_flags;

#ifdef CONFIG_FS_POSIX_ACL
    struct posix_acl   *i_acl;
    struct posix_acl   *i_default_acl;
#endif

    const struct inode_operations   *i_op;
    struct super_block *i_sb;
    struct address_space *i_mapping;

    …
    unsigned long      i_ino;
    union {
        const unsigned int i_nlink;
        unsigned int __i_nlink;
    };
    dev_t              i_rdev;
```

```
    loff_t                i_size;
    struct timespec            i_atime;
    struct timespec            i_mtime;
    struct timespec            i_ctime;
    spinlock_t            i_lock;
    unsigned short        i_bytes;
    unsigned int          i_blkbits;
    blkcnt_t              i_blocks;

    …
    struct hlist_node     i_hash;
    struct list_head      i_io_list;
    …
    struct list_head      i_lru;
    struct list_head      i_sb_list;
    struct list_head      i_wb_list;
    union {
        struct hlist_head     i_dentry;
        struct rcu_head       i_rcu;
    };
    u64                   i_version;
    atomic_t              i_count;
        atomic_t              i_dio_count;
    atomic_t              i_writecount;
#ifdef CONFIG_IMA
    atomic_t              i_readcount;
#endif
    const struct file_operations     *i_fop;
    struct file_lock_context     *i_flctx;
    struct address_space     i_data;
    struct list_head      i_devices;
    union {
        struct pipe_inode_info     *i_pipe;
        struct block_device     *i_bdev;
        struct cdev           *i_cdev;
        char                  *i_link;
        unsigned              i_dir_seq;
    };

    …
    void                  *i_private;
};
```

i_mode 是文件类型和访问权限，i_uid 是创建文件的用户的标识符，i_gid 是创建文件的用户所属的组标识符。

i_ino 是索引节点的编号。

i_size 是文件长度；i_blocks 是文件的块数，即文件长度除以块长度的商；i_bytes 是文件长度除以块长度的余数；i_blkbits 是块长度以 2 为底的对数，块长度是 2 的 i_blkbits 次幂。

i_atime（access time）是上一次访问文件的时间，i_mtime（modified time）是上一次修改文件数据的时间，i_ctime（change time）是上一次修改文件索引节点的时间。

i_sb 指向文件所属的文件系统的超级块。

i_mapping 指向文件的地址空间。

i_count 是索引节点的引用计数，i_nlink 是硬链接计数。

如果文件的类型是字符设备文件或块设备文件，那么 i_rdev 是设备号，i_bdev 指向块设备，i_cdev 指向字符设备。

文件分为以下几种类型。

（1）普通文件（regular file）：就是我们通常说的文件，是狭义的文件。

（2）目录：目录是一种特殊的文件，这种文件的数据是由目录项组成的，每个目录项存储一个子目录或文件的名称以及对应的索引节点号。

（3）符号链接（也称为软链接）：这种文件的数据是另一个文件的路径。

（4）字符设备文件。

（5）块设备文件。

（6）命名管道（FIFO）。

（7）套接字（socket）。

字符设备文件、块设备文件、命名管道和套接字是特殊的文件，这些文件只有索引节点，没有数据。字符设备文件和块设备文件用来存储设备号，直接把设备号存储在索引节点中。

内核支持两种链接。

（1）软链接，也称为符号链接，这种文件的数据是另一个文件的路径。

（2）硬链接，相当于给一个文件取了多个名称，多个文件名称对应同一个索引节点，索引节点的成员 i_nlink 是硬链接计数。

索引节点的成员 i_op 指向索引节点操作集合 inode_operations，成员 i_fop 指向文件操作集合 file_operations。两者的区别是：inode_operations 用来操作目录（在一个目录下创建或删除文件）和文件属性，file_operations 用来访问文件的数据。

索引节点操作集合的数据结构是结构体 inode_operations，主要成员如下：

```
include/linux/fs.h
struct inode_operations {
    struct dentry * (*lookup) (struct inode *,struct dentry *, unsigned int);
    const char * (*get_link) (struct dentry *, struct inode *, struct delayed_call *)
;

    int (*permission) (struct inode *, int);
    struct posix_acl * (*get_acl)(struct inode *, int);

    int (*readlink) (struct dentry *, char __user *,int);

    int (*create) (struct inode *,struct dentry *, umode_t, bool);
    int (*link) (struct dentry *,struct inode *,struct dentry *);
    int (*unlink) (struct inode *,struct dentry *);
    int (*symlink) (struct inode *,struct dentry *,const char *);
    int (*mkdir) (struct inode *,struct dentry *,umode_t);
    int (*rmdir) (struct inode *,struct dentry *);
    int (*mknod) (struct inode *,struct dentry *,umode_t,dev_t);
    int (*rename) (struct inode *, struct dentry *,
            struct inode *, struct dentry *, unsigned int);
    int (*setattr) (struct dentry *, struct iattr *);
    int (*getattr) (const struct path *, struct kstat *, u32, unsigned int);
    ssize_t (*listxattr) (struct dentry *, char *, size_t);
    int (*fiemap)(struct inode *, struct fiemap_extent_info *, u64 start,u64 len);
    int (*update_time)(struct inode *, struct timespec *, int);
    int (*atomic_open)(struct inode *, struct dentry *,
            struct file *, unsigned open_flag,
```

```
                        umode_t create_mode, int *opened);
        int (*tmpfile) (struct inode *, struct dentry *, umode_t);
        int (*set_acl)(struct inode *, struct posix_acl *, int);
} ____cacheline_aligned;
```

lookup 方法用来在一个目录下查找文件。

系统调用 open 和 creat 调用 create 方法来创建普通文件，系统调用 link 调用 link 方法来创建硬链接，系统调用 symlink 调用 symlink 方法来创建符号链接，系统调用 mkdir 调用 mkdir 方法来创建目录，系统调用 mknod 调用 mknod 方法来创建字符设备文件、块设备文件、命名管道和套接字。

系统调用 unlink 调用 unlink 方法来删除硬链接，系统调用 rmdir 调用 rmdir 方法来删除目录。

系统调用 rename 调用 rename 方法来给文件换一个名字。

系统调用 chmod 调用 setattr 方法来设置文件的属性，系统调用 stat 调用 getattr 方法来读取文件的属性。

系统调用 listxattr 调用 listxattr 方法来列出文件的所有扩展属性。

6.2.5 目录项

文件系统把目录当作文件，这种文件的数据是由目录项组成的，每个目录项存储一个子目录或文件的名称以及对应的索引节点号。

当内核访问存储设备上的一个目录项时，会在内存中创建目录项的一个副本：结构体 dentry，主要成员如下：

```
include/linux/dcache.h
struct dentry {
    /* RCU查找访问的字段 */
    unsigned int d_flags;
    seqcount_t d_seq;
    struct hlist_bl_node d_hash;
    struct dentry *d_parent;
    struct qstr d_name;
    struct inode *d_inode;
    unsigned char d_iname[DNAME_INLINE_LEN];

    /* 引用查找也访问下面的字段 */
    struct lockref d_lockref;
    const struct dentry_operations *d_op;
    struct super_block *d_sb;
    unsigned long d_time;
    void *d_fsdata;

    union {
        struct list_head d_lru;
        wait_queue_head_t *d_wait;
    };
    struct list_head d_child;
    struct list_head d_subdirs;
    /*
     * d_alias和d_rcu可以共享内存
     */
    union {
        struct hlist_node d_alias;
```

```
        struct hlist_bl_node d_in_lookup_hash;
        struct rcu_head d_rcu;
    } d_u;
};
```

d_name 存储文件名称，qstr 是字符串的包装器，存储字符串的地址、长度和散列值；如果文件名称比较短，把文件名称存储在 d_iname；d_inode 指向文件的索引节点。

d_parent 指向父目录，d_child 用来把本目录加入父目录的子目录链表。

d_lockref 是引用计数。

d_op 指向目录项操作集合。

d_subdirs 是子目录链表。

d_hash 用来把目录项加入散列表 dentry_hashtable。

d_lru 用来把目录项加入超级块的最近最少使用（Least Recently Used，LRU）链表 s_dentry_lru 中，当目录项的引用计数减到 0 时，把目录项添加到超级块的 LRU 链表中。

d_alias 用来把同一个文件的所有硬链接对应的目录项链接起来。

以文件 "/a/b.txt" 为例，目录项和索引节点的关系如图 6.2 所示。

目录项操作集合的数据结构是结构体 dentry_operations，其代码如下：

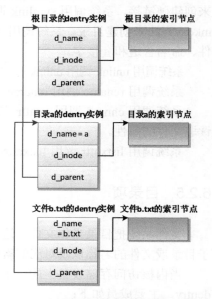

图6.2 目录项和索引节点的关系

```
include/linux/dcache.h
struct dentry_operations {
    int (*d_revalidate)(struct dentry *, unsigned int);
    int (*d_weak_revalidate)(struct dentry *, unsigned int);
    int (*d_hash)(const struct dentry *, struct qstr *);
    int (*d_compare)(const struct dentry *,
            unsigned int, const char *, const struct qstr *);
    int (*d_delete)(const struct dentry *);
    int (*d_init)(struct dentry *);
    void (*d_release)(struct dentry *);
    void (*d_prune)(struct dentry *);
    void (*d_iput)(struct dentry *, struct inode *);
    char *(*d_dname)(struct dentry *, char *, int);
    struct vfsmount *(*d_automount)(struct path *);
    int (*d_manage)(const struct path *, bool);
    struct dentry *(*d_real)(struct dentry *, const struct inode *,
                    unsigned int);
} ____cacheline_aligned;
```

d_revalidate 对网络文件系统很重要，用来确认目录项是否有效。

d_hash 用来计算散列值。

d_compare 用来比较两个目录项的文件名称。

d_delete 用来在目录项的引用计数减到 0 时判断是否可以释放目录项的内存。

d_release 用来在释放目录项的内存之前调用。

d_iput 用来释放目录项关联的索引节点。

6.2.6 文件的打开实例和打开文件表

当进程打开一个文件的时候，虚拟文件系统就会创建文件的一个打开实例：file 结构体，主要成员如下。

```
include/linux/fs.h
struct file {
    union {
        struct llist_node       fu_llist;
        struct rcu_head         fu_rcuhead;
    } f_u;
    struct path             f_path;
    struct inode            *f_inode;
    const struct file_operations    *f_op;

    spinlock_t              f_lock;
    atomic_long_t           f_count;
    unsigned int            f_flags;
    fmode_t                 f_mode;
    struct mutex            f_pos_lock;
    loff_t                  f_pos;
    struct fown_struct      f_owner;
    const struct cred       *f_cred;
    …
    void                    *private_data;
    …
    struct address_space *f_mapping;
} __attribute__((aligned(4)));
```

（1）f_path 存储文件在目录树中的位置，类型如下：

```
struct path {
    struct vfsmount *mnt;
    struct dentry *dentry;
};
```

mnt 指向文件所属文件系统的挂载描述符的成员 mnt，dentry 是文件对应的目录项。

（2）f_inode 指向文件的索引节点。

（3）f_op 指向文件操作集合。

（4）f_count 是 file 结构体的引用计数。

（5）f_mode 是访问模式。

（6）f_pos 是文件偏移，即进程当前正在访问的位置。

（7）f_mapping 指向文件的地址空间。

文件的打开实例和索引节点的关系如图 6.3 所示。

进程描述符有两个文件系统相关的成员：成员 fs 指向进程的文件系统信息结构体，主要是进程的根目录和当前工作目录；成员 files 指向打开文件表。

```
include/linux/sched.h
struct task_struct {
    …
```

```
    struct fs_struct          *fs;
    struct files_struct       *files;
    …
};
```

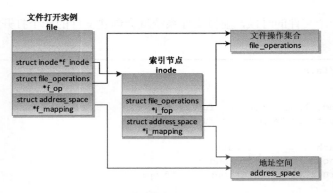

图6.3　文件的打开实例和索引节点的关系

文件系统信息结构体的主要成员如下：

```
include/linux/fs_struct.h
struct fs_struct {
    …
    struct path       root, pwd;
};
```

成员 root 存储进程的根目录，成员 pwd 存储进程的当前工作目录。

假设首先调用系统调用 chroot，把目录"/a"设置为进程的根目录，然后创建子进程，子进程继承父进程的文件系统信息，那么把子进程能看到的目录范围限制为以目录"/a"为根的子树。当子进程打开文件"/b.txt"（文件路径是绝对路径，以"/"开头）时，真实的文件路径是"/a/b.txt"。

假设调用系统调用 chdir，把目录"/c"设置为进程的当前工作目录，当子进程打开文件"d.txt"（文件路径是相对路径，不以"/"开头）时，真实的文件路径是"/c/d.txt"。

打开文件表也称为文件描述符表，数据结构如图 6.4 所示，结构体 files_struct 是打开文件表的包装器，主要成员如下：

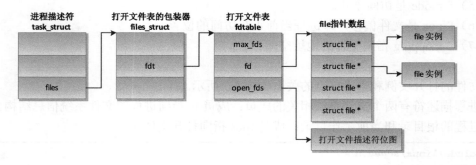

图6.4　进程的打开文件表

```
include/linux/fdtable.h
struct files_struct {
    atomic_t count;
    …

    struct fdtable __rcu *fdt;
    struct fdtable fdtab;

    spinlock_t file_lock ____cacheline_aligned_in_smp;
    unsigned int next_fd;
    unsigned long close_on_exec_init[1];
    unsigned long open_fds_init[1];
    unsigned long full_fds_bits_init[1];
    struct file __rcu * fd_array[NR_OPEN_DEFAULT];
};
```

成员 count 是结构体 files_struct 的引用计数。

成员 fdt 指向打开文件表。

当进程刚刚创建的时候，成员 fdt 指向成员 fdtab。运行一段时间以后，进程打开的文件数量超过 NR_OPEN_DEFAULT，就会扩大打开文件表，重新分配 fdtable 结构体，成员 fdt 指向新的 fdtable 结构体。

打开文件表的数据结构如下：

```
include/linux/fdtable.h
struct fdtable {
    unsigned int max_fds;
    struct file __rcu **fd;
    unsigned long *close_on_exec;
    unsigned long *open_fds;
    unsigned long *full_fds_bits;
    struct rcu_head rcu;
};
```

（1）成员 max_fds 是打开文件表的当前大小，即成员 fd 指向的 file 指针数组的大小。随着进程打开文件的数量增加，打开文件表逐步扩大。

（2）成员 fd 指向 file 指针数组。当进程调用 open 打开文件的时候，返回的文件描述符是 file 指针数组的索引。

（3）成员 close_on_exec 指向一个位图，指示在执行 execve()以装载新程序的时候需要关闭哪些文件描述符。

（4）成员 open_fds 指向文件描述符位图，指示哪些文件描述符被分配。

6.3 注册文件系统类型

因为每种文件系统的超级块的格式不同，所以每种文件系统需要向虚拟文件系统注册文件系统类型 file_system_type，实现 mount 方法用来读取和解析超级块。

函数 register_filesystem 用来注册文件系统类型：

```
int register_filesystem(struct file_system_type *fs);
```

函数 unregister_filesystem 用来注销文件系统类型：

```
int unregister_filesystem(struct file_system_type *fs);
```

管理员可以执行命令"cat /proc/filesystems"来查看已经注册的文件系统类型。

6.4 挂载文件系统

虚拟文件系统在内存中把目录组织为一棵树。一个文件系统，只有挂载到内存中目录树的一个目录下，进程才能访问这个文件系统。

管理员可以执行命令"**mount -t** *fstype* [**-o** *options*] *device dir*"，把存储设备 device 上类型为 fstype 的文件系统挂载到目录 dir 下。例如：命令"**mount -t** *ext4 /dev/sda1 /a*"把 SATA 硬盘 a 的第一个分区上的 EXT4 文件系统挂载到目录"/a"下。

管理员可以执行命令"**umount** *dir*"来卸载在目录 dir 下挂载的文件系统。

glibc 库封装了挂载文件系统的函数 mount：

```
int mount(const char *dev_name, const char *dir_name,
          const char *type, unsigned long flags,
          const void *data);
```

参数 dev_name 是设备名称，参数 dir_name 是目录名称，参数 type 是文件系统类型的名称，参数 flags 是挂载标志位，参数 data 是挂载选项。

这个函数调用内核的系统调用 mount。

glibc 库封装了两个卸载文件系统的函数。

（1）函数 umount，对应内核的系统调用 oldumount。

```
int umount(const char *target);
```

（2）函数 umount2，对应内核的系统调用 umount。

```
int umount2(const char *target, int flags);
```

每次挂载文件系统，虚拟文件系统就会创建一个挂载描述符：mount 结构体。挂载描述符用来描述文件系统的一个挂载实例，同一个存储设备上的文件系统可以多次挂载，每次挂载到不同的目录下。

假设我们把文件系统 2 挂载到目录"/a"下，目录 a 属于文件系统 1，挂载描述符的数据结构如图 6.5 所示。

为了能够快速找到目录 a 下挂载的文件系统，把文件系统 2 的挂载描述符加入全局散列表 mount_hashtable，关键字是{父挂载描述符，挂载点}，根据文件系统 1 的挂载描述符和目录 a 可以在散列表中找到文件系统 2 的挂载描述符。

如图 6.6 所示，在文件系统 1 中，目录 a 下可能有子目录和文件。在目录 a 下挂载文件系统 2 以后，当进程访问目录"/a"的时候，虚拟文件系统发现目录 a 是挂载点，就会跳转到文件系统 2 的根目录。所以进程访问目录"/a"，实际上是访问目录 a 下挂载的文件系统 2 的根目录，进程看不到文件系统 1 中目录 a 下的子目录和文件。只有从目录 a 卸载文件系统 2 以后，进程才能重新看到文件系统 1 中目录 a 下的子目录和文件。

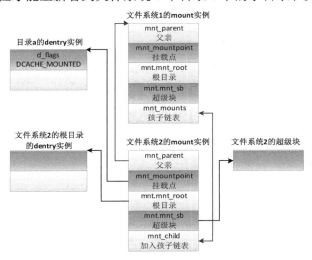

图6.5　挂载描述符的数据结构

假设在文件系统 1 中，在目录 a 下挂载文件系统 2，在目录 b 下挂载文件系统 3，在目录 c 下挂载文件系统 4。假设文件系统 1 的挂载描述符是 m1，文件系统 2 的挂载描述符是 m2，文件系统 3 的挂载描述符是 m3，文件系统 4 的挂载描述符是 m4，如图 6.7 所示，这些挂载描述符组成一棵挂载树。

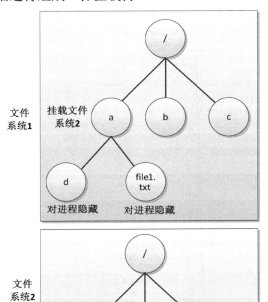

图6.6　访问目录 "/a"

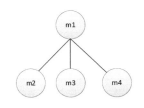

图6.7　挂载树

6.4.1　系统调用 mount

系统调用 mount 用来挂载文件系统，其定义如下：

fs/namespace.c
```
SYSCALL_DEFINE5(mount, char __user *, dev_name, char __user *, dir_name,
           char __user *, type, unsigned long, flags, void __user *, data)
```

使用命令"**mount -t** *fstype* [**-o** *options*] *device dir*"执行一个标准的挂载操作时，系统调用 mount 的执行流程如图 6.8 所示。

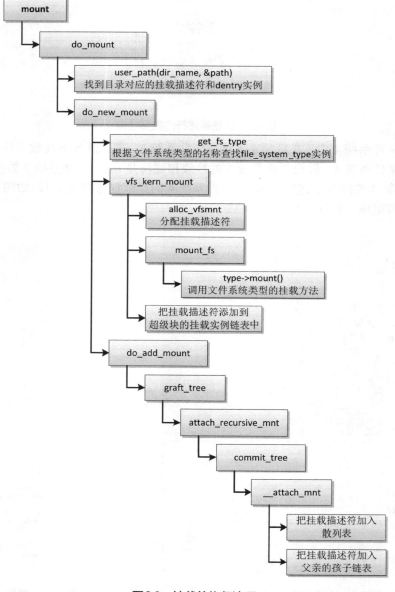

图6.8　挂载的执行流程

（1）调用函数 user_path，根据目录名称找到挂载描述符和 dentry 实例。

（2）调用函数 get_fs_type，根据文件系统类型的名称查找 file_system_type 实例。

（3）调用函数 alloc_vfsmnt，分配挂载描述符。

（4）调用文件系统类型的挂载方法，读取并且解析超级块。

（5）把挂载描述符添加到超级块的挂载实例链表中。

（6）把挂载描述符加入散列表。

（7）把挂载描述符加入父亲的孩子链表。

6.4.2　绑定挂载

绑定挂载（bind mount）用来把目录树的一棵子树挂载到其他地方。执行绑定挂载的命令如下所示：

```
mount --bind olddir newdir
```

把以目录 olddir 为根的子树挂载到目录 newdir，以后从目录 newdir 和目录 olddir 可以看到相同的内容。

可以把一个文件绑定到另一个文件，访问这两个文件时看到的数据完全相同。例如：执行命令"mount --bind /a/c.txt /b/d.txt"，把文件"/a/c.txt"绑定挂载到文件"/b/d.txt"。

命令"**mount --bind** olddir newdir"只会挂载一个文件系统（即目录 olddir 所属的文件系统）或其中的一部分。如果需要绑定挂载目录 olddir 所属的文件系统及其所有子挂载，应该执行下面的命令：

```
mount --rbind olddir newdir
```

rbind 中的 r 是递归（recursively）的意思。

如果需要在程序中执行绑定挂载，方法是：调用系统调用 mount，把参数 flags 设置为 MS_BIND。

举例说明：假设执行命令"**mount --bind** /a/b /c"，把目录"/a/b"绑定挂载到目录"/c"，目录 a 和 b 属于文件系统 1，目录 c 属于文件系统 2，实际上是把文件系统 1 中以目录 b 为根的子树挂载到文件系统 2 的目录"/c"，数据结构如图 6.9 所示。注意：只挂载了文件系统 1 的一部分，文件系统 1 的 mount 实例的成员 mnt.mnt_root 指向文件系统 1 的目录 b，而不是指向文件系统 1 的根目录。

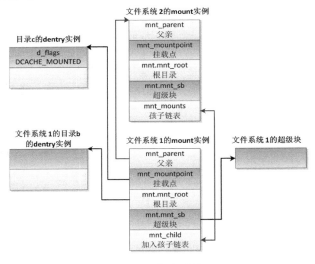

图6.9　绑定挂载

567

6.4.3 挂载命名空间

和虚拟机相比,容器是一种轻量级的虚拟化技术,直接使用宿主机的内核,使用命名空间隔离资源,其中挂载命名空间用来隔离挂载点。

每个进程属于一个挂载命名空间,数据结构如图 6.10 所示。

图6.10 进程和挂载命名空间的关系

可以使用以下两种方法创建新的挂载命名空间。

(1)调用 clone 创建子进程时,如果指定标志位 CLONE_NEWNS,那么子进程将会从父进程的挂载命名空间复制生成一个新的挂载命名空间;如果没有指定标志位 CLONE_NEWNS,那么子进程将会和父进程属于同一个挂载命名空间。

(2)调用 unshare(CLONE_NEWNS)以设置不再和父进程共享挂载命名空间,从父进程的挂载命名空间复制生成一个新的挂载命名空间。

复制生成的挂载命名空间的级别和旧的挂载命名空间是平等的,不存在父子关系。

调用系统调用 clone 创建子进程,如果指定标志位 CLONE_NEWNS,执行流程如图 6.11 所示。

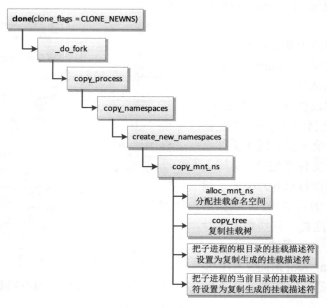

图6.11 创建子进程时复制生成新的挂载命名空间

（1）调用函数 alloc_mnt_ns 以分配挂载命名空间。

（2）调用函数 copy_tree 以复制挂载树。

（3）把子进程的根目录的挂载描述符（task_struct.fs->root.mnt）设置为复制生成的挂载描述符。如果父进程的根目录的挂载描述符是 m1，复制挂载树时从挂载描述符 m1 复制生成挂载描述符 m1-1，那么子进程的根目录的挂载描述符是 m1-1。

（4）把子进程的当前工作目录的挂载描述符（task_struct.fs->pwd.mnt）设置为复制生成的挂载描述符。如果父进程的当前工作目录的挂载描述符是 m2，复制挂载树时从挂载描述符 m2 复制生成挂载描述符 m2-1，那么子进程的当前工作目录的挂载描述符是 m2-1。

假设在文件系统 1 中，在目录 a 下挂载文件系统 2，在目录 b 下挂载文件系统 3，在目录 c 下挂载文件系统 4。假设文件系统 1 的挂载描述符是 m1，文件系统 2 的挂载描述符是 m2，文件系统 3 的挂载描述符是 m3，文件系统 4 的挂载描述符是 m4，那么这些挂载描述符组成一棵挂载树，假设这棵挂载树属于挂载命名空间 1，挂载命名空间 1 的成员 root 指向挂载树的根。

如图 6.12 所示，从挂载命名空间 1 复制生成挂载命名空间 2 的时候，把挂载命名空间 1 的挂载树复制一份，也就是把挂载树中的每个挂载描述符复制一份："从 m1 复制生成 m1-1，从 m2 复制生成 m2-1，从 m3 复制生成 m3-1，从 m4 复制生成 m4-1"，实际上是在挂载命名空间 2 中把挂载命名空间 1 的所有文件系统重新挂载一遍。m1 和 m1-1 是文件系统 1 的两个挂载描述符，m2 和 m2-1 是文件系统 2 的两个挂载描述符，m2 和 m2-1 的挂载点都是文件系统 1 的目录 a，同一个挂载点下有两个挂载描述符。

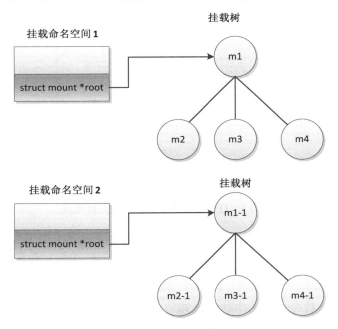

图6.12　复制生成新的挂载命名空间

1．标准的挂载命名空间

标准的挂载命名空间是完全隔离的，在一个挂载命名空间中挂载或卸载一个文件系统，不会影响其他挂载命名空间。

如图 6.13 所示，如果在挂载命名空间 1 的 m2 的一个目录下挂载文件系统 5，挂载描述符是 m5；在挂载命名空间 2 的 m2-1 的一个目录下挂载文件系统 6，挂载描述符是 m6，那么出现的结果是：挂载命名空间 2 看不到 m5 对应的文件系统 5，挂载命名空间 1 看不到 m6 对应的文件系统 6。

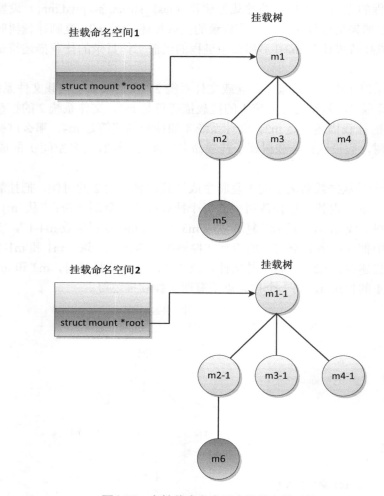

图6.13　在挂载命名空间中挂载文件系统

如图 6.14 所示，如果在挂载命名空间 1 中卸载 m2 对应的文件系统，不会影响挂载命名空间 2。在挂载命名空间 2 中，文件系统 1 的目录 a 仍然挂载文件系统 2。

2．共享子树

在一个标准的挂载命名空间中挂载或卸载一个文件系统，不会影响其他挂载命名空间。在某些情况下，隔离程度太重了。例如：用户插入一个移动硬盘，为了使移动硬盘在所有的挂载命名空间中可用，必须在每个挂载命名空间中执行挂载操作，非常麻烦。用户的需求是：只执行一次挂载操作，所有挂载命名空间都可以访问移动硬盘。为了满足这种用户需求，Linux 2.6.15 版本引入了共享子树。

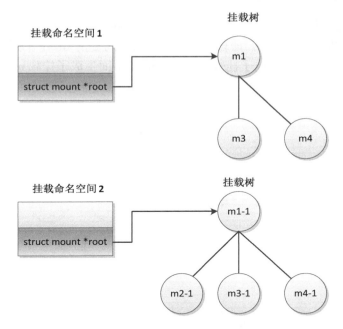

图6.14 在挂载命名空间卸载文件系统

共享子树提供了 4 种挂载类型。

❑ 共享挂载（shared mount）。

❑ 从属挂载（slave mount）。

❑ 私有挂载（private mount）。

❑ 不可绑定挂载（unbindable mount）。

默认的挂载类型是私有挂载。

（1）共享挂载。

共享挂载的特点是：同一个挂载点下面的所有共享挂载共享挂载/卸载事件。如果我们在一个共享挂载下面挂载或卸载文件系统，那么会自动传播到所有其他共享挂载，即自动在所有其他共享挂载下面执行挂载或卸载操作。

如果需要把一个挂载设置为共享挂载，可以执行下面的命令：

```
mount --make-shared mountpoint
```

同一个挂载点下面的所有共享挂载组成一个对等体组（peer group），内核自动给每个对等体组分配一个唯一的标识符。执行命令 "cat /proc/[pid]/mountinfo" 以查看挂载信息的时候，共享挂载会显示标记 "shared:X"，X 是对等体组的标识符。

```
# mount --make-shared /mntS
# cat /proc/self/mountinfo
77 61 8:17 / /mntS rw,relatime shared:1
```

如果需要在程序中把一个挂载设置为共享挂载，方法是：调用系统调用 mount，把参数 flags 设置为 MS_SHARED。

我们继续使用图 6.12 描述的例子，如图 6.15 所示，假设我们把 m2 和 m2-1 设置为共享挂载，当我们在挂载命名空间 1 的 m2 下面挂载文件系统 5 的时候，会自动把挂载事件传播到挂载命名空间 2 的 m2-1，即自动在挂载命名空间 2 的 m2-1 下面挂载文件系统 5，最终的结果是：在 m2 下面生成子挂载 m5，在 m2-1 下面生成子挂载 m5-1。

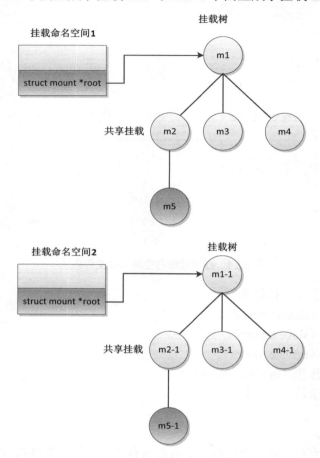

图6.15　在共享挂载m2下面挂载文件系统5

当我们在挂载命名空间 1 的 m2 下面卸载文件系统 5 的时候，会自动把卸载事件传播到挂载命名空间 2 的 m2-1，即自动在挂载命名空间 2 的 m2-1 下面卸载文件系统 5。

（2）从属挂载。

从属挂载的特点是：假设在同一个挂载点下面同时有共享挂载和从属挂载，所有共享挂载组成一个共享对等体组，如果我们在共享对等体组中的任何一个共享挂载下面挂载或卸载文件系统，会自动传播到所有从属挂载；如果我们在任何一个从属挂载下面挂载或卸载文件系统，则不会传播到所有共享挂载。可以看出，传播是单向的，只能从共享挂载传播到从属挂载，不能从从属挂载传播到共享挂载。

如果需要把一个挂载设置为从属挂载，可以执行下面的命令：

```
mount --make-slave mountpoint
```

执行命令"cat /proc/[pid]/mountinfo"以查看挂载信息的时候，从属挂载会显示标记"master:X"，表示这个挂载是共享对等体组 X 的从属；如果从属挂载是从共享挂载传播过来的，会显示标记"propagate_from:X",表示这个挂载是从属挂载,是从共享对等体组 X 传播过来的。

```
# mount --make-slave /mntY
# cat /proc/self/mountinfo
169 167 8:22 / /mntY rw,relatime master:2
```

如果需要在程序中把一个挂载设置为从属挂载,方法是:调用系统调用 mount,把参数 flags 设置为 MS_SLAVE。

我们继续使用图 6.12 描述的例子,如图 6.16 所示,假设我们把 m2 设置为共享挂载,把 m2-1 设置为从属挂载。当我们在挂载命名空间 1 的 m2 下面挂载文件系统 5 的时候,会自动把挂载事件传播到挂载命名空间 2 的 m2-1,即自动在挂载命名空间 2 的 m2-1 下面挂载文件系统 5,最终的结果是:在 m2 下面生成子挂载 m5,在 m2-1 下面生成子挂载 m5-1。

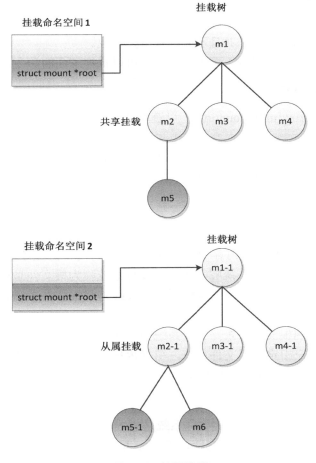

图6.16 从属挂载

当我们在挂载命名空间 2 的 m2-1 下面挂载文件系统 6 的时候,不会把挂载事件传播到挂载命名空间 1 的 m2,即不会在挂载命名空间 1 的 m2 下面挂载文件系统 6,最终的结果是:在 m2-1 下面生成子挂载 m6。

当我们在挂载命名空间 1 的 m2 下面卸载文件系统 5 的时候,会自动把卸载事件传播到挂载命名空间 2 的 m2-1,即自动在挂载命名空间 2 的 m2-1 下面卸载文件系统 5。

（3）私有挂载。

私有挂载和同一个挂载点下面的所有其他挂载是完全隔离的：如果我们在一个私有挂载下面挂载或卸载文件系统，不会传播到同一个挂载点下面的所有其他挂载；在同一个挂载点的其他挂载下面挂载或卸载文件系统，也不会传播到私有挂载。

如果需要把一个挂载设置为私有挂载，可以执行下面的命令：

```
mount --make-private mountpoint
```

默认的挂载类型是私有挂载，当执行命令"**mount -t** *fstype* [**-o** *options*] *device dir*"，把存储设备 device 上类型为 fstype 的文件系统挂载到目录 dir 的时候，挂载类型是私有挂载。

如果需要在程序中把一个挂载设置为私有挂载，方法是：调用系统调用 mount，把参数 flags 设置为 MS_PRIVATE。

（4）不可绑定挂载。

不可绑定挂载是私有挂载，并且不允许被绑定挂载。

如果需要把一个挂载设置为不可绑定挂载，可以执行下面的命令：

```
mount --make-unbindable mountpoint
```

执行命令"cat /proc/[pid]/mountinfo"以查看挂载信息的时候，不可绑定挂载会显示标记"unbindable"。

如果需要在程序中把一个挂载设置为不可绑定挂载，方法是：调用系统调用 mount，把参数 flags 设置为 MS_UNBINDABLE。

6.4.4 挂载根文件系统

一个文件系统，只有挂载到内存中目录树的一个目录下，进程才能访问这个文件系统。问题是：怎么挂载第一个文件系统呢？第一个文件系统称为根文件系统，没法执行 mount 命令来挂载根文件系统，也不能通过系统调用 mount 挂载根文件系统。

内核有两个根文件系统。

（1）一个是隐藏的根文件系统，文件系统类型的名称是"rootfs"。

（2）另一个是用户指定的根文件系统，引导内核时通过内核参数指定，内核把这个根文件系统挂载到 rootfs 文件系统的根目录下。

1. 根文件系统 rootfs

内核初始化的时候最先挂载的根文件系统是 rootfs 文件系统，它是一个内存文件系统，对用户隐藏。虽然我们看不见这个根文件系统，但是我们每天都在使用，每个进程使用的标准输入、标准输出和标准错误，对应文件描述符 0、1 和 2，这 3 个文件描述符都对应控制台的字符设备文件"/dev/console"，这个文件属于 rootfs 文件系统。

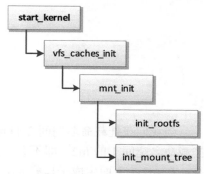

图6.17 注册和挂载rootfs文件系统

如图 6.17 所示，内核初始化的时候，调用函数 init_ rootfs 以注册 rootfs 文件系统，然后调用函数 init_mount_tree 以挂载 rootfs 文件系统。

（1）函数 init_rootfs。

函数 init_rootfs 负责注册 rootfs 文件系统，其代码如下：

```
init/do_mounts.c
static struct file_system_type rootfs_fs_type = {
        .name           = "rootfs",
        .mount          = rootfs_mount,
        .kill_sb= kill_litter_super,
};

int __init init_rootfs(void)
{
        int err = register_filesystem(&rootfs_fs_type);
        …
}
```

（2）函数 init_mount_tree。

函数 init_mount_tree 负责挂载 rootfs 文件系统，其代码如下：

```
fs/namespace.c
1   static void __init init_mount_tree(void)
2   {
3    struct vfsmount *mnt;
4    struct mnt_namespace *ns;
5    struct path root;
6    struct file_system_type *type;
7
8    type = get_fs_type("rootfs");
9    if (!type)
10       panic("Can't find rootfs type");
11   mnt = vfs_kern_mount(type, 0, "rootfs", NULL);
12   put_filesystem(type);
13   if (IS_ERR(mnt))
14       panic("Can't create rootfs");
15
16   ns = create_mnt_ns(mnt);
17   if (IS_ERR(ns))
18       panic("Can't allocate initial namespace");
19
20   init_task.nsproxy->mnt_ns = ns;
21   get_mnt_ns(ns);
22
23   root.mnt = mnt;
24   root.dentry = mnt->mnt_root;
25   mnt->mnt_flags |= MNT_LOCKED;
26
27   set_fs_pwd(current->fs, &root);
28   set_fs_root(current->fs, &root);
29   }
```

第 11 行代码，挂载 rootfs 文件系统。

第 16 行代码，创建第一个挂载命名空间。

第 20 行代码，设置 0 号线程的挂载命名空间。

第 27 行代码，把 0 号线程的当前工作目录设置为 rootfs 文件系统的根目录。

第 28 行代码，把 0 号线程的根目录设置为 rootfs 文件系统的根目录。

（3）函数 default_rootfs。

接下来，函数 default_rootfs 在 rootfs 文件系统中创建必需的目录和文件。

1）创建目录"/dev"。

2）创建控制台的字符设备文件"/dev/console"，主设备号是 5，从设备号是 1。

3）创建目录"/root"。

```
init/noinitramfs.c
static int __init default_rootfs(void)
{
    int err;

    err = sys_mkdir((const char __user __force *) "/dev", 0755);
    if (err < 0)
        goto out;

    err = sys_mknod((const char __user __force *) "/dev/console",
            S_IFCHR | S_IRUSR | S_IWUSR,
            new_encode_dev(MKDEV(5, 1)));
    if (err < 0)
        goto out;

    err = sys_mkdir((const char __user __force *) "/root", 0700);
    if (err < 0)
        goto out;

    return 0;

out:
    printk(KERN_WARNING "Failed to create a rootfs\n");
    return err;
}
rootfs_initcall(default_rootfs);
```

（4）打开文件描述符 0、1 和 2。

然后 1 号线程打开控制台的字符设备文件"/dev/console"，得到文件描述符 0，接着两次复制文件描述符 0，得到文件描述符 1 和 2。

```
kernel_init -> kernel_init_freeable

init/main.c
static noinline void __init kernel_init_freeable(void)
{
    …
    /* 打开rootfs文件系统的字符设备文件 "/dev/console"  */
    if (sys_open((const char __user *) "/dev/console", O_RDWR, 0) < 0)
            pr_err("Warning: unable to open an initial console.\n");

    (void) sys_dup(0);
    (void) sys_dup(0);
    …
}
```

最后 1 号线程在函数 kernel_init 中装载用户程序，转换成用户空间的 1 号进程，分叉生成子进程，子进程从 1 号进程继承打开文件表，继承文件描述符 0、1 和 2。

2．用户指定的根文件系统

引导内核的时候，可以使用内核参数"root"指定存储设备的名称，使用内核参数"rootfstype"指定根文件系统的类型。

假设使用 SATA 硬盘作为存储设备，根文件系统是 SATA 硬盘 a 的第一个分区上的 EXT4 文件系统，那么指定根文件系统的方法如下：

```
root=/dev/sda1    rootfstype=ext4
```

假设使用 NAND 闪存作为存储设备，根文件系统是 UBI 设备 1 的卷 rootfs 上的 UBIFS 文件系统，那么指定根文件系统的方法如下：

```
root=ubi1:rootfs    rootfstype=ubifs
```

UBIFS 文件系统基于 UBI 设备，UBI 设备是虚拟设备，用户可以在 NAND 闪存的一个分区上创建一个 UBI 设备，然后对 UBI 设备分区，UBI 把分区称为卷。UBI 设备负责如下。

（1）管理 NAND 闪存的坏块。

（2）实现损耗均衡，保证所有擦除块的擦除次数均衡，UBI 使用逻辑擦除块，把逻辑擦除块映射到 NAND 闪存的物理擦除块。

内核实现了 UBI 层，位于 UBIFS 文件系统和 MTD 层之间。

（1）解析参数"root"和"rootfstype"。

内核初始化的时候，调用函数 parse_args 解析参数，调用参数的解析函数。

```
init/main.c
asmlinkage __visible void __init start_kernel(void)
{
    …
    after_dashes = parse_args("Booting kernel",
                    static_command_line, __start___param,
                    __stop___param - __start___param,
                    -1, -1, NULL, &unknown_bootoption);
    …
}
```

参数"root"用来指定根文件系统所在的存储设备，解析函数是 root_dev_setup，把设备名称保存在静态变量 saved_root_name 中。

```
init/do_mounts.c
static char __initdata saved_root_name[64];
static int __init root_dev_setup(char *line)
{
    strlcpy(saved_root_name, line, sizeof(saved_root_name));
    return 1;
}
__setup("root=", root_dev_setup);
```

参数"rootfstype"用来指定根文件系统的类型，解析函数是 fs_names_setup，把根文件系统的类型保存在静态变量 root_fs_names 中。

```
init/do_mounts.c
static char * __initdata root_fs_names;
static int __init fs_names_setup(char *str)
{
```

```
            root_fs_names = str;
            return 1;
}
__setup("rootfstype=", fs_names_setup);
```

（2）函数 prepare_namespace。

接下来 1 号线程调用函数 prepare_namespace 以挂载根文件系统，主要代码如下：

```
kernel_init -> kernel_init_freeable -> prepare_namespace
```

init/do_mounts.c
```
1    void __init prepare_namespace(void)
2    {
3      …
4      if (saved_root_name[0]) {
5          root_device_name = saved_root_name;
6          if (!strncmp(root_device_name, "mtd", 3) ||
7              !strncmp(root_device_name, "ubi", 3)) {
8              mount_block_root(root_device_name, root_mountflags);
9              goto out;
10         }
11         ROOT_DEV = name_to_dev_t(root_device_name);
12         if (strncmp(root_device_name, "/dev/", 5) == 0)
13             root_device_name += 5;
14     }
15
16     …
17     mount_root();
18   out:
19     devtmpfs_mount("dev");
20     sys_mount(".", "/", NULL, MS_MOVE, NULL);
21     sys_chroot(".");
22   }
```

第 6～10 行代码，如果存储设备是闪存分区（设备名称以"mtd"开头）或是在闪存分区的基础上封装的 UBI 设备（设备名称以"ubi"开头），那么调用函数 mount_block_root，把根文件系统挂载到 rootfs 文件系统的目录"/root"下。

第 17 行代码，如果存储设备是其他设备，例如机械硬盘或固态硬盘，那么调用函数 mount_root，把根文件系统挂载到 rootfs 文件系统的目录"/root"下。

第 20 行代码，把根文件系统从目录"/root"移动到根目录下，换言之，以前挂载到目录"/root"下，现在挂载到根目录下。在执行这一步之前，1 号线程的当前工作目录已经是目录"/root"，也就是刚刚挂载的根文件系统的根目录。

第 21 行代码，把 1 号线程的根目录设置为根文件系统的根目录。

函数 mount_root 的主要代码如下：

init/do_mounts.c
```
void __init mount_root(void)
{
    …
#ifdef CONFIG_BLOCK
    {
        int err = create_dev("/dev/root", ROOT_DEV);

        if (err < 0)
            pr_emerg("Failed to create /dev/root: %d\n", err);
        mount_block_root("/dev/root", root_mountflags);
```

```
    }
#endif
}
```

如果根设备是块设备，执行过程如下。

1）创建块设备文件"/dev/root"，使用根设备的设备号。

2）调用函数 mount_block_root，把根文件系统挂载到目录"/root"下。

假设根文件系统的类型是 EXT4，存储设备是"/dev/sda1"，挂载根文件系统相当于执行命令"mount –t ext4 /dev/sda1 /root"。现在内核创建块设备文件"/dev/root"，设备号和块设备文件"/dev/sda1"的设备号相同，挂载根文件系统相当于执行命令"mount –t ext4 /dev/root /root"。

（3）函数 mount_block_root。

参数"rootfstype"可能指定多个文件系统类型，使用逗号分隔，函数 mount_block_root 依次使用每种文件系统类型尝试挂载根文件系统，直到挂载成功为止，主要代码如下：

init/do_mounts.c
```
1   void __init mount_block_root(char *name, int flags)
2   {
3    struct page *page = alloc_page(GFP_KERNEL |
4                       __GFP_NOTRACK_FALSE_POSITIVE);
5    char *fs_names = page_address(page);
6    char *p;
7   #ifdef CONFIG_BLOCK
8    char b[BDEVNAME_SIZE];
9   #else
10   const char *b = name;
11  #endif
12
13   get_fs_names(fs_names);
14  retry:
15   for (p = fs_names; *p; p += strlen(p)+1) {
16        int err = do_mount_root(name, p, flags, root_mount_data);
17        switch (err) {
18             case 0:
19                  goto out;
20             case -EACCES:
21             case -EINVAL:
22                  continue;
23        }
24        printk("VFS: Cannot open root device \"%s\" or %s: error %d\n",
25                 root_device_name, b, err);
26        printk("Please append a correct \"root=\" boot option; here are the avai
        lable partitions:\n");
27        …
28        panic("VFS: Unable to mount root fs on %s", b);
29   }
30   …
31   panic("VFS: Unable to mount root fs on %s", b);
32  out:
33   put_page(page);
34  }
```

第 13 行代码，调用函数 get_fs_names：如果使用参数"rootfstype"指定多个文件系统类型，使用逗号分隔，那么函数 get_fs_names 把逗号替换为字符串的结束符号；如果没有使用参数"rootfstype"指定文件系统类型，那么函数 get_fs_names 把所有注册的文件系统类型添加进来。

第 15～29 行代码，针对指定的每种文件系统类型，调用函数 do_mount_root 尝试挂载。如果指定的文件系统类型和存储设备上的文件系统类型一致，那么挂载成功。

（4）函数 do_mount_root。

函数 do_mount_root 把根文件系统挂载到 rootfs 文件系统的"/root"目录下，代码如下：

init/do_mounts.c
```
1   static int __init do_mount_root(char *name, char *fs, int flags, void *data)
2   {
3     struct super_block *s;
4     int err = sys_mount(name, "/root", fs, flags, data);
5     if (err)
6         return err;
7
8     sys_chdir("/root");
9     s = current->fs->pwd.dentry->d_sb;
10    ROOT_DEV = s->s_dev;
11    …
12    return 0;
13  }
```

第 4 行代码，在目录"/root"下挂载根文件系统。

第 8 行代码，把 1 号线程的当前工作目录设置为目录"/root"，也就是刚刚挂载的根文件系统的根目录。

6.5 打开文件

进程读写文件之前需要打开文件，得到文件描述符，然后通过文件描述符读写文件。

6.5.1 编程接口

内核提供了两个打开文件的系统调用。

（1）int open(const char *pathname, int flags, mode_t mode);

（2）int openat(int dirfd, const char *pathname, int flags, mode_t mode);

如果打开文件成功，那么返回文件描述符，值大于或等于 0；如果打开文件失败，返回负的错误号。

参数 pathname 是文件路径，可以是相对路径（即不以"/"开头），也可以是绝对路径（即以"/"开头）。

参数 dirfd 是打开一个目录后得到的文件描述符，作为相对路径的基准目录。如果文件路径是相对路径，那么 openat 解释为相对文件描述符 dirfd 引用的目录，open 解释为相对调用进程的当前工作目录。如果文件路径是绝对路径，openat 忽略参数 dirfd。

参数 flags 必须包含一种访问模式：O_RDONLY（只读）、O_WRONLY（只写）或 O_RDWR（读写）。

参数 flags 可以包含多个文件创建标志和文件状态标志。两组标志的区别是：文件创建标志只影响打开操作，文件状态标志影响后面的读写操作。

文件创建标志包括如下。

（1）O_CLOEXEC：开启 close-on-exec 标志，使用系统调用 execve() 装载程序的时候关闭文件。

（2）O_CREAT：如果文件不存在，创建文件。

（3）O_DIRECTORY：参数 pathname 必须是一个目录。

（4）O_EXCL：通常和标志位 O_CREAT 联合使用，用来创建文件。如果文件已经存在，那么 open()失败，返回错误号 EEXIST。

（5）O_NOFOLLOW：不允许参数 pathname 是符号链接，即最后一个分量不能是符号链接，其他分量可以是符号链接。如果参数 pathname 是符号链接，那么打开失败，返回错误号 ELOOP。

（6）O_TMPFILE：创建没有名字的临时普通文件，参数 pathname 指定目录。关闭文件的时候，自动删除文件。

（7）O_TRUNC：如果文件已经存在，是普通文件，并且访问模式允许写，那么把文件截断到长度为 0。

文件状态标志包括如下。

（1）O_APPEND：使用追加模式打开文件，每次调用 write 写文件的时候写到文件的末尾。

（2）O_ASYNC：启用信号驱动的输入/输出，当输入或输出可用的时候，发送信号通知进程，默认的信号是 SIGIO。

（3）O_DIRECT：直接读写存储设备，不使用内核的页缓存。虽然会降低读写速度，但是在某些情况下有用处，例如应用程序使用自己的缓冲区，不需要使用内核的页缓存。

（4）O_DSYNC：调用 write 写文件时，把数据和检索数据所需要的元数据写回到存储设备。

（5）O_LARGEFILE：允许打开长度超过 4GB 的大文件。

（6）O_NOATIME：调用 read 读文件时，不要更新文件的访问时间。

（7）O_NONBLOCK：使用非阻塞模式打开文件，open()和以后的操作不会导致调用进程阻塞。

（8）O_PATH：获得文件描述符有两个用处，指示在目录树中的位置以及执行文件描述符层次的操作。不会真正打开文件，不能执行读操作和写操作。

（9）O_SYNC：调用 write 写文件时，把数据和相关的元数据写回到存储设备。

参数 mode 指定创建新文件时的文件模式。当参数 flags 指定标志位 O_CREAT 或 O_TMPFILE 的时候，必须指定参数 mode，其他情况下忽略参数 mode。

参数 mode 可以是下面这些标准的文件模式位的组合。

（1）S_IRWXU（00700，以 0 开头表示八进制）：用户（即文件拥有者）有读、写和执行权限。

（2）S_IRUSR（00400）：用户有读权限。

（3）S_IWUSR（00200）：用户有写权限。

（4）S_IXUSR（00100）：用户有执行权限。

（5）S_IRWXG（00070）：文件拥有者所在组的其他用户有读、写和执行权限。

（6）S_IRGRP（00040）：文件拥有者所在组的其他用户有读权限。

（7）S_IWGRP（00020）：文件拥有者所在组的其他用户有写权限。

（8）S_IXGRP（00010）：文件拥有者所在组的其他用户有执行权限。

（9）S_IRWXO（00007）：其他组的用户有读、写和执行权限。

（10）S_IROTH（00004）：其他组的用户有读权限。

（11）S_IWOTH（00002）：其他组的用户有写权限。

（12）S_IXOTH（00001）：其他组的用户有执行权限。

参数 mode 可以包含下面这些 Linux 私有的文件模式位。

（1）S_ISUID（0004000）：set-user-ID 位。

（2）S_ISGID（0002000）：set-group-ID 位。

（3）S_ISVTX（0001000）：粘滞（sticky）位。

glibc 库基于系统调用封装了下面这些打开文件的库函数。

（1）int open(const char *pathname, int flags);

（2）int open(const char *pathname, int flags, mode_t mode);

（3）int openat(int dirfd, const char *pathname, int flags);

（4）int openat(int dirfd, const char *pathname, int flags, mode_t mode);

（5）FILE *fopen(const char *pathname, const char *mode);

一个进程能够打开的文件的最大数量是有限制的，有两重限制。

（1）基于进程的限制，默认值是 1024，文件描述符的范围是 0～1023。如果进程想要打开超过 1024 个文件，可以调用系统调用 setrlimit 来调整上限，把参数 resource 设置为 RLIMIT_NOFILE。

```
int setrlimit(int resource, const struct rlimit *rlim);
```

（2）全局限制，默认值是（1024 * 1024），可以通过文件"/proc/sys/fs/nr_open"来调整，会影响每个进程。

fs/file.c
```
unsigned int sysctl_nr_open __read_mostly = 1024*1024;
```

可以执行命令"ls /proc/[pid]/fd"，查看进程打开了哪些文件描述符；执行命令"ls /proc/[pid]/fd -l"，查看每个文件描述符对应哪个文件。

6.5.2　技术原理

打开文件的主要步骤如下。

（1）需要在父目录的数据中查找文件对应的目录项，从目录项得到索引节点的编号，然后在内存中创建索引节点的副本。因为各种文件系统类型的物理结构不同，所以需要提供索引节点操作集合的 lookup 方法和文件操作集合的 open 方法。

（2）需要分配文件的一个打开实例——file 结构体，关联到文件的索引节点。

（3）在进程的打开文件表中分配一个文件描述符，把文件描述符和打开实例的映射添加到进程的打开文件表中。

系统调用 open 和 openat 都把主要工作委托给函数 do_sys_open，open 传入特殊的文件描述符 AT_FDCWD，表示"如果文件路径是相对路径，就解释为相对调用进程的当前工作目录"。

fs/open.c
```
SYSCALL_DEFINE3(open, const char __user *, filename, int, flags, umode_t, mode)
{
    /* 如果是64位内核，强制设置标志位O_LARGEFILE，表示允许打开长度超过4GB的大文件。*/
    if (force_o_largefile())
            flags |= O_LARGEFILE;

    return do_sys_open(AT_FDCWD, filename, flags, mode);
}

SYSCALL_DEFINE4(openat, int, dfd, const char __user *, filename, int, flags,
        umode_t, mode)
{
    if (force_o_largefile())
            flags |= O_LARGEFILE;

    return do_sys_open(dfd, filename, flags, mode);
}
```

include/uapi/linux/fcntl.h
```
#define AT_FDCWD            -100
```

函数 do_sys_open 的执行流程如图 6.18 所示。

（1）调用函数 build_open_flags，把标志位分类为打开标志位、访问模式、意图和查找标志位，保存到结构体 open_flags 中。

（2）调用 getname，把文件路径从用户空间的缓冲区复制到内核空间的缓冲区。

（3）调用函数 get_unused_fd_flags，分配文件描述符。

（4）调用函数 do_filp_open，解析文件路径并得到文件的索引节点，创建文件的一个打开实例，把打开实例关联到索引节点。

（5）调用函数 fsnotify_open，通告打开文件事件，进程可以使用 inotify 监视文件系统的事件。

（6）调用函数 fd_install，把文件的打开实例添加到进程的打开文件表中。

图6.18　函数do_sys_open的执行流程

1. 分配文件描述符

函数 get_unused_fd_flags 负责分配文件描述符，其代码如下：

fs/file.c
```
int get_unused_fd_flags(unsigned flags)
{
    return __alloc_fd(current->files, 0, rlimit(RLIMIT_NOFILE), flags);
}
```

rlimit(RLIMIT_NOFILE)是允许进程打开的文件的最大数量，默认值是 1024。

函数 get_unused_fd_flags 把主要工作委托给函数 __alloc_fd，可分配的文件描述符的范围是[start，end)，函数 __alloc_fd 的代码如下：

fs/file.c
```
1   int __alloc_fd(struct files_struct *files,
2           unsigned start, unsigned end, unsigned flags)
3   {
4    unsigned int fd;
5    int error;
6    struct fdtable *fdt;
7
8    spin_lock(&files->file_lock);
9   repeat:
10   fdt = files_fdtable(files);
11   fd = start;
12   if (fd < files->next_fd)
13       fd = files->next_fd;
14
15   if (fd < fdt->max_fds)
16       fd = find_next_fd(fdt, fd);
17
18   error = -EMFILE;
19   if (fd >= end)
20       goto out;
21
22   error = expand_files(files, fd);
23   if (error < 0)
24       goto out;
25
26   if (error)
27       goto repeat;
28
29   if (start <= files->next_fd)
30       files->next_fd = fd + 1;
31
32   __set_open_fd(fd, fdt);
33   if (flags & O_CLOEXEC)
34       __set_close_on_exec(fd, fdt);
35   else
36       __clear_close_on_exec(fd, fdt);
37   error = fd;
38   …
39
40  out:
41   spin_unlock(&files->file_lock);
42   return error;
43  }
```

第 12 行和第 13 行代码，从（上次分配的文件描述符 +1）开始尝试分配文件描述符。

第 15 行和第 16 行代码，如果 fd 小于打开文件表的大小，那么在文件描述符位图中查找一个空闲的文件描述符。

第 19 行和第 20 行代码，如果进程打开的文件的数量达到限制，那么返回-EMFILE。

第 22 行代码，调用函数 expand_files：如果当前的打开文件表已经分配完文件描述符，那么扩大打开文件表。

第 26 行和第 27 行代码，如果打开文件表被扩大了，那么重新尝试分配文件描述符。

第 29 行和第 30 行代码，记录下一次分配文件描述符开始尝试的位置（fd + 1）。

第 32 行代码，在文件描述符位图中记录 fd 已被分配。

第 33～36 行代码，如果调用进程设置了标志位 O_CLOEXEC，表示使用系统调用 execve()装载程序的时候关闭文件，那么在 close_on_exec 位图中设置 fd 对应的位，否则在 close_on_exec 位图中清除 fd 对应的位。

2. 解析文件路径

函数 do_filp_open 负责解析文件路径并得到文件的索引节点，创建文件的一个打开实例，把打开实例关联到索引节点，其代码如下：

```
fs/namei.c
struct file *do_filp_open(int dfd, struct filename *pathname,
            const struct open_flags *op)
{
    struct nameidata nd;
    int flags = op->lookup_flags;
    struct file *filp;

    set_nameidata(&nd, dfd, pathname);
    filp = path_openat(&nd, op, flags | LOOKUP_RCU);
    if (unlikely(filp == ERR_PTR(-ECHILD)))
            filp = path_openat(&nd, op, flags);
    if (unlikely(filp == ERR_PTR(-ESTALE)))
            filp = path_openat(&nd, op, flags | LOOKUP_REVAL);
    restore_nameidata();
    return filp;
}
```

结构体 nameidata 用来向解析函数传递参数，保存解析结果。

```
fs/namei.c
struct nameidata {
    struct path   path;
    struct qstr   last;
    struct path   root;
    struct inode *inode; /* path.dentry.d_inode */
    unsigned int flags;
    …
    unsigned depth;
    …
    struct saved {
        struct path link;
        struct delayed_call done;
        const char *name;
        unsigned seq;
    } *stack, internal[EMBEDDED_LEVELS];
    struct filename   *name;
    …
    int     dfd;
};
```

成员 dfd 是相对路径的基准目录对应的文件描述符，成员 name 指向文件路径，成员 flags 是查找标志位。

成员 last 存放需要解析的文件路径的分量，是一个快速字符串（quick string），不仅包含字符串，还包含长度和散列值。

成员 path 存放解析得到的挂载描述符和目录项，成员 inode 存放目录项对应的索引节点。

如果文件路径的分量是一个符号链接，那么接下来需要解析符号链接的目标。成员 stack 是一个栈，用来保存文件路径没有解析的部分。成员 depth 是栈的深度。假设目录 b 是一个符号链接，目标是"e/f"，解析文件路径"/a/b/c/d.txt"，解析到 b，发现 b 是符号链接，接下来要解析符号链接 b 的目标"e/f"，需要把文件路径中没有解析的部分"c/d.txt"

保存到栈中，等解析完符号链接后继续解析。

　　函数 do_filp_open 三次调用函数 path_openat 以解析文件路径。
- 　第一次解析传入标志 LOOKUP_RCU，使用 RCU 查找（rcu-walk）方式。在散列表中根据{父目录，名称}查找目录的过程中，使用 RCU 保护散列桶的链表，使用序列号保护目录，其他处理器可以并行地修改目录，RCU 查找方式速度最快。
- 　如果在第一次解析的过程中发现其他处理器修改了正在查找的目录，返回错误号-ECHILD，那么第二次使用引用查找（ref-walk）方式，在散列表中根据{父目录，名称}查找目录的过程中，使用 RCU 保护散列桶的链表，使用自旋锁保护目录，并且把目录的引用计数加 1。引用查找方式速度比较慢。
- 　网络文件系统的文件在网络的服务器上，本地上次查询得到的信息可能过期，和服务器的当前状态不一致。如果第二次解析发现信息过期，返回错误号-ESTALE，那么第三次解析传入标志 LOOKUP_REVAL，表示需要重新确认信息是否有效。

（1）函数 path_openat。

函数 path_openat 负责解析文件路径，主要代码如下：

```
fs/namei.c
1   static struct file *path_openat(struct nameidata *nd,
2               const struct open_flags *op, unsigned flags)
3   {
4    const char *s;
5    struct file *file;
6    int opened = 0;
7    int error;
8
9    file = get_empty_filp();
10   if (IS_ERR(file))
11       return file;
12
13   file->f_flags = op->open_flag;
14
15   …
16   s = path_init(nd, flags);
17   if (IS_ERR(s)) {
18       put_filp(file);
19       return ERR_CAST(s);
20   }
21   while (!(error = link_path_walk(s, nd)) &&
22       (error = do_last(nd, file, op, &opened)) > 0) {
23       nd->flags &= ~ (LOOKUP_OPEN|LOOKUP_CREATE|LOOKUP_EXCL);
24       s = trailing_symlink(nd);
25       if (IS_ERR(s)) {
26           error = PTR_ERR(s);
27           break;
28       }
29   }
30   terminate_walk(nd);
31 out2:
32   …
33   return file;
34 }
```

　　第 9 行代码，分配一个 file 实例。

第 16 行代码，确定查找的起始目录，初始化结构体 nameidata 的成员 path。如果文件路径是绝对路径，成员 path 保存进程的根目录。如果文件路径是相对路径，分两种情况：如果调用进程没有指定基准目录，那么成员 path 保存进程的当前工作目录；如果调用进程指定基准目录，那么成员 path 保存指定的当前工作目录。

第 21 行代码，调用函数 link_path_walk，解析文件路径的每个分量，最后一个分量除外。

第 22 行代码，调用函数 do_last，解析文件路径的最后一个分量，并且打开文件。

第 24 行代码，如果文件路径的最后一个分量是符号链接，那么调用函数 trailing_symlink 处理，读取符号链接文件的数据，新的文件路径是符号链接文件的数据，然后回到第 21 行代码，继续解析新的文件路径。假设在目录"/a"下执行命令"ln –s b/c.txt c_symlink"以创建符号链接，然后打开文件"/a/c_symlink"，在解析分量"c_symlink"的时候，发现它是符号链接，读取数据"b/c.txt"，然后继续解析文件路径"b/c.txt"。

第 30 行代码，调用函数 terminate_walk，释放解析文件路径的过程中保存的目录项和挂载描述符。

（2）函数 link_path_walk。

函数 link_path_walk 负责解析文件路径，执行流程如图 6.19 所示，每次从文件路径取一个分量（假设分量的父目录是 t），执行下面的处理。

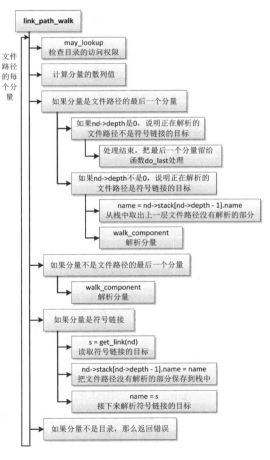

图6.19　函数link_path_walk的执行流程

1）调用函数 may_lookup 来检查目录 t 的访问权限。

2）根据目录 t 和分量计算散列值，把分量的名称、长度和散列值保存到 nameidata 结构体的成员 last 中。

3）如果分量是文件路径的最后一个分量，分两种情况。

❑ 如果 nameidata 结构体的成员 stack 指向的栈是空的，说明正在解析的文件路径不是符号链接的目标，那么本函数处理结束，把最后一个分量留给函数 do_last 处理。

❑ 如果 nameidata 结构体的成员 stack 指向的栈不是空的，说明正在解析的文件路径是符号链接的目标，那么首先调用函数 walk_component 解析分量，在目录 t 下查找名称是分量的目录项，然后从栈中取出上一层文件路径没有解析的部分继续解析。

4）如果分量不是文件路径的最后一个分量，那么调用函数 walk_component 解析分量，在目录 t 下查找名称是分量的目录项。

5）如果分量是符号链接，那么调用函数 get_link 读取符号链接的目标，把当前文件路径没有解析的部分保存到 nameidata 结构体的成员 stack 指向的栈中，接下来解析符号链接的目标。假设目录 b 是一个符号链接，目标是 "e/f"，解析文件路径 "/a/b/c/d.txt"。解析到分量 b，发现 b 是符号链接，接下来要解析符号链接 b 的目标 "e/f"，需要把文件路径中没有解析的部分 "c/d.txt" 保存到栈中，等解析完符号链接的目标以后，从栈中取出文件路径 "c/d.txt" 继续解析。

6）如果分量不是目录，那么停止解析，返回错误。

函数 walk_component 负责解析文件路径的一个分量，执行流程如图 6.20 所示。

1）如果分量不是正常的目录/文件名称，处理如下。

❑ 如果分量是 ".."，需要查找目录的父目录。例如，文件路径是 "/a/b/.."，".." 表示目录 b 的父目录 a。

❑ 如果分量是 "."，只需要跳过这个分量。例如，文件路径是 "/a/b/."，"." 表示目录 b。

2）如果分量是正常的目录/文件名称，处理如下。

❑ 调用函数 lookup_fast 执行快速查找，在内存的目录项缓存中根据{父目录，名称}查找。

❑ 如果快速查找失败，那么调用函数 lookup_slow 执行慢速查找，函数 lookup_slow 调用具体文件系统类型的目录的索引节点操作集合的 lookup 方法来查找，需要从存储设备读取目录的数据。

❑ 调用函数 follow_managed 处理按某种方式管理的目录：如果自动挂载工具 autofs 管理这个目录的跳转，那么调用具体文件系统类型的目录项操作集合的 d_manage 方法来处理；如果目录是挂载点，那么在挂载描述符散列表中查找挂载的文件系统，然后跳转到这个文件系统的根目录；如果目录是自动挂载点，那么调用函数 follow_automount 自动挂载文件系统。

❑ 如果目录是符号链接，那么调用函数 step_into 来加以处理：如果符号链接的嵌套层次超过 40，返回错误；nameidata 结构体的成员 stack 指向一个栈，如果栈的最大深度是初始值 2，那么把栈的最大深度扩大到 40；把解析分量得到的路径信息保存到栈中，接下来解析符号链接的目标。

（3）函数 do_last。

函数 do_last 负责解析文件路径的最后一个分量，并且打开文件。为了简化描述，这里只考虑要打开的文件已经存在这种情况，执行流程如图 6.21 所示。

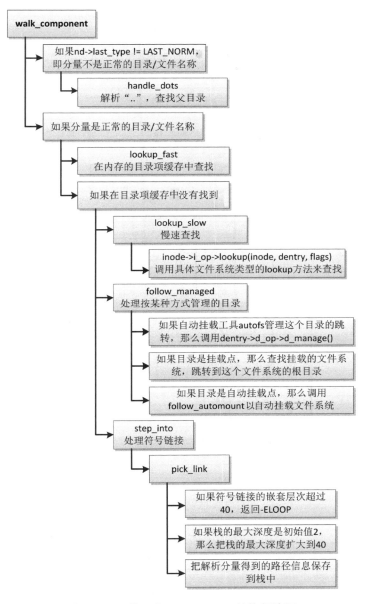

图6.20 函数walk_component的执行流程

1）如果分量不是正常的目录/文件名称，处理如下。

❑ 如果分量是"..", 需要查找目录的父目录。

❑ 如果分量是"."，只需要跳过这个分量。

2）如果分量是正常的目录/文件名称，处理如下。

❑ 调用函数 lookup_fast 执行快速查找，在内存的目录项缓存中根据{父目录，名称}查找。

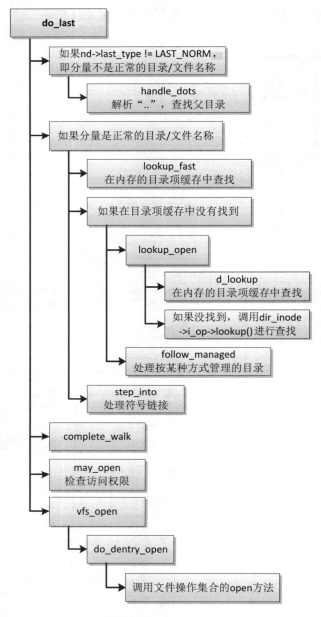

图6.21　函数do_last的执行流程

❑　如果快速查找失败，处理如下。

首先调用函数 lookup_open 执行慢速查找：首先调用函数 d_lookup，在内存的目录项缓存中查找，如果没有找到，就调用具体文件系统类型的目录的索引节点操作集合的 lookup 方法来查找，需要从存储设备读取目录的数据。

然后调用函数 follow_managed，处理按某种方式管理的目录（自动挂载工具 autofs 管理这个目录的跳转、挂载点或自动挂载点）。

❑　调用函数 step_into 处理符号链接：如果最后一个分量是符号链接，但是调用者不允许文件路径是符号链接，那么返回错误。

3）调用函数 complete_walk 结束路径查找。

4）调用函数 may_open 检查访问权限。

5）调用函数 vfs_open 打开文件，函数 vfs_open 调用具体文件系统类型的文件操作集合的 open 方法。

6.6 关闭文件

进程可以使用系统调用 close 关闭文件：

```
int close(int fd);
```

进程退出时，内核将会把进程打开的所有文件关闭。

系统调用 close 在文件"fs/open.c"中，执行流程如图 6.22 所示。

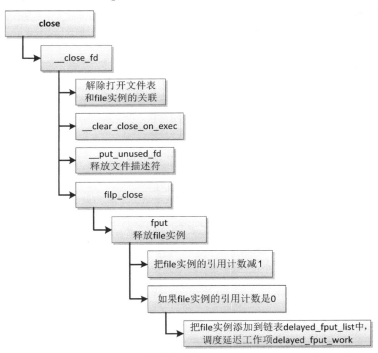

图6.22 关闭文件的执行流程

（1）解除打开文件表和 file 实例的关联。

（2）在 close_on_exec 位图中清除文件描述符对应的位。

（3）释放文件描述符，在文件描述符位图中清除文件描述符对应的位。

（4）调用函数 fput 释放 file 实例：把引用计数减 1，如果引用计数是 0，那么把 file 实例添加到链表 delayed_fput_list 中，然后调度延迟工作项 delayed_fput_work。

延迟工作项 delayed_fput_work 的处理函数是 flush_delayed_fput，其代码如下：

fs/file_table.c
```
void flush_delayed_fput(void)
{
```

```
        delayed_fput(NULL);
}

static void delayed_fput(struct work_struct *unused)
{
        struct llist_node *node = llist_del_all(&delayed_fput_list);
        struct llist_node *next;

        for (; node; node = next) {
                next = llist_next(node);
                __fput(llist_entry(node, struct file, f_u.fu_llist));
        }
}
```

遍历链表 delayed_fput_list，针对每个 file 实例，调用函数 __fput 来加以释放。

函数 __fput 负责释放 file 实例，主要代码如下：

fs/file_table.c
```
1    static void __fput(struct file *file)
2    {
3    struct dentry *dentry = file->f_path.dentry;
4    struct vfsmount *mnt = file->f_path.mnt;
5    struct inode *inode = file->f_inode;
6
7    …
8    fsnotify_close(file);
9    eventpoll_release(file);
10   locks_remove_file(file);
11
12   …
13   if (file->f_op->release)
14       file->f_op->release(inode, file);
15   …
16   fops_put(file->f_op);
17   …
18   file->f_path.dentry = NULL;
19   file->f_path.mnt = NULL;
20   file->f_inode = NULL;
21   file_free(file);
22   dput(dentry);
23   mntput(mnt);
24   }
```

第 8 行代码，调用函数 fsnotify_close 以通告关闭文件事件，进程可以使用 inotify 监视文件系统的事件。

第 9 行代码，如果进程使用 eventpoll 监听文件系统的事件，那么把文件从 eventpoll 数据库中删除。

第 10 行代码，如果进程持有文件锁，那么释放文件锁。

第 13 行和第 14 行代码，调用具体文件系统类型的文件操作集合的 release 方法。

第 16 行代码，把文件操作集合结构体的引用计数减 1。

第 18~20 行代码，解除 file 实例和目录项、挂载描述符以及索引节点的关联。

第 21 行代码，释放 file 实例的内存。

第 22 行代码，释放目录项。

第 23 行代码，释放挂载描述符。

6.7 创建文件

6.7.1 使用方法

创建不同类型的文件，需要使用不同的命令。

（1）普通文件：touch *FILE*，这条命令本来用来更新文件的访问时间和修改时间，如果文件不存在，创建文件。

（2）目录：mkdir *DIRECTORY*

（3）符号链接（也称为软链接）：ln -s *TARGET LINK_NAME* 或 ln --symbolic *TARGET LINK_NAME*

（4）字符或块设备文件：mknod *NAME TYPE* [*MAJOR MINOR*]

参数 *TYPE*：b 表示带缓冲区的块设备文件，c 表示带缓冲区的字符设备文件，u 表示不带缓冲区的字符设备文件，p 表示命名管道。

（5）命名管道：mkpipe *NAME*

（6）命令"ln *TARGET LINK_NAME*"用来创建硬链接，给已经存在的文件增加新的名称，文件的索引节点有一个硬链接计数，如果文件有 n 个名称，那么硬链接计数是 n。

内核提供了下面这些创建文件的系统调用。

（1）创建普通文件。

```
int creat(const char *pathname, mode_t mode);
```

也可以使用 open 和 openat 创建普通文件：如果参数 flags 设置标志位 O_CREAT，表示"如果文件不存在，创建文件"；如果参数 flags 设置标志位 O_CREAT|O_EXCL，表示创建文件，如果文件已经存在，返回错误。

```
int open(const char *pathname, int flags, mode_t mode);
int openat(int dirfd, const char *pathname, int flags, mode_t mode);
```

（2）创建目录。

```
int mkdir(const char *pathname, mode_t mode);
int mkdirat(int dirfd, const char *pathname, mode_t mode);
```

（3）创建符号链接。

```
int symlink(const char *oldpath, const char *newpath);
int symlinkat(const char *oldpath, int newdirfd, const char *newpath);
```

（4）mknod 通常用来创建字符设备文件和块设备文件，也可以创建普通文件、命名管道和套接字。

```
int mknod(const char *pathname, mode_t mode, dev_t dev);
int mknodat(int dirfd, const char *pathname, mode_t mode, dev_t dev);
```

（5）link 用来创建硬链接，给已经存在的文件增加新的名称。

```
int link(const char *oldpath, const char *newpath);
int linkat(int olddfd, const char *oldpath, int newdfd, const char *newpath);
```

glibc 库封装了和上面的系统调用同名的库函数，还封装了创建命名管道的库函数：

```
int mkfifo(const char *pathname, mode_t mode);
```

库函数 mkfifo 是通过调用系统调用 mknod 来实现的。

6.7.2　技术原理

创建文件需要在文件系统中分配一个索引节点，然后在父目录的数据中增加一个目录项来保存文件的名称和索引节点编号。因为各种文件系统类型的物理结构不同，所以需要提供索引节点操作集合的 create 方法。

6.5.2 节描述了使用系统调用 open 打开一个已经存在的文件的执行流程，本节描述使用系统调用 open 创建文件的执行流程。

调用系统调用 open 时，如果参数 flags 设置标志位 O_CREAT，表示"如果文件不存在，创建文件"；如果参数 flags 设置标志位 O_CREAT|O_EXCL，表示创建文件，如果文件已经存在，返回错误。

使用系统调用 open 创建文件，要求文件路径的每个目录必须是存在的。

使用系统调用 open 创建文件和打开文件，仅仅在函数 do_last 中存在差异。函数 do_last 负责解析文件路径的最后一个分量，并且打开文件。

使用函数 do_last 创建文件的执行流程如图 6.23 所示。

（1）调用函数 complete_walk 以结束路径查找。

（2）调用函数 mnt_want_write，获取对文件系统的写访问权限，告诉底层文件系统即将执行写操作，确保写操作被允许（挂载是读写模式，文件系统没有被冻结）。

（3）调用函数 lookup_open 以查找和创建文件。

❑　调用函数 d_lookup，在内存的目录项缓存中查找。

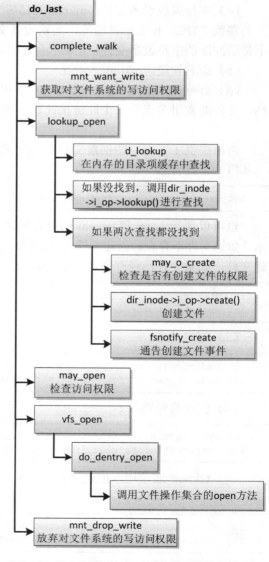

图6.23　使用函数do_last创建文件的执行流程

❑ 如果没有找到，就调用具体文件系统类型的目录的索引节点操作集合的 lookup 方法来查找，需要从存储设备读取目录的数据。

❑ 如果两次查找都没找到，那么创建文件：首先调用函数 may_o_create，检查是否有创建文件的权限，然后调用索引节点操作集合的 create 方法来创建文件，最后调用函数 fsnotify_create 来通告创建文件事件。

（4）调用函数 may_open 以检查访问权限。

（5）调用函数 vfs_open 以打开文件，函数 vfs_open 调用具体文件系统类型的文件操作集合的 open 方法。

（6）调用函数 mnt_drop_write，放弃对文件系统的写访问权限，告诉底层文件系统写操作结束，允许文件系统被冻结。

6.8 删除文件

6.8.1 使用方法

删除文件的命令如下。

（1）删除任何类型的文件：unlink *FILE*。

（2）rm *FILE*，默认不删除目录，如果使用选项"-r""-R"或"--recursive"，可以删除目录和目录的内容。

（3）删除目录：rmdir *DIRECTORY*。

内核提供了下面这些删除文件的系统调用。

（1）unlink 用来删除文件的名称，如果文件的硬链接计数变成 0，并且没有进程打开这个文件，那么删除文件。

```
int unlink(const char *pathname);
int unlinkat(int dirfd, const char *pathname, int flags);
```

（2）删除目录。

```
int rmdir(const char *pathname);
```

6.8.2 技术原理

删除文件需要从父目录的数据中删除文件对应的目录项，把文件的索引节点的硬链接计数减 1（一个文件可以有多个名称，Linux 把文件名称称为硬链接），如果索引节点的硬链接计数变成 0，那么释放索引节点。因为各种文件系统类型的物理结构不同，所以需要提供索引节点操作集合的 unlink 方法。

系统调用 unlink 和 unlinkat 都把主要工作委托给函数 do_unlinkat，unlink 传入特殊的文件描述符 AT_FDCWD，表示"如果文件路径是相对路径，解释为相对调用进程的当前工作目录"。

```
fs/namei.c
SYSCALL_DEFINE3(unlinkat, int, dfd, const char __user *, pathname, int, flag)
{
    if ((flag & ~AT_REMOVEDIR) != 0)
            return -EINVAL;

    if (flag & AT_REMOVEDIR)
            return do_rmdir(dfd, pathname);

    return do_unlinkat(dfd, pathname);
}

SYSCALL_DEFINE1(unlink, const char __user *, pathname)
{
    return do_unlinkat(AT_FDCWD, pathname);
}
```

函数 do_unlinkat 的执行流程如图 6.24 所示。

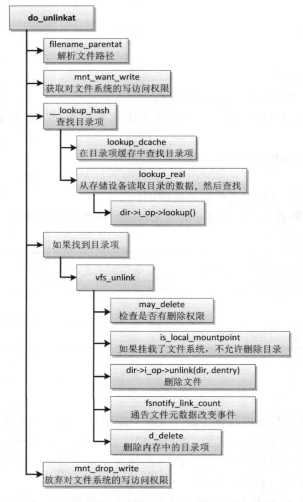

图6.24　删除文件的执行流程

（1）调用函数 filename_parentat 以解析文件路径，解析除了最后一个分量以外的所有分量，例如文件路径是"/a/b/c.txt"，只解析到分量 b。

（2）调用函数 mnt_want_write 以获取对文件系统的写访问权限，告诉底层文件系统即将执行写操作，确保写操作被允许（挂载是读写模式，文件系统没有被冻结）。

（3）调用函数 __lookup_hash，查找文件路径的最后一个分量的目录项：首先调用函数 lookup_dcache，在内存的目录项缓存中查找目录项，如果没找到，那么调用具体文件系统类型的索引节点操作集合的 lookup 方法来查找，从存储设备读取目录的数据，然后查找目录项。

（4）如果找到目录项，那么调用函数 vfs_unlink 删除文件，处理如下。

❑　调用函数 may_delete，检查是否有删除权限。

❑　如果目录在当前进程的挂载命名空间中挂载了文件系统，那么不允许删除目录。需要先卸载目录下挂载的文件系统，才能删除目录。

❑　调用具体文件系统类型的索引节点操作集合的 unlink 方法来删除文件。

❑　调用函数 fsnotify_link_count 以通告文件元数据（即文件属性）改变事件，因为文件的索引节点的硬链接计数被减 1。

❑　调用函数 d_delete，删除内存中的目录项。

（5）调用函数 mnt_drop_write，放弃对文件系统的写访问权限，告诉底层文件系统写操作结束，允许文件系统被冻结。

6.9　设置文件权限

6.9.1　使用方法

设置文件权限的命令如下。

（1）chmod　[*OPTION*]...　*MODE*[,*MODE*]...　*FILE*...

参数 *MODE* 是字符串，格式是[ugoa...][[+-=][perms...]...]。

u 表示拥有文件的用户，g 表示拥有文件的用户所在组的其他用户，o 表示其他组的用户，a 表示所有用户。

+表示添加文件模式位，-表示删除文件模式位，=表示添加指定的模式位并且删除没有指定的模式位。

perms 是集合"rwxXst"中的 0 个或多个字符，r（read）表示读，w（write）表示写，x（execute）表示允许执行程序文件或在目录下查找，X 表示只有在某个用户已经有执行权限时才可以执行程序文件或只有在文件是目录时才可以进行查找，s 表示执行程序文件时设置用户或组标识符，t 表示受限删除标志或粘滞（sticky）位。

（2）chmod　[*OPTION*]...　*OCTAL-MODE*　*FILE*...

参数 *OCTAL-MODE* 是八进制数值。

内核提供了下面这些设置文件权限的系统调用。

（1）int chmod(const char *path, mode_t mode);

（2）int fchmod(int fd, mode_t mode);

（3）int fchmodat(int dfd, const char *filename, mode_t mode);

597

参数 mode 可以是下面这些标准的文件模式位的组合。

（1）S_IRWXU（00700，以 0 开头表示八进制）：用户（即文件拥有者）有读、写和执行权限。

（2）S_IRUSR（00400）：用户有读权限。

（3）S_IWUSR（00200）：用户有写权限。

（4）S_IXUSR（00100）：用户有执行权限。

（5）S_IRWXG（00070）：文件拥有者所在组的其他用户有读、写和执行权限。

（6）S_IRGRP（00040）：文件拥有者所在组的其他用户有读权限。

（7）S_IWGRP（00020）：文件拥有者所在组的其他用户有写权限。

（8）S_IXGRP（00010）：文件拥有者所在组的其他用户有执行权限。

（9）S_IRWXO（00007）：其他组的用户有读、写和执行权限。

（10）S_IROTH（00004）：其他组的用户有读权限。

（11）S_IWOTH（00002）：其他组的用户有写权限。

（12）S_IXOTH（00001）：其他组的用户有执行权限。

参数 mode 可以包含下面这些 Linux 私有的文件模式位。

（1）S_ISUID（0004000）：set-user-ID 位。

（2）S_ISGID（0002000）：set-group-ID 位。

（3）S_ISVTX（0001000）：粘滞（sticky）位。

6.9.2 技术原理

修改文件权限需要修改文件的索引节点的文件模式字段，文件模式字段包含文件类型和访问权限。因为各种文件系统类型的索引节点不同，所以需要提供索引节点操作集合的 setattr 方法。

系统调用 chmod 负责修改文件权限，其代码如下：

```
fs/open.c
SYSCALL_DEFINE2(chmod, const char __user *, filename, umode_t, mode)
{
    return sys_fchmodat(AT_FDCWD, filename, mode);
}
```

系统调用 chmod 调用 fchmodat，传入特殊的文件描述符 AT_FDCWD，表示"如果文件路径是相对路径，解释为相对调用进程的当前工作目录"。

系统调用 fchmodat 的代码如下：

```
fs/open.c
SYSCALL_DEFINE3(fchmodat, int, dfd, const char __user *, filename, umode_t, mode)
{
    struct path path;
    int error;
    unsigned int lookup_flags = LOOKUP_FOLLOW;
retry:
    error = user_path_at(dfd, filename, lookup_flags, &path);
    if (!error) {
        error = chmod_common(&path, mode);
        path_put(&path);
        if (retry_estale(error, lookup_flags)) {
```

```
                    lookup_flags |= LOOKUP_REVAL;
                    goto retry;
            }
    }
    return error;
}
```

首先调用函数 user_path_at 解析文件路径，然后调用函数 chmod_common 修改文件权限。

函数 chmod_common 的执行流程如图 6.25 所示。

（1）调用函数 mnt_want_write，获取对文件系统的写访问权限，告诉底层文件系统即将执行写操作，确保写操作被允许（挂载是读写模式，文件系统没有被冻结）。

（2）调用具体文件系统类型的索引节点操作集合的 setattr 方法，修改索引节点的文件模式字段。如果是简单的文件系统，没有提供 setattr 方法，那么调用函数 simple_setattr 来修改索引节点的文件模式字段。

（3）调用函数 fsnotify_change，通告文件元数据（即文件属性）改变事件，因为文件的索引节点的文件模式字段有变化。

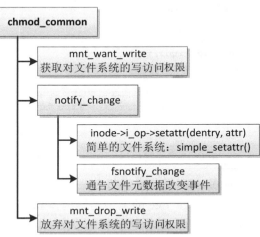

图6.25　函数chmod_common的执行流程

（4）调用函数 mnt_drop_write，放弃对文件系统的写访问权限，告诉底层文件系统写操作结束，允许文件系统被冻结。

6.10　页缓存

访问外部存储设备的速度很慢，为了避免每次读写文件时访问外部存储设备，文件系统模块为每个文件在内存中创建一个缓存，因为缓存的单位是页，所以称为页缓存。

文件的页缓存的数据结构如图 6.26 所示。

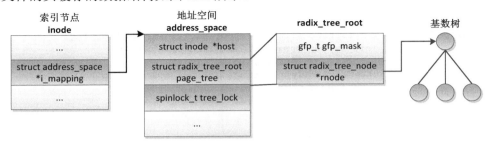

图6.26　文件的页缓存

（1）索引节点的成员 i_mapping 指向地址空间结构体（address_space）。进程在打开文件的时候，文件打开实例（file 结构体）的成员 f_mapping 也会指向文件的地址空间。

（2）每个文件有一个地址空间结构体 address_space，成员 page_tree 的类型是结构体 radix_tree_root：成员 gfp_mask 是分配内存页的掩码，成员 rnode 指向基数树的根节点。

（3）使用基数树管理页缓存，把文件的页索引映射到内存页的页描述符。

6.10.1 地址空间

每个文件都有一个地址空间结构体 address_space，用来建立数据缓存（在内存中为某种数据创建的缓存）和数据来源（即存储设备）之间的关联。结构体 address_space 中和页缓存相关的成员如下：

```
include/linux/fs.h
struct address_space {
    struct inode          *host;
    struct radix_tree_root  page_tree;
    spinlock_t            tree_lock;
    …
    const struct address_space_operations *a_ops;
    …
} __attribute__((aligned(sizeof(long))));
```

成员 host 指向索引节点。

成员 page_tree 的类型是结构体 radix_tree_root：成员 gfp_mask 是分配内存页的掩码，成员 rnode 指向基数树的根节点。

成员 tree_lock 用来保护基数树。

成员 a_ops 指向地址空间操作集合。

地址空间操作集合 address_space_operations 的主要成员如下：

```
include/linux/fs.h
struct address_space_operations {
    int (*writepage)(struct page *page, struct writeback_control *wbc);
    int (*readpage)(struct file *, struct page *);

    int (*writepages)(struct address_space *, struct writeback_control *);

    int (*set_page_dirty)(struct page *page);

    int (*readpages)(struct file *filp, struct address_space *mapping,
            struct list_head *pages, unsigned nr_pages);

    int (*write_begin)(struct file *, struct address_space *mapping,
                loff_t pos, unsigned len, unsigned flags,
                struct page **pagep, void **fsdata);
    int (*write_end)(struct file *, struct address_space *mapping,
                loff_t pos, unsigned len, unsigned copied,
                struct page *page, void *fsdata);
    …
}
```

方法 writepage 用来把文件的一页写到存储设备。

方法 readpage 用来把文件的一页从存储设备读到内存。

方法 writepages 用来把文件的多个脏页（脏页是指数据被修改过的页）写到存储设备。

方法 readpages 用来把文件的多个页从存储设备读到内存。

方法 set_page_dirty 用来给文件的一页设置脏标记，表示数据被修改过，还没写回到存储设备。

写文件的时候，针对每一页，首先调用方法 write_begin，在页缓存中查找和创建页，以及执行具体文件系统类型特定的操作，然后把数据从用户缓冲区复制到页缓存的页中，最后调用方法 write_end 来执行具体文件系统类型特定的操作。

6.10.2　基数树

基数树（radix tree）是 n 叉树，内核为 n 提供了两种选择：16 或 64，取决于配置宏 CONFIG_BASE_SMALL（表示使用小的内核数据结构）。因为配置宏 CONFIG_BASE_SMALL 默认关闭，所以默认的基数树是 64 叉树。

```
include/linux/radix-tree.h
#ifndef RADIX_TREE_MAP_SHIFT
#define RADIX_TREE_MAP_SHIFT (CONFIG_BASE_SMALL ? 4 : 6)
#endif

#define RADIX_TREE_MAP_SIZE (1UL << RADIX_TREE_MAP_SHIFT)

init/kconfig
config BASE_SMALL                   /* 表示使用小的内核数据结构，可以减少内存消耗。 */
    int
    default 0 if BASE_FULL   /* 如果开启BASE_FULL，那么默认关闭BASE_SMALL。 */
    default 1 if !BASE_FULL

config BASE_FULL                    /* 表示启用全尺寸的内核数据结构，默认启用。 */
    default y
    bool "Enable full-sized data structures for core" if EXPERT
```

基数树的数据结构如图 6.27 所示，节点的数据类型是结构体 radix_tree_node，有 64 个插槽，中间节点的每个插槽要么是空指针，要么指向下一层节点的结构体 radix_tree_node；叶子节点的每个插槽要么是空指针，要么指向一个内存页的页描述符（page 结构体）。

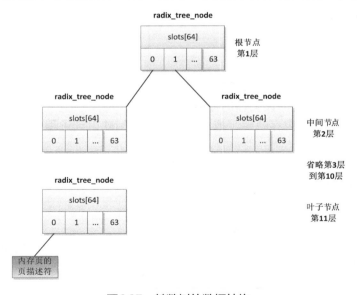

图6.27　基数树的数据结构

在 64 位内核中，文件的页索引的长度是 64 位，基数树的每层匹配页索引的 6 位，基数树的深度是 11 层，根节点是第一层，第一层匹配页索引的 59～64 位，第二层匹配页索引的 53～58 位，第三层匹配页索引的 47～52 位，依次类推。

6.10.3 编程接口

页缓存的常用操作函数如下。

（1）函数 find_get_page 根据文件的页索引在页缓存中查找内存页。

```
struct page *find_get_page(struct address_space *mapping, pgoff_t offset);
```

（2）函数 find_or_create_page 根据文件的页索引在页缓存中查找内存页，如果没有找到内存页，那么分配一个内存页，然后添加到页缓存中。

```
struct page *find_or_create_page(struct address_space *mapping,
                        pgoff_t offset, gfp_t gfp_mask)
```

（3）函数 add_to_page_cache_lru 把一个内存页添加到页缓存和 LRU 链表中。

```
int add_to_page_cache_lru(struct page *page, struct address_space *mapping,
                        pgoff_t offset, gfp_t gfp_mask);
```

（4）函数 delete_from_page_cache 从页缓存中删除一个内存页。

```
void delete_from_page_cache(struct page *page);
```

6.11 读文件

6.11.1 编程接口

进程读文件的方式有 3 种。

（1）调用内核提供的读文件的系统调用。

（2）调用 glibc 库封装的读文件的标准 I/O 流函数。

（3）创建基于文件的内存映射，把文件的一个区间映射到进程的虚拟地址空间，然后直接读内存。

第 2 种方式在用户空间创建了缓冲区，能减少系统调用的次数，提高性能。第 3 种方式可以避免系统调用，性能最高。

内核提供了下面这些读文件的系统调用。

（1）系统调用 read 从文件的当前偏移读文件，把数据存放在一个缓冲区。

```
ssize_t read(int fd, void *buf, size_t count);
```

（2）系统调用 pread64 从指定偏移开始读文件。

```
ssize_t pread64(int fd, void *buf, size_t count, off_t offset);
```

（3）系统调用 readv 从文件的当前偏移读文件，把数据存放在多个分散的缓冲区。

```
ssize_t readv(int fd, const struct iovec *iov, int iovcnt);
```

（4）系统调用 preadv 从指定偏移开始读文件，把数据存放在多个分散的缓冲区。

```
ssize_t preadv(int fd, const struct iovec *iov, int iovcnt, off_t offset);
```

（5）系统调用 preadv2 在系统调用 preadv 的基础上增加了参数"int flags"。

```
ssize_t preadv2(int fd, const struct iovec *iov, int iovcnt, off_t offset, int flags);
```

其中 preadv 和 preadv2 是 Linux 内核私有的系统调用。

对于除了 pread64 以外的系统调用，glibc 库封装了同名的库函数。针对系统调用 pread64，glibc 库封装的函数是 pread，原型如下：

```
ssize_t pread(int fd, void *buf, size_t count, off_t offset);
```

glibc 库还封装了一个读文件的标准 I/O 流函数：

```
size_t fread(void *ptr, size_t size, size_t nmemb, FILE *stream);
```

使用基于文件的内存映射读文件的方法如下所示，把文件从偏移 offset 开始、长度为 len 字节的区间映射到进程的虚拟地址空间，偏移 offset 必须是页长度的整数倍。

```
int fd, i;
char *addr;

fd = open("/a/b.txt", O_RDWR);
if (fd < 0) {
        exit(EXIT_FAILURE);
}

addr = mmap(NULL, len, PROT_READ | PROT_WRITE, MAP_SHARED, fd, offset);
if (addr == MAP_FAILED) {
        exit(EXIT_FAILURE);
}

for (i = 0; i < len; i++) {
        printf("%c", *(addr + i));
}
```

6.11.2 技术原理

读文件的主要步骤如下。

（1）调用具体文件系统类型提供的文件操作集合的 read 或 read_iter 方法来读文件。

（2）read 或 read_iter 方法根据页索引在文件的页缓存中查找页，如果没有找到，那么调用具体文件系统类型提供的地址空间操作集合的 readpage 方法来从存储设备读取文件页到内存中。

为了提高读文件的速度，从存储设备读取文件页到内存中的时候，除了读取请求的文件页，还会预读后面的文件页。如果进程按顺序读文件，预读文件页可以提高读文件的速度；如果进程随机读文件，预读文件页对提高读文件的速度帮助不大。

常用的读文件系统调用是 read，其定义如下：

fs/read_write.c
```
SYSCALL_DEFINE3(read, unsigned int, fd, char __user *, buf, size_t, count)
```

系统调用 read 的执行流程如图 6.28 所示。

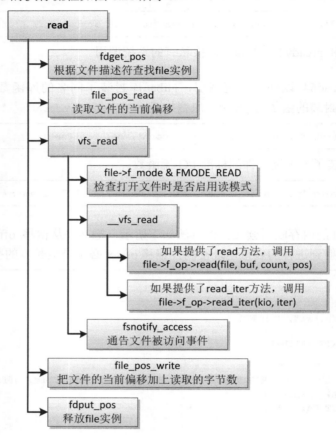

图6.28　系统调用read的执行流程

（1）调用函数 fdget_pos，根据文件描述符在当前进程的打开文件表中查找文件的打开实例：file 结构体。

（2）调用函数 file_pos_read，从文件的打开实例读取文件的当前偏移。

（3）调用函数 vfs_read 读文件。

❑　检查打开文件时是否启用了读模式，如果没有启用读模式，那么不允许读文件。

❑　如果具体文件系统类型提供了文件操作集合的 read 方法，那么调用 read 方法读文件。

❑　如果具体文件系统类型提供了文件操作集合的 read_iter 方法，那么调用 read_iter 方法读文件。

❑　调用函数 fsnotify_access，通告文件被访问事件。

（4）调用函数 file_pos_write，把文件的当前偏移加上读取的字节数。

（5）调用函数 fdput_pos，释放文件的打开实例。

read 方法和 read_iter 方法的区别是：read 方法只能传入一个连续的缓冲区，read_iter 方法可以传入多个分散的缓冲区。

以 EXT4 文件系统为例，它提供了文件操作集合的 read_iter 方法。

```
fs/ext4/file.c
const struct file_operations ext4_file_operations = {
    …
    .read_iter   = ext4_file_read_iter,
    …
};
```

函数 ext4_file_read_iter 调用通用的读文件函数 generic_file_read_iter，执行流程如图 6.29 所示，针对请求的每一页，执行下面的操作。

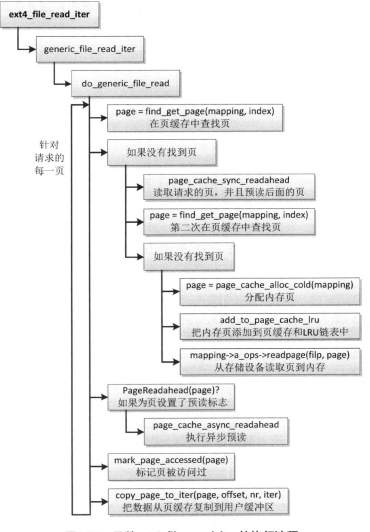

图6.29　函数ext4_file_read_iter的执行流程

（1）调用函数 find_get_page，根据页索引在文件的页缓存中查找页。

（2）如果没有找到页，执行下面的操作。

1）调用函数 page_cache_sync_readahead，从存储设备读取请求的页，并且预读后面的页。假设请求读第 0 页，同时预读第 1 页、第 2 页和第 3 页，会给预读的第一页设置预读标志。

2）第二次根据页索引在文件的页缓存中查找页。

3）如果没有找到页，执行下面的操作。

❑　　分配内存页。

❑　　把内存页添加到页缓存和 LRU 链表中。

❑　　调用文件的地址空间操作集合的 readpage 方法，从存储设备读取页到内存。

（3）如果为页设置了预读标志，说明这一页是读取前一页的时候预读到内存的，那么调用函数 page_cache_async_readahead 继续预读后面的页，使用异步模式，不等待读操作结束。

（4）调用函数 mark_page_accessed 以标记页被访问过。

（5）调用函数 copy_page_to_iter，把数据从页缓存复制到用户缓冲区。

6.12　写文件

6.12.1　编程接口

进程写文件的方式有 3 种。

（1）调用内核提供的写文件的系统调用。

（2）调用 glibc 库封装的写文件的标准 I/O 流函数。

（3）创建基于文件的内存映射，把文件的一个区间映射到进程的虚拟地址空间，然后直接写内存。

第 2 种方式在用户空间创建了缓冲区，能够减少系统调用的次数，提高性能。第 3 种方式可以避免系统调用，性能最高。

内核提供了下面这些写文件的系统调用。

（1）函数 write 从文件的当前偏移写文件，调用进程把要写入的数据存放在一个缓冲区。

```
ssize_t write(int fd, const void *buf, size_t count);
```

（2）函数 pwrite64 从指定偏移开始写文件。

```
ssize_t pwrite64(int fd, const void *buf, size_t count, off_t offset);
```

（3）函数 writev 从文件的当前偏移写文件，调用进程把要写入的数据存放在多个分散的缓冲区。

```
ssize_t writev(int fd, const struct iovec *iov, int iovcnt);
```

（4）函数 pwritev 从指定偏移开始写文件，调用进程把要写入的数据存放在多个分散的缓冲区。

```
ssize_t pwritev(int fd, const struct iovec *iov, int iovcnt, off_t offset);
```

（5）函数 pwritev2 在函数 pwritev 的基础上增加了参数"int flags"。

```
ssize_t pwritev2(int fd, const struct iovec *iov, int iovcnt, off_t offset, int flags);
```

其中 pwritev 和 pwritev2 是 Linux 内核私有的系统调用。

对于除了 pwrite64 以外的系统调用，glibc 库封装了同名的库函数。针对系统调用 pwrite64，glibc 库封装的函数是 pwrite，原型如下：

```
ssize_t pwrite(int fd, const void *buf, size_t count, off_t offset);
```

glibc 库还封装了一个写文件的标准 I/O 流函数：

```
size_t fwrite(const void *ptr, size_t size, size_t nmemb, FILE *stream);
```

使用基于文件的内存映射写文件的方法如下所示，把文件从偏移 offset 开始、长度为 len 字节的区间映射到进程的虚拟地址空间，偏移 offset 必须是页长度的整数倍。

```
int fd, i;
char *addr;

fd = open("/a/b.txt", O_RDWR);
if (fd < 0) {
        exit(EXIT_FAILURE);
}

addr = mmap(NULL, len, PROT_READ | PROT_WRITE, MAP_SHARED, fd, offset);
if (addr == MAP_FAILED) {
        exit(EXIT_FAILURE);
}

for (i = 0; i < len; i++) {
        *(addr + i) = 'a';
}
```

6.12.2 技术原理

写文件的主要步骤如下。

（1）调用具体文件系统类型提供的文件操作集合的 write 或 write_iter 方法来写文件。

（2）write 或 write_iter 方法调用文件的地址空间操作集合的 write_begin 方法，在页缓存中查找页，如果页不存在，那么分配页；然后把数据从用户缓冲区复制到页缓存的页中；最后调用文件的地址空间操作集合的 write_end 方法。

常用的写文件系统调用是 write，其定义如下：

```
fs/read_write.c
SYSCALL_DEFINE3(write, unsigned int, fd, const char __user *, buf, size_t, count)
```

系统调用 write 的执行流程如图 6.30 所示。

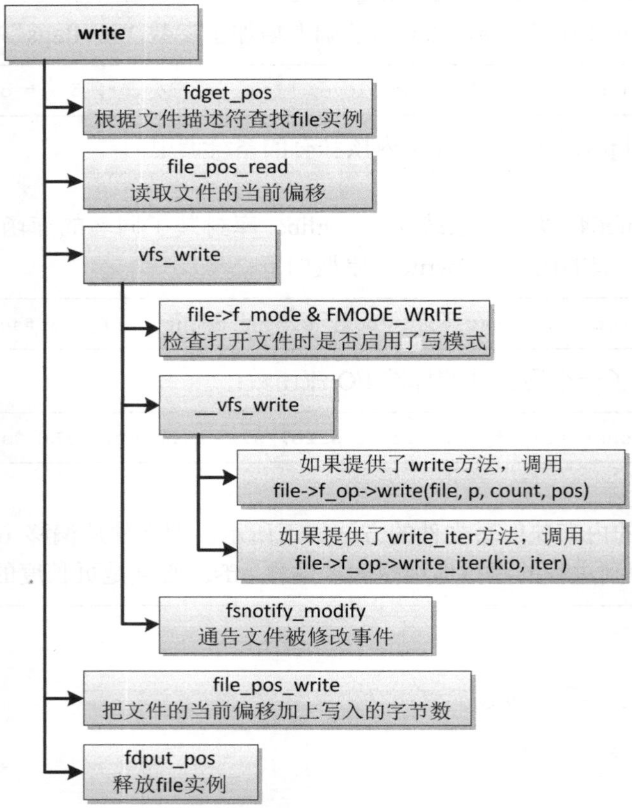

图6.30　系统调用write的执行流程

（1）调用函数 fdget_pos，根据文件描述符在当前进程的打开文件表中查找文件的打开实例：file 结构体。

（2）调用函数 file_pos_read，从文件的打开实例读取文件的当前偏移。

（3）调用函数 vfs_write 写文件。

❑　检查打开文件时是否启用了写模式，如果没有启用写模式，那么不允许写文件。

❑　如果具体文件系统类型提供了文件操作集合的 write 方法，那么调用 write 方法写文件。

❑　如果具体文件系统类型提供了文件操作集合的 write_iter 方法，那么调用 write_iter 方法写文件。

❑　调用函数 fsnotify_modify，通告文件被修改事件。

（4）调用函数 file_pos_write，把文件的当前偏移加上写入的字节数。

（5）调用函数 fdput_pos，释放文件的打开实例。

write 方法和 write_iter 方法的区别是：write 方法只能传入一个连续的缓冲区，write_iter 方法可以传入多个分散的缓冲区。

以 EXT4 文件系统为例，它提供了文件操作集合的 write_iter 方法。

fs/ext4/file.c

```
const struct file_operations ext4_file_operations = {
    …
    .write_iter    = ext4_file_write_iter,
    …
};
```

函数 ext4_file_write_iter 调用通用的写文件函数__generic_file_write_iter，执行流程如图 6.31 所示，针对要写入的每一页，执行下面的操作。

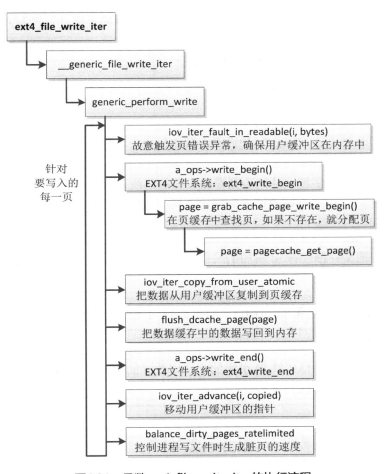

图6.31　函数ext4_file_write_iter的执行流程

（1）调用函数 iov_iter_fault_in_readable，故意触发页错误异常，确保用户缓冲区的当前页在内存中。如果页被换出到交换区，那么触发页错误异常，把页换入到内存中。

（2）调用文件的地址空间操作集合的 write_begin 方法，EXT4 文件系统提供的 write_begin 方法是函数 ext4_write_begin，在页缓存中查找页，如果页不存在，那么分配页。

（3）调用函数 iov_iter_copy_from_user_atomic，把数据从用户缓冲区复制到页缓存的页中。

（4）调用函数 flush_dcache_page，把数据缓存中的数据写回到内存。上一步把数据从用户缓冲区复制到页缓存，数据可能在处理器的数据缓存中，如果数据缓存使用虚拟地址生成索引，可能存在缓存别名问题。

（5）调用文件的地址空间操作集合的 write_end 方法，EXT4 文件系统提供的 write_end 方法是函数 ext4_write_end，在向页缓存写入一页以后执行特定的操作。

（6）调用函数 iov_iter_advance，把指针移到下一次要写入的数据的起始位置。

（7）调用函数 balance_dirty_pages_ratelimited，控制进程写文件时生成脏页的速度。

6.13　文件回写

进程写文件时，内核的文件系统模块把数据写到文件的页缓存，没有立即写回到存储设备。文件系统模块会定期把脏页（即数据被修改过的文件页）写回到存储设备，进程也可以调用系统调用把脏页强制写回到存储设备。

6.13.1　编程接口

管理员可以执行命令"sync"，把内存中所有修改过的文件元数据和文件数据写回到存储设备。

内核提供了下面这些把文件同步到存储设备的系统调用。

（1）sync 把内存中所有修改过的文件元数据和文件数据写回到存储设备。

```
void sync(void);
```

（2）syncfs 把文件描述符 fd 引用的文件所属的文件系统写回到存储设备。

```
int syncfs(int fd);
```

（3）fsync 把文件描述符 fd 引用的文件修改过的元数据和数据写回到存储设备。

```
int fsync(int fd);
```

（4）fdatasync 把文件描述符 fd 引用的文件修改过的数据写回到存储设备，还会把检索这些数据需要的元数据写回到存储设备。

```
int fdatasync(int fd);
```

（5）Linux 私有的系统调用 sync_file_range 把文件的一个区间修改过的数据写回到存储设备。

```
int sync_file_range(int fd, off64_t offset, off64_t nbytes, unsigned int flags);
```

glibc 库针对这些系统调用封装了同名的库函数，还封装了一个把数据从用户空间缓冲区写到内核的标准 I/O 流函数：

```
int fflush(FILE *stream);
```

6.13.2　技术原理

把文件写回到存储设备的时机如下。

（1）周期回写。
（2）当脏页的数量达到限制的时候，强制回写。
（3）进程调用 sync 和 syncfs 等系统调用。

1. 数据结构

文件回写的数据结构如图 6.32 所示。

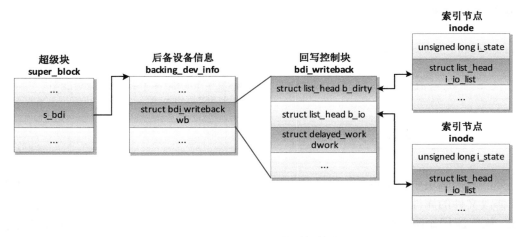

图6.32 文件回写的数据结构

在挂载存储设备上的文件系统时，具体文件系统类型提供的 mount 方法从存储设备读取超级块，在内存中创建超级块的副本，把超级块关联到描述存储设备信息的结构体 backing_dev_info。结构体 backing_dev_info 的主要成员如下：

```
include/linux/backing-dev-defs.h
struct backing_dev_info {
    struct list_head bdi_list;
    …
    struct bdi_writeback wb;
    …
};
```

成员 bdi_list 用来把所有 backing_dev_info 实例链接到全局链表 bdi_list。

结构体 backing_dev_info 有一个类型为 bdi_writeback 的成员 wb，结构体 bdi_writeback 是回写控制块，主要成员如下：

```
include/linux/backing-dev-defs.h
struct bdi_writeback {
    …
    struct list_head b_dirty;
    struct list_head b_io;
    …
    struct delayed_work dwork;
    …
};
```

链表 b_dirty 用来存放该文件系统中所有数据或属性被修改过的索引节点。
链表 b_io 用来存放准备写回到存储设备的索引节点。

　　成员 dwork 是一个延迟工作项，处理函数是文件"fs/fs-writeback.c"中定义的函数 wb_workfn，它负责把该文件系统中的脏页写回到后备存储设备。

　　内核创建了一个名为"writeback"的工作队列，专门负责把文件写回到存储设备，称为回写工作队列。全局变量 bdi_wq 指向回写工作队列。

```
mm/backing-dev.c
struct workqueue_struct *bdi_wq;

static int __init default_bdi_init(void)
{
    …
    bdi_wq = alloc_workqueue("writeback", WQ_MEM_RECLAIM | WQ_FREEZABLE |
                            WQ_UNBOUND | WQ_SYSFS, 0);
    …
}
subsys_initcall(default_bdi_init);
```

　　把回写控制块中的延迟工作项添加到回写工作队列的时机是：修改文件的属性或数据。

　　修改文件的属性，以调用 chmod 修改文件的访问权限为例，假设文件属于 EXT4 文件系统，执行流程如图 6.33 所示。系统调用 chmod 调用 EXT4 文件系统提供的索引节点操作集合的 setattr 方法：函数 ext4_setattr。函数 ext4_setattr 的执行过程如下。

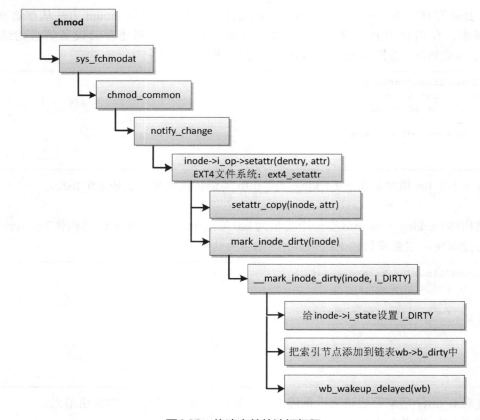

图6.33　修改文件的访问权限

（1）调用函数 setattr_copy，把访问权限保存到索引节点。

（2）给索引节点的字段 i_state 设置 I_DIRTY。I_DIRTY 是标志位组合(I_DIRTY_SYNC | I_DIRTY_DATASYNC | I_DIRTY_PAGES)，I_DIRTY_SYNC 表示文件的属性变化（系统调用 fdatasync 不需要同步），I_DIRTY_DATASYNC 表示检索数据需要的属性变化（系统调用 fdatasync 需要同步），I_DIRTY_PAGES 表示文件有脏页，即文件的数据有变化。

（3）把索引节点添加到回写控制块的链表 b_dirty 中。

（4）调用函数 wb_wakeup_delayed，把回写控制块的延迟工作项添加到回写工作队列。

以调用 write 写 EXT4 文件系统的一个文件为例，如图 6.34 所示，系统调用 write 调用 EXT4 文件系统提供的文件操作集合的 write_iter 方法：函数 ext4_file_write_iter。

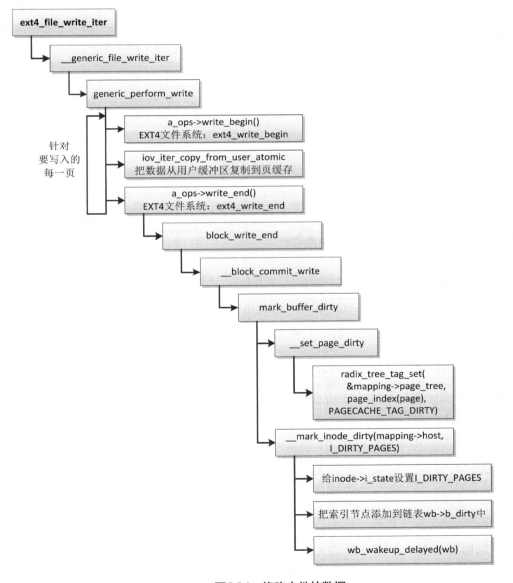

图6.34 修改文件的数据

调用函数 iov_iter_copy_from_user_atomic 把一页数据从用户缓冲区复制到页缓存以后，调用 EXT4 文件系统提供的地址空间操作集合的 write_end 方法：函数 ext4_write_end。函数 ext4_write_end 的执行过程如下。

（1）调用函数 __set_page_dirty，在页缓存中给页设置脏标记。

（2）给索引节点的字段 i_state 设置标志位 I_DIRTY_PAGES，表示文件有脏页，即文件的数据有变化。

（3）把索引节点添加到回写控制块的链表 b_dirty 中。

（4）调用函数 wb_wakeup_delayed，把回写控制块的延迟工作项添加到回写工作队列。

函数 wb_wakeup_delayed 把回写控制块的延迟工作项添加到回写工作队列，超时是周期回写的时间间隔。

```
mm/backing-dev.c
void wb_wakeup_delayed(struct bdi_writeback *wb)
{
    unsigned long timeout;

    timeout = msecs_to_jiffies(dirty_writeback_interval * 10);
    spin_lock_bh(&wb->work_lock);
    if (test_bit(WB_registered, &wb->state))
            queue_delayed_work(bdi_wq, &wb->dwork, timeout);
    spin_unlock_bh(&wb->work_lock);
}
```

2．周期回写

周期回写的时间间隔是 5 秒，管理员可以通过文件"/proc/sys/vm/dirty_writeback_centisecs"来配置，单位是厘秒，即百分之秒。

```
mm/page-writeback.c
unsigned int dirty_writeback_interval = 5 * 100; /*厘秒*/
```

一页保持为脏状态的最长时间是 30 秒，管理员可以通过文件"/proc/sys/vm/dirty_expire_centisecs"来配置，单位是厘秒，即百分之秒。

```
mm/page-writeback.c
unsigned int dirty_expire_interval = 30 * 100; /*厘秒*/
```

周期回写的执行流程如图 6.35 所示。

（1）如果距上一次周期回写的时间间隔大于或等于 dirty_writeback_interval，那么执行周期回写。

（2）把保持脏状态时间大于或等于 dirty_expire_interval 的索引节点从回写控制块的链表 b_dirty 移到链表 b_io 中。

（3）从回写控制块的链表 b_io 的尾部取索引节点，调用函数 __writeback_single_inode，把文件的脏页写回到存储设备。

3．强制回写

当脏页的数量超过后台回写阈值时，后台回写线程开始把脏页写回到存储设备。后台回写阈值是脏页占可用内存大小（包括空闲页和可回收页，不等于内存容量）的比例或者脏页的字节数，默认的脏页比例是 10。管理员可以通过文件"/proc/sys/vm/dirty_background_ratio"修改脏页比例，通过文件"/proc/sys/vm/dirty_background_bytes"修改脏页的字节数，这两个参数是互斥的关系。

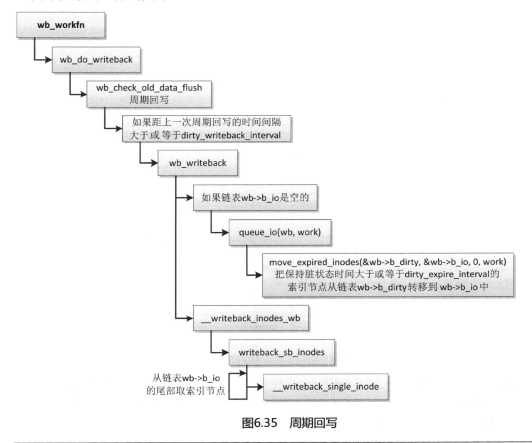

图6.35　周期回写

```
mm/page-writeback.c
int dirty_background_ratio = 10;
unsigned long dirty_background_bytes;
```

后台回写的执行流程如图 6.36 所示。

（1）如果脏页的数量超过后台回写线程开始回写的阈值，那么执行后台回写。

（2）只要脏页的数量超过后台回写线程开始回写的阈值，就一直执行后台回写。

❑　把索引节点从回写控制块的链表 b_dirty 移到链表 b_io 中。

❑　从回写控制块的链表 b_io 的尾部取索引节点，调用函数 __writeback_single_inode，把文件的脏页写回到存储设备。

当脏页的数量达到进程主动回写阈值后，正在写文件的进程开始把脏页写回到存储设备，并且挂起等待。进程主动回写阈值是脏页占可用内存大小（包括空闲页和可回收页，不等于内存容量）的比例或者脏页的字节数，默认的脏页比例是 20。管理员可以通过文件"/proc/sys/vm/dirty_ratio"修改脏页比例，通过文件"/proc/sys/vm/dirty_bytes"修改脏页的字节数，这两个参数是互斥的关系。

```
mm/page-writeback.c
int vm_dirty_ratio = 20;
unsigned long vm_dirty_bytes;
```

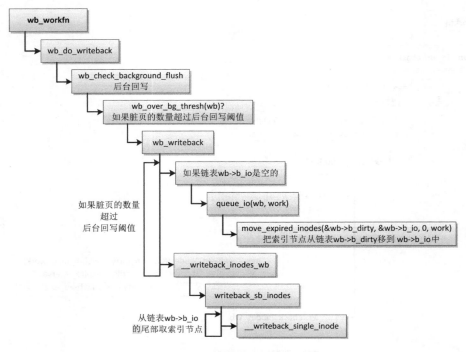

图6.36　后台回写的执行流程

以调用 write 写 EXT4 文件系统的一个文件为例，如图 6.37 所示，调用函数 balance_dirty_pages_ratelimited 控制进程写文件时生成脏页的速度，如果脏页的数量超过（后台回写阈值 + 进程主动回写阈值）/2，那么反复执行下面的操作。

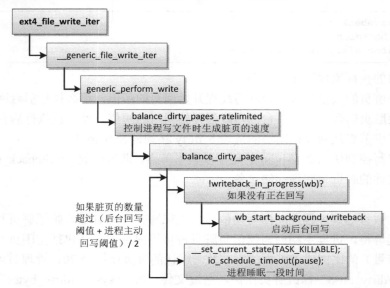

图6.37　进程主动回写脏页

（1）如果没有正在回写，那么启动后台回写。

（2）进程睡眠一段时间。

4．系统调用 sync

执行命令 sync 的时候，命令处理函数调用系统调用 sync，把内存中所有修改过的文件属性和数据写回到存储设备。

系统调用 sync 的定义如下：

fs/sync.c
```
SYSCALL_DEFINE0(sync)
```

系统调用 sync 的执行流程如图 6.38 所示。

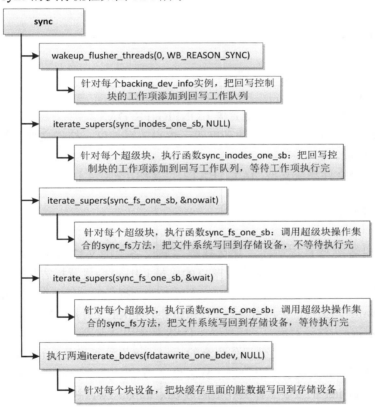

图6.38　系统调用sync的执行流程

（1）遍历链表 bdi_list，针对每个存储设备的 backing_dev_info 实例，把回写控制块的工作项添加到回写工作队列。

（2）遍历链表 super_blocks，针对每个超级块，把回写控制块的工作项添加到回写工作队列，并且等待工作项执行完成，也就是等待当前文件系统中所有修改过的索引节点和数据写回到存储设备。

（3）遍历链表 super_blocks，针对每个超级块，调用超级块操作集合的 sync_fs 方法，把文件系统写回到存储设备，不等待写操作完成。例如，EXT2 文件系统的 sync_fs 方法把超级块写回到存储设备，EXT4 文件系统的 sync_fs 方法提交日志。

（4）遍历链表 super_blocks，针对每个超级块，调用超级块操作集合的 sync_fs 方法，把文件系统写回到存储设备，需要等待写操作完成。

（5）执行两遍：针对每个块设备，把块缓存中修改过的数据块写回到存储设备。

6.14　DAX

对于类似内存的块设备，例如 NVDIMM 设备，不需要把文件从存储设备复制到页缓存。DAX（Direct Access，直接访问，DAX 中的 X 代表 eXciting，没有意义，只是为了让名字看起来酷）绕过页缓存，直接访问存储设备，对于基于文件的内存映射，直接把存储设备映射到进程的虚拟地址空间。

6.14.1　使用方法

编译内核时，需要开启以下配置宏。

（1）CONFIG_DAX。

（2）让文件系统支持 DAX 的配置宏 CONFIG_FS_DAX。

当前 DAX 只支持文件系统的块长度等于内存的页长度。挂载文件系统的时候，需要使用"-o dax"选项。

目前只有部分文件系统支持 DAX，EXT2、EXT3、EXT4 和 XFS 文件系统支持 DAX。

6.14.2　技术原理

如果存储设备支持直接访问，那么挂载存储设备上的文件系统时可以指定选项"-o dax"，这个文件系统的普通文件的索引节点的成员 i_flags 会设置标志位 S_DAX。

调用系统调用 read 读文件，会调用具体文件系统类型提供的文件操作集合的 read_iter 方法；调用系统调用 write 写文件，会调用具体文件系统类型提供的文件操作集合的 write_iter 方法。read_iter 和 write_iter 方法针对设置了标志位 S_DAX 的索引节点，需要调用函数 dax_iomap_rw()。

以 EXT4 文件系统为例，文件操作集合的 read_iter 方法是函数 ext4_file_read_iter，执行流程如图 6.39 所示。如果索引节点设置了标志位 S_DAX，那么调用函数 ext4_dax_read_iter，函数 ext4_dax_read_iter 把主要工作委托给函数 dax_iomap_rw，执行过程如下。

（1）调用 I/O 映射操作集合（iomap_ops）的 iomap_begin 方法。EXT4 文件系统的 iomap_begin 方法是函数 ext4_iomap_begin，这个函数先调用函数 ext4_map_blocks，获取要读取的文件数据所在物理块的块号，然后把物理块号转换成扇区号。

（2）调用函数 dax_iomap_sector，根据第一个扇区号和偏移得到扇区号。

（3）调用函数 bdev_dax_pgoff，把扇区号转换成页号。

（4）函数 dax_direct_access 把设备页号转换成绝对页号，并且返回映射到的内核虚拟地址。设备页号是存储设备内部的页号，绝对页号是处理器的物理地址空间中的页号。

（5）利用上一步返回的内核虚拟地址，把数据复制到用户空间的缓冲区。

（6）调用 I/O 映射操作集合（iomap_ops）的 iomap_end 方法，对于 EXT4 文件系统，是函数 ext4_iomap_end，如果是读文件，这个函数没有事情可做。

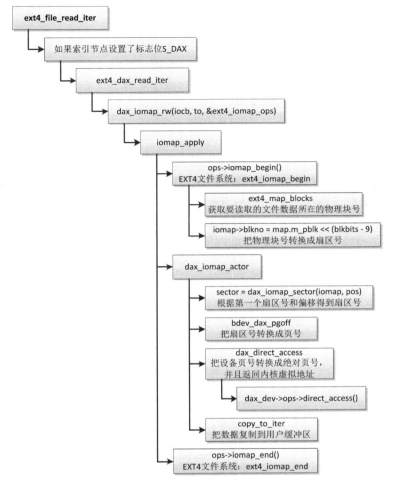

图6.39　从支持DAX的存储设备读文件

调用系统调用 mmap 创建基于文件的内存映射，把文件的一个区间映射到进程的虚拟地址空间，这会调用具体文件系统类型提供的文件操作集合的 mmap 方法。mmap 方法针对设置了标志位 S_DAX 的索引节点，处理方法如下。

（1）给虚拟内存区域设置标志位 VM_MIXEDMAP 和 VM_HUGEPAGE。

（2）设置虚拟内存操作集合，提供 fault、huge_fault、page_mkwrite 和 pfn_mkwrite 方法。fault、huge_fault 和 page_mkwrite 方法需要调用函数 dax_iomap_fault()，pfn_mkwrite 方法需要调用函数 dax_pfn_mkwrite()。

以 EXT4 文件系统为例，文件操作集合的 mmap 方法是函数 ext4_file_mmap，其代码如下。

```
fs/ext4/file.c
static int ext4_file_mmap(struct file *file, struct vm_area_struct *vma)
{
    struct inode *inode = file->f_mapping->host;

    …
    if (IS_DAX(file_inode(file))) {
        vma->vm_ops = &ext4_dax_vm_ops;
        vma->vm_flags |= VM_MIXEDMAP | VM_HUGEPAGE;
```

```
        } else {
            vma->vm_ops = &ext4_file_vm_ops;
        }
        return 0;
}

static const struct vm_operations_struct ext4_dax_vm_ops = {
        .fault         = ext4_dax_fault,
        .huge_fault    = ext4_dax_huge_fault,
        .page_mkwrite  = ext4_dax_fault,
        .pfn_mkwrite   = ext4_dax_pfn_mkwrite,
};
```

　　假设某个文件属于支持 DAX 的存储设备上的 EXT4 文件系统，进程调用 mmap 把这个文件映射到进程的虚拟地址空间，然后进程读文件，触发页错误异常，如图 6.40 所示。页错误异常处理程序调用虚拟内存区域的虚拟内存操作的 fault 方法，EXT4 文件系统提供的 fault 方法是函数 ext4_dax_fault，执行过程如下。

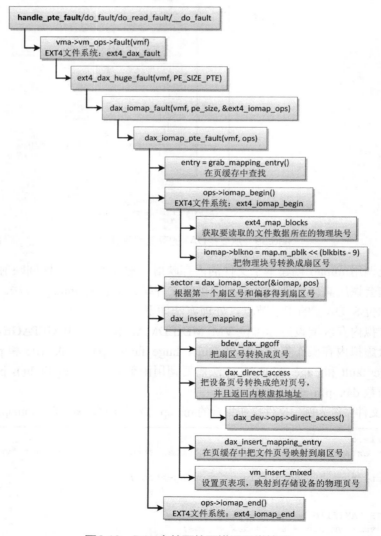

图6.40　DAX文件页的页错误异常处理

（1）调用函数 grab_mapping_entry，根据页索引在页缓存中查找。

（2）调用 I/O 映射操作集合（iomap_ops）的 iomap_begin 方法。EXT4 文件系统的 iomap_begin 方法是函数 ext4_iomap_begin，这个函数先调用函数 ext4_map_blocks，获取要读取的文件数据所在物理块的块号，然后把物理块号转换成扇区号。

（3）调用函数 dax_iomap_sector，根据第一个扇区号和偏移得到扇区号。

（4）调用函数 bdev_dax_pgoff，把扇区号转换成页号。

（5）函数 dax_direct_access 把设备页号转换成绝对页号，并且返回映射到的内核虚拟地址。设备页号是存储设备内部的页号，绝对页号是处理器的物理地址空间中的页号。

（6）调用函数 dax_insert_mapping_entry，把页缓存中的文件页号映射到扇区号。

（7）调用函数 vm_insert_mixed，在页表中把进程的虚拟页号映射到存储设备的物理页号。

（8）调用 I/O 映射操作集合（iomap_ops）的 iomap_end 方法，对于 EXT4 文件系统，是函数 ext4_iomap_end，如果是读文件，那么这个函数没有事情可做。

6.15　常用的文件系统类型

机械硬盘和固态硬盘这类块设备常用的文件系统是 EXT4 和 btrfs，闪存常用的文件系统是 JFFS2 和 UBIFS。

如果存储设备的容量比较小，可以使用只读的压缩文件系统 squashfs，对程序和数据进行压缩。如果需要支持在文件系统中创建文件和写文件，可以使用 overlay 文件系统把可写的文件系统叠加在 squashfs 文件系统的上面。

结束语

2017 年 3 月，作者想自己写一本介绍 Linux 内核最新版本的书，产生这个想法的主要原因是：作者所在公司使用的 Linux 内核版本已经升级到 3.x 版本和 4.x 版本，可是市场上的 Linux 内核书籍仍停留在描述 2.6 版本的 Linux 内核，有些技术在新版本中的实现和书上描述的实现不一致，而且新版本引入了很多新技术，在网上也很难找到介绍 Linux 内核最新版本的文章，导致学习困难。从 2017 年 4 月开始，作者利用业余时间，每天坚持学习和写作，到 2018 年 5 月，总共历时 14 个月，总算写成了这本书。

作者在写作过程中，主要参考了以下文档。

（1）现有的各种 Linux 内核书籍，比如知名的《深入 Linux 内核架构》等。

（2）Linux 内核爱好者在网上公开的技术文档，比如蜗窝网站。

（3）Linux 内核提供的文档。

另外，作者也研究了 Linux 内核 4.12 版本的代码，只有自己研读代码，才能确保书中的描述和源代码一致。

由于作者的知识水平有限，书中难免存在不足之处，欢迎读者批评指正。请将意见发到作者的邮箱 szyhb810501.student@sina.com.cn，也可以在微信上交流，作者的微信号是 szyhb1981。